同步视频+实例文件+配套资源+在线服务

AutoCAD 2022中文版机械设计一本通

稽海旭　解江坤・编著

人民邮电出版社

北京

图书在版编目（CIP）数据

AutoCAD 2022中文版机械设计一本通 / 嵇海旭，解江坤编著. -- 北京 : 人民邮电出版社，2022.7
ISBN 978-7-115-58677-3

Ⅰ. ①A… Ⅱ. ①嵇… ②解… Ⅲ. ①机械设计－计算机辅助设计－AutoCAD软件 Ⅳ. ①TH122

中国版本图书馆CIP数据核字(2022)第024459号

内容提要

本书围绕一个典型的变速器试验箱全套机械图纸的设计，讲解在机械设计工程实践中利用 AutoCAD 2022 中文版绘制从零件二维工程图、装配二维工程图、零件三维工程图到装配三维工程图全流程的思路与技巧。本书按机械设计流程共分三篇 18 章，各章之间紧密联系、前后呼应。

本书可以作为初、中级 AutoCAD 用户及有一定机械制图基础的技术人员的入门与提高教程，也可以作为参加 AutoCAD 认证考试人员的辅导与自学参考书。本书随书附送实例源文件和操作视频文件等配套电子资源，供读者学习参考。

◆ 编　　著　嵇海旭　解江坤
　责任编辑　李　强
　责任印制　马振武
◆ 人民邮电出版社出版发行　　北京市丰台区成寿寺路 11 号
　邮编　100164　　电子邮件　315@ptpress.com.cn
　网址　https://www.ptpress.com.cn
　固安县铭成印刷有限公司印刷
◆ 开本：787×1092　1/16
　印张：24.5　　　　2022 年 7 月第 1 版
　字数：626 千字　　2022 年 7 月河北第 1 次印刷

定价：99.80 元

读者服务热线：(010)81055493　印装质量热线：(010)81055316
反盗版热线：(010)81055315
广告经营许可证：京东市监广登字 20170147 号

前　言
PREFACE

AutoCAD 是美国 Autodesk 公司推出的集二维绘图、三维设计、参数化设计、协同设计及通用数据库管理和互联网通信功能为一体的计算机辅助绘图软件包。AutoCAD 自 1982 年被推出以来，从初期的 1.0 版本，经多次版本更新和性能完善，不仅在机械、电子、建筑、室内、家具、园林和市政工程等工程设计领域得到了广泛的应用，而且在地理、气象、航海等需要绘制特殊图形的领域，甚至在乐谱、灯光、广告等领域也得到了广泛的应用，目前已成为 CAD 系统中应用最为广泛的图形软件之一。同时，AutoCAD 也是一个具有开放性的工程设计开发平台，其开放性的源代码可以供各个行业进行广泛的二次开发，目前国内一些二次开发软件，比如 CAXA 系列、天正系列等就是在 AutoCAD 基础上进行本土化开发的产品。

一、本书特色

市面上的 AutoCAD 机械设计学习图书比较多，但读者要挑选一本自己满意的书却很困难，真是“乱花渐欲迷人眼”。那么，本书为什么能够在你“众里寻他千百度”之际，于“灯火阑珊”中“蓦然回首”呢？那是因为本书有以下四大特色。

- 实例典型

本书围绕一个典型的变速器试验箱全套机械图纸的设计与图纸绘制过程，不仅保证了读者能够学好知识点，更重要的是能帮助读者掌握具有工程实践意义的实际操作技能。

- 内容全面

本书在有限的篇幅内，详细介绍了 AutoCAD 常用的功能及常见的机械零件类型设计方法。“秀才不出门，全知天下事。”通过本书实例的演练，能够帮助读者找到一条学习利用 AutoCAD 进行机械设计的捷径。

- 提升技能

本书从全面提升读者的机械设计与 AutoCAD 应用能力的角度出发，结合具体的案例来讲解如何利用 AutoCAD 进行机械设计，真正让读者学会使用计算机进行机械设计，从而独立地完成各种机械设计任务。

- 编者专业性强

编者有多年的计算机辅助领域的工作和教学经验。历时多年精心编著本书，力求全面细致地展现 AutoCAD 在机械设计应用领域的各种功能和使用方法。

二、本书配套电子资源

1. 62 段大型高清教学视频

为了方便读者学习,本书针对大多数实例,专门制作了 62 段教学视频(动画演示),使用微信“扫一扫”功能扫描右侧云课二维码,读者可以轻松愉悦地学习本书内容。

2. AutoCAD 绘图技巧、快捷命令速查手册等辅助学习资料

本书配套电子资源包含 AutoCAD 绘图技巧、快捷命令速查手册、常用工具按钮速查手册、常用快捷键速查手册等多种电子文档，方便读者使用。

3. 机械设计常用图块

本书配套电子资源包含大量机械设计常用图块，读者可根据需要直接或稍加修改后使用，可大大提高绘图效率。

4. 大型图纸设计方案及同步教学视频

为了帮助读者拓宽视野，本书配套电子资源中特意赠送了变速器、减速器等图纸设计方案、图纸源文件及教学视频（动画演示）。

5. 全书实例的源文件和素材

本书配套电子资源中包含实例和练习实例的源文件和素材，可供读者使用和学习。

6. 认证考试相关资料

本书配套电子资源中提供了 AutoCAD 认证考试大纲和 AutoCAD 认证考试样题，可以帮助读者更有的放矢地进行学习。

三、本书服务

1. AutoCAD 2022 安装软件的获取

在学习本书前，请先在计算机中安装 AutoCAD 2022 软件（视频文件中不附带软件安装程序），读者可在 Autodesk 官网下载其试用版本，也可在当地电脑城、软件经销商处购买软件使用。安装完成后，即可按照本书上的实例进行操作练习。

2. 关于本书和配套电子资料的技术问题或有关本书信息的发布

读者遇到有关本书的技术问题，可以加入 QQ 群 597056765 进行咨询，也可以将问题发送

到邮箱 2243765248@qq.com，我们将及时回复。另外，也可以扫描下方二维码下载本书配套电子资料。

本书主要由广东海洋大学嵇海旭老师和解江坤老师编写。其中嵇海旭编写了第 1~12 章，解江坤老师编写了第 13~18 章。由于时间仓促，加上编者水平有限，书中不足之处在所难免，望广大读者批评指正，编者将不胜感激。

编　者

2021 年 9 月

目　录
CONTENTS

第一篇　基础知识篇

第三篇　三维绘制篇

第一篇
基础知识篇

本篇主要介绍 AutoCAD 2022 机械设计的一些基础知识，包括 AutoCAD 2022 基本操作、基本功能和机械设计图例绘制等知识。

【案例欣赏】

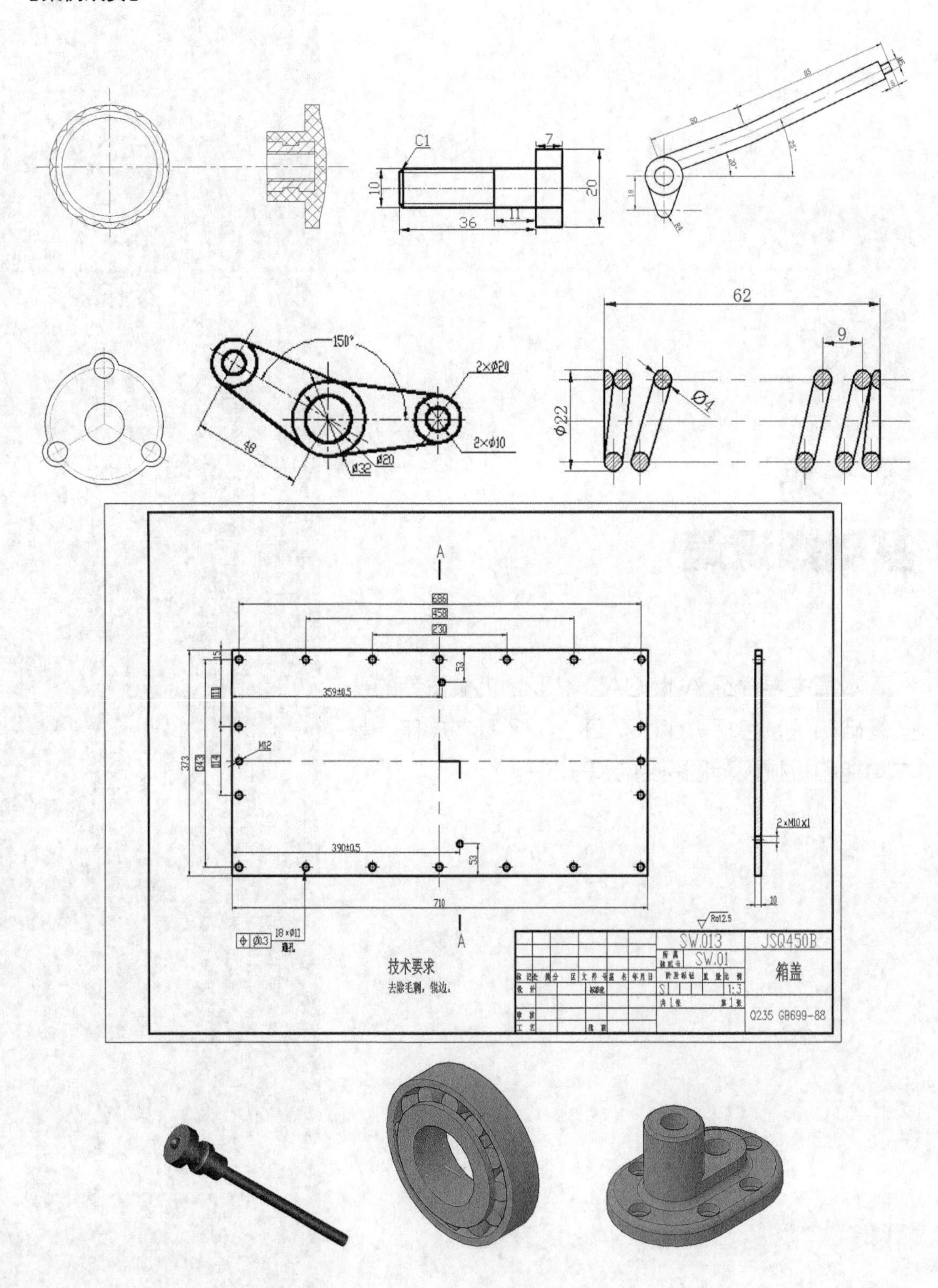
C1
7
10
20
36
11
150°
2×Ø20
2×Ø10
48
Ø32
Ø20
62
9
Ø4
Ø22
技术要求
去除毛刺，锐边。
SW.013
JSQ450B
SW.01
箱盖
1:3
Q235 GB699-88

第1章

AutoCAD 2022 入门

本章将循序渐进地介绍 AutoCAD 2022 中文版绘图的基本知识。帮助用户了解如何设置图形的系统参数和绘图环境，熟悉图形文件的管理方法，掌握图层设置和辅助绘图工具的使用方法等。

1.1 操作界面

AutoCAD 2022 的操作界面是 AutoCAD 显示、编辑图形的区域，一个完整的 AutoCAD 2022 中文版的操作界面如图 1-1 所示，包括标题栏、菜单栏、功能区、绘图区、十字光标、导航栏、坐标系图标、命令行窗口、状态栏、布局标签和快速访问工具栏等。

1.1.1 标题栏

在 AutoCAD 2022 中文版操作界面的最上端是标题栏。在标题栏中，显示了系统当前正在运行的应用程序（AutoCAD 2022 中文版）和用户正在使用的图形文件。在用户第一次启动 AutoCAD 2022 时，在绘图窗口的标题栏中将显示创建并打开的图形文件的名称“Drawing1.dwg”，如图 1-1 所示。

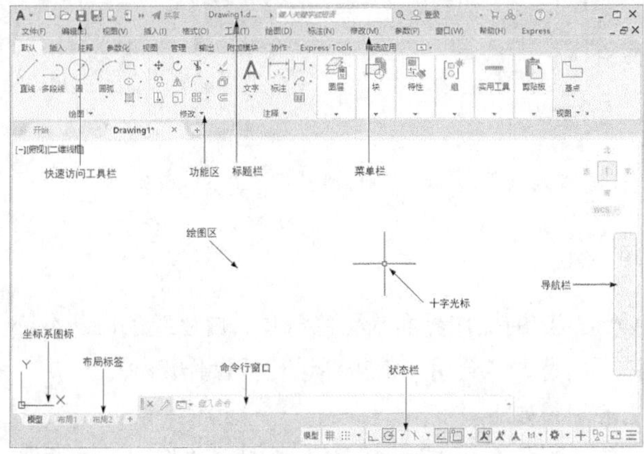

图 1-1　AutoCAD 2022 中文版的操作界面

1.1.2 绘图区

绘图区是指在标题栏下方的大片空白区域，绘图区域是用户使用 AutoCAD 绘制图形的区域，用户完成一幅设计图形的主要工作都是在绘图区域中进行的。

在绘图区域中，还有一个作用类似光标的十字线，其交点反映了光标在当前坐标系中的位置。在 AutoCAD 中，将该十字线称为十字光标，如图 1-1 中所示，AutoCAD 通过光标显示当前点的位置。十字光标的方向与当前用户坐标系的 X 轴、Y 轴方向平行，十字光标的大小被系统预设为屏幕大小的 5%。

1. 修改图形窗口中十字光标的大小

十字光标的大小被系统预设为屏幕大小的 5%，用户可以根据绘图的实际需要更改其大小。改变光标大小的方法如下。

用户执行菜单栏中的“工具”→“选项”命令，①将弹出关于系统配置的“选项”对话框。②打开“显示”选项卡，③在“十字光标大小”区域中的编辑框中直接输入数值，或者拖动编辑框右边的滑块，即可以对十字光标的大小进行调整，如图 1-2 所示。

此外，还可以通过设置系统变量 CURSORSIZE 的值，实现对十字光标大小的更改，其方法是在命令行中输入如下命令。

```
命令: CURSORSIZE
输入CURSORSIZE的新值<5>:（在提示下输入新值即可，默认值为5%。）
```

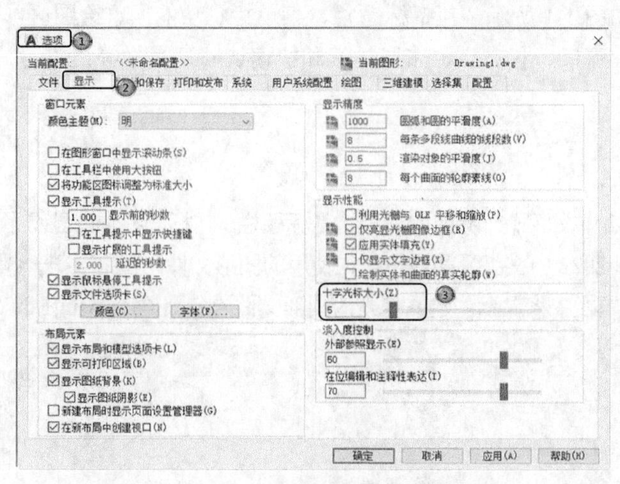

图 1-2 “选项”对话框中的“显示”选项卡

2. 修改绘图窗口的颜色

在默认情况下，AutoCAD 的操作界面是黑色背景、白色线条，这不符合绝大多数用户的习惯，因此修改绘图窗口颜色是大多数用户都需要进行的操作。

修改绘图窗口颜色的步骤如下。

（1）执行菜单栏中的“工具”→“选项”命令，打开“选项”对话框，选择图 1-2 所示的

“显示”选项卡，单击“窗口元素”区域中的“颜色”按钮，①将打开图 1-3 所示的“图形窗口颜色”对话框。

（2）②单击“图形窗口颜色”对话框中的“颜色”下拉箭头，在打开的下拉列表中，选择需要的窗口颜色，③然后单击“应用并关闭”按钮，此时 AutoCAD 的绘图窗口的颜色改变，通常按用户视觉习惯选择白色为窗口颜色。

1.1.3　坐标系图标

在绘图区的左下角有一个箭头指向图标，称之为坐标系图标，表示用户绘图时正使用的坐标系形式，如图 1-1 所示。坐标系图标的作用是为点的坐标确定一个参照系。根据工作需要，用户可以选择将其打开。方法是执行菜单栏中的①“视图”→②“显示”→③“UCS 图标”→④“开”命令，如图 1-4 所示。

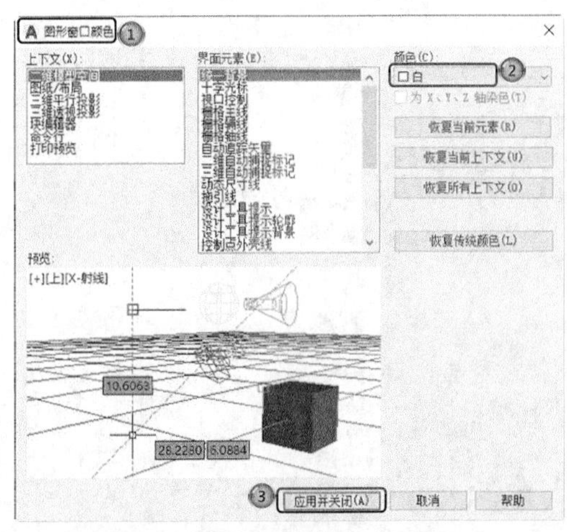

图 1-3　“图形窗口颜色”对话框

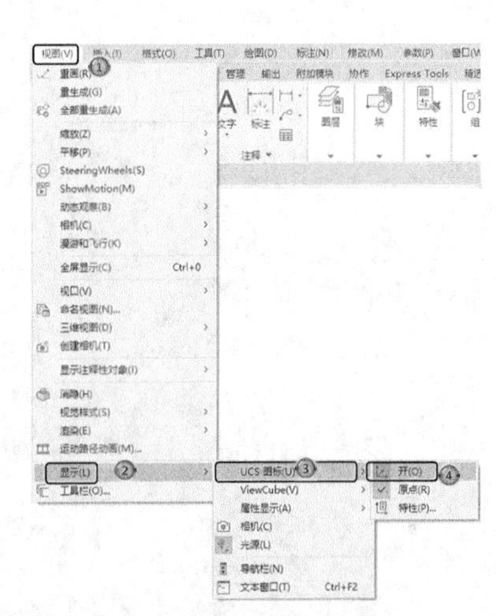

图 1-4　“视图”菜单

1.1.4　菜单栏

AutoCAD 2022 默认安装后菜单栏处于隐藏状态，需通过设置系统变量 MENUBAR 的值为 1 来显示菜单栏。在 AutoCAD 2022 操作界面标题栏的下方是菜单栏，同其他 Windows 程序一样，其菜单也是下拉形式的，菜单中包含子菜单。AutoCAD 的菜单栏中包含 13 个菜单：“文件”“编辑”“视图”“插入”“格式”“工具”“绘图”“标注”“修改”“参数”“窗口”“帮助”“Express”，这些菜单几乎包含了 AutoCAD 的所有绘图命令。

1.1.5　工具栏

工具栏是一组图标型工具的集合，执行菜单栏中的①“工具”→②“工具栏”→③“AutoCAD”命令，调出所需要的工具栏，如图 1-5 所示。把光标移动到工具栏中的某个图标上，稍停片刻即在该图标一侧显示相应的工具提示、对应的说明和命令名。此时，单击图标可以启动相应命令。

1. 设置工具栏

AutoCAD 2022 的标准菜单提供了几十种工具栏，执行菜单栏中的“工具”→“工具栏”→“AutoCAD”命令，系统会自动打开单独的工具栏标签列表，如图 1-5 所示。单击某一个未在界面显示的工具栏标签名，系统自动在工作界面打开该工具栏，反之，则关闭该工具栏。

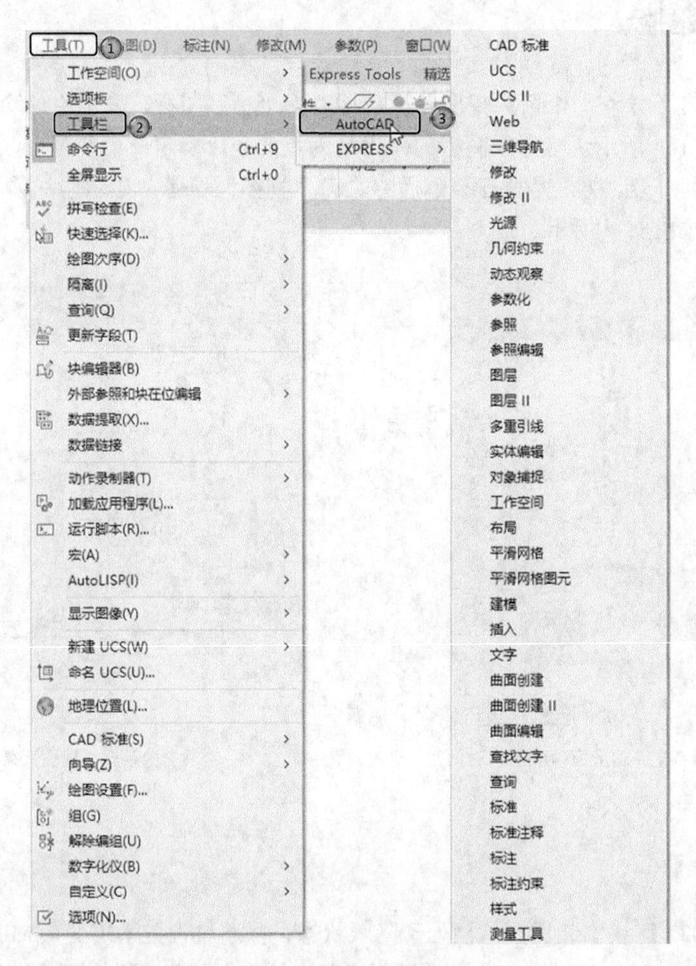

图 1-5 单独的工具栏标签

2. 工具栏的固定、浮动与打开

工具栏可以在绘图区浮动，如图 1-6 所示，用鼠标可以拖动浮动工具栏到图形区边界，使它变为固定工具栏，也可以把固定工具栏拖出，使它成为浮动工具栏。

有些工具栏图标的右下角带有一个小三角符号，单击小三角符号就会打开相应的工具栏，如图 1-7 所示。按住鼠标左键，将光标移动到某一图标上然后松手，该图标就成为当前图标。单击当前图标，就会执行相应的命令。

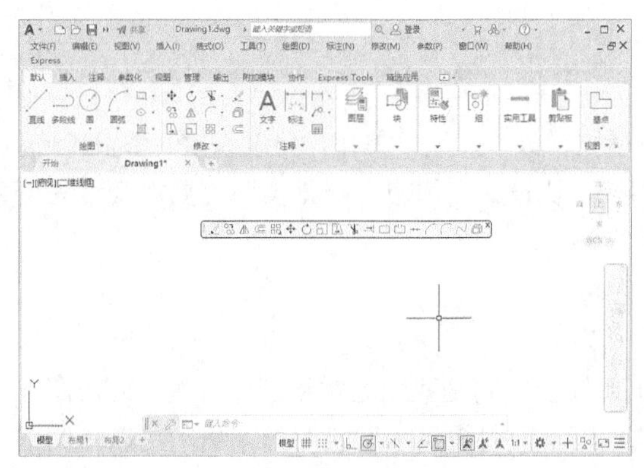
图 1-6 浮动工具栏

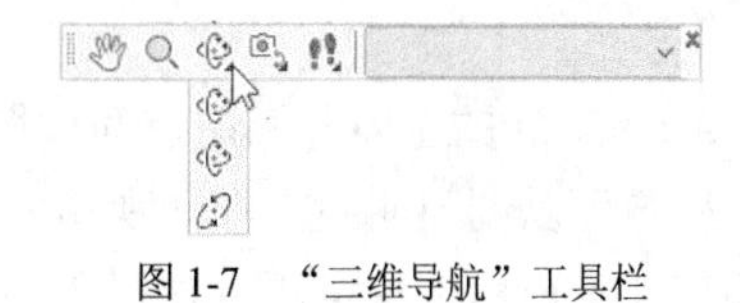
图 1-7 “三维导航”工具栏

1.1.6 命令行窗口

命令行窗口是输入命令名和显示命令提示的区域，默认的命令行窗口布置在绘图区下方，文本窗口中是若干文本行，如图 1-8 所示。对命令行窗口，有以下 4 点需要说明。

（1）移动拆分条，可以扩大与缩小命令行窗口。

（2）可以拖动命令行窗口，将其布置在屏幕上的其他位置。默认情况下命令行窗口布置在图形窗口的下方。

（3）对当前命令行窗口中输入的内容，可以按 F2 键用编辑文本的方法对其进行编辑，如图 1-8 所示。AutoCAD 文本窗口和命令行窗口相似，它可以显示当前 AutoCAD 进程中命令的输入和执行过程，在执行 AutoCAD 某些命令时，它会自动切换到文本窗口，列出有关信息。

（4）AutoCAD 通过命令行窗口，反馈各种信息，包括出错信息。因此，用户要时刻关注命令行窗口中出现的信息。

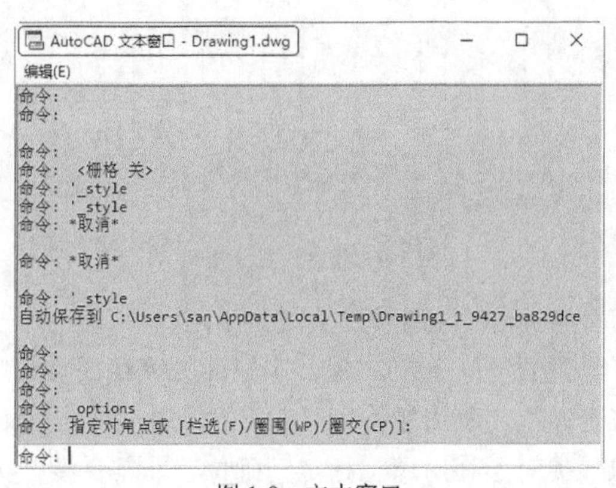

图 1-8 文本窗口

1.1.7 布局标签

AutoCAD 系统默认设定一个“模型”空间布局标签和“布局 1”“布局 2”两个图样空间布局标签。这两个布局标签解释如下。

1．布局

布局是系统为绘图设置的一种环境，包括图样大小、尺寸单位、角度设定、数值精确度等，在系统预设的 3 个标签中，这些环境变量都按默认设置。用户可根据实际需要改变这些变量的值，也可以根据需要设置符合自己要求的新标签。

2．模型

AutoCAD 的空间分模型空间和图样空间。模型空间是我们通常绘图的环境，而在图样空间中，用户可以创建叫做“浮动视口”的区域，以不同视图显示所绘图形。用户可以在图样空间中调整浮动视口并决定所包含视图的缩放比例。如果选择图样空间，则可打印多个视图，用户可以打印任意布局的视图。AutoCAD 系统默认打开模型空间，用户可以通过鼠标左键单击选择需要的布局。

1.1.8　状态栏

状态栏在操作界面的底部，依次有“坐标”“模型空间”“栅格”“捕捉模式”“推断约束”“动态输入”“正交模式”“极轴追踪”“等轴测草图”“对象捕捉追踪”“二维对象捕捉”“线宽”“透明度”“选择循环”“三维对象捕捉”“动态 UCS”“选择过滤”“小控件”“注释可见性”“自动缩放”“注释比例”“切换工作空间”“注释监视器”“单位”“快捷特性”“锁定用户界面”“隔离对象”“图形性能”“全屏显示”“自定义”这 30 个功能按钮。单击部分开关按钮，可以实现这些功能的开关。通过部分按钮也可以控制图形或绘图区的状态。

下面对状态栏上的部分按钮进行简单介绍，如图 1-9 所示，通过这些按钮可以控制图形或绘图区的状态。

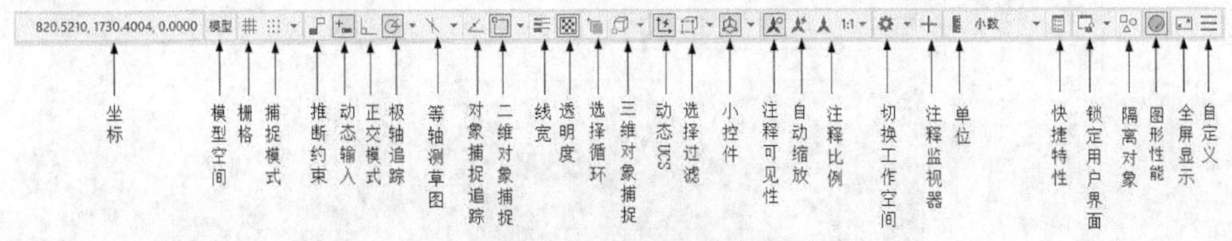

图 1-9　状态栏部分按钮

（1）模型空间：在模型空间与布局空间之间进行切换。

（2）栅格：栅格是覆盖整个坐标系（UCS）*XY* 平面的直线或点组成的矩形图案。使用栅格类似于在图形下放置一张坐标纸。利用栅格可以对齐对象并直观显示对象之间的距离。

（3）捕捉模式：对象捕捉对于在对象上指定精确位置非常重要。无论何时提示输入点，都可以指定对象捕捉。默认情况下，当光标移到对象的对象捕捉位置时，将显示标记和工具提示。

（4）正交模式：将光标限制在水平或垂直方向上移动，以便于精确地创建和修改对象。当创建或移动对象时，可以使用正交模式将光标限制在相对于用户坐标系（UCS）的水平或垂直方向上。

（5）极轴追踪：使用极轴追踪，光标将按指定角度进行移动。创建或修改对象时，可以使用极轴追踪来显示由指定的极轴角度所定义的临时对齐路径。

（6）等轴测草图：通过设定“等轴测捕捉/栅格”，可以很容易地沿 3 个等轴测平面之一对齐对象。尽管等轴测图形看似三维图形，但它实际上是由二维图形表示的。因此不能期望提取三维距离和面积，也不能从不同视点显示对象或自动消除隐藏线。

（7）对象捕捉追踪：使用对象捕捉追踪，可以沿着基于对象捕捉点的对齐路径进行追踪。已获取的点将显示一个小加号（+），一次最多可以获取 7 个追踪点。获取点之后，在绘图路径上移动光标，将显示相对于获取点的水平、垂直或极轴对齐路径。例如，可以基于对象的端点、中点或者交点，沿着某个路径选择一点。

（8）二维对象捕捉：使用执行对象捕捉设置（也称为对象捕捉），可以在对象上的精确位置指定捕捉点。选择多个选项后，将应用选定的捕捉模式，以返回距离靶框中心最近的点。按 Tab 键可以在这些选项之间循环。

（9）注释可见性：当图标亮显时表示显示所有比例的注释性对象，当图标变暗时表示仅显示当前比例的注释性对象。

（10）自动缩放：注释比例更改时，自动将更改后的比例应用到注释对象。

（11）注释比例：单击注释比例右下角的小三角符号弹出注释比例列表，如图 1-10 所示，可以根据需要选择适当的注释比例来注释当前视图。

（12）切换工作空间：进行工作空间转换。

（13）注释监视器：打开仅用于所有事件或模型文档事件的注释监视器。

（14）隔离对象：当选择隔离对象时，在当前视图中显示选定对象，其他对象都被暂时隐藏。当选择隐藏对象时，在当前视图中暂时隐藏选定对象，其他对象都可见。

（15）图形性能：设定图形卡的驱动程序及设置硬件加速的选项。

（16）全屏显示：使用该选项可以清除 Windows 窗口中的标题栏、功能区和选项板等界面元素，使 AutoCAD 的绘图窗口全屏显示，如图 1-11 所示。

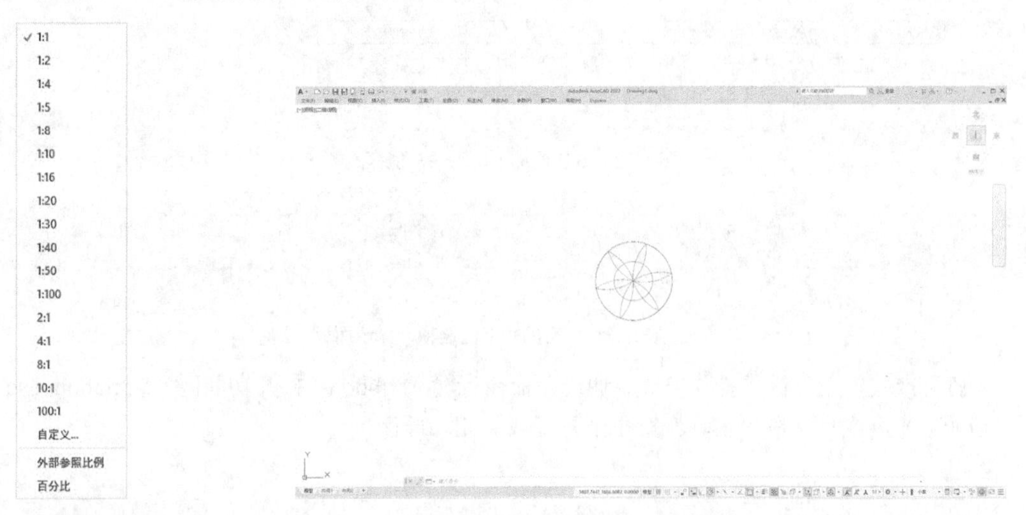

图 1-10　注释比例列表

图 1-11　全屏显示

1.1.9　滚动条

在 AutoCAD 的绘图窗口中，在窗口的下方和右侧还提供了用来浏览图形的水平和竖直方向的滚动条。在滚动条中单击或拖动滚动条中的滚动块，用户可以在绘图窗口中按水平或竖直两个方向浏览图形。

1.1.10 快速访问工具栏和交互信息工具栏

1. 快速访问工具栏

该工具栏包括“新建”“打开”“保存”“另存为”“从 Web 和 Mobile 中打开”“保存到 Web 和 Mobile”“打印”“放弃”“重做”等几个常用的工具。用户也可以单击此工具栏后面的下拉按钮选择需要的常用工具。

2. 交互信息工具栏

该工具栏包括“搜索”“Autodesk Account”“Autodesk App Store”“保持连接”“单击此处访问帮助”等几个常用的数据交互访问工具按钮。

1.1.11 功能区

在默认情况下，功能区包括“默认”“插入”“注释”“参数化”“视图”“管理”“输出”“附加模块”“协作”“Express Tools”“精选应用”选项卡，如图 1-12 所示。所有的功能区选项卡显示面板如图 1-13 所示。每个选项卡都集成了相关的操作工具，用户可以单击功能区选项后面的按钮控制功能的展开与收缩。

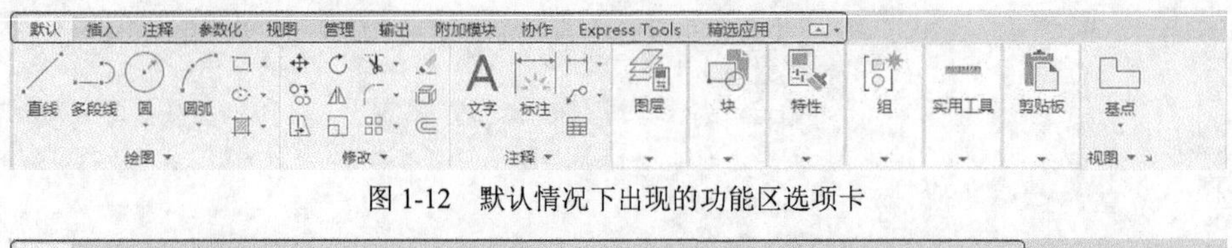

图 1-12 默认情况下出现的功能区选项卡

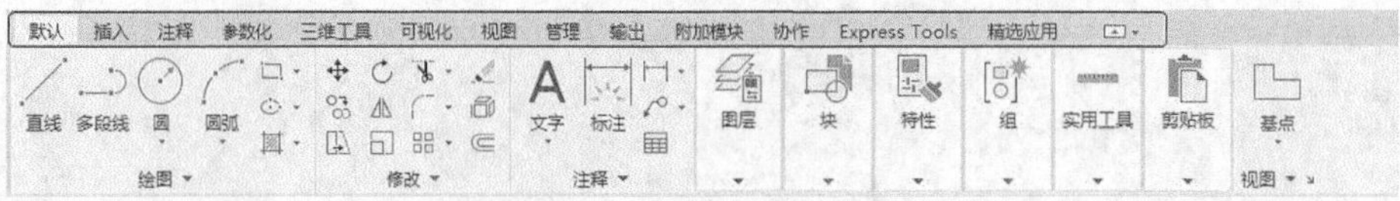

图 1-13 所有的功能区选项卡显示面板

打开或关闭功能区的操作方式：通过在命令行输入 ribbon（打开功能区）或 ribbondose（关闭功能区），或直接在“工具”菜单中打开或关闭功能区。

1.2 文件管理

本节将介绍有关文件管理的一些基本操作方法，包括新建文件、打开已有文件、保存文件、删除文件等，这些都是进行 AutoCAD 2022 操作最基础的知识。

另外，在本节中介绍安全口令和数字签名等涉及文件管理操作的 AutoCAD 2022 新增知识，请读者注意。

1.2.1　新建文件

【执行方式】

☑　命令行：new。
☑　菜单栏：选择菜单栏中的“文件”→“新建”命令。
☑　工具栏：单击“标准”工具栏中的“新建”按钮□。

【操作步骤】

系统打开图 1-14 所示的“选择样板”对话框。

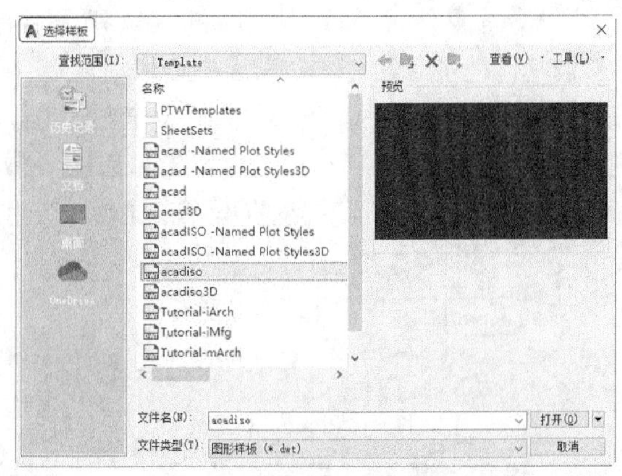

图 1-14　“选择样板”对话框

在运行快速创建图形功能之前必须进行如下设置。

（1）将 FILEDIA 系统变量设置为 1，将 STARTUP 系统变量设置为 0。

（2）在“工具”选项卡“选项”菜单中选择默认图形样板文件。具体方法是：①在“文件”选项卡下，②单击标记为“样板设置”节点下的③“快速新建的默认样板文件名”分节点，如图 1-15 所示。④单击“浏览”按钮，⑤打开与图 1-16 类似的“选择文件”对话框，然后选择需要的样板文件。

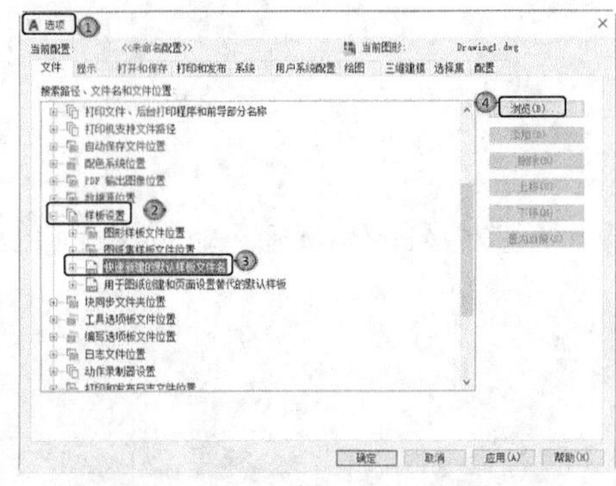

图 1-15　“选项”对话框的“文件”选项卡

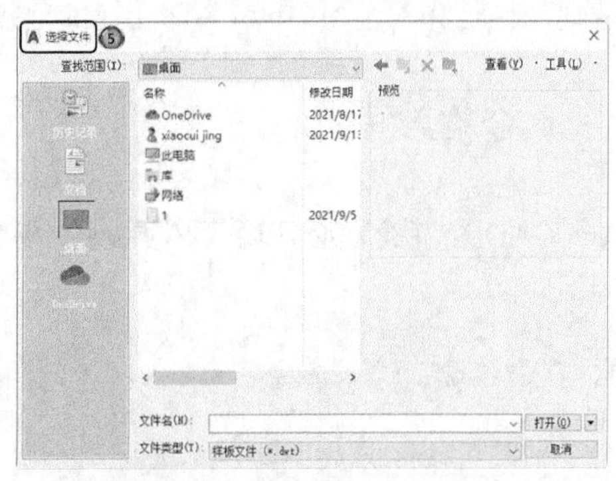

图 1-16　“选择文件”对话框

1.2.2 打开文件

【执行方式】

☑ 命令行：open。

☑ 菜单栏：选择菜单栏中的“文件”→“打开”命令。

☑ 工具栏：单击“标准”工具栏中的“打开”按钮或“快速访问”工具栏中的“打开”按钮。

【操作步骤】

执行上述任一操作后，打开“选择文件”对话框（如图 1-16 所示），在“文件类型”列表框中用户可选“.dwg”文件、“.dwt”文件、“.dxf”文件和“.dws”文件。“.dxf”文件是用文本形式存储的图形文件，能够被其他程序读取，许多第三方应用软件都支持“.dxf”格式的文件。

另外还有“保存”“另存为”“关闭”等命令，它们的操作方式类似，若用户对图形所做的修改尚未保存，①系统则会打开如图 1-17 所示的系统警告对话框。②单击“是”按钮，系统将保存文件，然后退出；③单击“否”按钮，系统将不保存文件。若用户对图形所进行的修改已经保存，则直接退出。

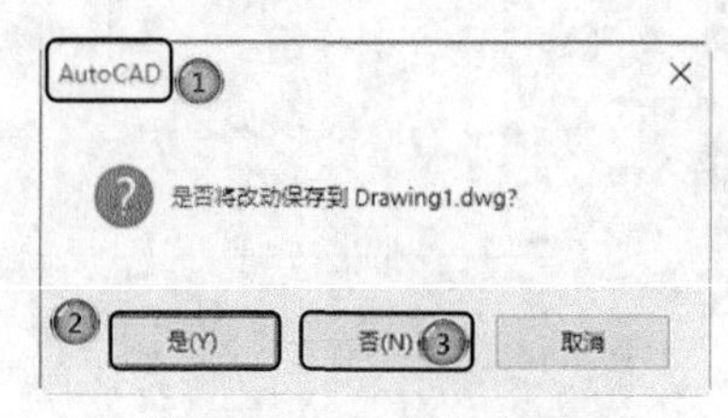

图 1-17 系统警告对话框

1.3 基本输入操作

在 AutoCAD 中，有一些基本的输入操作方法，这些基本方法是进行 AutoCAD 绘图的必备知识基础，也是深入学习 AutoCAD 功能的前提。

1.3.1 命令输入方式

AutoCAD 交互绘图必须输入必要的指令和参数。有多种 AutoCAD 命令输入方式（以绘制直线为例）。

1. 在命令窗口输入命令名

命令字符可不区分大小写，本书采用小写命令。执行命令时，在命令行提示中经常会出现命令选项。例如输入绘制直线命令“line”后，命令行中的提示如下。

```
命令: _line
指定第一个点:（在屏幕上指定一点或输入一个点的坐标）
指定下一点或[放弃(U)]:
```

选项中不带括号的提示为默认选项，因此可以直接输入直线段的起点坐标或在屏幕上指定一点，如果要选择其他选项，则应该首先输入该选项的标识字符，例如“放弃”选项的标识字符“U”，然后按系统提示输入数据即可。命令在命令行显示时，命令前有一个下划线“_”，输入命令时只需输入原命令即可。在命令选项的后面有时候还带有尖括号，尖括号内的数值为默认数值。

2．在命令窗口输入快捷命令

例如 l（line）、c（circle）、a（arc）、z（zoom）、r（redraw）、m（more）、co（copy）、pl（pline）、e（erase）等。

3．选择绘图菜单直线选项

选择该选项后，在命令行中可以看到对应的命令说明及命令名。

4．选择工具栏中的对应图标

选择该图标后在命令行中也可以看到对应的命令说明及命令名。

5．在绘图区打开快捷菜单

在绘图区打开快捷菜单。如果在前面刚使用过要输入的命令，那么就可以在绘图区单击鼠标右键，打开快捷菜单，在“最近的输入”子菜单中选择需要的命令，如图 1-18 所示。“最近的输入”子菜单中存储最近使用的命令，如果经常重复使用某个命令，这种方法就比较快捷。

6．在命令行直接按 Enter 键

如果用户要重复使用上次使用的命令，可以直接在命令行中按 Enter 键，系统立即重复执行上次使用的命令，这种方法适用于重复执行某个命令。

1.3.2 命令的重复、撤销、重做

1．命令的重复

在命令窗口中按 Enter 键可重复调用上一个命令，不管上一个命令是完成了还是被取消了。

2．命令的撤销

在命令执行的任何时刻都可以取消和终止命令的执行。

【执行方式】

☑ 命令行：undo。
☑ 菜单栏：选择菜单栏中的“编辑”→“放弃”命令。

☑ 工具栏：单击“标准”工具栏中的“放弃”按钮或快速访问工具栏下的“放弃”按钮。

☑ 快捷键：Esc。

3．命令的重做

已被撤销的命令还可以恢复重做。要恢复撤销的最后的一个命令有以下方式。

【执行方式】

☑ 命令行：redo。

☑ 菜单栏：选择菜单栏中的“编辑”→“重做”命令。

☑ 工具栏：单击“标准”工具栏中的“重做”按钮。

该命令可以一次执行多重放弃和重做操作。单击 undo 或 redo 列表箭头，可以选择要放弃或重做的操作，如图 1-19 所示。

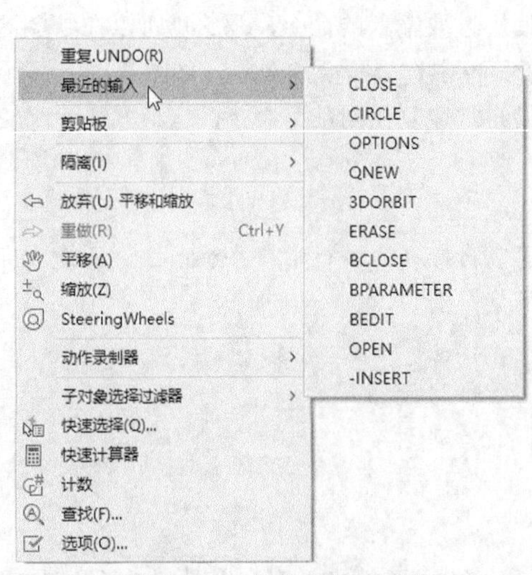

图 1-18　命令行右键快捷菜单

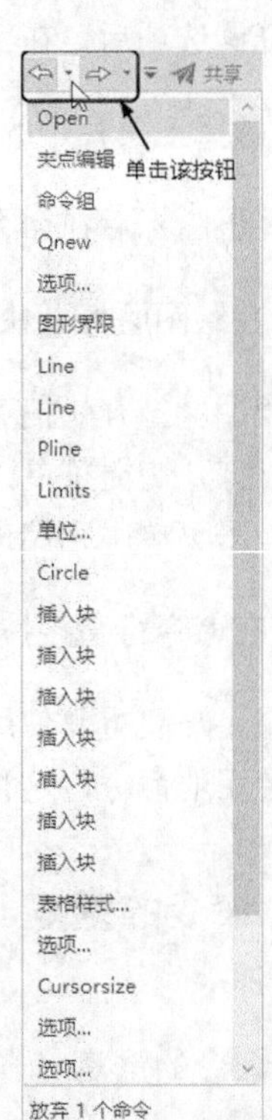

图 1-19　多重放弃选项

1.4 图层设置

AutoCAD 中的图层就如同在手工绘图中使用的重叠透明图纸，如图 1-20 所示，可以使用图层来组织不同类型的信息。在 AutoCAD 中，图形的每个对象都位于一个图层上，所有图形对象都具有图层、颜色、线型和线宽这 4 个基本属性。在绘制时，图形对象将创建在当前的图层上。每个 CAD 文档中图层的数量都是不受限制的，每个图层都有自己的名称。

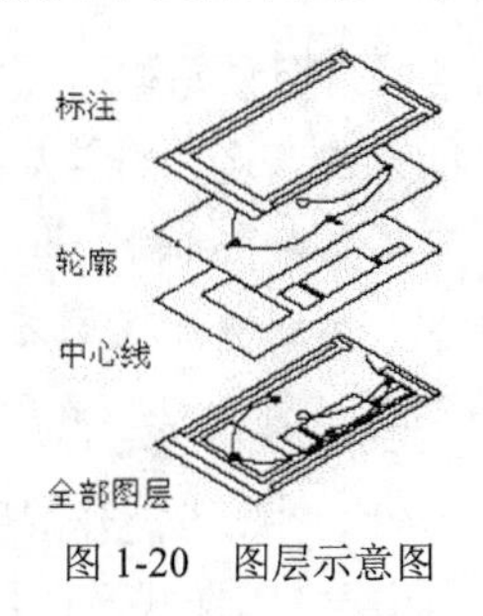

图 1-20　图层示意图

1.4.1　建立新图层

新建 CAD 文档时会自动创建一个名为 0 的特殊图层。默认情况下，图层 0 将被指定使用 7 号颜色、Continuous 线型、默认线宽以及 Normal 打印样式。不能删除或重命名图层 0。通过创建新的图层，可以将类型相似的对象指定给同一个图层并使其相关联。例如，可以将构造线、文字、标注和标题栏置于不同的图层。并为这些图层指定通用特性。通过将对象分类放到各自的图层中，可以快速有效地控制对象的显示以及对其进行更改。

【执行方式】

☑　命令行：layer。

☑　菜单栏：选择菜单栏中的“格式”→“图层”命令。

☑　工具栏：单击“图层”工具栏中的“图层特性管理器”按钮。

☑　功能区：单击“默认”选项卡“图层”面板中的“图层特性”按钮或“视图”选项卡“选项板”面板中的“图层特性”按钮。

【操作步骤】

执行上述任一操作后，系统打开“图层特性管理器”对话框，如图 1-21 所示。

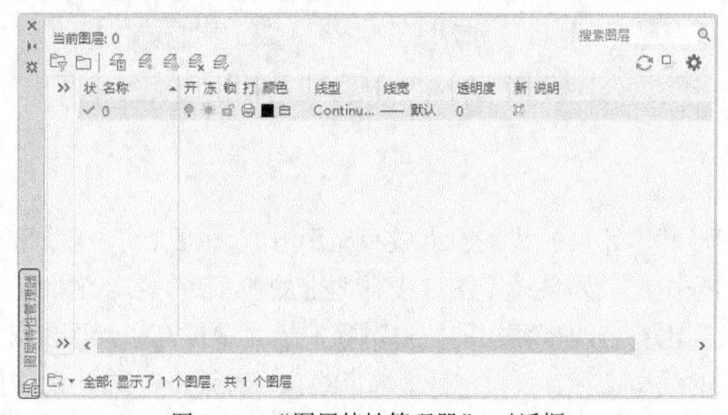

图 1-21　“图层特性管理器” 对话框

单击“图层特性管理器”对话框中“新建”按钮，建立新图层，默认的图层名为“图层 1”。可以根据绘图需要，更改图层名，例如改为实体层、中心线层或标准层等。

在一个图形中可以创建的图层数以及在每个图层中可以创建的对象数实际上是无限的。图层最长可使用 255 个字符的字母或数字命名。图层特性管理器按名称的字母顺序排列图层。

注意 如果要建立不止一个图层，无须重复单击“新建”按钮。更有效的方法是在建立一个新的图层“图层 1”后，更改图层名，在其后输入一个逗号“,”，这样就会又自动建立一个新图层“图层 1”，改变图层名，再输入一个逗号，又一个新的图层建立了，可依次建立各个图层。也可以按两次 Enter 键，建立另一个新的图层。图层的名称也可以更改，直接双击图层名称，键入新的名称。

在每个图层属性设置中，包括图层名称、关闭/打开图层、冻结/解冻图层、锁定/解锁图层、图层线条颜色、图层线型、图层线宽、图层打印样式及图层打印机打印等 9 个参数。下面将分别讲述如何设置这些图层参数。

1．设置图层线条颜色

在工程制图中，整个图形包含多种不同功能的图形对象，例如实体、剖面线与尺寸标注等，为了便于直观区分它们，就有必要针对不同的图形对象使用不同的颜色，例如实体层使用白色，剖面线层使用青色等。

要改变图层的颜色时，单击图层所对应的颜色图标，系统打开“选择颜色”对话框，如图 1-22 所示。它是一个标准的颜色设置对话框，可以使用索引颜色、真彩色和配色系统 3 个选项卡来选择颜色。系统显示 RGB 配比，即 Red（红）、Green（绿）和 Blue（蓝）3 种颜色。

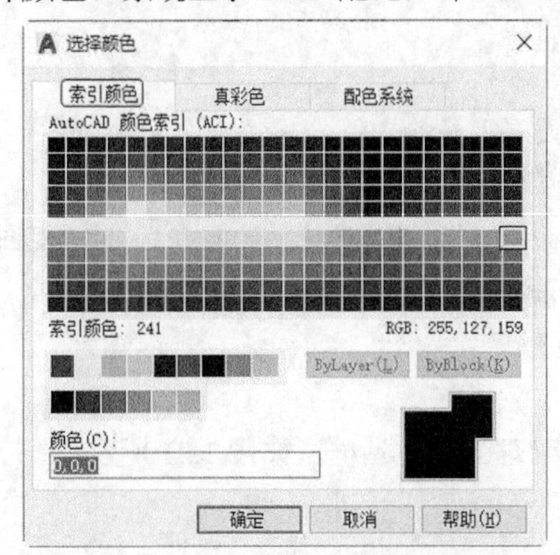

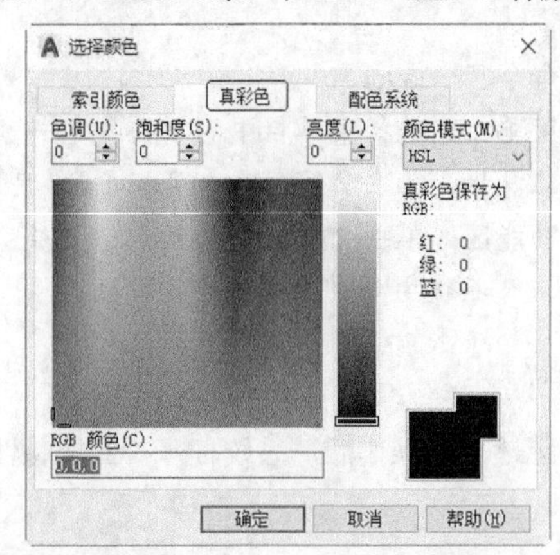

图 1-22 “选择颜色”对话框

2．设置图层线型

线型是指作为图形基本元素的线条的组成和显示方式，如实线、点划线等。在许多绘图工作中，常常以线型划分图层，为某一个图层设置适合的线型后，在绘图时，只需将该图层设为当前工作层，即可绘制出符合线型要求的图形对象，极大地提高了绘图的效率。

单击图层所对应的线型图标，系统打开“选择线型”对话框，如图 1-23 所示。默认情况下，在“已加载的线型”列表框中，系统中只添加了 Continuous 线型。单击“加载”按钮，打开“加载或重载线型”对话框，如图 1-24 所示，可以看到 AutoCAD 还提供许多其他的线型，用鼠标选择所需线型，单击“确定”按钮，即可把该线型加载到“已加载的线型”列表框中，可以键入 Ctrl 键选择几种线型后同时加载。

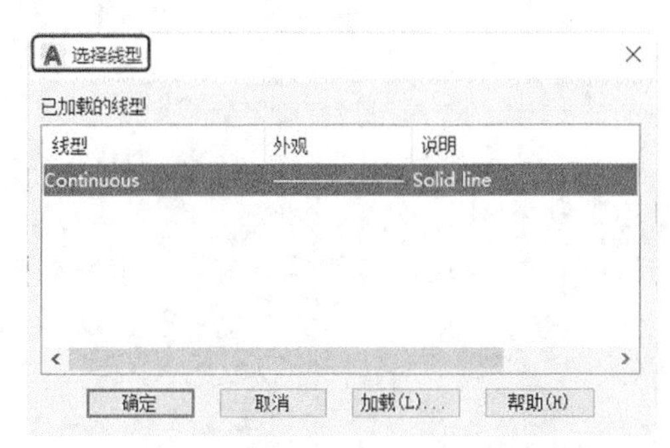

图 1-23 “选择线型”对话框

图 1-24 “加载或重载线型”对话框

3．设置图层线宽

线宽设置顾名思义就是改变图层线条的宽度。用不同宽度的线条表现图形对象的类型，也可以提高图形的表达能力和可读性，例如绘制外螺纹时大径使用粗实线，小径使用细实线。

单击图层所对应的线宽图标，系统打开“线宽”对话框，如图 1-25 所示。选择一个线宽，单击“确定”按钮完成对图层线宽的设置。

图层线宽的默认值为 0.01in，即 0.22mm。在状态栏为“模型”状态时，显示的线宽同计算机的像素有关。线宽为零时，显示为一个像素的线宽。单击状态栏中的“线宽”按钮，屏幕上显示图形线宽，显示的线宽与实际线宽成比例，如图 1-26 所示，但线宽不随着图形的放大和缩小而变化。“线宽”功能关闭时，不显示图形的线宽，图形的线宽均显示为默认线条宽度值。可以在“线宽”对话框选择需要的线宽。

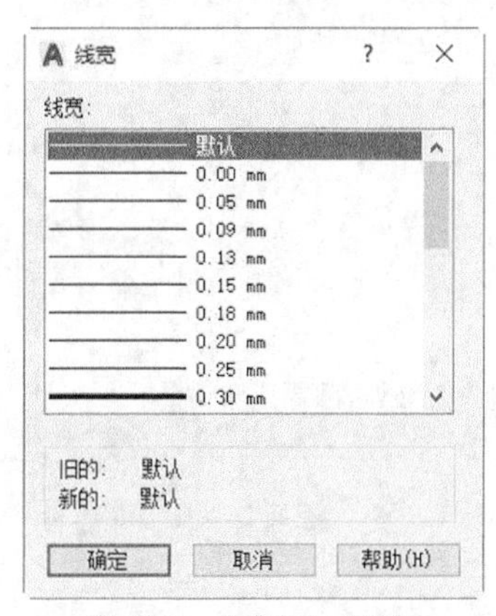

图 1-25 “线宽”对话框

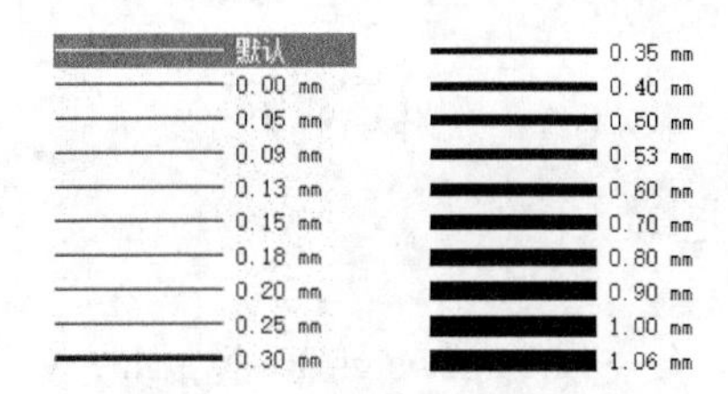

图 1-26 线宽显示效果图

1.4.2 设置图层

除了上面讲述的通过图层管理器设置图层的方法，还有几种其他的简便方法可以设置图层的颜色、线宽、线型等参数。

1．直接设置图层

可以直接通过命令行或菜单设置图层的颜色、线宽、线型。

【执行方式】

☑ 命令行：color。

☑ 菜单栏：选择菜单栏中的“格式”→“颜色”命令。

☑ 功能区：单击“默认”选项卡的“特性”面板“对象颜色”下拉菜单中的“更多颜色”按钮。

【操作步骤】

执行上述任一操作后，系统打开“选择颜色”对话框，如图 1-27 所示。

【执行方式】

☑ 命令行：linetype。

☑ 菜单栏：选择菜单栏中的“格式”→“线型”命令。

【操作步骤】

执行上述任一操作后，系统打开“线型管理器”对话框，如图 1-28 所示。该对话框的使用方法与图 1-23 所示的“选择线型”对话框类似。

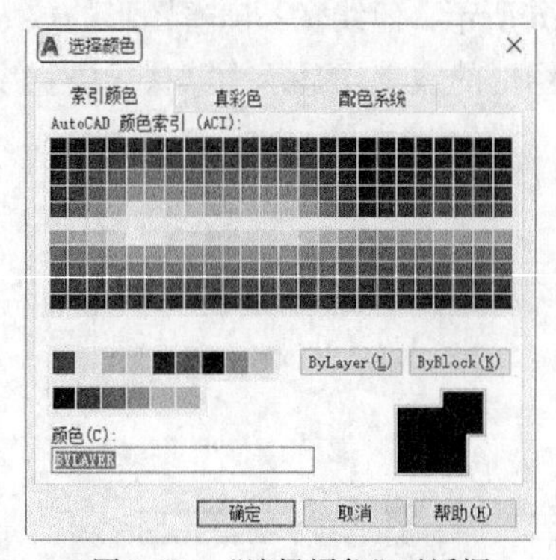

图 1-27 “选择颜色”对话框

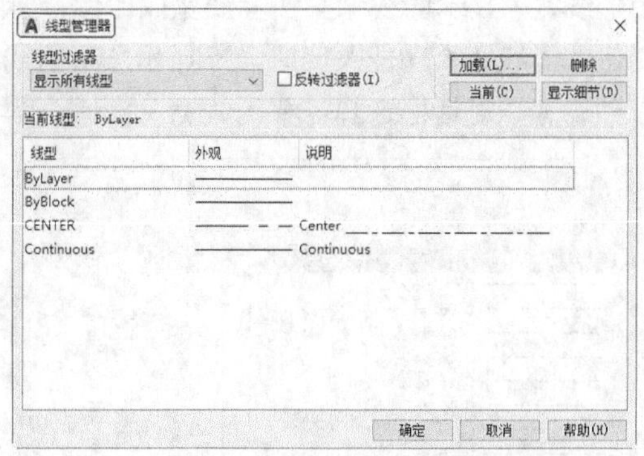

图 1-28 “线型管理器”对话框

【执行方式】

☑ 命令行：lineweight 或 lweight。

☑ 菜单栏：选择菜单栏中的“格式”→“线宽”命令。

【操作步骤】

执行上述任一操作后，系统打开“线宽设置”对话框，该对话框的使用方法与的“线宽”对话框类似。

2．利用“对象特性”工具栏设置图层

AutoCAD 2022 中文版提供了一个“特性”工具栏，如图 1-29 所示。用户能够控制和使用工具栏上的“特性”工具栏快速地查看和改变所选对象的图层、颜色、线型和线宽等特性。在绘图区选择任何对象都将在工具栏上自动显示它所在图层、颜色、线型等属性。也可以在“特性”工具栏中的“颜色”“线型”“线宽”“打印样式”下拉列表中选择需要的参数值。如果在“颜色”下拉列表中单击“选择颜色”选项，系统打开“选择颜色”对话框，如图 1-30 所示。

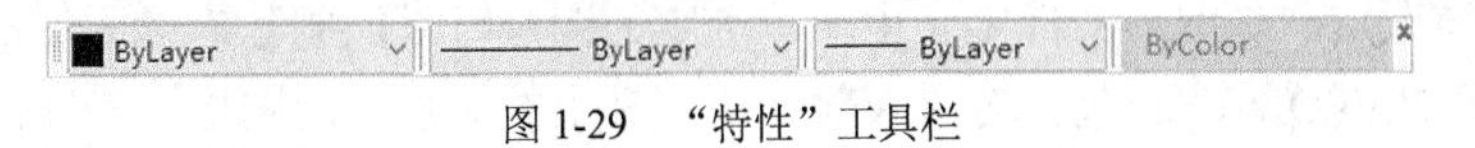

图 1-29　“特性”工具栏

3．利用“特性”对话框设置图层

【执行方式】

☑　命令行：ddmodify 或 properties。
☑　菜单栏：选择菜单栏中的“修改”→“特性”命令。
☑　工具栏：单击“标准”工具栏中的“特性”按钮。
☑　功能区：单击“视图”选项卡“选项板”面板中的“特性”按钮。

【操作步骤】

执行上述任一操作后，系统打开“特性”工具板，如图 1-31 所示。在其中可以方便地设置或修改图层、颜色、线型、线宽等属性。

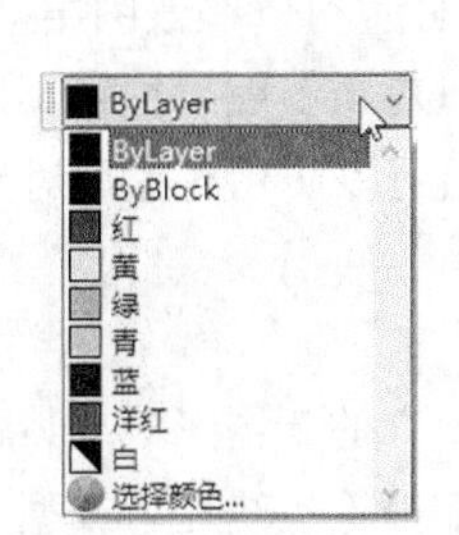

图 1-30　“选择颜色”选项

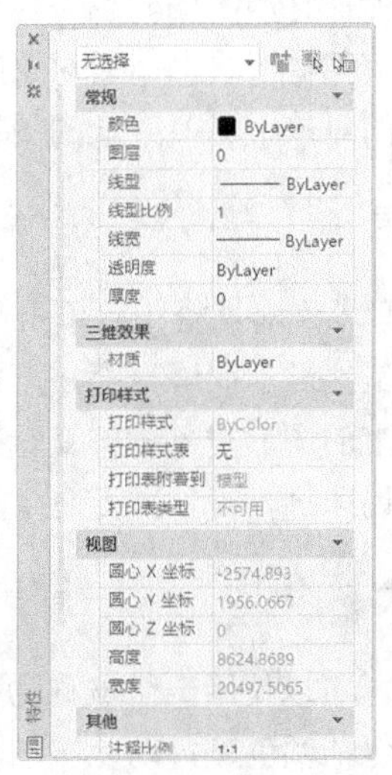

图 1-31　“特性”工具板

1.4.3　控制图层

1．切换当前图层

不同的图形对象需要绘制在不同的图层中，在绘制前，需要将工作图层切换到所需的图层。打开“图层特性管理器”对话框，选择图层，单击“置为当前”按钮完成设置。

2．删除图层

在“图层特性管理器”对话框中的图层列表框中选择要删除的图层，单击“删除图层”按钮即可删除该图层。从图形文件定义中删除选定的图层时只能删除未参照的图层。参照图层包括图层 0 及 DEFPOINTS、包含对象（包括块定义中的对象）的图层、当前图层和依赖外部参照的图层，不包含对象（包括块定义中的对象）的图层、非当前图层和不依赖外部参照的图层都可以删除。

3．关闭/打开图层

在“图层特性管理器”对话框中，单击图标，可以控制图层的可见性。图层打开时，图标小灯泡呈鲜艳的颜色，该图层上的图形对象可以显示在屏幕上或绘制在绘图仪上。当单击该属性图标后，图标小灯泡呈灰暗色，该图层上的图形对象不显示在屏幕上，而且不能被打印输出，但仍然作为图形的一部分保留在文件中。

4．冻结/解冻图层

在“图层特性管理器”对话框中，单击图标，可以冻结图层或将图层解冻。图标呈雪花灰暗色时，该图层为冻结状态；图标呈太阳鲜艳色时，该图层是解冻状态。冻结图层上的图形对象不能显示，也不能被打印，同时也不能编辑修改该图层上的图形对象。在冻结了图层后，该图层上的对象不影响其他图层上图形对象的显示和打印。例如，在使用 hide 命令消隐对象的时候，被冻结图层上的对象不隐藏其他的图形对象。

5．锁定/解锁图层

在“图层特性管理器”对话框中，单击图标，可以锁定图层或将图层解锁。锁定图层后，该图层上的图形对象依然显示在屏幕上并可被打印输出，也可以在该图层上绘制新的图形对象，但用户不能对该图层上的图形对象进行编辑操作。可以对当前图层进行锁定，也可对锁定图层上的图形对象进行查询和执行对象捕捉命令。锁定图层可以防止对图形对象的意外修改。

6．图层打印样式

在 AutoCAD 中，可以使用一个被称为“打印样式”的新图形对象特性。打印样式控制图形对象的打印特性，包括颜色、抖动、灰度、笔号、虚拟笔、淡显、线型、线宽、线条端点样式、线条连接样式和填充样式。使用打印样式为用户提供了很大的灵活性，因为用户可以通过设置打印样式来替代其他图形对象特性，也可以按用户需要关闭这些替代设置。

7．图层打印/不打印

在“图层特性管理器”对话框中，单击图标，可以设定打印时是否打印该图层，以在保证图形显示可见不变的条件下，控制图形的打印特征。打印功能只对可见的图层起作用，对于已经被冻结或被关闭的图层不起作用。

8．新视口冻结

在“图层特性管理器”对话框中，单击图标，显示可用的打印样式，包括默认打印样式为Normal。打印样式是打印中使用的特性设置的集合。

1.5 绘图辅助工具

要快速顺利地完成图形绘制工作，有时要借助一些辅助工具，比如用于准确确定绘制位置的精确定位工具和调整图形显示范围与方式的显示工具等。下面简略介绍一下这两种非常重要的辅助绘图工具。

1.5.1 精确定位工具

在绘制图形时，可以使用直角坐标和极坐标精确定位点，但是有些点（如端点、中心点等）的坐标我们是不知道的，但又想精确地指定这些点。幸好 AutoCAD 已经很好地为我们解决了这个问题。AutoCAD 提供了辅助定位工具，使用这类工具，我们可以很容易地在屏幕中捕捉到这些点，从而进行精确的绘图。

1．栅格

AutoCAD 的栅格由有规则的点的矩阵组成，并延伸到指定为图形界限的整个区域。使用栅格绘图与在坐标纸上绘图是十分相似的，利用栅格可以对齐对象并直观显示对象之间的距离。如果放大或缩小图形，可能需要调整栅格间距，使其更适合新的比例。虽然栅格在屏幕上是可见的，但它并不是图形对象，因此它不会被当作图形中的一部分，也不会影响绘图。

用户可以单击状态栏上的“栅格”按钮或键入 F7 键打开/关闭栅格。启用栅格并设置栅格在 *X* 轴方向和 *Y* 轴方向上的间距的方法如下。

【执行方式】

☑　命令行：dsettings（或 ds、se、ddrmodes）。
☑　菜单栏：选择菜单栏中的“工具”→“绘图设置”命令。
☑　快捷菜单栏：在快捷菜单栏中的“栅格”按钮处单击鼠标右键并选择“网格设置”选项。

【操作步骤】

执行上述任一操作后，系统打开“草图设置”对话框，如图 1-32 所示。

如果需要显示栅格，选择“启用栅格”复选框。在“栅格 *X* 轴间距”文本框中，输入栅格点之间的水平距离，单位为 mm。如果使用相同的间距设置垂直和水平分布的栅格点，则键入 Tab 键。否则，在“栅格 *Y* 轴间距”文本框中输入栅格点之间的垂直距离。

用户可改变栅格与图形界限的相对位置。默认情况下，栅格以图形界限的左下角为起点，沿着与坐标轴平行的方向填充整个由图形界限所确定的区域。在“捕捉”选项区中的“角度”

项可决定栅格与相应坐标轴之间的夹角，“X 基点”和“Y 基点”项可决定栅格与图形界限的相对位移。

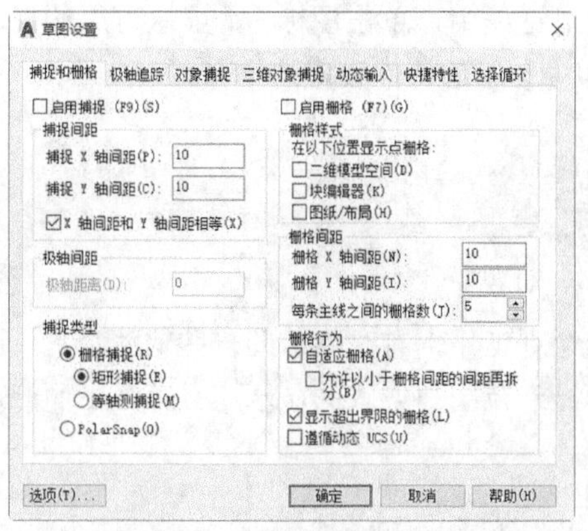

图 1-32 “草图设置”对话框

捕捉可以使用户直接使用鼠标快捷、准确地定位目标点。捕捉模式有 4 种不同的形式：栅格捕捉、对象捕捉、极轴捕捉和自动捕捉。在下文中将详细讲解。

另外，可以使用 grid 命令通过命令行方式设置栅格，功能与“草图设置”对话框类似，这里不再赘述。

注意 如果栅格的间距设置得太小，当进行“打开栅格”操作时，AutoCAD 将在文本窗口中显示“栅格太密，无法显示”的提示信息，而不在屏幕上显示栅格点。或者使用“缩放”命令将图形缩放很小，也会出现同样提示，不显示栅格。

2．捕捉

捕捉是指 AutoCAD 可以生成一个隐含分布于屏幕上的栅格，这种栅格能够捕捉光标，使得光标只能落到其中一个栅格点上。捕捉可分为“矩形捕捉”和“等轴测捕捉”两种类型。默认设置为“矩形捕捉”，即捕捉点的阵列类似于栅格，如图 1-33 所示，用户可以指定捕捉模式在 X 轴方向和 Y 轴方向上的间距，也可改变捕捉模式与图形界限的相对位置。与栅格不同之处在于：捕捉间距的值必须为正实数，另外捕捉模式不受图形界限的约束。“等轴测捕捉”表示捕捉模式为等轴测模式，此模式是绘制等轴测图时的工作环境，如图 1-34 所示。在“等轴测捕捉”模式下，栅格和光标十字线形成绘制等轴测图时的特定角度。

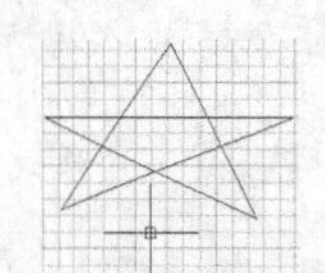

图 1-33 “矩形捕捉”实例

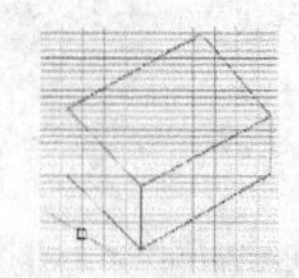

图 1-34 “等轴测捕捉”实例

在绘制图 1-33 和图 1-34 中的图形时，输入参数点后光标只能落在栅格点上。两种模式切换方法：打开“草图设置”对话框，进入“捕捉和栅格”选项卡，在“捕捉类型”选项区中，通过勾选单选框可以切换“矩阵捕捉”模式与“等轴测捕捉”模式。

3．极轴捕捉

极轴捕捉是在创建或修改对象时，按事先给定的角度增量和距离增量来追踪特征点，即捕捉相对于初始点且满足指定的极轴距离和极轴角的目标点。

极轴追踪设置主要用于指定追踪的距离增量和角度增量，以及与之相关联的捕捉模式。这些设置可以通过“草图设置”对话框的“捕捉和栅格”选项卡与“极轴追踪”选项卡来实现，如图 1-35 和图 1-36 所示。

（1）设置极轴间距

在“草图设置”对话框的“捕捉和栅格”选项卡中，可以设置极轴间距，单位为 mm。绘图时，光标将按指定的极轴间距增量进行移动。

（2）设置极轴角度

在“草图设置”对话框的“极轴追踪”选项卡中，可以设置极轴角增量角度。设置时，可以设置下拉选择框中的 90、45、30、22.5、18、15、10 和 5 等极轴角增量，也可以直接输入指定其他任意角度，单位为°。光标移动时，如果接近极轴角，将显示对齐路径和工具栏提示。例如，图 1-37 所示为设置极轴角实例。

“附加角”用于设置极轴追踪时是否采用附加角度追踪。选择“附加角”复选框，通过单击“新建”按钮或者“删除”按钮来增加、删除附加角度值。

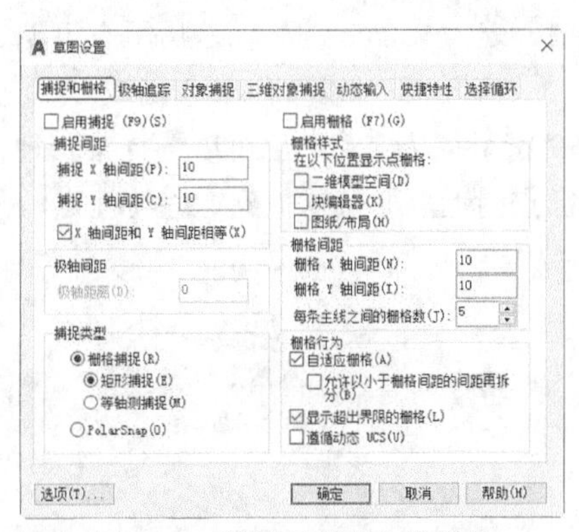

图 1-35　“捕捉和栅格”选项卡

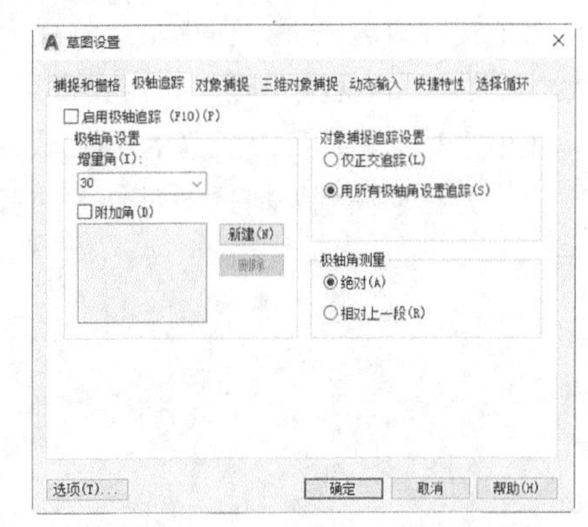

图 1-36　“极轴追踪”选项卡

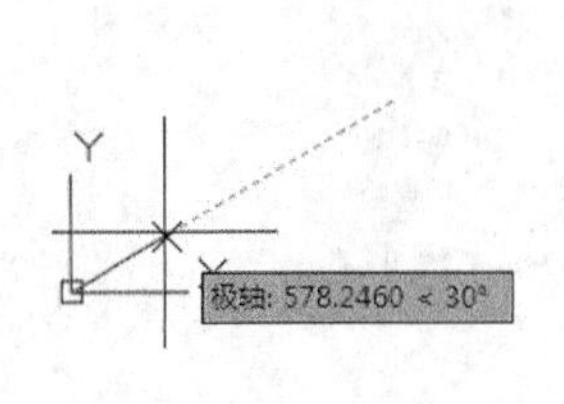

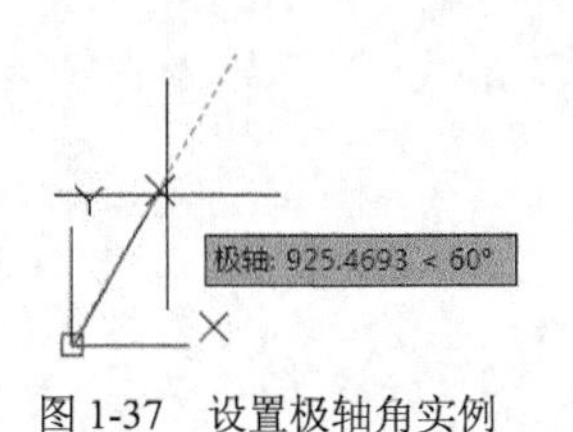

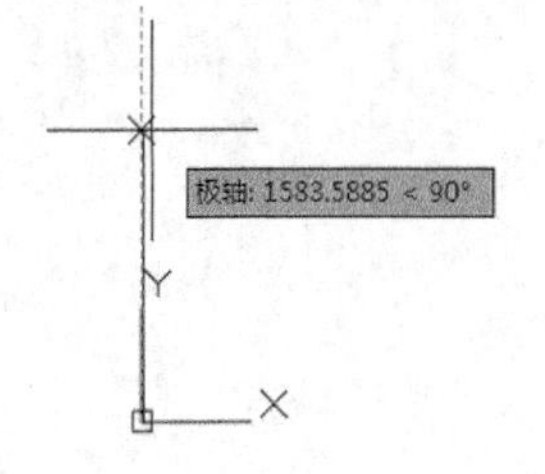

图 1-37　设置极轴角实例

（3）对象捕捉追踪设置

用于设置对象捕捉追踪的模式。如图 1-36 所示，在“对象捕捉追踪设置”选项组中，如果勾选“仅正交追踪”单选按钮，则当采用追踪功能时，系统仅在水平和垂直方向上显示追踪数据；如果选择“用所有极轴角设置追踪”选项，则当采用追踪功能时，系统不仅可以在水平和垂直方向显示追踪数据，还可以在设置的极轴追踪角度与附加角度所确定的一系列方向上显示追踪数据。

（4）极轴角测量

用于设置极轴角的角度测量采用的参考基准，如图 1-36 所示，在“极轴角测量”选项组中，若勾选“绝对”单选按钮，则按相对水平方向逆时针测量，勾选“相对上一段”单选按钮，则是以上一段对象为基准进行测量。

4．对象捕捉

AutoCAD 给所有的图形对象都定义了特征点，对象捕捉则是指在绘图过程中，通过捕捉这些特征点，迅速准确地将新的图形对象定位在现有对象的确切位置上，例如圆的圆心、线段中点或两个对象的交点等。在 AutoCAD 中，可以通过单击状态栏中的“对象捕捉”选项，或是在“草图设置”对话框的“对象捕捉”选项卡中选择“启用对象捕捉”单选框，来完成启用对象捕捉功能。在绘图过程中，对象捕捉功能的调用可以通过以下方式完成。

（1）“对象捕捉”工具栏：如图 1-38 所示，在绘图过程中，当系统提示需要指定点位置时，可以单击“对象捕捉”工具栏中相应的特征点按钮，再把光标移动到要捕捉的对象上的特征点附近，AutoCAD 会自动提示并捕捉到这些特征点。例如，如果需要用直线连接一系列圆的圆心，可以将“圆心”设置为执行对象捕捉。如果有两个可能的捕捉点落在选择区域，AutoCAD 将捕捉离光标中心最近的符合条件的点。指定点位置时需要检查哪一个对象捕捉有效，例如在指定位置有多个对象捕捉符合条件，在指定点位置之前，连续按 Tab 键可以遍历所有可能的点。

（2）“对象捕捉”快捷菜单栏：在需要指定点位置时，还可以按住 Ctrl 键或 Shift 键，单击鼠标右键，弹出“对象捕捉”快捷菜单，如图 1-39 所示。从该菜单上可以选择某一种特征点执行对象捕捉，把光标移动到要捕捉的对象上的特征点附近，即可捕捉到这些特征点。

图 1-38　“对象捕捉”工具栏

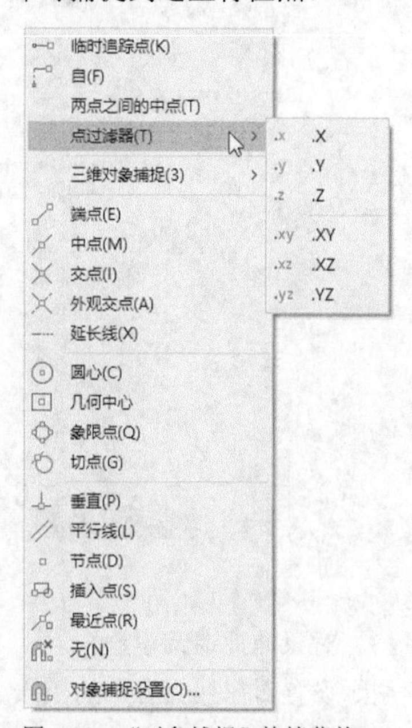

图 1-39　“对象捕捉”快捷菜单

（3）使用命令行：当需要指定点位置时，在命令行中输入相应特征点的关键字把光标移动到要捕捉的对象上的特征点附近，即可捕捉到这些特征点。对象捕捉特征点的关键字和对象捕捉模式如表 1-1 所示。

表 1-1 对象捕捉特征点的关键字和对象捕捉模式

模式	快捷命令	模式	快捷命令	模式	快捷命令
临时追踪点	tt	捕捉自	from	端点	end
中点	mid	交点	int	外观交点	app
延长线	ext	圆心	cen	象限点	qua
切点	tan	垂足	per	平行线	par
节点	nod	最近点	nea	无捕捉	non

注意

（1）对象捕捉不可单独使用，必须配合其他绘图命令。仅当 AutoCAD 提示输入点时，对象捕捉才生效。如果试图在命令提示下使用对象捕捉，AutoCAD 将显示错误信息。

（2）对象捕捉只影响屏幕上可见的对象，包括锁定图层、布局视口边界和多段线上的对象。不能捕捉不可见的对象，例如未显示的对象、关闭或冻结图层上的对象或虚线的空白部分。

5. 自动对象捕捉

在绘制图形的过程中，使用对象捕捉的频率非常高，如果每次在捕捉时都要先选择捕捉模式，将使工作效率大大降低。出于此种考虑，AutoCAD 提供了自动对象捕捉模式。如果启用自动捕捉功能，当光标距指定的捕捉点位置较近时，系统会自动精确地捕捉这些特征点，并显示相应的标记以及该捕捉的提示。打开“草图设置”对话框中的“对象捕捉”选项卡，勾选“启用对象捕捉追踪”复选框，可以调用自动捕捉，如图 1-40 所示。

注意 用户可以设置自己经常要用的对象捕捉方式。一旦设置了运行对象捕捉方式后，在每次运行时，所设定的目标对象捕捉方式就会被激活，而不是仅对一次选择有效，当同时使用多种方式时，系统将捕捉距光标最近、同时又满足多种目标对象捕捉方式之一的点。当光标距离要获取的点非常近时，键入 Shift 键将暂时不获取对象点。

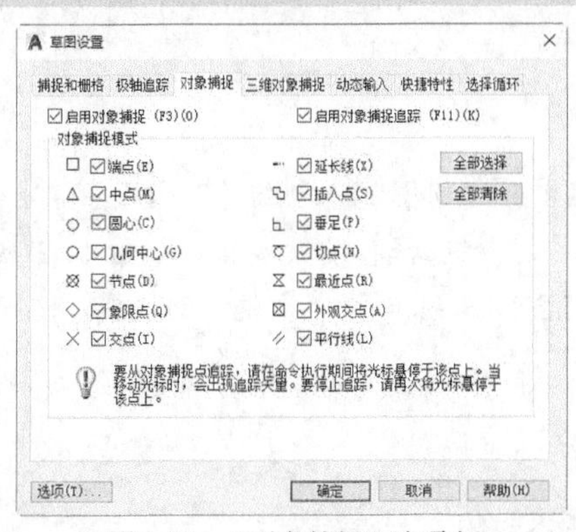

图 1-40 “对象捕捉”选项卡

6. 正交绘图

正交绘图模式，即在命令的执行过程中，光标只能沿 X 轴或者 Y 轴移动。所有绘制的线段和构造线都将平行于 X 轴或 Y 轴，因此它们相互垂直，成 90° 相交，即正交模式。使用正交模式绘图，对于绘制水平和垂直线非常有用，特别是当绘制构造线时经常使用。而且当捕捉模式为等轴测模式时，它还迫使绘制的直线平行于 3 个等轴测中的一个。

设置正交模式绘图可以直接单击状态栏中“正交模式”按钮，或键入 F8 键，相应地会在文本窗口中显示开/关提示信息。也可以在命令行中输入“ortho”命令，执行开启或关闭正交绘图模式。

注意 “正交”模式将光标限制在水平或垂直（正交）轴上。不能同时打开“正交”模式和极轴追踪，当“正交”模式打开时，AutoCAD 会关闭极轴追踪。如果打开极轴追踪，AutoCAD 将关闭“正交”模式。

1.5.2 图形显示工具

对于一个较为复杂的图形来说，在观察整幅图形时往往无法对其局部细节进行查看和操作，而当在屏幕上仅显示一个细部时又看不到其他部分，为解决这类问题，AutoCAD 提供了缩放、平移、视图、鸟瞰视图和视口命令等一系列图形显示控制命令，可以用来任意地放大、缩小或移动屏幕上的图形显示，或者同时从不同的角度、不同的部位来显示图形。AutoCAD 还提供了重画和重新生成命令来刷新屏幕、重新生成图形。

1. 图形缩放

图形缩放命令类似于照相机的镜头，可以放大或缩小屏幕所显示的图形范围，只改变视图的比例，但是对象的实际尺寸并不会发生变化。当放大图形一部分的显示尺寸时，可以更清楚地查看这个区域的细节；相反，如果缩小图形的显示尺寸，则可以查看更大的图形区域，如整体浏览。

图形缩放命令在绘制大幅面机械图纸，尤其是装配图时非常有用，是使用频率最高的命令之一。这个命令可以透明地使用，也就是说，该命令可以在其他命令执行时运行。用户完成涉及透明命令的过程时，AutoCAD 会自动地返回到在用户调用透明命令前正在运行的命令。执行图形缩放的方法如下。

【执行方式】

☑ 命令行：zoom。

☑ 菜单栏：选择菜单栏中的“视图”→“缩放”命令。

☑ 工具栏：在“标准”工具栏选择各缩放按钮，如图 1-41 所示。

☑ 功能区：单击①“视图”选项卡②“导航”面板③“缩放”下拉菜单中的缩放按钮，如图 1-42 所示。

【操作步骤】

执行上述任一操作后，命令行提示与操作如下。

指定窗口的角点，输入比例因子(nX或nXP)，或者
[全部(A)/中心(C)/动态(D)/范围(E)/上一个(P)/比例(S)/窗口(W)/对象(O)] <实时>:

【选项说明】

（1）输入比例因子

根据输入的比例因子以当前的视图窗口为中心，将视图窗口显示的内容按输入的比例倍数放大或缩小。nX 是指根据当前视图指定比例，nXP 是指定相对于图纸空间单位的比例。

（2）全部（A）

执行“zoom”命令后，在提示文字后键入“A”，即可执行“全部（A）”缩放操作。无论图形有多大，该操作都将显示图形的边界或范围，即使对象不包括在边界以内，它们也将被显示。因此，使用“全部（A）”缩放选项，可查看当前视口中的整个图形。

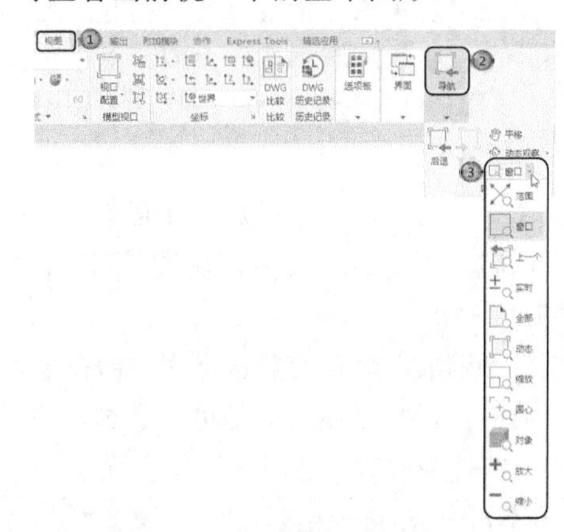

图 1-41　“缩放”工具栏

图 1-42　缩放下拉菜单

（3）中心（C）

通过确定一个中心点，该选项可以定义一个新的显示窗口。操作过程中需要指定中心点及输入比例或高度。默认新的中心点就是视图的中心点，默认的输入高度就是当前视图的高度，直接按 Enter 键后，图形将不会被放大。输入比例越大，图形放大倍数也将越大。也可以在数值后面紧接着输入一个 X，如 3X，表示在放大时不是按照绝对值变化，而是按当前视图的相对值缩放。

（4）动态（D）

操作一个表示视口的视图框，可以确定所需显示的区域。选择该选项，在绘图窗口中会出现一个小的视图框，按住鼠标左键并左右移动可以改变该视图框的大小，视图框定形后放开左键，再按下鼠标左键移动视图框，确定图形中的放大位置，系统将清除当前视口并显示一个特定的视图选择屏幕。这个特定的视图选择屏幕由有关当前视图及有效视图的信息所构成。

（5）范围（E）

使用“范围（E）”选项可以使图形缩放至整个显示范围。图形的显示范围由图形所在的区域构成，剩余的空白区域将被忽略。应用这个选项，图形中所有的对象都尽可能地被放大。

（6）上一个（P）

在绘制一幅复杂的图形时，有时需要放大图形的一部分以进行细节的编辑。当细节编辑完成后，有时希望回到前一个视图。这种操作可以使用“上一个（P）”选项来实现。当前视口由“缩放”命令的各种选项或移动视图、视图恢复、平行投影、透视命令引起的任何变化，系统都

将进行保存。每一个视口最多可以保存 10 个视图。连续使用“上一个（P）”选项最多可以恢复前 10 个视图。

（7）比例（S）

“比例（S）”选项提供了 3 种使用方法。在提示信息下，直接输入比例系数，AutoCAD 将按照此比例因子放大或缩小图形的尺寸。如果在比例系数后面加一个“X”，“X”则表示相对于当前视图计算的比例因子。使用比例因子的第 3 种方法就是相对于图形空间，例如，可以在图纸空间阵列布排或打印出模型的不同视图。为了使每一张视图都与图纸空间单位成比例，可以使用“比例（S）”选项，每一个视图可以有单独的比例。

（8）窗口（W）

“窗口（W）”选项是最常使用的选项。通过确定一个矩形窗口的两个对角来指定所需缩放的区域，对角点可以由鼠标指定，也可以输入坐标确定。指定窗口的中心点将成为新的显示屏幕的中心点。窗口中的区域将被放大或者缩小。执行“zoom”命令时，可以在没有选择任何选项的情况下，利用鼠标在绘图窗口中直接指定缩放窗口的两个对角点。

（9）对象（O）

“对象（O）”选项用于在缩放时尽可能大地显示一个或多个选定的对象并使其位于视图的中心。可以在启动“zoom”命令前后选择对象。

（10）实时

这是执行“缩放”命令的默认操作，即在输入“zoom”命令后，直接按 Enter 键，将自动调用实时缩放操作。实时缩放就是可以通过按住鼠标左键的同时上下移动鼠标交替进行图形的放大和缩小。在使用实时缩放时，系统会显示一个“+”号或“-”号。当缩放比例接近极限时，AutoCAD 将不再与光标一起显示“+”号或“-”号。需要从实时缩放操作中退出时，可按 Enter 键、Esc 键或是从菜单中单击选择“Exit”退出。

松开拾取键时缩放终止。可以在松开拾取键后将光标移动到图形的另一个位置，然后再按住拾取键便可从该位置继续缩放显示。

注意 这里所提到诸如放大、缩小或移动的操作，仅仅是对图形在屏幕上的显示进行控制，图形本身并没有任何改变。

2. 图形平移

当图形幅面大于当前视口时，例如使用图形缩放命令将图形放大，如果需要在当前视口之外观察或绘制一个特定区域，可以使用图形平移命令来实现。图形平移命令能将当前视口以外的图形的一部分移动到视口内进行查看或编辑，但不会改变图形的缩放比例。执行图形平移的方法如下。

【执行方式】

- ☑ 命令行：pan。
- ☑ 菜单栏：执行菜单栏中的“视图”→“平移”命令。
- ☑ 工具栏：单击“标准”工具栏中的“平移”按钮。
- ☑ 快捷菜单栏：在绘图窗口中单击鼠标右键，选择“平移”选项。
- ☑ 功能区：单击①“视图”选项卡②“导航”面板中的③“平移”按钮，如图 1-43 所示。

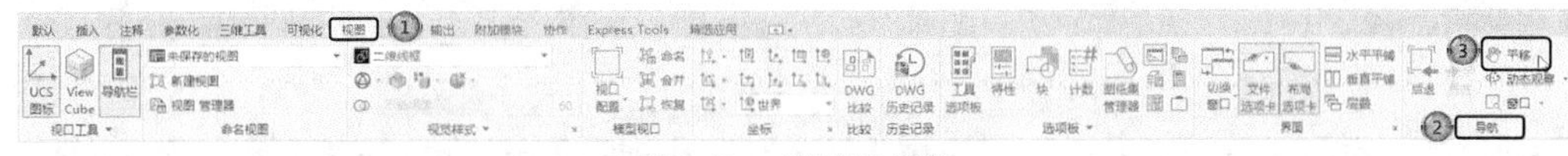

图 1-43 “导航”面板

激活图形平移命令之后，光标将变成一只“小手”图标，可以在绘图窗口中任意移动光标，以示当前正处于平移模式。单击并按住鼠标左键将光标锁定在当前位置，即“小手”已经抓住图形，然后，拖动图形使其移动到所需位置上，松开鼠标左键将停止图形平移。可以反复按下鼠标左键，拖动图形，松开鼠标左键，将图形平移到其他位置上。

平移命令预先定义了一些不同的菜单选项与按钮，它们可用于在特定方向上平移图形，在激活图形平移命令后，这些选项可以从菜单“视图”→“平移”→“*”中调用。

（1）实时：图形平移命令中最常用的选项，也是默认选项，前面提到的图形平移操作都是指实时图形平移，通过鼠标的拖动来实现任意方向上的图形平移。

（2）点：这个选项要求确定位移量，这就需要确定图形移动的方向和距离。可以通过输入点的坐标或使用鼠标指定点的坐标来确定位移量。

（3）左：用户使用该选项向左移动图形后，屏幕左部的图形进入显示窗口。

（4）右：用户使用该选项向右移动图形后，屏幕右部的图形进入显示窗口。

（5）上：用户使用该选项向底部平移图形后，屏幕顶部的图形进入显示窗口。

（6）下：用户使用该选项向顶部平移图形后，屏幕底部的图形进入显示窗口。

1.6 名师点拨——图形基本设置技巧

1．如何删除顽固图层

方法1：将无用的图层关闭，全选图层，并将它们复制粘贴至一个新文件中，那些无用的图层就不会被粘贴过去。如果曾经在这个无用的图层中定义过块，又在另一图层中插入了这个块，那么是不能用这种方法删除这个图层的。

方法2：选择需要留下的图形，然后执行“文件”→“输出”→“块文件”命令，这样的块文件就是选中部分的图形了，如果这些图形中没有指定的图层，这些图层也不会被保存在新的图块图形中。

方法3：打开一个CAD文件，把要删除的图层先关闭，在图面上只留下需要的图层，执行“文件”→“另存为”命令，在弹出的对话框中设置文件名，文件类型选择“*.dxf”格式，执行“工具”→“选项”命令，弹出“另存为选项”对话框，选择“DXF 选项”选项卡，选中“选择对象”复选框，单击“确定”按钮，然后单击“保存”按钮，即可选择保存对象，把可见或需要的图形选中后退出该文件，之后再将其打开，会发现不想要的图层不见了。

方法4：使用命令 laytrans，可将需删除的图层映射为0层，这个方法可以删除具有实体对象或被其他块嵌套定义的图层。

2．如何快速变换图层

选择想要变换到的图层中的任一元素，然后单击图层工具栏中的“将对象的图层置为当前”按钮即可。

3．什么是 DXF 文件格式

DXF（Drawing Exchange File，图形交换文件）是一种 ASCII 码文本文件，包含其对应的 DWG 文件的全部信息，DWG 文件不是 ASCII 码的形式，可读性差，但用 DXF 形成图形的速度快。不同类型的计算机即使使用同一版本的文件，其 DWG 文件也是不可交换的。为了克服这一缺点，AutoCAD 提供了 DXF 类型文件，这样，不同类型的计算机可通过交换 DXF 文件来达到交换图形的目的。由于 DXF 文件可读性好，用户可方便地进行修改、编程，以达到从外部对图形进行编辑、修改的目的。

4．绘图前，绘图界限一定要设好吗

绘制新图前最好按国家标准图幅设置绘图界限。绘图界限就像图纸的幅面，绘图时图形在界限内，且一目了然。按绘图界限绘制的图打印很方便，还可实现自动成批出图。当然，有的用户习惯在一个图形文件中绘制多张图，这样，设置绘图界限就没有实际意义了。

5．线型的操作技巧有哪些

全局修改或单个修改每个对象的线型比例因子，可以以不同的比例使用同一个线型。默认情况下，全局线型和单个线型比例均设置为 1.0。线型比例越小，每个绘图单位中生成的重复图案就越多。例如，线型比例设置为 0.5 时，每一个图形单位在线型定义中将显示为原来的 2 倍。不能显示完整线型图案的短线段显示为连续线。对于太短，甚至不能显示一个虚线小段的线段，可以设置更小的线型比例。

6．图层设置的原则

（1）图层设置的第一原则是在够用的基础上设置的图层越少越好。图层太多，会给绘制过程带来不便。

（2）一般不在 0 层上绘制图线。

（3）不同的图层一般采用不同的颜色，这样可利用颜色对图层进行区分。

7．执行缩放命令应注意什么

执行 scale（缩放）命令可以将所选择对象的真实尺寸按照指定的尺寸比例放大或缩小，执行命令后输入 R 参数即可进入参照模式，然后指定参照长度和新长度即可。参照模式适用于不直接输入比例因子或比例因子不明确的情况。

1.7 上机实验

【练习 1】设置绘图环境。

【练习 2】熟悉操作界面。

【练习 3】管理图形文件。

【练习 4】设置图层。

1.8 模拟试题

（1）执行什么命令可以设置图形界限？（　　）

A．scale　　B．extend　　C．limts　　D．layet

（2）“图层”工具栏中，“将对象的图层置为当前”按钮的作用是（　　）。

A．将所选对象移至当前图层　　B．将所选对象移出当前图层

C．将选中对象所在的图层置为当前图层　　D．增加图层

（3）对某图层进行锁定后，则（　　）。

A．图层中的对象不可编辑，但可添加对象

B．图层中的对象不可编辑，也不可添加对象

C．图层中的对象可编辑，也可添加对象

D．图层中的对象可编辑，但不可添加对象

（4）不可以通过“图层过滤器特性”对话框过滤的特性是（　　）。

A．图层名、颜色、线型、线宽和打印样式　B．打开/关闭图层

C．锁定/解锁图层　　D．图层是 Bylayer 还是 ByBlock

（5）如果将图层锁定，那么该图层中的内容（　　）。

A．可以显示　　B．不能打印　　C．不能显示　　D．可以编辑

（6）下面关于图层的描述不正确的是（　　）。

A．新建图层的默认颜色均为白色

B．被冻结的图层不能设置为当前图层

C．AutoCAD 的各个图层共用一个坐标系统

D．每一幅图必然有且只有一个 0 层

（7）以下哪种打开方式不存在？（　　）

A．以只读方式打开　　B．局部打开

C．以只读方式局部打开　　D．参照打开

（8）下列有关图层转换器的说法错误的是（　　）。

A．图层名之前的图标颜色表示此图层在图形中是否被参照

B．黑色图标表示图层被参照

C．白色图标表示图层被参照

D．不参照的图层可通过在“转换自”列表中单击鼠标右键，并在弹出的快捷菜单中执行“清理图层”命令，将其从图形中删除

（9）AutoCAD 2022 中文版默认打开的工具栏有（　　）。

A．“标准”工具栏　　B．快速访问工具栏

C．“修改”工具栏　　D．“特性”工具栏

（10）正常退出 AutoCAD 2022 中文版的方法有（　　）。

A．执行 quit 命令　　B．执行 exit 命令

C．单击屏幕右上角的“关闭”按钮　　D．直接关机

二维绘图命令

二维图形是指在二维平面空间绘制的图形，主要由一些图形元素组成，例如点、直线、圆弧、圆、椭圆、矩形、多边形、多段线、样条曲线等几何元素。AutoCAD 提供了大量的绘图工具，可以帮助用户完成二维图形的绘制。本章主要介绍包括直线类、圆类、平面图形、点、图案填充、多段线和样条曲线等。

2.1 直线类

直线类命令包括直线和构造线等命令，是 AutoCAD 中最简单的绘图命令。

2.1.1 直线

【执行方式】

☑ 命令行：line（快捷命令为 l）。
☑ 菜单栏：选择菜单栏中的“绘图”→“直线”命令。
☑ 工具栏：单击“绘图”工具栏中的“直线”按钮╱。
☑ 功能区：①单击“默认”选项卡②“绘图”面板中的③“直线”按钮╱（如图 2-1 所示）。

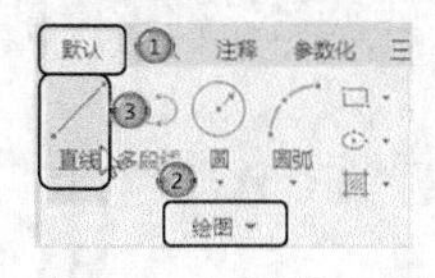

图 2-1 “绘图”面板

【操作步骤】

执行上述任一操作后，命令行提示与操作如下。

命令: _line
指定第一个点:（输入直线段的起点，用鼠标指定点或者给定点的坐标）
指定下一点或[放弃(U)]:（输入直线段的端点，也可以用鼠标指定一定角度后，直接输入直线的长度）
指定下一点或[退出(E)/放弃(U)]:（输入下一直线段的端点。输入选项“U”表示放弃前面的输入；单击鼠标右键或按Enter键，结束命令）
指定下一点或[关闭(C)/退出(X)/放弃(U)]:（输入下一直线段的端点，或输入选项“C”使图形闭合，结束命令）

【选项说明】

（1）若采用按 Enter 键响应“指定第一个点：”提示，系统会把上次绘线（或弧）的终点作为本次操作的起始点。特别地，若上次操作为绘制圆弧，Enter 键响应后绘出通过圆弧终点与该圆弧相切的直线段，该线段的长度由鼠标在屏幕上指定的一点与切点之间线段的长度确定。

（2）在“指定下一点”提示下，用户可以指定多个端点，从而绘制多条直线段。但是，每一段直线是一个独立的对象，可以对其进行单独的编辑操作。

（3）绘制两条以上直线段后，若用“C”响应“指定下一点”提示，系统会自动连接起始点和最后一个端点，从而绘出封闭的图形。

（4）若用“U”响应提示，则擦除最近一次绘制的直线段。若设置正交方式（单击状态栏中的“正交”按钮），则只能绘制水平直线或垂直线段。

（5）若设置动态数据输入方式（单击状态栏中的“动态输入”按钮），则可以动态输入坐标或长度值。除了特别需要，以后不再强调，而只按非动态数据输入方式输入相关数据。

2.1.2 操作实例——绘制五角星

本实例主要练习利用“直线”命令，绘制图 2-2 所示的五角星，操作步骤如下。

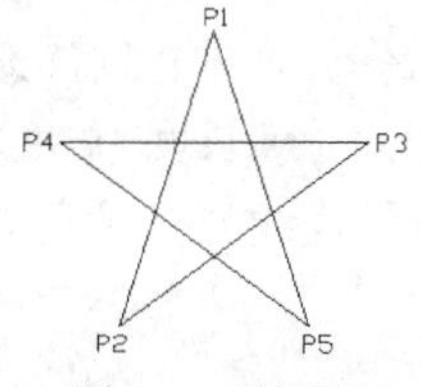

图 2-2 五角星

单击状态栏中的“动态输入”按钮，关闭动态输入功能，单击“默认”选项卡“绘图”面板中的“直线”按钮，命令行提示与操作如下。

命令: _line
指定第一个点: 120,120[在命令行中输入“120,120”（即顶点*P*1的位置）后按Enter键，系统继续提示，继续输入五角星的各个顶点]
指定下一点或[放弃(U)] : @80<252（*P*2点）
指定下一点或[退出(E)/放弃(U)] : 159.091,90.870（*P*3点，也可以输入相对坐标“@80<36”）
指定下一点或[关闭(C)/退出(X)/放弃(U)]: @80,0（错误的*P*4点）
指定下一点或[关闭(C)/退出(X)/放弃(U)] :U（取消对*P*4点的输入）
指定下一点或[关闭(C)/退出(X)/放弃(U)] :@-80,0（正确的*P*4点）
指定下一点或[关闭(C)/退出(X)/放弃(U)] :144.721,43.916（*P*5点，也可以输入相对坐标“@80<-36”）
指定下一点或 [关闭(C)/退出(X)/放弃(U)]: C

注意

（1）一般每个命令有 4 种执行方式，这里只给出了命令行执行方式，其他 3 种命令执行方式的操作方法与命令行执行方式相同。

（2）坐标中的逗号必须在英文状态下输入，否则会出错。

（3）↙表示 Enter 键，用于确认命令。

2.1.3 数据的输入方法

在 AutoCAD 中，点的坐标可以用直角坐标、极坐标、球面坐标和柱面坐标表示，每一种坐标又分别具有两种坐标输入方式：绝对坐标和相对坐标。其中，直角坐标和极坐标最为常用，下面主要介绍它们的输入方法。

1．直角坐标法

用点的 X、Y 坐标值表示的坐标。

例如，在命令行中输入点的坐标提示下，输入“15,18”，则表示输入一个 X、Y 的坐标值分别为 15、18 的点，此为绝对坐标输入方式，表示该点的坐标是相对于当前坐标原点的坐标值，如图 2-3（a）所示。如果输入“@10,20”，则为相对坐标输入方式，表示该点的坐标是相对于前一点的坐标值，如图 2-3（b）所示。

2．极坐标法

用长度和角度表示的坐标，只能用来表示二维点的坐标。

在绝对坐标输入方式下，坐标表示为“长度<角度”，如“25<50”，其中长度为该点到坐标原点的距离，角度为该点至原点的连线与 X 轴正向的夹角，如图 2-3（c）所示。

在相对坐标输入方式下，坐标表示为“@长度<角度”，如“@25<45”，其中长度为该点到前一点的距离，角度为该点至前一点的连线与 X 轴正向的夹角，如图 2-3（d）所示。

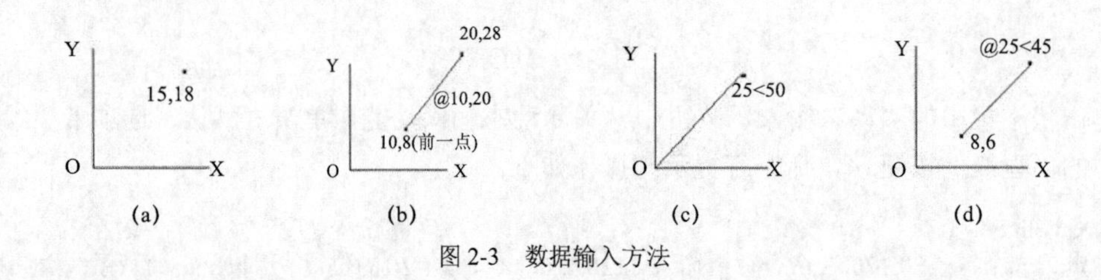

图 2-3 数据输入方法

3．动态数据输入

单击状态栏上的“动态输入”按钮，系统打开动态输入功能，默认情况下动态输入功能是打开的（如果不需要动态输入功能，单击“动态输入”按钮，关闭动态输入功能）。可以在屏幕上动态地输入某些参数数据。例如，绘制直线时，在光标附近，会动态地显示“指定第一个点”及后面的坐标框，当前坐标框中显示的是光标所在位置，可以输入数据，两个数据之间以逗号隔开，如图 2-4 所示。指定第一点后，系统动态地显示直线的角度，同时要求输入线段长度值，如图 2-5 所示，其输入效果与“@长度<角度”方式相同。

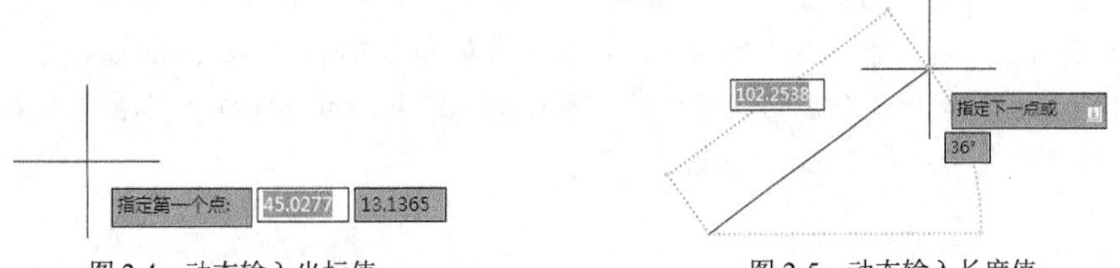

图 2-4　动态输入坐标值　　　　图 2-5　动态输入长度值

下面分别讲述点与距离值的输入方法。

（1）点的输入

在绘图过程中常需要输入点的位置，AutoCAD 提供如下几种输入点的方式。

① 直接在命令行窗口中输入点的坐标。笛卡儿坐标有两种输入方式：“*X*,*Y*”（点的绝对坐标值，如“100,50”）和“@*X*,*Y*”（相对于上一点的相对坐标值，如“@50,-30”）。坐标值是相对于当前的用户坐标系的。

极坐标的输入方式为“长度<角度”（其中，长度为点到坐标原点的距离，角度为原点至该点连线与 *X* 轴的正向夹角，如“20<45）”或“@长度<角度”（相对于上一点的相对极坐标，如“@50<-30”）。

注意　第二个点和后续点的默认设置为相对极坐标。不需要输入@符号。如果需要使用绝对坐标，请使用#符号前缀。例如，要将对象移到原点，请在提示“输入第二个点”时，输入“#0,0”。

② 用鼠标等定标设备移动光标并单击鼠标，在屏幕上直接取点。

③ 用目标捕捉方式捕捉屏幕上已有图形的特殊点（如端点、中点、中心点、插入点、交点、切点、垂足点等，详见第 4 章）。

④ 直接输入距离：先用光标拖拉出橡筋线确定方向，然后用键盘输入距离。这样有利于准确控制对象的长度等参数。

（2）距离值的输入

在 AutoCAD 中，有时需要提供高度、宽度、半径、长度等距离值。AutoCAD 提供两种输入距离值的方式：一种是用键盘在命令行窗口中直接输入数值，另一种是在屏幕上拾取两点，以两点的距离值确定所需数值。

2.1.4　操作实例——动态输入法绘制五角星

本实例练习在动态输入功能下绘制图 2-6 所示的五角星，操作步骤如下。

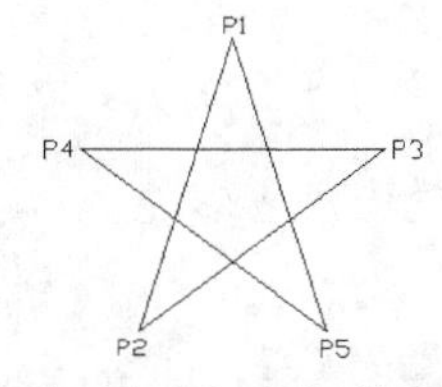

图 2-6　在动态输入功能下绘制五角星

（1）系统默认打开“动态输入”功能，如果“动态输入”功能没有打开，单击状态栏中的“动态输入”按钮，打开“动态输入”功能。单击“默认”选项卡“绘图”面板中的“直线”按钮，在动态输入框中输入第一点坐标为（120,120），如图 2-7 所示。按 Enter 键确定 *P*1 点。

（2）拖动鼠标，然后在动态输入框中输入长度为 80，按 Tab 键切换到角度输入框，输入角度为 108，如图 2-8 所示，按 Enter 键确定 *P*2 点。

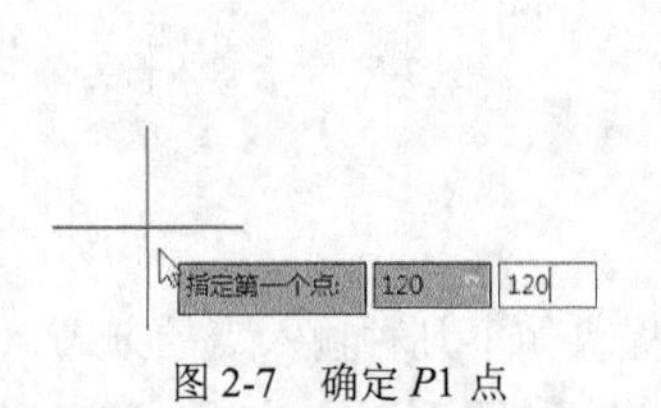

图 2-7　确定 *P*1 点

图 2-8　确定 *P*2 点

（3）拖动鼠标，然后在动态输入框中输入长度为 80，按 Tab 键切换到角度输入框，输入角度为 36，如图 2-9 所示，按 Enter 键确定 *P*3 点，也可以输入绝对坐标（#159.091,90.870），如图 2-10 所示，按 Enter 键确定 *P*3 点（绝对坐标方式）。

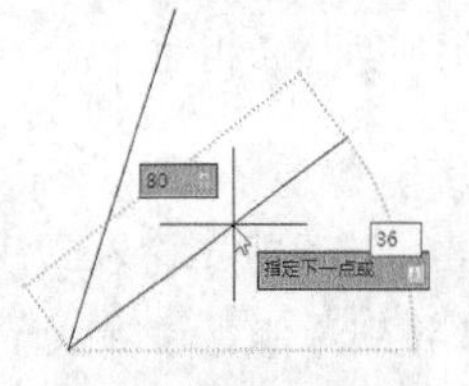

图 2-9　确定 *P*3 点

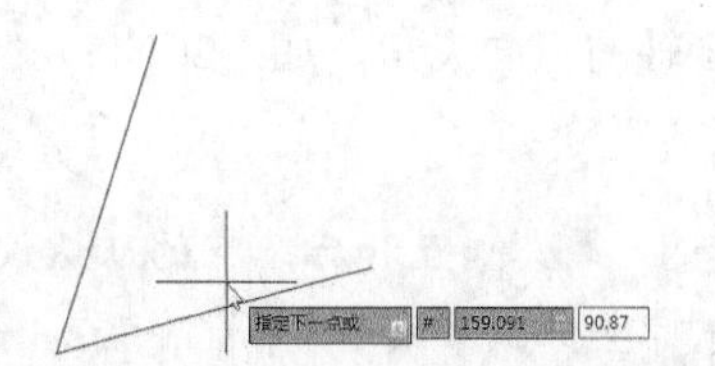

图 2-10　确定 *P*3 点（绝对坐标方式）

（4）拖动鼠标，然后在动态输入框中输入长度为 80，按 Tab 键切换到角度输入框，输入角度为 180，如图 2-11 所示，按 Enter 键确定 *P*4 点。

（5）拖动鼠标，然后在动态输入框中输入长度为 80，按 Tab 键切换到角度输入框，输入角度为 36，如图 2-12 所示，按 Enter 键确定 *P*5 点，也可以输入绝对坐标（#144.721,43.916），如图 2-13 所示，按 Enter 键确定 *P*5 点（绝对坐标方式）。

（6）拖动鼠标，直接捕捉 *P*1 点，也可以输入长度为 80，按 Tab 键切换到角度输入框，输入角度为 108，则完成绘制，如图 2-14 所示。

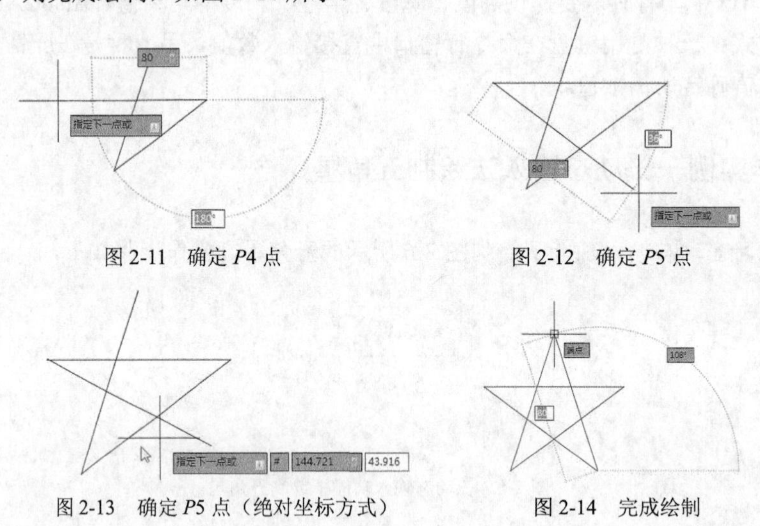

图 2-11　确定 *P*4 点

图 2-12　确定 *P*5 点

图 2-13　确定 *P*5 点（绝对坐标方式）

图 2-14　完成绘制

2.1.5　构造线

【执行方式】

☑ 命令行：xline。
☑ 菜单栏：选择菜单栏中的“绘图”→“构造线”命令。
☑ 工具栏：单击“绘图”工具栏中的“构造线”按钮。
☑ 功能区：单击“默认”选项卡“绘图”面板中的“构造线”按钮。

【操作步骤】

执行上述任一操作后，命令行提示与操作如下。

```
命令: _xline
指定点或[水平(H)/垂直(V)/角度(A)/二等分(B)/偏移(O)]:（指定根点1）
指定通过点:（指定通过点2，画一条双向无限长直线）
指定通过点: [继续指定点，继续画线，如图2-15（a）所示，按Enter键结束命令]
```

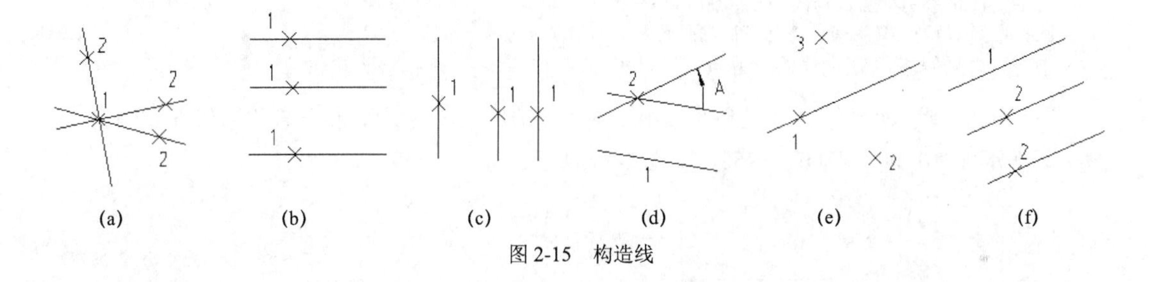

图 2-15　构造线

【选项说明】

（1）执行选项中有“指定点”“水平”“垂直”“角度”“二等分”“偏移”6 种方式绘制构造线，分别如图 2-15（a）～（f）所示。

（2）构造线模拟手工作图中的辅助作图线。用特殊的线型显示，在绘图输出时可不作输出。常用于辅助作图。

构造线的主要用途是作为辅助线进行绘制机械图三视图的，图 2-16 所示为应用构造线作为辅助线绘制机械图中三视图的绘图示例，应用构造线保证了三视图之间“主、俯视图长对正，主、左视图高平齐，俯、左视图宽相等”的对应关系。图 2-16 中细线为构造线，粗线为三视图轮廓线。

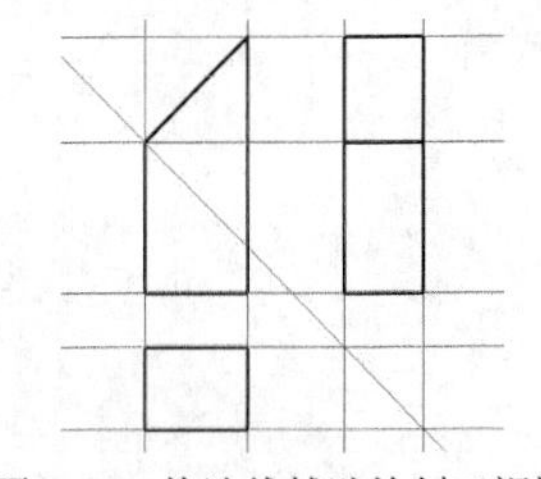

图 2-16　构造线辅助绘制三视图

2.1.6 操作实例——绘制轴线

利用“构造线”命令，绘制轴线，如图 2-17 所示，操作步骤如下。

（1）单击“默认”选项卡“绘图”面板中的“构造线”按钮，将水平构造线向上侧偏移，偏移距离分别为 2750、3000、3300，如图 2-18 所示。命令行提示与操作如下。

```
命令: _xline
指定点或[水平(H)/垂直(V)/角度(A)/二等分(B)/偏移(O)]: O
指定偏移距离或[通过(T)] <1500.0000>: 2750
选择直线对象:（选择水平构造线）
指定向哪侧偏移:（在直线的上方点取）
命令: _xline
指定点或[水平(H)/垂直(V)/角度(A)/二等分(B)/偏移(O)]: O
指定偏移距离或[通过(T)] <1500.0000>: 3000
选择直线对象:（选择偏移后水平构造线）
指定向哪侧偏移:（在直线的上方点取）
命令: _xline
指定点或[水平(H)/垂直(V)/角度(A)/二等分(B)/偏移(O)]: O
指定偏移距离或[通过(T)] <1500.0000>: 3300
选择直线对象:（选择第二次偏移后的水平构造线）
指定向哪侧偏移:（在直线的上方点取）
```

（2）单击“默认”选项卡“绘图”面板中的“构造线”按钮，将竖直构造线向右侧偏移，偏移距离分别为 1250、4200、1250，如图 2-17 所示。

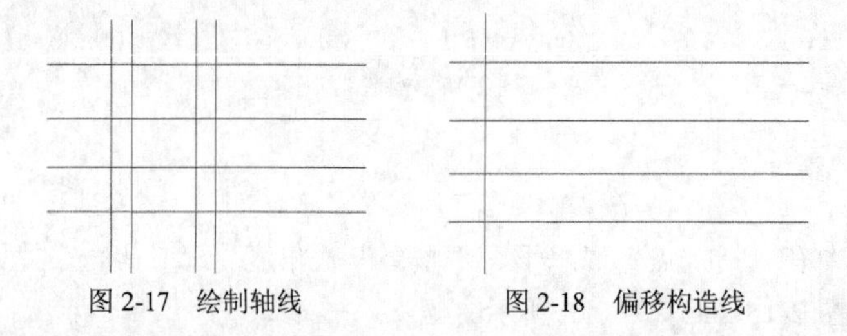

图 2-17 绘制轴线　　图 2-18 偏移构造线

2.2 圆类

圆类命令主要包括“圆”“圆弧”“椭圆”“椭圆弧”“圆环”等命令，这几个命令是 AutoCAD 中最简单的圆类命令。

2.2.1 绘制圆

【执行方式】

☑ 命令行：circle（快捷命令为 c）。

☑ 菜单栏：选择菜单栏中的“绘图”→“圆”命令。

☑ 工具栏：单击“绘图”工具栏中的“圆”按钮。

☑ 功能区：单击“默认”选项卡“绘图”面板中的“圆”按钮。

【操作步骤】

执行上述任一操作后，命令行提示与操作如下。

```
命令: _circle
指定圆的圆心或[三点(3P)/两点(2P)/切点、切点、半径(T)]:（指定圆心）
指定圆的半径或[直径(D)]:（直接输入半径数值或用鼠标指定半径长度）
指定圆的直径<默认值>:（输入直径数值或用鼠标指定直径长度）
```

【选项说明】

（1）三点（3P）：按指定圆周上三点的方法画圆。

（2）两点（2P）：按指定直径的两端点的方法画圆。

（3）切点、切点、半径（T）：按先指定两个相切对象，后给出半径的方法画圆。

2.2.2 操作实例——绘制定距环

定距环是机械零件中的一种典型的辅助轴向定位零件，绘制比较简单。它外观呈管状，前视图呈圆环状，利用“圆”命令绘制；俯视图呈矩形状，利用“直线”命令绘制；中心线利用“直线”命令绘制。绘制的定距环如图2-19所示，操作步骤如下。

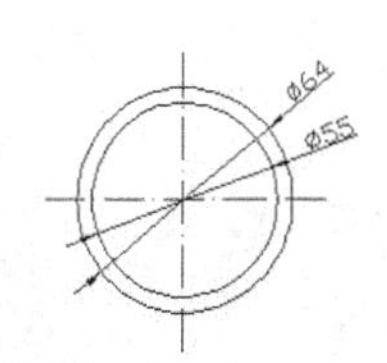

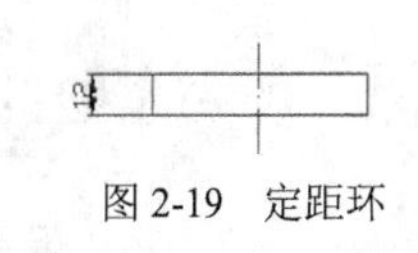

图2-19 定距环

1．设置图层

（1）在命令行输入layer，或者执行菜单栏中的“格式”→“图层”命令，或者单击“默认”选项卡“图层”面板中的“图层特性”按钮，①打开“图层特性管理器”对话框，如图2-20所示。

（2）②单击“新建”按钮，创建一个新的图层，把该图层的名字由默认的“图层1”③改为“中心线”，如图2-21所示。

（3）④单击“中心线”图层对应的“颜色”选项，⑤打开“选择颜色”对话框，⑥选择红色为该图层颜色，如图2-22所示。确认返回“图层特性管理器”对话框。

（4）⑦单击“中心线”图层对应的“线型”选项，⑧打开“选择线型”对话框，如图2-23所示。

（5）在“选择线型”对话框中，⑨单击“加载”按钮，⑩系统打开“加载或重载线型”对话框，⑪选择“CENTER”线型，如图2-24所示。⑫单击“确定”按钮退出对话框。⑬在“选择线型”对话框中选择“CENTER”（点划线）为该图层线型，确认返回“图层特性管理器”对话框。

（6）⑭单击“中心线”图层对应的“线宽”选项，⑮打开“线宽”对话框，⑯选择0.09mm线宽，如图2-25所示。确认退出对话框。

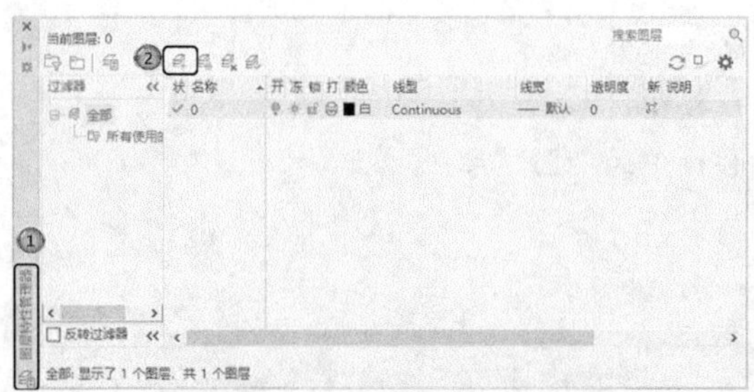

图 2-20 “图层特性管理器”对话框

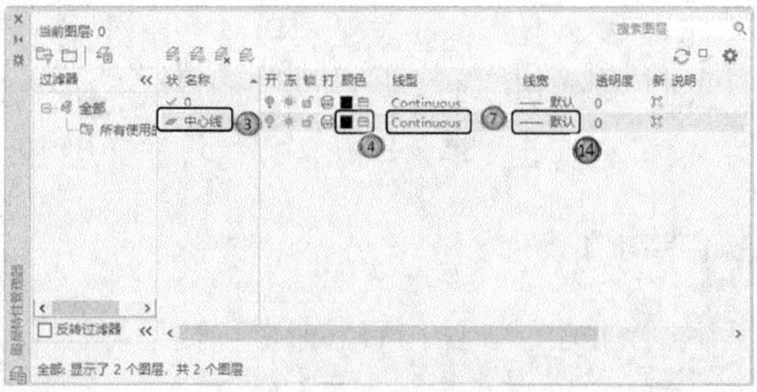

图 2-21 更改图层名

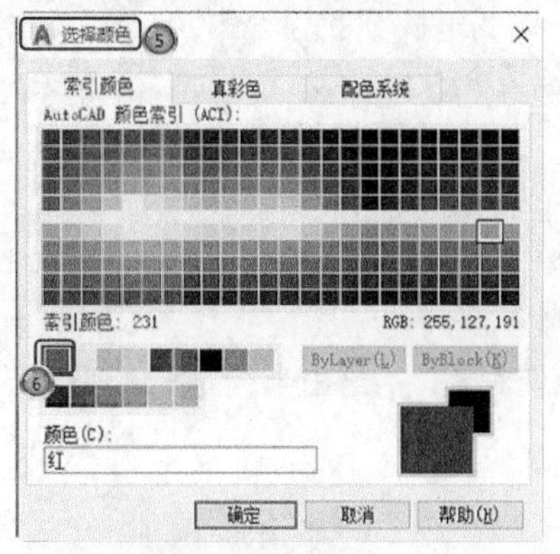

图 2-22 选择颜色

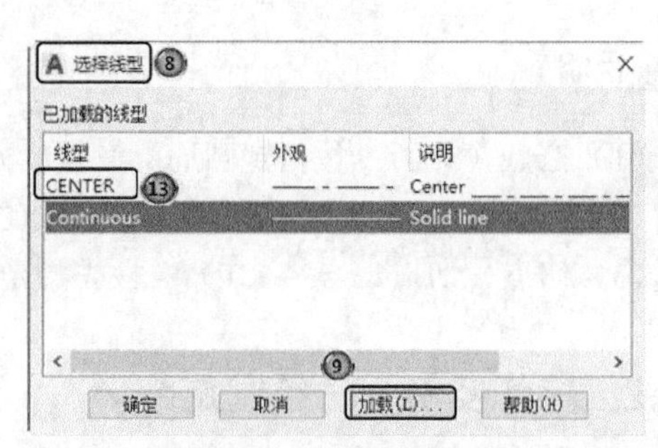

图 2-23 “选择线型”对话框

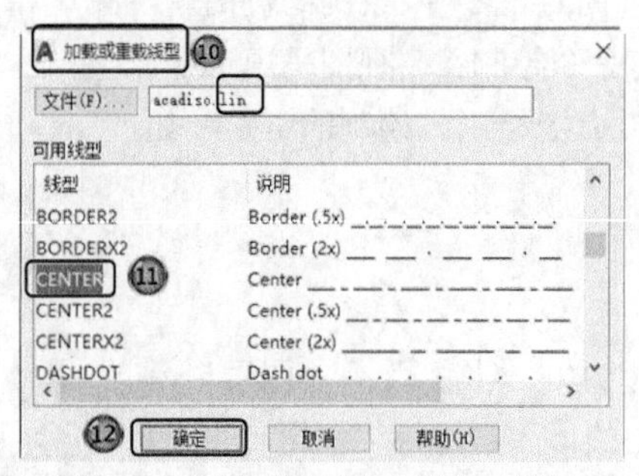

图 2-24 “加载或重载线型”对话框

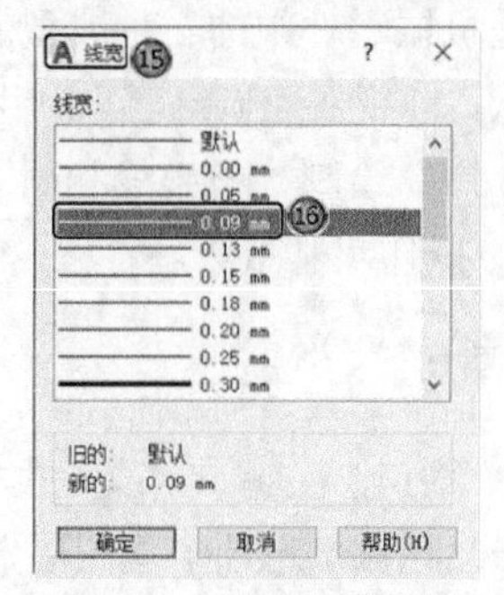

图 2-25 “线宽”对话框

（7）采用相同的方法再建立另一个新图层，命名为“轮廓线”。将“轮廓线”图层的颜色设置为红色，线型设置为 Continuous（实线）线型，线宽设置为 0.30mm，并且让两个图层均处于打开、解冻和解锁状态，图层各项设置如图 2-26 所示。

（8）选择“中心线”图层，单击“置为当前”按钮，将其设置为当前图层，关闭“图层特性管理器”对话框。

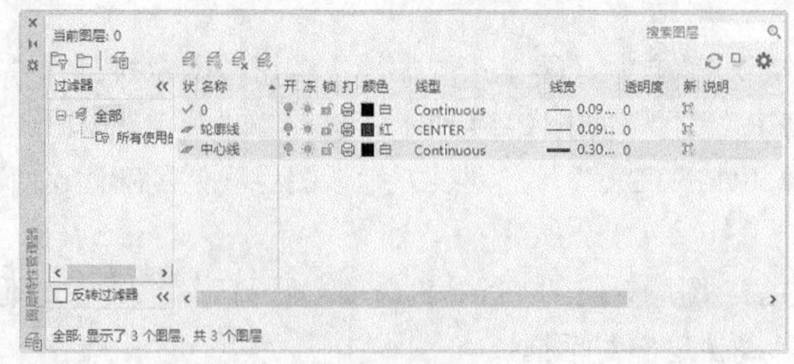

图 2-26 设置图层

2．绘制中心线

（1）绘制中心线。单击“默认”选项卡“绘图”面板中的“直线”按钮╱，或者在命令行中输入 line 命令后按 Enter 键，命令行提示与操作如下。

```
命令: _line
指定第一个点: 150,92
指定下一点或[放弃(U)]: 150,120
指定下一点或[退出(E)/放弃(U)]:↙
```

（2）使用同样的方法绘制另外两条中心线，中心线坐标点分别为[（100,200）、（200,200）]和[（150,150）、（150,250）]。

得到的效果如图 2-27 所示。

提示 “[]”中的坐标值表示执行一次命令输入的所有坐标值。

3．绘制定距环主视图

（1）切换图层。单击“默认”选项卡“图层”面板中的“图层”▼下拉按钮，弹出下拉窗口，如图 2-28 所示。在其中选择“轮廓线”图层，单击鼠标左键即可。

（2）绘制主视图。执行菜单栏中的“绘图”→“圆”→“圆心、半径”命令，或者单击“默认”选项卡“绘图”面板中的“圆”按钮⊙，命令行提示与操作如下。

```
命令: _circle
指定圆的圆心或[三点(3P)/两点(2P)/切点、切点、半径(T)]: 150,200
指定圆的半径或[直径(D)] : 27.5
```

使用同样的方法绘制另一个圆，圆心坐标为（150,200），半径为 32mm，得到的定距环主视图如图 2-29 所示。

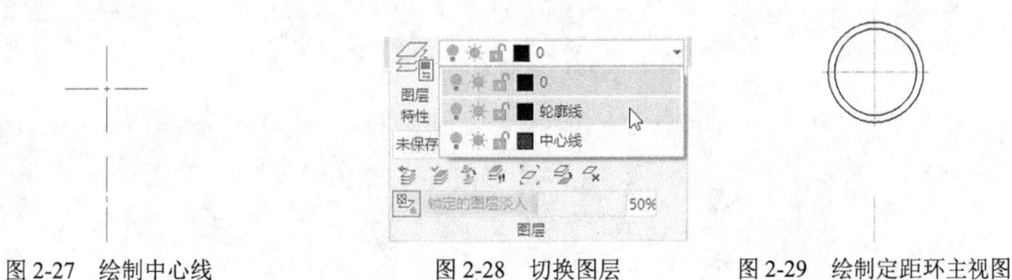

图 2-27　绘制中心线　　图 2-28　切换图层　　图 2-29　绘制定距环主视图

4．绘制定距环俯视图

执行菜单栏中的“绘图”→“直线”命令，或者单击“默认”选项卡“绘图”面板中的“直线”按钮╱，命令行提示与操作如下。

```
命令: _line
指定第一个点: 118,100
指定下一点或[放弃(U)]: 118,112
指定下一点或[退出(E)/放弃(U)]: 182,112
指定下一点或[关闭(C)/退出(X)/放弃(U)]: 182,100
```

```
指定下一点或[关闭(C)/退出(X)/放弃(U)]: C
```

结果如图 2-19 所示。

2.2.3 绘制圆弧

【执行方式】

☑ 命令行：arc（快捷命令为 a）。
☑ 菜单栏：选择菜单栏中的“绘图”→“圆弧”命令。
☑ 工具栏：单击“绘图”工具栏中的“圆弧”按钮 。
☑ 功能区：单击“默认”选项卡“绘图”面板中的“圆弧”按钮 。

【操作步骤】

执行上述任一操作后，命令行提示与操作如下。

```
命令: _arc
指定圆弧的起点或[圆心(C)]:（指定圆弧的起点）
指定圆弧的第二个点或[圆心(C)/端点(E)]:（指定圆弧的第二个点）
指定圆弧的端点:（指定圆弧的端点）
```

【选项说明】

（1）用命令行方式绘制圆弧时，可以根据系统提示单击不同的选项，具体功能和菜单栏中的“绘图”→“圆弧”子菜单提供的 11 种圆弧绘制方法相似。这 11 种方法绘制的圆弧分别如图 2-30（a）～（k）所示。

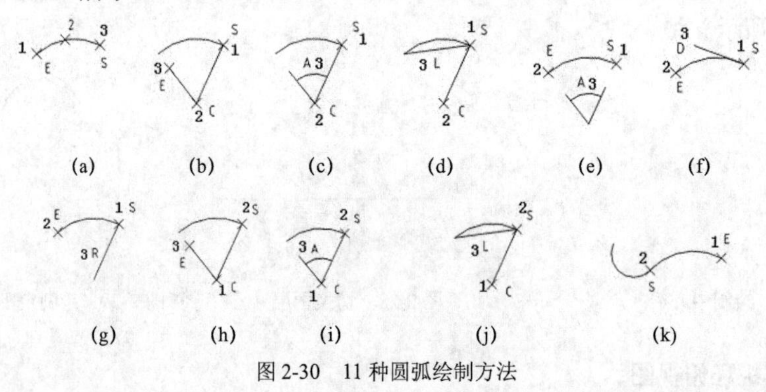

图 2-30　11 种圆弧绘制方法

（2）需要强调的是“继续”绘制方式，绘制的圆弧与上一线段或圆弧相切，因此提供端点即可。

2.2.4 绘制圆环

【执行方式】

☑ 命令行：donut（快捷命令为 do）。

☑ 菜单栏：选择菜单栏中的“绘图”→“圆环”命令。
☑ 功能区：单击“默认”选项卡“绘图”面板中的“圆环”按钮◎。

【操作步骤】

```
命令: _donut
指定圆环的内径<默认值>:（指定圆环内径）
指定圆环的外径<默认值>:（指定圆环外径）
指定圆环的中心点或<退出>:（指定圆环的中心点）
指定圆环的中心点或<退出>:（继续指定圆环的中心点，继续绘制具有相同内外径的圆环。按Enter键、空格键或单击右键，结束命令）
```

【选项说明】

若指定圆环内径为零，则画出实心填充圆。

2.2.5　绘制椭圆与椭圆弧

【执行方式】

☑ 命令行：ellipse（快捷命令为el）。
☑ 菜单栏：选择菜单栏中的“绘图”→“椭圆”→“圆弧”命令。
☑ 工具栏：单击“绘图”工具栏中的“椭圆”按钮或“椭圆弧”按钮。
☑ 功能区：单击“默认”选项卡“绘图”面板中的“椭圆”下拉菜单。

【操作步骤】

执行上述任一操作后，命令行提示与操作如下。

```
命令: _ellipse
指定椭圆的轴端点或[圆弧(A)/中心点(C)]:
指定轴的另一个端点:
指定另一条半轴长度或[旋转(R)]:
```

【选项说明】

1．指定椭圆的轴端点

根据两个轴端点，定义椭圆的第一条轴。第一条轴的角度确定了整个椭圆的角度。第一条轴既可定义为椭圆的长轴也可定义为椭圆的短轴。

2．旋转（R）

通过绕第一条轴旋转圆来创建椭圆。相当于将一个圆绕椭圆轴翻转一个角度后的投影视图。

3．中心点（C）

通过指定的中心点创建椭圆。

4. 椭圆弧（A）

该选项用于创建一段椭圆弧。其中第一条轴的角度确定了椭圆弧的角度。第一条轴既可定义为椭圆弧的长轴也可定义为椭圆弧的短轴。选择该项，命令行操作与提示如下。

```
命令: _ellipse
指定椭圆的轴端点或[圆弧(A)/中心点(C)]: A
指定椭圆弧的轴端点或[中心点(C)]:（指定端点或输入C）
指定轴的另一个端点:（指定另一端点）
指定另一条半轴长度或[旋转(R)]:（指定另一条半轴长度或输入R）
指定起点角度或[参数(P)]:（指定起点角度或输入P）
指定端点角度或[参数(P)/夹角(I)]:
```

其中各选项含义如下。

（1）起点角度：指定椭圆弧端点的两种方式之一，光标与椭圆中心点连线的夹角为椭圆弧端点位置的角度。

（2）参数（P）：指定椭圆弧端点的另一种方式，该方式同样是指定椭圆弧端点的角度，通过以下矢量参数方程式创建椭圆弧。

$$p(u) = c + a \times \cos u + b \times \sin u$$

其中 c 是椭圆的中心点，a 和 b 分别是椭圆的长轴和短轴，u 为光标与椭圆中心点连线的夹角。

（3）夹角（I）：定义从起点角度开始的夹角。

2.3 平面图形

2.3.1 绘制矩形

【执行方式】

☑ 命令行：rectang（快捷命令为 rec）。

☑ 菜单栏：选择菜单栏中的“绘图”→“矩形”命令。

☑ 工具栏：单击“绘图”工具栏中的“矩形”按钮 □。

☑ 功能区：单击“默认”选项卡“绘图”面板中的“矩形”按钮 □。

【操作步骤】

执行上述任一操作后，命令行提示与操作如下。

```
命令: _rectang
指定第一个角点或[倒角(C)/标高(E)/圆角(F)/厚度(T)/宽度(W)]:
指定另一个角点或[面积(A)/尺寸(D)/旋转(R)]:
```

【选项说明】

（1）第一个角点：通过指定两个角点来确定矩形，如图 2-31（a）所示。

（2）倒角（C）：指定倒角距离，绘制带倒角的矩形，如图 2-31（b）所示。每一个角点的逆时针和顺时针方向的倒角可以相同，也可以不同，其中第一个倒角距离是指角点逆时针方向的倒角距离，第二个倒角距离是指角点顺时针方向的倒角距离。

（3）圆角（F）：指定圆角半径，绘制带圆角的矩形，如图 2-31（c）所示。

（4）厚度（T）：指定矩形的厚度，如图 2-31（d）所示。

（5）宽度（W）：指定矩形的线宽，如图 2-31（e）所示。

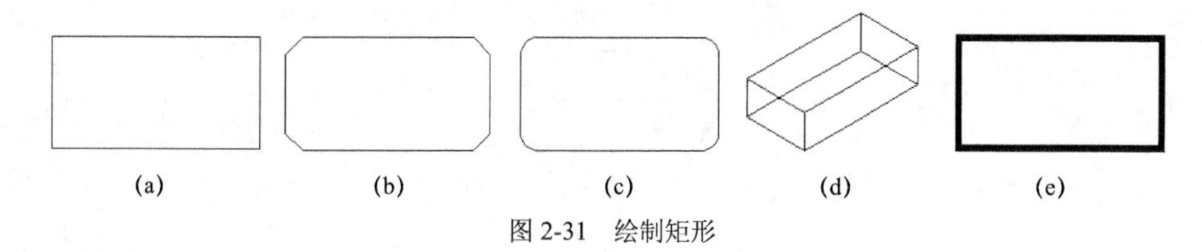

图 2-31　绘制矩形

（6）尺寸（D）：使用长和宽创建矩形。第二个指定点将矩形定位在与第一角点相关的 4 个位置之一内。

2.3.2　绘制正多边形

【执行方式】

☑ 命令行：polygon（快捷命令为 pol）。
☑ 菜单栏：选择菜单栏中的“绘图”→“多边形”命令。
☑ 工具栏：单击“绘图”工具栏中的“多边形”按钮。
☑ 功能区：单击“默认”选项卡“绘图”面板中的“多边形”按钮。

【操作步骤】

执行上述任一操作后，命令行提示与操作如下。

```
命令: _polygon
输入侧面数<4>:（指定多边形的边数，默认值为4）
指定正多边形的中心点或[边(E)]:（指定中心点）
输入选项[内接于圆(I)/外切于圆(C)]<I>: [指定多边形是内接于圆或外切于圆，I表示内接于圆，如图2-32（a）所示；C表示外切于圆，如图2-32（b）所示]
指定圆的半径:（指定外接圆或内切圆的半径）
```

【选项说明】

如果选择“边”选项，则只要指定多边形的一条边，系统就会按逆时针方向创建该正多边形，如图 2-32（c）所示。

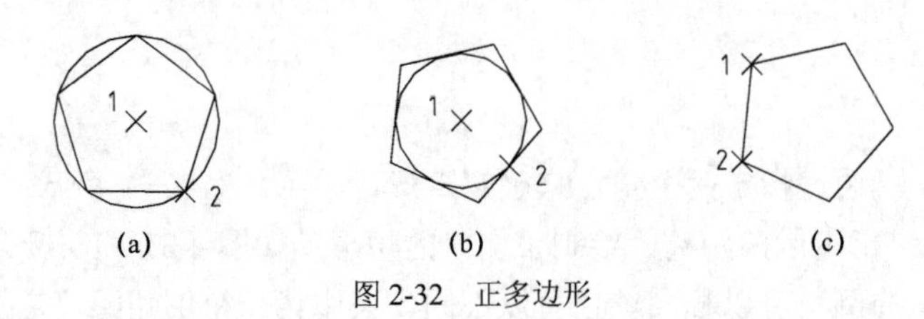

图 2-32　正多边形

2.3.3　操作实例——绘制螺母

利用“多边形”“圆”“直线”命令绘制图 2-33 所示的螺母，操作步骤如下。

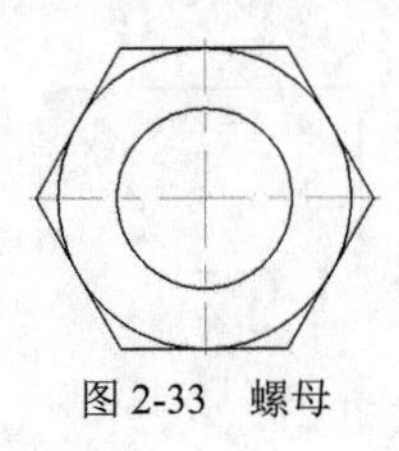

图 2-33　螺母

1. 设置图层

单击“默认”选项卡“图层”面板中的“图层特性”按钮，打开“图层特性管理器”对话框。新建“轮廓线”图层和“中心线”图层 2 个图层，图层设置如图 2-34 所示。

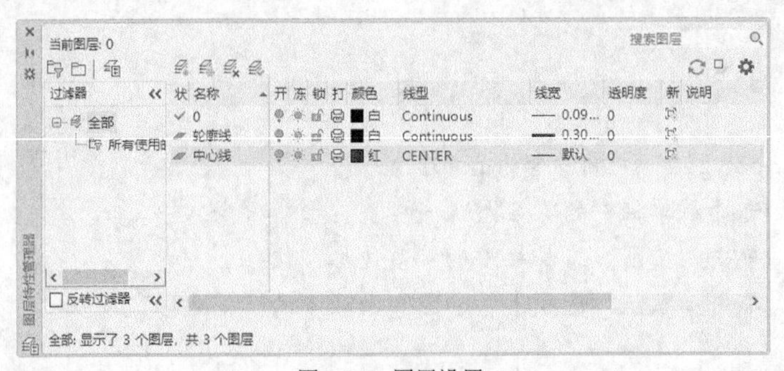

图 2-34　图层设置

2. 绘制中心线

将“中心线”图层设置为当前图层，单击“默认”选项卡“绘图”面板中的“直线”按钮，绘制中心线，端点坐标值分别为[（90,150）、（210,150）]、[（150,90）、（150,210）]。

3. 绘制螺母轮廓

将“轮廓线”图层设置为当前图层。

（1）单击“默认”选项卡“绘图”面板中的“圆”按钮，以（150,150）为中心，以 50 为半径绘制一个圆，得到的结果如图 2-35 所示。

（2）单击“默认”选项卡“绘图”面板中的“多边形”按钮，绘制正六边形，命令行提示与操作如下。

```
命令: _polygon
输入侧面数[4]: 6
指定正多边形的中心点或[边(E)]: 150,150
输入选项[内接于圆(I)/外切于圆(C)] <I>: C
指定圆的半径: 50
```

得到的结果如图 2-36 所示。

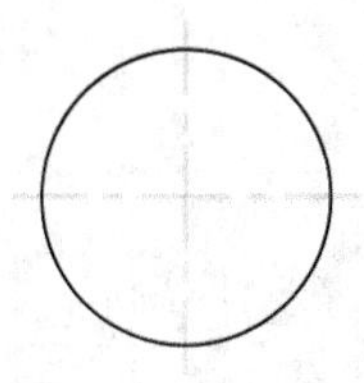

图 2-35　绘制圆

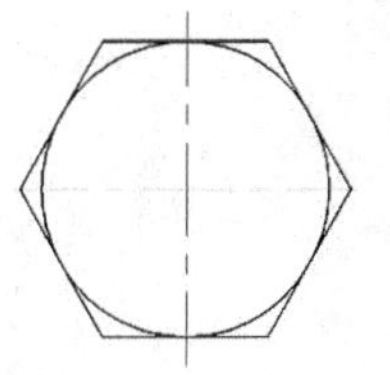

图 2-36　绘制正六边形

（3）同样以（150,150）为中心，以 30 为半径绘制另一个圆，结果如图 2-33 所示。

2.4 点

点在 AutoCAD 中有多种不同的表示方式，可以根据需要进行设置。也可以设置等分点和测量点。

2.4.1　绘制点

【执行方式】

☑ 命令行：point（快捷命令为 po）。
☑ 菜单栏：选择菜单栏中的“绘图”→“点”→“单点”或“多点”命令。
☑ 工具栏：单击“绘图”工具栏中的“点”按钮∴。
☑ 功能区：单击“默认”选项卡“绘图”面板中的“多点”按钮∴。

【操作步骤】

执行上述任一操作后，命令行提示与操作如下。

```
命令: _point
指定点:（指定点所在的位置）
```

【选项说明】

（1）通过“点”子菜单方法绘制点时，“单点”选项表示只输入一个点，“多点”选项表示可输入多个点，绘制点步骤如图 2-37 所示。

（2）可以打开状态栏中的“对象捕捉”开关设置点捕捉模式，帮助用户拾取点。

（3）点在图形中的表示样式，共有 20 种。可通过执行命令 ddptype 或单击菜单栏中的“格式”→“点样式”选项，弹出“点样式”对话框来设置点在图形中的表示样式，如图 2-38 所示。

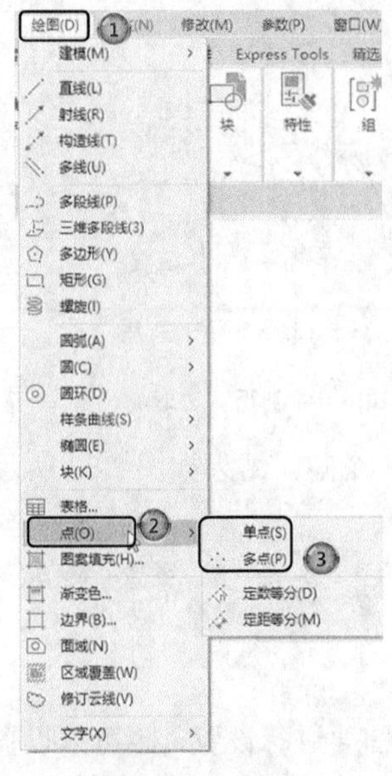

图 2-37 “点”子菜单

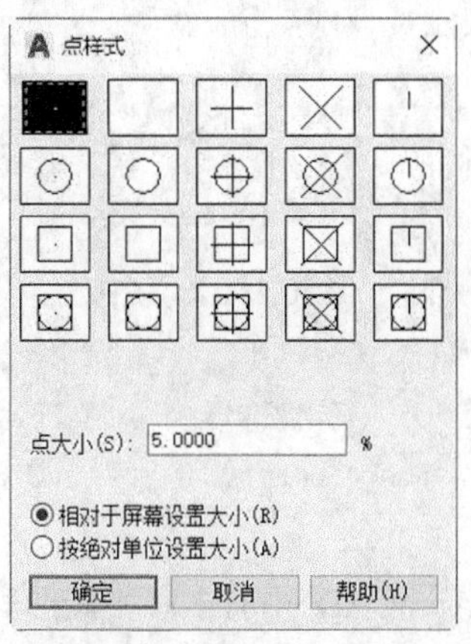

图 2-38 “点样式”对话框

2.4.2 等分点

【执行方式】

☑ 命令行：divide（快捷命令为 div）。

☑ 菜单栏：选择菜单栏中的“绘制”→“点”→“定数等分”命令。

☑ 功能区：单击“默认”选项卡“绘图”面板中的“定数等分”按钮。

【操作步骤】

执行上述任一操作后，命令行提示与操作如下。

```
命令: _divide
选择要定数等分的对象:（选择要等分的实体）
输入线段数目或[块(B)]:（指定实体的等分数）
```

【选项说明】

（1）等分数范围为 2～32 767。

（2）在等分点处，按当前点样式设置画出等分点。

（3）在命令行提示选择“块（B）”选项时，表示在等分点处插入指定的块。

2.4.3　测量点

【执行方式】

☑　命令行：measure（快捷命令为 me）。

☑　菜单栏：选择菜单栏中的“绘制”→“点”→“定距等分”命令。

☑　功能区：单击“默认”选项卡“绘图”面板下的“定距等分”按钮。

【操作步骤】

执行上述任一操作后，命令行提示与操作如下。

```
命令: _measure
选择要定距等分的对象:（选择要设置测量点的实体）
指定线段长度或[块(B)]:（指定分段长度）
```

【选项说明】

（1）设置的起点一般是指定线的绘制起点。

（2）在第二提示行选择“块（B）”选项时，表示在测量点处插入指定的块，后续操作与等分点类似。

（3）在等分点处，按当前点样式设置绘制测量点。

（4）最后一个测量段的长度不一定等于指定分段长度。

2.4.4　操作实例——绘制外六角头螺栓

绘制图 2-39 所示的外六角头螺栓，操作步骤如下。

（1）单击“默认”选项卡“图层”面板中的“图层特性”按钮，打开“图层特性管理器”对话框，新建 2 个图层，分别为“中心线”图层和“粗实线”图层，各个图层属性如图 2-40 所示。

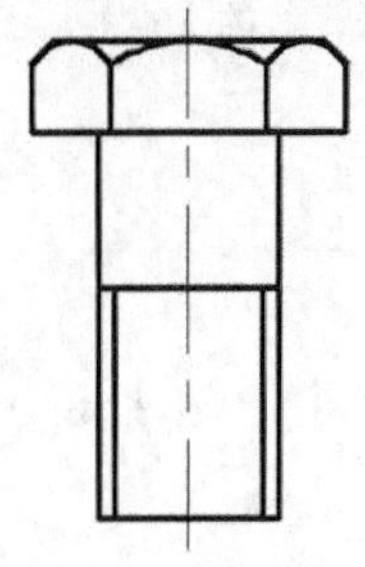

图 2-39　外六角头螺栓

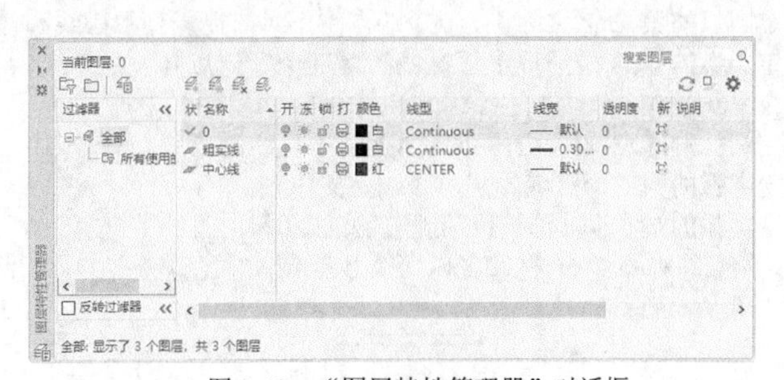

图 2-40　“图层特性管理器”对话框

（2）将“中心线”图层设置为当前图层。单击“默认”选项卡“绘图”面板中的“直线”按钮，指定直线的坐标为（0,8）和（0,-27），作为竖直的中心线。

（3）将“粗实线”图层设置为当前图层。单击“默认”选项卡“绘图”面板中的“直线”按钮，指定直线的坐标分别为[（-10.5,0）、（10.5,0）、（10.5,4.5）、（9,6）、（-9,6）、（-10.5,4.5）、（-10.5,0）、C]和[（-10.5,4.5）、（10.5,4.5）]，C 表示绘制的直线闭合，绘制螺栓上半部分图形，如图 2-41 所示。

（4）执行菜单栏中“格式”→“点样式”命令，打开图 2-42 所示的对话框，将点的样式设置为“×”形样式，单击“确定”按钮，返回绘图状态。

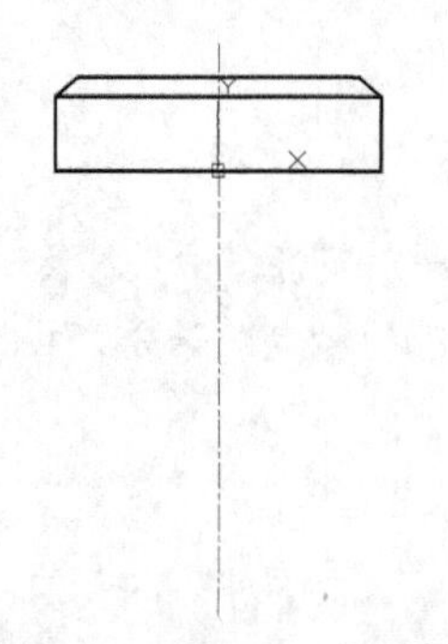

图 2-41　绘制螺栓上半部分

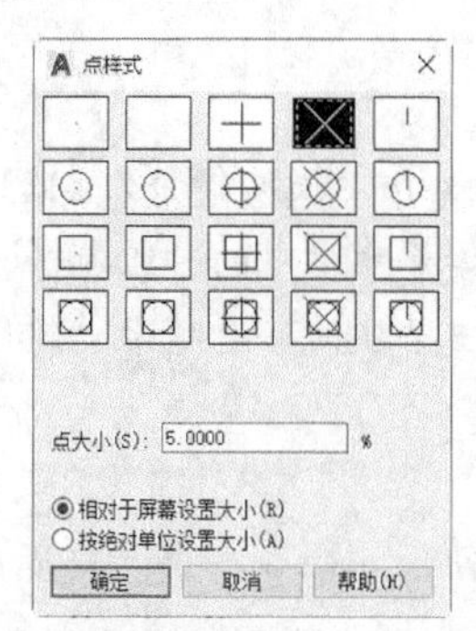

图 2-42　“点样式”对话框

（5）单击“默认”选项卡“绘图”面板中的“定数等分”按钮，选择水平直线，将直线等分为 4 段，结果如图 2-43 所示。命令行提示与操作如下。

```
命令: _divide
选择要定数等分的对象:（选择水平直线）
输入线段数目或[块(B)]: 4
```

使用相同的方法，将另外一条水平直线也进行定数等分。

（6）单击“默认”选项卡“绘图”面板中的“圆弧”按钮，指定圆弧的三点，绘制圆弧，如图 2-44 所示，命令行提示与操作如下。

```
命令: _arc
指定圆弧的起点或[圆心(C)]:（捕捉最左侧竖直直线和斜向直线的交点）
指定圆弧的第二个点或[圆心(C)/端点(E)]: E
指定圆弧的端点:（捕捉水平直线的第一个等分点）
指定圆弧的中心点(按住 Ctrl 键以切换方向)或[角度(A)/方向(D)/半径(R)]:（按住Ctrl 键，指定圆弧上的点）
命令: _arc
指定圆弧的起点或[圆心(C)]:（捕捉水平直线的第一个等分点）
指定圆弧的第二个点或[圆心(C)/端点(E)]:（捕捉竖直中心线和最上侧水平直线的交点）
指定圆弧的端点:（捕捉水平直线的第三个等分点）
命令: _arc
指定圆弧的起点或[圆心(C)]:（捕捉水平直线的第三个等分点）
指定圆弧的第二个点或[圆心(C)/端点(E)]: E
指定圆弧的端点:（捕捉最右侧竖直直线和斜向直线的交点）
指定圆弧的中心点(按住Ctrl键以切换方向)或[角度(A)/方向(D)/半径(R)]:（按住 Ctrl 键，指定圆弧上的点）
```

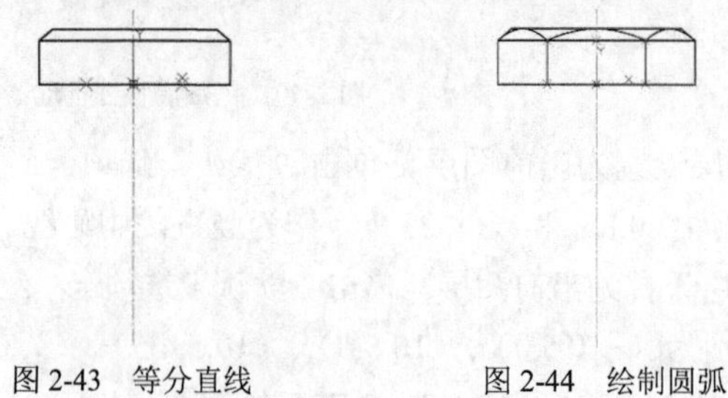

图 2-43　等分直线　　　　图 2-44　绘制圆弧

（7）执行菜单栏中“格式”→“点样式”命令，打开图2-45所示的“点样式”对话框，将点样式设置为第一行的第二种，单击“确定”按钮，返回绘图状态。

（8）单击“默认”选项卡“绘图”面板中的“直线”按钮，指定直线的坐标分别为[（6,0）、（@0,-25）、（@-12,0）、（@0,25）]和[（-6,-10）、（6,-10）]，绘制螺栓下半部分图形，如图2-46所示。

（9）将“细实线”图层设置为当前的图层。单击“默认”选项卡“绘图”面板中的“直线”按钮，指定直线的坐标分别为[（-5,-10）、（-5,-25）]和[（5,-10）、（5,-25）]，绘制两条直线，补全螺栓的下半部分。

（10）选择上面第二条水平线，按下Delete键，删除该直线，最终效果如图2-39所示。

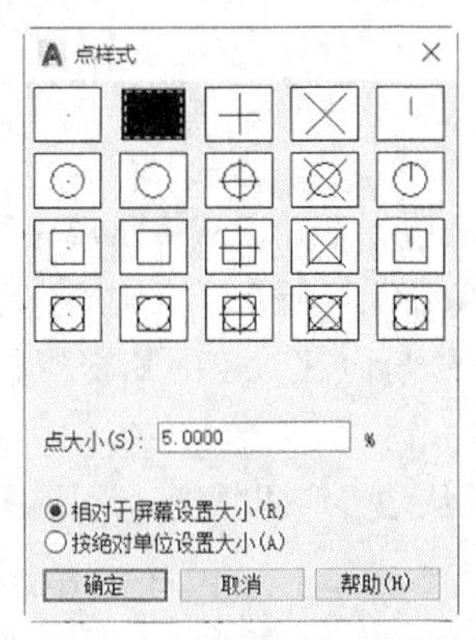

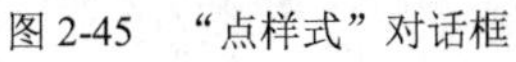
图2-45　“点样式”对话框

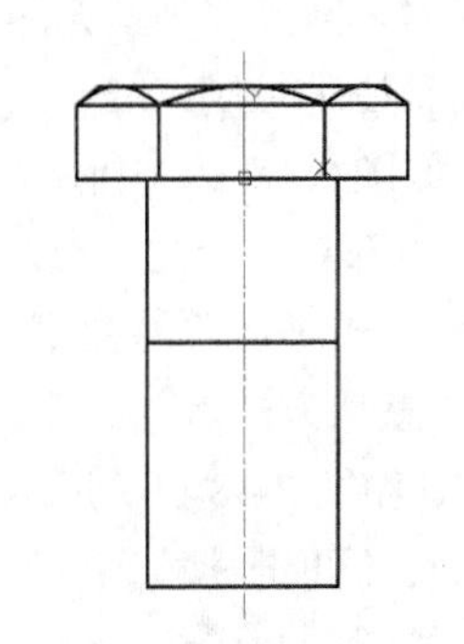
图2-46　绘制螺栓下半部分

2.5 图案填充

当用户需要用一个重复的图案（pattern）填充一个区域时，可以使用bhatch命令，创建一个相关联的填充阴影对象，即所谓的图案填充。

【预习重点】

☑ 观察图案填充结果。
☑ 了解填充样例对应的含义。
☑ 确定边界选择要求。
☑ 了解对话框中参数的含义。

2.5.1 基本概念

1. 图案边界

当进行图案填充时，首先要确定填充图案的边界。定义图案边界的对象只能是直线、双向射线、单向射线、多义线、样条曲线、圆弧、圆、椭圆、椭圆弧、面域等对象或用这些对象定义的块，而且作为图案边界的对象在当前图层上必须全部可见。

2. 孤岛

在进行图案填充时，我们把位于总填充区域内的封闭区称为孤岛，如图 2-47 所示。在使用 bhatch 命令进行图案填充时，AutoCAD 系统允许用户以拾取点的方式确定填充图案边界，即在希望填充的图案区域内任意拾取一点，系统会自动确定出填充图案的边界，同时也确定该图案边界内的孤岛。如果用户以选择对象的方式确定填充图案边界，则必须确切地选取这些孤岛。

3. 图案填充方式

在进行图案填充时，需要控制填充的范围，AutoCAD 系统为用户设置了以下 3 种图案填充方式，以实现对填充范围的控制。

（1）普通方式。如图 2-48（a）所示，该方式从边界开始，从每条填充线或每个填充符号的两端向里填充，遇到内部对象与之相交时，填充线或符号断开，直到遇到下一次相交时再继续填充。采用这种填充方式时，要避免剖面线或符号与内部对象的相交次数为奇数，该方式为 AutoCAD 系统内部的默认方式。

（2）最外层方式。如图 2-48（b）所示，该方式从边界向里填充，只要边界内部与对象相交，剖面符号就会断开，而不再继续填充。

（3）忽略方式。如图 2-48（c）所示，该方式忽略边界内的对象，所有内部结构都被剖面符号覆盖。

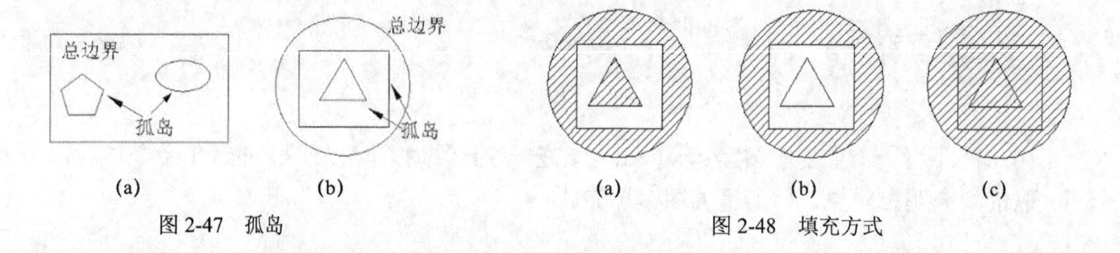

图 2-47　孤岛　　图 2-48　填充方式

2.5.2　添加图案填充

【执行方式】

☑　命令行：bhatch（快捷命令为 bh）。
☑　菜单栏：选择菜单栏中的“绘图”→“图案填充”命令。
☑　工具栏：单击“绘图”工具栏中的“图案填充”按钮。
☑　功能区：单击“默认”选项卡“绘图”面板“图案填充”按钮。

【操作步骤】

执行上述任一操作后，AutoCAD 系统打开图 2-49 所示的“图案填充创建”选项卡。

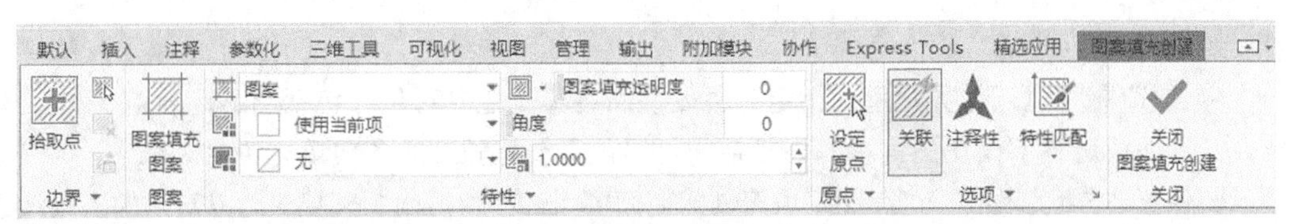

图 2-49　“图案填充创建”选项卡

【选项说明】

1.“边界”面板

（1）拾取点：通过选择由一个或多个对象形成的封闭区域内的点，确定图案填充边界（如图 2-50 所示）。指定内部点时，可以随时在绘图区域中单击鼠标右键以显示包含多个选项的快捷菜单。

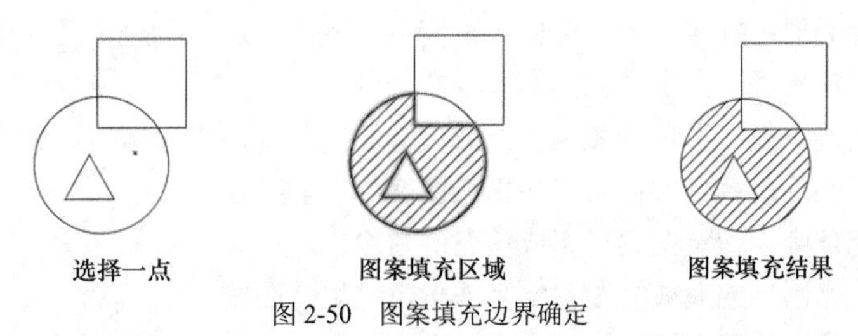

图 2-50　图案填充边界确定

（2）选取边界对象：指定基于选定对象的图案填充边界。使用该选项时，不会自动检测内部对象，必须选取图案填充边界内的对象，以按照当前孤岛检测样式填充这些对象（如图 2-51 所示）。

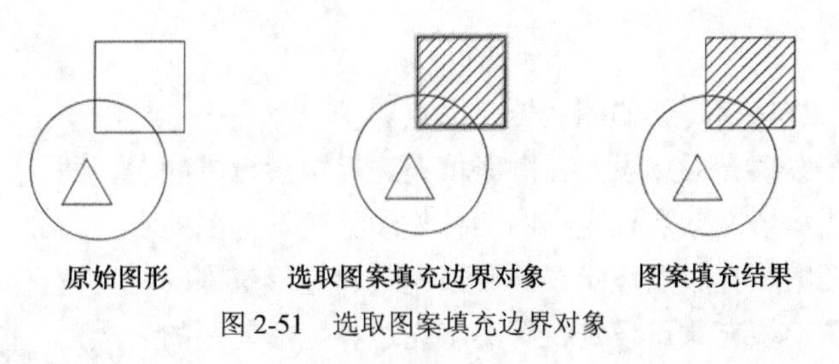

图 2-51　选取图案填充边界对象

（3）删除边界对象：从边界定义中删除之前添加的任何对象（如图 2-52 所示）。

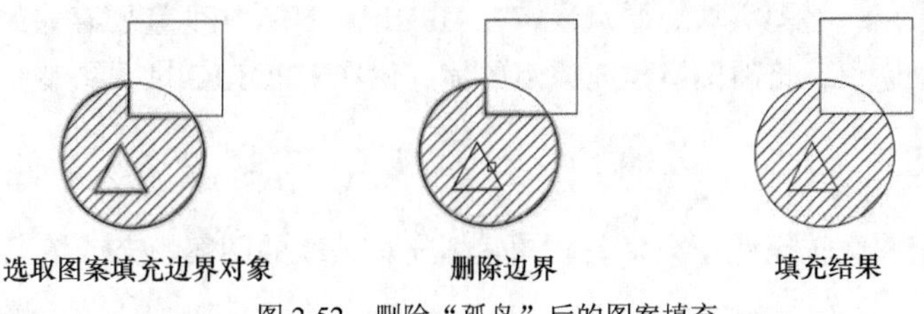

图 2-52　删除“孤岛”后的图案填充

（4）重新创建边界：围绕选定的图案填充或填充对象创建多段线或面域，并使其与图案填充对象相关联（可选）。

（5）显示边界对象：选择构成选定关联图案填充对象的边界对象，使用显示的夹点可修改图案填充边界。

（6）保留图案填充边界对象：指定如何处理图案填充边界对象。包括以下选项。

① 不保留边界：仅在图案填充创建期间可用，不创建独立的图案填充边界对象。

② 保留边界-多段线：仅在图案填充创建期间可用，创建封闭图案填充边界对象的多段线。

③ 保留边界-面域：仅在图案填充创建期间可用，创建封闭图案填充边界对象的面域对象。

（7）选择新边界集：指定图案填充边界对象的有限集（称为边界集），以便通过创建图案填充时的拾取点进行计算。

2.“图案”面板

显示所有预定义和自定义图案的预览图像。

3.“特性”面板

（1）图案填充类型：指定是使用纯色、渐变色、图案，还是用户定义的填充类型。

（2）图案填充背景色：指定填充图案背景的颜色。

（3）图案填充透明度：设定新图案填充或填充的透明度，替代当前对象的透明度。

（4）图案填充颜色：替代实体填充和填充图案的当前颜色。

（5）图案填充角度：指定图案填充或填充的角度。

（6）填充图案比例：放大或缩小预定义或自定义填充图案 。

（7）交叉线：将绘制第二组直线，与原始直线成 90°，从而构成交叉线（仅当“图案填充类型”设定为“用户定义”时可用）。

（8）ISO 笔宽：基于选定的笔宽缩放 ISO 图案（仅对于预定义的 ISO 图案可用）。

4.“原点”面板

（1）设定原点：直接指定新的图案填充原点。

（2）左下：将图案填充原点设定在图案填充边界矩形范围的左下角。

（3）右下：将图案填充原点设定在图案填充边界矩形范围的右下角。

（4）左上：将图案填充原点设定在图案填充边界矩形范围的左上角。

（5）右上：将图案填充原点设定在图案填充边界矩形范围的右上角。

（6）中心：将图案填充原点设定在图案填充边界矩形范围的中心。

（7）使用当前原点：将图案填充原点设定在 HPORIGIN 系统变量中存储的默认位置。

（8）存储为默认原点：将新图案填充原点的值存储在 HPORIGIN 系统变量中。

5.“选项”面板

（1）关联：指定图案填充或填充为关联图案填充。关联的图案填充或填充在用户修改其边界对象时将会更新。

（2）注释性：指定图案填充为注释性。此特性会自动完成缩放注释过程，从而使注释能够以正确的大小在图纸上打印或显示。

（3）特性匹配。

① 使用当前图案填充原点：使用选定图案填充对象（除图案填充原点外）设定图案填充的特性。

② 使用源图案填充的原点：使用选定图案填充对象（包括图案填充原点）设定图案填充的特性。

（4）创建独立的图案填充：控制当指定了几个单独的闭合边界时，是创建单个图案填充对象，还是创建多个图案填充对象。

（5）孤岛检测。

① 普通孤岛检测：从外部边界向内填充。如果遇到内部孤岛，图案填充将关闭，直到遇到孤岛中的另一个孤岛。

② 外部孤岛检测：从外部边界向内填充。该选项仅填充指定的区域，不会影响内部孤岛。

③ 忽略孤岛检测：忽略所有内部的对象，填充图案时将填充这些对象。

6. “关闭”面板

关闭图案填充创建按钮：单击此按钮可退出图案填充并关闭上下文选项卡。也可以按 Enter 键或 Esc 键退出图案填充。

2.5.3 操作实例——绘制弯头截面

绘制图 2-53 所示的弯头截面，操作步骤如下。

（1）单击“默认”选项卡“图层”面板中的“图层特性”按钮，弹出“图层特性管理器”对话框，新建如下 3 个图层。

① 第 1 图层命名为“轮廓线”图层，线宽为 0.30mm，其余属性默认。

② 第 2 图层命名为“剖面线”图层，颜色为蓝色，其余属性默认。

③ 第 3 图层命名为“中心线”图层，颜色为红色，线型为 CENTER，其余属性默认，结果如图 2-54 所示。

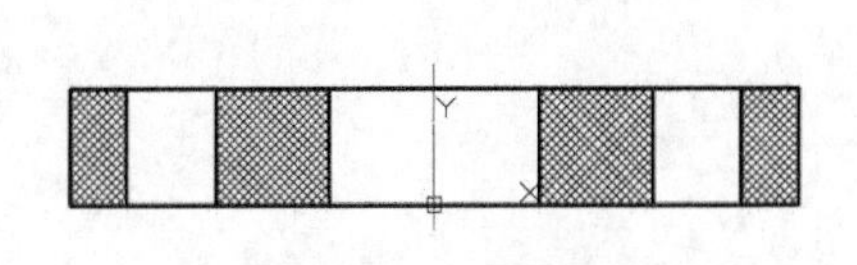

图 2-53　弯头截面

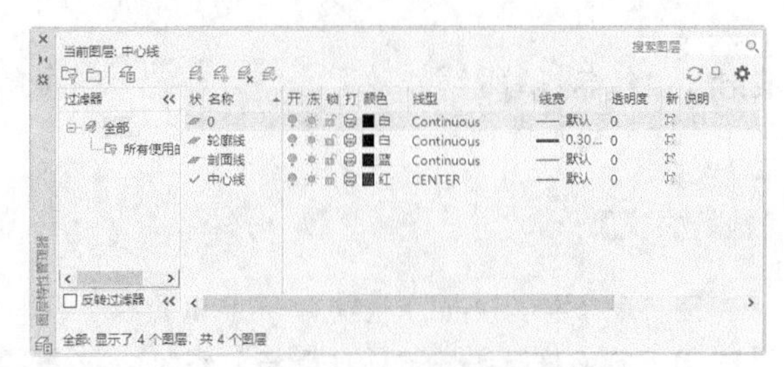

图 2-54　图层设置

（2）将“中心线”图层设置为当前图层。单击“默认”选项卡“绘图”面板中的“直线”按钮，绘制一条中心线，端点坐标分别为（0,-3）和（0,17），如图 2-55 所示。

（3）将“轮廓线”图层设置为当前图层。单击“默认”选项卡“绘图”面板中的“矩形”按钮，绘制一个角点坐标分别为（-45,14）和（45,0）的矩形，如图 2-56 所示。

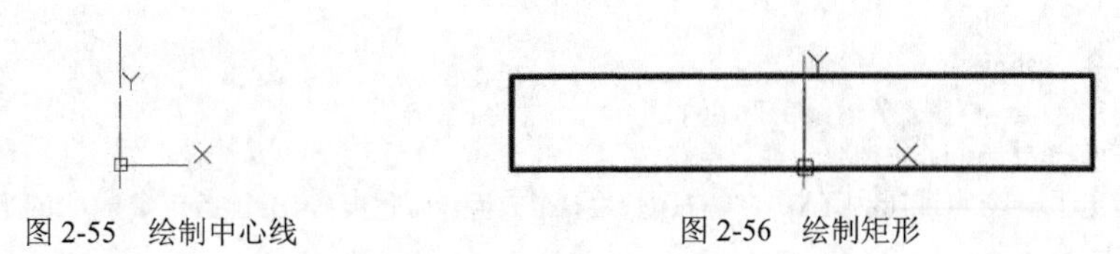

图 2-55　绘制中心线　　图 2-56　绘制矩形

（4）单击“默认”选项卡“绘图”面板中的“直线”按钮╱，绘制6条直线，直线的坐标分别为[（-38,0）、（-38,14）]、[（-27,0）、（-27,14）]、[（-13,0）、（-13,14）]、[（13,0）、（13,14）]、[（27,0）、（27,14）]和[（38,0）、（38,14）]，结果如图2-57所示。

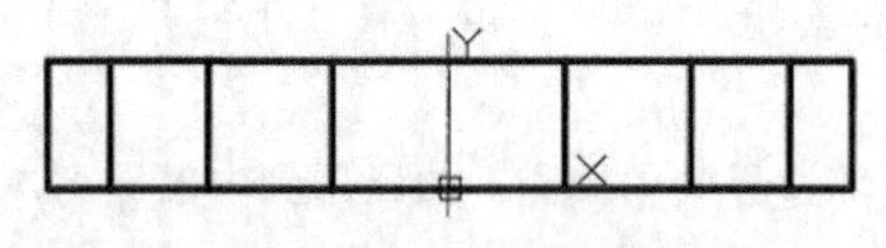

图2-57　绘制6条直线

（5）将“剖面线”图层设置为当前图层。单击“默认”选项卡“绘图”面板中的“图案填充”按钮，①打开图2-58所示的“图案填充创建”选项卡，②在“图案填充图案”下拉列表中选择“ANSI37”，③填充图案比例设置为0.25，选择图案填充的区域，结果如图2-53所示。

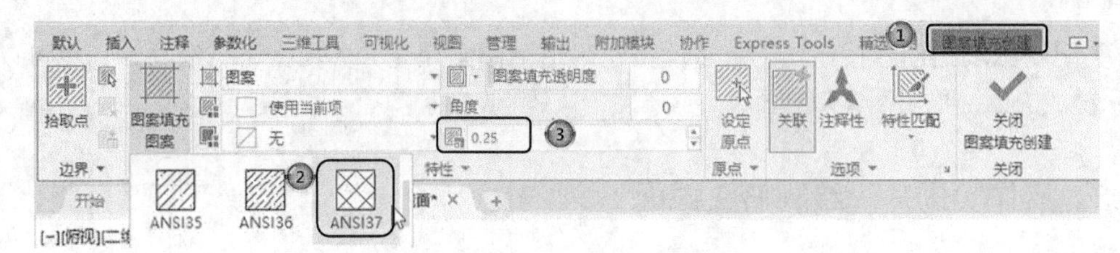

图2-58　“图案填充创建”选项卡

2.6 多段线

多段线是一种由线段和圆弧组合而成的，拥有不同线宽的多线。多段线组合形式的多样和线宽的不同，弥补了直线或圆弧功能的不足，适合绘制各种复杂的图形轮廓，因而得到了广泛的应用。

2.6.1 绘制多段线

【执行方式】

☑ 命令行：pline（快捷命令为pl）。
☑ 菜单栏：选择菜单栏中的“绘图”→“多段线”命令。
☑ 工具栏：单击“绘图”工具栏中的“多段线”按钮。
☑ 功能区：单击“默认”选项卡“绘图”面板中的“多段线”按钮。

【操作步骤】

执行上述任一操作后，命令行提示与操作如下。

```
命令: _pline
指定起点:（指定多段线的起点）
当前线宽为0.0000
指定下一个点或[圆弧(A)/半宽(H)/长度(L)/放弃(U)/宽度(W)]:（指定多段线的下一点）
```

【选项说明】

多段线主要由不同长度的连续的线段或圆弧组成，如果在上述提示中执行“圆弧”命令，则命令行提示如下。

```
指定圆弧的端点(按住Ctrl键以切换方向)或[角度(A)/圆心(CE)/方向(D)/半宽(H)/直线(L)/半径(R)/第二个点(S)/放弃(U)/宽度(W)]:
```

2.6.2 操作实例——绘制电磁管密封圈

绘制图2-59所示的电磁管密封圈，操作步骤如下。

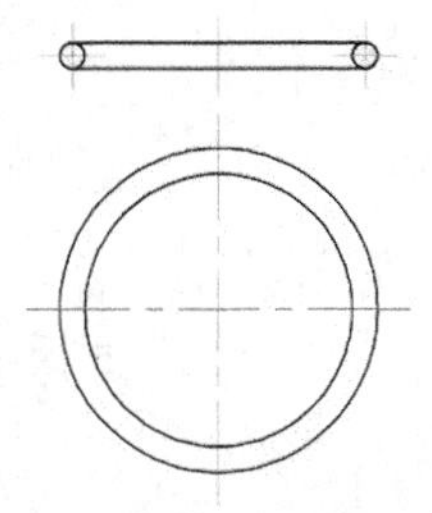

图2-59 绘制电磁管密封圈

（1）创建图层。单击“默认”选项卡“图层”面板中的“图层特性”按钮，创建3个图层，①分别为“中心线”图层、“实体线”图层和“剖面线”图层，②其中“中心线”图层的颜色设置为红色，③线型为CNTER，④线宽为默认；⑤“实体线”图层的颜色设置为白色，⑥线型为Continuous，⑦线宽为0.30mm，“剖面线”图层为软件默认的属性，如图2-60所示。

（2）绘制中心线。

① 切换图层。将“中心线”图层设置为当前图层。

② 绘制中心线。单击“默认”选项卡“绘图”面板中的“直线”按钮，绘制长度为30的水平和竖直直线，水平直线坐标分别为（-15,0）和（15,0），竖直直线坐标分别为（0,15）和（0,-15），其中点在坐标原点，结果如图2-61所示。

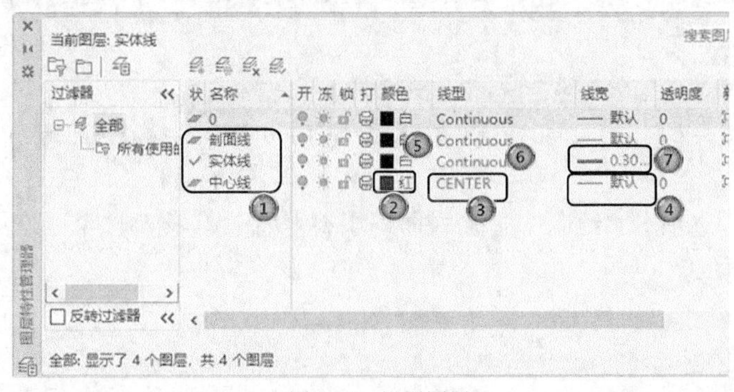

图2-60 设置图层

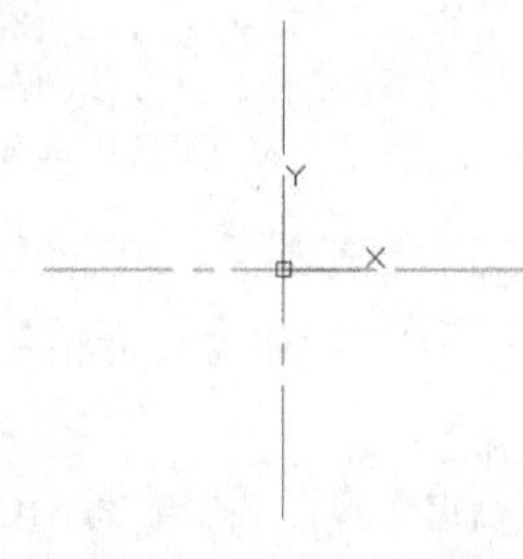

图2-61 绘制中心线

（3）绘制电磁管密封圈。

① 切换图层。将“实体线”图层设置为当前图层。

② 绘制同心圆。单击“默认”选项卡“绘图”面板中的“圆”按钮，单击圆心在十字交叉线的中点，即坐标原点（0,0），绘制半径为10.5和13.5的同心圆，结果如图2-62所示。

③ 切换图层。将“中心线”图层设置为当前图层。

（4）绘制直线。单击“默认”选项卡“绘图”面板中的“直线”按钮，绘制直线，直线的坐标为[（0,16.6）,（0,23.1）]、[（-11.5,17.1）、（-11.5,23.1）]、[（-14,19.6）、（-9,19.6）]、[（11.5,17.1）、（11.5,23.1）]、[（14,19.6）、（9,19.6）]，如图2-63所示。

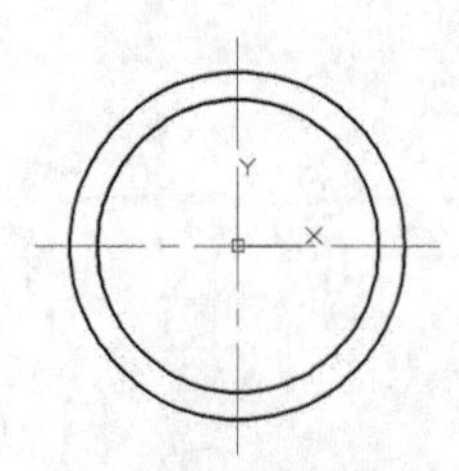

图2-62　绘制同心圆

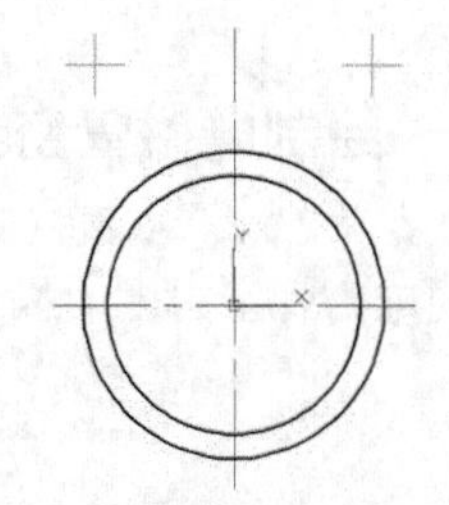

图2-63　绘制中心线

切换图层。将“实体线”图层设置为当前图层。

（5）绘制多段线。单击“默认”选项卡“绘图”面板中的“多段线”按钮，绘制多段线，如图2-64所示，命令行提示与操作如下。

```
命令: _pline
指定起点: -11.5,18.6
当前线宽为0.0000
指定下一个点或[圆弧(A)/半宽(H)/长度(L)/放弃(U)/宽度(W)]: 11.5,18.6
指定下一个点或[圆弧(A)/闭合(C)/半宽(H)/长度(L)/放弃(U)/宽度(W)]: A
指定圆弧的端点(按住Ctrl键以切换方向)或[角度(A)/圆心(CE)/闭合(CL)/方向(D)/半宽(H)/直线(L)/半径(R)/第二个点(S)/放弃(U)/宽度(W)]: S
指定圆弧上的第二个点: 13.5,19.6
指定圆弧的端点: 11.5,20.6
指定圆弧的端点(按住Ctrl键以切换方向)或[角度(A)/圆心(CE)/闭合(CL)/方向(D)/半宽(H)/直线(L)/半径(R)/第二个点(S)/放弃(U)/宽度(W)]: L
指定下一个点或[圆弧(A)/闭合(C)/半宽(H)/长度(L)/放弃(U)/宽度(W)]: -11.5,20.6
指定下一个点或[圆弧(A)/闭合(C)/半宽(H)/长度(L)/放弃(U)/宽度(W)]: A
指定圆弧的端点(按住Ctrl键以切换方向)或[角度(A)/圆心(CE)/闭合(CL)/方向(D)/半宽(H)/直线(L)/半径(R)/第二个点(S)/放弃(U)/宽度(W)]: S
指定圆弧上的第二个点: -13.5,19.6
指定圆弧的端点: -11.5,18.6
指定圆弧的端点(按住Ctrl键以切换方向)或[角度(A)/圆心(CE)/闭合(CL)/方向(D)/半宽(H)/直线(L)/半径(R)/第二个点(S)/放弃(U)/宽度(W)]:
```

（6）绘制圆弧。单击“默认”选项卡“绘图”面板中的“圆弧”按钮，绘制半圆弧，如图2-65所示，命令行提示与操作如下。

```
命令: _arc
指定圆弧的起点或[圆心(C)]:（指定多段线的起点）
指定圆弧的第二个点或[圆心(C)/端点(E)]: C
指定圆弧的圆心:（以水平和竖直中心线的交点为圆心）
指定圆弧的端点(按住Ctrl键以切换方向)或[角度(A)/弦长(L)]:（以竖直中心线和多段线的交点为端点）
```

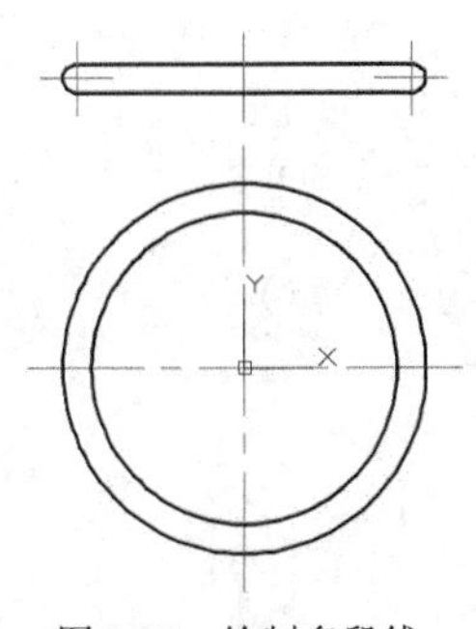

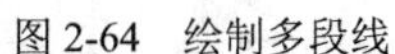

图2-64　绘制多段线

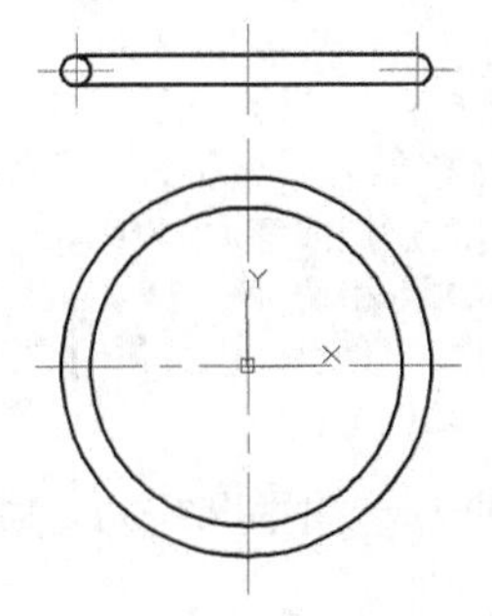

图2-65　绘制圆弧

使用相同方法绘制右侧的圆弧。

（7）将“剖面线”图层设置为当前图层，单击“默认”选项卡“绘图”面板中的“图案填充”（此命令在本章前面进行了详细讲述）按钮，①打开“图案填充创建”选项卡，如图2-66所示，②选择“ANSI37”图案，③设置填充的比例为0.2，④单击“拾取点”按钮，进行填充操作，结果如图2-59所示。

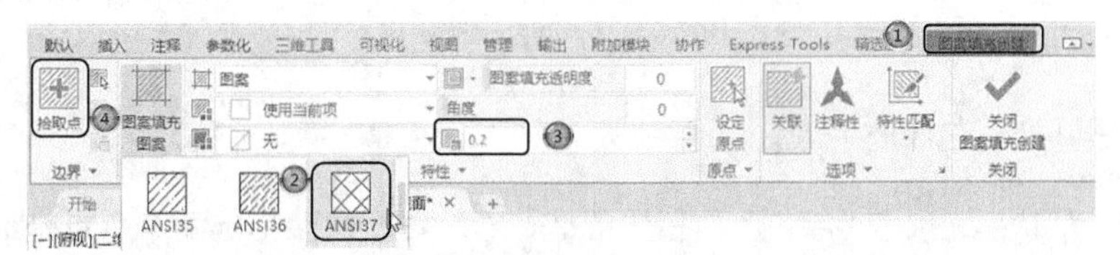

图2-66　“图案填充创建”选项卡

2.7　样条曲线

AutoCAD中有一种被称为“非均匀有理B样条（NURBS）曲线”的特殊样条曲线类型。使用NURBS曲线可在控制点之间产生一条光滑的样条曲线。样条曲线可用于创建形状不规则的曲线，例如，应用于地理信息系统（GIS）和汽车设计。

2.7.1　绘制样条曲线

【执行方式】

☑　命令行：spline（快捷命令为spl）。

☑　菜单栏：选择菜单栏中的“绘图”→“样条曲线”命令。

☑　工具栏：单击“绘图”工具栏中的“样条曲线”按钮。

☑　功能区：单击“默认”选项卡“绘图”面板中的“样条曲线拟合”按钮或“样条曲线控制点”按钮。

【操作步骤】

执行上述任一操作后，命令行提示与操作如下。

```
命令: _spline
当前设置: 方式=拟合    节点=弦
指定第一个点或[方式(M)/节点(K)/对象(O)]:（指定样条曲线的起点）
输入下一个点或[起点切向(T)/公差(L)]:（输入下一个点）
输入下一个点或[端点相切(T)/公差(L)/放弃(U)]:（输入下一个点）
输入下一个点或[端点相切(T)/公差(L)/放弃(U)/闭合(C)]:
```

2.7.2 操作实例——绘制螺钉旋具

利用“矩形”“直线”“样条曲线”“多段线”命令绘制图 2-67 所示的螺钉旋具平面图，操作步骤如下。

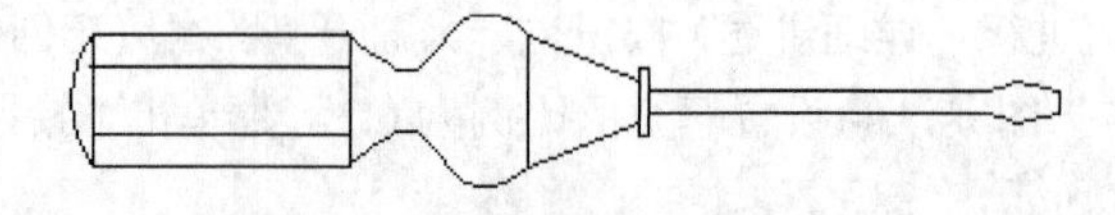

图 2-67 螺钉旋具平面图

1．绘制螺钉旋具左部把手

（1）单击“默认”选项卡“绘图”面板中的“矩形”按钮 □，指定两个角点坐标为（45,180）和（170,120），绘制矩形。

（2）单击“默认”选项卡“绘图”面板中的“直线”按钮 ╱，绘制两条直线，端点坐标是[（45,166）、（@125<0）]和[（45,134）、（@125<0）]。

（3）单击“默认”选项卡“绘图”面板中的“圆弧”按钮 ⌒，绘制圆弧，圆弧的 3 个端点坐标为（45,180）、（35,150）和（45,120）。绘制的螺钉旋具左部把手图形如图 2-68 所示。

2．绘制螺钉旋具的中间部分

（1）单击“默认”选项卡“绘图”面板中的“样条曲线拟合”按钮 ∿ 和“直线”按钮 ╱，命令行提示与操作如下。

```
命令: _spline（绘制样条曲线）
当前设置: 方式=拟合    节点=弦
指定第一个点或[方式(M)/节点(K)/对象(O)]: M
输入样条曲线创建方式 [拟合(F)/控制点(CV)] <拟合>: F
当前设置: 方式=拟合    节点=弦
指定第一个点或[方式(M)/节点(K)/对象(O)]: 170,180（指定样条曲线第一点的坐标值）
输入下一个点或[起点切向(T)/公差(L)]: 192,165（指定样条曲线第二点的坐标值）
输入下一个点或[端点相切(T)/公差(L)/放弃(U)]: 225,187（指定样条曲线第三点的坐标值）
输入下一个点或[端点相切(T)/公差(L)/放弃(U)/闭合(C)]: 255,180（指定样条曲线第四点的坐标值）
输入下一个点或[端点相切(T)/公差(L)/放弃(U)/闭合(C)]:↙
命令: _spline
当前设置: 方式=拟合    节点=弦
指定第一个点或[方式(M)/节点(K)/对象(O)]: M
输入样条曲线创建方式[拟合(F)/控制点(CV)] <拟合>: F
当前设置: 方式=拟合    节点=弦
```

指定第一个点或[方式(M)/节点(K)/对象(O)]: 170,120
输入下一个点或[起点切向(T)/公差(L)]: 192,135
输入下一个点或[端点相切(T)/公差(L)/放弃(U)]: 225,113
输入下一个点或[端点相切(T)/公差(L)/放弃(U)/闭合(C)]: 255,120
输入下一个点或[端点相切(T)/公差(L)/放弃(U)/闭合(C)]:↙

（2）单击“默认”选项卡“绘图”面板中的“直线”按钮，绘制连续线段，端点坐标分别是（255,180）、（308,160）、（@5<90）、（@5<0）、（@30<-90）、（@5<-180）、（@5<90）、（255,120）、（255,180），接着单击“默认”选项卡“绘图”面板中的“直线”按钮，绘制另一线段，端点坐标分别为（308,160）、（@20<-90）。绘制完成后的图形如图 2-69 所示。

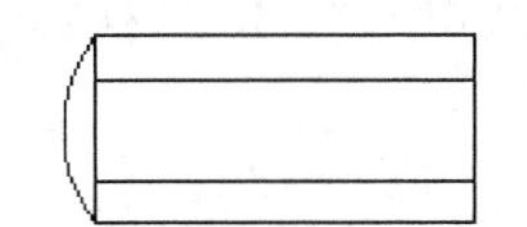

图 2-68　绘制螺钉旋具左部把手

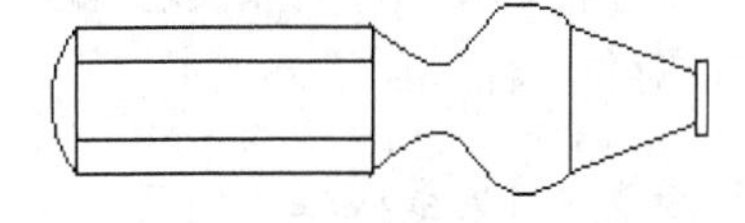

图 2-69　绘制螺钉旋具中间部分

3．绘制螺钉旋具的右部

单击“默认”选项卡“绘图”面板中的“多段线”按钮，命令行提示与操作如下。

命令: _pline（绘制多段线）
指定起点:313,155（指定多段线起点的坐标值）
当前线宽为0.0000
指定下一个点或[圆弧(A)/半宽(H)/长度(L)/放弃(U)/宽度(W)]: @162<0（用相对极坐标指定多段线下一点的坐标值）
指定下一个点或[圆弧(A)/闭合(C)/半宽(H)/长度(L)/放弃(U)/宽度(W)]:A（转为画圆弧的方式）
指定圆弧的端点(按住Ctrl键以切换方向)或[角度(A)/圆心(CE)/闭合(CL)/方向(D)/半宽(H)/直线(L)/半径(R)/第二个点(S)/放弃(U)/宽度(W)]: 490,160（指定圆弧的端点坐标值）
指定圆弧的端点(按住Ctrl键以切换方向)或[角度(A)/圆心(CE)/闭合(CL)/方向(D)/半宽(H)/直线(L)/半径(R)/第二个点(S)/放弃(U)/宽度(W)]: ↙（退出）
命令: _pline
指定起点: 313,145
当前线宽为 0.0000
指定下一个点或[圆弧(A)/半宽(H)/长度(L)/放弃(U)/宽度(W)]]: @162<0
指定下一个点或[圆弧(A)/闭合(C)/半宽(H)/长度(L)/放弃(U)/宽度(W)]: A
指定圆弧的端点(按住Ctrl键以切换方向)或[角度(A)/圆心(CE)/闭合(CL)/方向(D)/半宽(H)/直线(L)/半径(R)/第二个点(S)/放弃(U)/宽度(W)]: 490,140
指定圆弧的端点(按住Ctrl键以切换方向)或[角度(A)/圆心(CE)/闭合(CL)/方向(D)/半宽(H)/直线(L)/半径(R)/第二个点(S)/放弃(U)/宽度(W)]: L（转为直线方式）
指定下一个点或[圆弧(A)/闭合(C)/半宽(H)/长度(L)/放弃(U)/宽度(W)]: 510,145
指定下一个点或[圆弧(A)/闭合(C)/半宽(H)/长度(L)/放弃(U)/宽度(W)]: @10<90
指定下一个点或[圆弧(A)/闭合(C)/半宽(H)/长度(L)/放弃(U)/宽度(W)]: 490,160
指定下一个点或[圆弧(A)/闭合(C)/半宽(H)/长度(L)/放弃(U)/宽度(W)]: ↙

结果如图 2-67 所示。

2.8 名师点拨——二维绘图技巧

1. 多段线的宽度问题

当直线宽度设置不为 0 时，打印时就会按照这个线宽打印。如果这个多段线的宽度太小，则显示不出宽度效果（如以 mm 为单位绘图，设置多段线宽度为 10，当用 1∶100 的比例打印时，就是 0.1mm），所以多段线的宽度设置要考虑打印比例。而当宽度是 0 时，就可按对象特性来设置（与其他对象一样）。

2. 怎样把多条线合并为多段线

执行 pedit 命令，该命令中有合并选项。

3. 执行“直线”命令时的操作技巧

若绘制正交直线，可单击“正交”按钮，根据正交方向提示，直接输入下一点的距离即可，而不需要输入@符号；若绘制斜线，则可单击“极轴”按钮，再右键单击“极轴”按钮，打开窗口，在其中设置斜线的捕捉角度，此时，图形进入了自动捕捉所需角度的状态，可大大提高制图时输入直线长度的效率。

同时，使用鼠标右键单击“对象捕捉”开关，在打开的快捷菜单中选择“设置”选项，打开“草图设置”对话框，在其中进行“对象捕捉”设置，绘图时，只需单击“对象捕捉”按钮，程序会自动对某些点进行捕捉，如端点、中点、圆切点、等线等，应用“对象捕捉”功能可以极大地提高制图速度。使用“对象捕捉”可指定对象上的精确位置，例如，使用“对象捕捉”可以绘制过圆心或多段线中点的直线。

若执行某命令时提示输入某一点（如起始点、中心点、基准点等），都可以指定对象捕捉。默认情况下，当光标移到对象捕捉位置时，将显示标记和工具栏提示。该功能被称为 AutoSnap（自动捕捉），它提供了视觉提示并指示哪些对象捕捉正在使用。

4. 图案填充的操作技巧

当执行“图案填充”命令时，所使用图案的比例因子值均为 1，即是原本定义时的真实样式。然而，随着界限定义的改变，所使用图案的比例因子应进行相应的改变，否则会使填充图案过密或者过疏，因此在选择比例因子时可使用下列技巧进行操作。

（1）当处理较小区域的图案填充时，可以减小图案的比例因子值，相反，当处理较大区域的图案填充时，则可以增加图案的比例因子值。

（2）应恰当选择比例因子，比例因子的恰当选择要视具体的图案界限大小而定。

（3）当处理较大区域的图案填充时，要特别小心，如果选用的图案比例因子太小，则所产生的图案就像是使用 Solid 命令所得到的填充结果一样，这是因为在单位距离中有太多的线，不仅看起来不恰当，而且也增加了文件的长度。

（4）比例因子的取值应遵循“宁大不小”的原则。

（5）图案填充时找不到线段封闭范围怎么解决？

在图案填充时常常遇到找不到线段封闭范围的情况，尤其是“.dwg”文件本身比较大时，此时可以执行 layiso（图层隔离）命令让欲填充的范围线所在的层孤立或冻结，再用 bhatch 命令就可以快速找到所需填充的范围。

另外，填充图案的边界确定需要注意边界集设置（在高级栏下）。在默认情况下，bhatch 命令通过分析图形中所有闭合的对象来定义边界。系统在复杂的图形中对所有完全可见或局部可见的对象进行分析以定义边界可能耗费大量时间。因此若要填充复杂图形的小区域，可以在图形中定义一个对象集，称其为边界集。此时系统在执行 bhatch 命令时不会分析边界集中未包含的对象。

2.9 上机实验

【练习 1】绘制图 2-70 所示的哈哈猪。

【练习 2】绘制图 2-71 所示的椅子。

【练习 3】绘制图 2-72 所示的挡圈。

图 2-70　哈哈猪

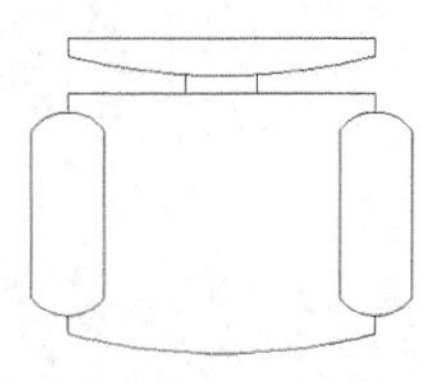

图 2-71　椅子

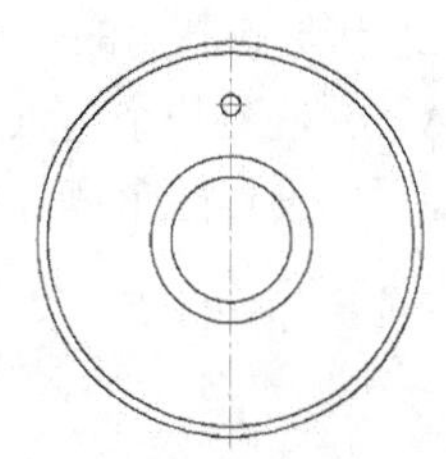

图 2-72　挡圈

2.10 模拟试题

（1）重复使用刚执行的命令，按（　　）键。

A．Ctrl　　B．Alt　　C．Enter　　D．Shift

（2）绘制圆环时，若将圆环内径指定为 0，则会（　　）。

A．绘制一个线宽为 0 的圆　　B．绘制一个实心圆

C．提示重新输入数值　　D．提示错误，退出该命令

（3）同时填充多个区域，如果想修改一个区域的填充图案而不影响其他区域，则需（　　）。

A．将图案分解

B．在创建图案填充时选择“关联”

C．删除图案，重新对该区域进行填充

D．在创建图案填充时选择“创建独立的图案填充”

（4）多段线（pline）命令不可以（　　）。

A．绘制样条线

B．绘制首尾不同宽度的线

C．闭合多段线

D．绘制由不同宽度的直线或圆弧所组成的连续线段

（5）圆环说法正确的是（　　）。

A．圆环是填充环或实体填充圆，即带有宽度的闭合多段线

B．圆环的两个圆是不能一样大的

C．圆环无法创建实体填充圆

D．圆环标注半径值是内环的值

（6）可以有宽度的线有（　　）。

A．构造线　　B．多段线　　C．直线　　D．样条曲线

（7）下面的命令不能绘制出线段或类似线段图形的有（　　）。

A．line　　B．xline　　C．pline　　D．arc

（8）进行图案填充时，下面图案类型中不需要同时指定角度和比例的有（　　）。

A．预定义　　B．用户定义　　C．自定义　　D．B 和 C

（9）根据图案填充创建边界时，边界类型不可能是以下哪个选项？（　　）

A．多段线　　B．样条曲线　　C．三维多段线　　D．螺旋线

（10）绘制带有圆角的矩形，首先要（　　）。

A．先确定一个角点　　B．绘制矩形再倒圆角

C．先设置圆角再确定角点　　D．先设置倒角再确定角点

第3章

二维图形编辑命令

二维图形的编辑操作配合绘图命令的使用可以进一步完成复杂图形对象的绘制工作，并可使用户合理安排和组织图形，保证绘图准确、减少重复，因此，对编辑命令的熟练掌握和使用有助于提高设计和绘图的效率。本章主要内容包括选择和删除对象、对象编辑、复制类命令、改变几何特性类命令、改变位置类命令等。

3.1 选择和删除对象

AutoCAD 提供了 2 种编辑图形的途径。

（1）先执行编辑命令，然后选择要编辑的对象。

（2）先选择要编辑的对象，然后执行编辑命令。

这两种途径的执行效果是相同的，但选择对象是进行编辑的前提。AutoCAD 提供了多种对象选择方法，如点取方法、用选择窗口选择对象、用选择线选择对象、用对话框选择对象等。AutoCAD 可以把选择的多个对象组成整体，设置选择集和对象组，对其进行整体编辑与修改。

3.1.1 构造选择集

选择集可以仅由一个图形对象构成，也可以是一个复杂的对象组，例如位于某一特定层上的具有某种特定颜色的一组对象。选择集的构造可以在调用编辑命令之前或之后进行。

AutoCAD 提供以下几种方法来构造选择集。

（1）先选择一个编辑命令，然后选择对象，按 Enter 键，结束操作。

（2）执行 select 命令。在命令提示行中输入 select，然后根据选择的选项，出现选择对象的提示，按 Enter 键，结束操作。

（3）用点取设备选择对象，然后调用编辑命令。

（4）定义对象组。

无论使用哪种方法，AutoCAD 都将提示用户选择对象，并且光标的形状由十字光标变为拾取框。

下面结合 select 命令说明选择对象的方法。

select 命令可以单独使用，也可以在执行其他编辑命令时被自动调用。此时屏幕提示如下。

```
选择对象：
```

等待用户以某种方式选择对象作为回答。AutoCAD 2022 中文版提供多种选择对象的方式，可以键入“？”查看这些选择方式。选择选项后，出现如下提示。

```
需要点或窗口(W)/上一个(L)/窗交(C)/框(BOX)/全部(ALL)/栏选(F)/圈围(WP)/圈交(CP)/编组(G)/添加(A)/删除(R)/多个(M)/前一个(P)/放弃(U)/自动(AU)/单个(SI)/子对象(SU)/对象(O)
选择对象：
```

上面各选项的含义如下。

（1）点：该选项表示直接通过点取的方式选择对象。用鼠标或键盘移动拾取框，使其框住要选取的对象，然后单击鼠标，就会选中该对象并以高亮度显示。

（2）窗口（W）：用由两个对角顶点确定的矩形窗口选取位于其范围内部的所有图形，与边界相交的对象不会被选中。在指定对角顶点时应该按照从左向右的顺序，如图 3-1 所示。

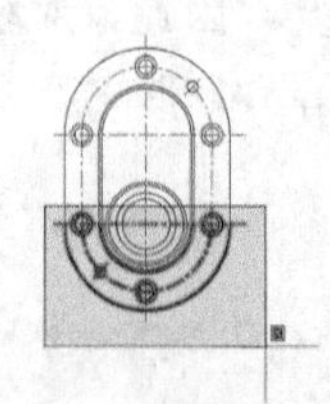

图中下部方框为选择框

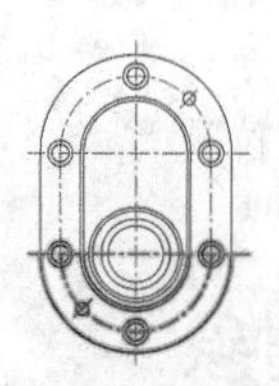

选择后的图形

图 3-1 “窗口”对象选择方式

（3）上一个（L）：在“选择对象：”提示下键入 L 后，按 Enter 键，系统会自动选取最后绘出的一个对象。

（4）窗交（C）：该方式与上述“窗口”对象选择方式类似，区别在于它不但选中矩形窗口内部的对象，也选中与矩形窗口边界相交的对象。选择的对象如图 3-2 所示。

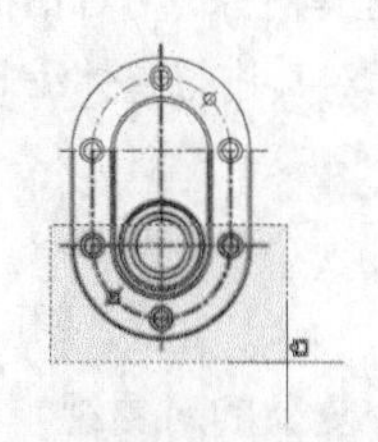

图中下部虚线框为选择框

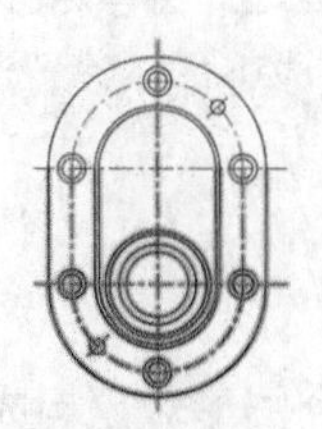

选择后的图形

图 3-2 “窗交”对象选择方式

（5）框（BOX）：系统根据用户在屏幕上给出的两个对角点的位置而自动引用“窗口”或“窗交”对象选择方式。若从左向右指定对角点，则为“窗口”对象选择方式；反之，则为“窗交”对象选择方式。

（6）全部（ALL）：选取图面上的所有对象。

（7）栏选（F）：用户临时绘制一些直线，这些直线不必构成封闭图形，凡是与这些直线相交的对象均被选中。执行结果如图 3-3 所示。

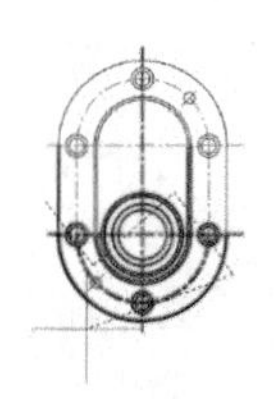
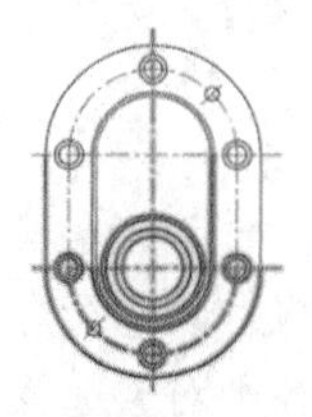

图中虚线为选择栏　　选择后的图形

图 3-3 “栏选”对象选择方式

（8）圈围（WP）：使用一个不规则的多边形来选择对象。根据提示，用户顺次输入构成多边形的所有顶点的坐标，最后，按 Enter 键，结束操作，系统将自动连接第一个顶点到最后一个顶点的各个顶点，形成封闭的多边形。凡是被多边形围住的对象均被选中（不包括边界）。执行结果如图 3-4 所示。

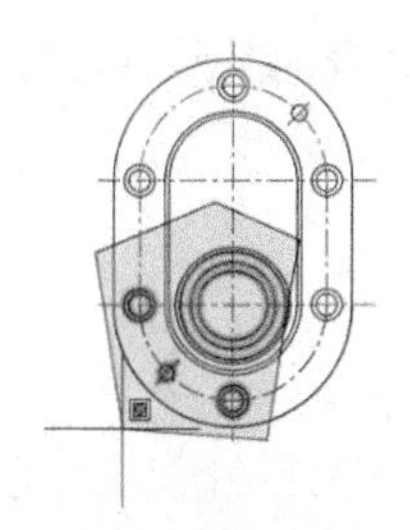
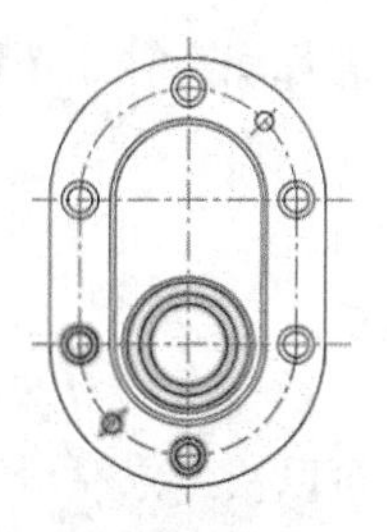

图中十字线所拉出的多边形为选择框　　选择后的图形

图 3-4 “圈围”对象选择方式

（9）圈交（CP）：与“圈围”对象选择方式类似，在“选择对象：”提示后键入 CP，后续操作与“圈围”对象选择方式相同。区别在于与多边形边界相交的对象也被选中。

其他的选项这里不再赘述，读者可以自行练习。

若矩形框从左向右定义，即第一个选择的对角点为矩形框左侧的对角点，矩形框内部的对象被选中，框外部的对象及与矩形框边界相交的对象不会被选中。若矩形框从右向左定义，矩形框内部的对象及与矩形框边界相交的对象都会被选中。

3.1.2 删除命令

如果所绘制的图形不符合要求或绘错，则可以使用删除命令 erase 把它删除。

【执行方式】

☑ 命令行：erase。

☑ 菜单栏：选择菜单栏中的“修改”→“删除”命令。

☑ 快捷菜单栏：选择要删除的对象，在绘图区单击鼠标右键，从打开的右键快捷菜单上选择“删除”命令。

☑ 工具栏：单击“修改”工具栏中的“删除”按钮。

☑ 功能区：单击“默认”选项卡“修改”面板中的“删除”按钮。

【操作步骤】

可以先选择对象，然后执行删除命令，也可以先执行删除命令，然后再选择对象。选择对象时，可以使用前面介绍的各种对象选择的方式。

当选择多个对象时，多个对象都会被删除。若选择的对象属于某个对象组，则该对象组的所有对象都会被删除。

3.2 对象编辑

在对图形对象进行编辑时，还可以对图形对象本身的某些特性进行编辑，从而方便地进行图形绘制。

3.2.1 钳夹功能

利用钳夹功能可以快速方便地编辑对象。AutoCAD 在图形对象上定义了一些特殊点，称为夹点，利用夹点可以灵活地控制对象，如图 3-5 所示。

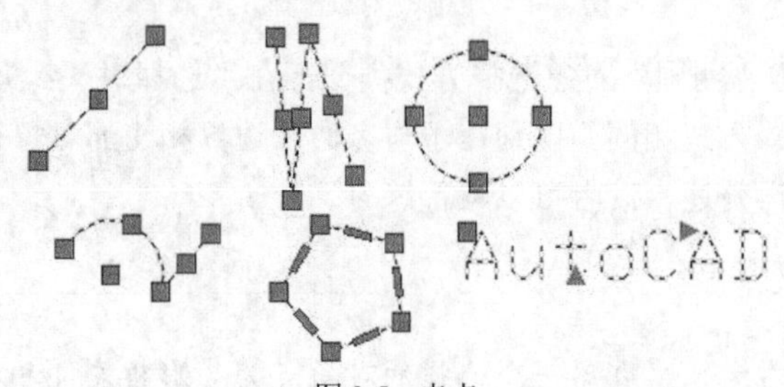

图 3-5 夹点

使用夹点编辑对象，要选择一个夹点作为基点，称其为基准夹点。然后，选择一种编辑操作：删除、移动、复制选择、旋转和缩放。可以按空格键、Enter 键或键盘上的快捷键循环选择这些功能。

3.2.2 修改对象属性

【执行方式】

☑ 命令行：ddmodify 或 properties。
☑ 菜单栏：选择菜单栏中的“修改”→“特性”或“工具”→“选项板”→“特性”命令。
☑ 工具栏：单击“标准”工具栏中的“特性”按钮。
☑ 功能区：单击“视图”选项卡“选项板”面板中的“特性”按钮。

【操作步骤】

```
命令: _ddmodify
```

执行上述任一操作后，AutoCAD 打开“特性”工具板，如图 3-6 所示。利用它可以方便地设置或修改对象的各种属性。不同的对象属性种类和值不同，修改属性值，对象改变为新的属性。

图 3-6　“特性”工具板

3.2.3　特性匹配

利用特性匹配功能可以对目标对象的属性与源对象的属性进行匹配，使目标对象的属性与源对象属性相同。利用特性匹配功能可以方便、快捷地修改对象属性，并保持不同对象的属性相同。

【执行方式】

☑　命令行：matchprop。

☑　菜单栏：选择菜单栏中的“修改”→“特性匹配”命令。

☑　功能区：单击“默认”选项卡“特性”面板中的“特性匹配”按钮。

【操作步骤】

执行上述任一操作后，命令行提示与操作如下。

```
命令: _matchprop
选择源对象: [选择源对象，如图3-7（a）所示]
当前活动设置: 颜色 图层 线型 线型比例 线宽 透明度 厚度 打印样式 标注 文字 图案填充 多段线 视口 表格材质 多重引线中心对象
选择目标对象或[设置(S)]: [选择目标对象，如图3-7（b）所示]
```

结果如图 3-7（c）所示。

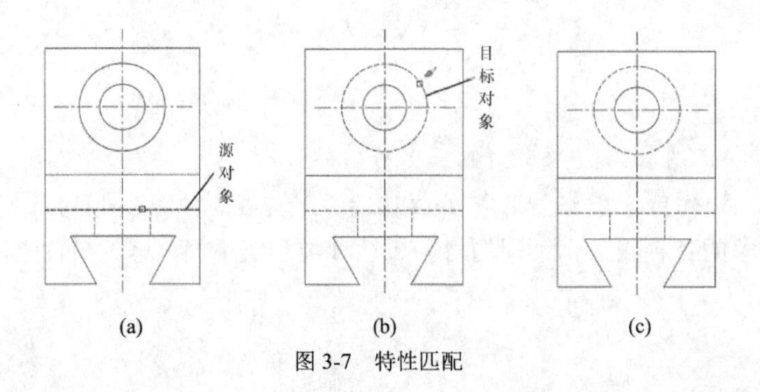

图 3-7　特性匹配

3.3 复制类命令

本节将详细介绍复制类命令。利用这些复制类命令，可以方便地绘制、编辑图形。

3.3.1 偏移命令

偏移对象是指保持选择对象的形状，在不同的位置以不同的尺寸大小新建的一个对象。

【执行方式】

- ☑ 命令行：offset。
- ☑ 菜单栏：选择菜单栏中的“修改”→“偏移”命令。
- ☑ 工具栏：单击“修改”工具栏中的“偏移”按钮⊆。
- ☑ 功能区：单击“默认”选项卡“修改”面板“偏移”按钮⊆。

【操作步骤】

执行上述任一操作后，命令行提示与操作如下。

```
命令: _offset
当前设置 删除源=否　图层=源　offsetgaptype=0
指定偏移距离或[通过(T)/删除(E)/图层(L)] <通过>:（指定距离值）
选择要偏移的对象，或[退出(E)/放弃(U)] <退出>:（选择要偏移的对象。按Enter键，结束操作）
指定要偏移的那一侧上的点，或[退出(E)/多个(M)/放弃(U)] <退出>:（指定偏移方向）
```

【选项说明】

（1）指定偏移距离：输入一个距离值，或按 Enter 键，使用当前的距离值，系统把该距离值作为偏移距离。

（2）通过（T）：指定偏移对象的通过点。选择该选项后出现如下提示。

```
选择要偏移的对象或<退出>:（选择要偏移的对象，按Enter键，结束操作）
指定通过点:（指定偏移对象的一个通过点）
```

操作完毕后，系统根据指定的通过点绘制偏移对象。

3.3.2 操作实例——绘制角钢

绘制图3-8所示的角钢，操作步骤如下。

（1）单击“默认”选项卡“图层”面板中的“图层特性”按钮，新建如下2个图层。

① 第1图层命名为“轮廓线”图层，设置线宽为0.30mm，其余属性默认。

② 第2图层命名为“剖面线”图层，属性默认。

（2）将“轮廓线”图层设置为当前图层。单击“默认”选项卡“绘图”面板中的“直线”按钮，绘制长度为30的水平直线和竖直直线，如图3-9所示。

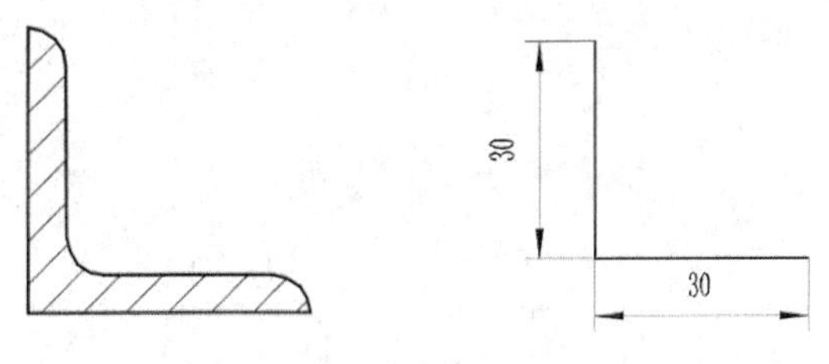

图3-8 角钢　　图3-9 绘制水平直线和竖直直线

（3）单击“默认”选项卡“修改”面板中的“偏移”按钮，将水平直线向上侧分别偏移4、4和18，将竖直直线向右侧分别偏移4、4和18，效果如图3-10所示。命令行提示与操作如下。

```
命令: _offset
当前设置: 删除源=否　图层=源　OFFSETGAPTYPE=0
指定偏移距离或[通过(T)/删除(E)/图层(L)] <4.0000>: 4
选择要偏移的对象，或[退出(E)/放弃(U)] <退出>:（选择水平直线）
指定要偏移的那一侧上的点，或[退出(E)/多个(M)/放弃(U)] <退出>:（在直线的右侧点取一点）
选择要偏移的对象，或[退出(E)/放弃(U)] <退出>:（选择偏移后的竖直直线）
指定要偏移的那一侧上的点，或 [退出(E)/多个(M)/放弃(U)] <退出>:（在偏移后的直线的右侧点取一点）
选择要偏移的对象，或[退出(E)/放弃(U)] <退出>:↙
命令: _offset
当前设置: 删除源=否　图层=源　OFFSETGAPTYPE=0
指定偏移距离或[通过(T)/删除(E)/图层(L)] <4.0000>: 18
选择要偏移的对象，或[退出(E)/放弃(U)] <退出>:（选择第二次偏移得到的竖直直线）
指定要偏移的那一侧上的点，或[退出(E)/多个(M)/放弃(U)] <退出>:（在偏移后的直线的右侧点取一点）
……
```

（4）单击“默认”选项卡“绘图”面板中的“圆弧”按钮，利用三点（起点、圆心和端点，按住键盘上的Ctrl键，可以切换绘制的圆弧的方向）画圆弧的方式，绘制图3-11所示的3段圆弧。

（5）利用“删除”命令删除多余的图线，利用钳夹功能缩短相关图线到圆弧端点的距离，如图3-12所示。

（6）将“剖面线”图层设置为当前图层，单击“默认”选项卡“绘图”面板中的“图案填充”按钮，①选择“ANSI31”的填充图案，②设置填充比例为1，进行填充图案，如图3-13所示。最终完成角钢的绘制，效果如图3-8所示。

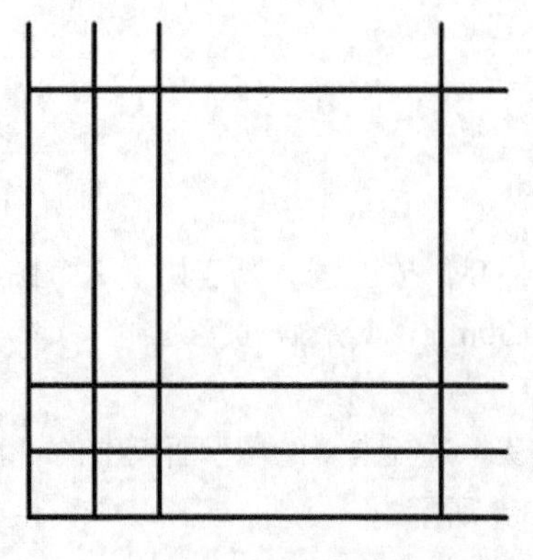

图 3-10　偏移直线

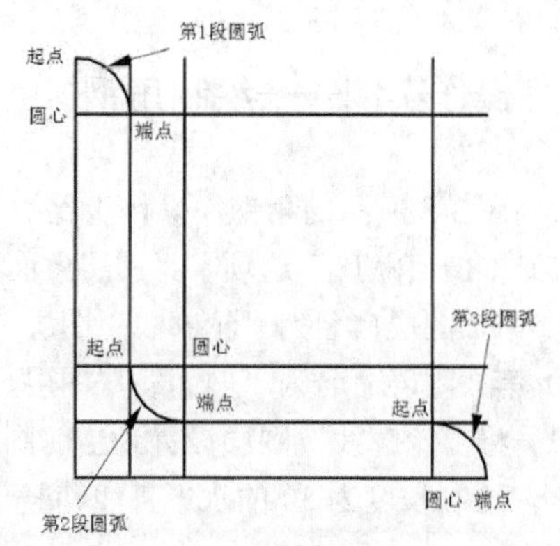

图 3-11　绘制圆弧

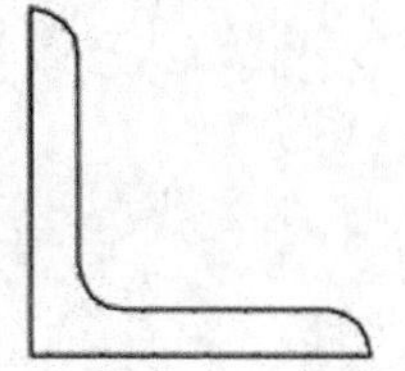

图 3-12　删除并缩短线段

图 3-13　“图案填充创建”选项卡

3.3.3　复制命令

【执行方式】

☑　命令行：copy。

☑　菜单栏：选择菜单栏中的“修改”→“复制”命令。

☑　工具栏：单击“修改”→“复制”按钮。

☑　快捷菜单栏：选择要复制的对象，在绘图区中单击鼠标右键，从打开的右键快捷菜单上选择“复制选择”命令。

☑　功能区：单击“默认”选项卡“修改”面板中的“复制”按钮。

【操作步骤】

执行上述任一操作后，命令行提示与操作如下。

```
命令: _copy
选择对象:（选择要复制的对象）
```

用前面介绍的对象选择方法选择一个或多个对象，按 Enter 键，结束选择操作。系统继续提示如下。

```
当前设置: 复制模式=多个
指定基点或[位移(D)/模式(O)] <位移>:
指定第二个点或[阵列(A)] <使用第一个点作为位移>:
指定第二个点或[阵列(A)/退出(E)/放弃(U)] <退出>:
```

3.3.4　操作实例——绘制槽钢

绘制图3-14所示的槽钢，操作步骤如下。

（1）单击“默认”选项卡“图层”面板中的“图层特性”按钮，弹出“图层特性管理器”对话框，新建如下3个图层。

① 第1图层命名为“粗实线”图层，线宽为0.30mm，其余属性默认。

② 第2图层命名为“中心线”图层，颜色为红色，线型为CENTER，其余属性默认。

③ 第3图层命名为“剖面线”图层，属性默认。

（2）将“中心线”图层设置为当前图层。单击“默认”选项卡“绘图”面板中的“直线”按钮，绘制水平直线，长度为56，效果如图3-15所示。

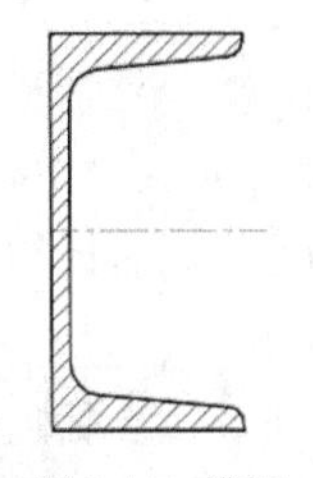

图3-14　槽钢

图3-15　绘制中心线

（3）单击“默认”选项卡“修改”面板中的“复制”按钮，将绘制的水平中心线向两侧复制，复制的间距分别为34.2、41.17、44.15、48.13和50，效果如图3-16所示。命令行提示与操作如下。

```
命令: _copy
选择对象:（选择水平中心线）
选择对象: ↙
当前设置: 复制模式=多个
指定基点或[位移(D)/模式(O)] <位移>:（在绘图区指定一点即可）
指定第二个点或[阵列(A)] <使用第一个点作为位移>: 34.2（方向向上）
指定第二个点或[阵列(A)/退出(E)/放弃(U)] <退出>: 41.17（方向向上）
指定第二个点或[阵列(A)/退出(E)/放弃(U)] <退出>: 44.15（方向向上）
指定第二个点或[阵列(A)/退出(E)/放弃(U)] <退出>: 48.13（方向向上）
指定第二个点或[阵列(A)/退出(E)/放弃(U)] <退出>: 50（方向向上）
……
```

将复制后的直线转换到“粗实线”图层。

（4）将“粗实线”图层设置为当前图层。单击“默认”选项卡“绘图”面板中的“直线”按钮，以最上侧的水平直线和最下侧的水平直线的起点为绘制直线的两个端点，绘制竖直直线，效果如图3-17所示。命令行提示与操作如下。

```
命令: _line
指定第一个点:（最上侧的水平直线的起点）
指定下一点或[放弃(U)]:（最下侧的水平直线的起点）
指定下一点或[退出(E)/放弃(U)]:↙
```

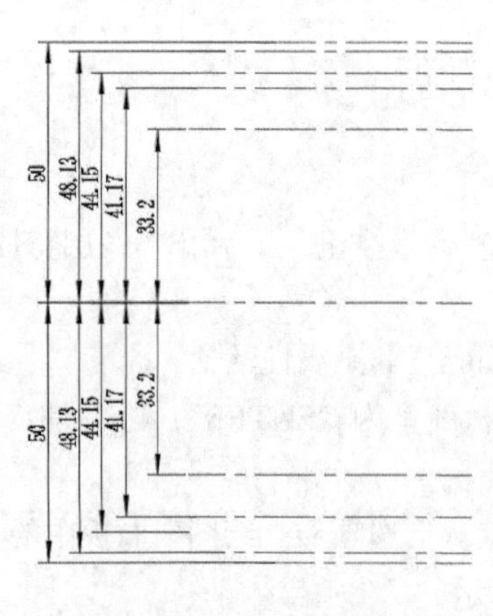

图 3-16　复制水平中心线

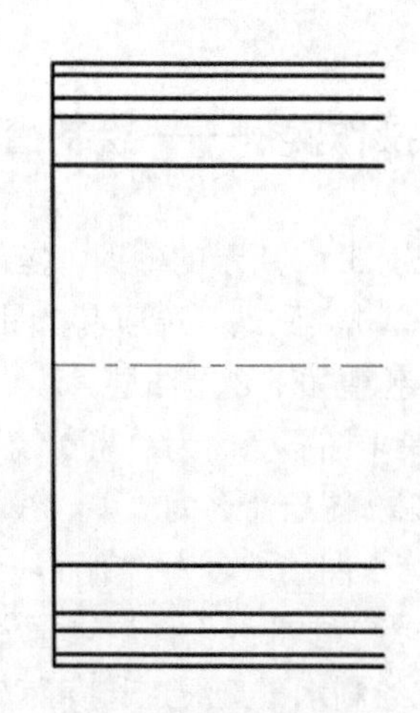

图 3-17　绘制竖直直线

（5）单击“默认”选项卡“修改”面板中的“复制”按钮，复制竖直直线，将其向右侧复制，复制的间距分别为 5、12.3、46.35、50，复制完成后效果如图 3-18 所示。

（6）单击“默认”选项卡“绘图”面板中的“圆弧”按钮，捕捉相关点为圆心和端点绘制圆弧。

（7）单击“默认”选项卡“绘图”面板中的“直线”按钮，绘制圆弧连接线，效果如图 3-19 所示。

（8）单击“默认”选项卡“修改”面板中的“删除”按钮和钳夹编辑功能，删除多余的直线，并调整直线的长度，结果如图 3-20 所示。

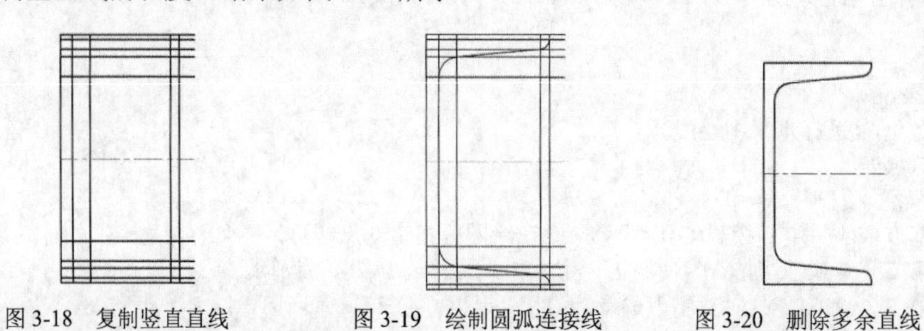

图 3-18　复制竖直直线　　图 3-19　绘制圆弧连接线　　图 3-20　删除多余直线

（9）将“剖面线”图层设置为当前图层，单击“默认”选项卡“绘图”面板中的“图案填充”按钮，选择“ANSI31”的填充图案，设置填充比例为 1，进行填充，最终完成槽钢的绘制，效果如图 3-14 所示。

3.3.5　镜像命令

镜像对象是指把选择的对象以一条镜像线为对称轴进行镜像。镜像操作完成后，可以保留源对象也可以将其删除。

【执行方式】

☑　命令行：mirror。

☑ 菜单栏：选择菜单栏中的“修改”→“镜像”命令。

☑ 工具栏：单击“修改”工具栏“镜像”按钮⚠。

☑ 功能区：单击“默认”选项卡“修改”面板中的“镜像”按钮⚠。

【操作步骤】

执行上述任一操作后，命令行提示与操作如下。

```
命令: _mirror
选择对象:（选择要镜像的对象）
选择对象: ↙
指定镜像线的第一点:（指定镜像线的第一个点）
指定镜像线的第二点:（指定镜像线的第二个点）
要删除源对象？[是(Y)/否(N)] <否>:（确定是否删除源对象）
```

3.3.6　操作实例——绘制油嘴

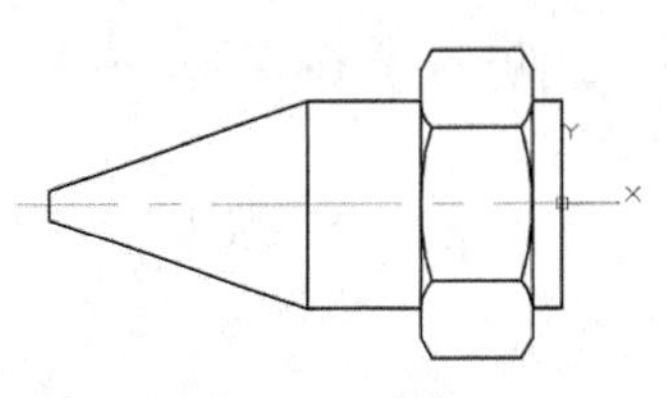

图 3-21　油嘴

绘制图 3-21 所示的油嘴，操作步骤如下。

（1）单击“默认”选项卡“图层”面板中的“图层特性”按钮，弹出“图层特性管理器”对话框，新建如下 2 个图层。

① 第 1 图层命名为“轮廓线”图层，线宽为 0.30mm，其余属性默认。

② 第 2 图层命名为“中心线”图层，颜色设置为红色，线型为 CENTER，其余属性默认。

（2）将“中心线”图层设置为当前图层。单击“默认”选项卡“绘图”面板中的“直线”按钮，指定直线的坐标为（0,0）和（−36,0），绘制水平直线，如图 3-22 所示。

（3）将“轮廓线”图层设置为当前图层。单击“默认”选项卡“绘图”面板中的“直线”按钮，指定直线的坐标为（0,0）和（0,6.3），绘制竖直直线。

（4）单击“默认”选项卡“修改”面板中的“偏移”按钮，将竖直直线向左侧偏移，偏移的距离分别为 1.8、7.2、7.2 和 16.2，将水平直线向上侧偏移 0.9，如图 3-23 所示。

（5）单击“默认”选项卡“绘图”面板中的“直线”按钮，绘制直线，然后单击“默认”选项卡“修改”面板中的“删除”按钮，将偏移后的水平直线进行删除，利用钳夹功能将最左边竖线缩短，结果如图 3-24 所示。

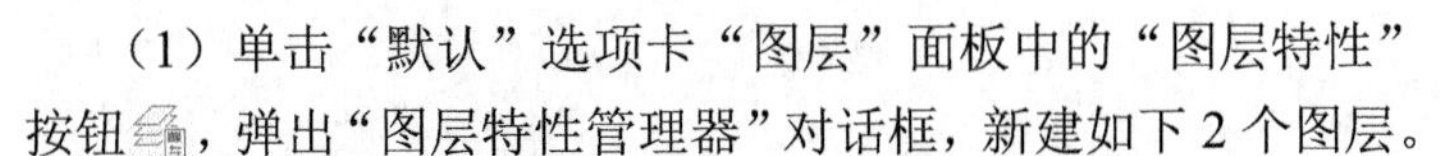

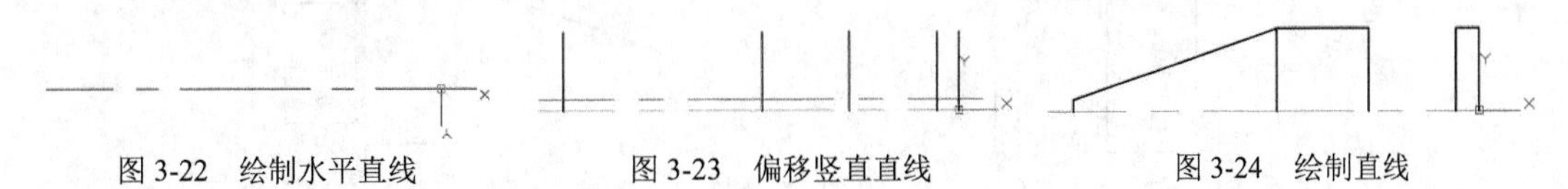

图 3-22　绘制水平直线　　图 3-23　偏移竖直直线　　图 3-24　绘制直线

（6）单击“默认”选项卡“修改”面板中的“镜像”按钮⚠，以水平的中心线为对称线，选择水平直线上方的图形，对其进行镜像操作，效果如图 3-25 所示。命令行提示与操作如下。

```
命令: _mirror
选择对象:（选择水平直线上方的所有图形）
选择对象:↙
指定镜像线的第一点:（水平中心线的起点）
指定镜像线的第二点:（水平中心线的端点）
要删除源对象吗？[是(Y)/否(N)] <否>:↙
```

（7）单击“默认”选项卡“绘图”面板中的“直线”按钮，指定直线的坐标，绘制多条直线，直线的坐标为[（-9,6.3）、（-9,8.1）、（-8.28,9.35）、（-2.5,9.35）、（-1.8,8.1）、（-1.8,6.3）]，如图 3-26 所示。

图 3-25 镜像图形　　　图 3-26 绘制直线

（8）单击“默认”选项卡“修改”面板中的“镜像”按钮，以水平中心线为对称线，选择将上一步绘制的直线作为镜像的对象，进行镜像操作，效果如图 3-27 所示。

（9）单击“默认”选项卡“修改”面板中的“偏移”按钮，将水平中心线向上、下两侧进行偏移，偏移的间距为 4.68，将左侧竖直直线向右侧偏移 0.72，将右侧竖直直线向左侧偏移 0.72。

（10）单击“默认”选项卡“绘图”面板中的“直线”按钮，绘制水平直线，如图 3-28 所示。

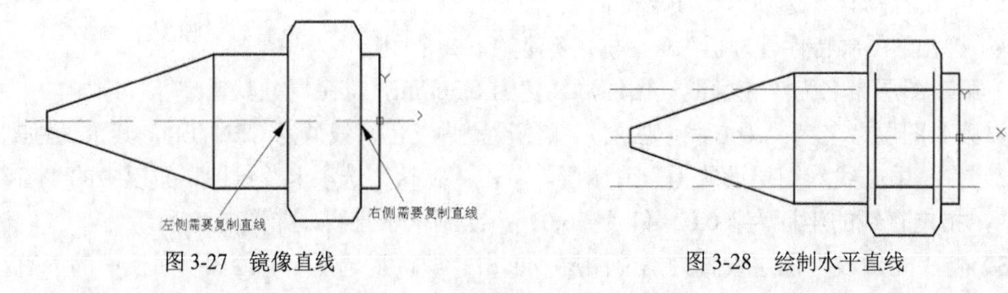

图 3-27 镜像直线　　　图 3-28 绘制水平直线

（11）单击“默认”选项卡“修改”面板中的“删除”按钮，将复制后的水平中心线删除，继续使用钳夹功能调整竖直直线的长度，结果如图 3-29 所示。

（12）单击“默认”选项卡“绘图”面板中的“圆弧”按钮，捕捉相关点为端点，半径适当指定，绘制 2 段圆弧，如图 3-30 所示。

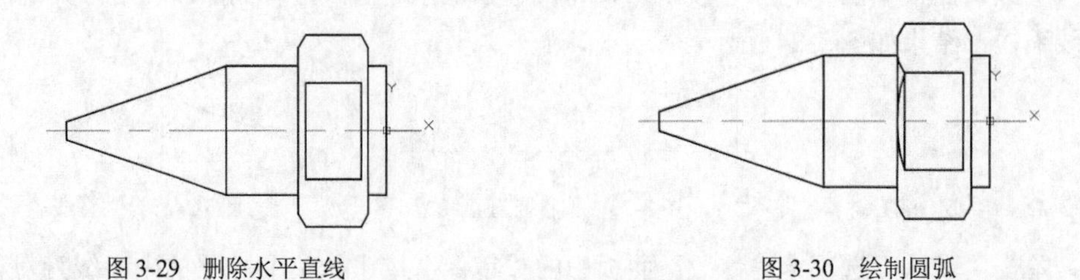

图 3-29 删除水平直线　　　图 3-30 绘制圆弧

（13）单击“默认”选项卡“修改”面板中的“镜像”按钮，将绘制的小圆弧进行水平镜像和垂直镜像，分别以水平中心线和图 3-35 中水平线段中点点 1 与点 2 的连线为对称轴，结果如图 3-31 所示。

使用相同的方法，对另一段圆弧进行镜像操作，结果如图 3-32 所示。

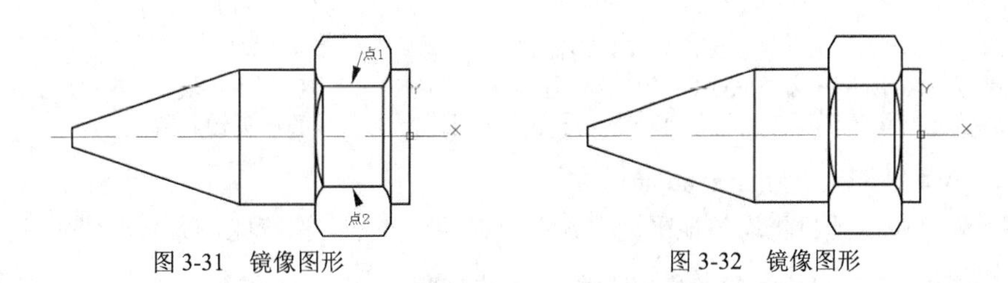

图 3-31 镜像图形　　图 3-32 镜像图形

（14）单击“默认”选项卡“修改”面板中的“删除”按钮，删除多余的竖直直线，结果如图 3-21 所示。

3.3.7 阵列命令

阵列是指多重复制选择的对象并把这些副本按矩形或环形排列。把副本按矩形排列称为建立矩形阵列，把副本按环形排列称为建立极阵列（环形阵列）。建立极阵列（环形阵列）时，应该控制复制对象的次数和对象是否被旋转；建立矩形阵列时，应该控制行和列的数量以及对象副本之间的距离。

执行阵列命令可以建立矩形阵列、极阵列（环形阵列）和旋转的矩形阵列。

【执行方式】

☑ 命令行：array。

☑ 菜单栏：选择菜单栏中的“修改”→“阵列”→“矩形阵列”“路径阵列”或“环形阵列”命令。

☑ 工具栏：单击“修改”工具栏中的“矩形阵列”按钮、“路径阵列”按钮和“环形阵列”按钮。

☑ 功能区：单击“默认”选项卡的“修改”面板中的“矩形阵列”按钮/“路径阵列”按钮/“环形阵列”按钮。

【操作步骤】

执行上述任一操作后，命令行提示与操作如下。

```
命令: _array
选择对象:（使用对象选择方法）
输入阵列类型[矩形(R)/路径(PA)/极轴(PO)]<矩形>:
```

【选项说明】

（1）矩形（R）（命令为 arrayrect）

将选定对象的副本分布到行、列和层的任意组合。选择该选项后出现如下提示。

```
选择夹点以编辑阵列或[关联(AS)/基点(B)/计数(COU)/间距(S)/列数(COL)/行数(R)/层数(L)/退出(X)]
<退出>:（通过夹点，调整阵列间距，列数，行数和层数，也可以分别选择各选项输入数值）
```

（2）路径（PA）（命令为 arraypath）

沿路径或部分路径均匀分布选定对象的副本。选择该选项后出现如下提示。

选择路径曲线:（选择一条曲线作为阵列路径）
选择夹点以编辑阵列或[关联(AS)/方法(M)/基点(B)/切向(T)/项目(I)/行(R)/层(L)/对齐项目(A)/方向(Z)/退出(X)]<退出>:（通过夹点，调整阵列行数和层数，也可以分别选择各选项输入数值）

（3）环形阵列（命令为 arraypolar）

在环形阵列中，项目将均匀地围绕中心点或旋转轴分布。执行此命令后出现如下提示。

指定阵列的中心点或[基点(B)/旋转轴(A)]:（选择中心点）
选择夹点以编辑阵列或[关联(AS)/基点(B)/项目(I)/项目间角度(A)/填充角度(F)/行数(R)/层数(L)/旋转项目(ROT)/退出(X)] <退出>:

3.3.8 操作实例——绘制齿圈

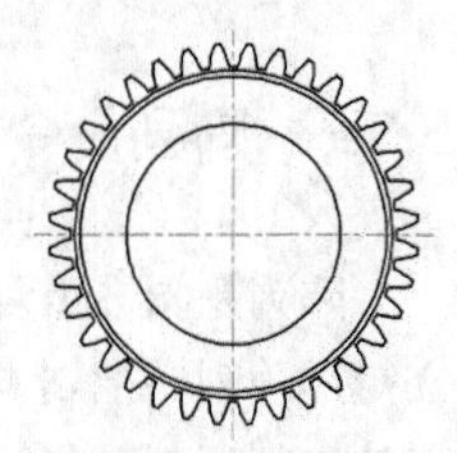

图 3-33 齿圈

绘制图 3-33 所示的齿圈，操作步骤如下。

（1）单击“默认”选项卡“图层”面板中的“图层特性”按钮，打开“图层特性管理器”对话框，新建 2 个图层，分别为“粗实线”图层和“中心线”图层，各个图层属性如图 3-34 所示。

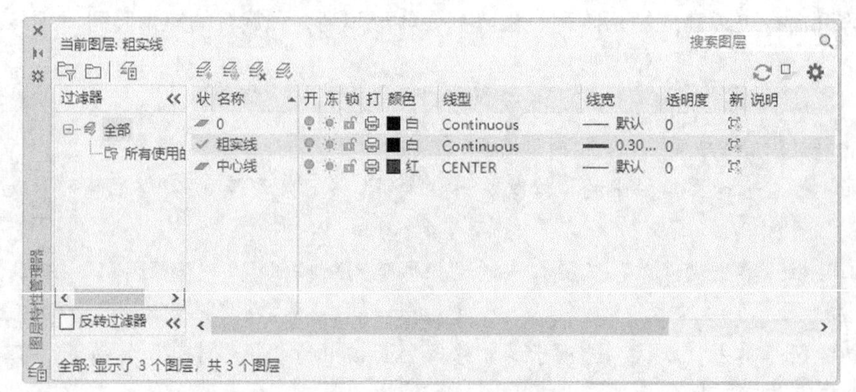

图 3-34 “图层特性管理器”对话框

将“中心线”图层设置为当前图层。

（2）单击“默认”选项卡“绘图”面板中的“直线”按钮，绘制十字交叉的辅助线，其中水平直线和竖直直线的长度均为 20.5。

将“粗实线”图层设置为当前图层。

（3）单击“默认”选项卡“绘图”面板中的“圆”按钮，以交点为圆心，绘制多个同心圆，其中圆的半径分别为 5.5、7.85、8.15、8.37 和 9.5，结果如图 3-35 所示。

（4）单击“默认”选项卡“修改”面板中的“偏移”按钮，将水平中心线向上侧偏移 8.94，竖直中心线向左侧分别偏移 0.18、0.23 和 0.27，如图 3-36 所示。

（5）单击“默认”选项卡“绘图”面板中的“圆弧”按钮，指定圆弧的三点，绘制圆弧，如图 3-37 所示。

（6）单击“默认”选项卡“修改”面板中的“删除”按钮，将上一步偏移后的辅助直线删除。

（7）单击“默认”选项卡“修改”面板中的“镜像”按钮，对圆弧进行镜像操作，其中镜像线为竖直的中心线，结果如图 3-38 所示。

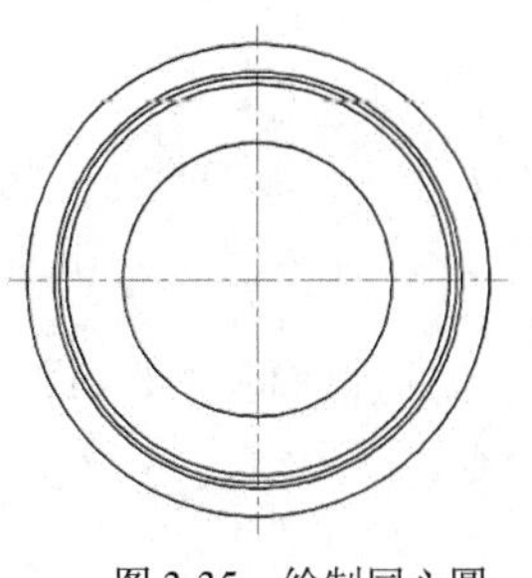

图 3-35 绘制同心圆

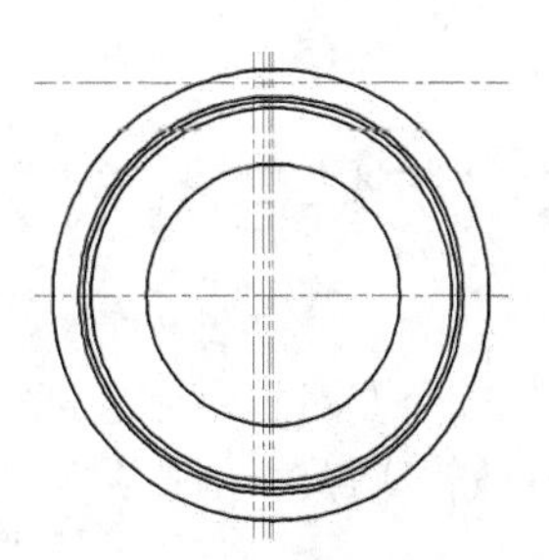

图 3-36 偏移直线

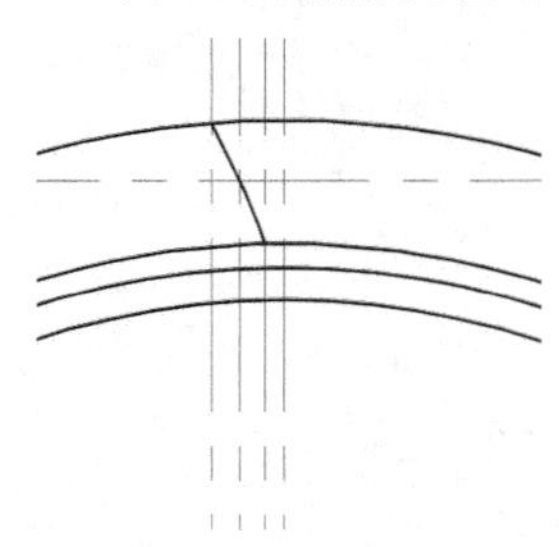

图 3-37 绘制圆弧

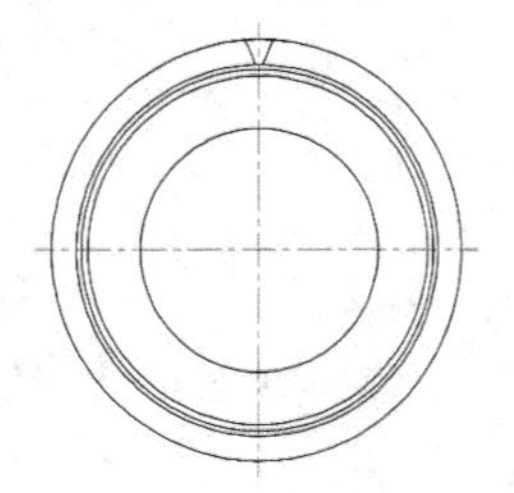

图 3-38 镜像圆弧

（8）单击“默认”选项卡“修改”面板中的“环形阵列”按钮，将绘制的圆弧按环形排列，其中圆心为阵列的中心点，阵列的项目数为36，结果如图3-39所示。

```
命令: _arraypolar
选择对象:（选择圆弧）
选择对象: ↙
类型=极轴 关联=是
指定阵列的中心点或[基点(B)/旋转轴(A)]:
选择夹点以编辑阵列或[关联(AS)/基点(B)/项目(I)/项目间角度(A)/填充角度(F)/行数(R)/层数(L)/旋转项目(ROT)/退出(X)] <退出>: I
输入阵列中的项目数或[表达式(E)] <6>: 36
选择夹点以编辑阵列或[关联(AS)/基点(B)/项目(I)/项目间角度(A)/填充角度(F)/行数(R)/层数(L)/旋转项目(ROT)/退出(X)] <退出>:↙
```

（9）单击“默认”选项卡“绘图”面板中的“圆弧”按钮，绘制两段圆弧，如图3-40所示。

（10）单击“默认”选项卡“修改”面板中的“删除”按钮，删除最外侧的两个同心圆，结果如图3-41所示。

（11）单击“默认”选项卡“修改”面板中的“环形阵列”按钮，将绘制的圆弧按环形阵列，其中圆心为阵列的中心点，阵列的项目数为36，结果如图3-33所示。

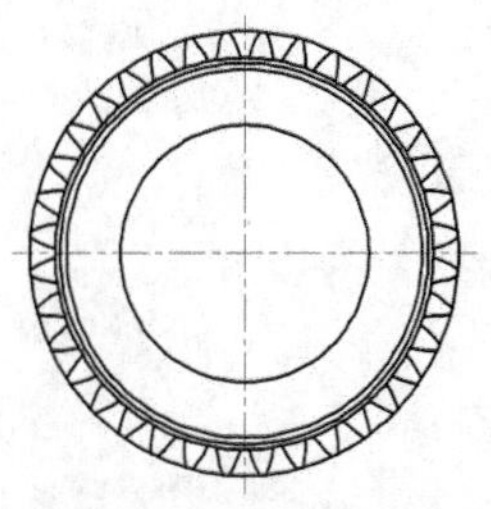

图 3-39 环形阵列圆弧

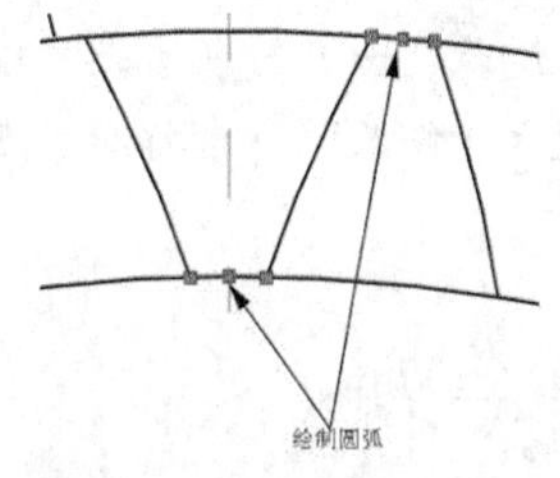

图 3-40 绘制圆弧

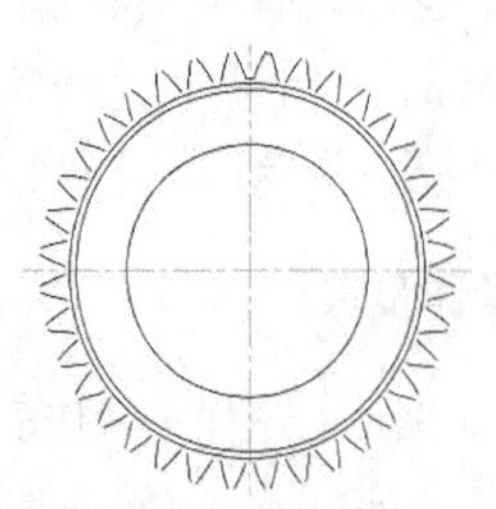

图 3-41 删除同心圆

3.4 改变几何特性类命令

这一类编辑命令在对指定对象进行编辑后，使编辑对象的几何特性发生改变。改变几何特性类命令包括打断、圆角、倒角、拉伸、拉长、延伸等命令。

3.4.1 打断命令

【执行方式】

☑ 命令行：break。
☑ 菜单栏：选择菜单栏中的“修改”→“打断”命令。
☑ 工具栏：单击“修改”工具栏中的“打断”按钮□。
☑ 功能区：单击“默认”选项卡“修改”面板中的“打断”按钮□。

【操作步骤】

执行上述任一操作后，命令行提示与操作如下。

```
命令: _break
选择对象:（选择要打断的对象）
指定第二个打断点或[第一点(F)]:（指定第二个断开点或键入F）
```

【选项说明】

如果选择“第一点（F）”选项，系统将丢弃前面的第一个选择点，重新提示用户指定两个打断点。

3.4.2 打断于点

打断于点是指在对象上指定一点，从而把对象在此点拆分成两部分。此命令与打断命令类似。

【执行方式】

☑ 命令行：break。
☑ 工具栏：选择菜单栏中的“修改”→“打断于点”命令。
☑ 功能区：单击“默认”选项卡“修改”→“打断于点”按钮□。

【操作步骤】

执行上述任一操作后，命令行提示与操作如下。

```
选择对象:（选择要打断的对象）
指定第二个打断点或[第一点(F)]: F[系统自动执行“第一点（F）”选项]
```

```
指定第一个打断点:（选择打断点）
指定第二个打断点: @（系统自动忽略此提示）
```

3.4.3 圆角命令

圆角是指用指定的半径决定的一段平滑的圆弧来连接两个对象。系统规定可以用圆角连接一对直线段、非圆弧的多段线、样条曲线、双向无限长线、射线、圆、圆弧和椭圆。圆角可以在任何时刻连接非圆弧多段线的每个节点。

【执行方式】

☑ 命令行：fillet。
☑ 菜单栏：选择菜单栏中的“修改”→“圆角”命令。
☑ 工具栏：单击“修改”工具栏中的“圆角”按钮。
☑ 功能区：单击“默认”工具栏“修改”面板中的“圆角”按钮。

【操作步骤】

执行上述任一操作后，命令行提示与操作如下。

```
命令: _fillet
当前设置: 模式=修剪，半径=0.0000
选择第一个对象或[放弃(U)/多段线(P)/半径(R)/修剪(T)/多个(M)]:（选择第一个对象或其他选项）
选择第二个对象，按住 Shift 键选择对象以应用角点或[半径(R)]:（选择第二个对象）
```

【选项说明】

（1）多段线（P）：在一条二维多段线的两段直线段的节点处插入圆滑的弧。选择多段线后，系统会根据指定的圆弧的半径把多段线各顶点用圆滑的弧连接起来。

（2）修剪（T）：决定在圆角连接两条边时，是否修剪这两条边，如图 3-42 所示。

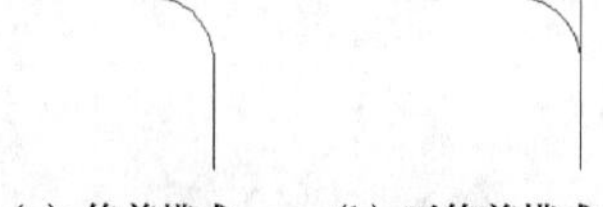

(a) 修剪模式　(b) 不修剪模式

图 3-42　圆角连接

（3）多个（M）：可以同时对多个对象进行圆角编辑。而不必重新启用命令。

（4）按住 Shift 键并选择两条直线，可以快速创建零距离倒角或零半径圆角。

3.4.4 倒角命令

倒角是指用斜线连接两个不平行的线型对象。可以用斜线连接直线段、双向无限长线、射线和多段线。

【执行方式】

☑ 命令行：chamfer。
☑ 菜单栏：选择菜单栏中的“修改→“倒角”命令。

☑ 工具栏：单击“修改”工具栏中的“倒角”按钮 。

☑ 功能区：单击“默认”选项板“修改”面板中的“倒角”按钮 。

【操作步骤】

执行上述任一操作后，命令行提示与操作如下。

```
命令: _chamfer
(“不修剪”模式)当前倒角距离1=0.0000，距离2=0.0000
选择第一条直线或[放弃(U)/多段线(P)/距离(D)/角度(A)/修剪(T)/方式(E)/多个(M)]:（选择第一条直线或别的选项）
选择第二条直线，或按住Shift键选择直线以应用角点或[距离(D)/角度(A)/方法(M)]:（选择第二条直线）
```

【选项说明】

（1）距离（D）

选择倒角的两个斜线距离。斜线距离是指从被连接的对象与斜线的交点到被连接的两个对象可能的交点之间的距离，如图 3-43 所示。这两个斜线距离可以相同也可以不相同，若二者均为 0，则系统不绘制连接的斜线，而是把两个对象延伸至相交，并修剪超出的部分。

（2）角度（A）

选择第一条直线的斜线距离和角度。采用这种斜线连接对象的方法时，需要输入两个参数，即斜线与一个对象的斜线距离和斜线与该对象的夹角，如图 3-44 所示。

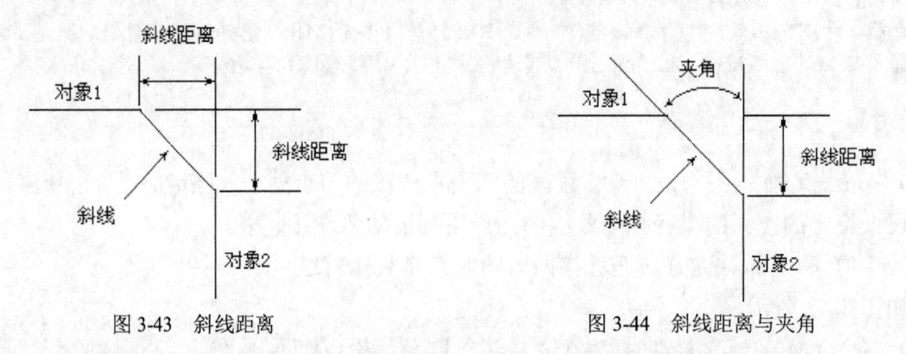

图 3-43　斜线距离　　　图 3-44　斜线距离与夹角

（3）多段线（P）

对多段线的各个交叉点进行倒角编辑。为了得到最好的连接效果，一般设置斜线为相等的值。系统根据指定的斜线距离把多段线的每个交叉点都作斜线连接，连接的斜线成为多段线新添加的构成部分，如图 3-45 所示。

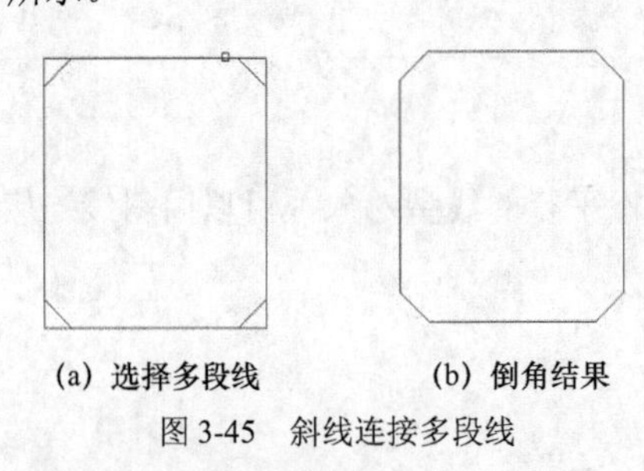

(a) 选择多段线　　(b) 倒角结果

图 3-45　斜线连接多段线

（4）修剪（T）

该选项功能与圆角连接命令 fillet 相同，该选项决定连接对象后，是否剪切原对象。

（5）方式（M）

该选项可以决定采用“距离”方式还是“角度”方式来进行倒角。

（6）多个（U）

利用该选项可同时对多个对象进行倒角编辑。

3.4.5　操作实例——绘制圆头平键

圆头平键也是一种通用机械零件。它的形状类似两头倒圆角的长方体，主视图成拉长的运动场跑道形状，利用“矩形”命令和“倒圆角”命令绘制，俯视图呈矩形状，利用“矩形”命令和“倒直角”命令绘制。绘制图 3-46 所示的圆头平键，操作步骤如下。

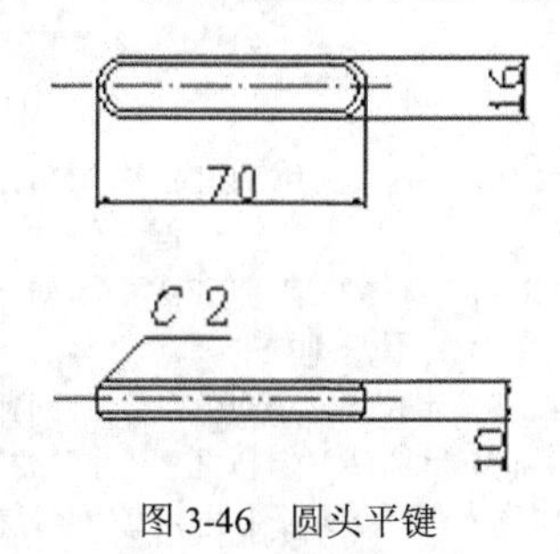

图 3-46　圆头平键

（1）设置图层。单击“默认”选项卡“图层”面板中的“图层特性”按钮，打开“图层特性管理器”对话框。新建“中心线”图层、“粗实线”图层和“细实线”图层 3 个图层，如图 3-47 所示。

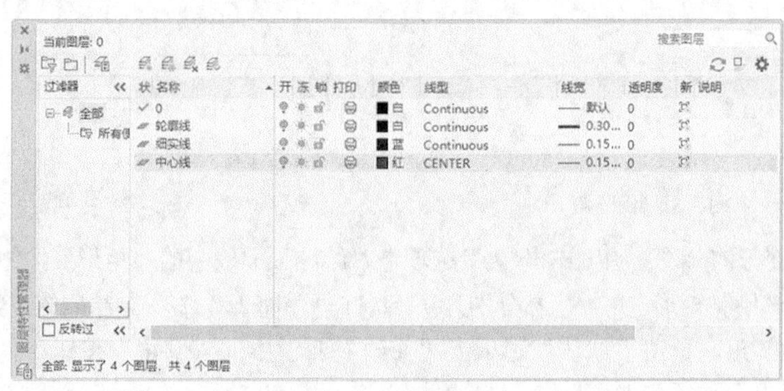

图 3-47　图层设置

（2）切换图层。将“中心线”图层设置为当前图层。

（3）绘制中心线。单击“默认”选项卡“绘图”面板中的“直线”按钮，指定两个端点坐标，分别为（100,200）和（250,200），得到的效果如图 3-48 所示。

（4）偏移直线。对于第二条中心线，既可以执行“直线”命令进行绘制，两端点坐标分别为（100,120）、（250,120）。还可以执行“偏移”命令，单击“默认”选项卡“修改”面板中的“偏移”按钮，偏移距离为 80，将直线向上侧偏移。得到的效果如图 3-49 所示。

（5）切换图层。将“粗实线”图层设置为当前图层。

（6）绘制轮廓线。单击“默认”选项卡“绘图”面板中的“矩形”按钮 ，采用指定矩形两个角点模式绘制两个矩形，角点坐标分别为[（150,192）和（220,208）]以及[（152,194）和（218,206）]，绘制两个矩形，效果如图 3-50 所示。

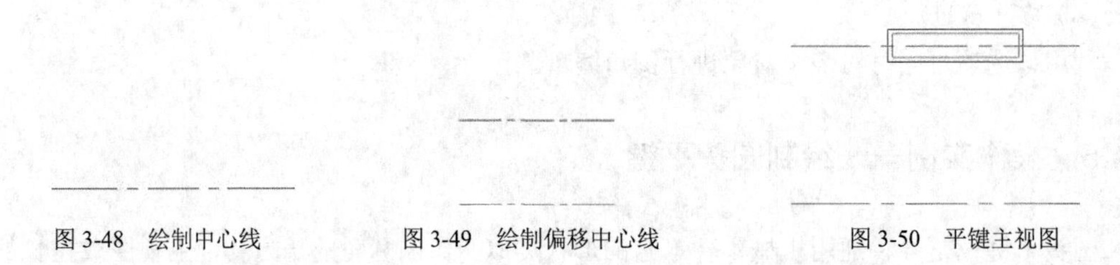

图 3-48　绘制中心线　　图 3-49　绘制偏移中心线　　图 3-50　平键主视图

（7）图形倒圆角：单击“默认”选项卡“修改”面板中的“圆角”按钮 ，采用修剪、指定圆角半径模式，命令行提示与操作如下。

```
命令: _fillet
当前设置: 模式=不修剪，半径=0.0000
选择第一个对象或[放弃(U)/多段线(P)/半径(R)/修剪(T)/多个(M)]: R
指定圆角半径<0.0000>: 8
选择第一个对象或[放弃(U)/多段线(P)/半径(R)/修剪(T)/多个(M)]: T
输入修剪模式选项[修剪(T)/不修剪(N)] <不修剪>: T
选择第一个对象或[放弃(U)/多段线(P)/半径(R)/修剪(T)/多个(M)]: M
选择第一个对象或[放弃(U)/多段线(P)/半径(R)/修剪(T)/多个(M)]:（选择图3-51中矩形边线1）
选择第二个对象，或按住 Shift 键选择对象以应用角点或[半径(R)]:（选择图3-51中矩形边线2）
```

重复上述步骤，其中，大矩形圆角半径为 8mm，小矩形圆角半径为 6mm。将两个矩形的 8 个直角倒成圆角，完成主视图，结果如图 3-52 所示。

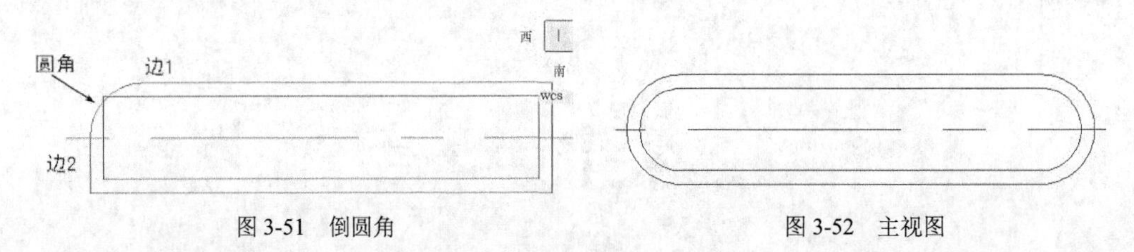

图 3-51　倒圆角　　图 3-52　主视图

（8）绘制俯视图轮廓线。单击“默认”选项卡“绘图”面板中的“矩形”按钮 ，采用指定矩形两个角点模式绘制矩形，角点坐标分别为（150,115）和（220,125），绘制结果如图 3-53 所示。

（9）矩形倒斜角。单击“默认”选项卡“修改”面板中的“倒角”按钮 ，为矩形四角点倒斜角，命令行提示与操作如下。

```
命令: _chamfer
(“修剪”模式)当前倒角距离1=0.0000，距离2=0.0000
选择第一条直线或[放弃(U)/多段线(P)/距离(D)/角度(A)/修剪(T)/方式(E)/多个(M)]:D
指定第一个倒角距离: 2
指定第二个倒角距离: 2
选择第一条直线或[放弃(U)/多段线(P)/距离(D)/角度(A)/修剪(T)/方式(E)/多个(M)]:
选择第二条直线，按住Shift键选择直线以应用角点或[距离(D)/角度(A)/方法(M)]: (选择矩形相邻的两个边)
```

重复上述倒斜角操作，直至矩形的 4 个顶角都被倒斜角。倒斜角后的效果如图 3-54 所示。

（10）绘制直线。单击“默认”选项卡“绘图”面板中的“直线”按钮╱，绘制两条直线，端点坐标分别为[（150,117）、（220,117）]和[（150,123）、（220,123）]。平键俯视图如图 3-55 所示。

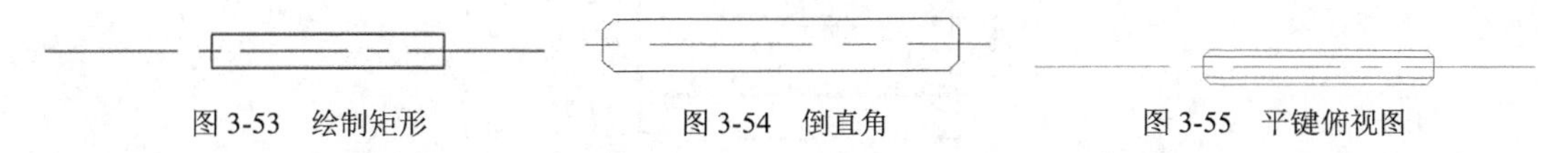

图 3-53　绘制矩形　　图 3-54　倒直角　　图 3-55　平键俯视图

（11）修剪中心线。单击“默认”选项卡“修改”面板中的“打断”按钮凸，删掉过长的中心线，最终结果如图 3-46 所示。

3.4.6　拉伸命令

拉伸对象是指拖拉选择的对象，使对象的形状发生改变。拉伸对象时，应指定拉伸的基点和移置点。利用辅助工具如捕捉、钳夹功能及相对坐标等可以提高拉伸的精度，如图 3-56 所示。

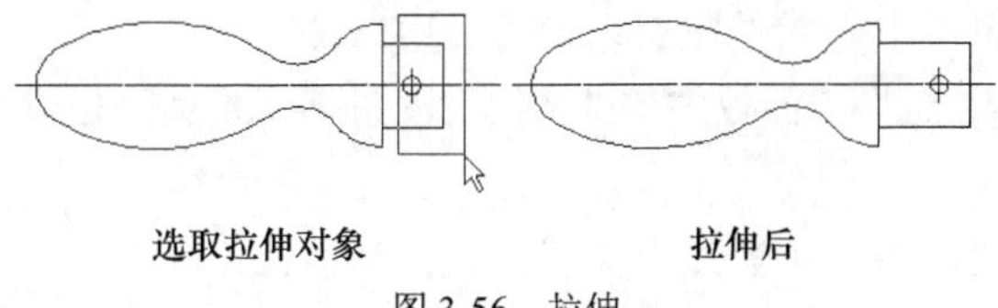

图 3-56　拉伸

【执行方式】

☑　命令行：stretch。
☑　菜单栏：选择菜单栏中的“修改”→“拉伸”命令。
☑　工具栏：单击“修改”工具栏中的“拉伸”按钮。
☑　功能区：单击“默认”选项卡“修改”面板中的“拉伸”按钮。

【操作步骤】

执行上述任一操作后，命令行提示与操作如下。

```
命令: _stretch
以交叉窗口或交叉多边形的方式选择要拉伸的对象...
选择对象: C
指定第一个角点: 指定对角点: 找到2个（采用交叉窗口的方式选择要拉伸的对象）
指定基点或[位移(D)] <位移>:（指定拉伸的基点）
指定第二个点或<使用第一个点作为位移>:（指定拉伸的移置点）
```

此时，若指定第二个点，系统将根据这两点决定矢量拉伸对象。若直接按 Enter 键，系统会把第一个点作为 X 轴和 Y 轴的分量值。

使用 stretch 命令仅移动位于交叉选择内的顶点和端点，不更改位于交叉选择外的顶点和端点。部分包含在交叉选择窗口内的对象将被拉伸。

3.4.7 操作实例——绘制螺栓

本实例主要利用“拉伸”命令拉伸图形，绘制图 3-57 所示的螺栓。

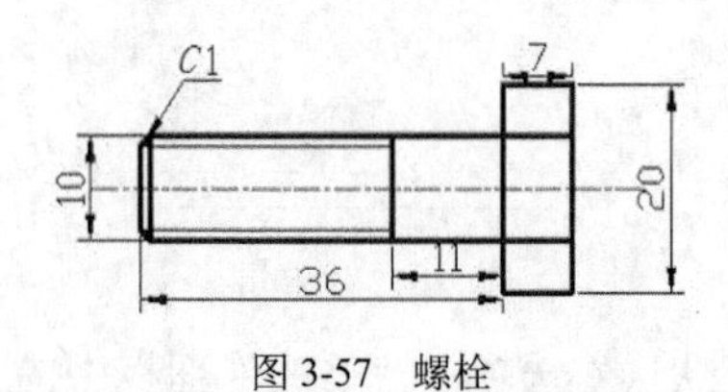

图 3-57 螺栓

（1）图层设置。单击“默认”选项卡“图层”面板中的“图层特性”按钮，新建 3 个图层，名称及属性如下。

① 第 1 图层命名为“粗实线”图层，线宽为 0.3mm，其余属性默认。

② 第 2 图层命名为“细实线”图层，线宽为 0.15mm，其余属性默认。

③ 第 3 图层命名为“中心线”图层，线宽为 0.15mm，线型为 CENTER，颜色为红色，其余属性默认。

（2）绘制中心线。将“中心线”图层设置为当前图层。

单击“默认”选项卡“绘图”面板中的“直线”按钮，绘制坐标点为[（-5,0）、（@30,0）]的中心线。

（3）绘制初步轮廓线。将“粗实线”图层设置为当前图层。

单击“默认”选项卡“绘图”面板中的“直线”按钮，绘制 4 条线段或连续线段，端点坐标分别为[（0,0）、（@0,5）、（@20,0）]、[（20,0）、（@0,10）、（@-7,0）、（@0,-10）]、[（10,0）、（@0,5）]、[（1,0）、（@0,5）]。

（4）绘制螺纹牙底线。将“细实线”图层设置为当前图层。

单击“默认”选项卡“绘图”面板中的“直线”按钮，绘制线段，端点坐标为[（0,4）、（@10,0）]，打开“线宽”，绘制结果如图 3-58 所示。

（5）倒角处理。单击“默认”选项卡“修改”面板中的“倒角”按钮，倒角距离为 1，对图 3-59 中 A 点处的两条直线进行倒角处理，结果如图 3-59 所示。

（6）镜像处理。单击“默认”选项卡“修改”面板中的“镜像”按钮，对所有绘制的对象进行镜像操作，镜像轴为螺栓的中心线，绘制如图 3-60 所示。

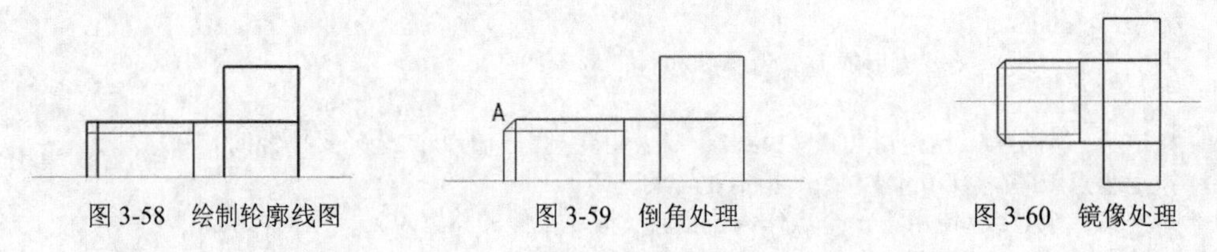

图 3-58 绘制轮廓线图　　图 3-59 倒角处理　　图 3-60 镜像处理

（7）拉伸处理。单击“默认”选项卡“修改”面板中的“拉伸”按钮，拉伸上一步绘制的图形，命令行提示与操作如下。

```
命令: _stretch
以交叉窗口或交叉多边形的方式选择要拉伸的对象...
```

```
选择对象:C
选择对象:（选择图3-61所示的虚框所显示的范围）
指定对角点：找到13个
选择对象：↙
指定基点或[位移(D)] <位移>:（指定图中任意一点）
指定第二个点或<使用第一个点作为位移>: @-8,0
```

绘制结果如图 3-62 所示。

按下空格键继续执行“拉伸”操作，命令行提示与操作如下。

```
命令: _stretch
以交叉窗口或交叉多边形的方式选择要拉伸的对象...
选择对象:（选择图3-63所示的虚框所显示的范围）
指定对角点：找到13个
选择对象：↙
指定基点或[位移(D)] <位移>:（指定图中任意一点）
指定第二个点或<使用第一个点作为位移>:@-15,0
```

绘制结果如图 3-64 所示。

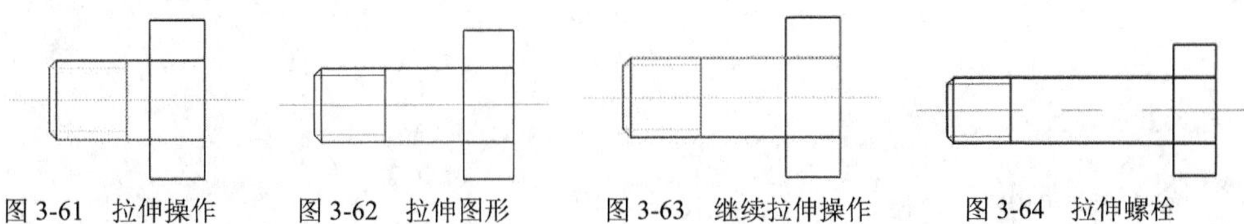

图 3-61　拉伸操作　　图 3-62　拉伸图形　　图 3-63　继续拉伸操作　　图 3-64　拉伸螺栓

（8）保存文件。单击“快速访问”工具栏中的“保存”按钮。最后得到图 3-57 所示的零件图。

说 明

拉伸命令只能采用“窗交”的方式选择拉伸的对象和拉伸的两个角点。AutoCAD 可拉伸与选择窗口相交的圆弧、椭圆弧、直线、多段线线段、二维实体、射线、宽线和样条曲线。使用 stretch 命令移动窗口内的端点，而不改变窗口外的端点；还可以移动窗口内的宽线和二维实体的顶点，而不改变窗口外的宽线和二维实体的顶点。多段线的每一段都被当作简单的直线或圆弧。

3.4.8　拉长命令

【执行方式】

☑　命令行：lengthen。

☑　菜单栏：选择菜单栏中的“修改”→“拉长”命令。

☑　功能区：单击“默认”选项卡“修改”面板中的“拉长”按钮。

【操作步骤】

执行上述任一操作后，命令行提示与操作如下。

```
命令:_lengthen
```

选择要测量的对象或[增量(DE)/百分比(P)/总计(T)/动态(DY)] <增量(DE)>:（选定对象）
当前长度: 30.5001（给出选定对象的长度，如果选择圆弧则还将给出圆弧的包含角度）
选择要测量的对象或[增量(DE)/百分比(P)/总计(T)/动态(DY)] <增量(DE)>: DE[选择拉长或缩短的方式。如选择“增量（DE）”方式]
输入长度增量或[角度(A)] <0.0000>: 10（输入长度增量数值。如果选择圆弧段，则可输入选项“A”给定角度增量）
选择要修改的对象或[放弃(U)]:（选择要修改的对象，对其进行拉长操作）
选择要修改的对象或[放弃(U)]:（继续选择，按Enter键，结束命令）

【选项说明】

（1）增量（DE）：用指定增加量的方法来改变对象的长度或角度。

（2）百分比（P）：用指定要修改对象的长度占总长度的百分比的方法来改变圆弧或直线段的长度。

（3）总计（T）：用指定新的总长度或总角度值的方法来改变对象的长度或角度。

（4）动态（DY）：在这种模式下，可以使用拖拉鼠标的方法来动态地改变对象的长度或角度。

3.4.9 修剪命令

【执行方式】

☑ 命令行：trim。
☑ 菜单栏：选择菜单栏中的“修改”→“修剪”命令。
☑ 工具栏：单击“修改”工具栏中的“修剪”按钮。
☑ 功能区：单击“默认”选项卡“修改”面板中的“修剪”按钮。

【操作步骤】

执行上述任一操作后，命令行提示与操作如下。

命令: _trim
当前设置: 投影=UCS，边=无
选择剪切边...
选择对象或<全部选择>:（选择用作修剪边界的对象）

按 Enter 键，结束对象选择，系统提示如下。

选择要修剪的对象，或按住Shift键选择要延伸的对象，或[栏选(F)/窗交(C)/投影(P)/边(E)/删除(R)/放弃(U)]:

【选项说明】

（1）按 Shift 键：在选择对象时，如果按住 Shift 键，系统就自动将“修剪”命令转换成“延伸”命令，“延伸”命令将在下节进行介绍。

（2）边（E）：选择此选项时，可以选择对象的修剪方式：延伸和不延伸。

① 延伸（E）：延伸边界修剪对象。在此方式下，如果剪切边没有与要修剪的对象相交，系统会延伸剪切边直至与要修剪的对象相交，然后再进行修剪。

② 不延伸（N）：不延伸边界修剪对象。只修剪与剪切边相交的对象。

（3）栏选（F）：选择此选项时，系统以栏选的方式选择被修剪对象。

（4）窗交（C）：选择此选项时，系统以窗交的方式选择被修剪对象。

3.4.10 操作实例——绘制扳手

绘制图 3-65 所示的扳手，操作步骤如下。

（1）单击“默认”选项卡“绘图”面板中的“矩形”按钮 ，指定矩形的长度为 50，宽度为 10，如图 3-66 所示。

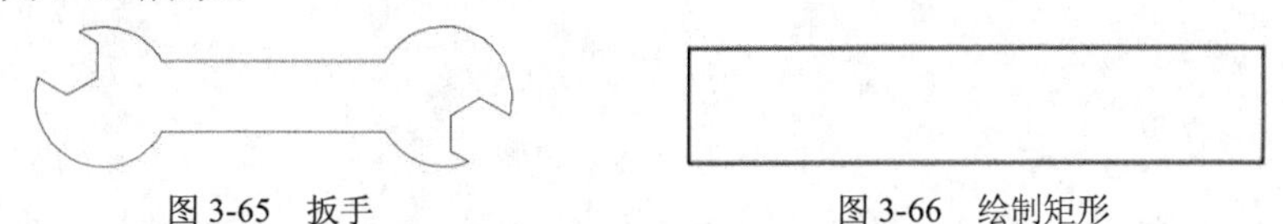

图 3-65 扳手　　图 3-66 绘制矩形

（2）单击“默认”选项卡“绘图”面板中的“圆”按钮，以矩形短边的中心为圆心，绘制半径为 10 的圆，如图 3-67 所示。

（3）单击“默认”选项卡“绘图”面板中的“多边形”按钮，以竖直直线的中点为正多边形的中心，绘制内接圆，如图 3-68 所示。

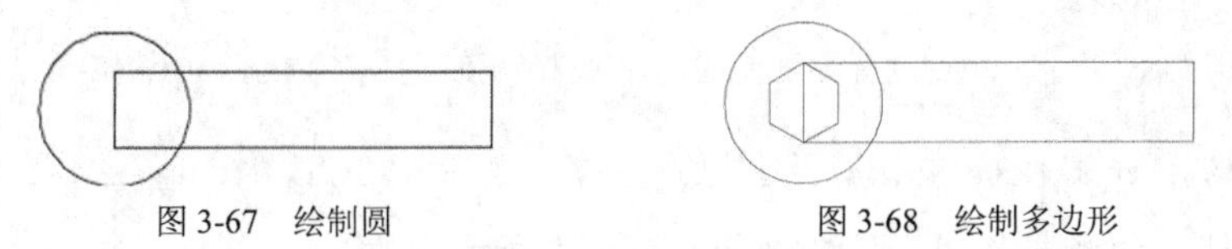

图 3-67 绘制圆　　图 3-68 绘制多边形

（4）单击“默认”选项卡“修改”面板中的“镜像”按钮 ，对绘制的多边形和圆进行镜像操作，如图 3-69 所示。

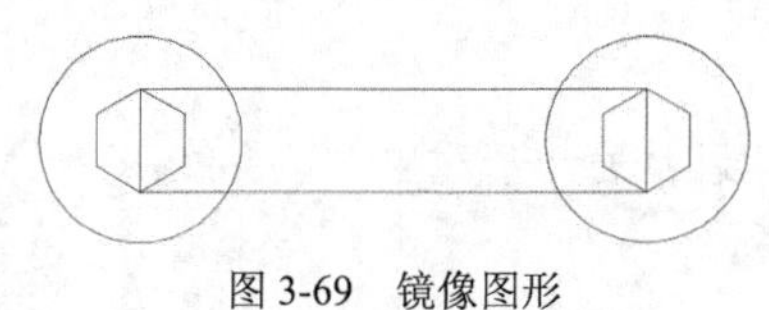

图 3-69 镜像图形

（5）使用鼠标右键单击状态栏中的极轴追踪按钮 ，选择“正在追踪设置”选项，①打开如图 3-70 所示的“草图设置”对话框，勾选“极轴追踪”选项卡中的②“启用极轴追踪”复选框，③将增量角设置为 45°，然后单击“默认”选项卡“绘图”面板中的“直线”按钮 ，绘制两条斜向直线，结果如图 3-71 所示。

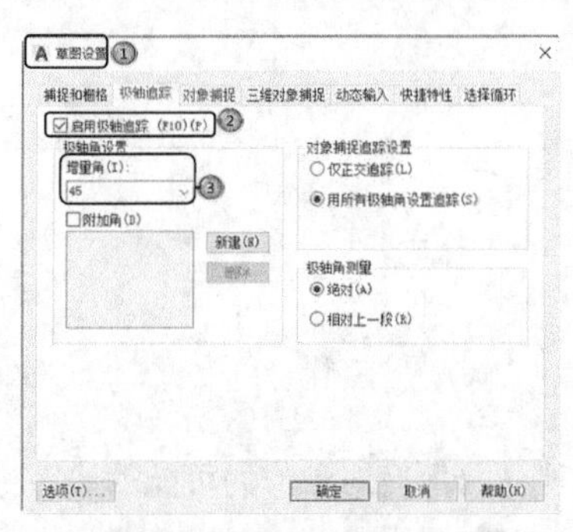

图 3-70 “草图设置”对话框

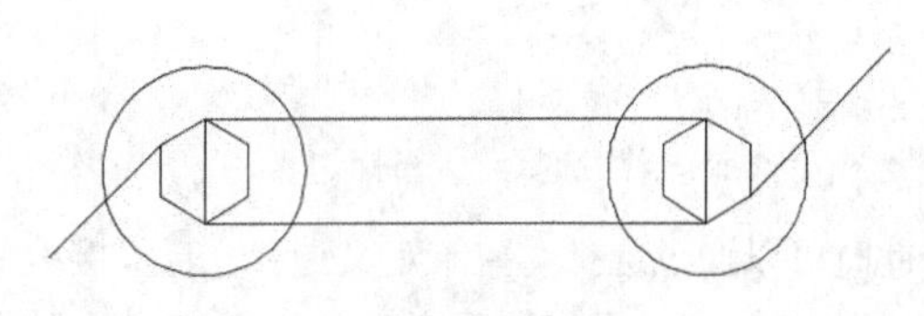

图 3-71 绘制斜线

（6）单击“默认”选项卡“修改”面板中的“移动”按钮✥（此命令会在以后章节中详细讲述），移动多边形，如图 3-72 所示。命令行提示与操作如下。

```
命令: _move
选择对象:（选择多边形）
选择对象: ↙
指定基点或[位移(D)] <位移>:（以斜向直线的起点为基点）
指定第二个点或<使用第一个点作为位移>:（以斜向直线和大圆的交点为第二点）
```

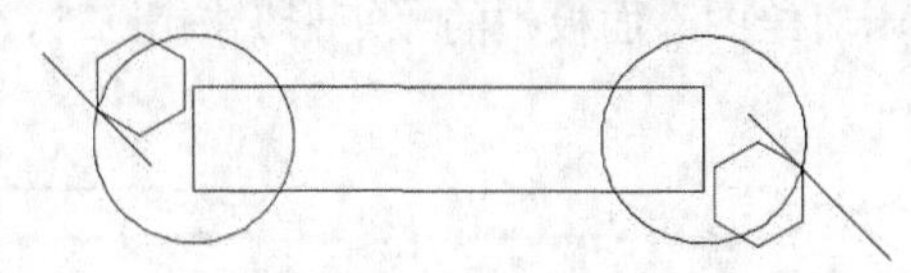

图 3-72　移动多边形

（7）修剪对象。单击“默认”选项卡“修改”面板中的“修剪”按钮，修剪多余的直线，命令行提示与操作如下。

```
命令: _trim
当前设置: 投影=UCS，边=无
选择剪切边...
选择对象或<全部选择>:↙
选择要修剪的对象，按住Shift键选择要延伸的对象或[栏选(F)/窗交(C)/投影(P)/边(E)/删除(R)/放弃(U)]:（选择需要修剪的直线）
选择要修剪的对象，按住Shift键选择要延伸的对象或[投影(P)/边(E)/放弃(U)]:
```

重复修剪图形，并删掉斜线，最终图形如图 3-65 所示。

3.4.11　延伸命令

延伸对象是指延长对象使其直至另一个对象的边界线。

【执行方式】

☑ 命令行：extend。
☑ 菜单栏：选择菜单栏中的“修改”→“延伸”命令。
☑ 工具栏：单击“修改”工具栏中的“延伸”按钮→|。
☑ 功能区：单击“默认”选项卡修改面板中的“延伸”按钮→|。

【操作步骤】

执行上述任一操作后，命令行提示与操作如下。

```
命令: _extend
当前设置:投影=UCS，边=无
选择边界的边...
选择对象或<全部选择>:（选择边界对象）
```

此时可以通过选择对象来定义边界。若直接按 Enter 键，则选择所有对象作为可能的边界对象。

系统规定可以用作边界对象的对象有：直线段、射线、双向无限长线、圆弧、圆、椭圆、二维和三维多段线、样条曲线、文本、浮动的视口、区域。如果选择二维多段线作为边界对象，系统会忽略其宽度而把对象延伸至多段线的中心线上。

选择边界对象后，命令行提示如下。

选择要延伸的对象，按住Shift键选择要修剪的对象或[栏选(F)/窗交(C)/投影(P)/边(E)/放弃(U)]:

【选项说明】

（1）如果要延伸的对象是适配样条多段线，则延伸后会在多段线的控制框上增加新节点。如果要延伸的对象是锥形的多段线，系统会修正延伸端的宽度，使多段线从起始端平滑地延伸至新的终止端。如果延伸操作导致新终止端的宽度为负值，则需设置宽度值为0。

（2）选择对象时，如果按住 Shift 键，系统就自动将“延伸”命令转换为“修剪”命令。

3.4.12　操作实例——绘制间歇轮

绘制图3-73所示的间歇轮，操作步骤如下。

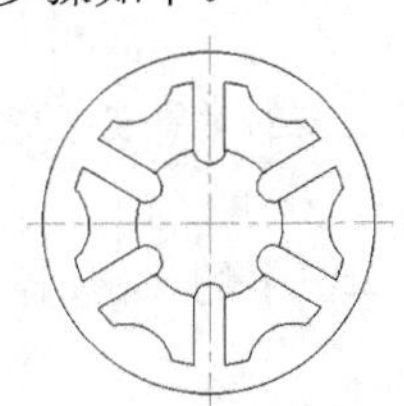

图3-73　间歇轮

（1）单击“默认”选项卡“图层”面板中的“图层特性”按钮，打开“图层特性管理器”对话框，然后新建2个图层，分别是“中心线”图层和“轮廓线”图层，将“中心线”图层设置为当前图层，如图3-74所示。

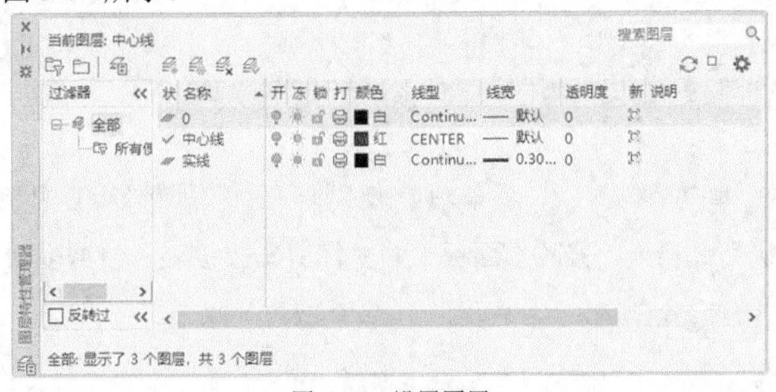

图3-74　设置图层

（2）单击“默认”选项卡“绘图”面板中的“直线”按钮，绘制十字交叉的轴线，绘制结果如图3-75所示。

（3）单击“默认”选项卡“绘图”面板中的“圆”按钮，绘制半径为32的圆，结果如图3-76所示。

重复步骤（1）的绘制圆命令，绘制其余的圆，圆的半径分别为14、26.5、9和3，结果如图3-77所示。

（4）单击“默认”选项卡“绘图”面板中的“直线”按钮，捕捉半径为3和半径为14

的圆的角点为直线的起点，绘制两条竖直直线，其中直线的长度不超过半径为 26.5 的圆，结果如图 3-78 所示。

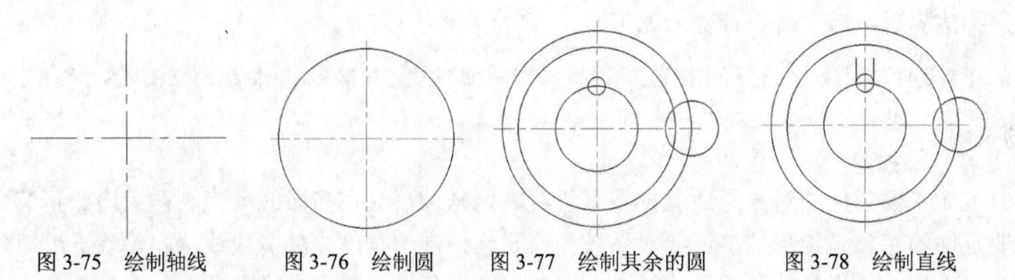

图 3-75　绘制轴线　　图 3-76　绘制圆　　图 3-77　绘制其余的圆　　图 3-78　绘制直线

（5）单击“默认”选项卡“修改”面板中的“延伸”按钮，延伸直线直至圆的边缘，结果如图 3-79 所示，命令行提示与操作如下。

```
命令: _extend
当前设置: 投影=UCS，边=无
选择边界的边...
选择对象或<全部选择>:（选择半径为26.5的圆）
选择对象: ↙
选择要延伸的对象，按住Shift键选择要修剪的对象或[栏选(F)/窗交(C)/投影(P)/边(E)/放弃(U)]:选择竖直直线
```

（6）单击“默认”选项卡“修改”面板中的“修剪”按钮，修剪多余的圆弧，结果如图 3-80 所示。

（7）单击“默认”选项卡“修改”面板中的“环形阵列”按钮，将圆弧和直线按环形排列，阵列的项目数为 6，以水平和竖直直线的交点为圆心，阵列的角度为 360°，结果如图 3-81 所示。

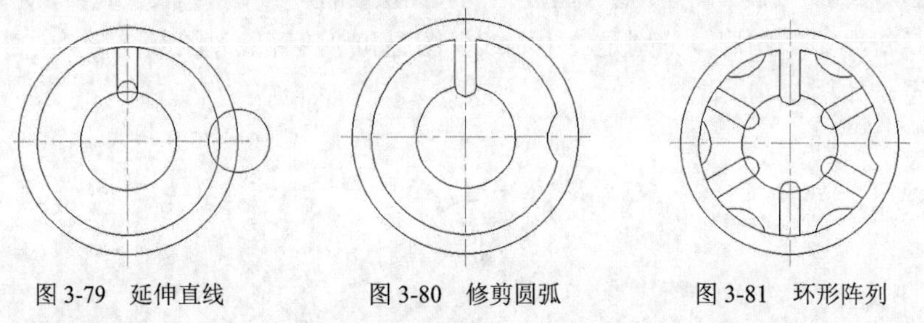

图 3-79　延伸直线　　图 3-80　修剪圆弧　　图 3-81　环形阵列

（8）单击“默认”选项卡“修改”面板中的“修剪”按钮，修剪多余的圆弧，结果如图 3-73 所示。

3.4.13　分解命令

【执行方式】

☑ 命令行: explode。
☑ 菜单栏: 选择菜单栏中的“修改”→“分解”命令。
☑ 工具栏: 单击“修改”工具栏中的“分解”按钮。
☑ 功能区: 单击“默认”选项卡“修改”面板中的“分解”按钮。

【操作步骤】

执行上述任一操作后，命令行提示与操作如下。

```
命令: _explode
选择对象:（选择要分解的对象）
```

执行该命令选择对象后，该对象会被分解。

3.4.14　操作实例——绘制腰形连接件

绘制图 3-82 所示的腰形连接件，操作步骤如下。

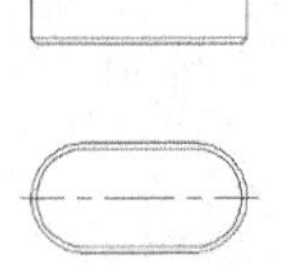

图 3-82　腰形连接件

（1）新建图层。单击“默认”选项卡“图层”面板中的“图层特性”按钮，打开“图层特性管理器”对话框，新建如下 2 个图层。

① 第 1 图层命名为“轮廓线”图层，线宽为 0.30mm，其余属性默认。

② 第 2 图层命名为“中心线”图层，颜色设置为红色，线型为 CENTER，其余属性默认。

（2）绘制主视图。

① 绘制矩形。将“轮廓线”图层设置为当前图层。单击“绘图”面板中的“矩形”按钮，以坐标点[（65,200）、（165,250）]为角点绘制矩形，如图 3-83 所示。

② 分解矩形。单击“默认”选项卡“修改”面板中的“分解”按钮，将矩形分解，命令行提示与操作如下。

```
命令: _explode
选择对象:（选择矩形）
找到1个
选择对象: ↙
```

③ 偏移直线。单击“默认”选项卡“修改”面板中的“偏移”按钮，将上侧的水平直线向下偏移 2.5，将下侧的水平直线向上偏移 2.5，效果如图 3-84 所示。

④ 倒角处理。单击“默认”选项卡“修改”面板中的“倒角”按钮，角度、距离模式分别设置为 45° 和 2.5，完成主视图的绘制，效果如图 3-85 所示。

图 3-83　绘制矩形　　图 3-84　偏移直线　　图 3-85　倒角处理

（3）绘制俯视图。

① 绘制中心线。将“中心线”图层设置为当前图层。单击“默认”选项卡“绘图”面板中的“直线”按钮，以[（60,130）、（170,130）]为坐标点绘制一条水平中心线，效果如图 3-86 所示。

② 绘制直线。将“轮廓线”图层设置为当前图层。单击“默认”选项卡“绘图”面板中的“直线”按钮╱，以[（90,155）、（140,155）]和[（90,105）、（140,105）]为坐标点绘制两条水平直线，如图 3-87 所示。

③ 绘制圆弧。单击“默认”选项卡“绘图”面板中的“圆弧”按钮，以坐标（90,155）为起点，以坐标（90,105）为端点，绘制半径为 25 的圆弧。

重复“圆弧”命令，以坐标（140,105）为起点，以坐标（140,155）为端点，绘制半径为 25 的圆弧，如图 3-88 所示。

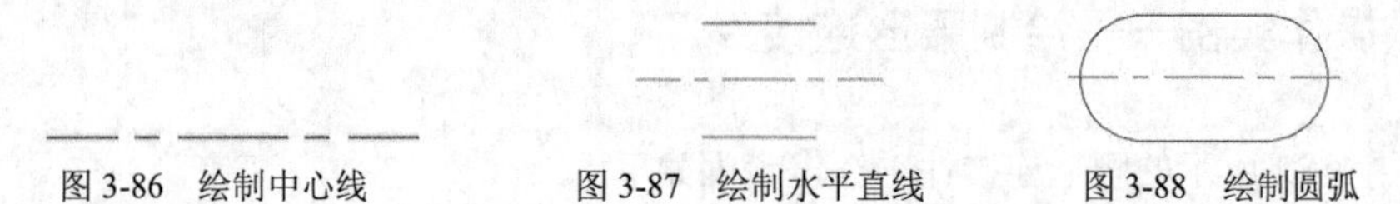

图 3-86　绘制中心线　　图 3-87　绘制水平直线　　图 3-88　绘制圆弧

④ 偏移直线和圆弧。单击“默认”选项卡“修改”面板中的“偏移”按钮⊆，将直线和圆弧分别向内偏移 2.5，最终完成腰形连接件的绘制，效果如图 3-82 所示。

3.4.15　合并命令

可以将直线、圆弧、椭圆弧和样条曲线等独立的对象合并为一个对象。

【执行方式】

☑ 命令行：join。
☑ 菜单栏：选择菜单栏中的“修改”→“合并”命令。
☑ 工具栏：单击“修改”工具栏中的“合并”按钮⁺⁺。
☑ 功能区：单击“默认”选项卡“修改”面板中的“合并”按钮⁺⁺。

【操作步骤】

执行上述任一操作后，命令行提示与操作如下。

```
命令: _join
选择源对象或要一次合并的多个对象: 找到1个（选择一个对象）
选择要合并的对象: 找到1个，总计2个（选择另一个对象）
选择要合并的对象: ↙
```

2 个对象已转换为 1 条多段线。

3.5　改变位置类命令

这一类编辑命令的功能是按照指定要求改变当前图形或图形的某部分的位置，主要包括移动、旋转和缩放等命令。

3.5.1　移动命令

【执行方式】

☑　命令行：move。

☑　菜单栏：选择菜单栏中的“修改”→“移动”命令。

☑　快捷菜单栏：选择要复制的对象，在绘图区单击鼠标右键，从打开的右键快捷菜单上选择“移动”命令。

☑　工具栏：单击“修改”工具栏中的“移动”按钮✥。

☑　功能区：单击“默认”选项卡“修改”面板中的“移动”按钮✥。

【操作步骤】

执行上述任一操作后，命令行提示与操作如下。

```
命令: _move
选择对象:（选择对象）
选择对象: ↙
```

用前面介绍的对象选择方法选择要移动的对象，按Enter键，结束选择。系统提示如下。

```
指定基点或[位移(D)] <位移>:（指定基点或移置点）
指定第二个点或<使用第一个点作为位移>:（指定基点或位移）
```

“移动”命令的选项功能与“复制”命令类似。

3.5.2　操作实例——绘制电磁管压盖

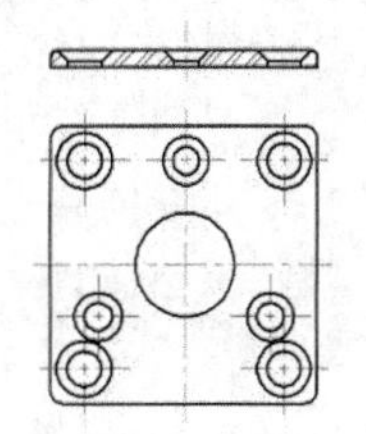

图3-89　电磁管压盖

绘制图3-89所示的电磁管压盖，操作步骤如下。

（1）图层设置单击“默认”选项卡“图层”面板中的“图层特性”按钮，创建3个图层，分别为“中心线”图层、“实体线”图层和“剖面线”图层，其中“中心线”图层的颜色设置为红色，线型为CENTER，线宽为默认，“实体线”图层的颜色设置为白色，线型为Continuous，线宽为0.30mm，“剖面线”图层的属性默认，如图3-90所示。

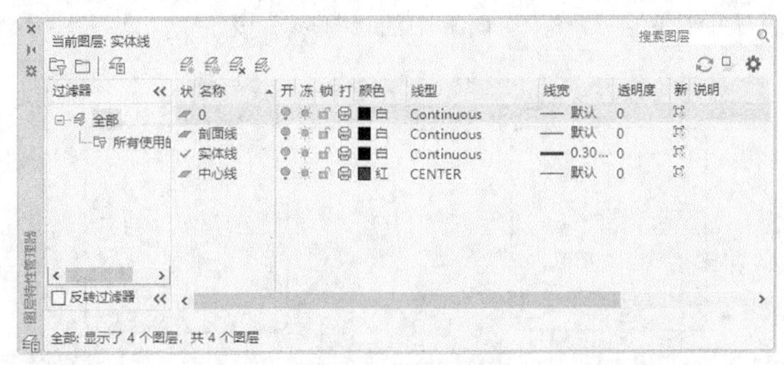

图3-90　设置图层

（2）绘制中心线。

① 切换图层。将“中心线”图层设置为当前图层。

② 绘制中心线。单击“默认”选项卡“绘图”面板中的“直线”按钮 ╱，绘制长度为 45 的水平和竖直直线，结果如图 3-91 所示。

（3）绘制电磁管压盖。

① 切换图层。将“实体线”图层设置为当前图层。

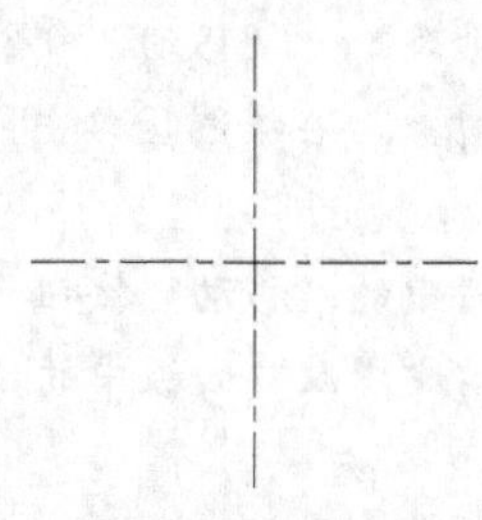

图 3-91 绘制中心线

② 绘制实体线。单击“默认”选项卡“绘图”面板中的“矩形”按钮 ▭，绘制圆角半径为 2，尺寸为 40×40 的矩形，结果如图 3-92 所示。

（4）单击“默认”选项卡“修改”面板中的“移动”按钮 ✥，将矩形进行移动，结果如图 3-93 所示。

```
命令: _move
选择对象:（选择矩形）
选择对象: ↙
指定基点或[位移(D)] <位移>:（在绘图区点取一点为基点）
指定第二个点或<使用第一个点作为位移>: @-20,20
```

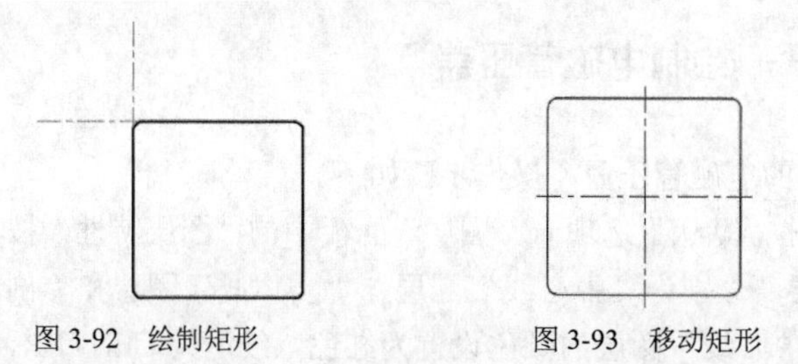

图 3-92 绘制矩形　　图 3-93 移动矩形

（5）单击“默认”选项卡“修改”面板中的“偏移”按钮 ⊆，将水平直线分别向上侧偏移 15，向下侧偏移 7.5 和 7.5，将竖直直线向左侧和右侧分别偏移 13 和 2，如图 3-94 所示。

（6）单击“默认”选项卡“修改”面板中的“打断”按钮 ⌴，调整中心线的长度，如图 3-95 所示。

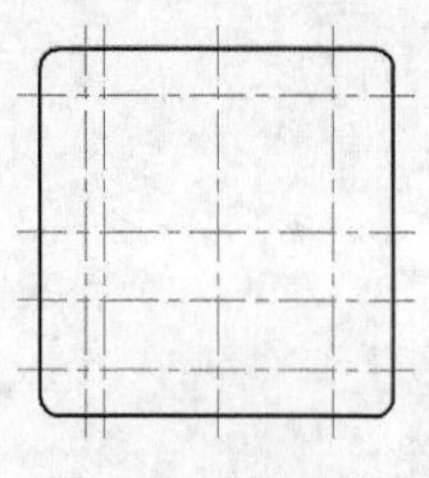

图 3-94 偏移直线

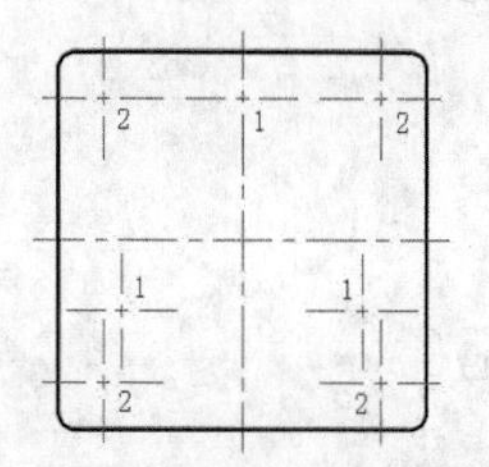

图 3-95 调整直线的长度

（7）单击“默认”选项卡“绘图”面板中的“圆”按钮，在编号为1的位置绘制半径为2和3.5的同心圆，在编号为2的位置绘制半径为2.5和4的同心圆，如图3-96所示。

（8）单击“默认”选项卡“绘图”面板中的“圆”按钮，在水平中心线和竖直中心线的交点绘制半径为7.5的圆，如图3-97所示。

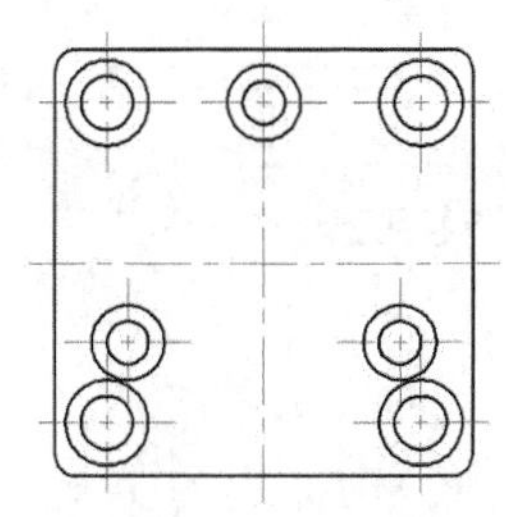
图3-96　绘制同心圆

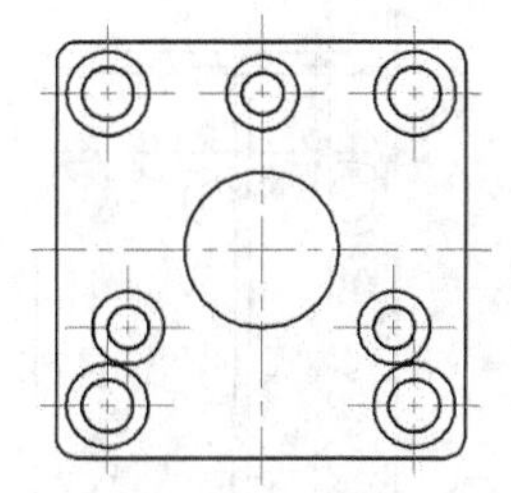
图3-97　绘制圆

（9）将“中心线”图层设置为当前图层，单击“默认”选项卡“绘图”面板中的“直线”按钮，在竖直中心线的追踪线上绘制一条长度为8.5的竖直直线，如图3-98所示。

（10）单击“默认”选项卡“绘图”面板中的“构造线”按钮，连接矩形的竖直边和同心圆的象限点绘制竖直构造线，如图3-99所示。

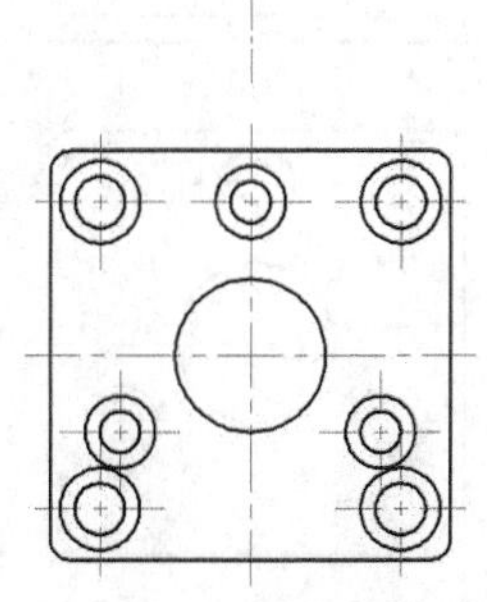
图3-98　绘制竖直直线

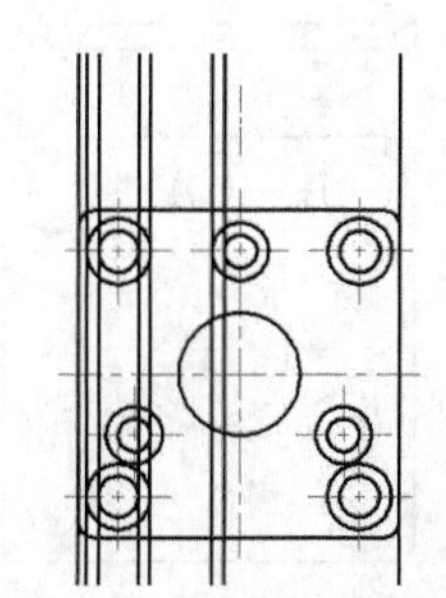
图3-99　绘制竖直构造线

（11）单击“默认”选项卡“绘图”面板中的“直线”按钮，以最左侧和最右侧的竖直构造线为边界，绘制一条水平直线，如图3-100所示。

（12）单击“默认”选项卡“修改”面板中的“偏移”按钮，将上一步绘制的水平直线向上侧分别偏移0.9和2.4，如图3-101所示。

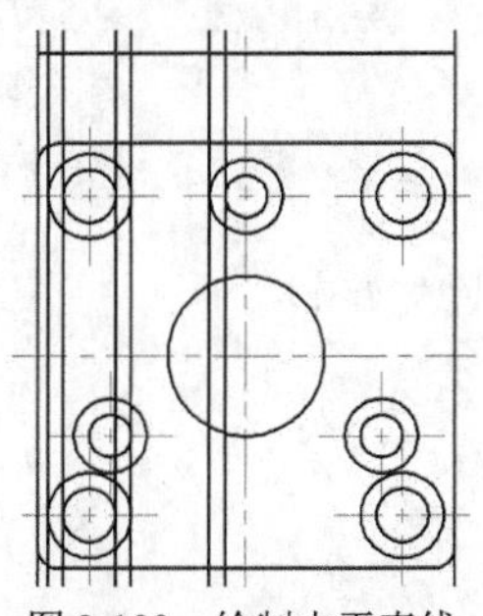
图3-100　绘制水平直线

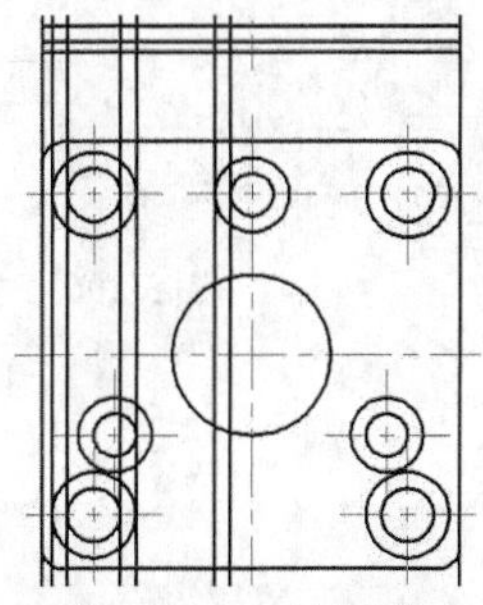
图3-101　复制直线

（13）单击“默认”选项卡“绘图”面板中的“直线”按钮，绘制多条斜向直线，如图3-102所示。

（14）单击“默认”选项卡“修改”面板中的“修剪”按钮和“删除”按钮，修剪和删除多余的直线，如图 3-103 所示。

（15）单击“默认”选项卡“修改”面板中的“镜像”按钮，以竖直的中心线为镜像线，将上一步修剪得到的图形进行镜像操作，如图 3-104 所示。

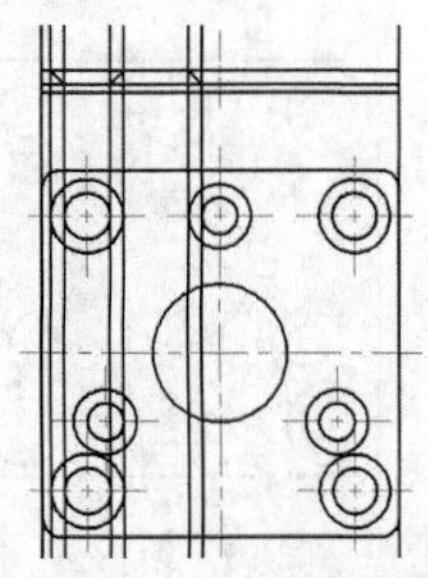

图 3-102　绘制斜向直线

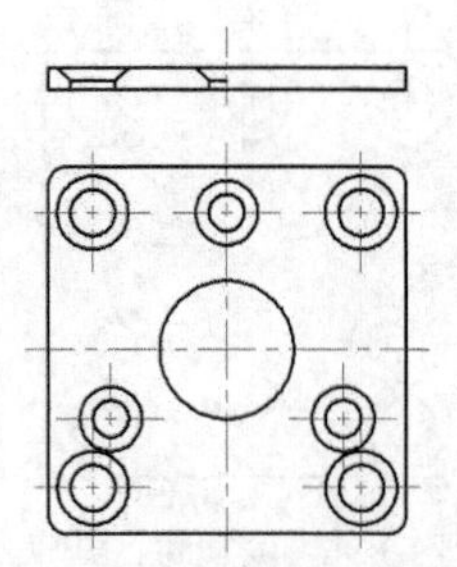

图 3-103　修剪和删除多余的直线

（16）单击“默认”选项卡“修改”面板中的“圆角”按钮，设置圆角半径为 1，对图 3-104 中标出位置进行圆角处理，结果如图 3-105 所示。

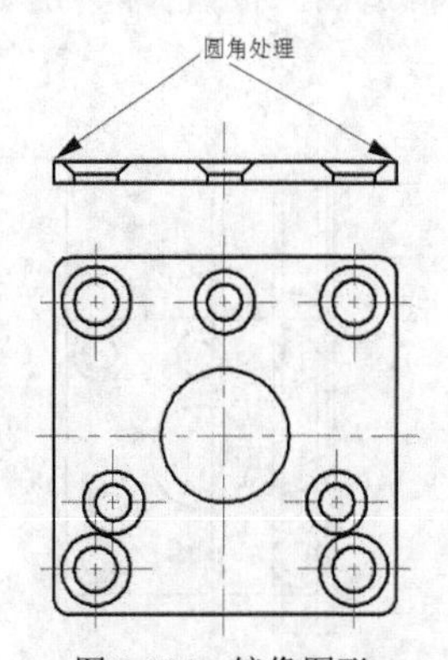

图 3-104　镜像图形

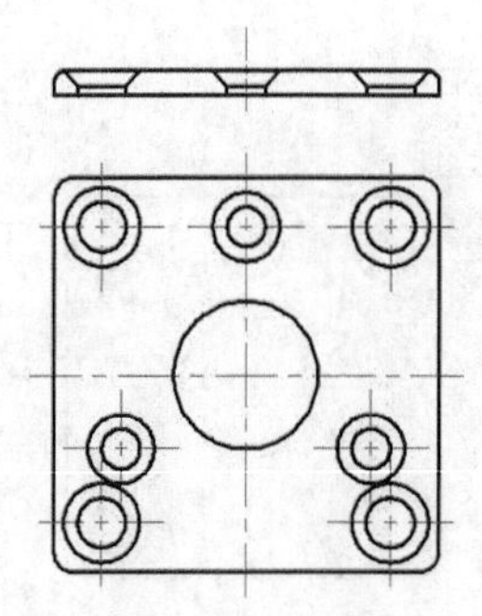

图 3-105　圆角处理

（17）将“剖面线”图层设置为当前图层，单击“默认”选项卡“绘图”面板中的“图案填充”按钮，①打开“图案填充创建”选项卡，如图 3-106 所示，②选择“ANSI32”图案，③设置填充的比例为 0.3，④单击“拾取点”按钮，进行图案填充操作，结果如图 3-89 所示。

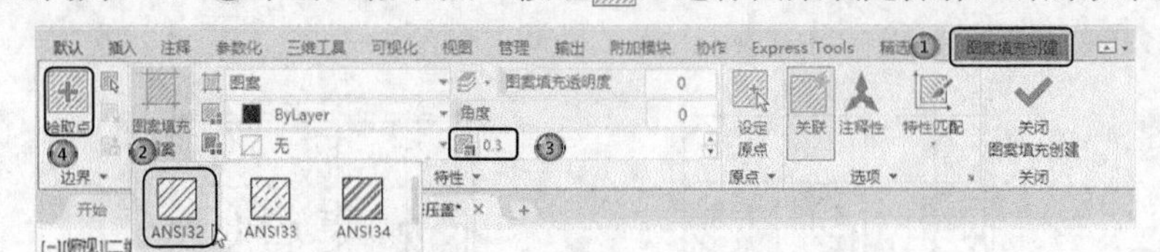

图 3-106　“图案填充创建”选项卡

3.5.3　旋转命令

【执行方式】

☑　命令行：rotate。

☑ 菜单栏：选择“修改”→“旋转”命令。

☑ 快捷菜单栏：选择要旋转的对象，在绘图区中单击鼠标右键，从打开的右键快捷菜单上选择“旋转”命令。

☑ 工具栏：单击“修改”工具栏中的“旋转”按钮 ↻。

☑ 功能区：单击“默认”选项卡“修改”面板中的“旋转”按钮 ↻。

【操作步骤】

执行上述任一操作后，命令行提示与操作如下。

```
命令: _rotate
UCS当前的正角方向: ANGDIR=逆时针    ANGBASE=0
选择对象:（选择要旋转的对象）
选择对象: ↙
指定基点:（指定旋转的基点并在对象内部指定一个坐标点）
指定旋转角度，或[复制(C)/参照(R)] <0>:（指定旋转角度或其他选项）
```

【选项说明】

（1）复制（C）：选择该选项，旋转对象的同时，保留原对象。

（2）参照（R）：采用参照方式旋转对象时，系统提示如下。

```
指定参照角<0>:（指定要参考的角度，默认值为0）
指定新角度或[点(P)] <0>:（输入旋转后的角度值）
```

操作完毕后，对象被旋转至指定的角度位置。

3.5.4　操作实例——绘制挡圈

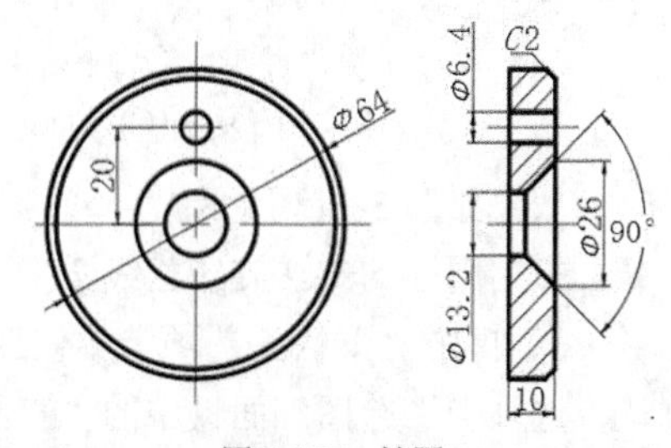

图 3-107　挡圈

绘制图 3-107 所示的挡圈，操作步骤如下。

（1）新建图层。单击“默认”选项卡“图层”面板中的“图层特性”按钮，打开“图层特性管理器”对话框，新建如下 3 个图层。

① 第 1 图层命名为“粗实线”图层，设置线宽为 0.30mm，其余属性默认。

② 第 2 图层命名为“中心线”图层，设置颜色为红色，线型为 CENTER，其余属性默认。

③ 第 3 图层命名为“剖面线”图层，设置颜色为蓝色，其余属性默认。

（2）绘制挡圈主视图。

① 绘制中心线。将“中心线”图层设置为当前图层。单击“默认”选项卡“绘图”面板中的“直线”按钮╱，分别以[（45,190）、（120,190）]、[（77,210）、（88,210）]、[（145,210）、（165,210）]和[（145,190）、（165,190）]为坐标点绘制 4 条水平直线；以[（82.5,227.5）、（82.5,152.5）]为坐标点绘制 1 条竖直直线，如图 3-108 所示。

② 绘制圆。将“粗实线”图层设置为当前图层。单击“默认”选项卡“绘图”面板中的“圆”按钮⊙，以点（82.5,190）为圆心，分别绘制半径为 32、30、13 和 6.6 的同心圆。重复“圆”命令，以点（82.5,210）为圆心，绘制半径为 4.2 的圆，如图 3-109 所示。

（3）绘制挡圈剖视图。

① 绘制直线。将“粗实线”图层设置为当前图层。单击“默认”选项卡“绘图”面板中的

“直线”按钮╱，分别以[（150,222）、（160,222）]和[（150,58）、（160,158）]为坐标点绘制 2 条水平直线；重复执行“直线”命令，分别以[（150,222）、（150,158）]和[（160,222）、（160,158）]为坐标点绘制 2 条竖直直线，如图 3-110 所示。

② 倒角处理。单击“默认”选项卡“修改”面板中的“倒角”按钮⌐，设置倒角的角度、距离分别为 45° 和 2mm，效果如图 3-111 所示。

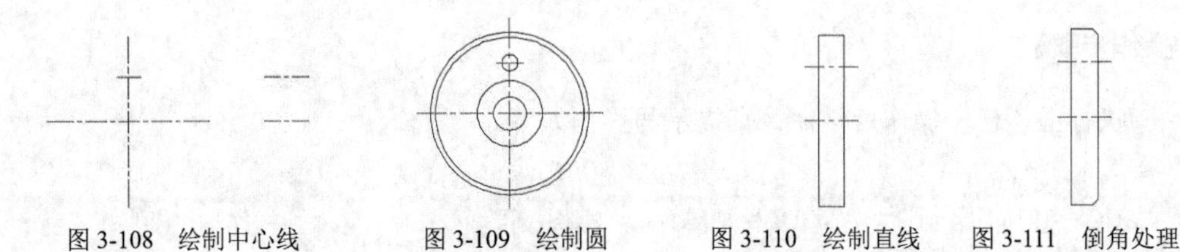

图 3-108　绘制中心线　　图 3-109　绘制圆　　图 3-110　绘制直线　　图 3-111　倒角处理

③ 绘制定位线。单击“默认”选项卡“绘图”面板中的“直线”按钮╱，以主视图中的特征点为起点，利用“正交”功能绘制水平定位线，效果如图 3-112 所示。

④ 旋转并修剪直线。单击“默认”选项卡“修改”面板中的“旋转”按钮 ↻，将直线 1 和直线 2 以其与右侧的竖直直线的交点为基点分别旋转 45° 和−45° 。命令行提示与操作如下。

```
命令: _rotate
UCS 当前的正角方向: ANGDIR=逆时针    ANGBASE=0
选择对象:（选择直线1）
选择对象:↙
指定基点（选择直线1与右侧的竖直直线的交点为基点）
指定旋转角度，或[复制(C)/参照(R)]<0>: 45
```

效果如图 3-113 所示。

采用同样的方法旋转直线 2。

⑤ 单击“默认”选项卡“修改”面板中的“修剪”按钮✂，对图形进行修剪，单击“默认”选项卡“绘图”面板中的“直线”按钮╱，补全图形，效果如图 3-114 所示。

⑥ 绘制剖面线。将“剖面线”图层设置为当前图层。单击“默认”选项卡“绘图”面板中的“图案填充”按钮▨，绘制剖面线。最终完成挡圈的绘制，效果如图 3-107 所示。

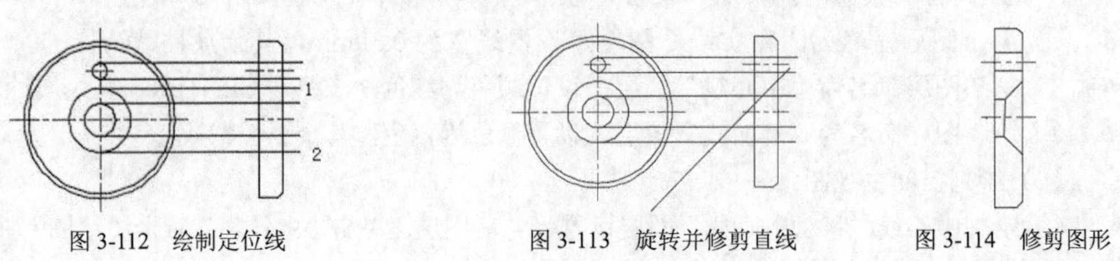

图 3-112　绘制定位线　　图 3-113　旋转并修剪直线　　图 3-114　修剪图形

3.5.5　缩放命令

【执行方式】

☑　命令行：scale。

☑　菜单栏：选择菜单栏中的“修改”→“缩放”命令。

☑ 快捷菜单栏：选择要缩放的对象，在绘图区单击鼠标右键，从打开的右键快捷菜单上选择“缩放”命令。

☑ 工具栏：单击“修改”工具栏中的“缩放”按钮。

☑ 功能区：单击“默认”选项卡“修改”面板中的“缩放”按钮。

【操作步骤】

执行上述任一操作后，命令行提示与操作如下。

```
命令: _scale
选择对象:（选择要缩放的对象）
选择对象: ↙
指定基点:（指定缩放操作的基点）
指定比例因子或[复制(C)/参照(R)] <1.0000>:
```

【选项说明】

（1）参照（R）：采用参考方向缩放对象时，系统提示如下。

```
指定参照长度<1>:（指定参考长度值）
指定新的长度或[点(P)] <1.0000>:（指定新长度值）
```

若新长度值大于参考长度值，则放大对象；否则，缩小对象。操作完毕后，系统以指定的基点按指定的比例因子缩放对象。如果选择“点（P）”选项，则指定两点来定义新的长度。

（2）指定比例因子：选择对象并指定基点后，从基点到当前光标位置处会出现一条线段，线段的长度即为比例大小。鼠标选择的对象会动态地随着该连线长度的变化而缩放，按 Enter 键，确认缩放操作。

（3）复制（C）：选择“复制（C）”选项时，可以复制缩放对象，即缩放对象时，保留原对象。

3.5.6 创建面域

面域是具有边界的平面区域，内部可以包含孔。用户可以将由某些对象围成的封闭区域转换为面域，这些封闭区域可以是圆、椭圆、封闭二维多段线、封闭样条曲线等，也可以是由圆弧、直线、二维多段线和样条曲线等构成的封闭区域。

【执行方式】

☑ 命令行：region（快捷命令为 reg）。

☑ 菜单栏：选择菜单栏中的“绘图”→“面域”命令。

☑ 工具栏：单击“绘图”工具栏中的“面域”按钮。

☑ 功能区：单击“默认”选项卡“绘图”面板中的“面域”按钮。

【操作步骤】

执行上述任一操作后，命令行提示与操作如下。

```
命令: _region
选择对象:
```

选择对象后，系统自动将所选择的对象转换成面域。

3.5.7 面域的布尔运算

布尔运算是数学中的一种逻辑运算，用在 AutoCAD 绘图中，能够极大地提高绘图效率。布尔运算包括并集、交集和差集 3 种，操作方法类似，一并介绍如下。

【执行方式】

☑ 命令行：union（并集快捷命令为 uni）、intersect（交集快捷命令为 in）或 subtract（差集快捷命令为 su）。

☑ 菜单栏：选择菜单栏中的“修改”→“实体编辑”→“并集”（差集、交集）命令。

☑ 工具栏：单击“实体编辑”工具栏中的“并集”按钮（差集按钮、交集按钮）。

☑ 功能区：单击“三维工具”选项卡“实体编辑”面板中的“并集”按钮（差集按钮、交集按钮）。

【操作步骤】

执行上述任一操作后，命令行提示与操作如下。

```
命令: _union
选择对象:（选择对象后，系统对所选择的面域做并集、差集或交集计算）
命令: _subtract
选择要从中减去的实体、曲面和面域
选择对象:（选择差集运算的主体对象）
选择对象:（单击右键结束选择）
选择要减去的实体、曲面和面域
选择对象:（选择差集运算的参照体对象）
选择对象:（单击鼠标右键结束选择）
```

选择对象后，系统对所选择的面域进行差集运算。运算逻辑是从主体对象中减去与参照体对象重叠的部分，布尔运算的结果如图 3-115 所示。

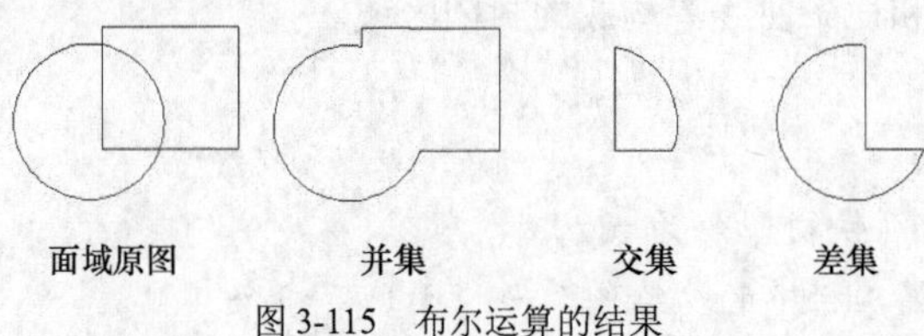

图 3-115　布尔运算的结果

说 明

布尔运算的对象只包括实体和共面面域，对于普通的线条对象无法使用布尔运算。

3.5.8　操作实例——绘制法兰盘

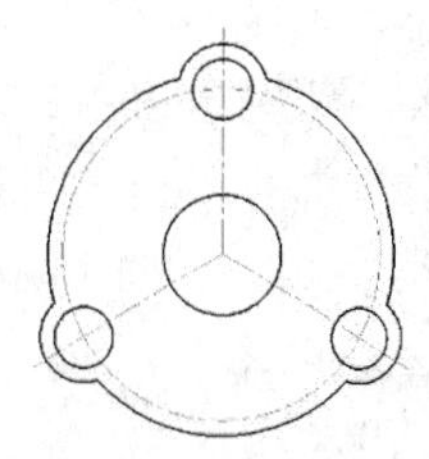

图 3-116　法兰盘

利用“并集”命令绘制图 3-116 所示的法兰盘，操作步骤如下。

（1）创建图层

单击“默认”选项卡“图层”面板中的“图层特性”按钮，弹出“图层特性管理器”对话框，设置如下 2 个图层。

① 第 1 图层命名为“中心线”图层，颜色设置为红色，线型为 CENTER，线宽为 0.15mm，其余属性默认。

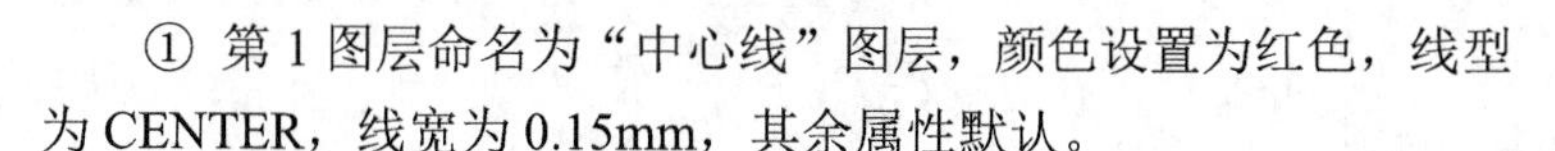

② 第 2 图层命名为“粗实线”图层，颜色设置为白色，线型为 Continuous，线宽为 0.30mm，其余属性默认。

（2）将“粗实线”图层设置为当前图层。

单击“默认”选项卡“绘图”面板中的“圆”按钮，指定半径为 60、20 和 55 绘制同心圆，将半径为 55 的圆设置为“中心线”图层，结果如图 3-117 所示。

（3）将“中心线”图层设置为当前图层。

单击“默认”选项卡“绘图”面板中的“直线”按钮，指定坐标为大圆的圆心、（@0,75）绘制中心线，结果如图 3-118 所示。

（4）将“粗实线”图层设置为当前图层。

单击“默认”选项卡“绘图”面板中的“圆”按钮，捕捉定位圆和中心线的交点为圆心，绘制半径为 15 和 10 的圆。结果如图 3-119 所示。

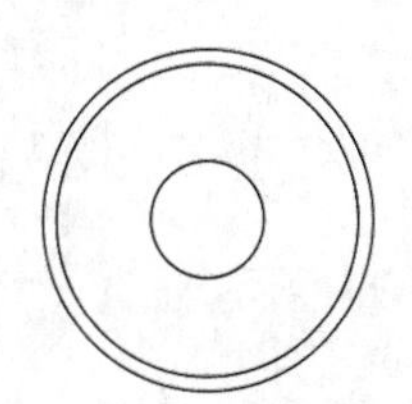

图 3-117　绘制同心圆

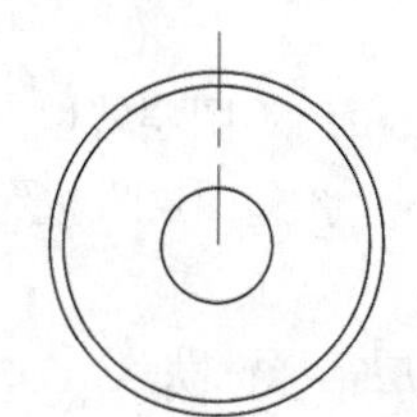

图 3-118　绘制中心线后的图形

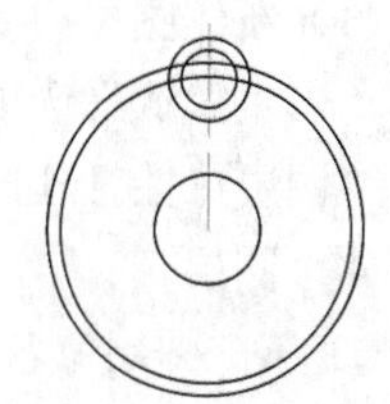

图 3-119　绘制圆

（5）单击“默认”选项卡“修改”面板中的“环形阵列”按钮，以圆心为阵列的中心点，阵列的项目数为 3，进行环形阵列。结果如图 3-120 所示。单击“默认”选项卡“修改”面板中的“分解”按钮，分解环形阵列结果。

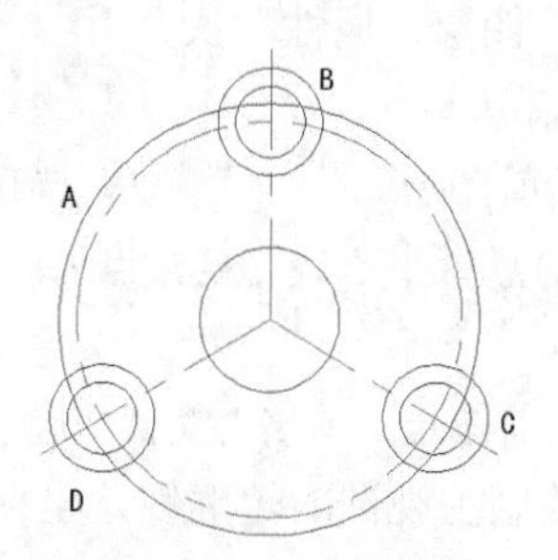

图 3-120　阵列后的图形

（6）单击“默认”选项卡“绘图”面板中的“面域”按钮，对圆 A、B、C 和 D 进行面域处理。命令行提示与操作如下。

```
命令: _region
选择对象:
```

（7）单击“三维工具”选项卡“实体编辑”面板中的“并集”按钮，对图形进行并集处理。结果如图 3-121 所示，命令行提示与操作如下。

```
命令: _union
选择对象:
```

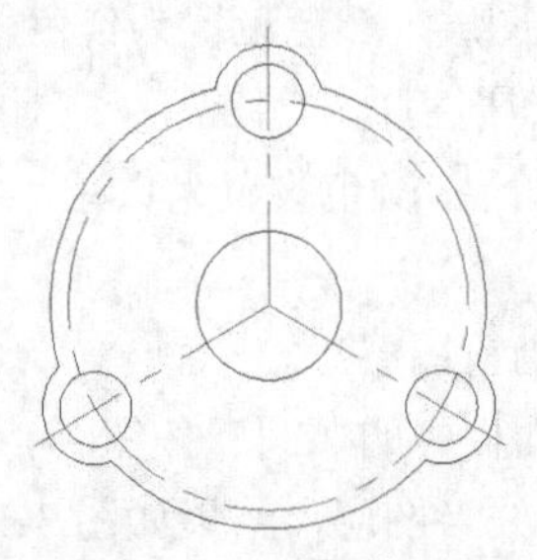

图 3-121　并集后的图形

3.6 综合演练——高压油管接头

绘制图 3-122 所示的高压油管接头，操作步骤如下。

（1）新建图层

单击“默认”选项卡“图层”面板中的“图层特性”按钮，弹出“图层特性管理器”对话框，单击“新建图层”按钮，新建如下 4 个图层。

① 第 1 图层命名为“剖面线”图层，属性默认。

② 第 2 图层命名为“实体线”图层，线宽为 0.30mm，其余属性默认。

③ 第 3 图层命名为“中心线”图层，颜色设置为红色，线型为 CENTER，其余属性默认。

④ 第 4 图层命名为“细实线”图层，属性默认。

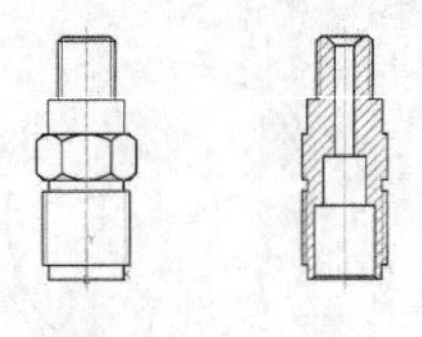

图 3-122　高压油管接头

（2）绘制主视图

① 将“中心线”图层设置为当前图层。单击“默认”选项卡“绘图”面板中的“直线”按钮，绘制竖直中心线，坐标点为[（0,-2）、（0,51.6）]，如图 3-123 所示。

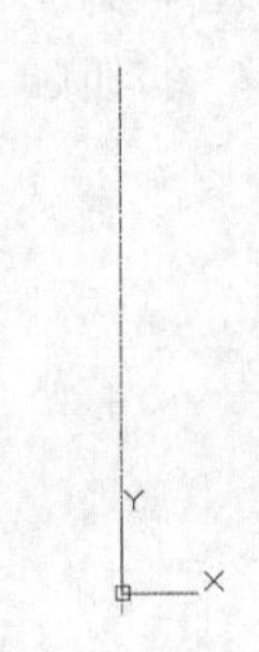

图 3-123　绘制竖直中心线

② 将“实体线”图层设置为当前图层。单击“默认”选项卡“绘图”面板中的“直线”按钮，绘制主视图的轮廓线，坐标点依次为[（0,0）、（7.8,0）、（7.8,3）、（9,3）、（9,18）、（−9,18）、（−9,3）、（−7.8,3）、（−7.8,0）、（0,0）]、[（7.8,3）、（−7.8,3）]、[（7.8,18）、（7.8,20.3）、（−7.8,20.3）、（−7.8,18）]、[（7.8,20.3）、（9,20.3）、（10.4,21.7）、（10.4,28.2）、（9,29.6）、

(−9,29.6)、(−10.4,28.2)、(−10.4,21.7)、(−9,20.3)、(−7.8,20.3)]、[(8,29.6)、(8,36.6)、(−8,36.6)、(−8,29.6)]、[(6,36.6)、(6,48.6)、(5,49.6)、(−5,49.6)、(−6,48.6)、(−6,36.6)]、[(6,48.6)、(−6,48.6)]，如图 3-124 所示。

③ 单击“默认”选项卡“修改”面板中的“偏移”按钮⊆，将图 3-124 中指出的直线，向内侧偏移 0.9，并将偏移后的直线转换到“细实线”图层，如图 3-125 所示。

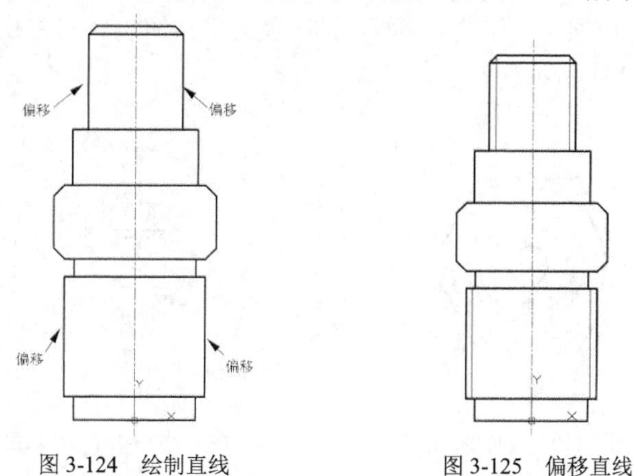

图 3-124　绘制直线　　图 3-125　偏移直线

④ 单击“默认”选项卡“修改”面板中的“偏移”按钮⊆，选择需要偏移的竖直直线，向内侧偏移 5.2，如图 3-126 所示。

⑤ 单击“默认”选项卡“绘图”面板中的“圆弧”按钮⌒，绘制两段圆弧，如图 3-127 所示。

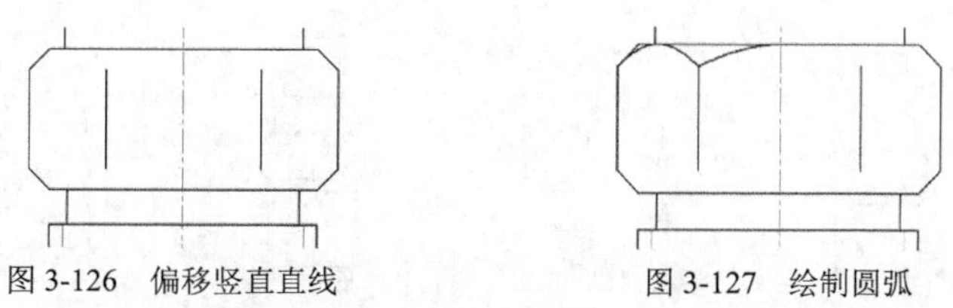

图 3-126　偏移竖直直线　　图 3-127　绘制圆弧

⑥ 单击“默认”选项卡“修改”面板中的“镜像”按钮⚠，将上一步绘制的圆弧以竖直中心线和偏移的直线分别为镜像线，进行二次镜像操作，结果如图 3-128 所示。

（3）绘制俯视图

① 将“中心线”图层设置为当前图层，单击“默认”选项卡“绘图”面板中的“直线”按钮╱，绘制水平和竖直的中心线，长度为 29，如图 3-129 所示。

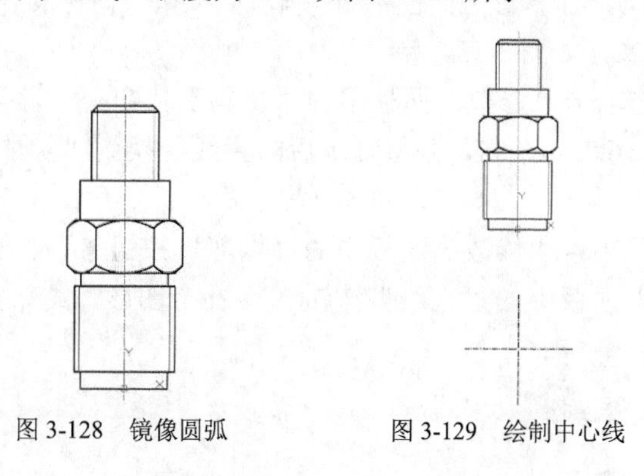

图 3-128　镜像圆弧　　图 3-129　绘制中心线

② 将“实体线”图层设置为当前图层。单击“默认”选项卡“绘图”面板中的“圆”按钮，以十字交叉线的中点为圆心，绘制半径为 2、4、5、6、8 和 9 的同心圆。

③ 单击“默认”选项卡“绘图”面板中的“多边形”按钮，绘制六边形，中心点为十字交叉线的中心，外接圆的半径为 9，如图 3-130 所示。

（4）绘制剖面图

① 单击“默认”选项卡“修改”面板中的“复制”按钮，将主视图向右侧复制，复制的间距为 54，如图 3-131 所示。

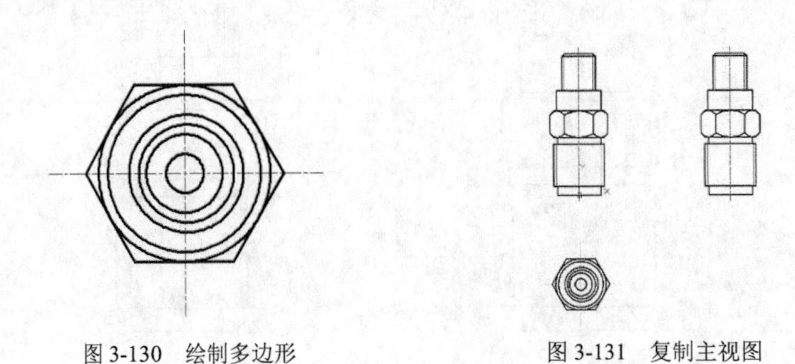

图 3-130　绘制多边形　　图 3-131　复制主视图

② 单击“默认”选项卡“修改”面板中的“修剪”按钮和“删除”按钮，修剪和删除多余的直线，如图 3-132 所示。

③ 单击“默认”选项卡“绘图”面板中的“直线”按钮，绘制竖直直线，如图 3-133 所示。

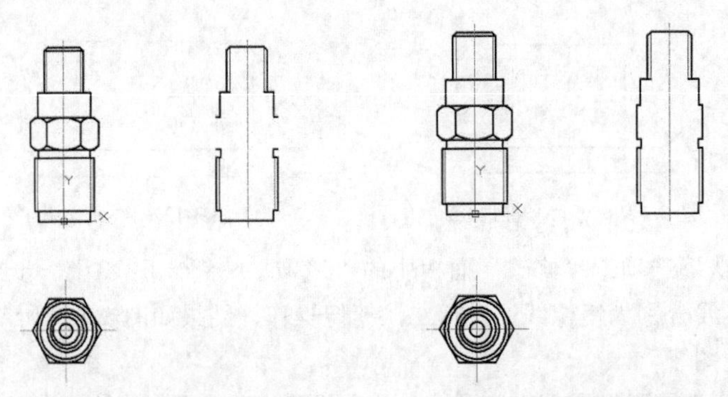

图 3-132　整理剖面图　　图 3-133　绘制竖直直线

④ 单击“默认”选项卡“修改”面板中的“偏移”按钮，将最下侧的水平直线向上侧分别偏移 0.5、14.5、10、22，如图 3-134 所示。

⑤ 单击“默认”选项卡“修改”面板中的“复制”按钮，将竖直中心线向左、右两侧分别复制 2、4、4.5、6.35、6.85，并将复制后的直线转换到“实体线”图层，如图 3-135 所示。

⑥ 单击“默认”选项卡“修改”面板中的“修剪”按钮，修剪多余的直线，并单击“默认”选项卡“绘图”面板中的“直线”按钮，补全图形，结果如图 3-136 所示。

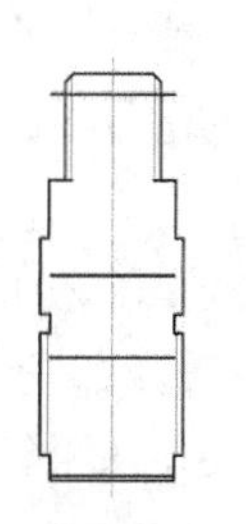

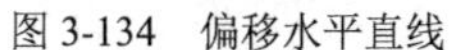

图 3-134　偏移水平直线

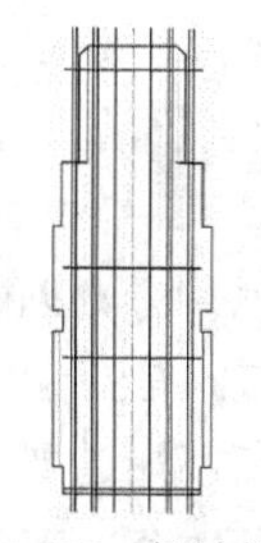

图 3-135　复制直线

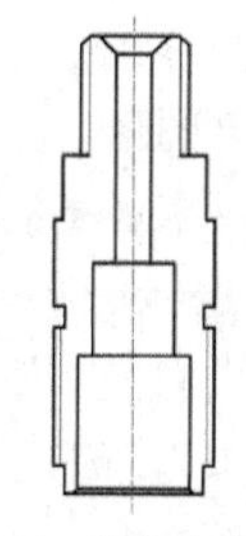

图 3-136　修剪和补全图形

⑦ 将“剖面线”图层设置为当前图层，单击“默认”选项卡“绘图”面板中的“图案填充”按钮，①打开“图案填充创建”选项卡，如图 3-137 所示，②选择“ANSI31”的填充图案，③填充比例设置为 0.5，④单击“拾取点”按钮，进行图案填充操作，结果如图 3-122 所示。

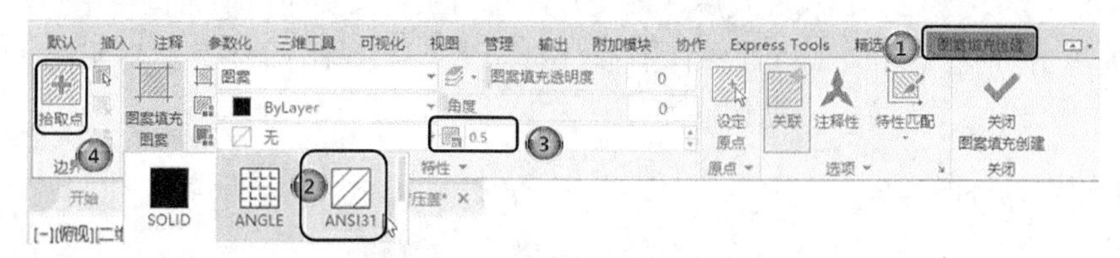

图 3-137　“图案填充创建”选项卡

3.7 名师点拨——二维编辑跟我学

1．怎样用 trim 命令同时修剪多条线段

直线 *AB* 与 4 条平行线相交，现在要剪切直线 *AB* 右侧的部分，执行 trim 命令，在提示行显示选择对象时选择 *AB* 并按 Enter 键，然后输入“F”并按 Enter 键，然后在 *AB* 右侧画一条直线并按 Enter 键，这样就可以了。

2．对圆进行打断操作时的方向问题

AutoCAD 会沿逆时针方向将圆上从第一断点到第二断点之间的那段圆弧删除。

3．“旋转”命令的操作技巧

可以用拖动鼠标的方法旋转对象。选择对象并指定基点后，从基点到当前光标位置处会出现一条连线，移动鼠标选择的对象会动态地随着该连线与水平方向的夹角的变化而旋转，按 Enter 键会确认旋转操作。

4．“偏移”（offset）命令的操作技巧

可将对象根据平移方向偏移一个指定的距离，创建一个与原对象相同或类似的新对象，它可操作的图元包括直线、圆、圆弧、多段线、椭圆、构造线、样条曲线等（类似于“复制”），

当偏移一个圆时，它还可创建同心圆。当偏移一条闭合的多段线时，也可建立一个与原对象形状相同的闭合图形，可见 offset 命令应用相当灵活，因此 offset 命令无疑成了 AutoCAD“修改”命令中使用频率最高的一条命令。

在使用 offset 命令时，用户可以通过两种方式创建新线段，一种方式是输入平行线间的距离，这也是我们最常使用的方式，另一种方式是指定新平行线通过的点，输入提示参数 T 后，捕捉某个点作为新平行线的通过点，这样在不知道平行线距离时，不需要输入平行线之间的距离，而且还不易出错（也可以通过“复制”命令来实现）。

5. “镜像”命令的操作技巧

镜像对创建对称的图样非常有用，可以快速地绘制半个对象，然后将其进行镜像操作，而不必绘制整个对象。

默认情况下，镜像文字、属性及属性定义时，它们在镜像操作后所得图像中不会反转或倒置。文字的对齐和对正方式在镜像图样前后保持一致。如果制图时确实要反转文字，可将 MIRRTEXT 系统变量设置为 1，默认值为 0。

6. “偏移”命令的作用

在 AutoCAD 中，可以使用“偏移”命令，对指定的直线、圆弧、圆等对象进行定距离偏移复制。在实际应用中，常利用“偏移”命令创建平行线或等距离分布图。

3.8 上机实验

【练习 1】绘制图 3-138 所示的挂轮架。

【练习 2】绘制图 3-139 所示的均布结构图形。

【练习 3】绘制图 3-140 所示的圆锥滚子轴承。

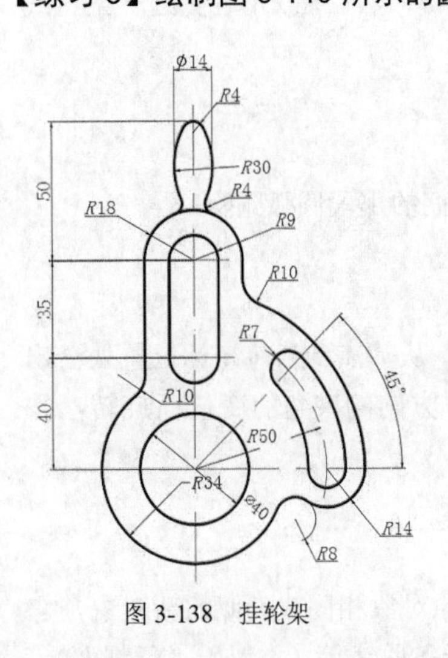

图 3-138　挂轮架

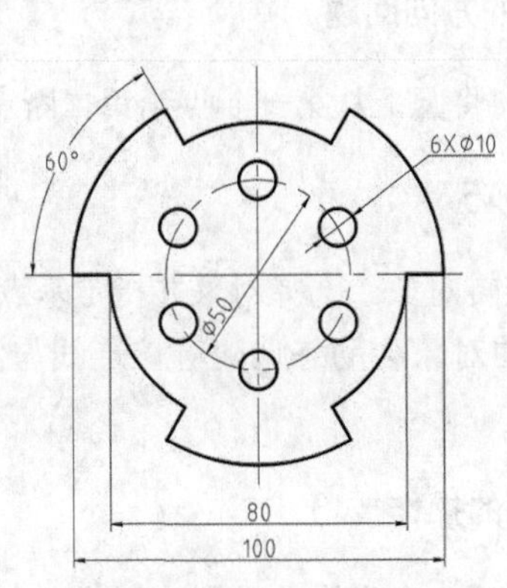

图 3-139　均布结构图形

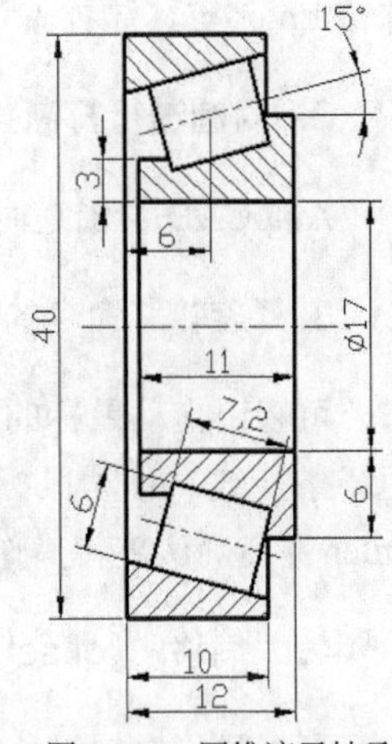

图 3-140　圆锥滚子轴承

3.9 模拟试题

（1）关于“分解”（explode）命令的描述正确的是（　　）。

A．对象分解后颜色、线型和线宽不会改变

B．图案分解后图案与边界的关联性仍然存在

C．多行文字分解后将变为单行文字

D．构造线分解后可得到 2 条射线

（2）使用“复制”命令时，正确的情况是（　　）。

A．复制 1 个就退出命令

B．最多可复制 3 个

C．复制时，选择放弃，则退出命令

D．可复制多个，直到选择退出才结束复制

（3）“拉伸”命令对下列哪个对象没有作用（　　）。

A．多段线　　B．样条曲线　　C．圆　　D．矩形

（4）关于偏移，下面说明错误的是（　　）。

A．偏移值为 30

B．偏移值为-30

C．偏移圆弧时，可以创建更大的圆弧，也可以创建更小的圆弧

D．可以偏移的对象类型有样条曲线

（5）下面图形不能偏移的是（　　）。

A．构造线　　B．多线　　C．多段线　　D．样条曲线

（6）下面图形中偏移后图形属性没有发生变化的是（　　）。

A．多段线　　B．椭圆弧　　C．椭圆　　D．样条曲线

（7）使用 scale 命令缩放图形时，在提示输入比例时输入“R”，然后指定缩放的参照长度分别为 1、2，则缩放后的比例值为（　　）。

A．2　　B．1　　C．0.5　　D．4

（8）能够将物体某部分改变角度的复制命令有（　　）。

A．mirror　　B．copy　　C．rotate　　D．array

（9）要剪切与剪切边延长线相交的圆，则需执行的操作为（　　）。

A．剪切时按住 Shift 键　　B．剪切时按住 Alt 键

C．修改“边”参数为“延伸”　　D．剪切时按住 Ctrl 键

（10）使用“偏移”命令时，下列说法正确的是（　　）。

A．偏移值可以小于 0，是反向偏移

B．可以框选对象进行一次偏移多个对象

C．一次只能偏移一个对象

D．偏移命令执行时不能删除源对象

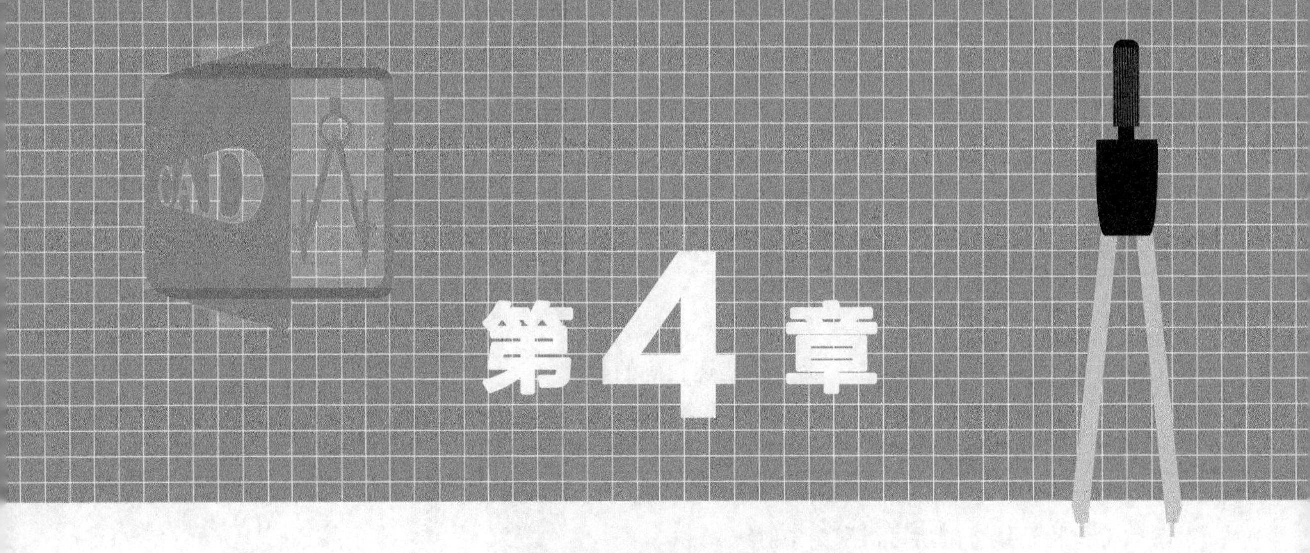

辅助绘图工具

使用 AutoCAD 进行各种设计时，通常不仅要绘制图形，还需要在图形中做标注，如文本标注（技术要求、注释说明等）、尺寸标注，对图形对象加以解释。

AutoCAD 的辅助绘图工具使绘制图形变得方便快捷。本章主要介绍文本标注、表格、尺寸标注、图块及其属性、设计中心与工具选项板等内容。

4.1 文本标注

文本是建筑图形的基本组成部分，在图签、说明、图纸目录等地方都要用到文本。本节讲述文本标注的基本方法。

4.1.1 设置文本样式

【执行方式】

☑ 命令行：style 或 ddstyle。
☑ 菜单栏：选择菜单栏中的“格式”→“文字样式”命令。
☑ 工具栏：单击“文字”工具栏中的“文字样式”按钮A。
☑ 功能区：单击“默认”选项卡“注释”面板中的“文字样式”按钮A。

【操作步骤】

执行上述任一操作后，系统打开“文字样式”对话框，如图 4-1 所示。

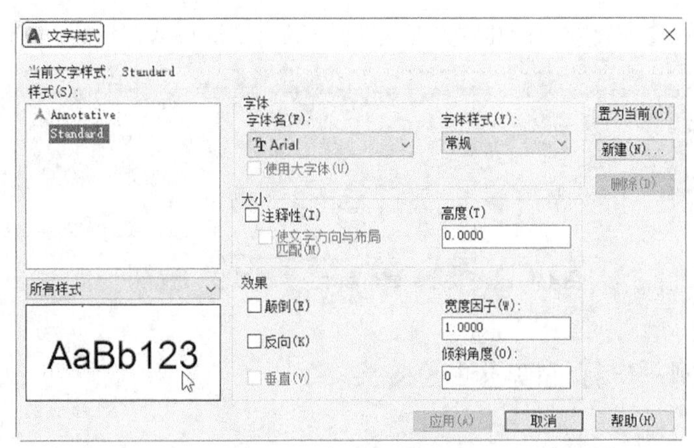

图 4-1　“文字样式”对话框

利用“文字样式”对话框可以新建文字样式或修改当前文字样式。图 4-2、图 4-3 中为各种文字样式。

ABCDEFGHIJKLMN

(a)

ABCDEFGHIJKLMN

(b)

图 4-2　文字倒置标注与反向标注

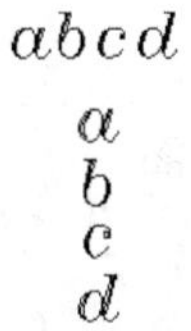

abcd

a
b
c
d

图 4-3　垂直标注文字

4.1.2　多行文本标注

【执行方式】

☑　命令行：mtext。

☑　菜单栏：选择菜单栏中的“绘图”→“文字”→“多行文字”命令。

☑　工具栏：单击“绘图”工具栏中的“多行文字”按钮 A 或“文字”工具栏中的“多行文字”按钮 A。

☑　功能区：单击“默认”选项卡“注释”面板中的“多行文字”按钮 A 或注释选项卡“文字”面板中的“多行文字”按钮 A。

【操作步骤】

```
命令: _mtext
当前文字样式: "Standard"　文字高度: 2.5　注释性:否
指定第一角点: (指定矩形框的第一个角点)
指定对角点或[高度(H)/对正(J)/行距(L)/旋转(R)/样式(S)/宽度(W)/栏(C)]:
```

【选项说明】

指定对角点后，系统打开图 4-4 所示的多行文字编辑器和“文字编辑器”选项卡，可利用此对话框与编辑器输入多行文字并对其格式进行设置。该对话框与 Word 软件界面类似，不再赘述。

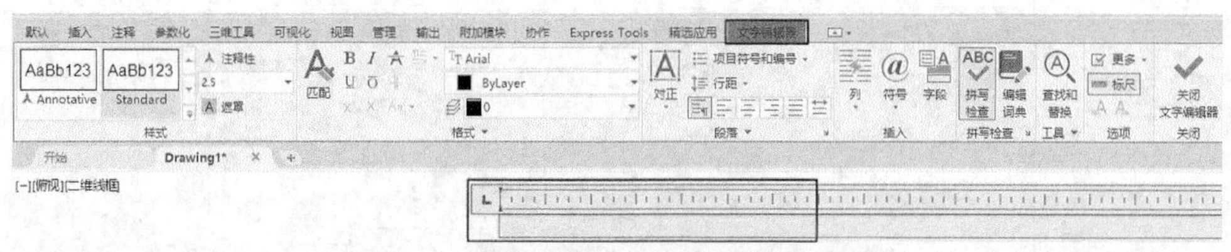

图 4-4　多行文字编辑器和“文字编辑器”选项卡

4.1.3　操作实例——标注高压油管接头

标注图 4-5 所示的高压油管接头，操作步骤如下。

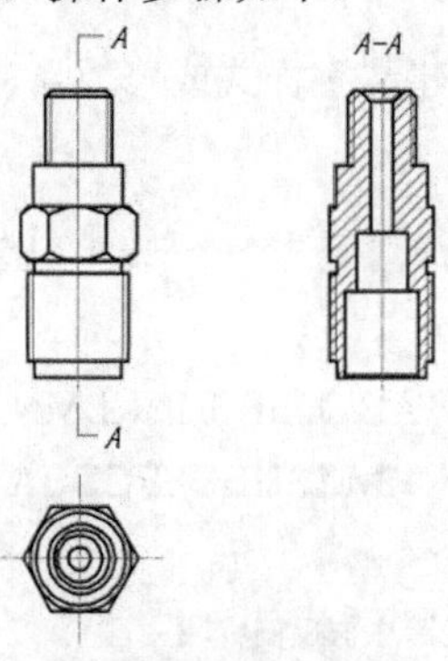

图 4-5　高压油管接头

（1）打开文件。单击“快速访问”工具栏中的“打开”按钮，打开“源文件\第 4 章\高压油管接头.dwg”文件。

（2）保存文件。单击“快速访问”工具栏中的“保存”按钮，将文件另存为“标注高压油管接头”。

（3）单击“默认”选项卡“注释”面板中的“文字样式”按钮，弹出“文字样式”对话框，单击“新建”按钮，①弹出“新建文字样式”对话框，②输入“长仿宋体”，如图 4-6 所示，③单击“确定”按钮，返回“文字样式”对话框，设置新样式参数。④在“字体名”下拉菜单中选择“仿宋”，⑤设置“高度”为 2.5，其余参数默认，如图 4-7 所示。⑥单击“置为当前”按钮，将新建文字样式置为当前。

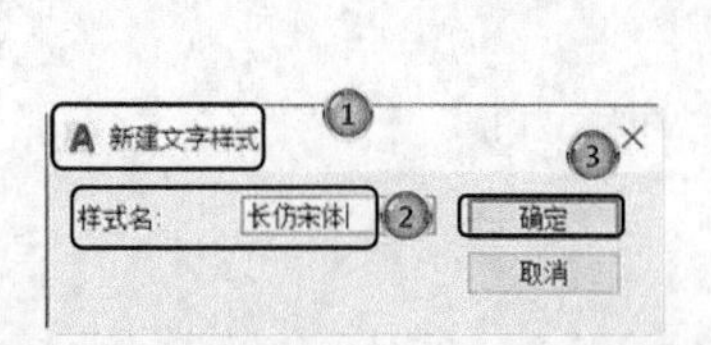

图 4-6　新建文字样式

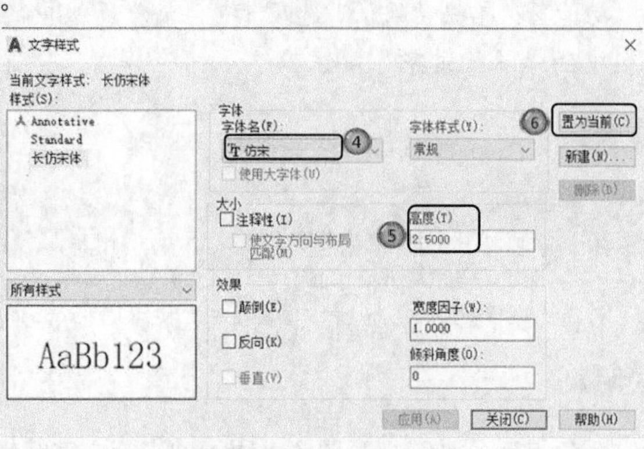

图 4-7　设置“长仿宋体”

（4）单击“默认”选项卡“绘图”面板中的“直线”按钮╱，绘制直线，如图4-8所示。

（5）单击“默认”选项卡“注释”面板中的“多行文字”按钮A，在绘图空白处单击鼠标，指定第一角点，向右下角拖动出适当距离，单击鼠标左键，指定第二点，打开多行文字编辑器和“文字编辑器”选项卡，输入文字A，如图4-9所示。

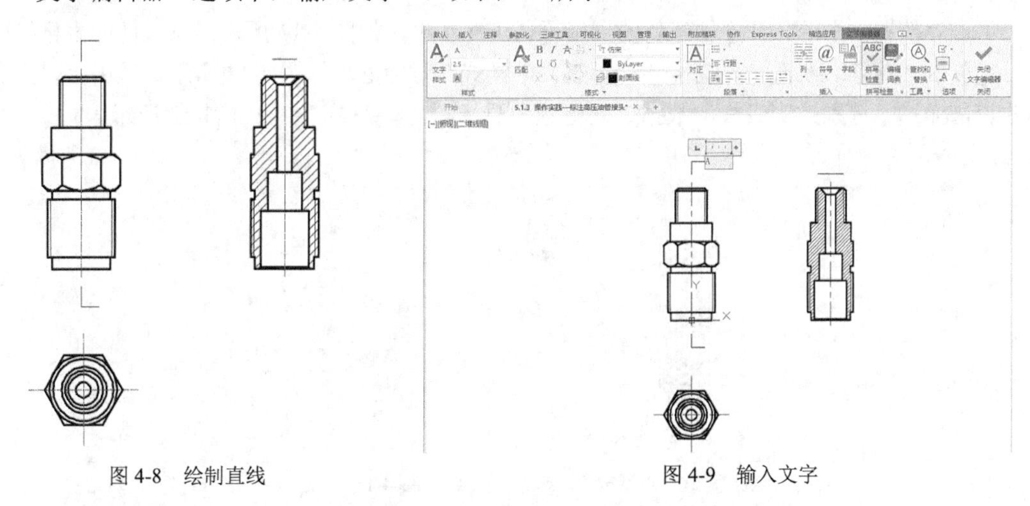

图4-8　绘制直线

图4-9　输入文字

（6）使用相同方法继续绘制图形其他部位的文字，结果如图4-5所示。

4.2 表格

在以前的软件版本中，要绘制表格必须采用绘制图线并结合偏移、复制等编辑命令来完成，这样的操作过程烦琐而复杂，不利于提高绘图效率。从AutoCAD 2005开始，新增加了一个“表格”绘图功能，有了该功能，创建表格就变得非常容易，用户可以直接插入设置好样式的表格，而不用绘制由单独的图线组成的栅格。

4.2.1 设置表格样式

【执行方式】

☑ 命令行：tablestyle。

☑ 菜单栏：选择菜单栏中的“格式”→“表格样式”命令。

☑ 工具栏：单击“样式”工具栏中的“表格样式管理器”按钮。

☑ 功能区：单击“默认”选项卡“注释”面板中的“表格样式”按钮。或单击“注释”选项卡“表格”面板“表格样式”下拉菜单中的“管理表格样式”或单击“注释”选项卡“表格”面板中的“对话框启动器”按钮↘。

【操作步骤】

执行上述任一操作后，系统打开“表格样式”对话框，如图4-10所示。

【选项说明】

1. “新建”按钮

单击此按钮，系统打开“创建新的表格样式”对话框，如图 4-11 所示。输入新的表格样式名后，单击“继续”按钮，系统打开“新建表格样式”对话框，如图 4-12 所示。从中可以定义新的表格样式。分别控制表格中数据、列标题和总标题的有关参数，如图 4-13 所示。

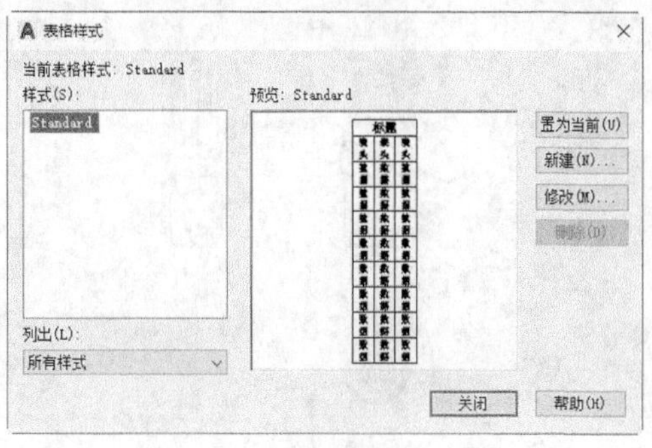

图 4-10 “表格样式”对话框

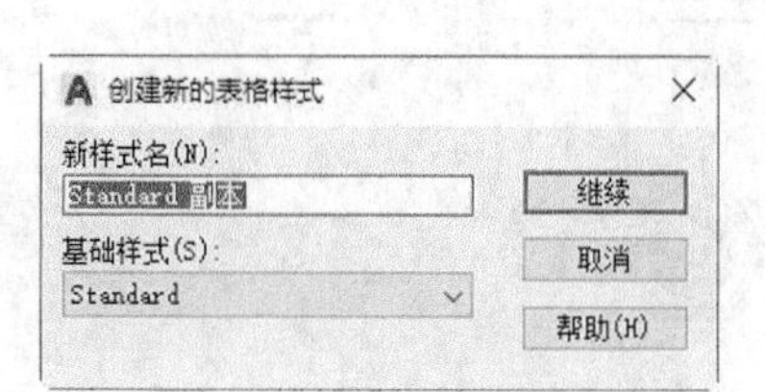

图 4-11 “创建新的表格样式”对话框

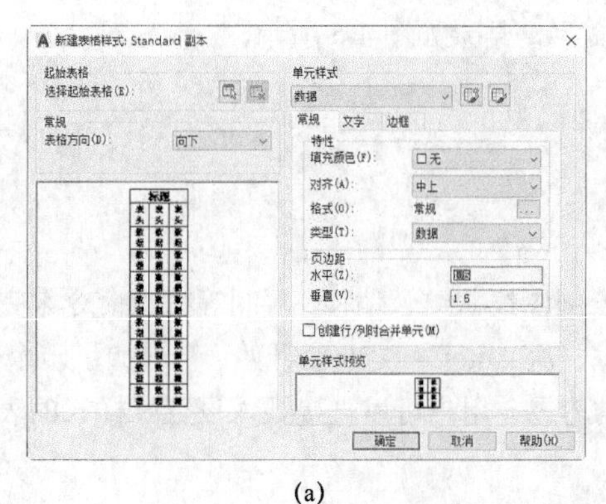

(a)

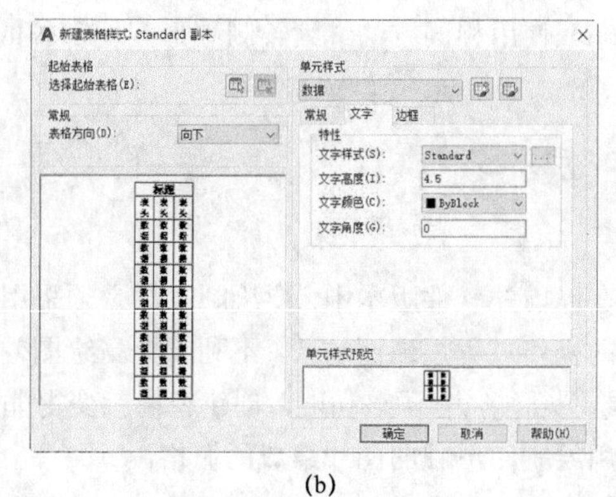

(b)

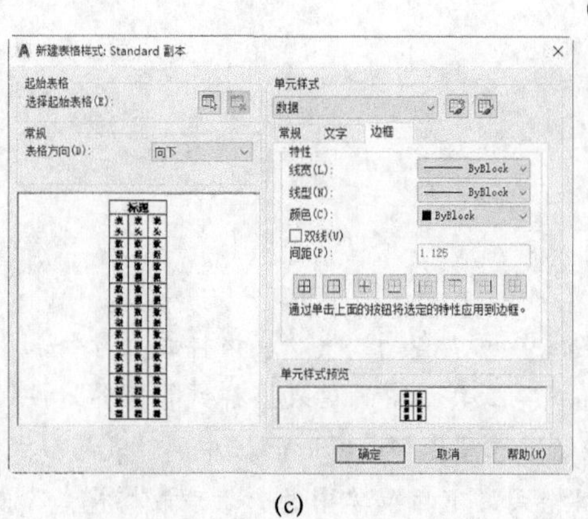

(c)

图 4-12 “新建表格样式”对话框

如图 4-14 所示表格，数据的“文字样式”为“Standard”，“文字高度”为 5.5，“文字颜色”为“红色”，“填充颜色”为“黄色”，“对齐”方式为“右下”，没有列标题行；标题的“文字样式”为“Standard”，“文字高度”为 6，“文字颜色”为“蓝色”，“填充颜色”

为“无”，“对齐”方式为“正中”，“表格方向”为“向上”，水平单元页边距和垂直单元页边距都为“1.5”。

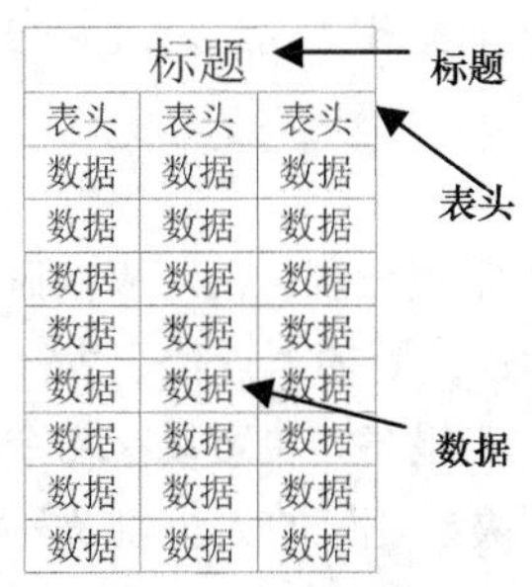

图 4-13　表格样式

数据	数据	数据
数据	数据	数据
数据	数据	数据
数据	数据	数据
数据	数据	数据
数据	数据	数据
数据	数据	数据
数据	数据	数据
标题		

图 4-14　表格示例

2.“修改”按钮

对当前表格样式进行修改，方式与新建表格样式相同。

4.2.2　创建表格

【执行方式】

☑　命令行：table。
☑　菜单栏：选择菜单栏中的“绘图”→“表格”命令。
☑　工具栏：单击“绘图”工具栏中的“表格”按钮▦。
☑　功能区：单击“默认”选项卡注释面板中的“表格”按钮▦或“注释”选项卡“表格”面板中的“表格”按钮▦。

【操作步骤】

执行上述任一操作后，系统打开“插入表格”对话框，如图 4-15 所示。

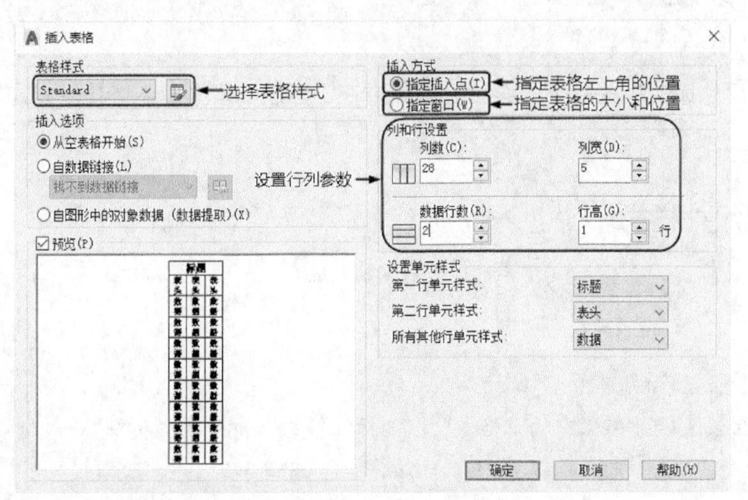

图 4-15　“插入表格”对话框

【选项说明】

（1）表格样式：在要从中创建表格的当前图形中选择表格样式。通过单击下拉列表旁边的按钮，用户可以创建新的表格样式。

（2）插入方式：指定表格位置。

① 指定插入点：指定表格左上角的位置。可以使用定点设备，也可以在命令行提示下输入坐标值。如果表格样式将表格的方向设置为自下而上读取，则插入点位于表格的左下角。

② 指定窗口：指定表格的大小和位置。可以使用定点设备，也可以在命令行提示下输入坐标值。选定此选项时，数据行数、列数、列宽和行高取决于窗口的大小以及列和行设置。

（3）列和行设置：设置列和行的数目和大小。

① 列数：指定列的数量。选定“指定窗口”选项并指定列宽时，“自动”选项将被选定，且列数由表格的宽度控制。如果已指定包含起始表格的表格样式，则可以选择要添加到此起始表格的其他列的数量。

② 列宽：指定列的宽度。选定“指定窗口”选项并指定列数时，则选定了“自动”选项，且列宽由表格的宽度控制。最小的列宽为一个字符。

③ 数据行数：指定行数。选定“指定窗口”选项并指定行高时，则选定了“自动”选项，且行数由表格的高度控制。带有标题行和表格头行的表格样式最少应有 3 行。最小行高为 1 个文字行高。如果已指定包含起始表格的表格样式，则可以选择要添加到此起始表格的其他数据行的数量。

④ 行高：按照行数指定行高。文字行高基于文字高度和单元页边距，这两项均在表格样式中设置。选定“指定窗口”选项并指定行数时，则选定了“自动”选项，且行高由表格的高度控制。

（4）设置单元样式：对于那些不包含起始表格的表格样式，请指定新表格中行的单元格式。

① 第一行单元样式：指定表格中第一行的单元样式。默认情况下，使用标题单元样式。

② 第二行单元样式：指定表格中第二行的单元样式。默认情况下，使用表头单元样式。

③ 其他行单元样式：指定表格中所有其他行的单元样式。默认情况下，使用数据单元样式。

4.3 尺寸标注

在本节中尺寸标注相关命令的菜单方式集中在“标注”菜单中，工具栏方式集中在“标注”工具栏中。

4.3.1 设置尺寸样式

【执行方式】

☑ 命令行：dimstyle。

☑ 菜单栏：选择菜单栏中的“格式”→“标注样式”命令或“标注”→“标注样式”命令。

☑ 工具栏：单击“标注”工具栏“标注样式”按钮。

☑ 功能区：单击“默认”选项卡“注释”面板中的“标注样式”按钮。

【操作步骤】

执行上述任一操作后，系统打开“标注样式管理器”对话框，如图 4-16 所示。利用此对话框可方便直观地定制和浏览尺寸标注样式，包括产生新的尺寸标注样式、修改已存在的尺寸标注样式、设置当前尺寸标注样式、尺寸标注样式重命名及删除一个已有尺寸标注样式等操作。

【选项说明】

（1）“置为当前”按钮

单击此按钮，把在“样式”列表框中选中的样式设置为当前样式。

（2）“新建”按钮

定义一个新的尺寸标注样式。单击此按钮，系统打开“创建新标注样式”对话框，如图 4-17 所示，利用此对话框可创建一个新的尺寸标注样式，单击“继续”按钮，系统打开“新建标注样式”对话框，如图 4-18 所示，利用此对话框可对新的尺寸标注样式的各项特性进行设置。该对话框中各部分的含义和功能将在后文介绍。

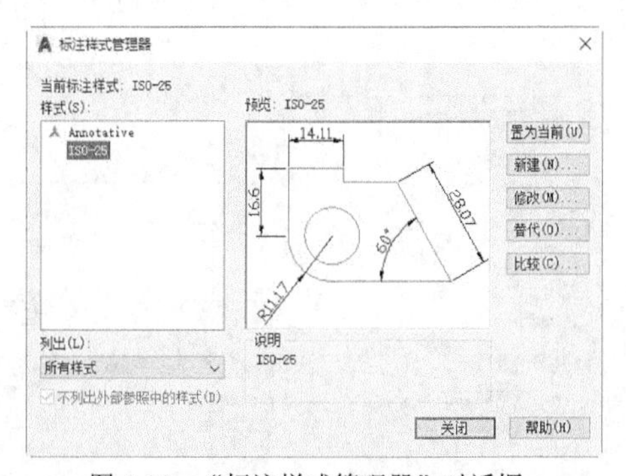

图 4-16　“标注样式管理器”对话框

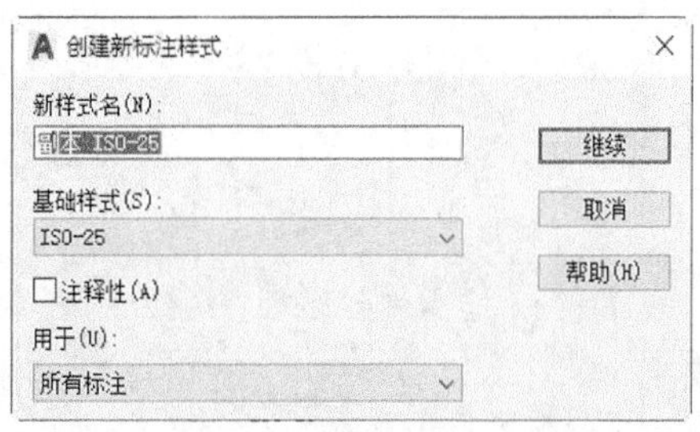

图 4-17　“创建新标注样式”对话框

（3）“修改”按钮

修改一个已存在的尺寸标注样式。单击此按钮，系统打开“修改标注样式”对话框，该对话框中的各选项与“新建标注样式”对话框中的完全相同，可以对已有尺寸标注样式进行修改。

（4）“替代”按钮

设置临时覆盖尺寸标注样式。单击此按钮，系统打开“替代当前样式”对话框，该对话框中各选项与“新建标注样式”对话框中的完全相同，用户可改变选项的设置覆盖原来的设置，但这种修改只对指定的尺寸标注样式起作用，而不影响当前尺寸变量的设置。

在图 4-18 所示的“新建标注样式”对话框中，有 7 个选项卡，分别说明如下。

① “线”选项卡

在“新建标注样式”对话框中，第一个选项卡就是“线”。该选项卡用于设置尺寸线、尺寸界线的形式和特性参数，如图 4-18 所示。

② “符号和箭头”选项卡

该选项卡对箭头、圆心标记、折断标注、弧长符号和半径折弯标注的各个参数进行设置，如图 4-19 所示。包括箭头的大小、引线、形状等参数，圆心标记的类型大小等参数、弧长符号位置、半径折弯标注的折弯角度、线性折弯标注的折弯高度因子及折断标注的折断大小等参数。

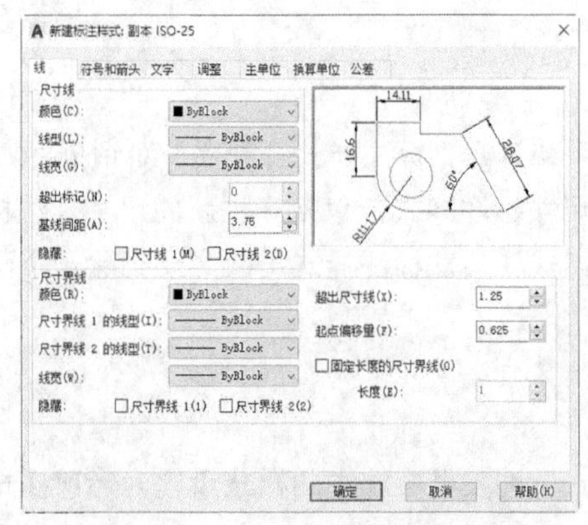

图 4-18 “新建标注样式”对话框

③ “文字”选项卡

该选项卡对文字外观、文字位置、文字对齐等各个参数进行设置，如图 4-20 所示。包括文字外观的文字样式、文字颜色、填充颜色、文字高度、分数高度比例、是否绘制文字边框等参数，文字位置的垂直、水平、观察方向和从尺寸线偏移量等参数。文字对齐方式有水平、与尺寸线对齐、ISO 标准 3 种方式。

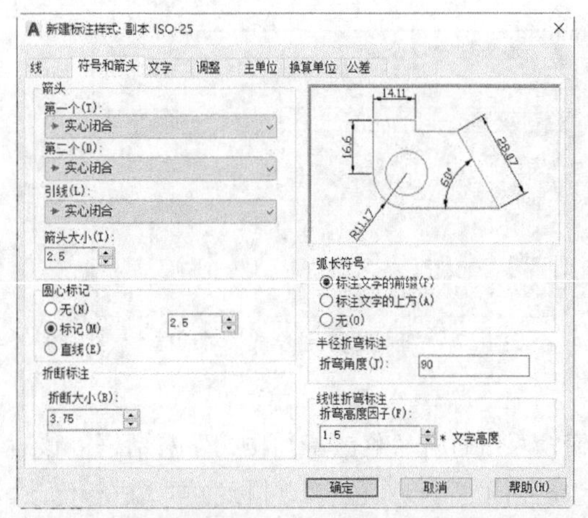

图 4-19 “新建标注样式”对话框的“符号和箭头”选项卡

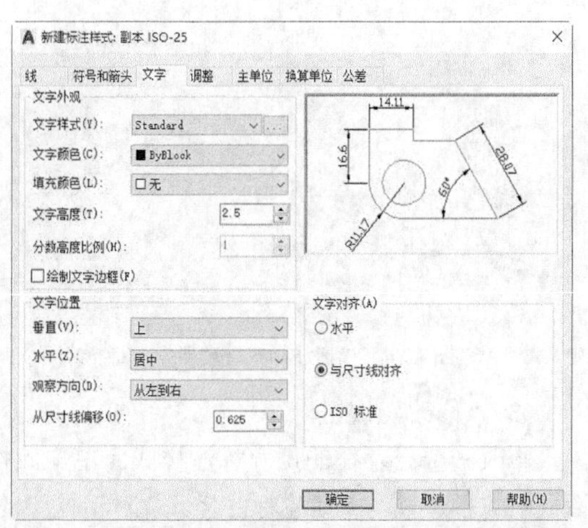

图 4-20 “新建标注样式”对话框的“文字”选项卡

④ “调整”选项卡

该选项卡对调整选项、文字位置、标注特征比例、优化等各个参数进行设置。

⑤ “主单位”选项卡

该选项卡用来设置尺寸标注的主单位和精度，以及为尺寸文本添加固定的前缀或后缀。本选项卡含 2 个选项组，分别对线性标注和角度标注进行设置，如图 4-21 所示。

⑥ “换算单位”选项卡

该选项卡用于对替换单位进行设置。

⑦ “公差”选项卡

该选项卡用于对尺寸公差进行设置，如图 4-22 所示。其中“方式”下拉列表框列出了 AutoCAD 提供的 5 种标注公差的形式，用户可从中选择。这 5 种形式分别是“无”“对称”“极限偏差”“极限尺寸”“基本尺寸”，其中“无”表示不标注公差，即通常标注情形。其余 4 种标注情况如图 4-23 所示。在“精度”“上偏差”“下偏差”“高度比例”“垂直位置”等文本框中输入或选择相应的参数值。

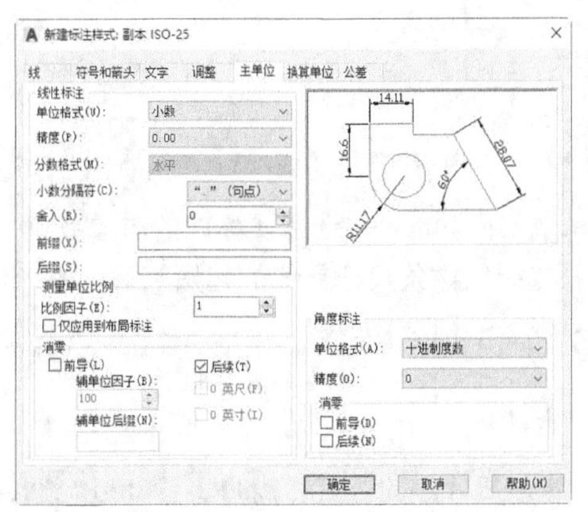

图 4-21　“新建标注样式”对话框“主单位”选项卡

注意　系统自动在上偏差数值前加一个“+”号，在下偏差数值前加一个“–”号。如果上偏差是负值或下偏差是正值，都需要在输入的偏差值前加负号。如下偏差是+0.005，则需要在“下偏差”微调框中输入–0.005。

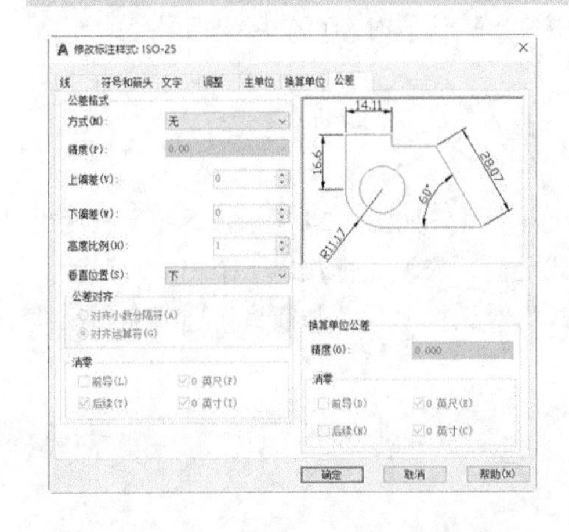

图 4-22　“新建标注样式”对话框的“公差”选项卡

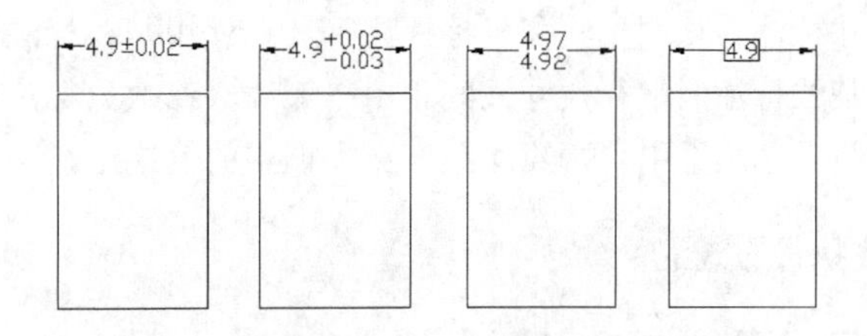

图 4-23　公差标注的形式

4.3.2　尺寸标注

1．线性标注

【执行方式】

☑　命令行：dimlinear（快捷命令为 dimlin）。

☑　菜单栏：选择菜单栏中的“标注”→“线性”命令。

☑ 工具栏：单击“标注”工具栏“线性”按钮。

☑ 功能区：单击“默认”选项卡“注释”面板中的“线性”按钮。

【操作步骤】

```
命令: _dimlinear
指定第一个尺寸界线原点或<选择对象>:
```

在此提示下有两种选择，按下 Enter 键选择要标注的对象或确定尺寸界线的起始点，按下 Enter 键并选择要标注的对象或指定两条尺寸界线的起始点后，系统继续提示如下。

```
指定尺寸线位置或[多行文字(M)/文字(T)/角度(A)/水平(H)/垂直(V)/旋转(R)]:
```

【选项说明】

（1）指定尺寸线位置：确定尺寸线的位置。用户可移动鼠标选择合适的尺寸线位置，然后按下 Enter 键或单击鼠标，AutoCAD 则自动测量所标注线段的长度并标注出相应的尺寸。

（2）多行文字（M）：用多行文本编辑器确定尺寸文本。

（3）文字（T）：在命令行提示下输入或编辑尺寸文本。选择此选项后，AutoCAD 提示如下。

```
输入标注文字 <默认值>:
```

其中的默认值是 AutoCAD 自动测量得到的被标注线段的长度，直接按 Enter 键即可采用此长度值，也可输入其他数值代替默认值。当尺寸文本中包含默认值时，可使用尖括号“<>”表示默认值。

2. 基线标注

基线标注用于产生一系列基于同一条尺寸界线的尺寸标注，如图 4-24 所示，适用于长度尺寸标注、角度标注和坐标标注等。在使用基线标注方式之前，应该先标注出一个相关的尺寸。基线标注两平行尺寸线间距由“新建（修改）标注样式”对话框“尺寸与箭头”选项卡“尺寸线”选项组中“基线间距”文本框中的值决定。

【执行方式】

☑ 命令行：dimbaseline。

☑ 菜单栏：选择菜单栏中的“标注”→“基线”命令。

☑ 工具栏：单击“标注”工具栏中的“基线标注”按钮。

☑ 功能区：单击“注释”选项卡“标注”面板中的“基线”按钮。

【操作步骤】

```
命令: _dimbaseline
指定第二个尺寸界线原点或[选择(S)/放弃(U)] <选择>:
```

直接确定另一个尺寸的第二个尺寸界线的起点，AutoCAD 以上次标注的尺寸为基准标注，标注出相应尺寸。直接按下 Enter 键，系统提示如下。

```
选择基准标注: (选取作为基准的尺寸标注)
```

连续标注又叫尺寸链标注，用于产生一系列连续的尺寸标注，后一个尺寸标注均把前一个标注的第二条尺寸界线作为它的第一条尺寸界线。与基线标注一样，在使用连续标注方式之前，应该先标注出一个相关的尺寸。其标注过程与基线标注类似，如图 4-25 所示。

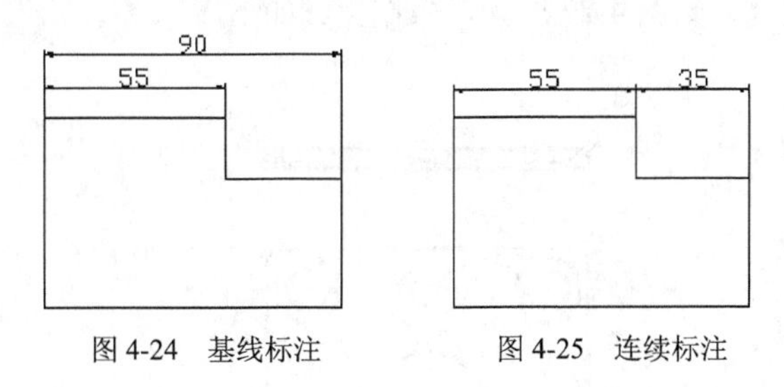

图 4-24　基线标注　　　　图 4-25　连续标注

3. 引线标注

【执行方式】

☑　命令行：qleader。

【操作步骤】

```
命令: _qleader
指定第一个引线点或[设置(S)] <设置>:
指定下一点:（输入指引线的第二点）
指定下一点:（输入指引线的第三点）
指定文字宽度<0.0000>:（输入多行文本的宽度）
输入注释文字的第一行<多行文字(M)>:（输入单行文本或按Enter键打开多行文字编辑器输入多行文本）
输入注释文字的下一行:（输入另一行文本）
输入注释文字的下一行:（输入另一行文本或回车）
```

也可以在上面操作过程中选择“设置（S）”项，系统打开“引线设置”对话框，进行相关参数设置，如图 4-26 所示。

另外还有一个名为“leader”的命令也可以进行引线标注，与“qleader”命令类似，不再赘述。

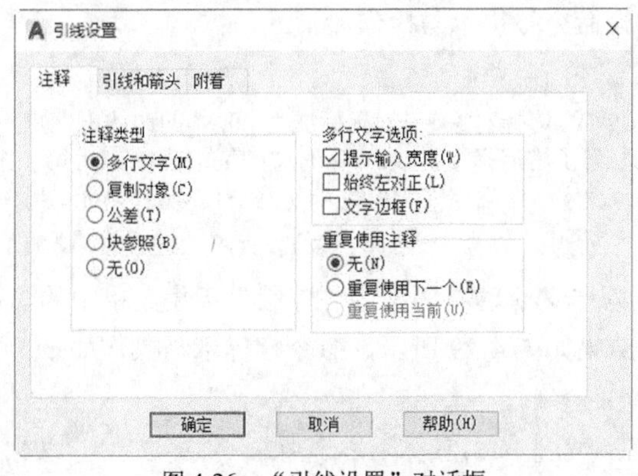

图 4-26　“引线设置”对话框

4.3.3 操作实例——标注电磁管压盖

标注电磁管压盖尺寸，如图 4-27 所示，操作步骤如下。

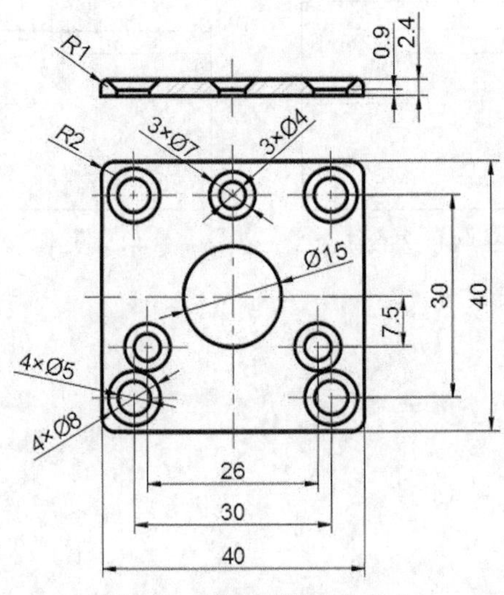

图 4-27 标注电磁管压盖尺寸

1．打开文件

（1）单击“快速访问”工具栏中的“打开”按钮，打开“源文件\第 4 章\标注电磁管压盖\电磁管压盖.dwg”文件。

（2）单击“默认”选项卡“图层”面板中的“图层特性”按钮，新建标注图层，并将其置为当前图层。

（3）设置标注样式。采用上一个实例中设置的标注样式，这里不再重复设置。

2．标注主视图尺寸

（1）单击“默认”选项卡“注释”面板中的“线性”按钮，标注主视图中的线性尺寸为 0.9，结果如图 4-28 所示，命令行提示与操作如下。

```
命令: _dimlinear
指定第一条尺寸界线原点或<选择对象>:（捕捉标注为“0.9”的边的下端点，作为第一条尺寸界线原点）
指定第二条尺寸界线原点:（捕捉标注为“0.9”的边的上端点，作为第二条尺寸界线原点）
指定尺寸线位置或[多行文字(M)/文字(T)/角度(A)/水平(H)/垂直(V)/旋转(R)]:（指定尺寸线的位置）
标注文字=0.9
```

（2）单击“注释”选项卡“标注”面板中“连续”下拉菜单中的“基线”按钮，标注主视图中的基线尺寸 2.4，结果如图 4-29 所示，命令行提示与操作如下。

```
命令: _dimbaseline
指定第二条尺寸界线原点或[选择(S)/放弃(U)] <选择>:（捕捉标注为“2.4”的边的上端点，作为第二个尺寸界线原点）
标注文字=2.4
```

指定第二条尺寸界线原点或[选择(S)/放弃(U)] <选择>:↙
选择基准标注: ↙

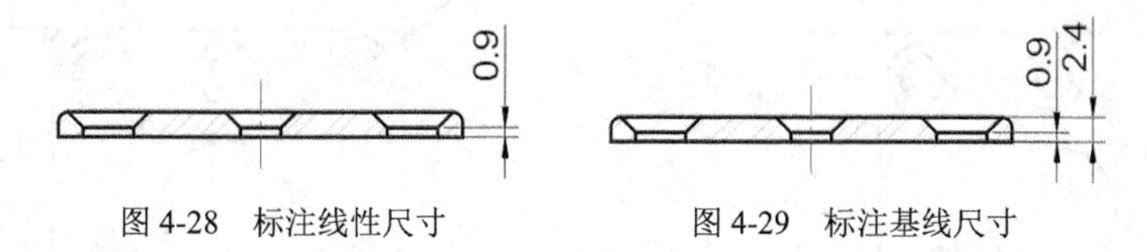

图4-28 标注线性尺寸　　　图4-29 标注基线尺寸

（3）单击“默认”选项卡“注释”面板中的“半径”按钮，标注主视图中的半径尺寸，结果如图4-30所示，命令行提示与操作如下。

命令: _dimradius
选择圆弧或圆:（选择R1圆弧）
标注文字=1
指定尺寸线位置或[多行文字(M)/文字(T)/角度(A)]:（指定尺寸线位置）

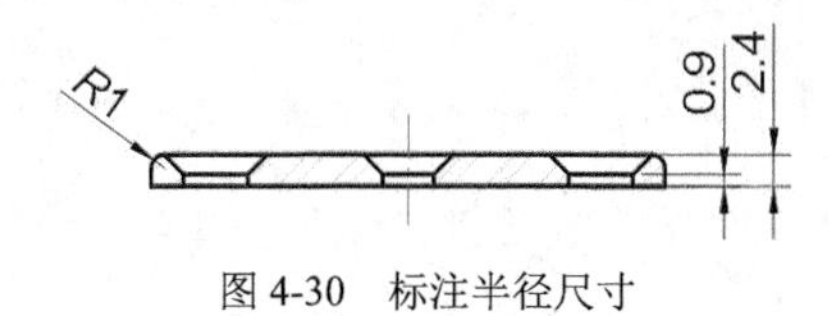

图4-30 标注半径尺寸

3．标注俯视图尺寸

（1）单击“默认”选项卡“注释”面板中的“线性”按钮，标注俯视图中的线性尺寸，结果如图4-31所示。

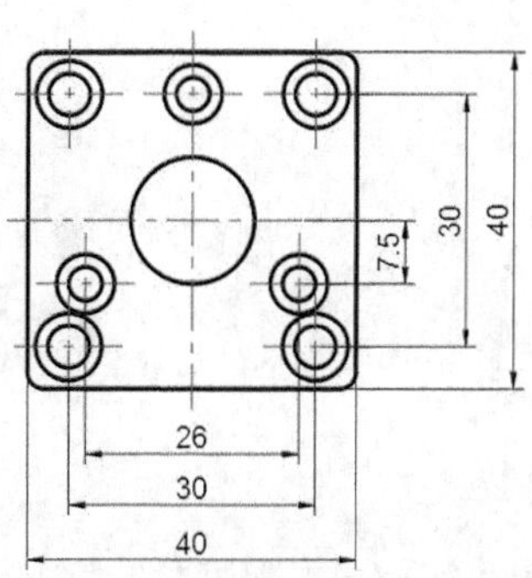

图4-31 标注线性尺寸

（2）单击“默认”选项卡“注释”面板中的“半径”按钮，标注俯视图中的半径尺寸$R2$，结果如图4-32所示。

（3）单击“默认”选项卡“注释”面板中的“直径”按钮，标注直径尺寸4×ϕ8，结果如图4-33所示，命令行提示与操作如下。

命令: _dimdiameter
选择圆弧或圆:（选择直径为8的圆）
标注文字=8
指定尺寸线位置或[多行文字(M)/文字(T)/角度(A)]: M↙（按Enter键后弹出多行文字编辑器和“文字编辑器”选项卡，其中多行文字编辑器中显示测量值，即 ϕ8，在其前面输入4×，即为“4× ϕ8”）
指定尺寸线位置或[多行文字(M)/文字(T)/角度(A)]:（指定尺寸线放置位置）

重复“直径”命令，标注其余直径尺寸，最终结果如图 4-27 所示。

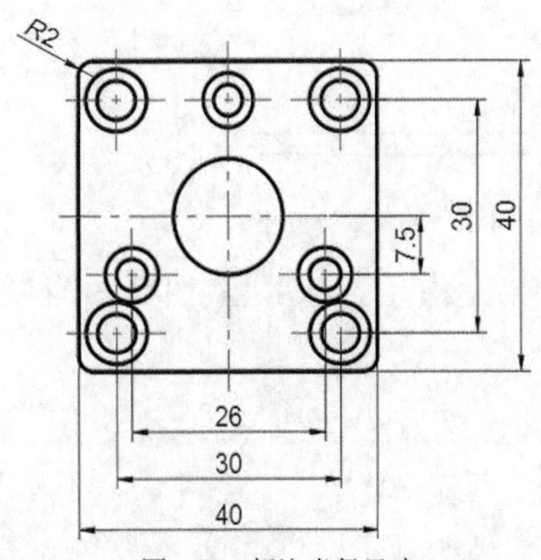

图 4-32　标注半径尺寸

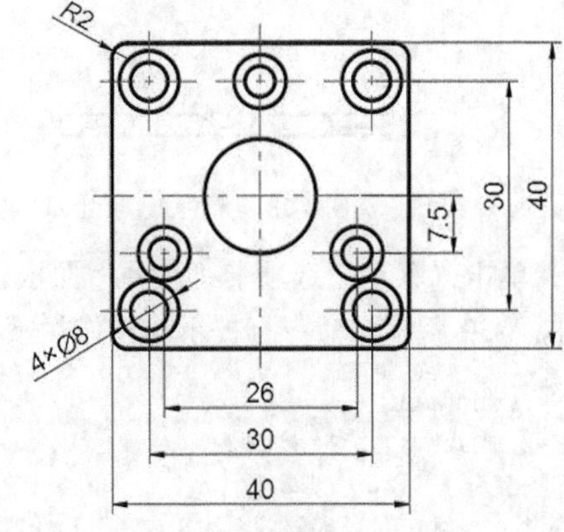

图 4-33　标注直径尺寸

4.4 图块及其属性

把一组图形对象组合成图块加以保存，需要的时候可以把图块作为一个整体以任意比例和旋转角度插入图中任意位置，这样不仅避免了大量的重复工作，提高绘图速度和工作效率，而且可以大大节省磁盘空间。

4.4.1 图块操作

1. 图块定义

【执行方式】

☑ 命令行：block。

☑ 菜单栏：选择菜单栏中的“绘图”→“块”→“创建”命令。

☑ 工具栏：单击“绘图”工具栏中的“创建块”按钮。

☑ 功能区：单击“默认”选项卡“块”面板中的“创建”按钮或“插入”选项卡“块定义”面板中的“创建块”按钮。

【操作步骤】

执行上述任一操作后，系统打开图 4-34 所示的“块定义”对话框，利用该对话框指定定义对象和基点及其他参数，可定义图块并命名图块。

2. 图块保存

【执行方式】

命令行：wblock

【操作步骤】

执行上述任一操作后，系统打开图 4-35 所示的“写块”对话框。利用此对话框可把图形对象保存为图块或把图块转换成图形文件。

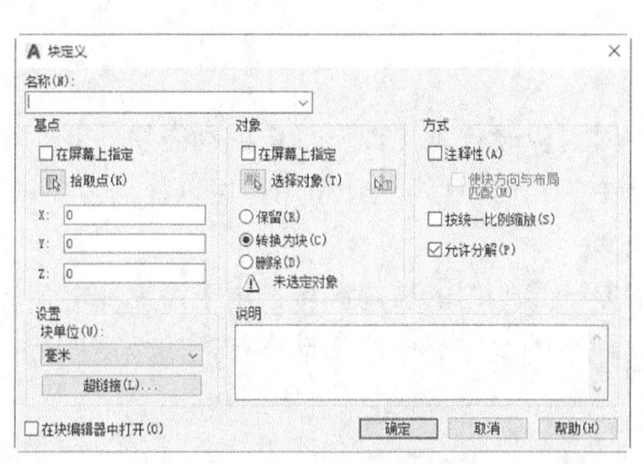

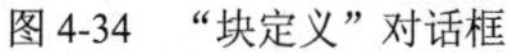
图 4-34　“块定义”对话框

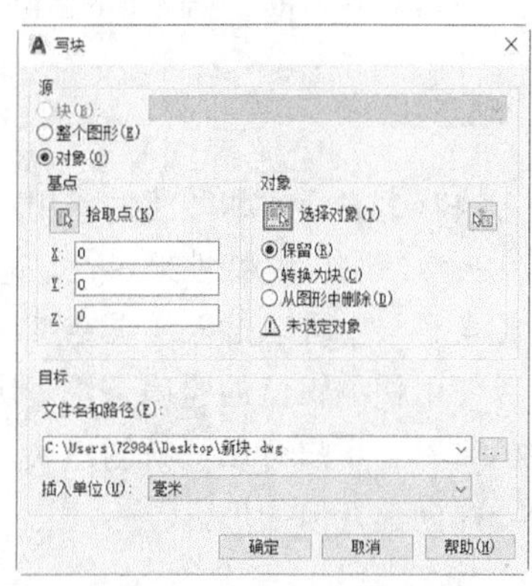

图 4-35　“写块”对话框

执行 block 命令定义的图块只能插入当前图形中。执行 wblock 命令保存的图块既可以插入当前图形中，也可以插入其他图形中。

3. 图块插入

【执行方式】

☑　命令行：insert。

☑　菜单栏：选择菜单栏中的“插入”→“块”命令。

☑　工具栏：单击“插入”工具栏中的“插入块”按钮或“绘图”工具栏中的“插入块”按钮。

☑　功能区：单击“默认”选项卡“块”面板“插入”子列表中的选项或“插入”选项卡“块”面板中的“插入”子列表中的选项，如图 4-36 所示。

【操作步骤】

执行上述任一操作后，系统打开“插入”对话框，如图 4-37 所示。利用此对话框设置插入点位置、比例以及旋转角度，指定要插入的图块及插入位置。

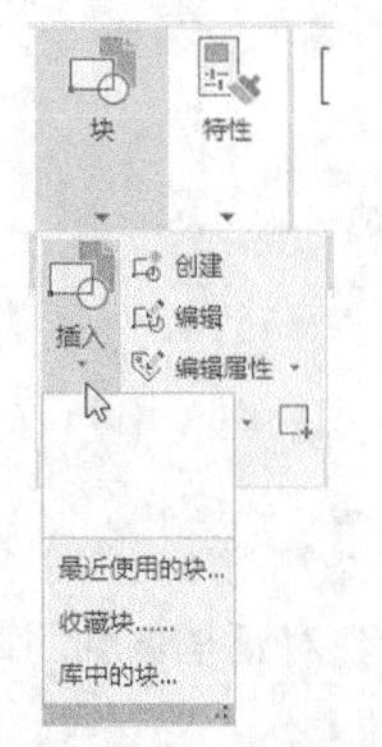

图 4-36 “插入”下拉菜单

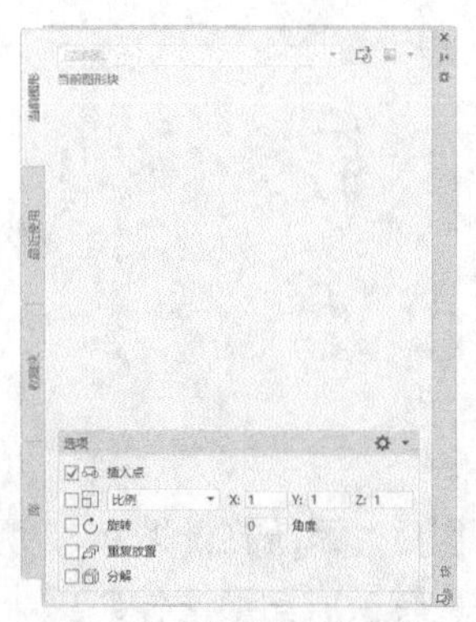

图 4-37 “插入”对话框

4．动态块

动态块具有灵活性和智能性。用户在操作时可以轻松地更改图形中的动态块参照。可以通过自定义夹点或自定义特性来操作动态块参照中的几何图形。这使得用户可以根据需要调整块，而不用搜索另一个块以插入或重定义现有的块。

可以使用块编辑器创建动态块。块编辑器是一个专门的编写区域，用于添加能够使块成为动态块的元素。用户可以重新创建块，可以向现有的块定义中添加动态行为，也可以像在绘图区域中一样创建几何图形。

【执行方式】

☑ 命令行：bedit。
☑ 菜单栏：选择菜单栏中的“工具”→“块编辑器”命令。
☑ 工具栏：单击“标准”工具栏中的“块编辑器”按钮。
☑ 快捷菜单：双击图块或选择一个块参照，单击鼠标右键，选择“块编辑器”选项。
☑ 功能区：单击“插入”选项卡“块定义”面板中的“块编辑器”按钮。

【操作步骤】

①系统打开“编辑块定义”对话框，如图 4-38 所示。②在“要创建或编辑的块”文本框中输入块名或在列表框中选择已定义的块或当前图形。确认后系统③打开“块编写选项板-所有选项板”和④“块编辑器”选项卡，如图 4-39 所示。

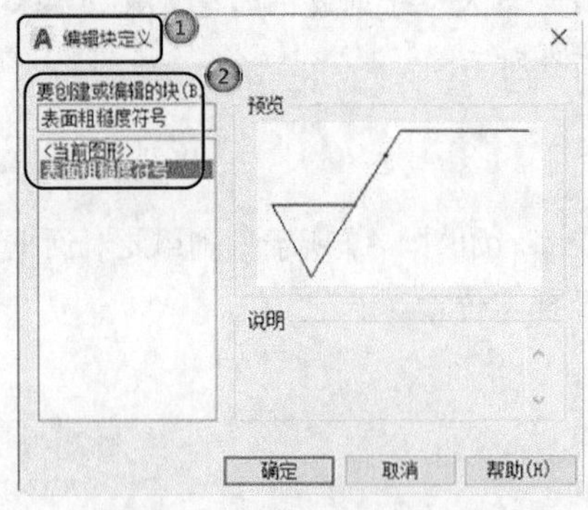

图 4-38 “编辑块定义”对话框

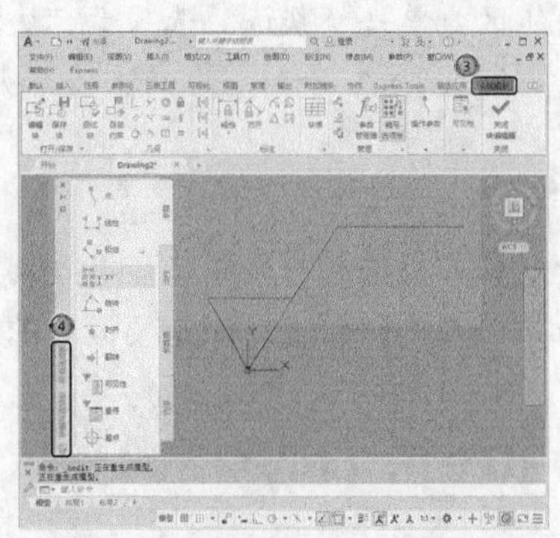

图 4-39 块编辑状态下的绘图平面

【选项说明】

“块编写”选项板：该选项板包含 4 个选项卡。

（1）“参数”选项卡：提供用于向块编辑器中的动态块定义添加参数的工具。参数用于指定几何图形在块参照中的位置、距离和角度。将参数添加到动态块定义中时，该参数将定义块的一个或多个自定义特性。此选项卡也可以通过执行 bparameter 命令来打开。

① 点：向动态块定义中添加一个点参数，并定义动态块参照的自定义 *X* 和 *Y* 特性。点参数定义图形中的 *X* 和 *Y* 位置。在块编辑器中，点参数类似于一个坐标标注。

② 可见性：向动态块定义中添加一个可见性参数，并定义动态块参照的自定义可见性特性。可见性参数允许用户创建可见性状态并控制对象在块中的可见性。可见性参数总是应用于整个块，并且无须与任何动作相关联。在图形中单击夹点可以显示动态块参照中所有可见性状态的列表。在块编辑器中，可见性参数显示为带有关联夹点的文字。

③ 查寻：向动态块定义中添加一个查寻参数，并定义动态块参照的自定义查寻特性。查寻参数用于定义动态块参照的自定义特性，用户可以指定或设置该特性，以便从定义的列表或表格中计算出某个值。该参数可以与单个查寻夹点相关联。在动态块参照中单击该夹点可以显示可用值的列表。在块编辑器中，查寻参数显示为文字。

④ 基点：向动态块定义中添加一个基点参数。基点参数用于定义动态块参照相对于块中的几何图形的基点。基点参数无法与任何动作相关联，但可以属于某个动作的选择集。在块编辑器中，基点参数显示为带有十字光标的圆。

其他参数与上面各项类似，不再赘述。

（2）“动作”选项卡：提供用于向块编辑器中的动态块定义添加动作的工具。动作定义了在图形中操作动态块参照的自定义特性时，动态块参照的几何图形将如何移动或变化。应将动作与参数相关联。此选项卡也可以通过执行 bactiontool 命令来打开。

① 移动：在用户将移动动作与点参数、线性参数、极轴参数或 *XY* 参数关联时，将该动作添加到动态块定义中。移动动作类似于 move 命令。在动态块参照中，移动动作使对象移动指定的距离和角度。

② 查寻：向动态块定义中添加一个查寻动作。将查寻动作添加到动态块定义中并将其与查寻参数相关联。它将创建一个查寻表，可以使用查寻表指定动态块的自定义特性和值。

其他动作与上面各项类似。

（3）“参数集”选项卡：提供用于在块编辑器中向动态块定义添加一个参数和至少一个动作的工具。将参数集添加到动态块中时，动作将自动与参数相关联。将参数集添加到动态块中后，双击黄色警示图标（或执行 bactionset 命令），然后按照命令行上的提示将动作与几何图形选择集相关联。此选项卡也可以通过执行 bparameter 命令来打开。

① 点移动：向动态块定义中添加一个点参数。系统会自动添加与该点参数相关联的移动动作。

② 线性移动：向动态块定义中添加一个线性参数。系统会自动添加与该线性参数的端点相关联的移动动作。

③ 可见性集：向动态块定义中添加一个可见性参数，并允许定义可见性状态。无须添加与

可见性参数相关联的动作。

④ 查寻集：向动态块定义中添加一个查寻参数。系统会自动添加与该查寻参数相关联的查寻动作。

其他参数集与上面各项类似。

（4）“约束”选项卡：几何约束可将几何对象关联在一起，或者指定固定的位置或角度。例如，用户可以指定某条直线应始终与另一条垂直、某个圆弧应始终与某个圆保持同心，或者某条直线应始终与某个圆弧相切。

① 水平：使直线或点对位于与当前坐标系的 X 轴平行的位置。默认选择类型为对象。

② 垂直：可使选定直线垂直于另一条直线。垂直约束在两个对象之间应用。

③ 平行：使选定直线位于彼此平行的位置。平行约束在两个对象之间应用。

④ 相切：将两条曲线约束为保持彼此相切或其延长线保持彼此相切。相切约束在两个对象之间应用。圆可以与直线相切，即使该圆与该直线不相交。

⑤ 平滑：将样条曲线约束为连续，并与其他样条曲线、直线、圆弧或多段线保持 G2 连续性。

⑥ 重合：约束两个点使其重合，或者约束一个点使其位于曲线（或曲线的延长线）上。可以使对象上的约束点与某个对象重合，也可以使其与另一对象上的约束点重合。

⑦ 同心：将两个圆弧、圆或椭圆约束到同一个中心点。结果与将重合约束应用于曲线的中心点所产生的结果相同。

⑧ 共线：使两条或多条直线沿同一直线方向，使它们共线。

⑨ 对称：使选定对象受对称约束，相对于选定直线对称。

⑩ 相等：将选定圆弧和圆的尺寸重新调整为相同的半径，或将选定直线的尺寸重新调整为相同的长度。

⑪ 固定：将点和曲线锁定在位。

4.4.2 图块的属性

1. 属性定义

【执行方式】

☑ 命令行：attdef。

☑ 菜单栏：选择菜单栏中的“绘图”→“块”→“定义属性”命令。

☑ 功能区：单击“默认”选项卡“块”面板中的“定义属性”按钮或“插入”选项卡“块定义”面板中的“定义属性”按钮。

【操作步骤】

执行上述任一操作后，系统打开“属性定义”对话框，如图 4-40 所示。

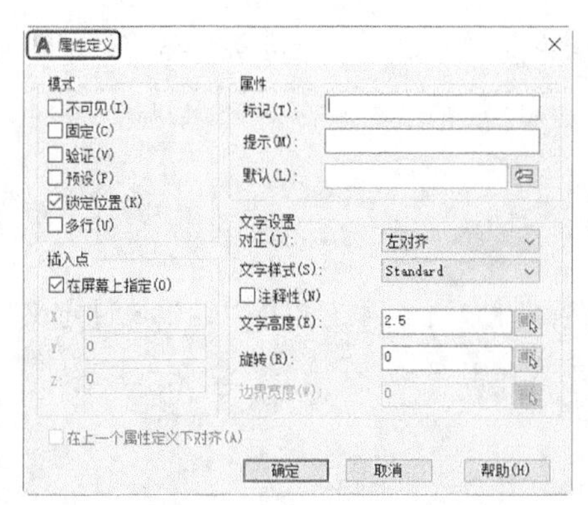

图 4-40　“属性定义”对话框

【选项说明】

（1）“模式”选项组

① “不可见”复选框：选中此复选框，属性为不可见显示方式，即插入图块并输入属性值后，属性值在图中并不显示。

② “固定”复选框：选中此复选框，属性值为常量，即属性值在属性定义时给定，在插入图块时 AutoCAD 不再提示输入属性值。

③ “验证”复选框：选中此复选框，当插入图块时 AutoCAD 重新显示属性值让用户验证该值是否正确。

④ “预设”复选框：选中此复选框，当插入图块时 AutoCAD 自动把事先设置好的默认值赋予属性，而不再提示输入属性值。

⑤ “锁定位置”复选框：选中此复选框，当插入图块时 AutoCAD 锁定块参照中属性的位置。解锁后，属性可以相对于使用夹点编辑的块的其他部分移动，并且可以调整多行属性的大小。

⑥ “多行”复选框：指定属性值可以包含多行文字。选中此复选框后，可以指定属性的边界宽度。

（2）“属性”选项组

① “标记”文本框：输入属性标签。属性标签可由除空格和感叹号以外的所有字符组成。AutoCAD 自动把小写字母改为大写字母。

② “提示”文本框：输入属性提示。属性提示是插入图块时 AutoCAD 要求输入属性值的提示。如果不在此文本框内输入文本，则以属性标签作为提示。如果在“模式”选项组选中“固定”复选框，即设置属性为常量，则无须设置属性提示。

③ “默认”文本框：设置默认的属性值。可把使用次数较多的属性值作为默认值，也可不设置默认值。

其他各选项组比较简单，不再赘述。

2．修改属性定义

【执行方式】

☑　命令行：ddedit。

☑ 菜单栏：选择菜单栏中的“修改”→“对象”→“文字”→“编辑”命令。

【操作步骤】

```
命令: _ddedit
选择注释对象或[放弃(U)]:
```

在此提示下选择要修改的属性定义，系统打开“编辑属性定义”对话框，如图 4-41 所示。可以在该对话框中修改属性定义。

3．图块属性编辑

【执行方式】

☑ 命令行：eattedit。
☑ 菜单栏：选择菜单栏中的“修改”→“对象”→“属性”→“单个”命令。
☑ 工具栏：单击“修改 II”工具栏中的“编辑属性”按钮。
☑ 功能区：单击“默认”选项卡“块”面板中的“编辑属性”按钮。

【操作步骤】

```
命令: _eattedit
选择块:
```

执行“创建块”命令，创建编辑属性后的块，单击“确定”按钮，系统打开“编辑属性”对话框，设置属性，如图 4-42 所示。

关闭对话框。执行“eattedit”命令，系统打开“增强属性编辑器”对话框，如图 4-43 所示。该对话框不仅可以编辑属性值，还可以编辑属性的文字选项和图层、线型、颜色等特性值。

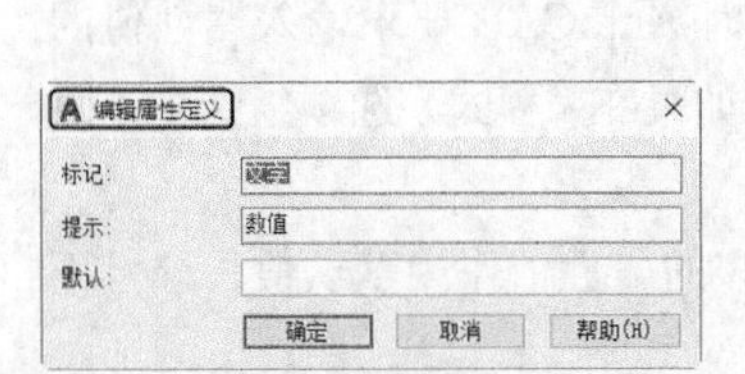

图 4-41 “编辑属性定义”对话框

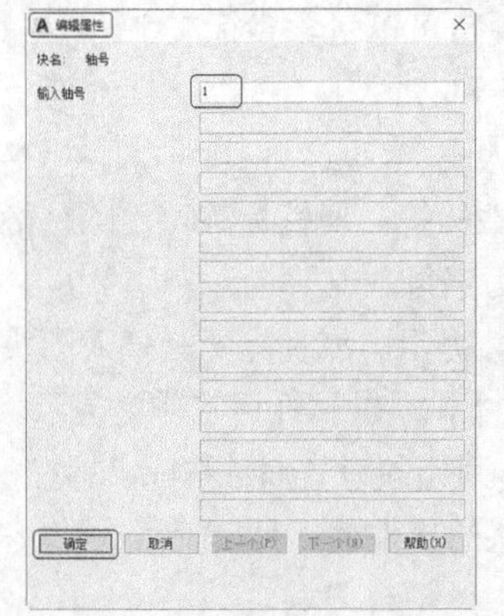

图 4-42 “编辑属性”对话框

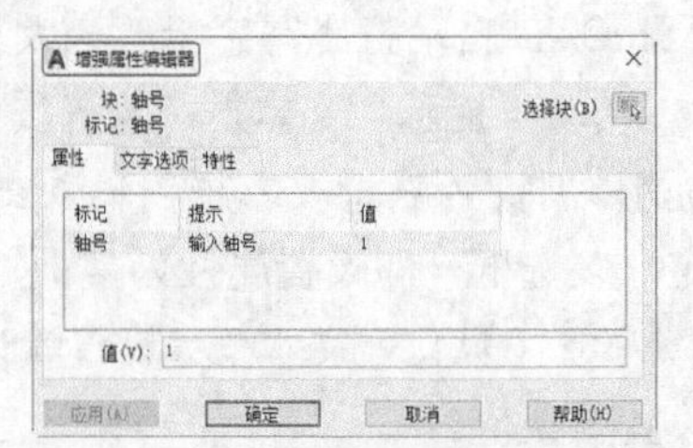

图 4-43 “增强属性编辑器”对话框

4．提取属性数据

提取属性数据可以方便地直接从图形数据中生成日程表或 BOM 表。新的向导使得此过程更加简单。

【执行方式】

☑ 命令行：eattext。

☑ 菜单栏：选择菜单栏中的“工具”→“数据提取”命令。

【操作步骤】

执行上述任一操作后，系统打开“数据提取-开始”对话框，如图 4-44 所示。单击“下一步”按钮，依次打开各个对话框，依次在各对话框中对提取属性的各选项进行设置。设置完成后，系统生成包含提取数据的 BOM 表。

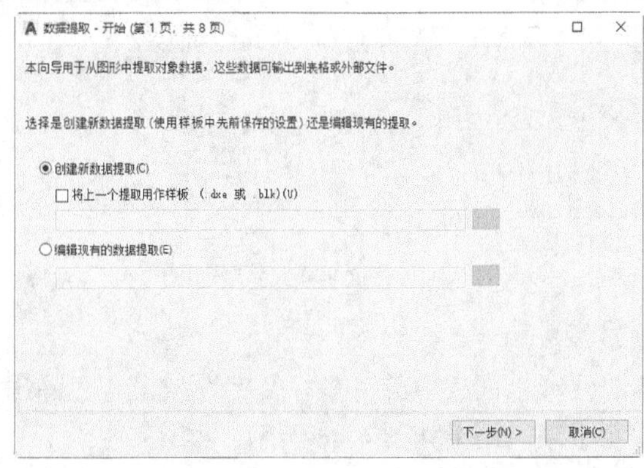

图 4-44　“数据提取-开始”对话框

4.4.3　操作实例——绘制明细表

执行“矩形”及“偏移”命令，绘制表格；同时输入明细表名称，绘制图 4-45 所示的明细表图块，操作步骤如下。

序号	名　称	数量	材　料	备　注

图 4-45　明细表图块

1．绘制明细表标题栏

（1）绘制明细表表格线

单击“默认”选项卡“绘图”面板中的“矩形”按钮 ，指定矩形的两个角点[（40,10），（220,17）]；单击“默认”选项卡“修改”面板中的“分解”按钮 ，分解刚绘制的矩形；再单击“默认”选项卡“修改”面板中的“偏移”按钮 ，结果如图 4-46 所示。

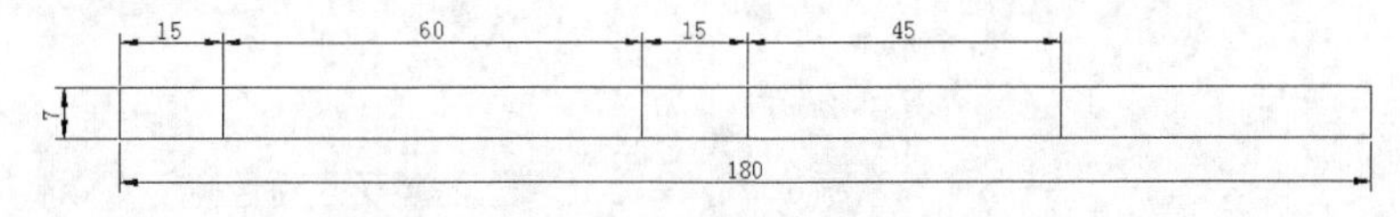

图 4-46　绘制明细表表格线

（2）设置文字样式

单击“默认”选项卡“注释”面板中的“文字样式”按钮，①打开“文字样式”对话框，②单击“新建”按钮，③新建“明细表”样式，④在“字体名”下拉列表中选择“仿宋_GB2312”，⑤“字体样式”设置为“常规”，⑥在“高度”文本框中输入“3.5000”，⑦“效果”选项组中的设置不变，如图 4-47 所示。完成后，⑧单击“置为当前”按钮，将其设置为当前使用的文字样式。

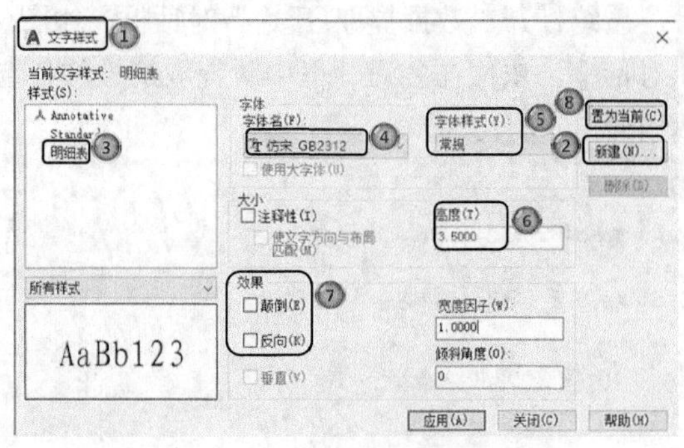

图 4-47 “文字样式”对话框

（3）填写明细表标题栏

单击“默认”选项卡“注释”面板中的“多行文字”按钮A，弹出“多行文字”编辑器，依次填写明细表标题栏中各个项，结果如图 4-48 所示。

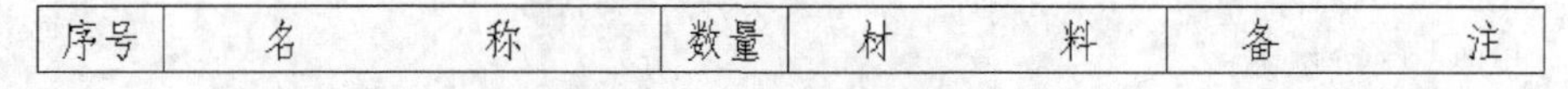

序号	名　　　　称	数量	材　　　　料	备　　　　注

图 4-48 填写明细表标题栏

（4）创建“明细表标题栏”图块

单击“默认”选项卡“块”面板中的“创建”按钮，打开“块定义”对话框，创建“明细表标题栏”图块，如图 4-49 所示。

（5）保存“明细表标题栏”图块

在命令行输入“wblock”命令后按 Enter 键，①打开“写块”对话框，如图 4-50 所示，②在“源”选项组中选择“块”模式，③从下拉列表中选择“明细表标题栏”图块，④在“目标”选项组中选择文件名和路径，完成零件图块的保存。

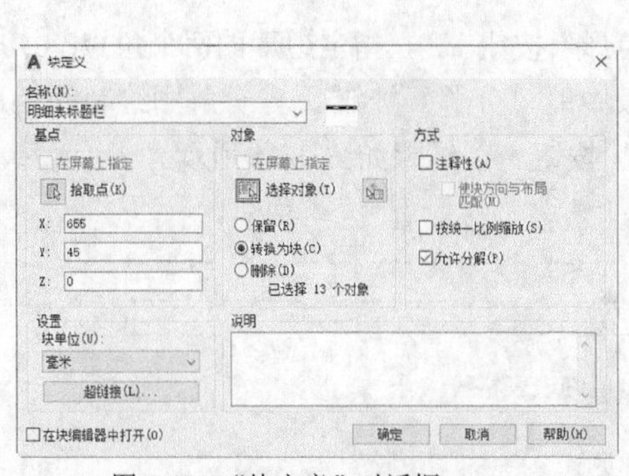

图 4-49 “块定义”对话框

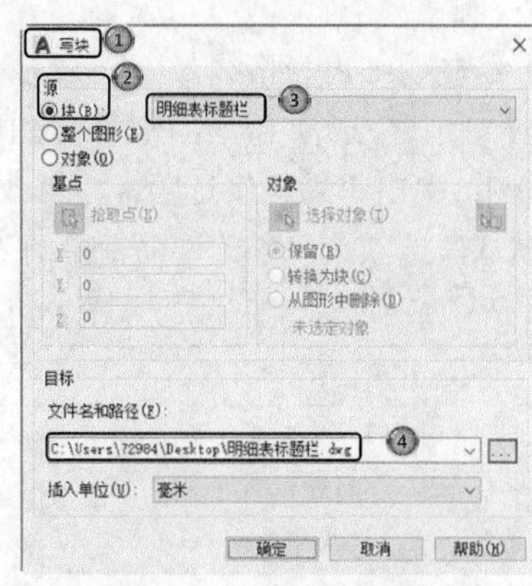

图 4-50 “写块”对话框

对于明细表内容栏，可以采用同样的方法绘制并创建“明细表内容栏”图块，只是这个图块只包含明细表内容栏的轮廓线，具体内容则需要在插入图块后，调用文字工具进行填写，这样操作就会显得非常烦琐。AutoCAD 2022 提供了一种便捷的完成填写明细表内容栏的方法，即创建以明细表各栏文字为属性的“明细表内容栏”图块，这样在每次插入的时候系统会自动提示每一栏的输入要求，允许在命令行中直接输入，省去了调用文字工具进行填写的烦琐过程。

2．绘制明细表内容栏

（1）绘制表格：按照明细表标题栏表格的绘制方法，绘制明细表内容栏表格，如图 4-51 所示。

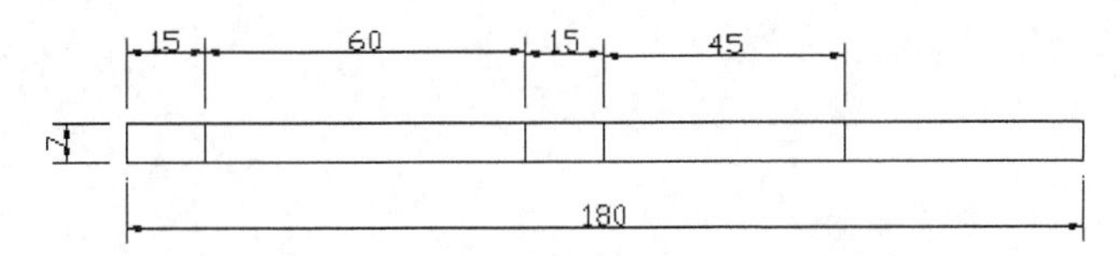

图 4-51　绘制明细表内容栏表格

（2）打开“属性定义”对话框。单击“默认”选项卡“块”面板中的“定义属性”按钮，①打开“属性定义”对话框。

（3）定义“序号”属性。在“属性定义”对话框中，②在“属性”选项组“标记”文本框中输入“N”，③在“提示”文本框中输入“输入序号：”，④选择“在屏幕上指定”复选框，即在明细表内容栏中的第一栏中单击鼠标左键插入点，⑤单击“确定”按钮，完成“序号”属性的定义，如图 4-52 所示。

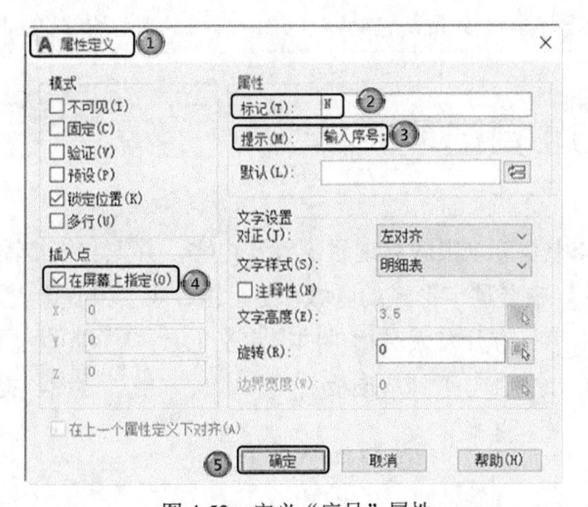

图 4-52　定义“序号”属性

（4）定义其他 4 个属性。使用同样的方法，打开“属性定义”对话框，依次定义明细表内容栏的后 4 个属性。

① 标记 NAME，提示“输入名称：”。

② 标记 Q，提示“输入数量：”。

③ 标记 MATERAL，提示“输入材料：”。

④ 标记 NOTE，提示“输入备注：”。

插入点可用鼠标在屏幕上选取。定义 5 个文字属性的明细表内容栏，如图 4-53 所示。

（5）创建并保存带文字属性的图块。单击“默认”选项卡“块”面板中的“创建”按钮，打开“块定义”对话框，选择明细表内容栏及 5 个文字属性，创建“明细表内容栏”图块，“拾取点”为表格左下角点，单击“确定”按钮，弹出“编辑属性”对话框，如图 4-54 所示。单击“确定”按钮，退出对话框。

N	NAME	Q	MATERAL	NOTE

图 4-53　定义 5 个文字属性的明细表内容栏

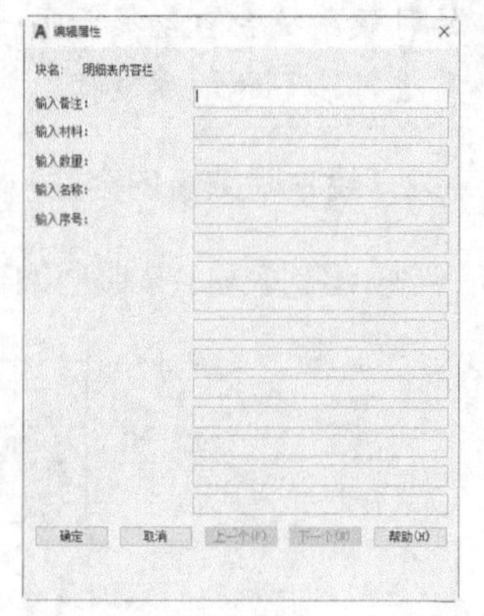

图 4-54　“编辑属性”对话框

执行“wblock”命令，打开“写块”对话框，保存“明细表内容栏” 图块。

说 明

在“属性定义”对话框中，“模式”选项组 4 个选项的含义分别为：“不可见”——插入块后是否显示属性值；“固定”——属性是否为常数；“验证”——插入块时是否验证所输入的属性值；“预置”——是否将属性设置成它的默认值。属性的默认值则在“值”文本框中填写。

4.5 设计中心与工具选项板

使用 AutoCAD 设计中心可以很容易地组织设计内容，并把它们拖动到当前图形中。工具选项板是“工具选项板”窗口中选项卡形式的区域，是组织、共享和放置块及填充图案的有效工具。工具选项板还可以包含由第三方开发人员提供的自定义工具，也可以利用设计中的组织内容，将其创建为工具选项板。设计中心与工具选项板的使用大大方便了绘图，提高了绘图的效率。

4.5.1 设计中心

1. 启动设计中心

【执行方式】

☑ 命令行：adcenter。

☑ 菜单栏：选择菜单栏中的“工具”→“选项板”→“设计中心”命令。

☑ 工具栏：单击“标准”工具栏中的“设计中心”按钮▦。

☑ 功能区：单击“视图”选项卡“选项板”面板中的“设计中心”按钮▦。

☑ 快捷组合键：Ctrl+2

【操作步骤】

执行上述任一操作后，系统打开设计中心。第一次启动设计中心时，它默认打开的选项卡为“文件夹”。内容显示区采用大图标显示，左边的资源管理器显示系统的树形结构，用户在浏览资源的同时，在内容显示区会显示所浏览资源的有关细目或内容，如图 4-55 所示，也可以搜索资源，方法与 Windows 资源管理器类似。

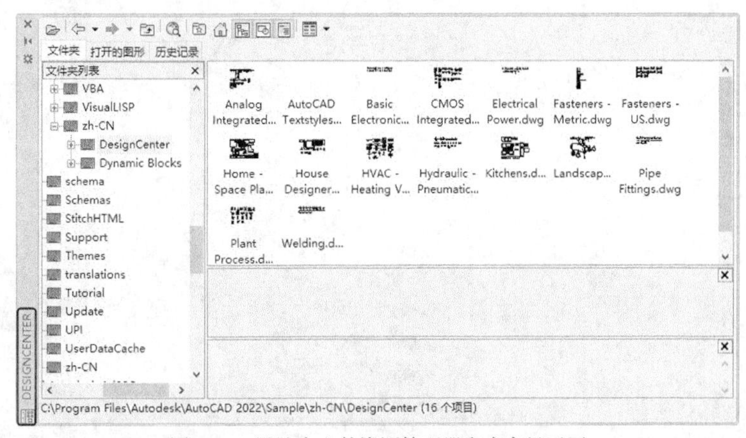

图 4-55　设计中心的资源管理器和内容显示区

2. 利用设计中心插入图形

设计中心一个最大的优点是它可以将系统文件夹中的“.dwg”格式图形当成图块插入当前图形中。具体方法如下。

（1）从文件夹列表或查找结果列表框中选择要插入的对象，拖动对象到打开的图形。

（2）在相应的命令行提示下输入比例和旋转角度等数值。

被选择的对象根据指定的参数插入图形当中。

4.5.2　工具选项板

1. 打开工具选项板

【操作步骤】

☑ 命令行：toolpalettes。

☑ 菜单栏：选择菜单栏中的“工具”→“选项板”→“工具选项板窗口”命令。

☑ 工具栏：单击“标准”工具栏中的“工具选项板窗口”按钮▦。

☑ 功能区：单击“视图”选项卡“选项板”面板中的“工具选项板”按钮。

☑ 快捷组合键：Ctrl+3

【操作步骤】

执行上述任一操作后，系统自动打开工具选项板窗口，如图 4-56 所示。该工具选项板上有系统预设置的几个选项卡。可以单击鼠标右键，在系统打开的快捷菜单中选择“新建选项板”选项，如图 4-57 所示。系统新建一个空白选项卡，可以命名该选项卡，如图 4-58 所示。

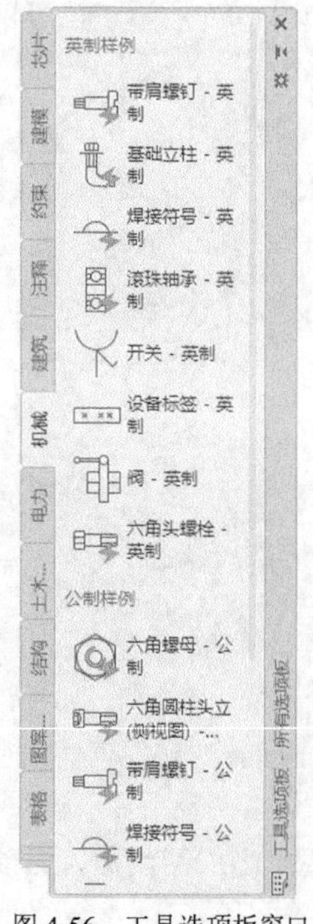

图 4-56 工具选项板窗口

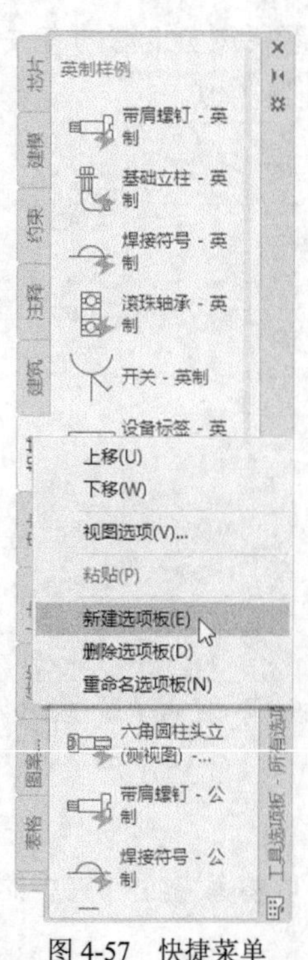

图 4-57 快捷菜单

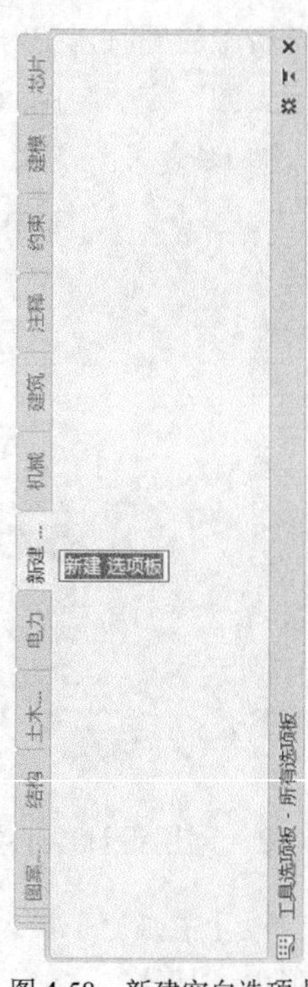

图 4-58 新建空白选项卡

2．将设计中心内容添加到工具选项板

在 DesignCenter 文件夹上单击鼠标右键，系统打开右键快捷菜单，从中执行“创建块的工具选项板”命令，如图 4-59 所示。设计中心中存储的图元会出现在工具选项板中新建的“DesignCenter”选项卡上，如图 4-60 所示。这样就可以将设计中心与工具选项板结合起来，建立一个快捷方便的工具选项板。

3．利用工具选项板绘图

只需要将工具选项板中的图形单元拖动到当前图形，该图形单元就会以图块的形式插入当前图形中。图 4-61 所示的就是将工具选项板中“Mechanical - Imperial”选项卡中的图形单元拖动到当前图形绘制的标准零件。

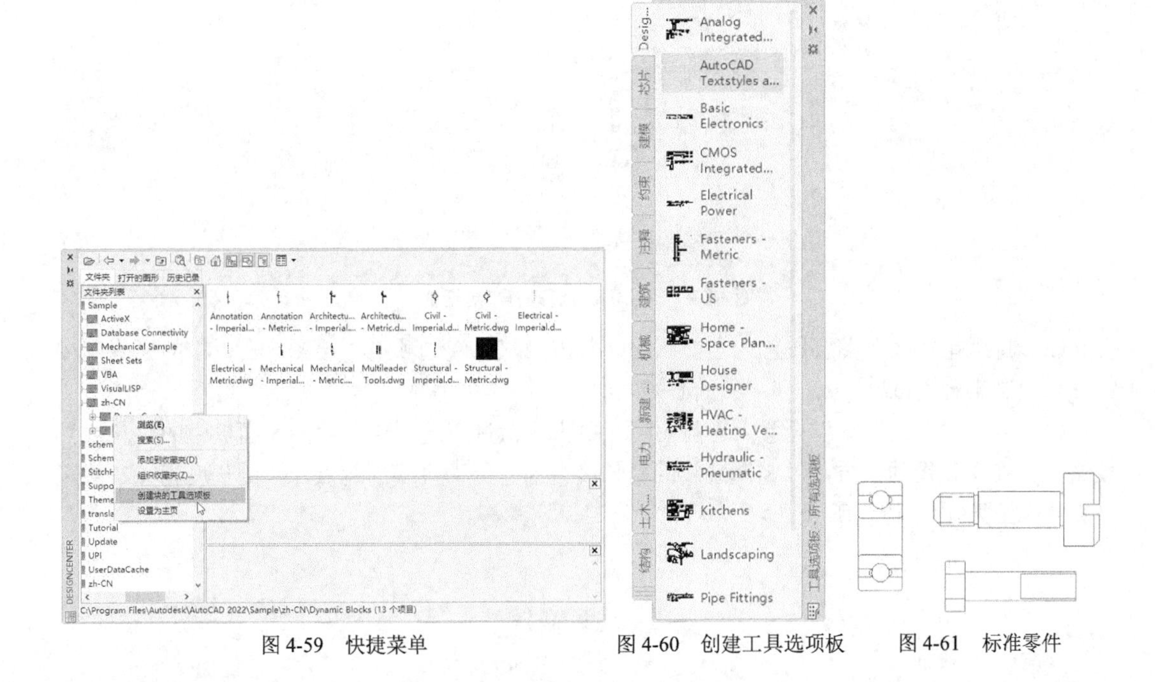

图 4-59　快捷菜单　　　　图 4-60　创建工具选项板　　　　图 4-61　标准零件

4.6 综合演练——出油阀座

绘制图 4-62 所示的出油阀座，操作步骤如下。

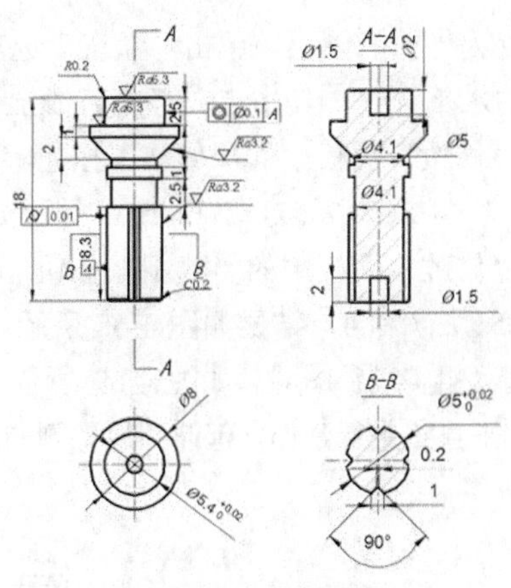

图 4-62　出油阀座

（1）单击“快速访问”工具栏中的“新建”按钮，建立新文件，将新文件命名为“出油阀座.dwg”并保存。单击“默认”选项卡“图层”面板中的“图层特性”按钮，设置图层如图 4-63 所示。

（2）将“中心线”图层设置为当前图层。单击“默认”选项卡“绘图”面板中的“直线”按钮，绘制两条相互垂直的中心线，竖直中心线和水平中心线长度均为 10，结果如图 4-64 所示。

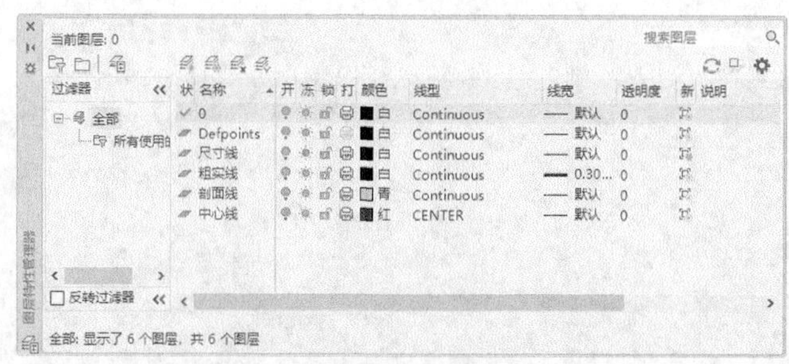

图 4-63　“图层特性管理器”对话框

（3）将“粗实线”图层设置为当前图层，单击“默认”选项卡“绘图”面板中的“圆”按钮，绘制半径为 0.75、2.7 和 4 的同心圆，结果如图 4-65 所示。

（4）将“中心线”图层设置为当前图层。单击“默认”选项卡“绘图”面板中的“直线”按钮，在主视图的上方，以竖向直线的延长线上的一点为直线的起点，绘制长度为 22 的竖直直线，结果如图 4-66 所示。

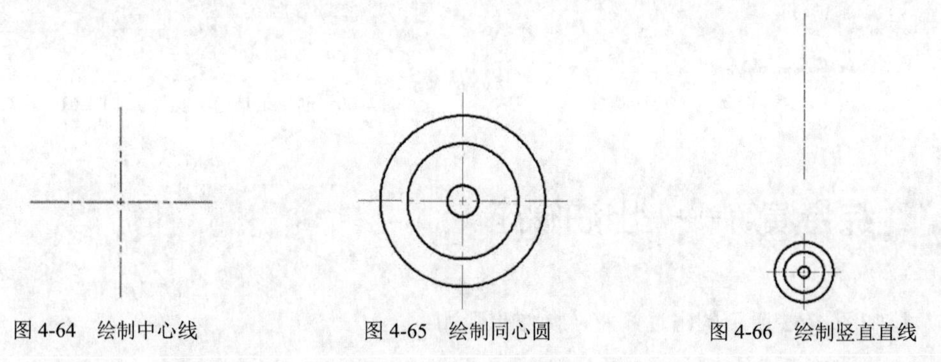

图 4-64　绘制中心线　　图 4-65　绘制同心圆　　图 4-66　绘制竖直直线

（5）将“粗实线”图层设置为当前的图层，单击“默认”选项卡“绘图”面板中的“直线”按钮，绘制一条长度为 5.9 的水平直线，其中点在竖直直线上。

（6）单击“默认”选项卡“修改”面板中的“偏移”按钮，将水平直线向上侧偏移，其中偏移的距离分别为 5.3、2.5、1、1.2、0.7、2、1 和 2.5，结果如图 4-67 所示。

（7）单击“默认”选项卡“修改”面板中的“复制”按钮，将竖直直线向左侧复制，复制的间距分别为 2.05、2.45、2.5、2.7 和 4，结果如图 4-68 所示。

（8）将复制后的轴线转换到“粗实线”图层，如图 4-69 所示。单击“默认”选项卡“修改”面板中的“延伸”按钮，将水平直线进行延伸，延伸到最外侧的竖直直线，结果如图 4-70 所示。

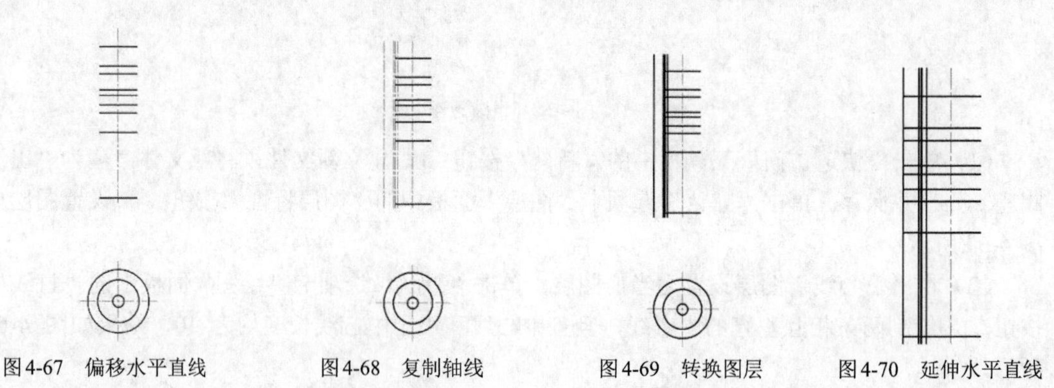

图 4-67　偏移水平直线　　图 4-68　复制轴线　　图 4-69　转换图层　　图 4-70　延伸水平直线

（9）单击“默认”选项卡“修改”面板中的“修剪”按钮，进行修剪操作，修剪多余的直线，结果如图 4-71 所示。

（10）单击“默认”选项卡“绘图”面板中的“直线”按钮，补全左侧的图形，结果如图 4-72 所示。

（11）单击“默认”选项卡“修改”面板中的“镜像”按钮，将左侧的图形以竖直中心线为镜像线，进行镜像操作，结果如图 4-73 所示。

（12）单击“默认”选项卡“修改”面板中的“偏移”按钮，将竖直中心线向左、右两侧分别偏移 0.1 和 0.4，并将偏移后的直线转换到“粗实线”图层，将最下侧的水平直线向上侧偏移 0.2。

（13）单击“默认”选项卡“修改”面板中的“修剪”按钮，进行修剪操作，绘制主视图内部的图形，结果如图 4-74 所示。

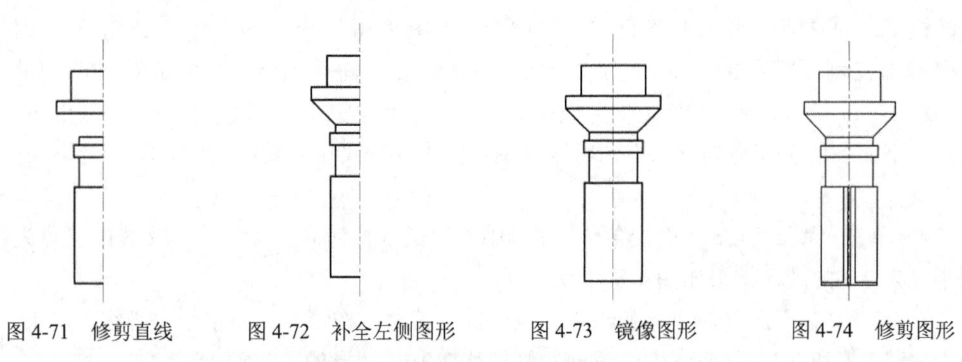

图 4-71 修剪直线　　图 4-72 补全左侧图形　　图 4-73 镜像图形　　图 4-74 修剪图形

（14）单击“默认”选项卡“修改”面板中的“倒角”按钮，指定倒角距离为 0.2，对主视图下部的直线进行倒角操作，结果如图 4-75 所示。

（15）单击“默认”选项卡“修改”面板中的“圆角”按钮，对主视图上部图形进行圆角处理，圆角半径设置为 0.2，结果如图 4-76 所示。

（16）单击“默认”选项卡“修改”面板中的“复制”按钮，将主视图向右侧复制，复制的间距为 20，结果如图 4-77 所示。

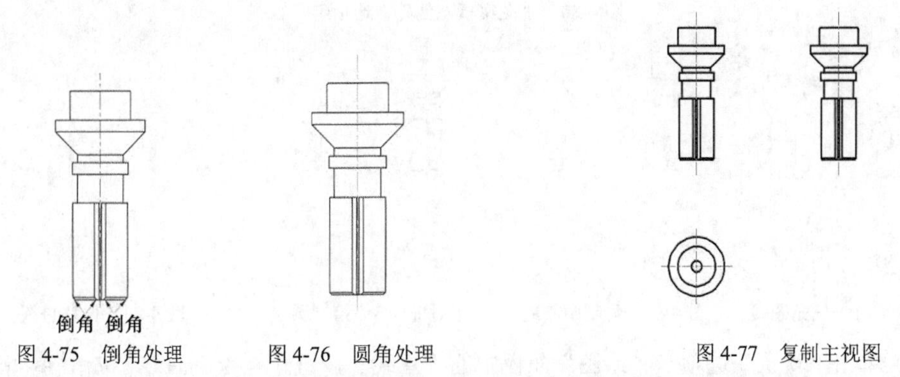

图 4-75 倒角处理　　图 4-76 圆角处理　　图 4-77 复制主视图

（17）单击“默认”选项卡“修改”面板中的“删除”按钮和“修剪”按钮，删除和修剪主视图的内部图形，将主视图内部图形进行删除，如图 4-78 所示。

（18）单击“默认”选项卡“绘图”面板中的“矩形”按钮，分别绘制长度为 1.3、宽度为 2 的矩形和长度为 1.5、宽度为 2 的矩形。

（19）单击“默认”选项卡“绘图”面板中的“直线”按钮╱，绘制竖直直线，结果如图4-79所示。

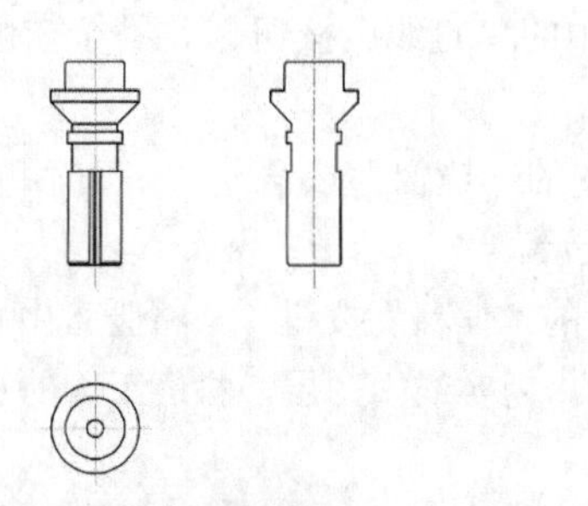

图4-78　删除和修剪多余图形

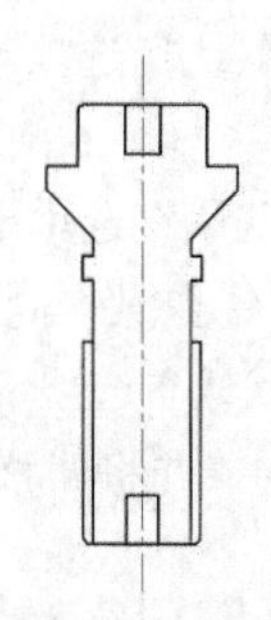

图4-79　绘制竖直直线

（20）将“剖面线”图层设置为当前图层。单击“默认”选项卡“图层”面板中的“图层特性”按钮，①打开“图案填充创建”选项卡，如图4-80所示，②选择“ANSI31”的填充图案，③填充比例设置为0.5，④单击“拾取点”按钮，进行填充，结果如图4-81所示。

（21）单击“默认”选项卡“修改”面板中的“复制”按钮，以主视图中心线的下端点为基点，以剖面图的下端点为第二点，将俯视图中的十字交叉中心线向右侧复制，结果如图4-82所示。

（22）单击“默认”选项卡“绘图”面板中的“圆”按钮，以十字交叉线的交点为圆心，绘制半径为2.5的圆，结果如图4-83所示。

（23）单击“默认”选项卡“修改”面板中的“偏移”按钮，将水平中心线，向上、下两侧分别偏移0.1和0.4，将竖直中心线向左侧偏移2.05，结果如图4-84所示。

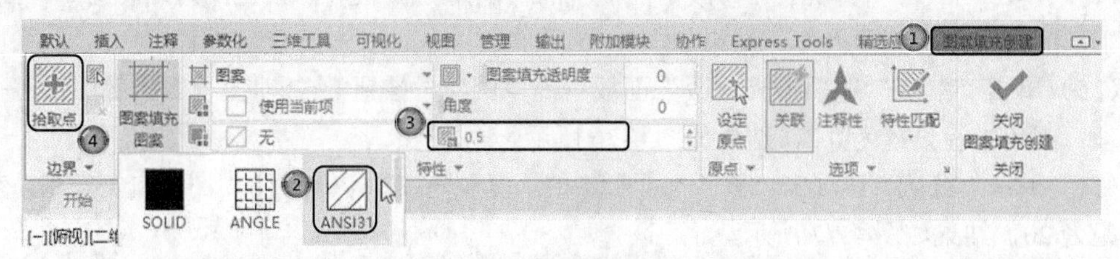

图4-80　“图案填充创建”选项卡

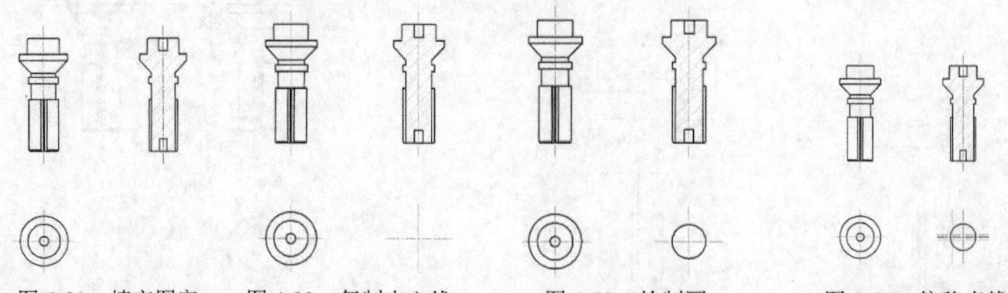

图4-81　填充图案　　图4-82　复制中心线　　图4-83　绘制圆　　图4-84　偏移直线

（24）单击“默认”选项卡“绘图”面板中的“直线”按钮╱，绘制直线，如图4-85所示。

（25）单击“默认”选项卡“修改”面板中的“删除”按钮，删除偏移后的辅助直线，如图4-86所示。

（26）单击“默认”选项卡“修改”面板中的“环形阵列”按钮，以交点为阵列的中心点，阵列的项目数为4，进行环形阵列，结果如图4-87所示。

（27）单击“默认”选项卡“修改”面板中的“修剪”按钮，对多余的圆弧进行修剪，结果如图 4-88 所示。

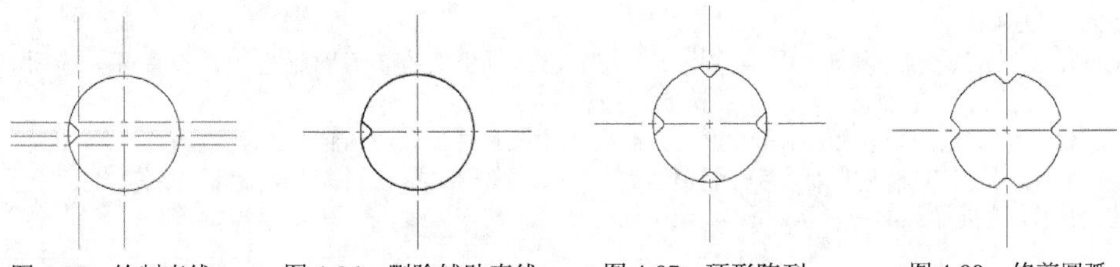

图 4-85　绘制直线　　图 4-86　删除辅助直线　　图 4-87　环形阵列　　图 4-88　修剪圆弧

（28）将“剖面线”图层设置为当前图层。单击“默认”选项卡“绘图”面板中的“图案填充”按钮，打开“图案填充创建”选项卡，选择“ANSI31”的填充图案，填充比例设置为 0.5，单击“拾取点”按钮，进行填充，结果如图 4-89 所示。

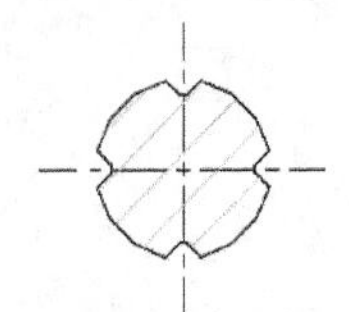

图 4-89　填充图形

（29）设置标注样式

单击“默认”选项卡“注释”面板中的“标注样式”按钮，系统打开“标注样式管理器”对话框。单击“修改”按钮，系统打开“修改标注样式：ISO-25”对话框。在“线”选项卡中，设置“基线间距”为 2，“超出尺寸线”为 1.25，“起点偏移量”为 0.625，其他为默认设置。在“符号和箭头”选项卡中，设置箭头为“实心闭合”，“箭头大小”为 1，其他设置保持默认。在“文字”选项卡中，设置“文字高度”为 1，其他为默认设置。在“主单位”选项卡中，设置“精度”为 0.0，“小数分隔符”为句点，其他为默认设置，完成后，单击“确定”按钮退出。在“标注样式管理器”对话框中，将“机械制图”样式设置为当前样式，单击“关闭”按钮退出。

（30）将“尺寸线”图层设置为当前图层。单击“默认”选项卡“注释”面板中的“线性”按钮，分别标注主视图中的尺寸中的线性尺寸分别为 1、2、2.5、8.3、18，如图 4-90 所示。

（31）标注主视图中的圆角和倒角。圆角半径为 0.2，其中 *R* 为“Times New Roman”字体，并将其设置为倾斜，倒角距离为 0.2，其中 *C* 为“Times New Roman”字体，并将其设置为倾斜，如图 4-91 所示。

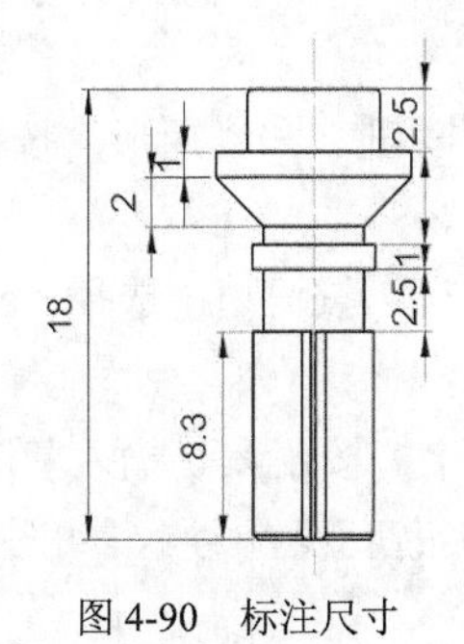

图 4-90　标注尺寸

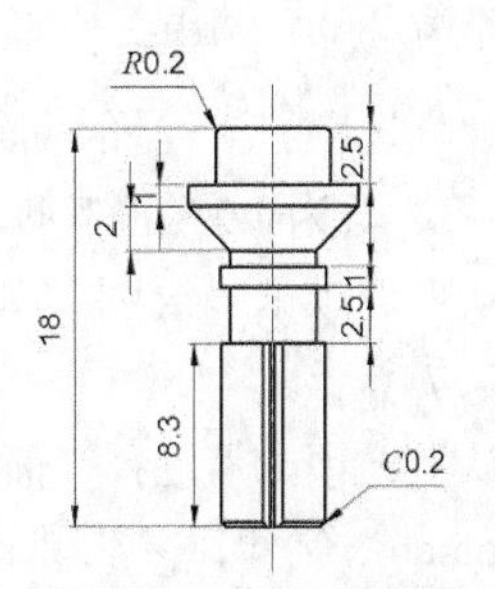

图 4-91　标注圆角和倒角

（32）标注主视图中的形位公差。

① 在命令行中输入“qleader”命令，命令行提示与操作如下。

命令: _qleader

指定第一个引线点或[设置(S)] <设置>: S（在弹出的“引线设置”对话框中，设置各个选项卡，如图4-92和图4-93所示。设置完成后，单击“确定”按钮）

指定第一个引线点或[设置(S)] <设置>:（捕捉主视图尺寸2.5竖直直线上的一点）

指定下一点:（向右移动鼠标，在适当位置处单击，弹出“形位公差”对话框，对其进行设置，单击“确定”按钮，结果如图4-94所示。）

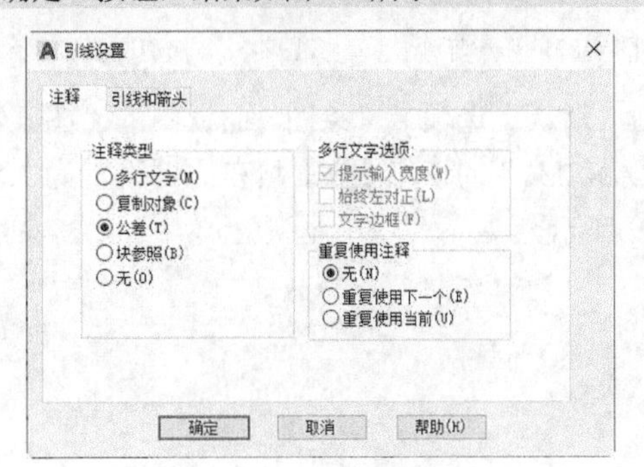

图 4-92 “注释”选项卡

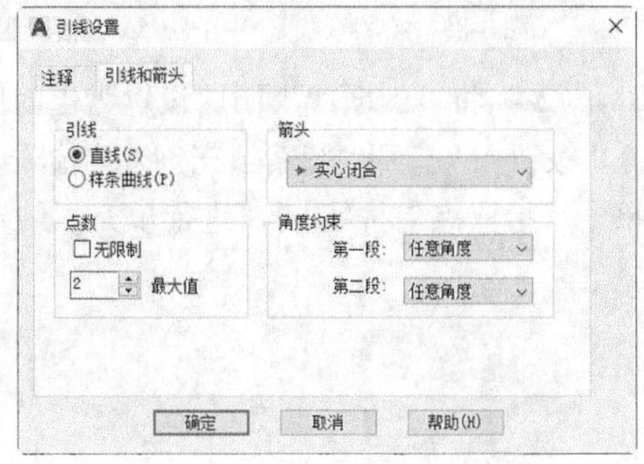

图 4-93 “引线和箭头”选项卡

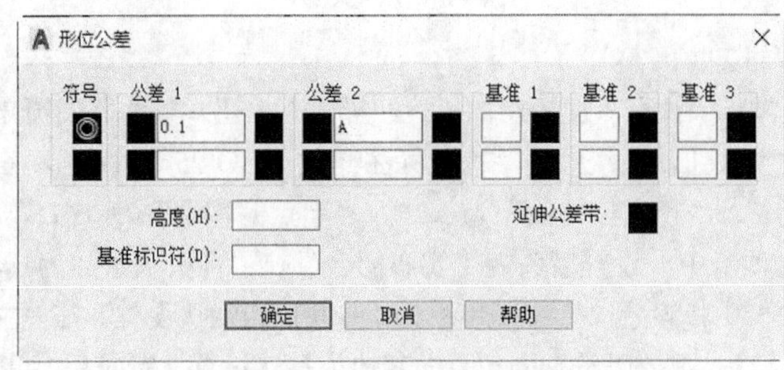

图 4-94 “形位公差”对话框

② 利用相同方法标注下侧的形位公差，结果如图 4-95 所示。

③ 单击“默认”选项卡“绘图”面板中的“多边形”按钮，绘制等边三角形，边长为0.7，命令行提示与操作如下。

命令: _polygon

输入侧面数 <4>: 3

指定正多边形的中心点或[边(E)]: E

指定边的第一个端点:（在尺寸线为5.3的竖直直线上点取一点为起点）

指定边的第二个端点: 0.7（指定三角形的边长为0.7）

④ 单击“默认”选项卡“绘图”面板中的“直线”按钮和“矩形”按钮，绘制长度为 0.5 的水平直线和边长为 1.25 的矩形，如图 4-96 所示。

⑤ 单击“默认”选项卡“绘图”面板中的“图案填充”按钮，选择“solid”图案，进行填充，结果如图 4-97 所示。

⑥ 单击“默认”选项卡“注释”面板中的“多行文字”按钮A，输入基准符号 A，其中 A 为“Times New Roman”字体，并将其设置为倾斜，文字高度设置为 1，如图 4-98 所示。

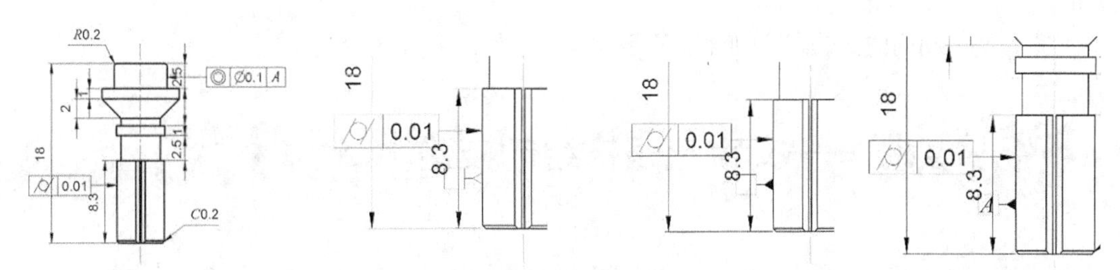

图 4-95 标注形位公差　　图 4-96 绘制多边形、直线和矩形　　图 4-97 填充图案　　图 4-98 标注基准符号

（33）单击“默认”选项卡“修改”面板中的“复制”按钮，复制引线，然后单击“默认”选项卡“绘图”面板中的“直线”按钮和“多行文字”按钮A，绘制粗糙度符号，并标注粗糙度数值，如图 4-99 所示。

（34）使用相同的方法绘制剩余部位的粗糙度符号和粗糙度数值，结果如图 4-100 所示，标注主视图后观察一下绘制的图形，可以发现标注的文字高度与图形不太协调，因此单击“默认”选项卡“修改”面板中的“缩放”按钮，将除尺寸以外的标注，缩放为原来的 0.8 倍，结果如图 4-101 所示。

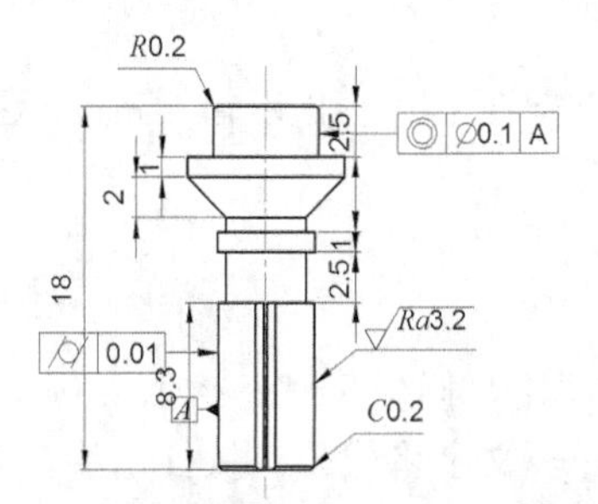

图 4-99 绘制粗糙度符号并标注粗糙度数值

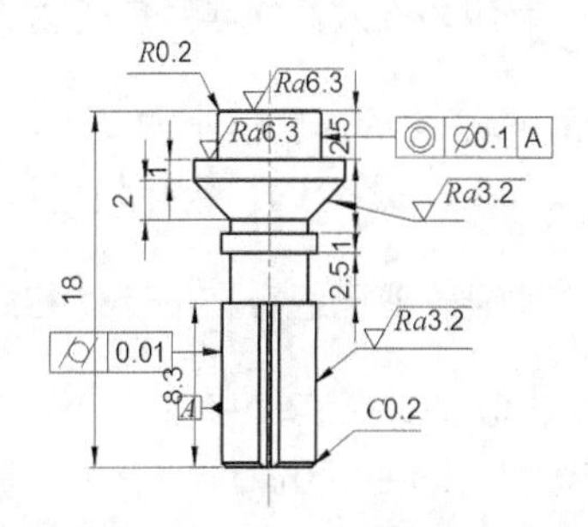

图 4-100 绘制其余粗糙度符号并标注粗糙度数值

（35）将“剖面线”图层设置为当前图层。单击“默认”选项卡“绘图”面板中的“直线”按钮，绘制剖切符号，直线的长度设置为 2.5，如图 4-102 所示。

（36）将“尺寸线”图层设置为当前图层，单击“默认”选项卡“注释”面板中的“直径”按钮，标注俯视图中的直径尺寸ϕ8 和ϕ5.4，将ϕ设置为“Times New Roman”字体，并将其设置为倾斜，然后双击ϕ5.4，输出“+0.02^ 0”，标注极限偏差数值，结果如图 4-103 所示。

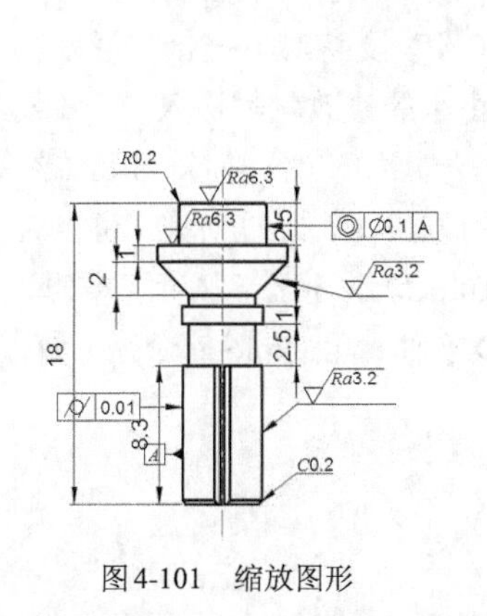

图4-101 缩放图形

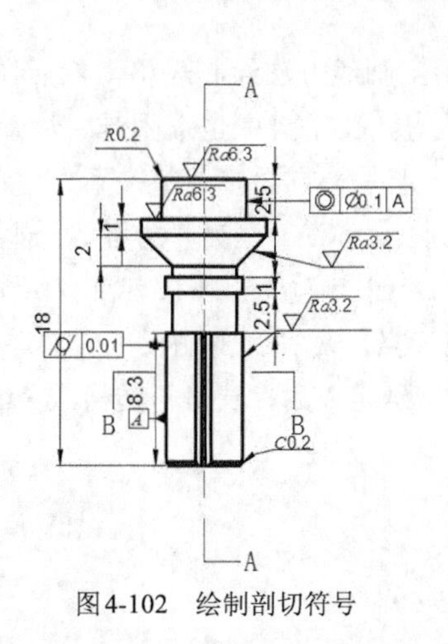

图4-102 绘制剖切符号

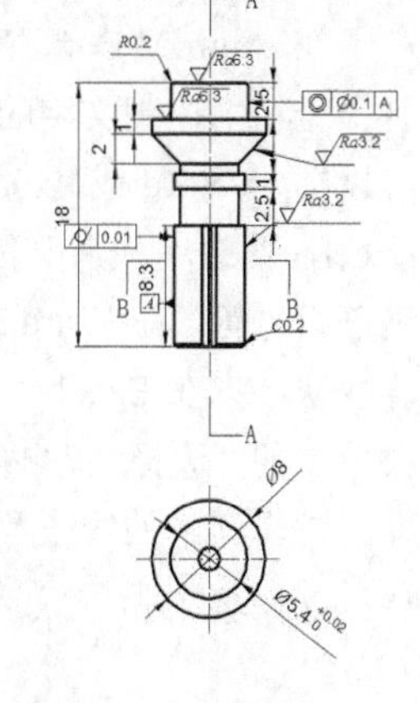

图4-103 标注俯视图尺寸

（37）使用相同的方法标注剖面图的尺寸，结果如图 4-62 所示。

4.7 名师点拨——文字与表格绘制技巧

1．为什么不能显示汉字？输入的汉字变成了问号

可能的原因如下。

（1）对应的字型没有使用汉字字体，如 HZTXT.SHX 等。

（2）当前系统中没有汉字字体形文件，应将所用到的字体形文件复制到 AutoCAD 的字体目录中（一般为\FONTS\）。

（3）对于某些符号，如希腊字母等，同样必须使用对应的字体形文件，否则会显示为“？”。

2．为什么输入的文字高度无法改变

使用的字型的高度值不为 0 时，执行 dtext 命令书写文本时都不会提示输入高度，这样写出来的文本高度是不变的，包括使用该字型进行的尺寸标注。

3．如何改变已经存在的字体格式

如果想改变已有文字的大小、字体、高宽比例、间距、倾斜角度、插入点等，最好利用“特性”（ddmodify）命令（前提是已经定义好了许多文字格式）。执行“特性”命令，单击要修改的文字，然后按 Enter 键，出现“修改文字”窗口，选择要修改的项目进行修改即可。

4．AutoCAD 表格制作的方法

尽管 AutoCAD 有强大的图形功能，但表格处理功能相对较弱，而在实际工作中，往往需要在 AutoCAD 中制作各种表格，如工程数量表等，如何高效制作表格，是一个很现实的问题。

在 AutoCAD 环境下用手工画线方法绘制表格，然后在表格中填写文字，不但效率低，而且很难精确控制文字的书写位置，文字排版也很困难。尽管 AutoCAD 支持对象链接与嵌入，可以插入 Word 或 Excel 表格，但是一方面修改起来不方便，一点小小的修改就需进入 Word 或 Excel，修改完成后又需退回到 AutoCAD。另一方面，一些特殊符号，如一级钢筋符号及二级钢筋符号等，在 Word 或 Excel 中很难输入，那么有没有两全其美的方法呢？经过研究，可以这样解决：先在 Excel 中制作完表格，复制到剪贴板上，然后再在 AutoCAD 环境下执行“编辑”菜单中的“选择性粘贴”命令，确定以后，表格即转换成 AutoCAD 实体，用 explode 命令分解，即可编辑其中的线条及文字，非常方便。

4.8 上机实验

【练习 1】标注图 4-104 所示的技术要求。

【练习 2】在练习 1 标注的技术要求中加入图 4-105 所示的文字。

1. 当无标准齿轮时，允许检查下列三项代替检查径向综合公差和一齿径向综合公差

a. 齿圈径向跳动公差Fr为0.056

b. 齿形公差ff为0.016

c. 基节极限偏差$\pm f_{pb}$为0.018

2. 未注倒角$C1$。

图 4-104　技术要求

3. 尺寸为$\phi30^{+0.05}_{-0.06}$的孔抛光处理。

图 4-105　加入文字

【练习 3】绘制图 4-106 所示的变速箱组装图明细表。

序号	名　称	数量	材　料	备　注
14	端盖	1	HT150	
13	端盖	1	HT150	
12	定距环	1	Q235A	
11	大齿轮	1	40	
10	键 16×70	1	Q275	GB 1095-79
9	轴	1	45	
8	轴承	2		30208
7	端盖	1	HT200	
6	轴承	2		30211
5	轴	1	45	
4	键8×50	1	Q275	GB 1095-79
3	端盖	1	HT200	
2	调整垫片	2组	08F	
1	减速器箱体	1	HT200	

图 4-106　变速箱组装图明细表

4.9 模拟试题

（1）在设置文字样式时，设置了文字的高度，其效果是（　　）。

A．在输入单行文字时，可以改变文字高度

B．在输入单行文字时，不可以改变文字高度

C．在输入多行文字时，不可以改变文字高度

D．无论是输入单行文字还是多行文字，都能改变文字高度

（2）使用多行文本编辑器时，其中%%C、%%D、%%P 分别表示（　　）。

A．直径、度数、下划线　　B．直径、度数、正负

C．度数、正负、直径　　D．下划线、直径、度数

（3）在正常输入汉字时却显示为“？”，是因为（　　）。

A．文字样式没有设定好　　B．输入错误

C．堆叠字符　　D．字高太高

（4）在插入字段的过程中，如果显示“####”，则表示该字段（　　）。

A．没有值　　B．无效

C．字段太长，溢出　　D．字段需要更新

（5）以下不是表格的单元格式数据类型的是（　　）。

A．百分比　　B．时间　　C．货币　　D．点

（6）在表格中不能插入（　　）。

A．块　　B．字段　　C．公式　　D．点

（7）按图 4-107 所示设置文字样式，则文字的高度、宽度因子是（　　）。

A．0、5　　B．0、0.5　　C．5、0　　D．0、0

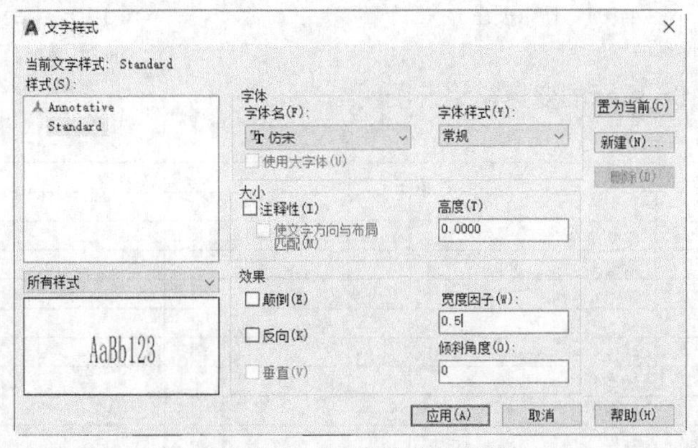

图 4-107　“文字样式”对话框

（8）试用 mtext 命令输入图 4-108 所示的文本。

（9）试用 dtext 命令输入图 4-109 所示的文本。

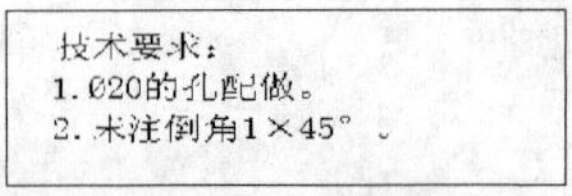

技术要求：
1.Ø20的孔配做。
2.未注倒角1×45°。

图 4-108　mtext 命令练习

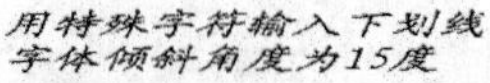

用特殊字符输入下划线
字体倾斜角度为15度

图 4-109　dtext 命令练习

（10）绘制图 4-110 所示的齿轮参数表。

齿数	Z	24
模数	m	3
压力角	α	30°
公差等级及配合类别	6H-GE	T3478.1-1995
作用齿槽宽最小值	E_{Vmin}	4.7120
实际齿槽宽最大值	E_{max}	4.8370
实际齿槽宽最小值	E_{min}	4.7590
作用齿槽宽最大值	E_{Vmax}	4.7900

图 4-110　齿轮参数表

第5章

三维图形基础知识

AutoCAD 不仅具有强大的二维绘图功能，还具有完成复杂图形的绘制与编辑的功能，三维绘图功能的好处不言自明，既有利于体现真实、直观的图形效果，也可以方便地通过投影将三维图形转化为二维图形，本章将主要介绍怎样利用 AutoCAD 进行三维绘图。

5.1 三维坐标系统

AutoCAD 使用的是笛卡儿坐标系，其使用的直角坐标系有两种类型。一种是绘制二维图形时常用的坐标系，即世界坐标系（WCS），由系统默认提供。世界坐标系又被称为通用坐标系或绝对坐标系。对于二维绘图来说，世界坐标系足以满足用户需求。为了方便创建三维模型，AutoCAD 允许用户根据自己的需要设定坐标系，即另一种坐标系——用户坐标系（UCS）。合理地设定 UCS，用户可以方便地创建三维模型。

5.1.1 创建坐标系

【执行方式】

- ☑ 命令行：ucs。
- ☑ 菜单栏：选择菜单栏中的“工具”→“新建 UCS”命令。
- ☑ 工具栏：单击“UCS”工具栏中的“UCS”按钮。
- ☑ 功能区：单击“视图”选项卡“坐标”面板中的“UCS”按钮。

【操作步骤】

```
命令: _ucs
当前UCS名称: *世界*
指定UCS的原点或[面(F)/命名(NA)/对象(OB)/上一个(P)/视图(V)/世界(W)/X/Y/Z/Z轴(ZA)] <世界>:
```

【选项说明】

（1）指定 UCS 的原点：使用一点、两点或三点定义一个新的 UCS。如果指定单个点 1，当前 UCS 的原点将会移动而不会更改 *X* 轴、*Y* 轴和 *Z* 轴的方向。选择该选项，命令行提示与操作如下。

```
指定X轴上的点或<接受>:（继续指定X轴通过的点2或直接按Enter键，接受原坐标系X轴为新坐标系的X轴）
指定XY平面上的点或<接受>:（继续指定XY平面通过的点3以确定Y轴或直接按Enter键，接受原坐标系XY平面为新坐标系的XY平面，根据右手法则，相应的Z轴也同时确定）
```

示意图如图 5-1 所示。

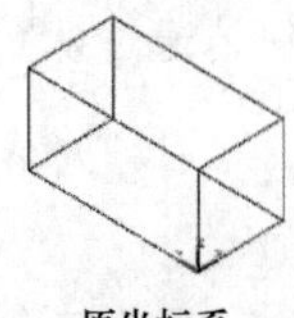
原坐标系

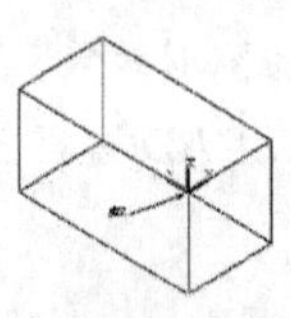
指定一点

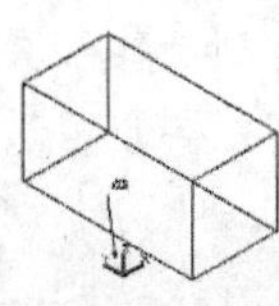
指定两点

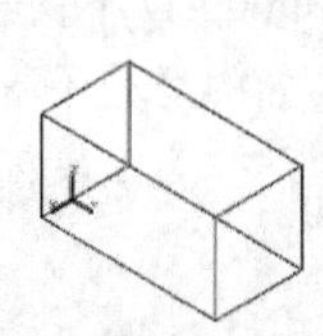
指定三点

图 5-1　指定原点

（2）面（F）：将 UCS 与三维实体的选定面对齐。要选择一个面，请在此面的边界内或面的边上单击鼠标，被选中的面将亮显，UCS 的 *X* 轴将与找到的第一个面上最近的边对齐。选择该选项，命令行提示与操作如下。

```
选择实体面、曲面或网格:（选择面）
输入选项[下一个(N)/X轴反向(X)/Y轴反向(Y)] <接受>: ↙（结果如图5-2所示）
```

如果选择“下一个”选项，系统将 UCS 定位于邻接的面或选定边的后向面。

（3）对象（OB）：根据选定三维对象定义新的坐标系，如图 5-3 所示。新建 UCS 的拉伸方向（*Z* 轴正方向）与选定对象的拉伸方向相同。选择该选项，命令行提示与操作如下。

```
选择对齐UCS的对象:（选择对象）
```

对于大多数对象，新 UCS 的原点位于离选定对象最近的顶点处，并且 *X* 轴与选定对象的一条边对齐或相切。对于平面对象，UCS 的 *XY* 平面与该对象所在的平面对齐。对于复杂对象，将重新定位原点，但是轴的当前方向保持不变。

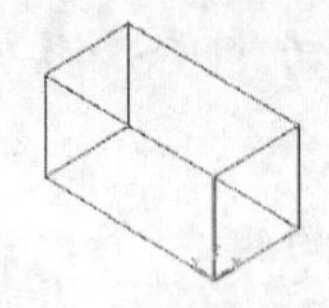
图 5-2　选择面确定坐标系

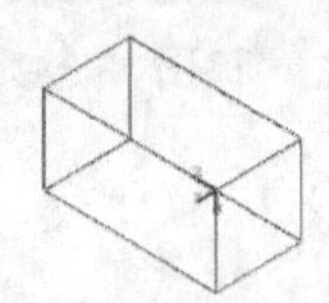
图 5-3　选定三维对象定义新坐标系

（4）视图（V）：以垂直于观察方向（平行于屏幕）的平面为 *XY* 平面，创建新的坐标系。

UCS 原点保持不变。

（5）世界（W）：将当前用户坐标系设置为 WCS。WCS 是所有用户坐标系的基准，不能被重新定义。

该选项不能用于下列对象：三维多段线、三维网格和构造线。

（6）*X*、*Y*、*Z*：绕指定轴旋转当前 UCS。

（7）*Z* 轴（ZA）：利用指定的 *Z* 轴正半轴定义 UCS。

5.1.2 动态坐标系

打开动态坐标系的具体操作方法是单击状态栏中的“允许/禁止动态 UCS”按钮。可以使用动态 UCS 在三维实体的平整面上创建对象，而无须手动更改 UCS 方向。在执行命令的过程中，当将光标移动到面上方时，动态 UCS 会临时将 UCS 的 *XY* 平面与三维实体的平整面对齐，如图 5-4 所示。

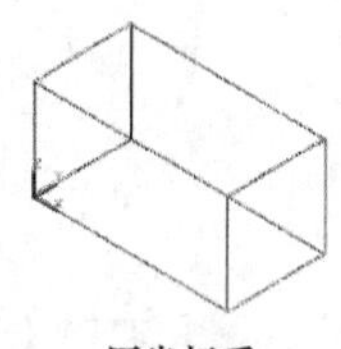

原坐标系

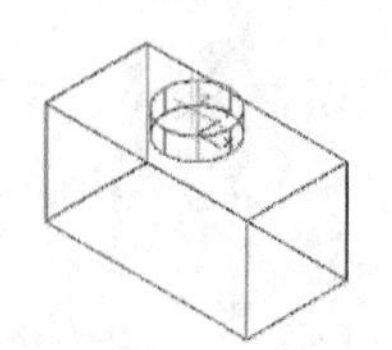

绘制圆柱体时的动态坐标系

图 5-4 动态 UCS

激活动态 UCS 后，指定的点和绘图工具（如极轴追踪和栅格）都将与动态 UCS 建立的临时 UCS 相关联。

5.2 观察模式

AutoCAD 2022 中文版大大增强了图形的观察功能，增强了动态观察功能、相机、漫游和飞行及运动路径动画的功能。

5.2.1 动态观察

AutoCAD 2022 中文版提供了具有交互控制功能的三维动态观测器，用户利用三维动态观测器可以实时地控制和改变当前视口中创建的三维视图，以得到期望的效果。动态观察分为 3 类，分别是受约束的动态观察、自由动态观察和连续动态观察，具体介绍如下。

1. 受约束的动态观察

【执行方式】

☑ 命令行：3dorbit（快捷命令为 3do）。

☑ 菜单栏：选择菜单栏中的“视图”→“动态观察”→“受约束的动态观察”命令。

☑ 快捷菜单栏：启用交互式三维视图后，在视口中单击鼠标右键，打开快捷菜单，如图 5-5 所示，执行“受约束的动态观察”命令。

☑ 工具栏：单击“动态观察”工具栏中的“受约束的动态观察”按钮或“三维导航”工具栏中的“受约束的动态观察”按钮，如图 5-6 所示。

☑ 功能区：单击“视图”选项卡“导航”面板中的“动态观察”下拉菜单中的“动态观察”按钮。

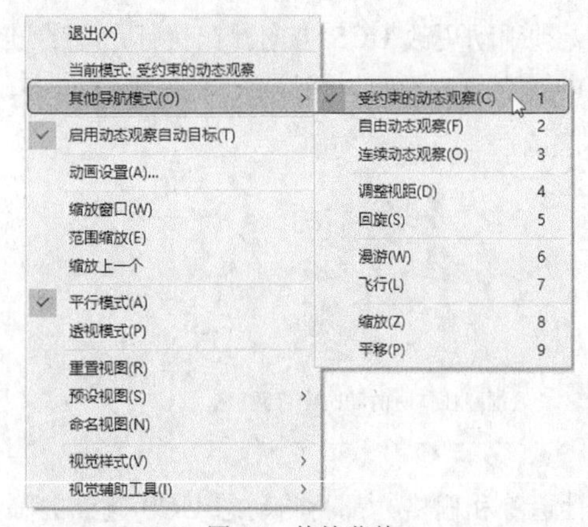

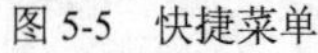

图 5-5 快捷菜单

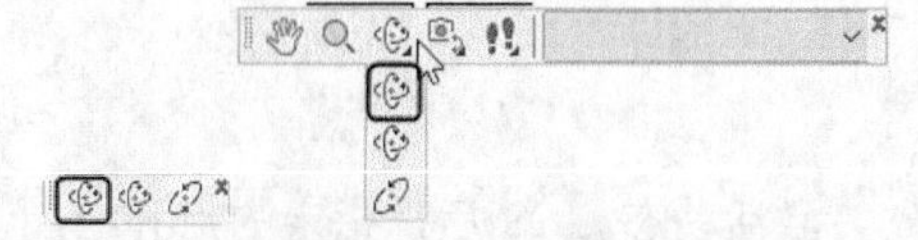

图 5-6 “动态观察”和“三维导航”工具栏

执行上述任一操作后，视图中的目标将保持静止，而视点将围绕目标移动。但是，从用户的视点看，三维模型就像正在随着光标的移动而旋转，用户可以以此方式指定模型的任意视图。

系统显示三维动态观察光标图标。如果水平拖动鼠标，相机将平行于世界坐标系（WCS）的 *XY* 平面移动。如果垂直拖动鼠标，相机将沿 *Z* 轴移动，如图 5-7 所示。

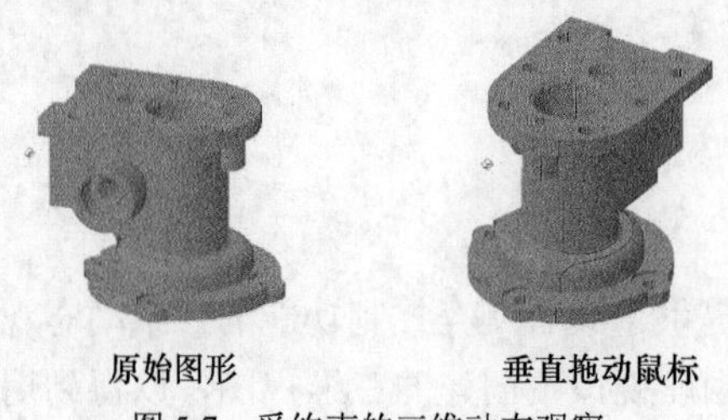

原始图形 **垂直拖动鼠标**

图 5-7 受约束的三维动态观察

说 明

3dorbit 命令处于活动状态时，无法编辑对象。

2．自由动态观察

【执行方式】

☑ 命令行：3dforbit。

☑ 菜单栏：在菜单栏中选择“视图”→“动态观察”→“自由动态观察”命令。

☑ 快捷菜单栏：启用交互式三维视图后，在视口中单击鼠标右键，打开快捷菜单，如图5-5所示，执行“自由动态观察”命令。

☑ 工具栏：单击“动态观察”工具栏中的“自由动态观察”按钮或“三维导航”工具栏中的“自由动态观察”按钮。

☑ 功能区：单击“视图”选项卡“导航”面板中的“自由动态观察”按钮。

执行上述任一操作后，在当前视口出现一个绿色的大圆，在大圆上有4个绿色的小圆，此时通过拖动鼠标就可以对视图进行旋转观察。

在三维动态观测器中，查看目标的点被固定，用户可以利用鼠标控制相机位置绕观察对象得到动态的观测效果。当光标在绿色大圆的不同位置进行拖动时，光标的表现形式是不同的，视图的旋转方向也不同。视图的旋转由光标的表现形式和位置决定，光标在不同位置分别有、、、几种表现形式，可分别对对象进行不同形式的旋转。

5.2.2 视图控制器

使用视图控制器功能，可以方便地转换方向视图。

【执行方式】

☑ 命令行：navvcube。

【操作步骤】

```
命令: _navvcube
输入选项[开(ON)/关(OFF)/设置(S)] <ON>:
```

上述命令控制视图控制器的打开与关闭，当打开该功能时，绘图区的右上角自动显示视图控制器，如图5-8所示。

单击控制器的显示面或指示箭头，界面图形就自动转换到相应的方向视图。图5-9所示为单击控制器“上”面后，系统转换到上视图的情形。单击控制器上的按钮，系统回到西南等轴测视图。

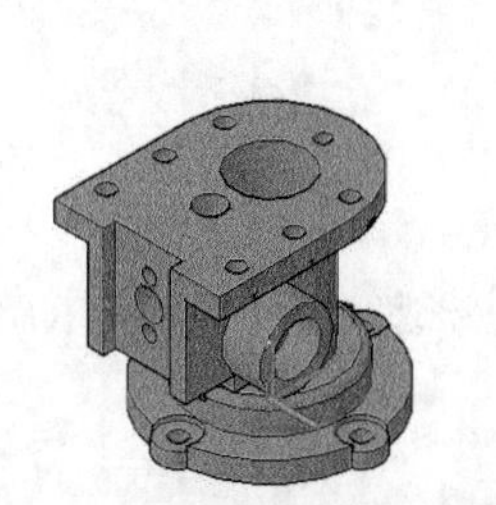

图5-8 显示视图控制器

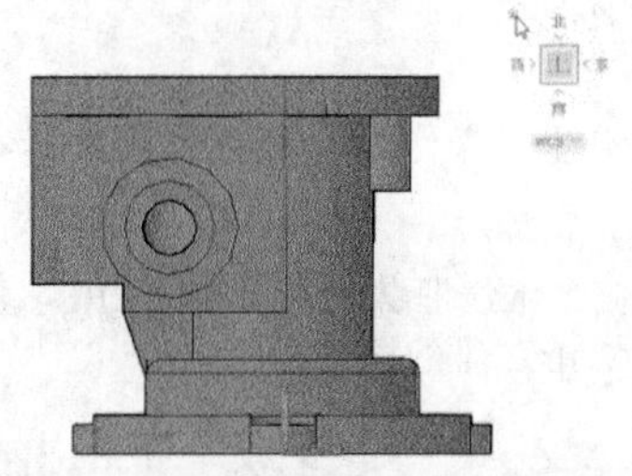

图5-9 单击控制器“上”面后的视图

5.3 显示形式

在 AutoCAD 中，三维实体有多种显示形式，包括二维线框、三维线框、三维消隐、真实、概念、消隐显示等。

5.3.1 消隐

【执行方式】

☑ 命令行：hide（快捷命令为 hi）。
☑ 菜单栏：选择菜单栏中的"视图"→"消隐"命令。
☑ 工具栏：单击"渲染"工具栏中的"隐藏"按钮。
☑ 功能区：单击"视图"选项卡"视觉样式"面板中的"隐藏"按钮。

执行上述任一操作后，系统将被其他对象挡住的图线隐藏起来，以增强三维视觉效果，消隐效果如图 5-10 所示。

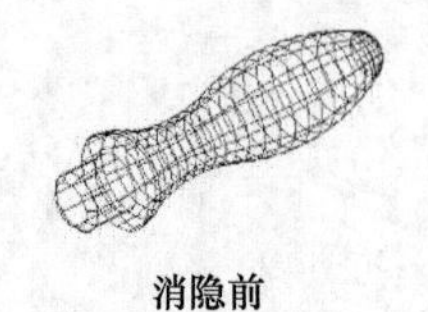
消隐前

消隐后

图 5-10　消隐效果

5.3.2 视觉样式

【执行方式】

☑ 命令行：vscurrent。
☑ 菜单栏：选择菜单栏中的"视图"→"视觉样式"→"二维线框"命令。
☑ 工具栏：单击"视觉样式"工具栏中的"二维线框"按钮。
☑ 功能区：单击"视图"选项卡的"视觉样式"面板中的"二维线框"按钮。

【操作步骤】

执行上述任一操作后，命令行提示与操作如下。

命令: _vscurrent
输入选项[二维线框(2)/线框(W)/消隐(H)/真实(R)/概念(C)/着色(S)/带边缘着色(E)/灰度(G)/勾画(SK)/X射线(X)/其他(O)]<二维线框>:

【选项说明】

（1）二维线框（2）：用直线和曲线表示对象的边界。光栅和 OLE 对象、线型及线宽都是可见的。UCS 和手柄的二维线框图如图 5-11 所示。

（2）线框（W）：显示对象时利用直线和曲线表示边界。显示一个已着色的三维 UCS 图标。光栅和 OLE 对象、线型及线宽均不可见。可将 COMPASS 系统变量设置为 1 来查看坐标球，将显示应用到对象的材质颜色。UCS 和手柄的三维线框图如图 5-12 所示。

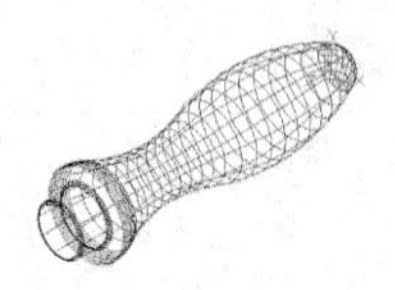

图 5-11　UCS 和手柄的二维线框图

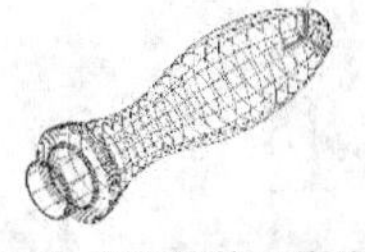

图 5-12　UCS 和手柄的三维线框图

（3）消隐（H）：显示用三维线框表示的对象并隐藏表示后向面的直线。UCS 和手柄的消隐图如图 5-13 所示。

（4）真实（R）：着色多边形平面间的对象，并使对象的边平滑化。如果已为对象附着材质，将显示已附着到对象的材质。UCS 和手柄的真实图如图 5-14 所示。

（5）概念（C）：着色多边形平面间的对象，并使对象的边平滑化。着色使用冷色和暖色之间的过渡色，效果缺乏真实感，但是可以更方便地查看模型的细节。UCS 和手柄的概念图如图 5-15 所示。

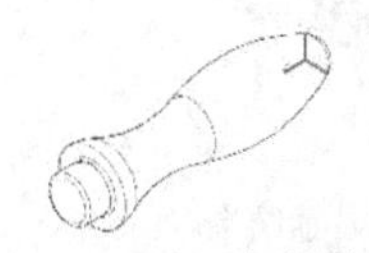

图 5-13　UCS 和手柄的消隐图

图 5-14　UCS 和手柄的真实图

图 5-15　UCS 和手柄的概念图

（6）着色（S）：产生平滑的着色模型。

（7）带边缘着色（E）：产生平滑、带有可见边的着色模型。

（8）灰度（G）：使用单色面颜色模式可以产生灰色效果。

（9）勾画（SK）：使用外伸和抖动产生手绘效果。

（10）X 射线（X）：更改面的不透明度使整个场景变成部分透明。

（11）其他（O）：选择该选项，命令行提示如下。

```
输入视觉样式名称[?]:
```

可以输入当前图形中的视觉样式名称或输入“?”，显示名称列表并重复该提示。

5.3.3　视觉样式管理器

【执行方式】

☑　命令行：visualstyles。

☑　菜单栏：选择菜单栏中的“视图”→“视觉样式”→“视觉样式管理器”或“工具”→

“选项板”→“视觉样式”命令。

☑ 工具栏：单击“视觉样式”工具栏中的“管理视觉样式”按钮。

☑ 功能区：单击“视图”选项卡“视觉样式”面板中的“视觉样式”列表中的“视觉样式管理器”。

执行上述任一操作后，系统打开“视觉样式管理器”选项板，可以对视觉样式的各参数进行设置，如图 5-16 所示。按图 5-16 所示进行设置的概念图显示结果如图 5-17 所示，读者可以与图 5-15 进行比较，感受它们之间的差别。

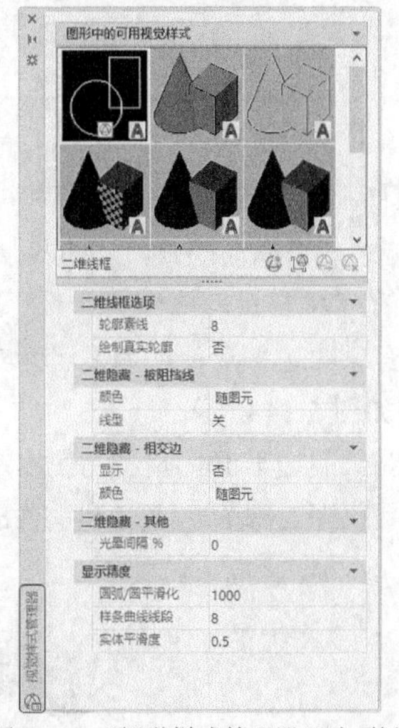

图 5-16 “视觉样式管理器”选项板

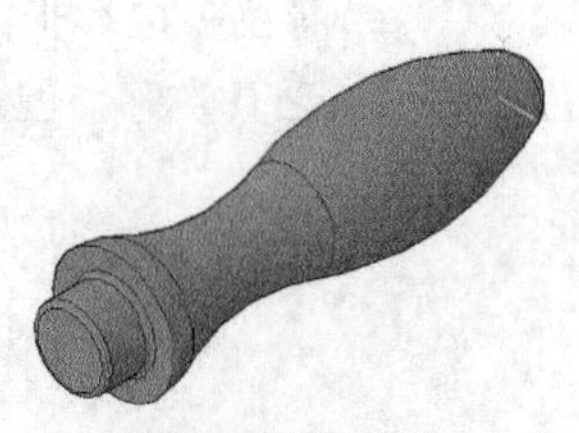

图 5-17 显示结果

5.4 渲染实体

渲染是对三维图形对象加上颜色和材质因素或灯光、背景、场景等因素的操作，能够更真实地表现图形的外观和纹理。渲染是输出图形前的关键步骤，尤其是在效果图的设计中。

5.4.1 贴图

贴图的功能是在实体附着带纹理的材质后，调整实体或面上纹理贴图的方向。当材质被映射后，调整材质以适应对象的形状，将合适的材质贴图类型应用到对象中。

【执行方式】

☑ 命令行：materlalmap。

☑ 菜单栏：选择菜单栏中的①“视图”→②“渲染”→③“贴图”子菜单中的命令（见图 5-18）。

☑　工具栏：单击“渲染”工具栏中的“贴图”子菜单中选项（见图 5-19）或单击“贴图”工具栏中选项（见图 5-20）。

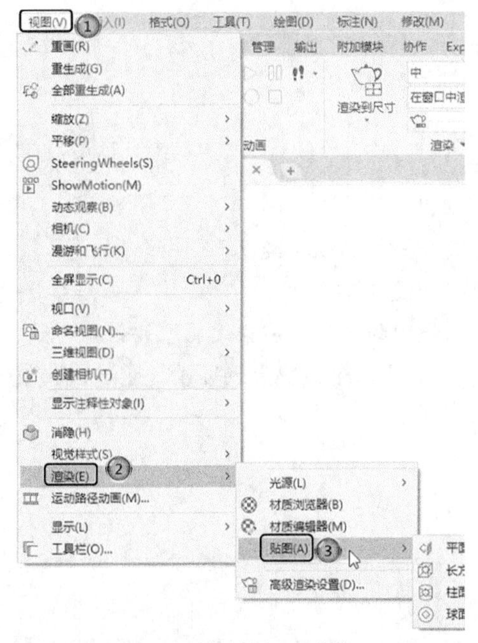

图 5-18　“贴图”子菜单

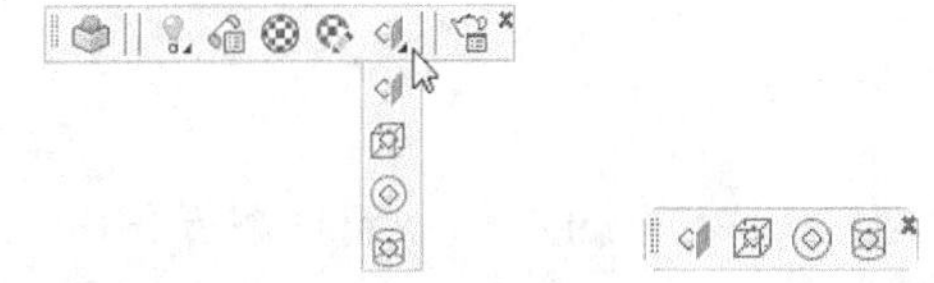

图 5-19　“渲染”工具栏　图 5-20　“贴图”工具栏

【操作步骤】

执行上述任一操作后，命令行提示与操作如下。

命令:_materialmap
选择选项[长方体(B)/平面(P)/球面(S)/柱面(C)/复制贴图至(Y)/重置贴图(R)]<长方体>:

【选项说明】

（1）长方体（B）：将图像映射到类似长方体的实体上。该图像将在对象的每个面上重复使用。

（2）平面（P）：将图像映射到对象上，就像将其从幻灯片投影器投影到二维曲面上一样，图像不会失真，但是会被缩放以适应对象。该贴图最常用于面。

（3）球面（S）：在水平和垂直两个方向上同时使图像弯曲。纹理贴图的顶边在球体的“北极”被压缩为一个点；同样，底边在“南极”被压缩为一个点。

（4）柱面（C）：将图像映射到圆柱形对象上，水平边将一起弯曲，但顶边和底边不会弯曲。图像的高度将沿圆柱体的轴进行缩放。

（5）复制贴图至（Y）：将贴图从原始对象或面应用到选定对象。

（6）重置贴图（R）：将 UV 坐标重置为贴图的默认坐标。

球面贴图如图 5-21 所示。

球面贴图前

球面贴图后

图 5-21　球面贴图

5.4.2 渲染

1. 高级渲染设置

【执行方式】

☑ 命令行：rpref（快捷命令为 rpr）。
☑ 菜单栏：选择菜单栏中的“视图”→“渲染”→“高级渲染设置”命令。
☑ 工具栏：单击“渲染”工具栏中的“高级渲染设置”按钮。
☑ 功能区：单击“视图”选项卡“选项板”面板中的“高级渲染设置”按钮。

执行上述任一操作后，系统打开图 5-22 所示的“高级渲染设置”选项板。通过该选项板，可以对渲染的有关参数进行设置。

2. 渲染

【执行方式】

☑ 命令行：render（快捷命令为 rr）。
☑ 工具栏：单击“可视化”选项卡“渲染”面板中的“渲染到尺寸”按钮。

执行上述任一操作后，系统打开图 5-23 所示的“渲染”对话框，显示渲染结果和相关参数。

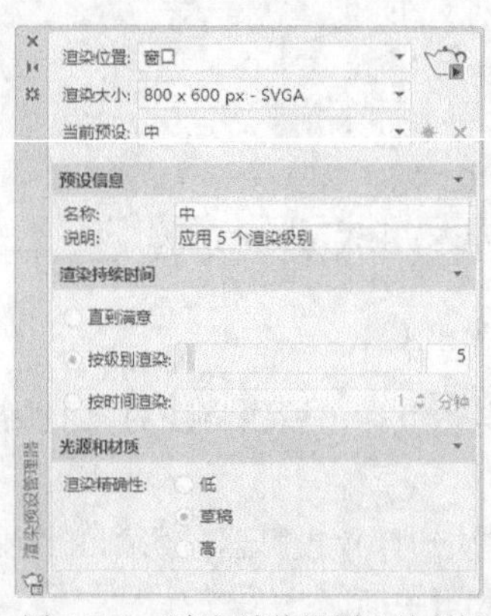

图 5-22 “高级渲染设置”选项板

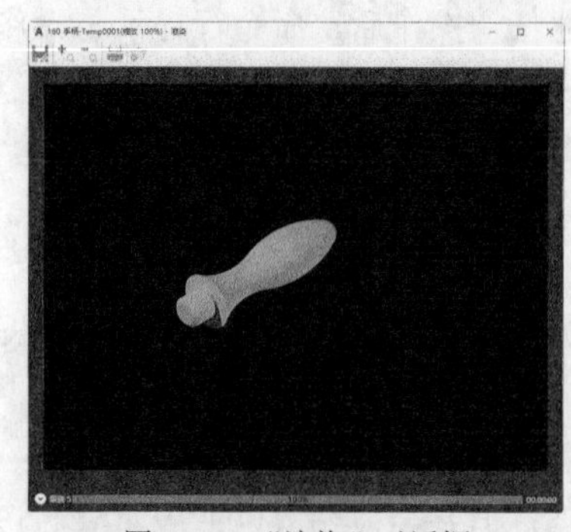

图 5-23 “渲染”对话框

在 AutoCAD 中，渲染功能代替了传统的建筑、机械和工程图形使用水彩、有色蜡笔和油墨等方式生成最终演示的渲染效果图。渲染图形的过程一般分为如下 4 步。

（1）准备渲染模型：包括遵从正确的绘图技术，删除消隐面，创建光滑的着色网格和设置视图的分辨率。

（2）创建和放置光源，以及创建阴影。

（3）定义材质并建立材质与可见表面间的联系。

（4）进行渲染，包括检验渲染对象的准备、照明和颜色的中间步骤。

5.5 绘制基本三维实体

本节主要介绍各种基本三维实体的绘制方法。

5.5.1　螺旋

【执行方式】

☑ 命令行：helix。
☑ 工具栏：单击“建模”工具栏中的“螺旋”按钮。
☑ 功能区：单击“默认”选项卡“绘图”面板中的“螺旋”按钮。

【操作步骤】

执行上述任一操作后，命令行提示与操作如下。

```
命令: _helix
圈数=3.0000        扭曲=ccw
指定底面的中心点:（指定点）
指定底面半径或[直径(D)] <1.0000>:（输入底面半径或直径）
指定顶面半径或[直径(D)] <26.5531>:（输入顶面半径或直径）
指定螺旋高度或[轴端点(A)/圈数(T)/圈高(H)/扭曲(W)] <1.0000>:
```

【选项说明】

（1）轴端点（A）：指定螺旋轴的端点位置。它定义了螺旋的长度和方向。

（2）圈数（T）：指定螺旋的圈（旋转）数。螺旋的圈数不能超过 500。

（3）圈高（H）：指定螺旋内一个完整圈的高度。当指定圈高值时，螺旋中的圈数将相应地自动更新。如果已指定螺旋的圈数，则不能输入圈高值。

（4）扭曲（W）：指定是以顺时针（CW）方向还是以逆时针方向（CCW）绘制螺旋。螺旋扭曲默认是逆时针。

5.5.2　长方体

【执行方式】

☑ 命令行：box。
☑ 菜单栏：选择菜单栏中的“绘图”→“建模”→“长方体”命令。
☑ 工具栏：单击“建模”→“长方体”按钮。
☑ 功能区：单击“三维工具”选项卡“建模”面板中的“长方体”按钮。

【操作步骤】

执行上述任一操作后，命令行提示与操作如下。

```
命令: _box
指定第一个角点或[中心(C)]:（指定第一点或按Enter键表示原点是长方体的角点，或输入C代表中心点）
```

【选项说明】

（1）指定第一个角点：确定长方体的一个顶点的位置。选择该选项后，系统继续提示，具体如下。

```
指定其他角点或[立方体(C)/长度(L)]:（指定第二点或输入选项）
```

（2）指定其他角点：输入另一角点的数值，即可确定该长方体。如果输入的是正值，则沿着当前 UCS 的 *X* 轴、*Y* 轴和 *Z* 轴的正向绘制长度。如果输入的是负值，则沿着 *X* 轴、*Y* 轴和 *Z* 轴的负向绘制长度。指定角点创建的长方体如图 5-24 所示。

（3）立方体（C）：创建一个长、宽、高相等的长方体。指定长度创建的长方体如图 5-25 所示。

（4）长度（L）：要求输入长、宽、高的值。指定长、宽和高创建的长方体如图 5-26 所示。

（5）中心点：使用指定的中心点创建长方体。指定中心点创建的长方体如图 5-27 所示。

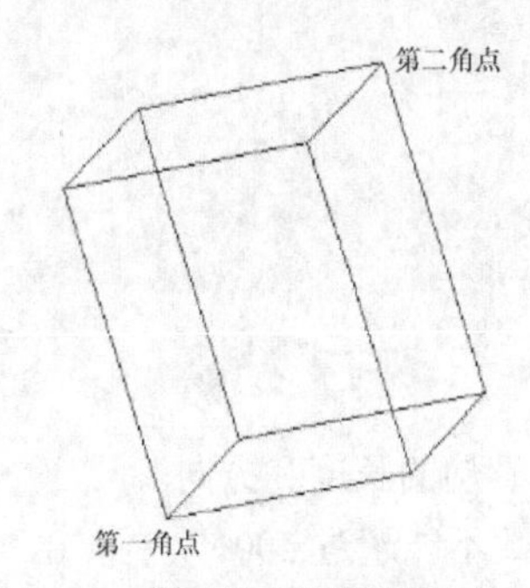

图 5-24　指定角点创建的长方体

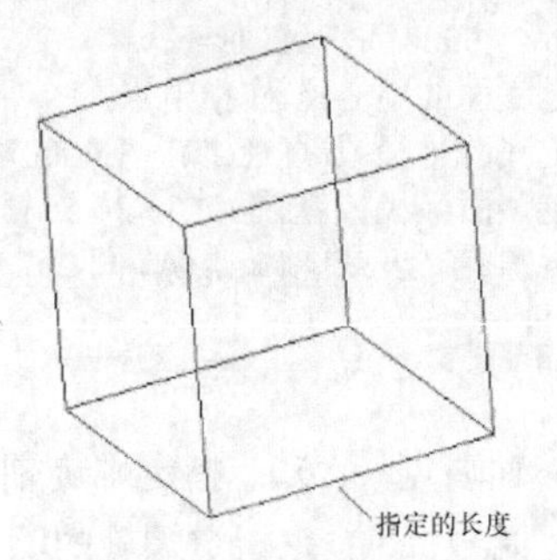

图 5-25　指定长度创建的长方体

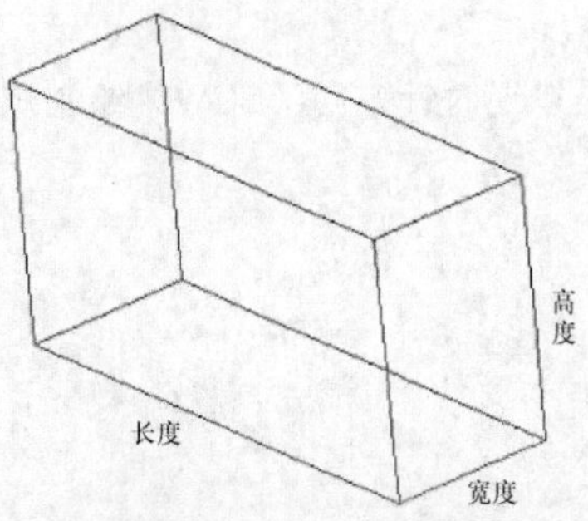

图 5-26　指定长、宽、高创建的长方体

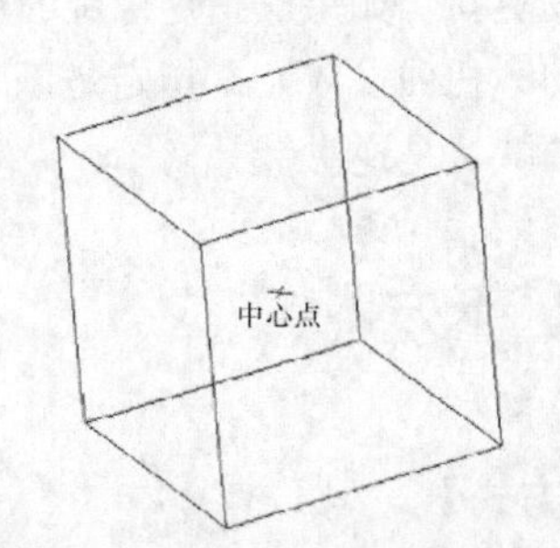

图 5-27　指定中心点创建的长方体

5.5.3　操作实例——绘制凸形平块

绘制图 5-28 所示的凸形平块，操作步骤如下。

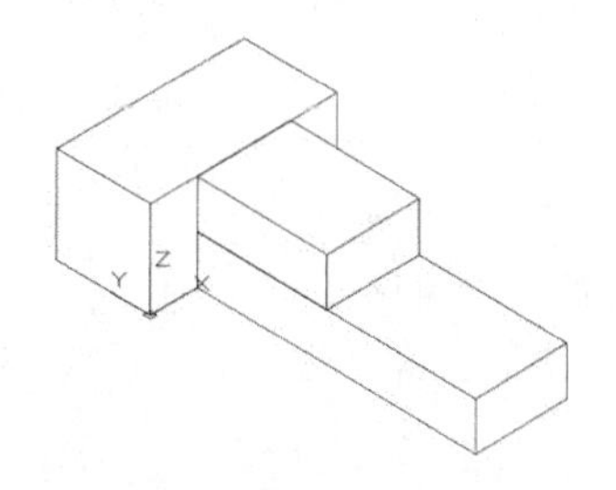

图 5-28　凸形平块

（1）单击“可视化”选项卡“视图”面板中的“西南等轴测”按钮，将当前视图切换到西南等轴测视图。

（2）单击“三维工具”选项卡“建模”面板中的“长方体”按钮，绘制长方体，如图 5-29 所示。命令行提示与操作如下。

```
命令: _box
指定第一个角点或[中心(C)]: 0,0,0
指定其他角点或[立方体(C)/长度(L)]: 100,50,50（注意观察坐标，以向右侧和向上侧为正值，相反则为负值）
```

（3）单击“三维工具”选项卡“建模”面板中的“长方体”按钮，绘制长方体，如图 5-30 所示。命令行提示与操作如下。

```
命令: _box
指定第一个角点或[中心(C)]: 25,0,0
指定其他角点或[立方体(C)/长度(L)]: L
指定长度<100.0000>: <正交开> 50（鼠标光标位置指定在X轴的右侧）
指定宽度<150.0000>: 150（鼠标光标位置指定在Y轴的右侧）
指定高度或[两点(2P)] <50.0000>: 25（鼠标光标位置指定在Z轴的上侧）
```

（4）单击“三维工具”选项卡“建模”面板中的“长方体”按钮，绘制长方体，如图 5-31 所示。命令行提示与操作如下。

```
命令: _box
指定第一个角点或[中心(C)]:（指定点1）
指定其他角点或[立方体(C)/长度(L)]: L
指定长度<50.0000>: <正交开>（指定点2）
指定宽度<70.0000>: 70
指定高度或[两点(2P)] <50.0000>: 25
```

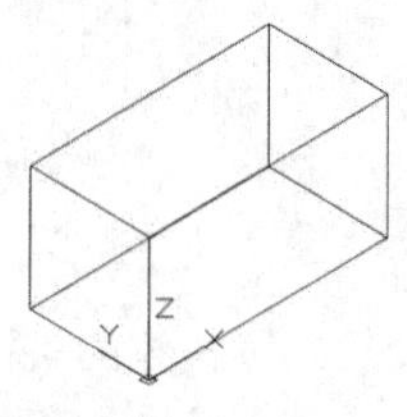

图 5-29　绘制长方体

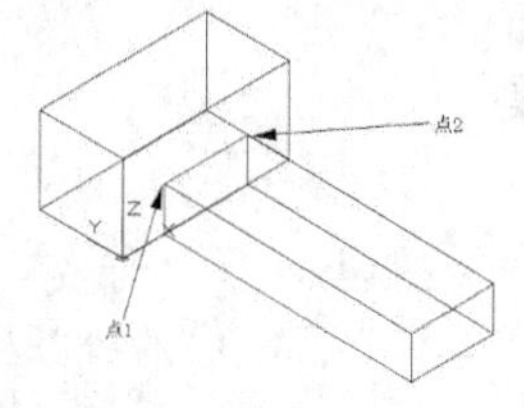

图 5-30　绘制长方体

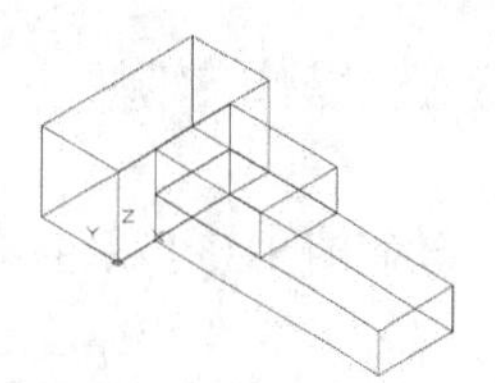

图 5-31　绘制长方体

（5）用消隐命令（hide）对图形进行处理。最终结果如图 5-28 所示。

5.5.4 圆柱体

【执行方式】

☑ 命令行：cylinder。
☑ 菜单栏：选择菜单栏中的“绘图”→“建模”→“圆柱体”命令。
☑ 工具栏：单击“建模”工具栏中的“圆柱体”按钮。
☑ 功能区：单击“三维工具”选项卡“建模”面板中的“圆柱体”按钮。

【操作步骤】

执行上述任一操作后，命令行提示与操作如下。

```
命令: _cylinder
指定底面的中心点或[三点(3P)/两点(2P)/切点、切点、半径(T)/椭圆(E)]:
```

【选项说明】

（1）中心点

输入底面圆心的坐标，此选项为系统的默认选项。然后指定底面的半径和高度。AutoCAD 按指定的高度创建圆柱体，且圆柱体的中心线与当前坐标系的 Z 轴平行如图 5-32 所示。也可以指定另一个端面的中心位置来指定高度。AutoCAD 根据圆柱体两个端面的中心位置来创建圆柱体，该圆柱体的中心线就是两个端面的连线，如图 5-33 所示。

（2）椭圆

绘制椭圆柱体。其中，端面椭圆的绘制方法与平面椭圆一样，结果如图 5-34 所示。

其他基本实体（如螺旋、楔体、圆锥体、球体、圆环体等）的绘制方法与上面讲述的长方体和圆柱体的绘制方法类似，不再赘述。

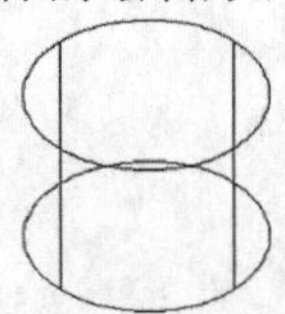

图 5-32 按指定的高度创建圆柱体

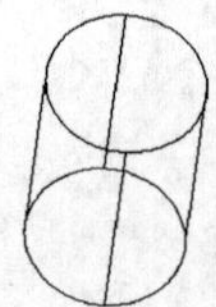

图 5-33 指定圆柱体另一个端面的中心位置

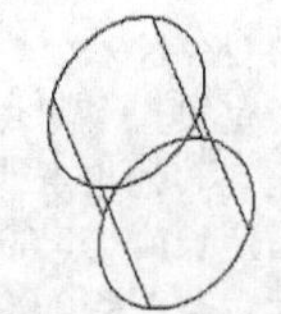

图 5-34 椭圆柱体

5.5.5 操作实例——绘制石桌

绘制图 5-35 所示的石桌，操作步骤如下。

（1）单击“三维工具”选项卡“建模”面板中的“圆柱体”按钮，绘制圆柱体的桌柱，命令行提示与操作如下。

```
命令: _cylinder
指定底面的中心点或[三点(3P)/两点(2P)/切点、切点、半径(T)/椭圆(E)]:0,0,0
指定底面半径或[直径(D)] <240.6381>: 10
```

```
指定高度或[两点(2P)/轴端点(A)] <30.7452>: 60
```

（2）单击“三维工具”选项卡“建模”面板中的“长方体”按钮，绘制长方体的桌面和桌柱，如图 5-36 所示。命令行提示与操作如下。

```
命令: _box
指定第一个角点或[中心(C)]: C
指定中心: 0,0,60
指定角点或[立方体(C)/长度(L)]: L
指定长度<50.0000>: <正交开> 100
指定宽度<70.0000>: 100
指定高度或[两点(2P)] <60.0000>: 10
```

（3）使用同样的方法绘制底面中心点为（80,0,0），半径为 5，高为 30 的圆柱体；绘制底面中心点为（80,0,30），半径为 15，高为 5 的圆柱体作为桌凳。

（4）单击“可视化”选项卡“视图”面板中的“东南等轴测”按钮，将当前视图切换到东南等轴测视图，绘制结果如图 5-37 所示。

（5）单击“默认”选项卡“修改”面板中的“环形阵列”按钮，设置项目总数为 4，填充角度为 360°，选择桌凳为阵列对象，阵列桌凳，结果如图 5-38 所示。命令行提示与操作如下。

```
命令: _arraypolar
选择对象:（选择桌凳）
选择对象: ↙
类型=极轴　关联=是
指定阵列的中心点或[基点(B)/旋转轴(A)]: 0,0,0
选择夹点以编辑阵列或[关联(AS)/基点(B)/项目(I)/项目间角度(A)/填充角度(F)/行(R)/层(L)/旋转项目(ROT)/退出(X)] <退出>: I
输入阵列中的项目数或[表达式(E)] <6>: 4
```

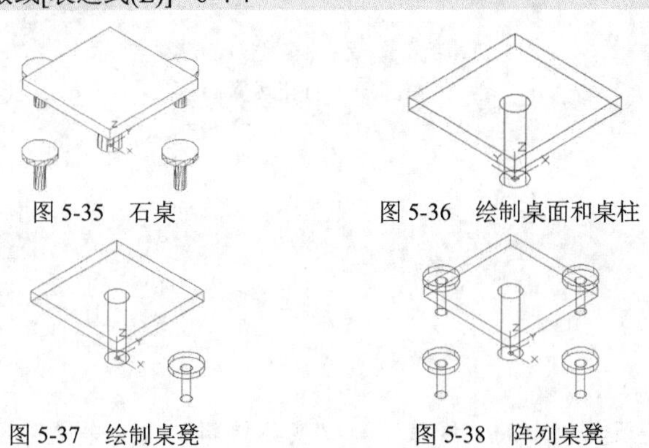

图 5-35　石桌　　图 5-36　绘制桌面和桌柱

图 5-37　绘制桌凳　　图 5-38　阵列桌凳

（6）单击“视图”选项卡“视觉样式”面板中的“隐藏”按钮，对实体进行消隐，结果如图 5-35 所示。

5.6 布尔运算

布尔运算在数学的集合运算中得到广泛应用，AutoCAD 也将该运算应用到实体的创建过程中。用户可以对三维实体对象进行下列布尔运算：并集、交集、差集。

5.6.1 并集

【执行方式】

- ☑ 命令行：union。
- ☑ 菜单栏：选择菜单栏中的“修改”→“实体编辑”→“并集”命令。
- ☑ 工具栏：单击“建模”工具栏中的“并集”按钮。
- ☑ 功能区：单击“三维工具”选项卡“实体编辑”面板中的“并集”按钮。

【操作步骤】

执行上述任一操作后，命令行提示与操作如下。

```
命令: _union
选择对象:（点取绘制好的对象，按Ctrl键可同时选取其他对象）
选择对象:（点取绘制好的第2个对象）
选择对象:↙
```

按Enter键后，所有已经选择的对象合并成一个整体。圆柱和长方体并集后的图形如图5-39所示。

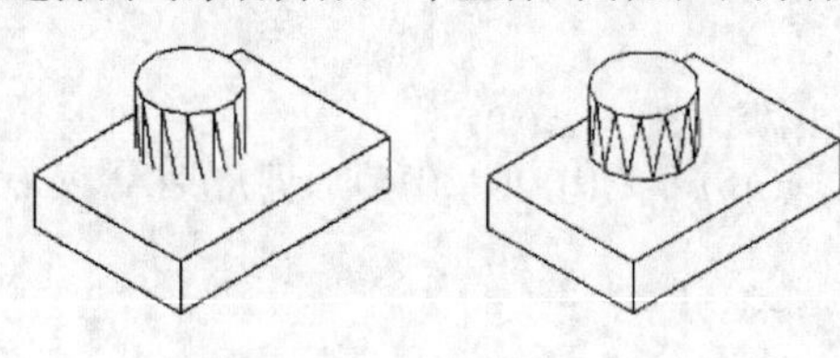

并集前　　并集后

图5-39　并集运算

5.6.2 差集

【执行方式】

- ☑ 命令行：subtract。
- ☑ 菜单栏：选择菜单栏中的“修改”→“实体编辑”→“差集”命令。
- ☑ 工具栏：单击“建模”工具栏中的“差集”按钮。
- ☑ 功能区：单击“三维工具”选项卡“实体编辑”面板中的“差集”按钮。

【操作步骤】

执行上述任一操作后，命令行提示与操作如下。

```
命令: _subtract
选择要从中减去的实体、曲面和面域...
选择对象:（点取绘制好的对象，按 Ctrl 键选取其他对象）
```

```
选择对象:↙
选择要从中减去的实体、曲面和面域...
选择对象:（点取要减去的对象，按 Ctrl 键选取其他对象）
选择对象:↙
```

按 Enter 键后，得到的则是求差后的实体。圆柱体和长方体差集运算后的结果如图 5-40 所示。

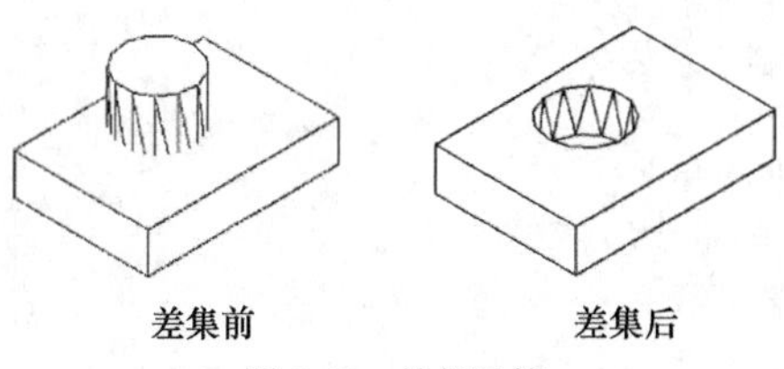

图 5-40　差集运算

5.6.3　操作实例——绘制单凸平梯块

绘制图 5-41 所示的单凸平梯块，操作步骤如下。

（1）新建文件。单击“快速访问”工具栏中的“新建”按钮，弹出“新建”对话框，在“打开”按钮下拉列表中选择“无样板-公制（M）”选项，进入绘图环境。

（2）设置线框密度。在命令行中输入“isolines”命令，默认设置是 4，有效值的范围为 0～2047。设置对象上每个曲面的轮廓线数目为 10，命令行提示与操作如下。

```
命令: _isolines
输入ISOLINES的新值 <8>: 10
```

（3）设置视图方向。单击“可视化”选项卡“视图”面板中的“西南等轴测”按钮，将当前视图方向设置为西南等轴测视图。

（4）单击“三维工具”选项卡“建模”面板中的“长方体”按钮，绘制长方体，如图 5-42 所示。命令行提示与操作如下。

```
命令: _box
指定第一个角点或[中心(C)]: 0,0,0
指定其他角点或[立方体(C)/长度(L)]: 100,200,50
```

（5）使用相同方法，绘制另外 3 个长方体，长方体 1 的坐标为[（25,0,0）、（75,50,50）]，长方体 2 的坐标为[（75,0,0）、（100,150,50）]，长方体 3 的坐标为[（0,200,0）、（–25,150,75）]。

（6）同时单击鼠标的左键并按住 Shift 键，进入自定义视图模式，查看绘制的图形，如图 5-43 所示。

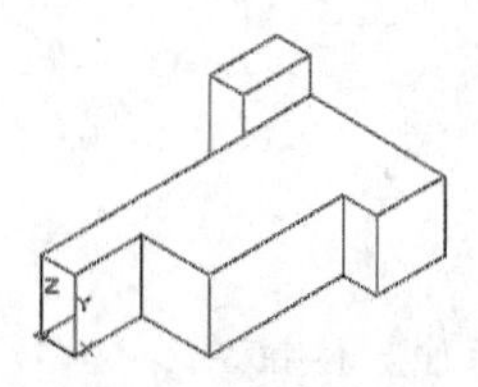

图 5-41　单凸平梯块

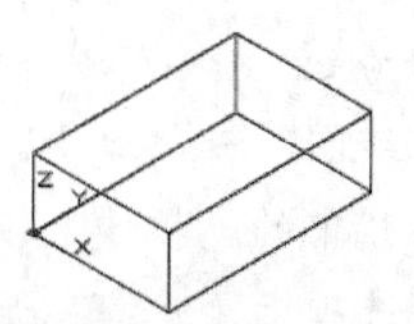

图 5-42　绘制长方体

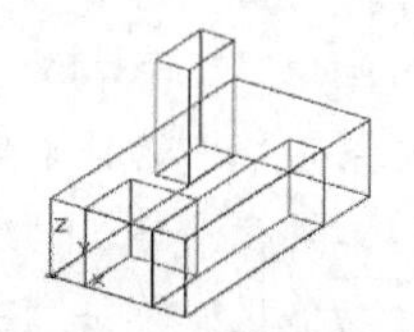

图 5-43　查看绘制的图形

（7）设置视图方向。单击“可视化”选项卡“视图”面板中的“东南等轴测”按钮，将当前视图方向设置为西南等轴测视图。

（8）差集运算。单击“三维工具”选项卡“实体编辑”面板中的“差集”按钮，对外形圆柱体轮廓和内部圆柱体轮廓进行差集运算，命令行提示与操作如下。

```
命令: _subtract
选择要从中减去的实体、曲面和面域...
选择对象:（选择第一次绘制的长方体）
选择对象:
选择要从中减去的实体、曲面和面域...
选择对象: 找到1个（长方体1和长方体2）
选择对象:
```

（9）并集运算。单击“三维工具”选项卡“实体编辑”面板中的“并集”按钮，将所有图形进行并集运算，结果如图 5-44 所示。命令行提示与操作如下。

```
命令: _union
选择对象:（选择所有对象）
选择对象:↙
```

（10）用消隐命令（hide）对图形进行处理。最终结果如图 5-45 所示。

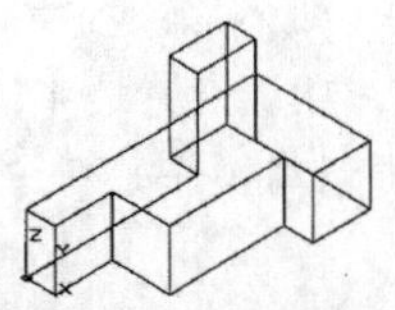

图 5-44 并集运算

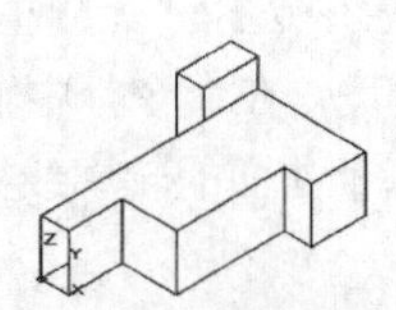

图 5-45 消隐图形

（11）保存文件。单击“快速访问”工具栏中的“保存”按钮，将新文件命名为“单凸平梯块.dwg”，并保存。

5.7 特征操作

特征操作主要用于使用二维或三维曲线创建三维实体或曲面。

5.7.1 拉伸

【执行方式】

☑ 命令行: extrude（快捷命令为 ext）
☑ 菜单栏: 选择菜单栏中的“绘图”→“建模”→“拉伸”命令。
☑ 工具栏: 单击“建模”工具栏中的“拉伸”按钮。
☑ 功能区: 单击“三维工具”选项卡“建模”面板中的“拉伸”按钮。

【操作步骤】

执行上述任一操作后，命令行提示与操作如下。

```
命令: _extrude
当前线框密度: ISOLINES=4，闭合轮廓创建模式=实体
选择要拉伸的对象或[模式(MO)]:（选择绘制好的二维对象）
选择要拉伸的对象或[模式(MO)]:（可继续选择对象或按Enter键结束选择）
指定拉伸的高度或[方向(D)/路径(P)/倾斜角(T)/表达式(E)]:
```

【选项说明】

（1）拉伸高度：按指定的高度拉伸三维实体对象。输入高度值后，根据实际需要，指定拉伸的倾斜角度。如果指定拉伸的倾斜角度为 0°，AutoCAD 则把二维对象按指定的高度拉伸成柱体。

（2）路径（P）：以现有的图形对象作为拉伸对象创建三维实体对象。沿圆弧曲线路径拉伸圆的结果如图 5-46 所示。

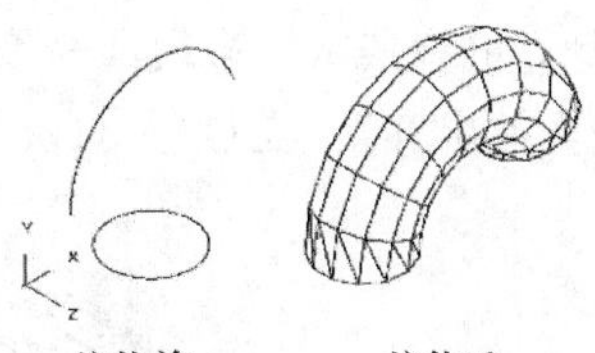

拉伸前　　　拉伸后

图 5-46　沿圆弧曲线路径拉伸圆

（3）倾斜角（T）：按指定角度拉伸三维实体对象，如果输入角度值，拉伸后实体截面沿拉伸方向按此角度变化，拉伸为一个棱台或圆台体。不同角度拉伸圆的结果如图 5-47 所示。

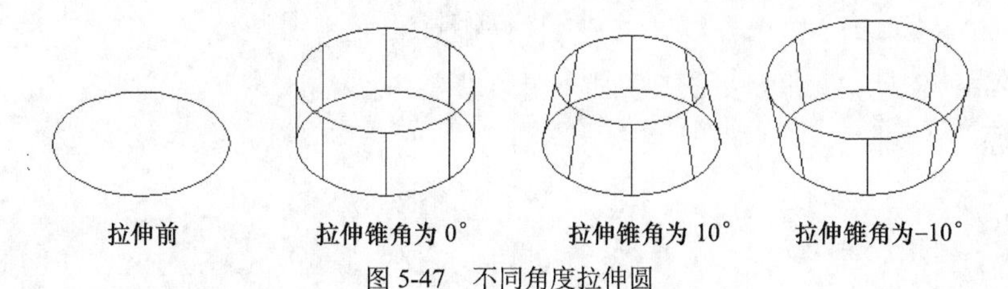

图 5-47　不同角度拉伸圆

说 明

可以执行创建圆柱体的“轴端点”命令确定圆柱体的高度和方向。轴端点是圆柱体顶面的中心点，轴端点可以位于三维空间的任意位置。

5.7.2　旋转

【执行方式】

☑　命令行：revolve（快捷命令为 rev）

☑ 菜单栏：选择菜单栏中的“绘图”→“建模”→“旋转”命令。

☑ 工具栏：单击“建模”工具栏中的“旋转”按钮。

☑ 功能区：单击“三维工具”选项卡“建模”面板中的“旋转”按钮。

【操作步骤】

执行上述任一操作后，命令行提示与操作如下。

```
命令: _revolve
当前线框密度: ISOLINES=4, 闭合轮廓创建模式=实体
选择要旋转的对象或[模式(MO)]:（选择绘制好的二维对象）
选择要旋转的对象或[模式(MO)]:（继续选择对象或按Enter键结束选择）
指定轴起点或根据以下选项之一定义轴[对象(O)/X/Y/Z]<对象>:
```

【选项说明】

（1）指定旋转轴的起点：通过两个点来定义旋转轴。AutoCAD 将按指定的角度和旋转轴旋转二维对象。

（2）对象（O）：选择已经绘制好的直线或用多段线命令绘制的直线段作为旋转轴线。

（3）*X*（*Y*）轴：将二维对象绕当前坐标系（UCS）的 *X*（*Y*）轴旋转。矩形平面绕 *X* 轴旋转的结果如图 5-48 所示。

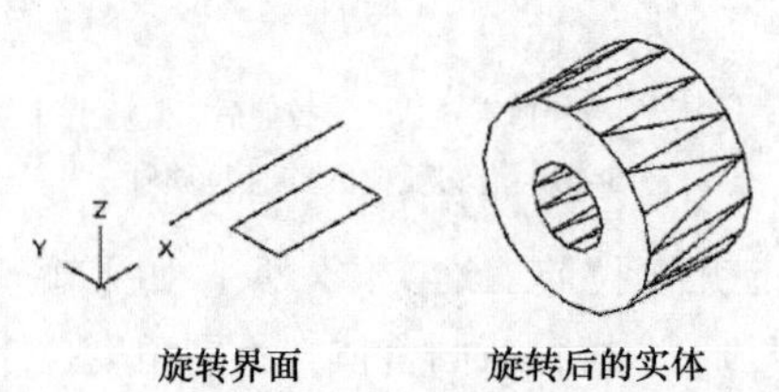

图 5-48 旋转体

5.7.3 扫掠

【执行方式】

☑ 命令行：sweep。

☑ 菜单栏：选择菜单栏中的“绘图”→“建模”→“扫掠”命令。

☑ 工具栏：单击“建模”工具栏中的“扫掠”按钮。

☑ 功能区：单击“三维工具”选项卡“建模”面板中的“扫掠”按钮。

【操作步骤】

执行上述任一操作后，命令行提示与操作如下。

```
命令: _sweep
当前线框密度: ISOLINES=4，闭合轮廓创建模式=模式
选择要扫掠的对象或[模式(MO)]: [选择对象，如图5-49（a）中的圆]
选择要扫掠的对象: ↙
```

选择扫掠路径或[对齐(A)/基点(B)/比例(S)/扭曲(T)]：［选择对象，如图5-49（a）中螺旋线］

扫掠结果如图 5-49（b）所示。

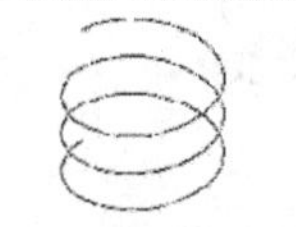
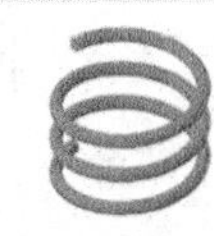

图 5-49　扫掠

【选项说明】

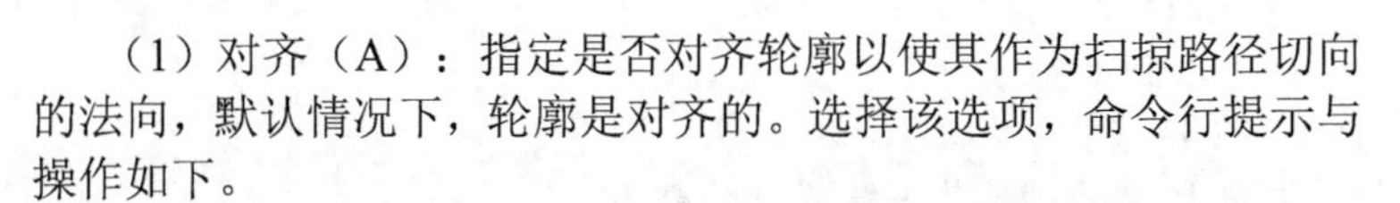

（1）对齐（A）：指定是否对齐轮廓以使其作为扫掠路径切向的法向，默认情况下，轮廓是对齐的。选择该选项，命令行提示与操作如下。

扫掠前对齐垂直于路径的扫掠对象[是(Y)/否(N)]<是>:（输入“n”，指定轮廓无须对齐；按Enter键，指定轮廓将对齐）

执行扫掠命令，可以通过沿开放或闭合的二维或三维路径扫掠开放或闭合的平面曲线（轮廓）来创建新实体或曲面。扫掠命令用于沿指定路径以指定轮廓的形状（扫掠对象）创建实体或曲面。可以扫掠多个对象，但是这些对象必须在同一平面内。如果沿一条路径扫掠闭合的曲线，则生成实体。

（2）基点（B）：指定要扫掠对象的基点。如果指定的点不在选定对象所在的平面上，则该点将被投影到该平面上。选择该选项，命令行提示与操作如下。

指定基点:（指定选择集的基点）

（3）比例（S）：指定比例因子以进行扫掠操作。从扫掠路径的开始到结束，比例因子将统一应用到扫掠的对象上。选择该选项，命令行提示与操作如下。

输入比例因子或[参照(R)]<1.0000>:（指定比例因子，输入“r”，调用参照选项；按Enter键，选择默认值）

其中“参照（R）”选项表示通过拾取点或输入值来根据参照的长度缩放选定的对象。

（4）扭曲（T）：设置正被扫掠的对象的扭曲角度。扭曲角度指定沿扫掠路径全部长度的旋转量。选择该选项，命令行提示与操作如下。

输入扭曲角度或允许非平面扫掠路径倾斜[倾斜(B)]<n>:（指定小于 360° 的角度值，输入“b”，打开倾斜；按 Enter 键，选择默认角度值）

其中“倾斜（B）”选项指定被扫掠的曲线是否沿三维扫掠路径（三维多段线、三维样条曲线或螺旋线）自然倾斜（旋转）。

扭曲扫掠示意图如图 5-50 所示。

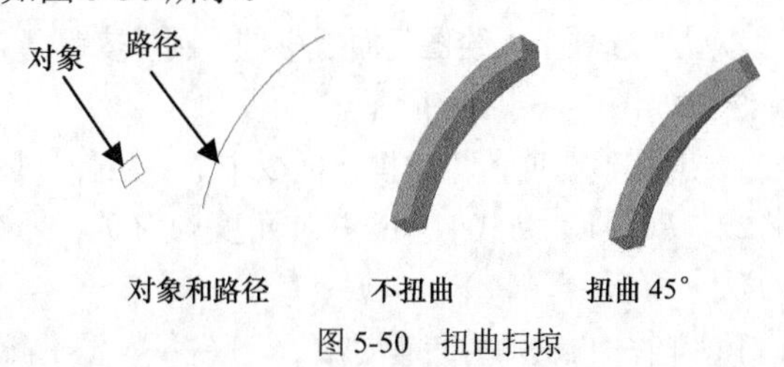

图 5-50　扭曲扫掠

5.7.4 拖曳

【执行方式】

☑ 命令行：presspull。
☑ 工具栏：单击“建模”工具栏中的“按住并拖动”按钮。
☑ 功能区：单击“三维工具”选项卡“实体编辑”面板中的“按住并拖动”按钮。

【操作步骤】

执行上述任一操作后，命令行提示与操作如下。

```
命令: _presspull
选择对象或边界区域:（单击选中有限区域以进行拖动操作。）
```

选择有限区域后，按住鼠标左键并拖动，相应的区域就会被拉伸变形。选择圆台上表面，按住并拖动的结果如图 5-51 所示。

图 5-51　选择圆台上的表面按住并拖动

5.7.5 操作实例——绘制油标尺

油标尺零件由一系列同轴的圆柱体组成，从下到上分为标尺、连接螺纹、密封环和油标尺帽 4 个部分。绘制过程中，可以首先绘制一组同心的二维圆，调用“拉伸”命令绘制出相应的圆柱体；执行“圆环体”和“球体”命令，细化油标尺，最终完成立体图绘制。绘制的油标尺如图 5-52 所示。

（1）建立新文件。打开 AutoCAD 2022 中文版应用程序，以“无样板打开-公制（M）”的方式建立新文件，将新文件命名为“油标尺立体图.dwg”并保存。

（2）绘制同心圆。单击“默认”选项卡“绘图”面板中的“圆”按钮，圆心坐标为（0,0），半径依次为 3、6、8 和 10，结果如图 5-53（a）所示。

（3）拉伸实体。单击“三维工具”选项卡“建模”面板中的“拉伸”按钮，对 4 个圆进行拉伸操作，$R3\times100$，$R6\times22$，$R8\times12$，$R10\times-6$；拉伸角度均为 0°。命令行提示与操作如下。

```
命令: _extrude
当前线框密度: ISOLINES=10，闭合轮廓创建模式=实体
选择要拉伸的对象或[模式(MO)]: （选取R3圆）
```

```
选择要拉伸的对象或[模式(MO)]: ↙
指定拉伸的高度或[方向(D)/路径(P)/倾斜角(T)/表达式(E)]: 100↙
```

使用同样方法拉伸另外 3 个圆。

（4）单击“可视化”选项卡“视图”面板中的“西南等轴测”按钮，拉伸结果如图 5-53（b）所示。

（5）绘制圆环体。单击“三维工具”选项卡“建模”面板中的“圆环体”按钮，绘制圆环，圆环体中心坐标为（0,0,4），半径为 11，圆管半径为 5，结果如图 5-54 所示。

（6）布尔运算求差集。单击“三维工具”选项卡“实体编辑”面板中的“差集”按钮，从 $R8\times12$ 的圆柱体中减去圆环体，消隐结果如图 5-55 所示。

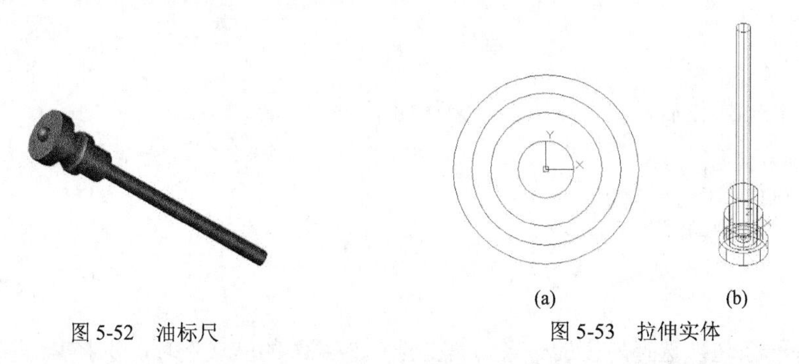

图 5-52　油标尺

(a)　　(b)

图 5-53　拉伸实体

（7）绘制球体。单击“三维工具”选项卡“建模”面板中的“球体”按钮，绘制球体，球心坐标为（0,0,−6），球体半径为 3，结果如图 5-56 所示。命令行提示与操作如下。

```
命令: _sphere
指定中心点或[三点(3P)/两点(2P)/切点、切点、半径(T)]: 0,0,−6↙
指定半径或[直径(D)]: 3↙
```

（8）布尔运算求并集。单击“三维工具”选项卡“实体编辑”面板中的“并集”按钮，将所有实体合并为一个实体，结果如图 5-57 所示。

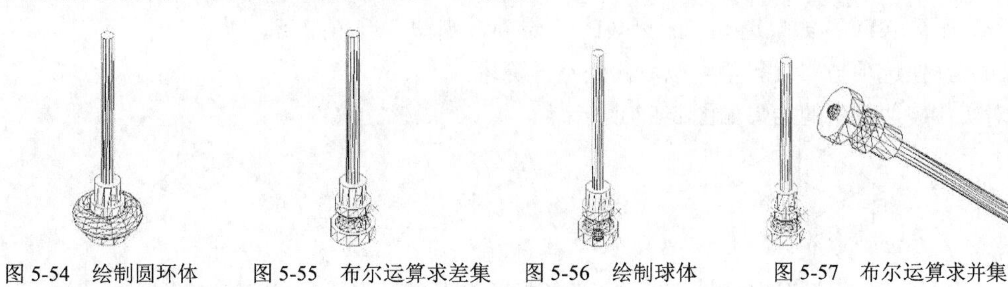

图 5-54　绘制圆环体　　图 5-55　布尔运算求差集　　图 5-56　绘制球体　　图 5-57　布尔运算求并集

（9）进行渲染设置，对油标尺进行渲染，结果如图 5-52 所示。

5.8　编辑三维图形

本节主要介绍各种三维编辑命令。

5.8.1 倒角

【执行方式】

☑ 命令行：chamfer（快捷命令为 cha）。
☑ 菜单栏：选择菜单栏中的“修改”→“实体编辑”→“倒角边”命令。
☑ 工具栏：单击“实体编辑”工具栏中的“倒角边”按钮。
☑ 功能区：单击“三维工具”选项卡“实体编辑”面板中的“倒角边”按钮。

【操作步骤】

执行上述任一操作后，命令行提示与操作如下。

```
命令: _chamferedge
距离1=1.0000，距离2=1.0000
选择一条边或[环(L)/距离(D)]: D↙
```

【选项说明】

（1）选择一条边：选择建模的一条边，此选项为系统的默认选项。选择某一条边以后，该边就变成了虚线。

（2）环（L）：如果选择“环（L）”选项，将对一个面上的所有边建立倒角，命令行继续出现如下提示。

```
选择环边或[边(E)/距离(D)]:（选择环边）
输入选项[接受(A)/下一个(N)]<接受>:
选择环边或[边(E)/距离(D)]:
按Enter键接受倒角或[距离(D)]:
```

（3）距离（D）：如果选择“距离（D）”选项，则输入倒角距离。

（4）其他选项与二维斜角类似，此处不再赘述。

对实体棱边倒角的结果如图 5-58 所示。

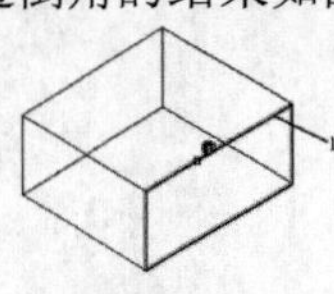

选择倒角边“1”

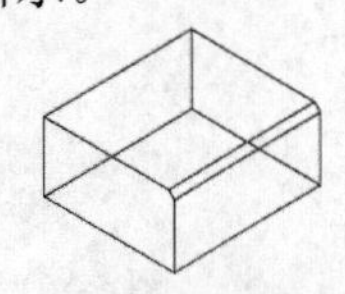
选择边倒角结果

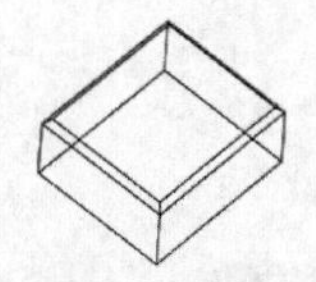
选择环倒角结果

图 5-58 对实体棱边倒角

5.8.2 圆角

【执行方式】

☑ 命令行：fillet（快捷命令为 f）。

☑ 菜单栏：选择菜单栏中的“修改”→“三维编辑”→“圆角边”命令。

☑ 工具栏：单击“实体编辑”工具栏中的“圆角边”按钮。

☑ 功能区：单击“三维工具”选项卡“实体编辑”面板中的“圆角边”按钮。

【操作步骤】

执行上述任一操作后，命令行提示与操作如下。

```
命令: _filletedge
半径=1.0000
选择边或[链(C)/环(L)/半径(R)]:
```

【选项说明】

选择“链（C）”选项，表示与此边相邻的边都被选中，并进行倒圆角的操作。图 5-59 所示为对实体棱边倒圆角的结果。

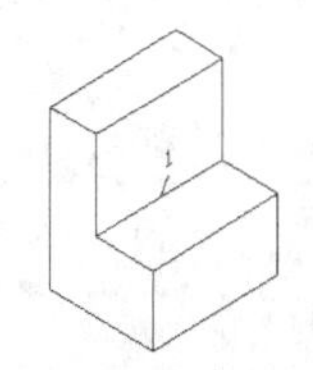

选择倒圆角边“1”

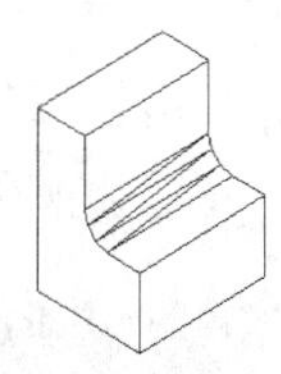

边倒圆角结果

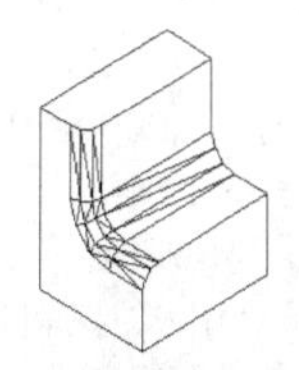

链倒圆角结果

图 5-59　对实体棱边倒圆角

5.8.3　操作实例——绘制平键

图 5-60　平键

执行“拉伸”“倒角”命令，绘制图 5-60 所示的平键（12×8×32）。

（1）建立新文件。打开 AutoCAD 2022 中文版应用程序，以“无样板打开-公制（M）”方式建立新文件，将新文件命名为“平键立体图.dwg”并保存。

（2）单击“可视化”选项卡“视图”面板中的“西南等轴测”按钮，将视图调整到西南等轴侧方向。

（3）绘制平键轮廓线。单击“三维工具”选项卡“建模”面板中的“长方体”按钮，指定长方体的两个角点为[（0,0,0）、（32,12,0）]，高度为 10，结果如图 5-61 所示。

（4）单击“三维工具”选项卡“实体编辑”面板中的“圆角边”按钮，圆角半径为 6，选择长方体的一条竖直边。命令行提示与操作如下。

```
命令: _filletedge
半径=6.0000
选择边或[链(C)/环(L)/半径(R)]: R
输入圆角半径或[表达式(E)] <6.0000>: 6
选择边或[链(C)/环(L)/半径(R)]:（选择图5-61所示的边1）
选择边或[链(C)/环(L)/半径(R)]: ↙
已选定1个边用于圆角。
按Enter键接受圆角或[半径(R)]: ↙
```

使用同样方法，对另外 3 个竖直边进行圆角处理，创建圆角边结果如图 5-62 所示。

（5）实体倒直角。单击“三维工具”选项卡“实体编辑”面板中的“倒角边”按钮，选择圆角后实体的上端面边线作为倒角基面，倒角距离为 1，结果如图 5-63 所示。命令行提示与操作如下。

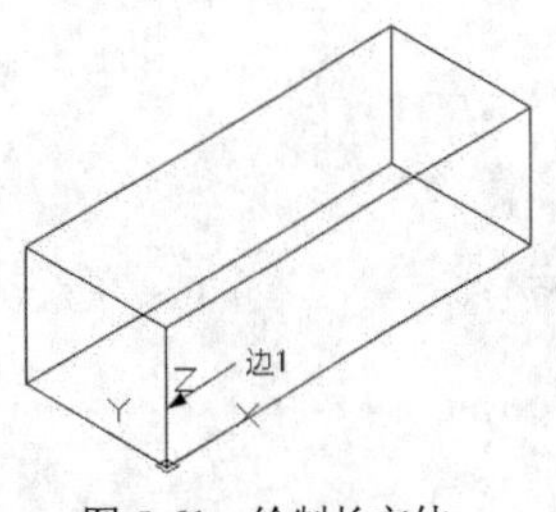

图 5-61　绘制长方体

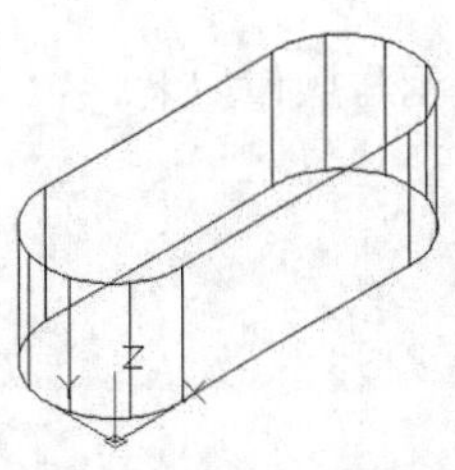

图 5-62　创建圆角边

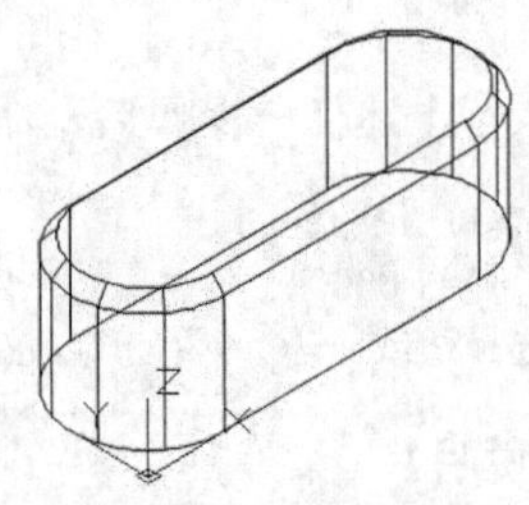

图 5-63　选择倒角基面

```
命令: _chamferedge
距离1=1.0000，距离2=1.0000
选择一条边或[环(L)/距离(D)]: D
指定距离1或[表达式(E)] <1.0000>: 1
指定距离2或[表达式(E)] <1.0000>: 1
选择一条边或[环(L)/距离(D)]: L
选择环边或[边(E)/距离(D)]:（选择圆角后实体的上端面边线）
输入选项[接受(A)/下一个(N)]<接受>:↙
选择环边或[边(E)/距离(D)]: ↙
```

说　明

所谓“倒角基面”是指构成选择边的两个平面之一，输入“O”命令或按 Enter 键可以使用当前亮显的面作为基面，也可以选择“下一个（N）”选项来选择另外一个表面作为基面。如果基面的边框已经倒角，例如平键的侧面，这时系统不会执行倒直角(或倒圆角)命令。

（6）平键底面倒直角。与上述方法相同，单击“三维工具”选项卡“实体编辑”面板中的“倒角边”按钮，对平键底面进行倒直角操作，至此，简单的平键实体绘制完毕，实体概念图如图 5-60 所示。

5.8.4　三维旋转

【执行方式】

☑　命令行：3drotate。

☑　菜单栏：选择菜单栏中的“修改”→“三维操作”→“三维旋转”命令。

☑　工具栏：单击“建模”工具栏中的“三维旋转”按钮。

【操作步骤】

执行上述任一操作后，命令行提示与操作如下。

```
命令: _3drotate
UCS 当前的正角方向: ANGDIR=逆时针　ANGBASE=0
选择对象:（点取要旋转的对象）
选择对象:（选择下一个对象或按Enter键）
指定基点:
拾取旋转轴:
指定角的起点或键入角度:
```

确定旋转轴线，指定旋转角度后旋转对象。图 5-64 所示为一个棱锥表面绕某一轴顺时针旋转 30°的情形。

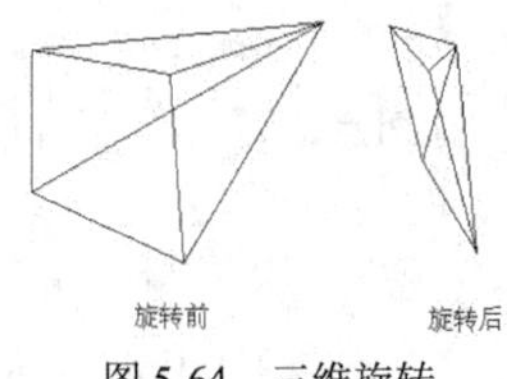

图 5-64　三维旋转

5.8.5　三维镜像

【执行方式】

☑ 命令行：3dmirror。
☑ 菜单栏：选择菜单栏中的“修改”→“三维操作”→“三维镜像”命令。

【操作步骤】

```
命令: _3dmirror
选择对象:（选择镜像的对象）
选择对象:（选择下一个对象或按Enter键）
指定镜像平面(三点)的第一个点或[对象(O)/最近的(L)/Z轴(Z)/视图(V)/XY平面(XY)/YZ平面(YZ)/ZX平面(ZX)/三点(3)]<三点>:
```

【选项说明】

（1）点指定镜像平面（三点）的第一个点：该选项通过三点确定镜像平面，是系统的默认选项。

（2）Z 轴（Z）：利用指定的平面作为镜像平面。选择该选项后，命令行提示与操作如下。

```
在镜像平面上指定点:（输入镜像平面上一点的坐标）
在镜像平面的Z轴（法向）上指定点:（输入与镜像平面垂直的任意一条直线上任意一点的坐标）
是否删除源对象？[是(Y)/否(N)] <否>:（根据需要确定是否删除源对象）
```

（3）视图（V）：指定一个平行于当前视图的平面作为镜像平面。

（4）*XY*（*YZ*、*ZX*）平面：指定一个平行于当前坐标系的 *XY*（*YZ*、*ZX*）平面作为镜像平面。

5.8.6 操作实例——绘制支架

绘制图 5-65 所示的支架，操作步骤如下。

（1）绘制圆柱体。

① 单击“可视化”选项卡“视图”面板中的“西南等轴测”按钮，设置视图方向。

② 单击“三维工具”选项卡“建模”面板中的“圆柱体”按钮，绘制两个圆柱体，结果如图 5-66 所示，命令行提示与操作如下。

```
命令: _cylinder
指定底面的中心点或[三点(3P)/两点(2P)/切点、切点、半径(T)/椭圆(E)]: 0,0,0
指定底面半径或[直径(D)]: 20
指定高度或[两点(2P)/轴端点(A)]: 50
```

使用同样方法，绘制另一个底面圆心坐标为（0,0,0），底面半径为 15，高度为 50 的圆柱体。

（2）单击“三维工具”选项卡“建模”面板中的“长方体”按钮，绘制角点坐标分别为（–40,27.5,0）和（40,–27.5,–15）的长方体，结果如图 5-67 所示。

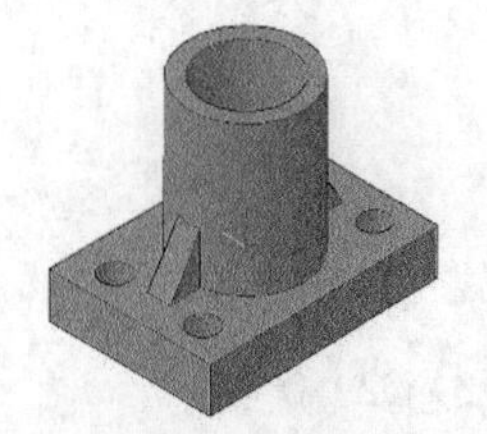

图 5-65　支架

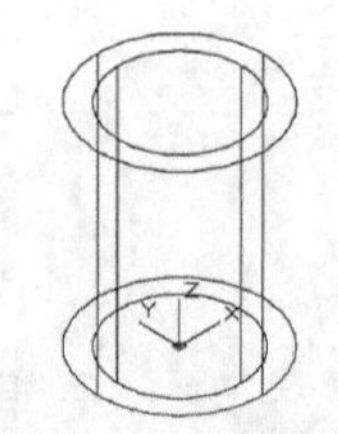

图 5-66　绘制圆柱体

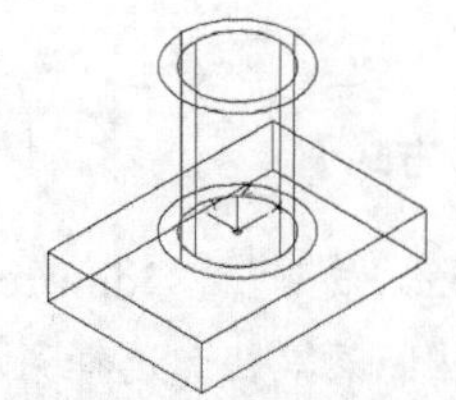

图 5-67　绘制长方体

（3）单击“可视化”选项卡“视图”面板中的“前视”按钮，将视图切换到前视图方向，单击“默认”选项卡“绘图”面板中的“直线”按钮，绘制直线，水平直线的长度为 15，竖直直线的长度为 25，连接水平直线和竖直直线的端点绘制斜直线，形成一个封闭的三角形，结果如图 5-68 所示。

（4）单击“默认”选项卡“绘图”面板中的“面域”按钮，将三角形创建为面域。

（5）单击“默认”选项卡“修改”面板中的“拉伸”按钮，将上一步绘制的三角形进行拉伸，拉伸的高度为 7.5。

（6）单击“可视化”选项卡“视图”面板中的“西南等轴测”按钮，设置视图方向。

（7）单击“默认”选项卡“修改”面板中的“移动”按钮，以短边中点为基点，向 *Z* 轴方向移动–3.75，结果如图 5-69 所示。

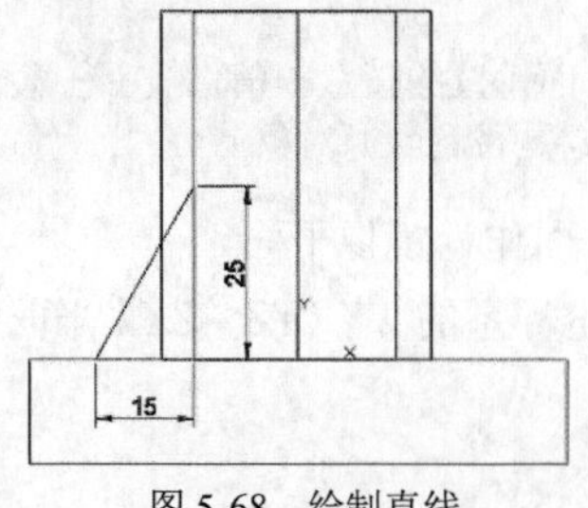

图 5-68　绘制直线

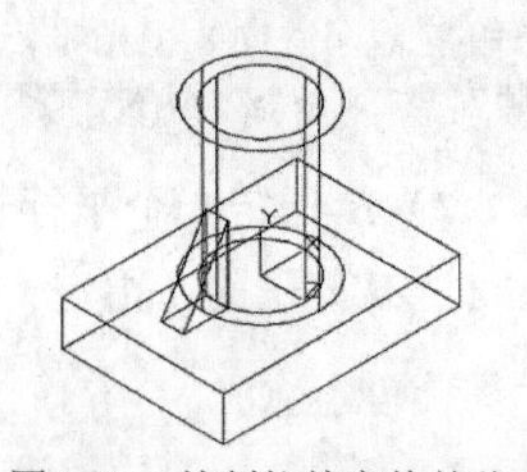

图 5-69　绘制拉伸实体并移动

（8）选择菜单栏中的“修改”→“三维操作”→“三维镜像”命令，镜像图形，命令行提示与操作如下。

```
命令: _3dmirror
选择对象:（选择上一步绘制的实体）
选择对象: ↙
指定镜像平面 (三点)的第一个点或[对象(O)/最近的(L)/Z轴(Z)/视图(V)/XY平面(XY)/YZ平面(YZ)/ZX平面(ZX)/三点(3)] <三点>: YZ
指定YZ平面上的点<0,0,0>:0,0,0
是否删除源对象？[是(Y)/否(N)] <否>:↙
```

绘制结果如图 5-70 所示。

（9）单击“三维工具”选项卡“实体编辑”面板中的“差集”按钮，从大圆柱中减去小圆柱体，进行差集运算。

```
命令: _subtract
选择要从中减去的实体、曲面和面域...
选择对象:（选择大圆柱体）
选择要从中减去的实体、曲面和面域...
选择对象:（选择小圆柱体）
选择对象:
```

（10）单击“三维工具”选项卡“实体编辑”面板中的“并集”按钮，对所有实体进行并集运算。

（11）单击“视图”选项卡“视觉样式”面板中的“隐藏”按钮，消隐之后的结果如图 5-71 所示。在命令行中输入“ucs”命令，将坐标系转换到世界坐标系。

（12）单击“三维工具”选项卡“建模”面板中的“圆环体”按钮，绘制以（-30,0,15）为底面中心点，半径为 5，高度为-15 的圆柱体。

（13）选择菜单栏中的“修改”→“三维操作”→“三维镜像”命令，镜像圆柱体，命令行提示与操作如下。

```
命令: _3dmirror
选择对象:（选择圆柱体）
选择对象: ↙
指定镜像平面(三点)的第一个点或[对象(O)/最近的(L)/Z轴(Z)/视图(V)/XY平面(XY)/YZ平面(YZ)/ZX平面(ZX)/三点(3)] <三点>: ZX
指定ZX平面上的点<0,0,0>: 0,0,0
是否删除源对象？[是(Y)/否(N)] <否>:↙
```

（14）使用相同的方法，将上一步绘制的两个圆柱体，以 *YZ* 平面和坐标原点为镜像面，进行第二次镜像，结果如图 5-72 所示。

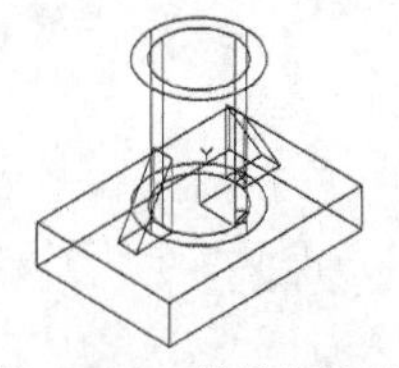

图 5-70　三维镜像处理

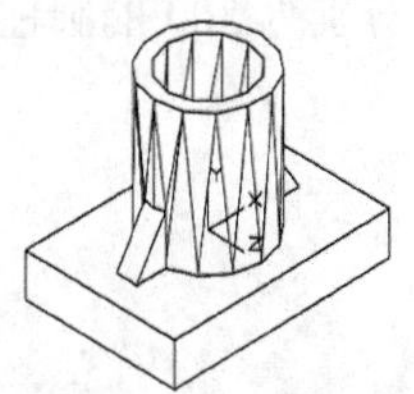

图 5-71　消隐处理

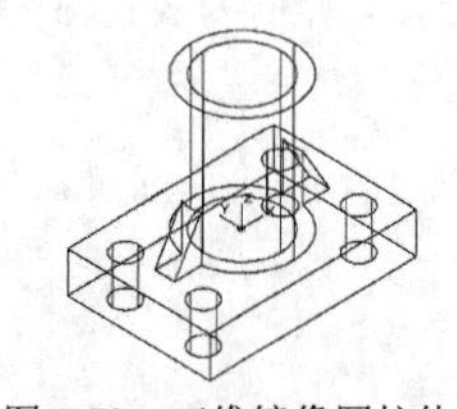

图 5-72　三维镜像圆柱体

（15）单击“三维工具”选项卡“实体编辑”面板中的“差集”按钮，从大实体中减去4个小圆柱体，进行差集运算。

（16）单击“视图”选项卡“视觉样式”面板中的“概念”按钮，结果如图5-65所示。

5.8.7 三维阵列

【执行方式】

☑ 命令行：3darray。

☑ 菜单栏：选择菜单栏中的“修改”→“三维操作”→“三维阵列”命令。

☑ 工具栏：单击“建模”工具栏中的“三维阵列”按钮。

【操作步骤】

执行上述任一操作后，命令行提示与操作如下。

```
命令: _3darray
正在初始化...已加载3darray。
选择对象:（选择阵列的对象）
选择对象:（选择下一个对象或按回车键）
输入阵列类型[矩形(R)/环形(P)]<矩形>:
```

【选项说明】

（1）矩形（R）：系统的默认选项。选择该选项后，命令行提示与操作如下。

```
输入行数(---) <1>:（输入行数）
输入列数(|||) <1>:（输入列数）
输入层数(…)<1>:（输入层数）
指定行间距(---):（输入行间距）
指定列间距(|||):（输入列间距）
指定层间距(…):（输入层间距）
```

（2）环形（P）：选择该选项后，命令行提示与操作如下。

```
输入阵列中的项目数目:（输入阵列的数目）
指定要填充的角度（+=逆时针，-=顺时针）<360>:（输入环形阵列的圆心角）
旋转阵列对象？[是(Y)/否(N)]<Y>:（确定阵列上的每一个图形是否根据旋转轴线的位置进行旋转）
指定阵列的中心点:（输入旋转轴上一点的坐标）
指定旋转轴上的第二点:（输入旋转轴上另一点的坐标）
```

图5-73所示为3层3行3列间距分别为300的圆柱的矩形阵列；图5-74所示为圆柱的环形阵列。

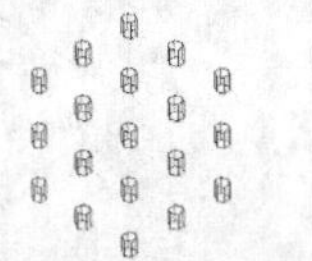

图5-73 三维图形的矩形阵列

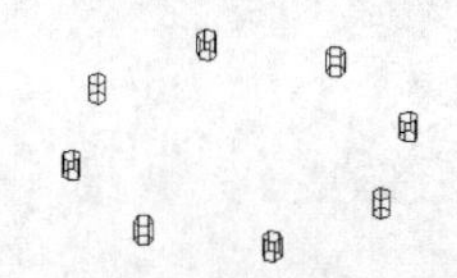

图5-74 三维图形的环形阵列

5.8.8 操作实例——绘制底座

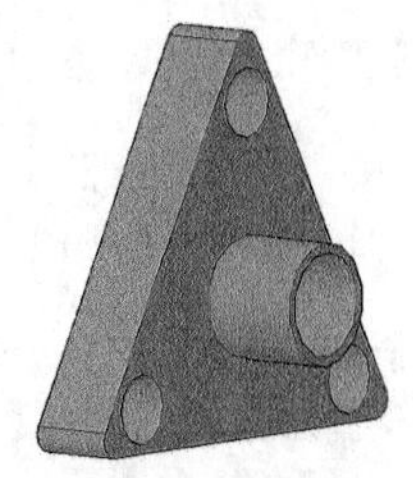
图 5-75 底座

绘制图 5-75 所示的底座，操作步骤如下。

（1）单击“可视化”选项卡“视图”面板中的“前视”按钮，将视图切换到前视图方向。

（2）单击“默认”选项卡“绘图”面板中的“多边形”按钮，绘制三角形，结果如图 5-76 所示，命令行提示与操作如下。

```
命令: _polygon
输入侧面数 <3>:3
指定正多边形的中心点或[边(E)]:（在绘图区指定一点）
输入选项[内接于圆(I)/外切于圆(C)] <C>: I
指定圆的半径: 16
```

（3）单击“默认”选项卡“修改”面板中的“拉伸”按钮，对上一步绘制的三角形进行拉伸，拉伸的高度为 5。

（4）单击“可视化”选项卡“视图”面板中的“西南等轴测”按钮，设置视图方向，结果如图 5-77 所示。

（5）将坐标系转换到世界坐标系，然后继续在命令行中输入“ucs”命令，将坐标系移动到三维实体的上端点，结果如图 5-78 所示。命令行提示与操作如下。

```
命令: _ucs
当前 UCS 名称: *没有名称*
指定 UCS的原点或[面(F)/命名(NA)/对象(OB)/上一个(P)/视图(V)/世界(W)/X/Y/Z/Z轴(ZA)] <世界>:（捕捉上端点）
```

（6）通过观察，我们知道此时的 *Z* 轴的方向是竖直向上的，在绘制圆柱体时，需要沿着实体 *Y* 轴方向来指定绘制圆柱体的高度，因此需要转换坐标系，在命令行中输入“ucs”命令，将坐标系绕着 *X* 轴旋转 90°，结果如图 5-79 所示，命令行提示与操作如下。

```
命令: _ucs
当前UCS名称: *没有名称*
指定UCS的原点或[面(F)/命名(NA)/对象(OB)/上一个(P)/视图(V)/世界(W)/X/Y/Z/Z轴(ZA)]<世界>: X
指定绕X轴的旋转角度<90>: 90
```

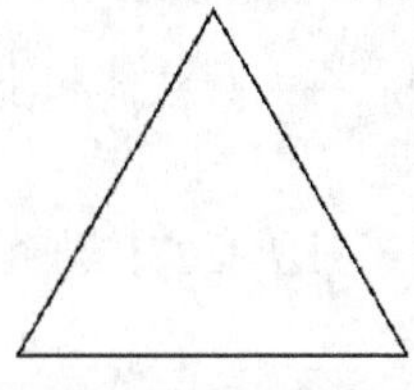
图 5-76 绘制三角形

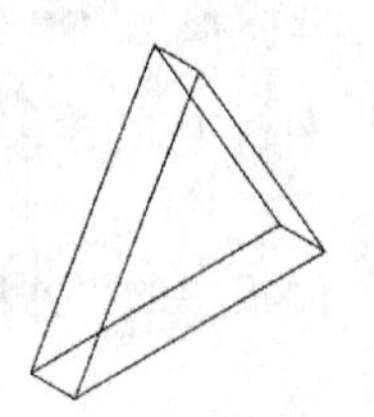
图 5-77 切换视图

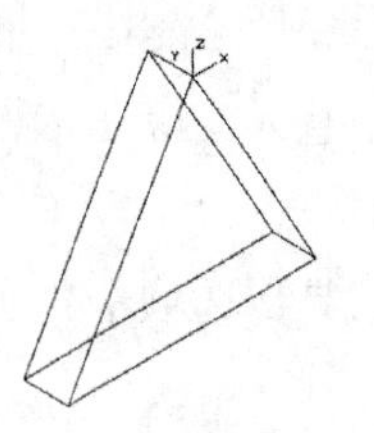
图 5-78 调整坐标系

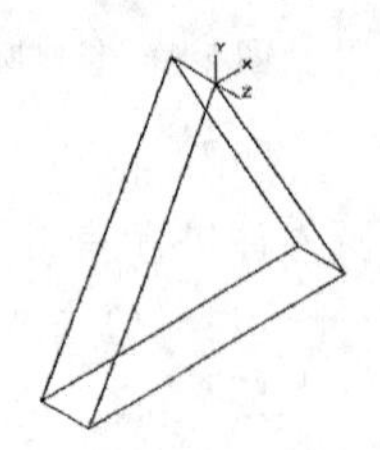
图 5-79 旋转坐标系

（7）单击“三维工具”选项卡“建模”面板中的“圆柱体”按钮，绘制圆柱体，结果如图 5-80 所示，命令行提示与操作如下。

```
命令: _cylinder
```

```
指定底面的中心点或[三点(3P)/两点(2P)/切点、切点、半径(T)/椭圆(E)]: 0,-5,0
指定底面半径或[直径(D)] <11.0000>: 2
指定高度或[两点(2P)/轴端点(A)] <11.0000>: -5
```

（8）选择菜单栏中的“修改”→“三维操作”→“三维阵列”命令，阵列绘制的圆柱体，命令行提示与操作如下。

```
命令: _3darray
选择对象:（选择圆柱体）
选择对象: ↙
输入阵列类型[矩形(R)/环形(P)] <矩形>:P
输入阵列中的项目数目: 3
指定要填充的角度(+=逆时针,-=顺时针) <360>:↙
旋转阵列对象？[是(Y)/否(N)] <Y>:↙
指定阵列的中心点:（指定实体的中心，此时利用对象捕捉功能）
指定旋转轴上的第二点:（中心延长线上的一点，此时打开正交功能）
```

绘制结果如图 5-81 所示。

（9）单击“三维工具”选项卡“实体编辑”面板中的“差集”按钮，将上一步绘制的圆柱体从实体中减去。

（10）单击“三维工具”选项卡“实体编辑”面板中的“圆角边”按钮，对实体的 3 个短边进行圆角操作，圆角半径为 1，结果如图 5-82 所示。命令行提示与操作如下。

```
命令: _filletedge
半径=1.0000
选择边或[链(C)/环(L)/半径(R)]: R
输入圆角半径或[表达式(E)] <1.0000>: 1
选择边或[链(C)/环(L)/半径(R)]:（依次选择3个短边）
```

（11）单击“三维工具”选项卡“建模”面板中的“圆柱体”按钮，以实体的中心为圆柱体的地面中心点，绘制半径为 3 和 3.5、高度为 6 的圆柱体，结果如图 5-83 所示。

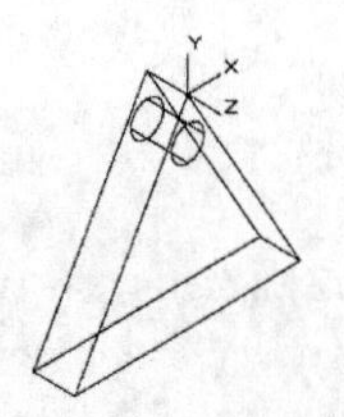

图 5-80　绘制圆柱体

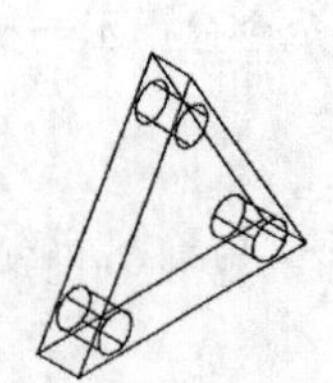
图 5-81　三维阵列

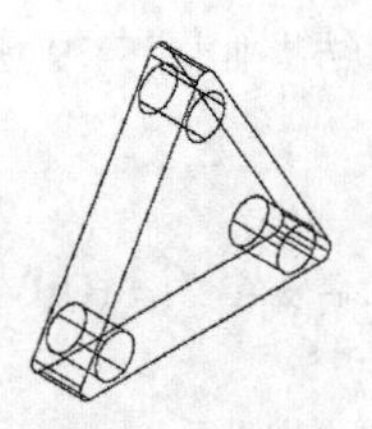
图 5-82　圆角操作

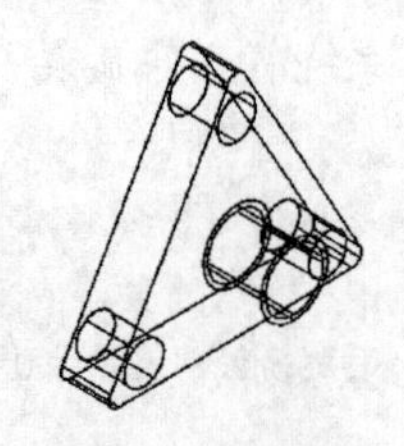
图 5-83　绘制圆柱体

（12）单击“三维工具”选项卡“实体编辑”面板中的“差集”按钮，将大圆柱体和小圆柱体进行差集运算。

（13）单击“三维工具”选项卡“实体编辑”面板中的“并集”按钮，对所有实体进行并集运算。

（14）单击“视图”选项卡“视觉样式”面板中的“概念”按钮，结果如图 5-75 所示。

5.8.9　三维移动

【执行方式】

☑　命令行：3dmove。
☑　菜单栏：选择菜单栏中的“修改”→“三维操作”→“三维移动”命令。
☑　工具栏：单击“建模”工具栏中的“三维移动”按钮。

【操作步骤】

```
命令：_3dmove
选择对象：找到1个
选择对象：↙
指定基点或[位移(D)] <位移>：（指定基点）
指定第二个点或<使用第一个点作为位移>：（指定第二点）
```

其操作方法与二维移动命令类似，将滚珠从轴承中移出的情形如图 5-84 所示。

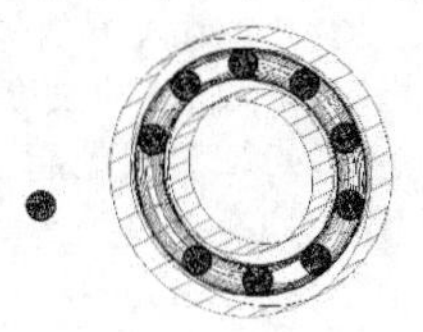

图 5-84　三维移动

5.8.10　操作实例——绘制角架

绘制图 5-85 所示的角架，操作步骤如下。

（1）建立新文件。启动 AutoCAD 2022 中文版应用程序，使用默认绘图环境。单击“快速访问”工具栏中的“新建”按钮，打开“选择样板”对话框，以“无样板打开-公制（M）”的方式建立新文件；将新文件命名为“角架立体图.dwg”并保存。

（2）设置线框密度。在命令行中输入“isolines”命令，默认值为 8，设置系统变量值为 10。

（3）设置视图方向。单击“可视化”选项卡“视图”面板中的“西南等轴测”按钮，将当前视图切换到西南等轴测视图。

（4）绘制长方体。单击“三维工具”选项卡“建模”面板中的“长方体”按钮，绘制长方体，长方体角点坐标分别为（0,0,0）和（100,-50,5），结果如图 5-86 所示。

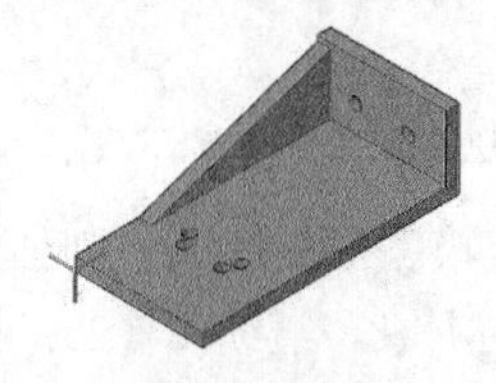

图 5-85　角架

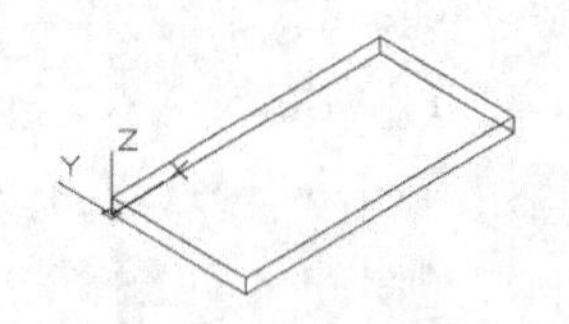

图 5-86　绘制长方体 1

（5）绘制长方体。单击“三维工具”选项卡“建模”面板中的“长方体”按钮，绘制长方体，长方体角点坐标分别为（0,0,5）和（5,-50,30），结果如图 5-87 所示。

（6）移动实体。选择菜单栏中的“修改”→“三维操作”→“三维移动”命令，将其沿 X 轴方向移动 68，命令行提示与操作如下。

```
命令: _3dmove
选择对象:（选择上一步绘制的长方体）
选择对象:
指定基点或[位移(D)] <位移>:（选择点1）
指定第二个点或<使用第一个点作为位移>:（选择点2）
```

（7）设置视图方向。单击“可视化”选项卡“视图”面板中的“前视”按钮，对视图进行切换。

（8）单击“默认”选项卡“绘图”面板中的“直线”按钮，绘制直线，形成封闭的三角形，结果如图 5-88 所示。命令行提示与操作如下。

```
命令: _line
指定第一个点: from
基点:（长方体最上侧的左角点）
<偏移>: @0,-2↙
指定下一点或[放弃(U)]:（捕捉两个长方体的交点，绘制竖直直线）
指定下一点或[退出(E)/放弃(U)]: 70（指定水平直线的长度）
指定下一点或[关闭(C)/退出(X)/放弃(U)]:（点取直线的起点或者直接在命令行中输入C）
指定下一点或[关闭(C)/退出(X)/放弃(U)]:
```

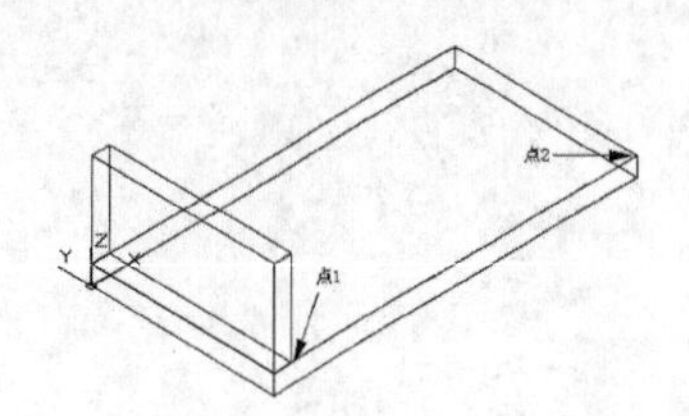

图 5-87　绘制长方体 2

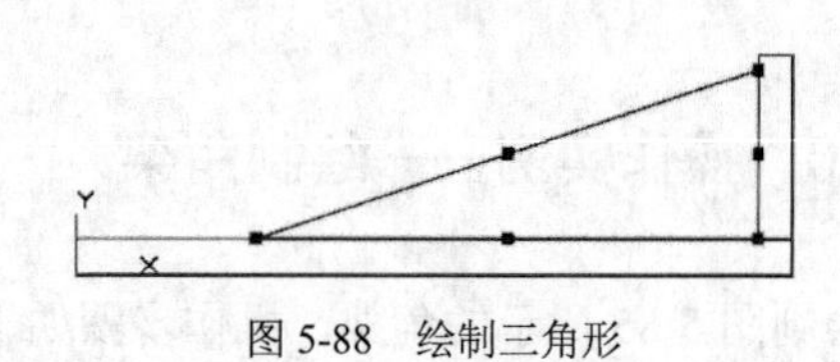

图 5-88　绘制三角形

（9）单击“默认”选项卡“绘图”面板中的“面域”按钮，将三角形创建为面域。

（10）单击“默认”选项卡“修改”面板中的“拉伸”按钮，对上一步绘制的三角形进行拉伸，拉伸的高度为 5。

（11）设置视图方向。单击“可视化”选项卡“视图”面板中的“西南等轴测”按钮，将当前视图切换到西南等轴测视图。

（12）设置坐标系。在命令行中输入“ucs”命令，将坐标系返回默认的世界坐标系，命令行提示与操作如下。

```
命令: _ucs
当前UCS名称: *没有名称*
指定UCS的原点或[面(F)/命名(NA)/对象(OB)/上一个(P)/视图(V)/世界(W)/X/Y/Z/Z轴(ZA)] <世界>:↙
```

（13）绘制圆柱体。单击“三维工具”选项卡“建模”面板中的“圆柱体”按钮，绘制以（30,-15,0）为圆心，创建半径为 2.5、高为 5 的圆柱体 1。继续以（25,-17.5,0）为圆心，创建半径为 2.5、高为 5 的圆柱体 2，结果如图 5-89 所示。

（14）选择菜单栏中的“修改”→“三维操作”→“三维镜像”命令，镜像圆柱体。命令行提示与操作如下。

命令: _mirror3d
选择对象:（选择圆柱体1和圆柱体2）
选择对象: ↙
指定镜像平面(三点)的第一个点或[对象(O)/最近的(L)/Z轴(Z)/视图(V)/XY平面(XY)/YZ平面(YZ)/ZX平面(ZX)/三点(3)] <三点>:（选择长方体左上侧短边上的中点）
在镜像平面上指定第二点:（选择长方体左下侧短边上的中点）
在镜像平面上指定第三点:（选择长方体右下侧短边上的中点）
是否删除源对象？[是(Y)/否(N)] <否>:↙

（15）设置坐标系。在命令行中输入“ucs”命令，将坐标系绕 *Y* 轴旋转 90°。

（16）绘制圆柱体。单击“三维工具”选项卡“建模”面板中的“圆柱体”按钮，绘制以（−15,−15,95）为圆心，创建半径为 2.5、高为 5 的圆柱体 3。继续以（−15,−35,95）为圆心，创建半径为 2.5、高为 5 的圆柱体 4，结果如图 5-90 所示。

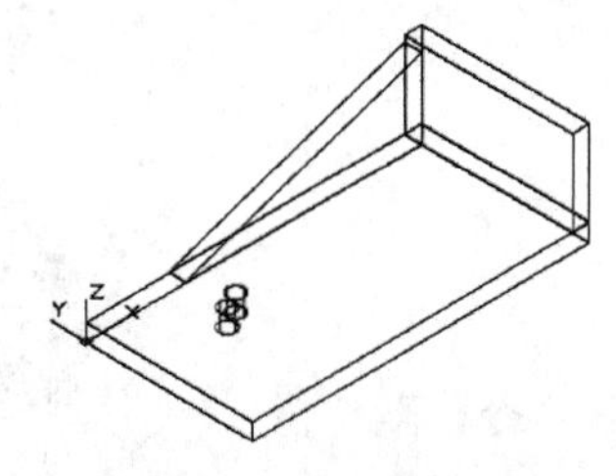

图 5-89　绘制圆柱体

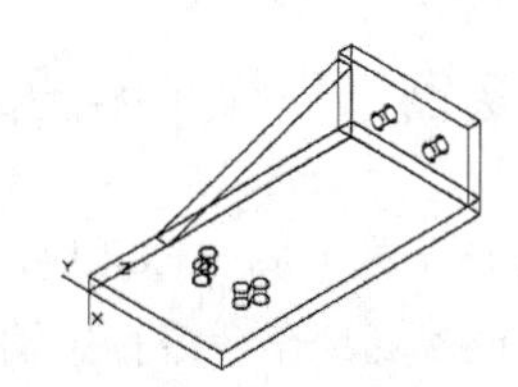

图 5-90　绘制圆柱体

（17）差集运算。单击“三维工具”选项卡“实体编辑”面板中的“差集”按钮，对圆柱体 1 和圆柱体 2 与大长方体进行差集运算，将圆柱体 3 和圆柱体 4 与小长方体进行差集运算。

（18）单击“三维工具”选项卡“实体编辑”面板中的“并集”按钮，对所有实体进行并集运算。

（19）改变视觉样式。单击“视图”选项卡“视觉样式”面板中的“概念”按钮，最终结果如图 5-85 所示。

5.8.11　剖切

【执行方式】

☑　命令行：slice（快捷命令为 sl）。
☑　菜单栏：选择菜单栏中的“修改”→“三维操作”→“剖切”命令。
☑　功能区：单击“三维工具”选项卡“实体编辑”面板中的“剖切”按钮。

【操作步骤】

执行上述任一操作后，命令行提示与操作如下。

命令: _slice
选择要剖切的对象:（选择要剖切的实体）
选择要剖切的对象:（继续选择或按Enter键结束选择）

```
指定切面的起点或[平面对象(O)/曲面(S)/Z轴(Z)/视图(V)/XY/YZ/ZX/三点(3)] <三点>:
```

【选项说明】

（1）平面对象（O）：将所选对象的所在平面作为剖切面。

（2）曲面（S）：将剪切平面与曲面对齐。

（3）*Z* 轴（Z）：通过平面指定一点与在平面的 *Z* 轴（法线）上指定另一点来定义剖切面。

（4）视图（V）：以平行于当前视图的平面作为剖切面。

（5）*XY*（XY）/*YZ*（YZ）/*ZX*（ZX）：将剖切面与当前用户坐标系（UCS）的 *XY* 平面/*YZ* 平面/*ZX* 平面对齐。

（6）三点（3）：将根据空间的 3 个点确定的平面作为剖切面。确定剖切面后，系统会提示保留一侧或两侧。

5.8.12 操作实例——绘制半圆凹槽孔块

绘制图 5-91 所示的半圆凹槽孔块，操作步骤如下。

（1）设置线框密度。在命令行中输入“isolines”命令，默认值为 8，设置系统变量值为 10。

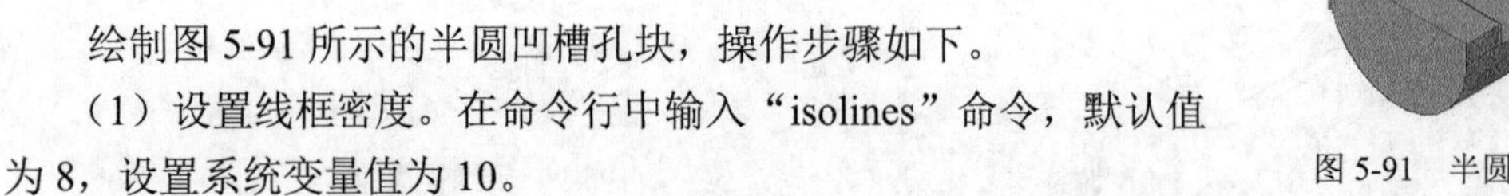

图 5-91 半圆凹槽孔块

（2）单击“可视化”选项卡“视图”面板中的“西南等轴测”按钮，设置视图方向，在命令行中输入“ucs”命令，将坐标系绕 *Y* 轴旋转-90°。

（3）单击“三维工具”选项卡“建模”面板中的“圆柱体”按钮，绘制底面圆心坐标为（0,0,0）、底面半径为 20、高度为 50 的圆柱体，结果如图 5-92 所示。

（4）剖切圆柱体。单击“三维工具”选项卡“实体编辑”面板中的“剖切”按钮，将步骤（2）绘制的圆柱体分别沿过点（0,0,0）的 *YZ* 平面方向进行剖切处理，如图 5-93 所示。命令行提示与操作如下。

```
命令: _slice
选择要剖切的对象:（选择球体）
选择要剖切的对象: ↙
指定切面的起点或[平面对象(O)/曲面(S)/Z轴(Z)/视图(V)/XY平面(XY)/YZ平面(YZ)/ZX平面(ZX)/三点(3)] <三点>: YZ
指定YZ平面上的点<0,0,0>: 0,0,0
在所需的侧面上指定点或[保留两个侧面(B)] <保留两个侧面>:（在圆柱体下侧单击）
```

（5）在命令行中输入“ucs”命令，将坐标系移动到圆柱体的左上角点。

（6）在命令行中输入“ucs”命令，将坐标系绕 *Y* 轴旋转 180°，命令行提示与操作如下。

```
命令: _ucs
当前UCS名称: *没有名称*
指定UCS的原点或[面(F)/命名(NA)/对象(OB)/上一个(P)/视图(V)/世界(W)/X/Y/Z/Z轴(ZA)] <世界>: Y
指定绕Y轴的旋转角度 <90>: 180
```

结果如图 5-94 所示。

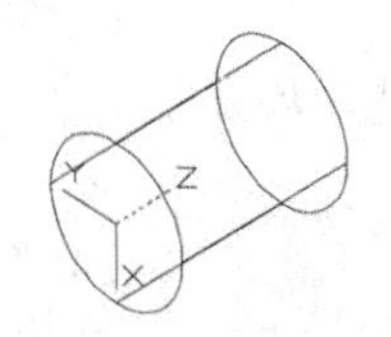

图 5-92 绘制圆柱体

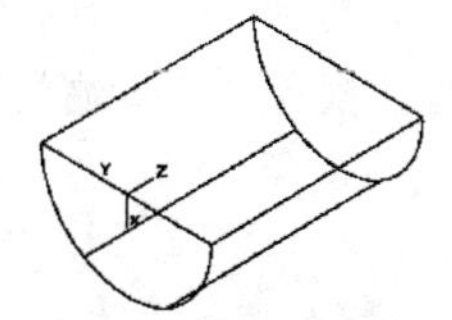

图 5-93 剖切圆柱体

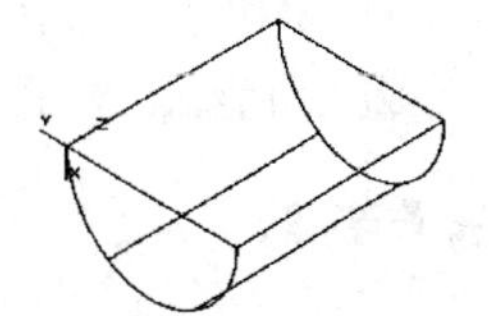

图 5-94 移动和旋转坐标系

（7）单击“三维工具”选项卡“建模”面板中的“长方体”按钮，绘制长方体，结果如图 5-95 所示。命令行提示与操作如下。

```
命令: _box
指定第一个角点或[中心(C)]: -5,0,0
指定其他角点或[立方体(C)/长度(L)]: 0,-40,10
命令: _box
指定第一个角点或[中心(C)]:（选择点1）
指定其他角点或[立方体(C)/长度(L)]: L
指定长度: <正交 开>40
指定宽度: 5
指定高度或[两点(2P)] <11.0000>:-10
```

（8）并集运算。单击“三维工具”选项卡“实体编辑”面板中的“并集”按钮，对实体进行并集运算。

（9）消隐实体。单击“视图”选项卡“视觉样式”面板中的“隐藏”按钮，对实体进行消隐处理，结果如图 5-96 所示。

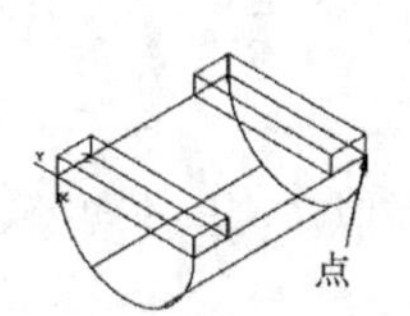

图 5-95 绘制长方体

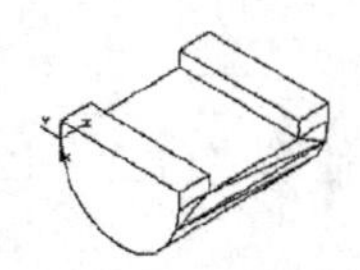

图 5-96 消隐处理

（10）改变视觉样式。单击“视图”选项卡“视觉样式”面板中的“概念”按钮，最终效果如图 5-91 所示。

5.9 编辑实体

利用实体编辑功能编辑三维实体对象的面和边。

5.9.1 抽壳

【执行方式】

☑ 命令行：solidedit。

☑ 菜单栏：选择菜单栏中的“修改”→“实体编辑”→“抽壳”命令。

☑ 工具栏：单击“实体编辑”工具栏中的“抽壳”按钮。

☑ 功能区：单击“三维工具”选项卡“实体编辑”面板中的“抽壳”按钮。

【操作步骤】

```
命令: _solidedit
实体编辑自动检查: SOLIDCHECK=1
输入实体编辑选项[面(F)/边(E)/体(B)/放弃(U)/退出(X)] <退出>: B
输入体编辑选项[压印(I)/分割实体(P)/抽壳(S)/清除(L)/检查(C)/放弃(U)/退出(X)] <退出>: S
选择三维实体:（选择三维实体）
删除面或[放弃(U)/添加(A)/全部(ALL)]:（选择开口面）
输入抽壳偏移距离:（指定壳体的厚度值）
```

利用抽壳命令创建花盆的大致流程如图 5-97 所示。

创建初步轮廓

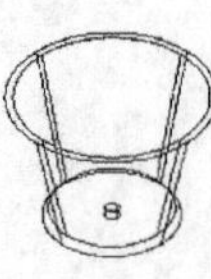
完成创建

消隐结果

图 5-97 花盆

说 明

抽壳是用指定的厚度创建一个空的薄层。可以为所有面指定一个固定的薄层厚度，通过选择面可以将这些面排除在壳外。一个三维实体只能有一个壳，通过偏移现有面一定厚度来创建新的面。

“编辑实体”命令的其他选项功能与上面几项类似，这里不再赘述。

5.9.2 操作实例——绘制凸台双槽竖槽孔块

绘制图 5-98 所示的凸台双槽竖槽孔块，操作步骤如下。

（1）建立新文件。启动 AutoCAD 2022 中文版应用程序，使用默认设置绘图环境。单击“快速访问”工具栏中的“新建”按钮，打开“选择样板”对话框，单击“打开”按钮右侧的下拉按钮，以“无样板打开-公制（M）”的方式建立新文件，将新文件命名为“凸台双槽竖槽孔块.dwg”，并保存。

（2）设置线框密度。在命令行中输入“isolines”命令，默认值为 8，设置系统变量值为 10。

（3）设置视图方向。单击“可视化”选项卡“视图”面板中的“西南等轴测”按钮，将当前视图切换为西南等轴测视图。

（4）单击“三维工具”选项卡“建模”面板中的“长方体”按钮，再以（0,0,0）为角点，绘制另一角点坐标为（140,100,40）的长方体 1，结果如图 5-99 所示。

（5）单击“三维工具”选项卡“实体编辑”面板中的“抽壳”按钮，对上一步绘制的长方体进行抽壳操作，命令行提示与操作如下。

```
命令: _solidedit
```

```
实体编辑自动检查: SOLIDCHECK=1
输入实体编辑选项[面(F)/边(E)/体(B)/放弃(U)/退出(X)] <退出>: _body
输入体编辑选项[压印(I)/分割实体(P)/抽壳(S)/清除(L)/检查(C)/放弃(U)/退出(X)] <退出>: _shell
选择三维实体:（选择上一步绘制的长方体）
删除面或[放弃(U)/添加(A)/全部(ALL)]:（选择长方体的左侧底边作为删除面）
删除面或[放弃(U)/添加(A)/全部(ALL)]: ↙
输入抽壳偏移距离: 20
```

结果如图 5-100 所示。

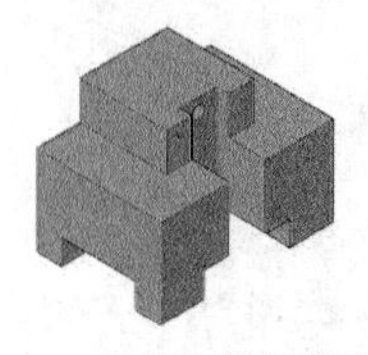

图 5-98　凸台双槽竖槽孔块

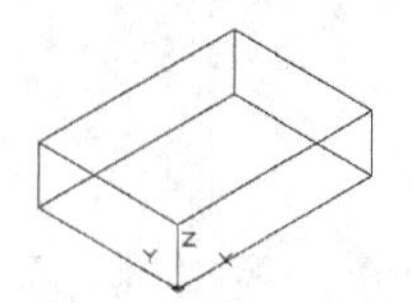

图 5-99　绘制长方体 1

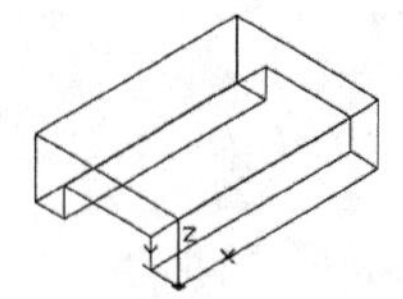

图 5-100　抽壳操作

（6）单击“三维工具”选项卡“建模”面板中的“长方体”按钮，再以长方体的左上顶点为角点，绘制长度为 140、宽度为 100、高度为 30 的长方体 2，结果如图 5-101 所示。

（7）单击“三维工具”选项卡“实体编辑”面板中的“并集”按钮，将绘制的两个长方体合并，结果如图 5-102 所示。

（8）单击“三维工具”选项卡“建模”面板中的“长方体”按钮，绘制长方体 3，命令行提示与操作如下。

```
命令: _box
指定第一个角点或[中心(C)]: C
指定中心:（长方体最上侧边的中点）
指定角点或[立方体(C)/长度(L)]: L
指定长度: <正交 开> 70
指定宽度: 70
指定高度或[两点(2P)] <30.0000>: 30
```

结果如图 5-103 所示。

（9）选择菜单栏中的“修改”→“三维操作”→“三维移动”命令，以长方体 3 下侧边的中点为基点，将长方体 3 移动到长方体 2 最上侧边的中点，结果如图 5-104 所示。

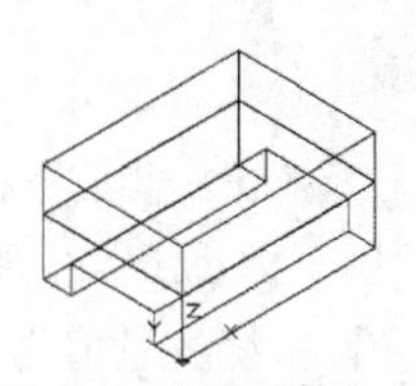

图 5-101　绘制长方体 2

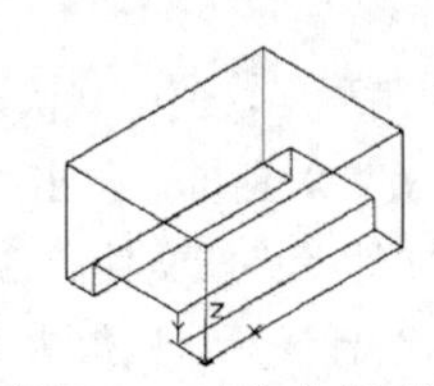

图 5-102　布尔合并运算

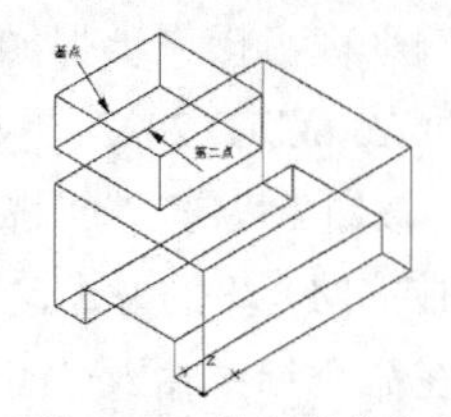

图 5-103　绘制长方体 3

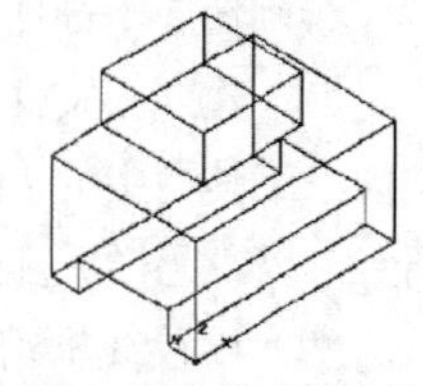

图 5-104　移动长方体

（10）单击“三维工具”选项卡“建模”面板中的“长方体”按钮，以（85,0,0）和（55,40,100）为角点绘制长方体 4，再以（105,0,20）和（35,80,00）为角点，绘制长方体 5。

将视图转换到前视图。

（11）单击“三维工具”选项卡“建模”面板中的“圆柱体”按钮，绘制一个底面中心点如图 5-105 所示（利用对象捕捉功能捕捉圆心位置），底面半径为 5，高度为-60 的圆柱体。

（12）单击“三维工具”选项卡“实体编辑”面板中的“并集”按钮，将长方体 3、长方体 1、长方体 2 合并。

（13）单击“三维工具”选项卡“实体编辑”面板中的“差集”按钮，将长方体 4、长方体 5 和圆柱体从实体中减去。此时窗口图形如图 5-106 所示。

（14）单击“视图”选项卡“视觉样式”面板中的“隐藏”按钮，对实体进行消隐。此时窗口图形如图 5-107 所示。

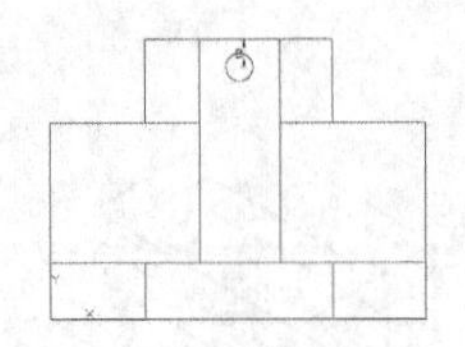

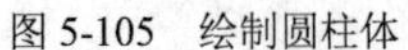

图 5-105　绘制圆柱体

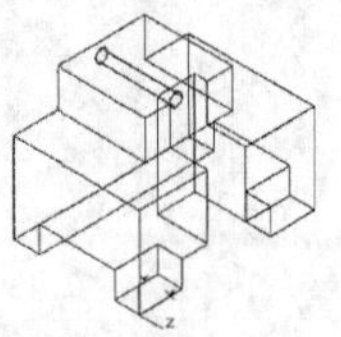

图 5-106　差集运算

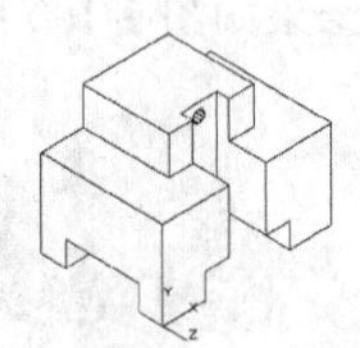

图 5-107　实体消隐

（15）关闭坐标系。选择菜单栏中的“视图”→“显示”→“UCS 图标”→“开”命令，完全显示图形。

（16）改变视觉样式。通过“材质浏览器”对实体附着对应材质。单击“视图”选项卡“视觉样式”面板中的“概念”按钮，最终效果如图 5-98 所示。

5.9.3　复制面

【执行方式】

☑　命令行：solidedit。
☑　菜单栏：选择菜单栏中的“修改”→“实体编辑”→“复制面”命令。
☑　工具栏：单击“实体编辑”工具栏中的“复制面”按钮。
☑　功能区：单击“三维工具”选项卡“实体编辑”面板中的“复制面”按钮。

5.9.4　操作实例——绘制圆平榫

绘制图 5-108 所示的圆平榫，操作步骤如下。

（1）建立新文件。启动 AutoCAD 2022 中文版应用程序，使用默认设置绘图环境。单击“快速访问”工具栏中的“新建”按钮，打开“选择样板”对话框，单击“打开”按钮右侧的下拉按钮，以“无样板打开-公制（M）”的方式建立新文件，将新文件命名为“圆平榫.dwg”并保存。

（2）设置线框密度。在命令行中输入“isolines”命令，默认值为 8，设置系统变量值为 10。

（3）设置视图方向。单击“可视化”选项卡“视图”面板中的“西南等轴测”按钮，将当前视图切换为西南等轴测视图。

（4）单击“三维工具”选项卡“建模”面板中的“长方体”按钮，再以（0,0,0）为角点，绘制另一角点坐标为（80,50,15）的长方体 1，如图 5-109 所示。

（5）单击“三维工具”选项卡“实体编辑”面板中的“抽壳”按钮，对上一步绘制的长方体进行抽壳操作，命令行提示与操作如下。

```
命令: _solidedit
实体编辑自动检查: SOLIDCHECK=1
输入实体编辑选项[面(F)/边(E)/体(B)/放弃(U)/退出(X)] <退出>: _body
输入实体编辑选项[压印(I)/分割实体(P)/抽壳(S)/清除(L)/检查(C)/放弃(U)/退出(X)] <退出>: _shell
选择三维实体:（选择长方体1）
删除面或[放弃(U)/添加(A)/全部(ALL)]:（选择前侧底边、右侧底边和后侧底边）
删除面或[放弃(U)/添加(A)/全部(ALL)]:
输入抽壳偏移距离: 5
已开始实体校验。
已完成实体校验。
输入实体编辑选项[压印(I)/分割实体(P)/抽壳(S)/清除(L)/检查(C)/放弃(U)/退出(X)] <退出>:↙
实体编辑自动检查: SOLIDCHECK=1
输入实体编辑选项[面(F)/边(E)/体(B)/放弃(U)/退出(X)] <退出>:↙
```

结果如图 5-110 所示。

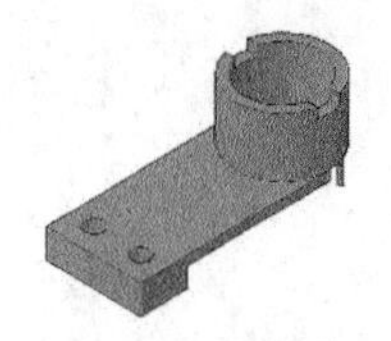

图 5-108　圆平榫

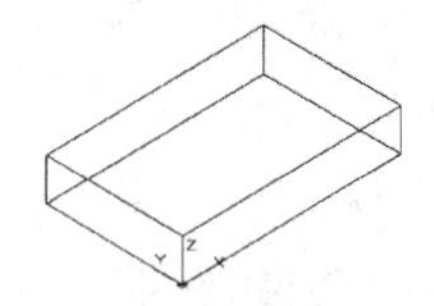

图 5-109　绘制长方体 1

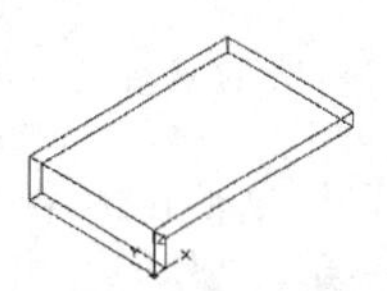

图 5-110　抽壳操作

（6）单击“三维工具”选项卡“建模”面板中的“长方体”按钮，再以（0,0,0）为角点，绘制另一角点坐标为（−20,50,15）的长方体 2。

（7）单击“三维工具”选项卡“实体编辑”面板中的“并集”按钮，将绘制的长方体 1 和长方体 2 合并。

（8）单击“可视化”选项卡“视图”面板中的“俯视”按钮，将当前视图切换为俯视图。

将坐标系调整到图形的左上方。

（9）单击“默认”选项卡“绘图”面板中的“圆”按钮，绘制圆心坐标为（12.5,−12.5）、半径为 5 的圆，结果如图 5-111 所示。

（10）单击“三维工具”选项卡“建模”面板中的“拉伸”按钮，拉伸步骤（9）中绘制的圆，设置拉伸高度为 15。

（11）单击“可视化”选项卡“视图”面板中的“西南等轴测”按钮，将当前视图切换为西南等轴测视图，结果如图 5-112 所示。

（12）选择菜单栏中的“修改”→“三维操作”→“三维镜像”命令，对拉伸实体进行三维镜像操作，结果如图 5-113 所示。

（13）单击“三维工具”选项卡“实体编辑”面板中的“差集”按钮，将拉伸实体及镜像后的实体从整个实体中减去，进行差集操作。

（14）单击“三维工具”选项卡“建模”面板中的“圆柱体”按钮，绘制圆柱体 1，结果如图 5-114 所示。命令行提示与操作如下。

```
命令: _cylinder
指定底面的中心点或[三点(3P)/两点(2P)/切点、切点、半径(T)/椭圆(E)]:（捕捉点1）
指定底面半径或[直径(D)]:（捕捉点2）
指定高度或[两点(2P)/轴端点(A)] <16.0000>: 30
```

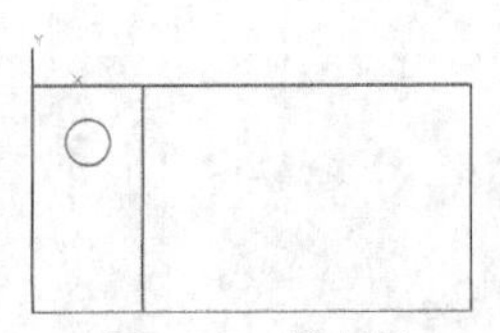

图 5-111　绘制圆

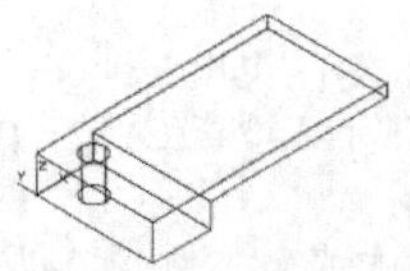

图 5-112　切换视图

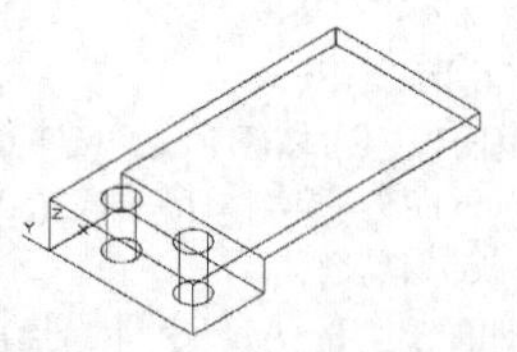

图 5-113　三维镜像实体

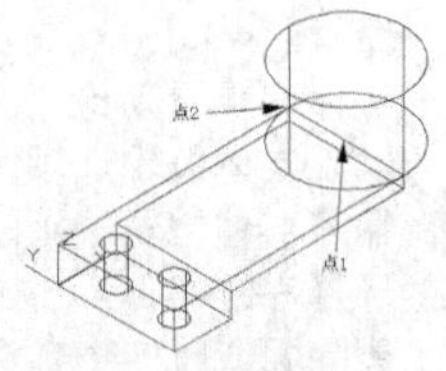

图 5-114　绘制圆柱体 1

（15）单击“三维工具”选项卡“建模”面板中的“圆柱体”按钮，绘制以点 1 为圆心、底面半径为 20、高度为 30 的圆柱体 2。

（16）单击“三维工具”选项卡“建模”面板中的“长方体”按钮，以圆柱体的中心为长方体的中心，绘制长度为 12、宽度为 50、高度为 5 的长方体 3。

（17）选择菜单栏中的“修改”→“三维操作”→“三维移动”命令，将长方体向 Z 轴方向移动−2.5。

```
命令: _3dmove
选择对象:（选择长方体3）
选择对象: ↙
指定基点或[位移(D)] <位移>:（指定绘图区的一点）
指定第二个点或<使用第一个点作为位移>: @0,0,−2.5
```

正在重生成模型。

（18）单击“三维工具”选项卡“实体编辑”面板中的“差集”按钮，从圆柱体 1 中减去圆柱体 2 和长方体 3，结果如图 5-115 所示。

（19）单击“可视化”选项卡“视图”面板中的“东南等轴测”按钮，将当前视图切换为东南等轴测视图，将坐标系转换到世界坐标系。

（20）单击“三维工具”选项卡“建模”面板中的“圆柱体”按钮，绘制圆柱体 3，结果如图 5-116 所示，命令行提示与操作如下。

```
命令: _cylinder
指定底面的中心点或[三点(3P)/两点(2P)/切点、切点、半径(T)/椭圆(E)]: 102.5,25,15
指定底面半径或[直径(D)] <1.5000>: 1.5
指定高度或[两点(2P)/轴端点(A)] <6.0000>: −5
```

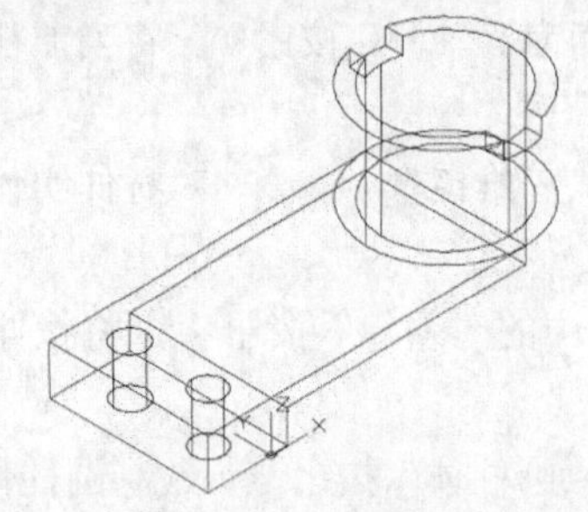

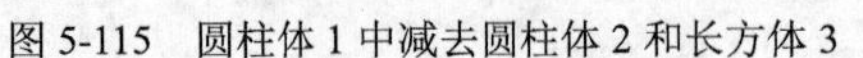

图 5-115　圆柱体 1 中减去圆柱体 2 和长方体 3

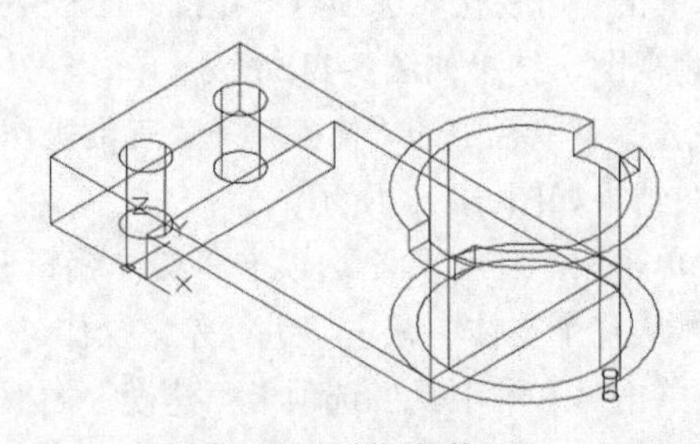

图 5-116　绘制圆柱体 3

（21）单击“三维工具”选项卡“实体编辑”面板中的“复制面”按钮，选择上一步绘制的圆柱体的底面，在原位置处复制一个面，并将复制的面进行拉伸，拉伸的高度为 10，倾斜度为 2°，结果如图 5-117 所示，命令行提示与操作如下。

```
命令: _solidedit
```

实体编辑自动检查: SOLIDCHECK=1
输入实体编辑选项[面(F)/边(E)/体(B)/放弃(U)/退出(X)] <退出>: _facc
输入面编辑选项[拉伸(E)/移动(M)/旋转(R)/偏移(O)/倾斜(T)/删除(D)/复制(C)/颜色(L)/材质(A)/放弃(U)/退出(X)] <退出>: _copy
选择面或[放弃(U)/删除(R)]:（选择圆柱体底面）
选择面或[放弃(U)/删除(R)/全部(ALL)]: ↙
指定基点或位移:（指点一点）
指定位移的第二点:（与基点重合）
输入面编辑选项[拉伸(E)/移动(M)/旋转(R)/偏移(O)/倾斜(T)/删除(D)/复制(C)/颜色(L)/材质(A)/放弃(U)/退出(X)] <退出>: E
选择面或[放弃(U)/删除(R)]:（选择复制得到的面）
选择面或[放弃(U)/删除(R)/全部(ALL)]: ↙
指定拉伸高度或[路径(P)]: 10
指定拉伸的倾斜角度 <0>: 2
已开始实体校验。
已完成实体校验。

（22）选择菜单栏中的“修改”→“三维操作”→“三维阵列”命令，选择上一步绘制的实体进行阵列，阵列总数为 6，绘制结果如图 5-118 所示，命令行提示与操作如下。

命令: _3darray
选择对象: 找到 1 个
选择对象: ↙
输入阵列类型 [矩形(R)/环形(P)] <矩形>:P
输入阵列中的项目数目: 6
指定要填充的角度(+=逆时针, -=顺时针) <360>:↙
旋转阵列对象？[是(Y)/否(N)] <Y>:↙
指定阵列的中心点:（选择步骤14创建的圆柱体的底面中心点）
指定旋转轴上的第二点:（选择步骤14创建的圆柱体的顶面中心点）

（23）单击“默认”选项卡“修改”面板中的“删除”按钮，删除左侧 3 个阵列之后的实体，结果如图 5-119 所示。

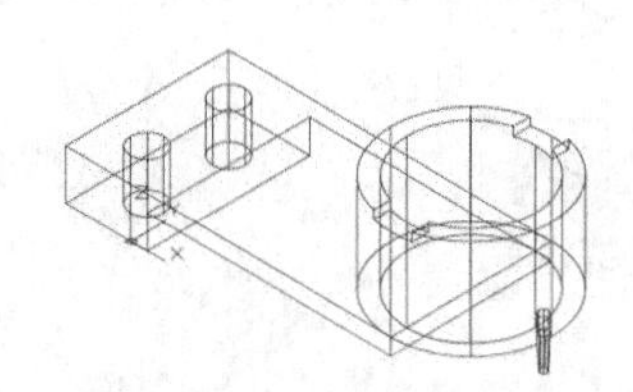
图 5-117　复制并拉伸面

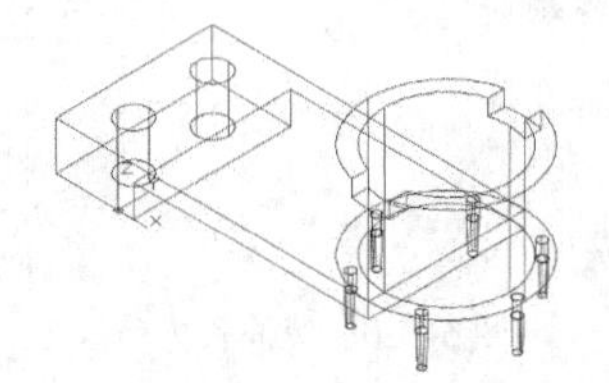
图 5-118　环形阵列

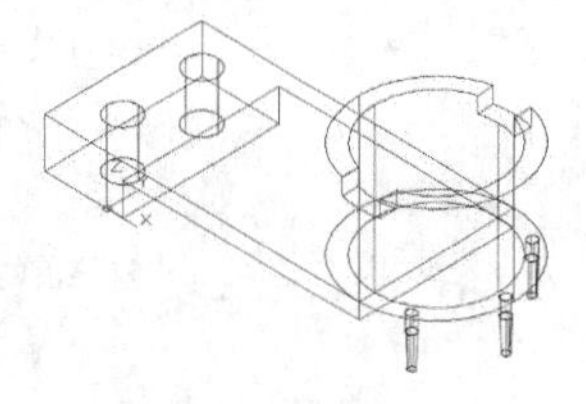
图 5-119　删除多余图形

（24）单击“三维工具”选项卡“实体编辑”面板中的“并集”按钮，将所有图形合并成一个整体。

（25）关闭坐标系。选择菜单栏中的“视图”→“显示”→“UCS 图标”→“开”命令，完全显示图形。

（26）将当前视图切换到东南等轴测视图。单击“视图”选项卡“视觉样式”面板中的“概念”按钮，最终效果如图 5-108 所示。

5.9.5 拉伸面

【执行方式】

☑ 命令行：solidedit。

☑ 菜单栏：选择菜单栏中的“修改”→“实体编辑”→“拉伸面”命令。

☑ 工具栏：单击“实体编辑”工具栏中的“拉伸面”按钮。

☑ 功能区：单击“三维工具”选项卡“实体编辑”面板中的“拉伸面”按钮。

【操作步骤】

执行上述任一操作后，命令行提示与操作如下。

命令: _solidedit
实体编辑自动检查: SOLIDCHECK=1
输入实体编辑选项[面(F)/边(E)/体(B)/放弃(U)/退出(X)] <退出>: F
输入面编辑选项[拉伸(E)/移动(M)/旋转(R)/偏移(O)/倾斜(T)/删除(D)/复制(C)/颜色(L)/材质(A)/放弃(U)/退出(X)] <退出>: E
选择面或[放弃(U)/删除(R)]:（选择要进行拉伸的面）
选择面或[放弃(U)/删除(R)/全部(ALL)]:
指定拉伸高度或[路径(P)]:

【选项说明】

（1）指定拉伸高度：按指定的高度值来拉伸面。指定拉伸的倾斜角度后，完成拉伸操作。

（2）路径（P）：沿指定的路径曲线拉伸面。拉伸长方体顶面和侧面的结果如图 5-120 所示。

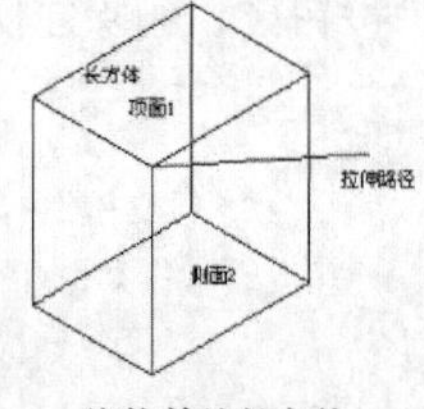

拉伸前的长方体

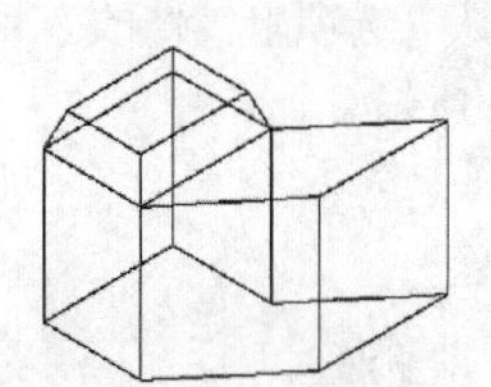
拉伸后的三维实体

图 5-120 拉伸长方体

5.9.6 移动面

【执行方式】

☑ 命令行：solidedit。

☑ 菜单栏：选择菜单栏中的“修改”→“实体编辑”→“移动面”命令。

☑ 工具栏：单击“实体编辑”工具栏中的“移动面”按钮。

☑ 功能区：单击“三维工具”选项卡“实体编辑”面板中的“移动面”按钮。

【操作步骤】

执行上述任一操作后，命令行提示与操作如下。

```
命令: _solidedit
实体编辑自动检查: SOLIDCHECK=1
输入实体编辑选项[面(F)/边(E)/体(B)/放弃(U)/退出(X)] <退出>: _face
输入面编辑选项[拉伸(E)/移动(M)/旋转(R)/偏移(O)/倾斜(T)/删除(D)/复制(C)/颜色(L)/材质(A)/放弃(U)/退出(X)] <退出>: _move
选择面或[放弃(U)/删除(R)]:（选择要移动的面）
选择面或[放弃(U)/删除(R)/全部(ALL)]:（继续选择移动面或按Enter键结束选择）
指定基点或位移:（输入具体的坐标值或选择关键点）
指定位移的第二点:（输入具体的坐标值或选择关键点）
```

各选项的含义在前面介绍的命令中都有涉及，在图 5-121 中显示移动三维实体的结果。

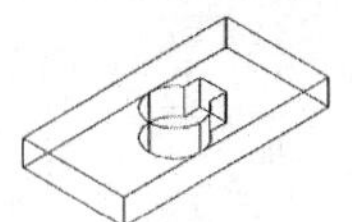

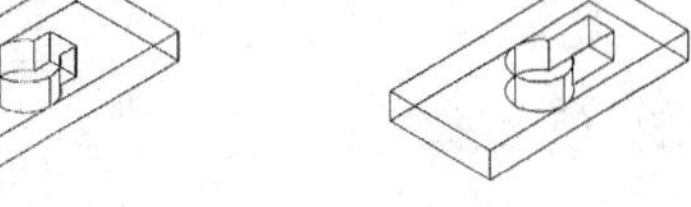

移动前的图形　　移动后的图形

图 5-121　移动三维实体

5.9.7　偏移面

【执行方式】

- ☑ 命令行：solidedit。
- ☑ 菜单栏：选择菜单栏中的“修改”→“实体编辑”→“偏移面”命令。
- ☑ 工具栏：单击“实体编辑”工具栏中的“偏移面”按钮。
- ☑ 功能区：单击“三维工具”选项卡“实体编辑”面板中的“偏移面”按钮。

【操作步骤】

执行上述任一操作后，命令行提示与操作如下。

```
命令: _solidedit
实体编辑自动检查: SOLIDCHECK=1
输入实体编辑选项[面(F)/边(E)/体(B)/放弃(U)/退出(X)] <退出>: _face
输入面编辑选项[拉伸(E)/移动(M)/旋转(R)/偏移(O)/倾斜(T)/删除(D)/复制(C)/颜色(L)/材质(A)/放弃(U)/退出(X)] <退出>: _offset
选择面或[放弃(U)/删除(R)]:（选择要偏移的面）
选择面或[放弃(U)/删除(R)/全部(ALL)]:
指定偏移距离:（输入要偏移的距离值）
```

通过“偏移”命令改变哑铃手柄大小的结果如图 5-122 所示。

图 5-122　偏移对象

5.10 名师点拨——三维编辑跟我学

1．三维阵列绘制注意事项

进行三维阵列操作时，关闭“对象捕捉”和“三维对象捕捉”功能，取消对捕捉中心点的影响，否则阵列不出预想结果。

2．三维旋转曲面命令有哪些使用技巧

在执行三维旋转曲面命令时，要注意 3 点：一是所要旋转的母线与轴线位于同一个平面内；二是同一母线绕不同的轴旋转以后得到的结果截然不同；三是要达到设计意图应认真绘制母线，同时要保证旋转精度。另外要注意的是，三维曲面在旋转过程中的起始角可以是任意的，要获得的曲面包角也是任意的（0°～360°）。

3．如何灵活使用三维实体的“剖切”命令

三维“剖切”命令无论是用在坐标面还是某一种实体，如直线、圆、圆弧等实体，都是将三维实体剖切成两部分，用户可以保留某一部分或两部分，然后再进行剖切组合。用户也可以使用倾斜的坐标面或某一实体要素剖切三维实体，但 AutoCAD 的“剖切”命令则无法将实体剖切成局部剖视图的轮廓线边界形状。

5.11 上机实验

【练习 1】创建图 5-123 所示的壳体。

【练习 2】创建图 5-124 所示的轴。

【练习 3】创建图 5-125 所示的内六角螺钉。

图 5-123　壳体

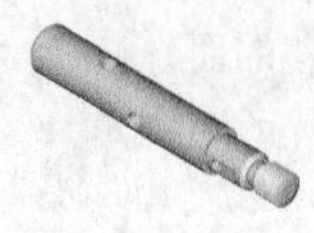

图 5-124　轴

图 5-125　内六角螺钉

5.12 模拟试题

（1）在三维对象捕捉中，下面哪一项不属于捕捉模式？（　　）

A．顶点　　B．节点　　C．面中心　　D．端点

（2）可以将三维实体对象分解成原来组成三维实体的部件的命令是（　　）。

A．分解　　B．剖切　　C．分割　　D．切割

（3）关于三维 DWF 文件，下列说法不正确的是（　　）。

A．可以使用“3ddwf”命令发布三维 DWF 文件

B．可以使用“export”命令发布三维 DWF 文件

C．三维模型的程序材质（例如木材或大理石）得不到发布

D．“凸凹贴图”通道是唯一得到发布的贴图

（4）实体中的“拉伸”命令和实体编辑中的“拉伸”命令有什么区别？（　　）

A．没什么区别

B．前者是对多段线进行拉伸操作，后者是对面域进行拉伸操作

C．前者是由二维线框转为实体，后者是拉伸实体中的一个面

D．前者是拉伸实体中的一个面，后者是由二维线框转为实体

（5）绘制图 5-126 所示的三通管。

（6）绘制图 5-127 所示的齿轮。

（7）绘制图 5-128 所示的方向盘。

（8）绘制图 5-129 所示的旋塞体并赋材渲染。

（9）绘制图 5-130 所示的缸套并赋材渲染。

（10）绘制图 5-131 所示的连接盘并赋材渲染。

图 5-126　三通管

图 5-127　齿轮

图 5-128　方向盘

图 5-129　旋塞体

图 5-130　缸套

图 5-131　连接盘

第二篇 二维绘制篇

本篇以某变速器试验箱全套机械图纸二维工程图为核心，展开讲述机械设计二维工程图绘制的操作步骤、方法和技巧等内容，包括零件二维工程图和装配二维工程图等知识。

本篇内容通过实例加深读者对 AutoCAD 功能的理解和掌握，包括各种机械零部件设计二维工程图的绘制方法。

【案例欣赏】

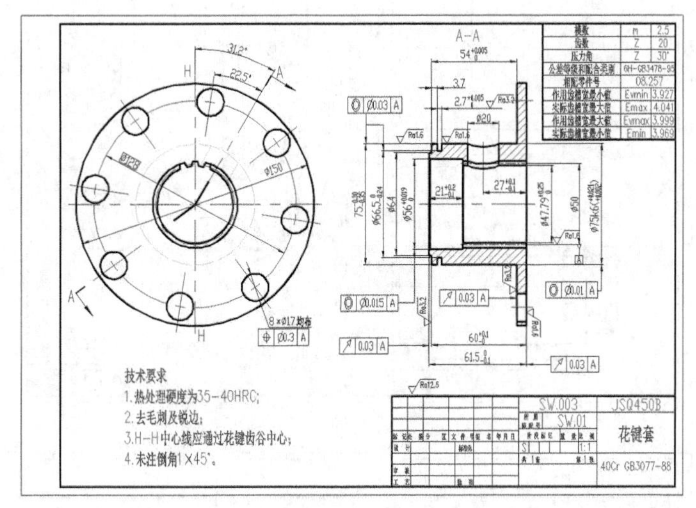

A-A
模数 m 2.5
齿数 Z 20
压力角 Z 30°
公差等级和配合类别 6H-GB3478-95
相配零件号 08.257
作用齿槽宽最小值 Evmin 3.927
实际齿槽宽最大值 Emax 4.041
作用齿槽宽最大值 Evmax 3.999
实际齿槽宽最小值 Emin 3.969
8×Ø17均布
技术要求
1.热处理硬度为35-40HRC;
2.去毛刺及锐边;
3.H-H中心线应通过花键齿谷中心;
4.未注倒角1×45°。
SW.003
JSQ450B
SW.01
花键套
40Cr GB3077-88

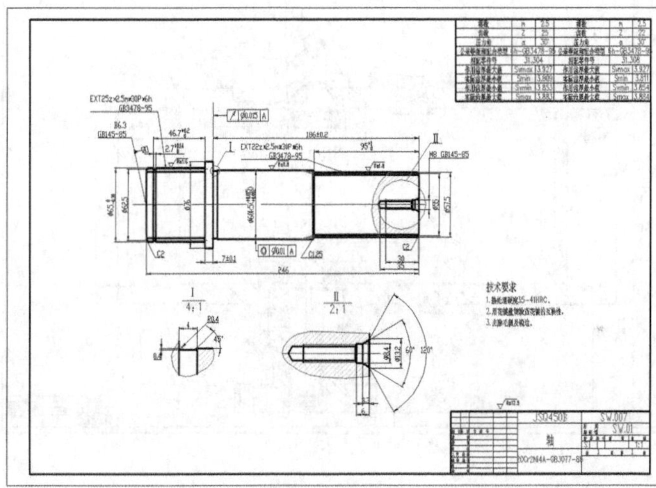

EXT25z×2.5m×30P×6h
GB3478-95
EXT22z×2.5m×30P×6h
GB3478-95
技术要求
JSQ450B
SW.007
SW.01
轴

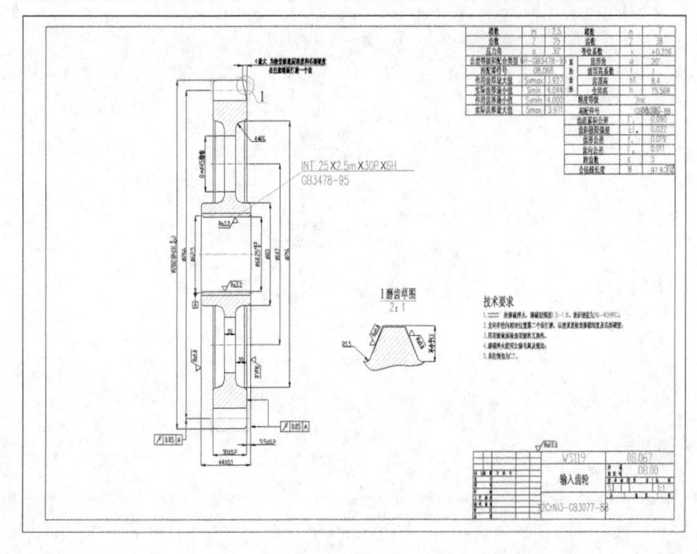

INT 25X2.5m X30P X6H
GB3478-95
I 磨齿草图
2:1
技术要求
输入齿轮

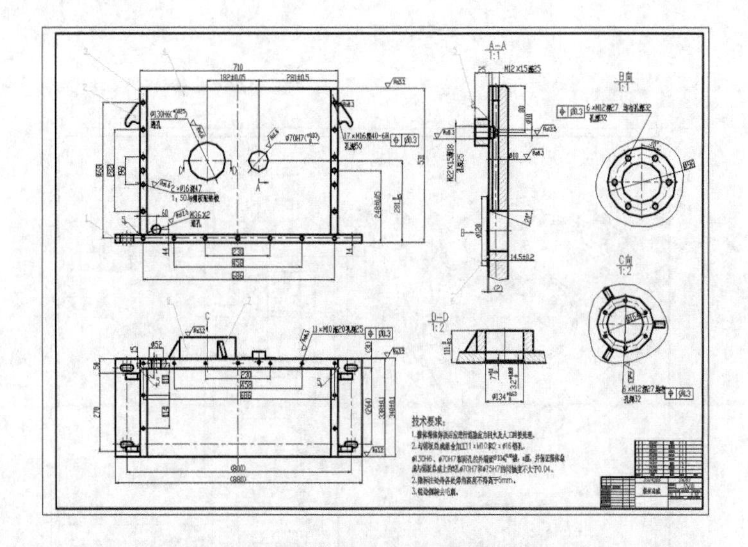

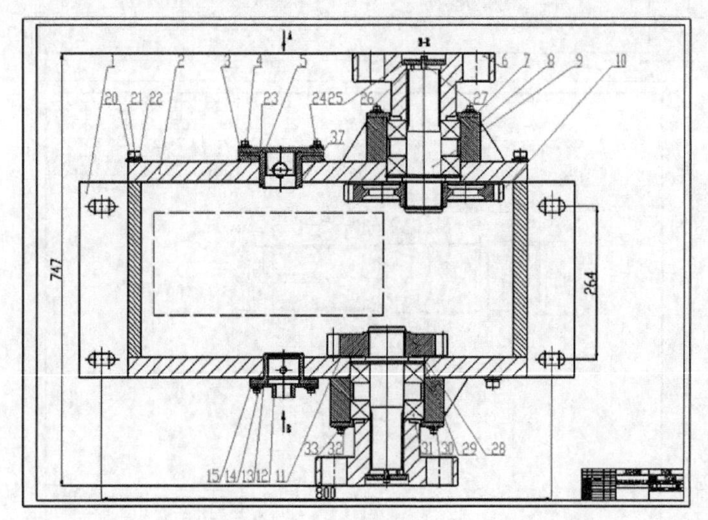

第6章

简单零件绘制

本章首先以 A3 图纸为例，介绍如何绘制标准样板图，最后再以螺堵零件为例，简单介绍如何绘制完整零件图纸。在介绍过程中，将逐步带领用户熟悉基本绘图命令，并熟悉平面图绘制的相关理论知识和技巧。

6.1 绘制图纸模板

本节主要介绍图 6-1 所示标准样板图的绘制方法。

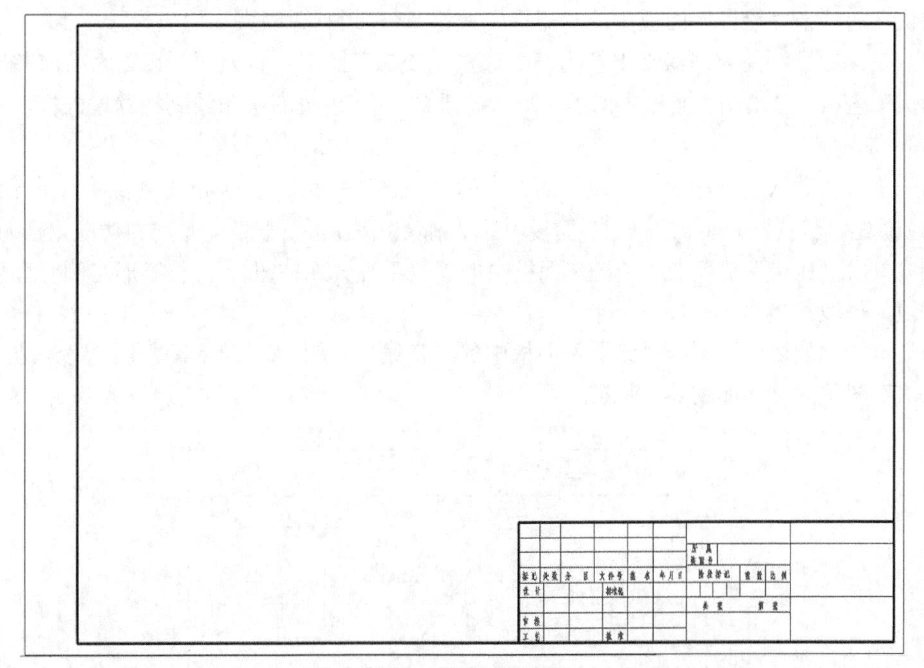

图 6-1 标准样板图

6.1.1 新建图层

单击“默认”选项卡“图层”面板中的“图层特性”按钮，新建 5 个图层，分别命名为“CSX”“XSX”“ZXX”“WZ”“BZ”，图层的颜色、线型、线宽等属性设置如图 6-2 所示。

注意 在新的机械标准中粗实线与细实线线宽比例为 2∶1。

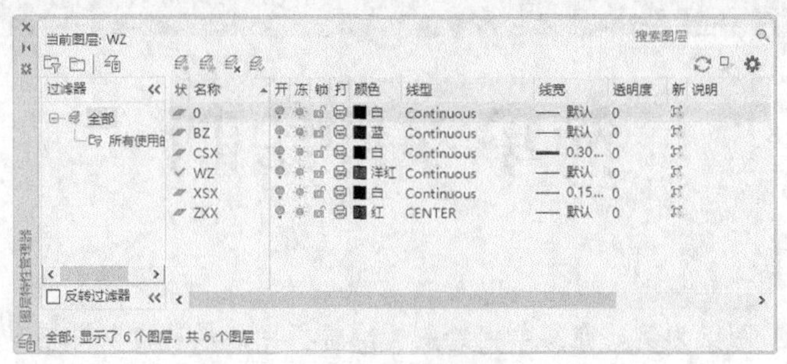

图 6-2 新建图层

6.1.2 绘制图框

（1）在“图层特性管理器”下拉列表中选择“XSX”图层，将该图层设置为当前图层。单击“默认”选项卡“绘图”面板中的“矩形”按钮，绘制大小为 420mm×297mm 的矩形。

（2）在“图层特性管理器”下拉列表中选择“CSX”图层，将该图层设置为当前图层。单击“默认”选项卡“绘图”面板中的“矩形”按钮，绘制适当大小的矩形。

（3）在“图层特性管理器”下拉列表中选择“XSX”图层，将该图层设置为当前图层，单击“默认”选项卡“绘图”面板中的“矩形”按钮，在内框右下角绘制标题栏外框，尺寸大小为 180×56。

（4）单击“默认”选项卡“修改”面板中的“分解”按钮，分解上一步绘制的矩形。

（5）单击“默认”选项卡“修改”面板中的“删除”按钮，删除矩形与内边框重合的边线。

（6）单击“默认”选项卡“绘图”面板中的“定距等分”按钮，将矩形左侧竖直直线等分为 8 段，每段距离为 7。

（7）单击“默认”选项卡“绘图”面板中的“直线”按钮，绘制标题栏，将外边框设置为“CSX”图层，尺寸如图 6-3 所示。

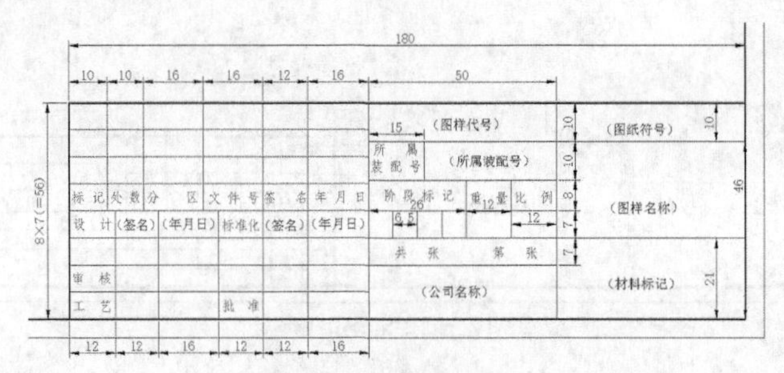

图 6-3 标题栏尺寸值

6.1.3　添加文字说明

（1）在“图层特性管理器”下拉列表中选择“WZ”图层，将该图层设置为当前图层。

（2）单击“默认”选项卡“注释”面板中的“文字样式”按钮A，弹出“文字样式”对话框，在“Standard”样式右侧的字体下拉列表中选择“txt.shx”，设置“宽度因子”为 0.67，单击“新建”按钮，在弹出的“新建文字样式”对话框中输入“长仿宋”，单击“确定”按钮，返回“文字样式”对话框。在“字体名”下拉菜单中选择“仿宋 GB2312”，设置“宽度因子”为 0.67，单击“应用”按钮，设置字体。

（3）单击“默认”选项卡“注释”面板中的“多行文字”按钮A，在标题栏图框中适当位置单击鼠标，弹出“文字格式”编辑器，设置字体大小为 3，在“对正”按钮A下拉列表中选择“正中”，输入对应文字“标记”。

（4）单击“默认”选项卡“修改”面板中的“复制”按钮，选择上一步绘制的文字，并将其放置到对应位置，用鼠标双击复制后的文字，弹出“文字格式”编辑器，修改文字内容，绘制结果如图 6-4 所示。

						所属装配号		
标记	处数	分区	文件号	签名	年月日	阶段标记	重量	比例
设计			标准化					
						共　张	第　张	
审核								
工艺			批准					

图 6-4　绘制标题栏

对于标题栏的填写，比较方便的方法是复制已经填写好的文字，然后再进行修改，这样不仅简便，而且可以简单地解决文字对齐的问题。

（5）保存文件。单击“快速访问”工具栏中的“保存”按钮，弹出“另存为”对话框，在“文件类型”下拉列表中选择“AutoCAD 图形样板（*.dwt）”选项，输入文件名称“A3 样板图模板”，单击“确定”按钮，退出对话框。图纸绘制结果如图 6-5 所示。

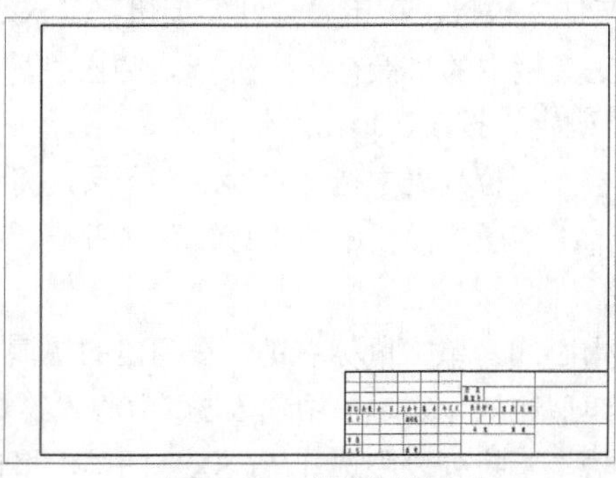

图 6-5　A3 样板图模板

6.2 螺堵

本节主要介绍图 6-6 所示螺堵零件的绘制方法。

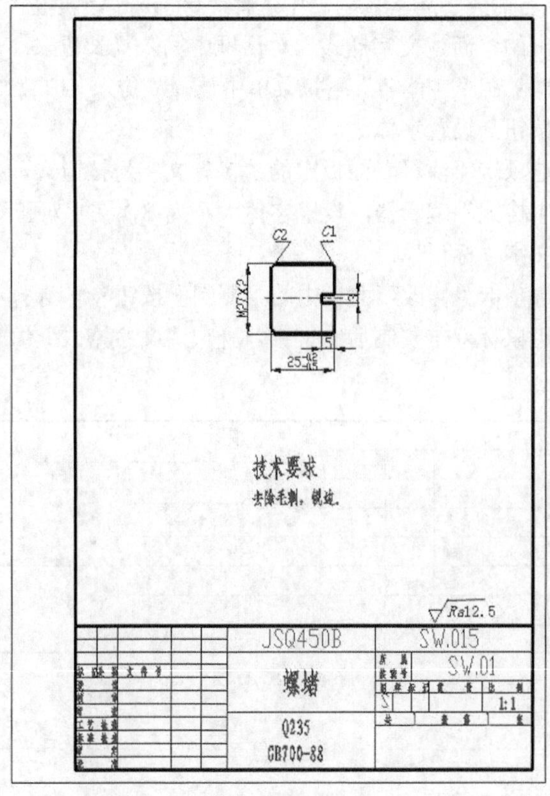

图 6-6　螺堵零件

6.2.1　绘制主视图

（1）单击“快速访问”工具栏中的“新建”按钮，系统打开“选择样板”对话框，选择“A4 样板图模板.dwt”样板文件为模板，单击“打开”按钮，进入绘图环境。

（2）单击“快速访问”工具栏中的“保存”按钮，弹出“另存为”对话框，输入文件名称“SW.015 螺堵”，单击“确定”按钮，退出对话框。

（3）在“图层特性管理器”下拉列表中选择“ZXX”图层，将该图层设置为当前图层。

（4）单击“默认”选项卡“绘图”面板中的“直线”按钮，绘制坐标点为[（100,185）、（130,185）]的水平中心线。

（5）选择上一步绘制的中心线，单击鼠标右键，在弹出的快捷菜单中单击“特性”选项，弹出“特性”选项板，在“线型比例”文本框中输入 5，中心线绘制结果如图 6-7 所示。

（6）在“图层特性管理器”下拉列表中选择“CSX”图层，将该图层设置为当前图层。

（7）单击“默认”选项卡“绘图”面板中的“直线”按钮╱，绘制轮廓线，其点坐标为(102,185)、（@0,13.5）、（@25,0）、（@0,-12）、（@-5,0）、（@0,-1.5），结果如图 6-8 所示。

（8）单击“默认”选项卡“修改”面板中的“倒角”按钮，对轮廓进行倒角操作，结果如图 6-9 所示。

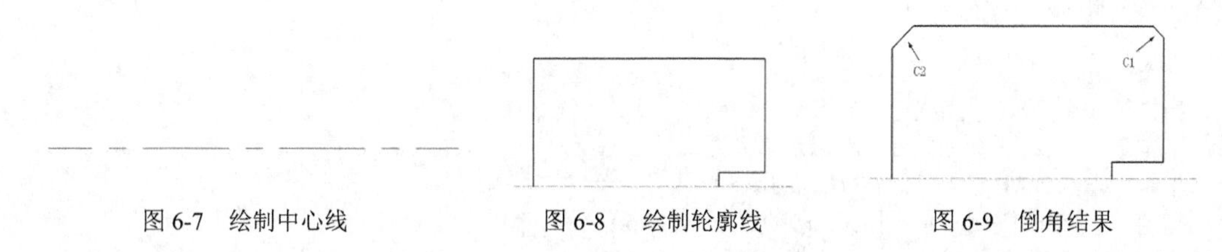

图 6-7　绘制中心线　　图 6-8　绘制轮廓线　　图 6-9　倒角结果

（9）单击“默认”选项卡“修改”面板中的“偏移”按钮和“延伸”按钮，将最上端水平直线向下偏移 1，并延伸到两条倒角斜线位置，同时将延伸后的直线设为“XSX”图层，结果如图 6-10 所示。

（10）单击“默认”选项卡“修改”面板中的“镜像”按钮，以水平中心线为镜像线，镜像水平中心线上方图形，结果如图 6-11 所示。

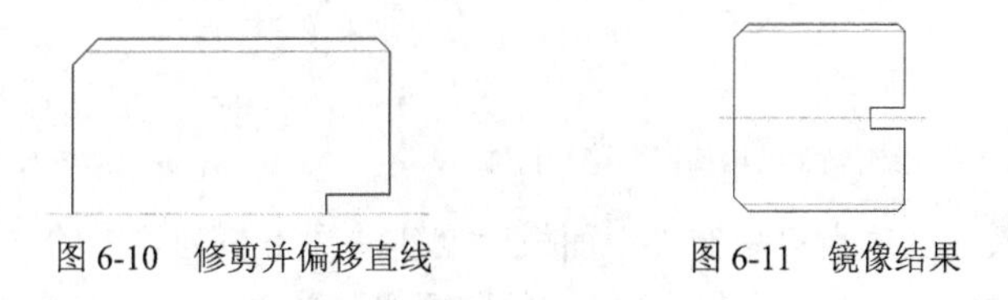

图 6-10　修剪并偏移直线　　图 6-11　镜像结果

6.2.2　标注视图尺寸

（1）在“图层特性管理器”下拉列表中选择“BZ”图层，将该图层设置为当前图层。

（2）标注水平尺寸。单击“默认”选项卡“注释”面板中的“线性”按钮，标注孔深度“5”、水平总尺寸为“25”，结果如图 6-12 所示。

（3）标注竖直尺寸。单击“默认”选项卡“注释”面板中的“线性”按钮，标注孔直径尺寸为“3”、外轮廓尺寸为“M27×2”，结果如图 6-13 所示。

（4）引线标注。单击“默认”选项卡“注释”面板中的“引线”按钮，利用引线标注倒角，标注分别为“C1”“C2”，结果如图 6-14 所示。

（5）编辑标注文字。双击水平标“25”，在弹出的“文字格式”编辑器中输入“25-0.2^-0.5”，单击“堆叠”按钮，添加上偏差-0.2 与下偏差-0.5，结果如图 6-15 所示。

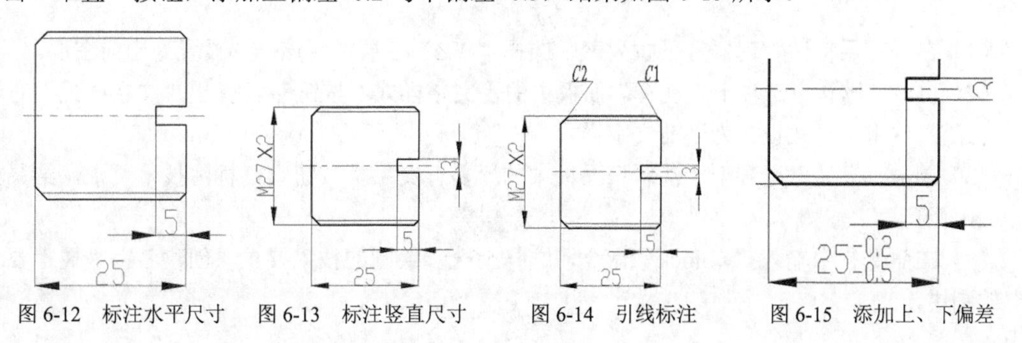

图 6-12　标注水平尺寸　　图 6-13　标注竖直尺寸　　图 6-14　引线标注　　图 6-15　添加上、下偏差

6.2.3 添加表面结构的图形符号

（1）单击“默认”选项卡“绘图”面板中的“直线”按钮╱，绘制表面结构的图形符号轮廓，命令行提示与操作如下。

```
命令: _line
指定第一个点:（适当指定一点）
指定下一点或[放弃(U)]: 5（鼠标水平向左）
指定下一点或[退出(E)/放弃(U)]: @5<-60
指定下一点或[关闭(C)/退出(X)/放弃(U)]: @10<60
指定下一点或[关闭(C)/退出(X)/放弃(U)]: 15
```

结果如图 6-16 所示。

（2）单击“默认”选项卡“块”面板中的“定义属性”按钮，弹出“属性定义”对话框，设置“属性”选项，在“标记”框中输入“粗糙度符号”，在“提示”框中输入“请输入粗糙度值”，在“默认”框中输入“3.2”，单击“确定”按钮，设置完成后的效果如图 6-17 所示。

图 6-16 绘制表面结构的图形符号轮廓　　图 6-17 写入属性值

（3）单击“插入”选项卡“块定义”面板“创建块”下拉列表中的“写块”按钮，弹出“写块”对话框，选择上一步绘制的表面结构的图形符号轮廓，输入名称“粗糙度符号 3.2”，单击“确定”按钮，弹出“编辑属性”对话框，输入的粗糙度符号为 3.2，单击“确定”按钮，表面结构的图形符号效果图如图 6-18 所示。

（4）双击表面结构的图形符号值，弹出“增强属性编辑器”对话框，将 3.2 改为 12.5。

（5）单击“默认”选项卡“修改”面板中的“移动”按钮✥，将上一步修改后的表面结构的图形符号放置到标题栏上方，结果如图 6-19 所示。

图 6-18 表面结构的图形符号效果　　图 6-19 插入图形符号

6.2.4 添加文字说明

（1）在“图层特性管理器”下拉列表中选择“WZ”图层，将该图层设置为当前图层。

（2）单击“默认”选项卡“注释”面板中的“文字样式”按钮A，弹出“文字样式”对话框，将“长仿宋”样式设置为当前文字样式。

（3）单击“默认”选项卡“注释”面板中的“多行文字”按钮A，标注技术要求，结果如图 6-20 所示。

（4）在命令行中输入“wblock”命令，选择上一步绘制的技术要求，创建名为“技术要求 1”的图块。

（5）单击“默认”选项卡“注释”面板中的“多行文字”按钮A，标注标题栏，结果如图 6-21 所示。

（6）保存文件。单击“快速访问”工具栏中的“保存”按钮，保存文件，螺堵零件最终绘制结果如图 6-6 所示。

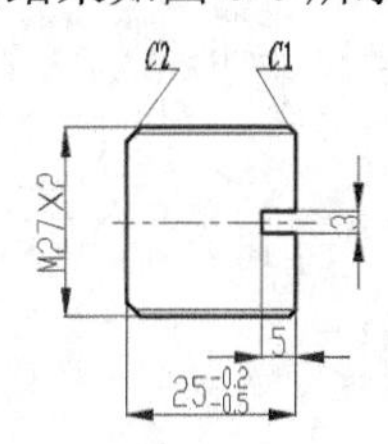

技术要求

去除毛刺，锐边。

图 6-20　标注技术要求

					JSQ450B	SW.015				
					螺堵	所属装配号	SW.01			
标记	处数	文件号				图样标记	重量		比例	
设计						S			1:1	
校审					Q235	共 1 张	第 1 张			
审查					GB700-88					
工艺检查										
标准检查										
审定										
批准										

图 6-21　标注标题栏

6.3　上机实验

【练习】创建图 6-22 所示的 SW.016 螺堵。

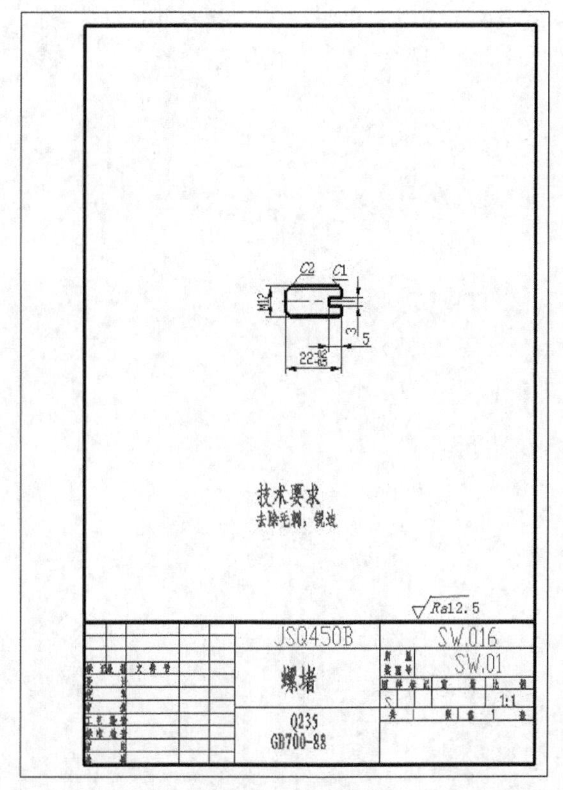

图 6-22　SW.016 螺堵

6.4 模拟试题

绘制 A4 图纸模板，粗实线矩形外轮廓大小为 210×297，模板及标题栏尺寸如图 6-23 所示。

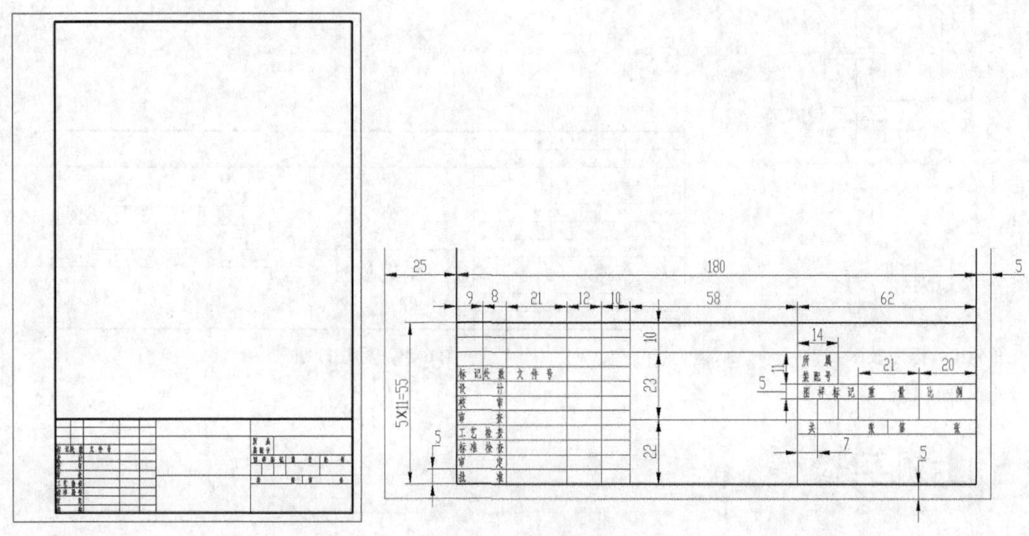

图 6-23 A4 图纸模板

盘盖类零件绘制

本章以盘盖类零件为例，详细介绍前端盖、密封垫等零件的绘制方法。在介绍过程中，除了引导用户完成盘盖类零件平面图的绘制，还将介绍零件的绘制技巧。

7.1 前端盖

本节主要介绍前端盖的绘制方法，如图 7-1 所示。

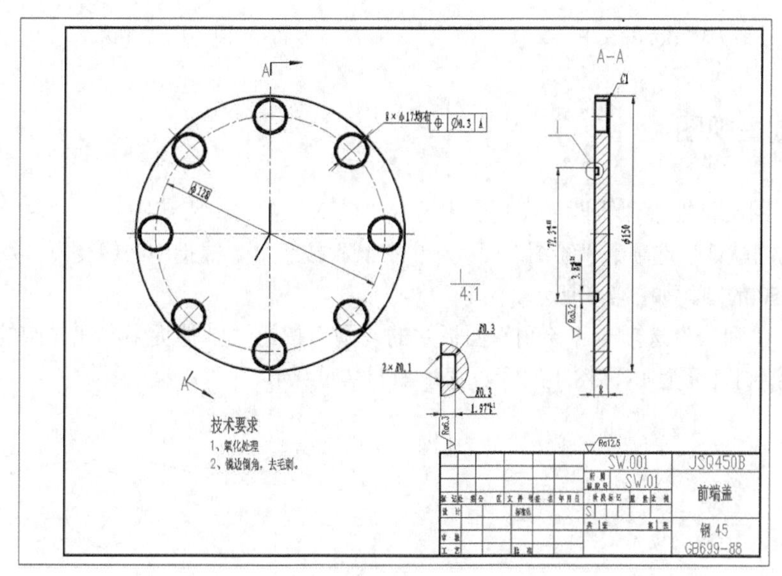

图 7-1　前端盖

7.1.1　新建图层

（1）单击“快速访问”工具栏中的“新建”按钮，系统打开“选择样板”对话框，选择

“A3 样板图模板.dwt”样板文件为模板，单击“打开”按钮，进入绘图环境。

（2）单击“默认”选项卡“图层”面板中的“图层特性”按钮，系统打开“图层特性管理器”对话框，新建“FZX”图层，图层的颜色、线型、线宽等属性设置如图 7-2 所示。

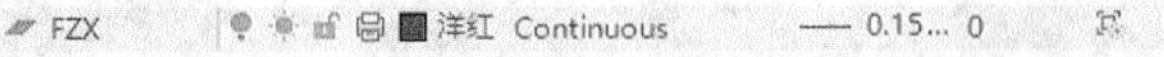

FZX 洋红 Continuous —— 0.15... 0

图 7-2 新建图层

7.1.2 绘制中心线

（1）在“图层特性管理器”下拉列表中选择“ZXX”图层，将该图层设置为当前图层。

（2）单击“默认”选项卡“绘图”面板中的“直线”按钮，绘制相交中心线，坐标点分别为[（60,180、（220,180）]和[（140,260、（140,100）]。

（3）选择上一步绘制的相交中心线，单击鼠标右键，在弹出的快捷菜单中选择“特性”选项，弹出“特性”选项板，在“线型比例”文本框中输入 0.3，相交中心线绘制结果如图 7-3 所示。

（4）单击“默认”选项卡“绘图”面板中的“圆”按钮，捕捉中心线交点为圆心，绘制直径为 128 的圆，同步骤（3）设置的线型比例，结果如图 7-4 所示。

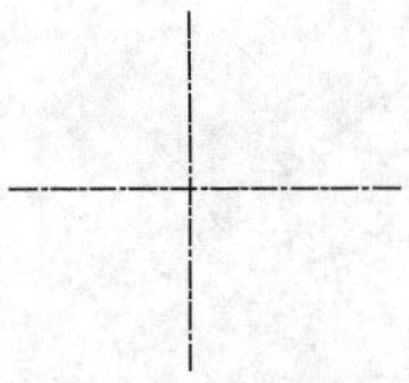

图 7-3 绘制相交中心线

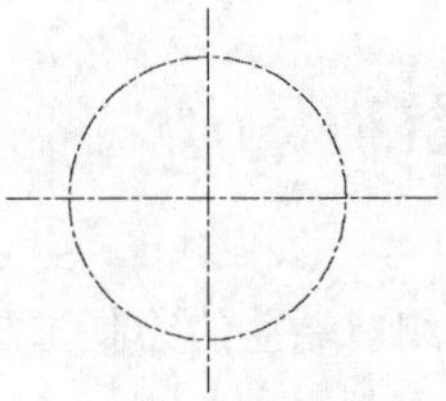

图 7-4 绘制圆

7.1.3 绘制主视图

（1）在“图层特性管理器”下拉列表中选择“CSX”图层，将该图层设置为当前图层。

（2）单击“默认”选项卡“绘图”面板中的“圆”按钮，捕捉中心线交点（点 1）为圆心，绘制直径为 150 的圆，如图 7-5 所示。

（3）单击“默认”选项卡“绘图”面板中的“圆”按钮，捕捉中心线与圆的上交点（点 2）为圆心，绘制直径为 17、18.4 的同心圆，如图 7-6 所示。

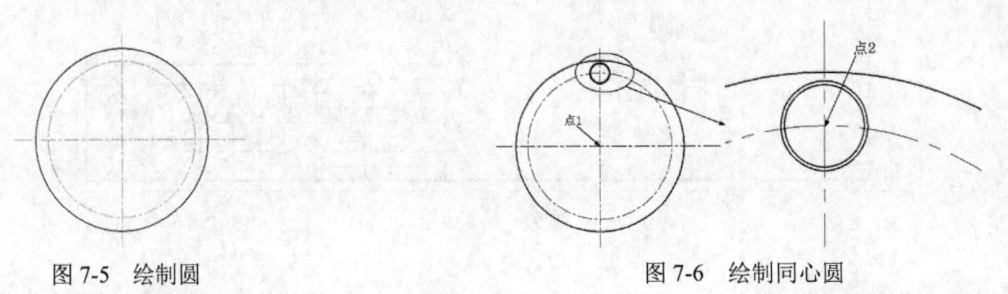

图 7-5 绘制圆

图 7-6 绘制同心圆

（4）在“图层特性管理器”下拉列表中选择“ZXX”图层，将该图层设置为当前图层。

（5）单击“默认”选项卡“绘图”面板中的“直线”按钮，捕捉辅助直线适当点，绘制中心线，绘制结果如图 7-7 所示。

（6）单击“默认”选项卡“修改”面板中的“环形阵列”按钮，阵列绘制的同心圆与竖直中心线，阵列的项目数为 8，阵列结果如图 7-8 所示。

图 7-7　绘制中心线

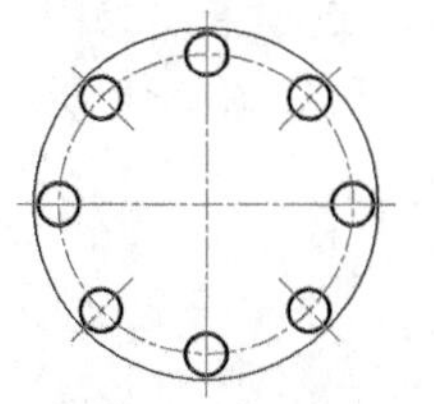

图 7-8　环形阵列结果

7.1.4　绘制 A-A 剖视图

（1）在“图层特性管理器”下拉列表中选择“FZX”图层，将该图层设置为当前图层。

（2）单击“默认”选项卡“绘图”面板中的“直线”按钮，捕捉左侧适当点向右绘制水平直线作为辅助线，绘制结果如图 7-9 所示。

说明

左视图是在主视图的基础上生成的，因此需要借助主视图的位置信息确定对应点的尺寸值，这时就需要从主视图引出相应的辅助定位线。

（3）单击“默认”选项卡“修改”面板中的“偏移”按钮，将最下方水平直线 1 依次向上偏移 32.35、36.15，偏移结果如图 7-10 所示。

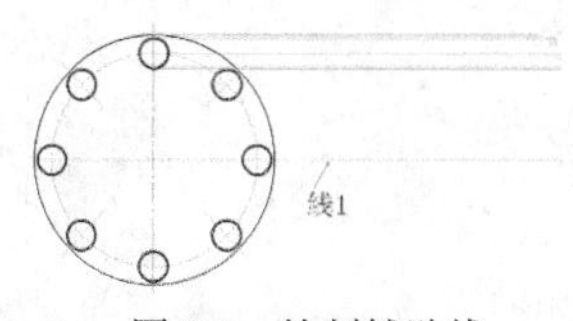

图 7-9　绘制辅助线

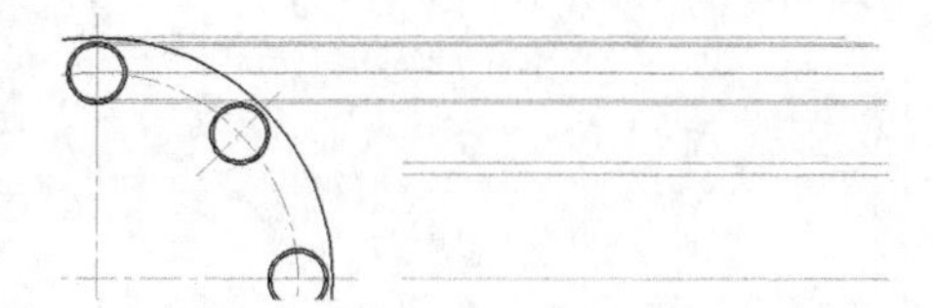

图 7-10　偏移水平直线

（4）单击“默认”选项卡“绘图”面板中的“直线”按钮，捕捉辅助线上的适当点，绘制竖直直线，结果如图 7-11 所示。

（5）单击“默认”选项卡“修改”面板中的“偏移”按钮，将上一步绘制的竖直直线依次向右偏移 1.97、7、8，偏移结果如图 7-12 所示。

图 7-11　绘制竖直直线

图 7-12　偏移竖直直线

（6）在“图层特性管理器”下拉列表中选择“CSX”图层，将该图层设置为当前图层。

（7）单击“默认”选项卡“绘图”面板中的“矩形”按钮，捕捉辅助线交点，绘制矩形。

（8）单击“默认”选项卡“绘图”面板中的“直线”按钮╱，捕捉辅助线适当点，绘制其余轮廓，绘制结果如图 7-13 所示。

（9）在“图层特性管理器”下拉列表中选择“ZXX”图层，将该图层设置为当前图层。

（10）单击“默认”选项卡“绘图”面板中的“直线”按钮╱，捕捉辅助线适当点绘制水平中心线 2、3，绘制结果如图 7-14 所示。

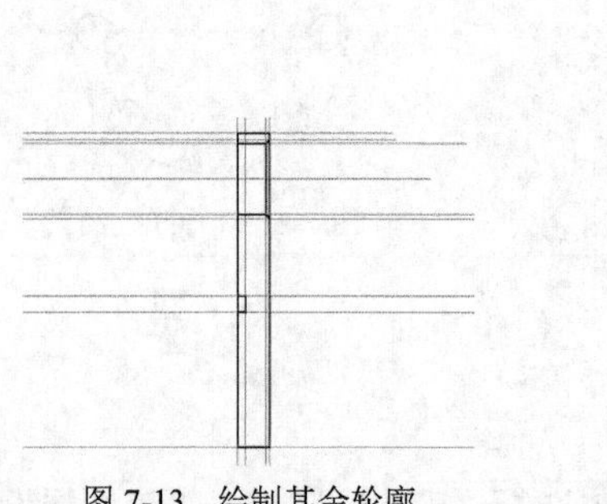

图 7-13　绘制其余轮廓

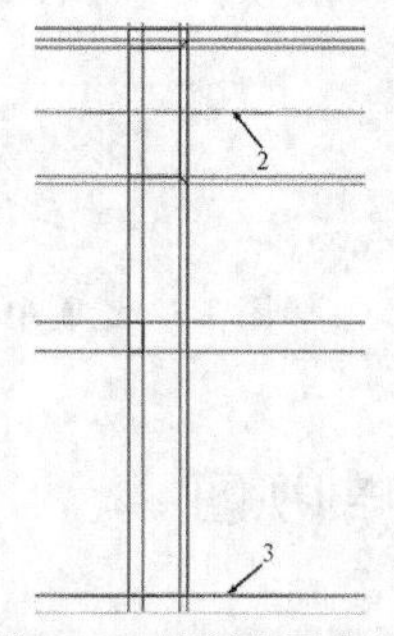

图 7-14　绘制水平中心线

（11）单击“默认”选项卡“修改”面板中的“删除”按钮，删除所有辅助线，结果如图 7-15 所示。

（12）单击“默认”选项卡“修改”面板中的“分解”按钮，分解剖视图中的矩形。

（13）单击“默认”选项卡“修改”面板中的“圆角”按钮，指定圆角半径分别为 0.1 和 0.3，进行倒圆角处理，结果如图 7-16 所示。

（14）单击“默认”选项卡“修改”面板中的“修剪”按钮，修剪多余线段，结果如图 7-17 所示。

（15）单击“默认”选项卡“修改”面板中的“镜像”按钮，以底边为镜像线向下镜像图形，结果如图 7-18 所示。

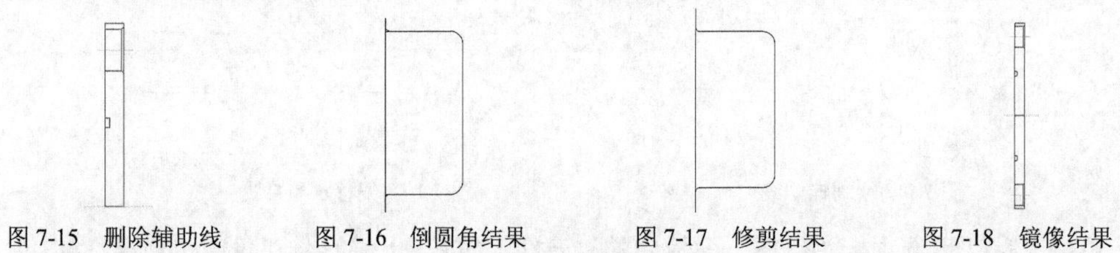

图 7-15　删除辅助线　　图 7-16　倒圆角结果　　图 7-17　修剪结果　　图 7-18　镜像结果

（16）单击“默认”选项卡“修改”面板中的“删除”按钮，删除多余线段，结果如图 7-19 所示。

7.1.5　绘制字 I 局部视图

（1）单击“默认”选项卡“修改”面板中的“复制”按钮，复制局部视图，结果如图 7-20 所示。

（2）单击“默认”选项卡“修改”面板中的“缩放”按钮，将局部视图放大 4 倍。

（3）在“图层特性管理器”下拉列表中选择“XSX”图层，将该图层设置为当前图层。

（4）单击“默认”选项卡“绘图”面板中的“圆弧”按钮，绘制圆弧，结果如图 7-21 所示。

（5）单击“默认”选项卡“修改”面板中的“修剪”按钮，修剪多余线段，结果如图 7-22 所示。

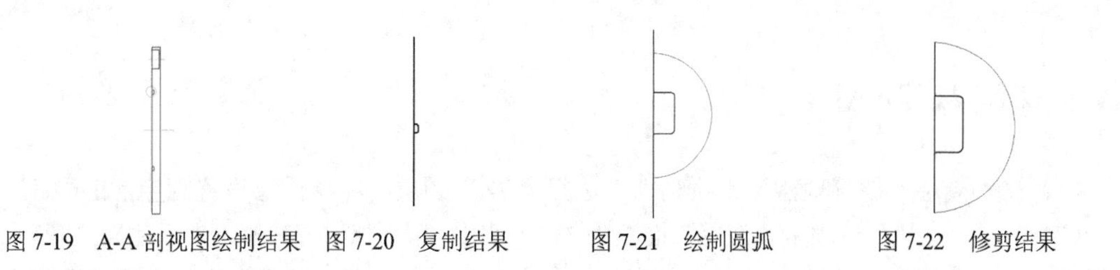

图 7-19　A-A 剖视图绘制结果　图 7-20　复制结果　图 7-21　绘制圆弧　图 7-22　修剪结果

7.1.6　绘制剖切符号

（1）在“图层特性管理器”下拉列表中选择“CSX”图层，将该图层设置为当前图层。

（2）单击“默认”选项卡“绘图”面板中的“多段线”按钮，绘制剖切符号线，如图7-23 所示。

（3）单击“默认”选项卡“绘图”面板中的“直线”按钮，捕捉中心线交点，向上绘制竖直直线作为剖切线，结果如图 7-24 所示。

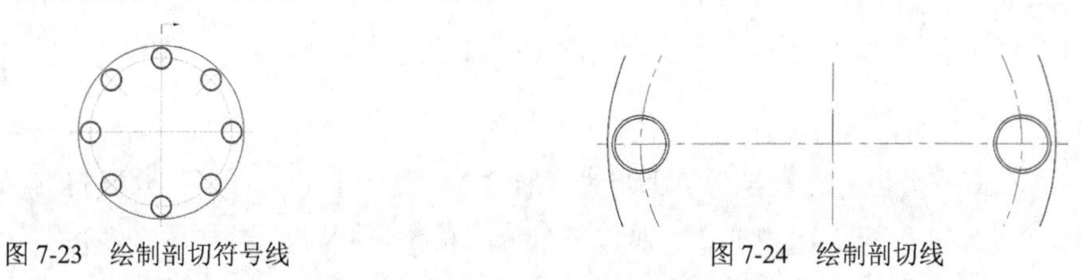

图 7-23　绘制剖切符号线　图 7-24　绘制剖切线

（4）单击“插入”选项卡“块定义”面板“创建块”下拉列表中的“写块”按钮，弹出“写块”对话框，选择剖切符号，创建“剖切符号”。

（5）单击“默认”选项卡“修改”面板中的“镜像”按钮，选择块作为镜像对象，水平中心线作为镜像线，镜像结果如图 7-25 所示。

（6）单击“默认”选项卡“修改”面板中的“旋转”按钮，旋转上一步镜像后的图形，设置旋转角度为-30°，结果如图 7-26 所示。

（7）在“图层特性管理器”下拉列表中选择“XSX”图层，将该图层设置为当前图层。

（8）单击“默认”选项卡“绘图”面板中的“圆”按钮，绘制适当大小的圆作为局部视图边界，绘制结果如图 7-27 所示。

7.1.7　填充图形

单击“默认”选项卡“绘图”面板中的“图案填充”按钮，选择“ANSI31”的填充图案，在绘图区选择边界，单击“确定”按钮，退出对话框，填充结果如图 7-28 所示。

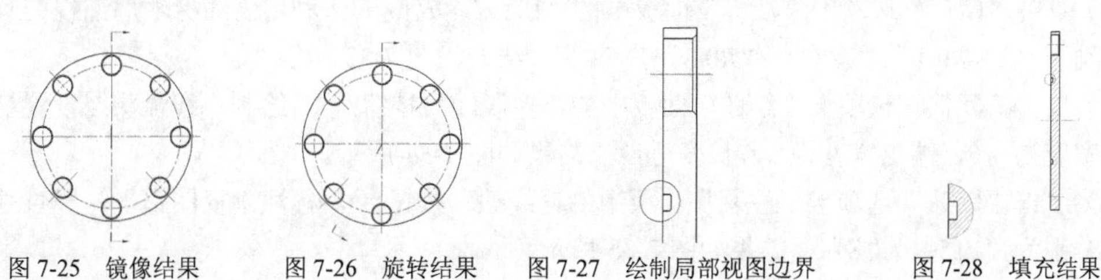

图 7-25　镜像结果　图 7-26　旋转结果　图 7-27　绘制局部视图边界　图 7-28　填充结果

7.1.8 标注视图尺寸

（1）在“图层特性管理器”下拉列表中选择“BZ”图层，将该图层设置为当前图层。

（2）单击“默认”选项卡“注释”面板中的“标注样式”按钮，弹出“标注样式管理器”对话框，单击“修改”按钮，弹出“修改标注样式”对话框，在“符号和箭头”选项卡中设置“箭头大小”为4，在“文字”选项卡中设置“文字高度”为5，勾选“绘制文字边框”复选框，单击“文字对齐”选项组下“与尺寸线对齐”单选按钮；在“主单位”选项卡“小数分隔符”下拉列表中选择“句点”选项，单击“确定”按钮，退出对话框，完成设置。

（3）单击“默认”选项卡“注释”面板中的“直径”按钮，标注主视图中圆的直径尺寸为“ϕ128”，命令行操作与提示如下。

```
命令: _dimdiameter
选择圆弧或圆:（选择要标注的圆）
标注文字=128
指定尺寸线位置或 [多行文字(M)/文字(T)/角度(A)]:
```

结果如图 7-29 所示。

注意 在上一步绘制的直径标注上单击鼠标左键，选中标注，将光标放置到标注文字下方蓝色夹点上，夹点变为红色，同时弹出快捷菜单，如图 7-30 所示。选择“仅移动文字”选项，标注文字变为浮动，将文字移动到尺寸线之间，结果如图 7-31 所示。

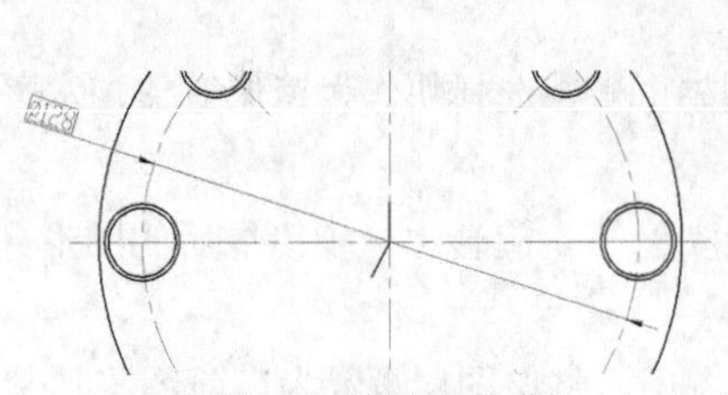

图 7-29 标注圆的直径

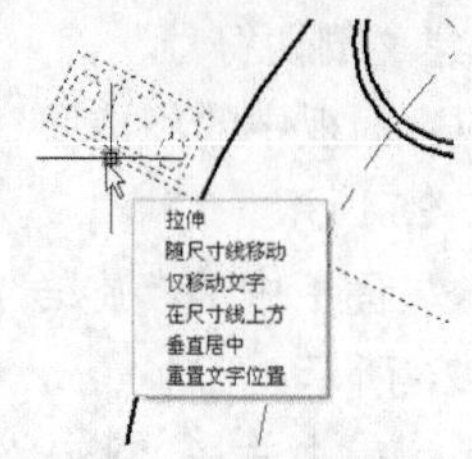

图 7-30 弹出快捷菜单

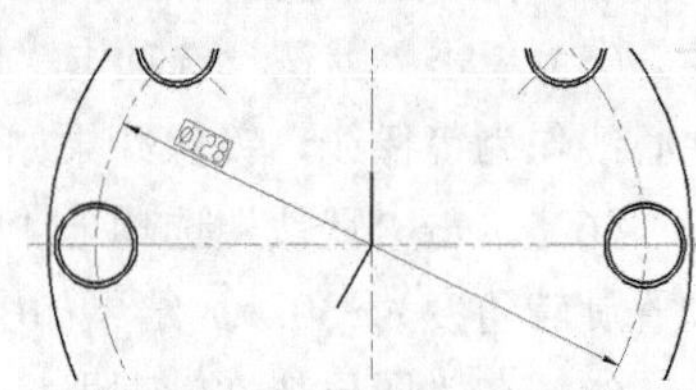

图 7-31 移动标注文字

（4）单击“默认”选项卡“注释”面板中的“标注样式”按钮，弹出“标注样式管理器”对话框，单击“替代”按钮，弹出“替代标注样式”对话框，打开“文字”选项卡，取消勾选“绘制文字边框”复选框，单击“ISO 标准”单选钮，单击“确定”按钮，退出对话框，完成设置。

（5）单击“默认”选项卡“注释”面板中的“直径”按钮，标注孔尺寸为“8×ϕ17 均布”，结果如图 7-32 所示。

（6）单击“默认”选项卡“注释”面板中的“引线”按钮，利用引线标注局部视图圆角值，分别为“2×R0.1”“R0.3”“R0.3”“C1”，结果如图 7-33 所示。

（7）单击“默认”选项卡“绘图”面板中的“多段线”按钮，绘制引线箭头，设置箭头的起点宽度为 1.5，端点宽度为 0，长度适当，结果如图 7-34 所示。

（8）单击“默认”选项卡“注释”面板中的“线性”按钮，标注剖视图水平与竖直基本尺寸，分别为“ϕ150”“8”，结果如图 7-35 所示。

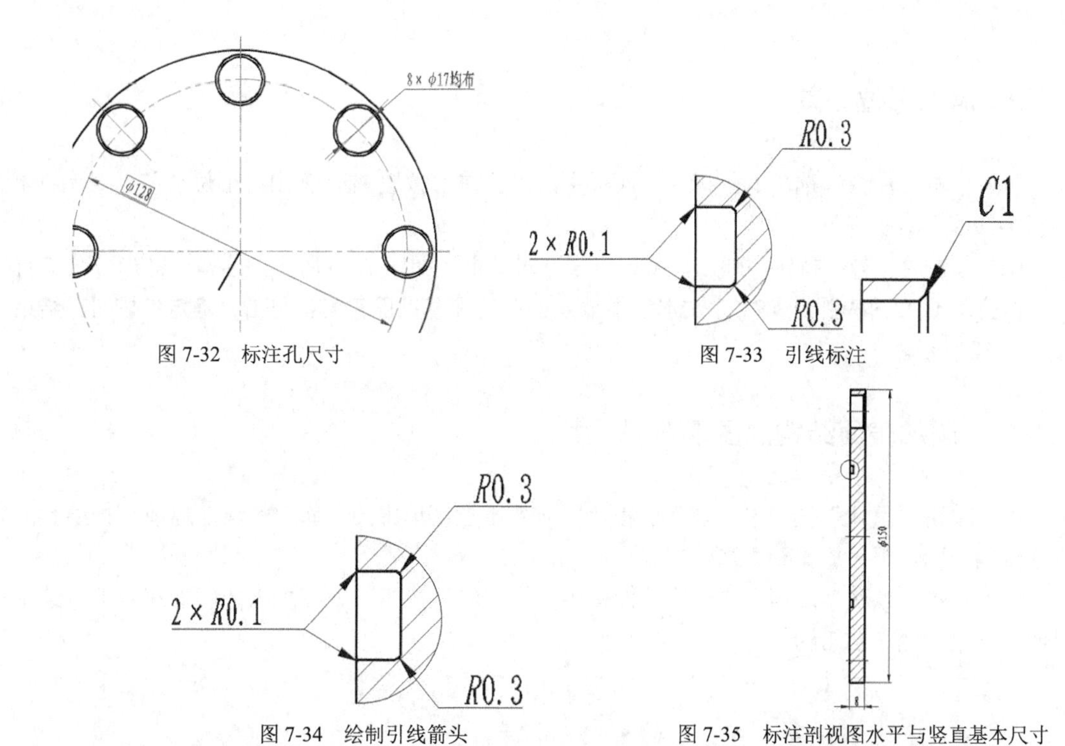

图 7-32 标注孔尺寸　　图 7-33 引线标注

图 7-34 绘制引线箭头　　图 7-35 标注剖视图水平与竖直基本尺寸

（9）使用同样的方法，弹出“替代标注样式”对话框，打开“公差”选项卡，将“方式”设置为“极限偏差”，“精度”设置为 0.00，“上偏差”设置为 0.25，“下偏差”设置为 0，“高度比例”设置为 0.5，“垂直位置”设置为“中”，其他为默认设置，打开“文字”选项卡，单击“与尺寸线对齐”单选按钮，单击“确定”按钮，退出对话框，完成设置。

（10）单击“默认”选项卡“注释”面板中的“线性”按钮⊢⊣，标注竖直尺寸为 3.8，结果如图 7-36 所示。在“公差”选项卡中修改“上偏差”为 0.19。

（11）单击“注释”选项卡“标注”面板“连续”下拉菜单中的“基线”按钮，标注线性尺寸为 72.3，结果如图 7-37 所示。

（12）使用同样的方法，弹出“替代标注样式”对话框，将“公差”选项卡中“上偏差”设置为 0.1，在“主单位”选项卡中设置“比例因子”为 0.25，其他为默认设置，单击“确定”按钮，退出对话框，完成设置。

（13）单击“默认”选项卡“注释”面板中的“线性”按钮⊢⊣，标注竖直尺寸为 1.97，结果如图 7-38 所示。

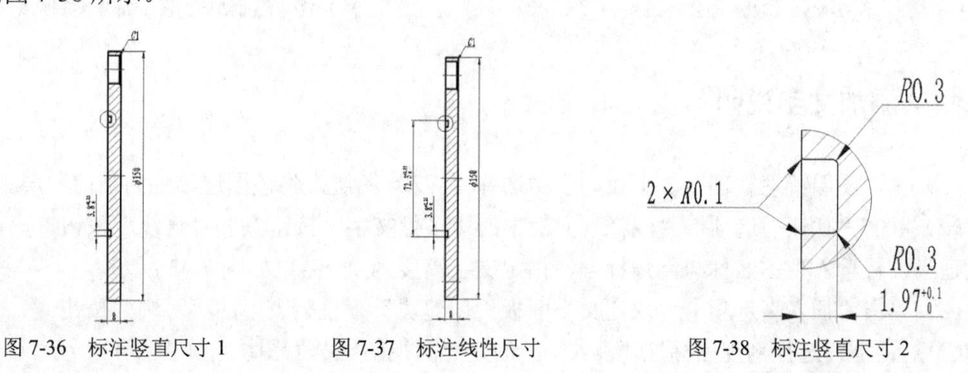

图 7-36 标注竖直尺寸 1　　图 7-37 标注线性尺寸　　图 7-38 标注竖直尺寸 2

7.1.9 添加形位公差

（1）单击“注释”选项卡“标注”面板中的“公差”按钮，弹出“形位公差”对话框，如图 7-39 所示。

（2）单击“符号”按钮，弹出“特征符号”对话框，如图 7-40 所示，选择一种形位公差符号。在公差 1、2 和基准 1、2、3 文本框中输入公差值和基准面符号，单击“确定”按钮，结果如图 7-41 所示。

7.1.10 添加表面结构的图形符号

（1）单击“默认”选项卡“块”面板“插入”下拉菜单中的“库中的块”选项，将绘制的表面结构的图形符号放置到适当位置。

（2）单击“默认”选项卡“绘图”面板中的“直线”按钮，在插入的图形符号下方绘制直线，结果如图 7-42 所示。

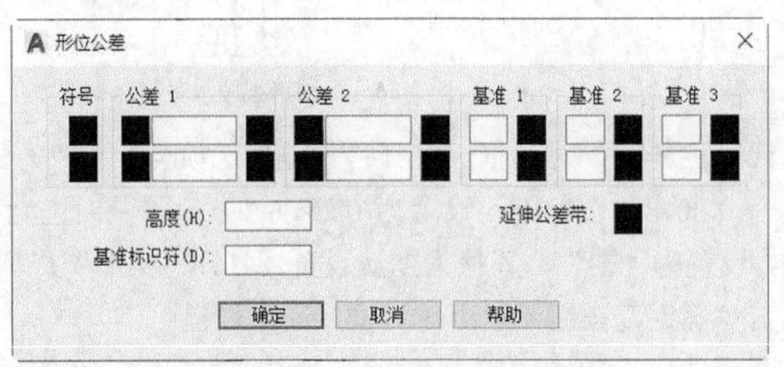

图 7-39 “形位公差”对话框

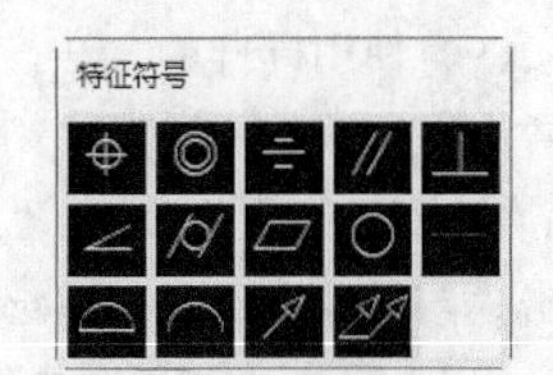

图 7-40 “特征符号”对话框

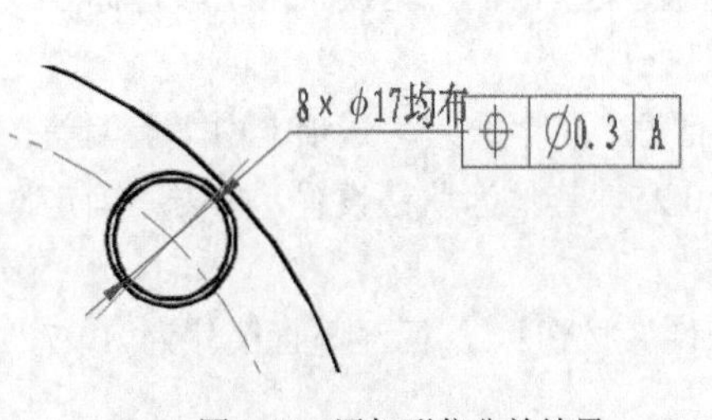

图 7-41 添加形位公差结果

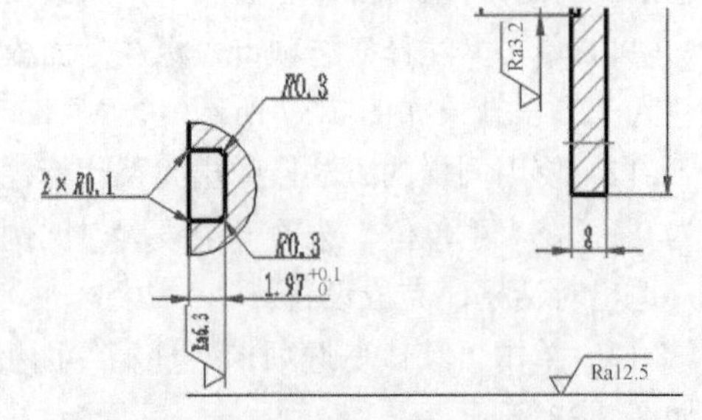

图 7-42 表面结构的图形符号绘制结果

7.1.11 添加文字说明

（1）在“图层特性管理器”下拉列表中选择“WZ”图层，将该图层设置为当前图层。

（2）单击“默认”选项卡“注释”面板中的“多行文字”按钮A和“直线”按钮，在绘图区适当位置输入视图名称与倒角标志，指定文字高度为 7，结果如图 7-43 所示。

（3）单击“插入”选项卡“块定义”面板“创建块”下拉列表中的“写块”按钮，弹出“写块”对话框，选择剖视图标注“A-A”，创建“剖视图 A-A”图块，如图 7-43 所示。

（4）单击“默认”选项卡“注释”面板中的“多行文字”按钮A，标注技术要求。

（5）单击“插入”选项卡“块定义”面板“创建块”下拉列表中的“写块”按钮，弹出“写块”对话框，选择上一步绘制的技术要求，创建名为“技术要求 2”的图块。

（6）单击“默认”选项卡“注释”面板中的“多行文字”按钮A，标注标题栏，结果如图 7-44 所示。

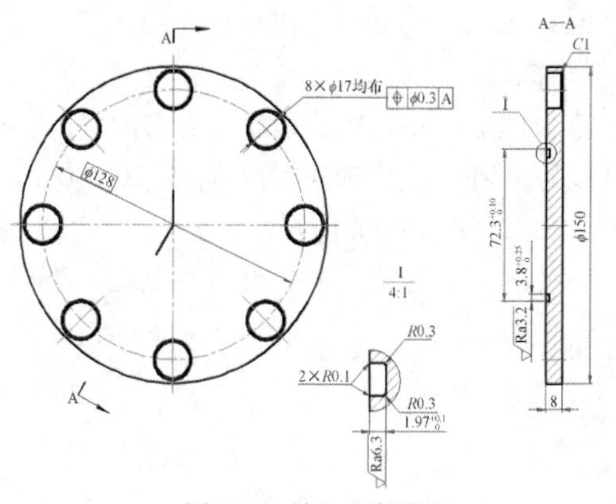

图 7-43　输入文字说明

标记	处数	分区	文件号	签名	年月日	所属装配号	SW.001 / SW.01	JSQ450B
设计			标准化			阶段标记 / 重量 / 比例	S	前端盖
审核						共 张	第 张	钢 45 GB699-88
工艺			批准					

图 7-44　标注标题栏

（7）单击“快速访问”工具栏中的“保存”按钮，保存文件，前端盖零件最终绘制结果如图 7-1 所示。

7.2 密封垫

本节主要介绍密封垫零件的绘制方法，绘制结果如图 7-45 所示。

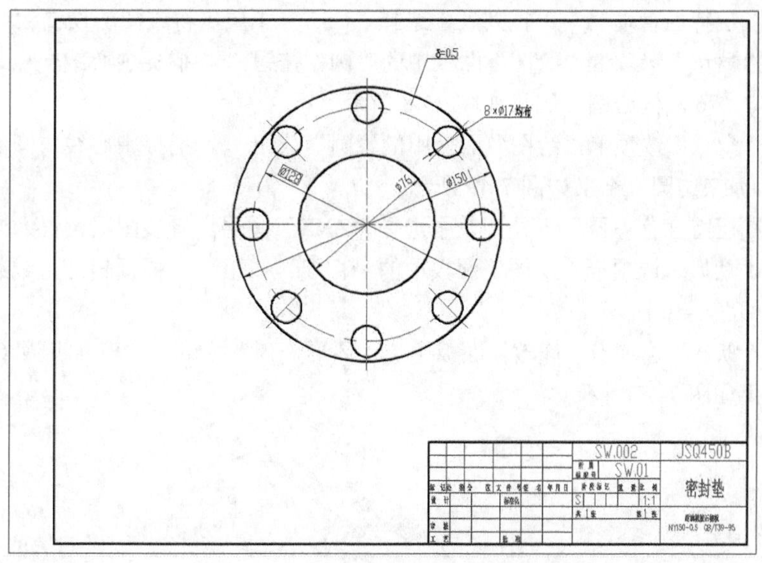

图 7-45　密封垫

7.2.1 绘制中心线

（1）单击“快速访问”工具栏中的“新建”按钮，系统打开“选择样板”对话框，选择“A3 样板图模板.dwt”样板文件为模板，单击“打开”按钮，进入绘图环境。

（2）单击“快速访问”工具栏中的“保存”按钮，弹出“另存为”对话框，输入文件名称为“SW.002 密封垫”，单击“确定”按钮，退出对话框。

（3）在“图层特性管理器”下拉列表中选择“ZXX”图层，将该图层设置为当前图层。

（4）单击“默认”选项卡“绘图”面板中的“直线”按钮，绘制坐标点为[（120,180），（280,180）]和[（200,260），（200,100）]的相交中心线，结果如图 7-46 所示。

（5）单击“默认”选项卡“绘图”面板中的“圆”按钮，捕捉中心线交点为圆心，绘制直径为 128 的圆，结果如图 7-47 所示。

图 7-46　绘制相交中心线　　图 7-47　绘制圆 1

7.2.2 绘制主视图

（1）在“图层特性管理器”下拉列表中选择“CSX”图层，将该图层设置为当前图层。

（2）单击“默认”选项卡“绘图”面板中的“圆”按钮，捕捉中心线交点为圆心，绘制直径分别为 150、76 的同心圆，结果如图 7-48 所示。

（3）单击“默认”选项卡“绘图”面板中的“圆”按钮，捕捉中心线与圆的上交点为圆心，绘制直径为 17 的圆，结果如图 7-49 所示。

（4）在“图层特性管理器”下拉列表中选择“ZXX”图层，将该图层设置为当前图层。

（5）单击“默认”选项卡“绘图”面板中的“直线”按钮，捕捉辅助直线适当点，绘制中心线，结果如图 7-50 所示。

（6）单击“默认”选项卡“修改”面板中的“环形阵列”按钮，阵列步骤（3）绘制的同心圆，阵列结果如图 7-51 所示。

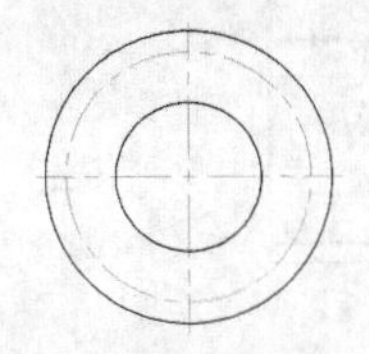

图 7-48　绘制同心圆

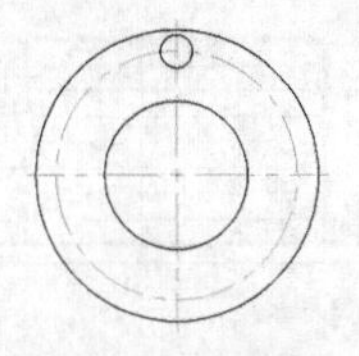

图 7-49　绘制圆 2

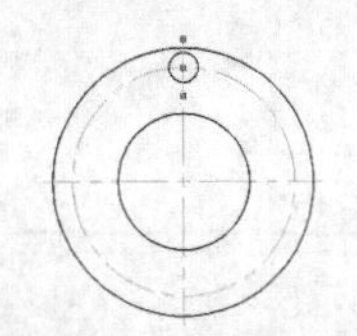

图 7-50　绘制中心线

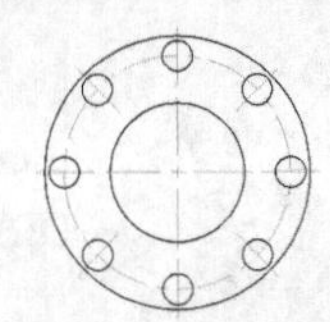

图 7-51　阵列同心圆

7.2.3　标注视图尺寸

（1）在“图层特性管理器”下拉列表中选择“BZ”图层，将该图层设置为当前图层。

（2）单击“默认”选项卡“注释”面板中的“标注样式”按钮，弹出“标注样式管理器”对话框，单击“修改”按钮，弹出“修改标注样式”对话框，打开“线”选项卡，在“尺寸线”“尺寸界线”选项组“颜色”下拉列表中选择“ByLayer（随层）”选项，在“符号和箭头”选项卡下设置“箭头大小”为 4，在“文字”选项卡下设置“文字高度”为 5。勾选“绘制文字边框”复选框，单击“文字对齐”选项组下“与尺寸线对齐”单选按钮，在“主单位”选项卡下“小数分隔符”下拉列表中选择“句点”，单击“确定”按钮，退出对话框，完成设置。

（3）单击“默认”选项卡“注释”面板中的“直径”按钮，标注主视图中圆的直径，标注尺寸为“ϕ128”，利用夹点编辑功能调整标注文字位置，结果如图 7-52 所示。

（4）单击“默认”选项卡“注释”面板中的“标注样式”按钮，弹出“标注样式管理器”对话框，单击“替代”按钮，弹出“替代标注样式”对话框，打开“文字”选项卡，取消勾选“绘制文字边框”复选框，单击“文字对齐”选项组下的“ISO 标准”单选按钮，单击“确定”按钮，退出对话框，完成设置。

（5）单击“注释”面板中的“直径”按钮，标注圆的直径尺寸，结果如图 7-53 所示。

（6）厚度标注。单击“默认”选项卡“注释”面板中的“引线”按钮，绘制引线标注，在引出线上输入厚度值，结果如图 7-54 所示。

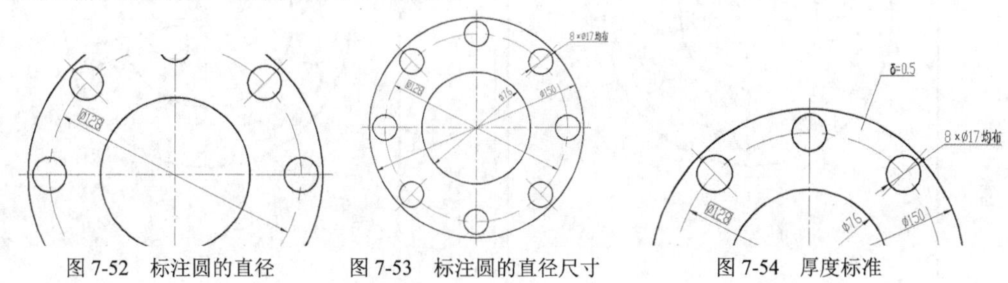

图 7-52　标注圆的直径　　图 7-53　标注圆的直径尺寸　　图 7-54　厚度标准

（7）单击“插入”选项卡“块定义”面板“创建块”下拉列表中的“写块”按钮，弹出“写块”对话框，选择上一步绘制的厚度标注，创建“厚度 0.5”图块。

7.2.4　添加文字说明

（1）在“图层特性管理器”下拉列表中选择“WZ”图层，将该图层设置为当前图层。

（2）添加标题栏文字。单击“默认”选项卡“注释”面板中的“多行文字”按钮，标注标题栏，结果如图 7-55 所示。

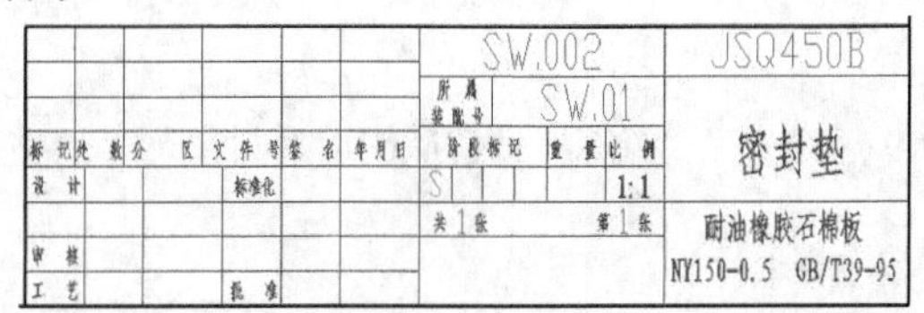

图 7-55　标注标题栏

（3）选择绘制的中心线，单击鼠标右键，在弹出的快捷菜单中选择“特性”选项，弹出“特性”选项板，在“线形比例”文本框中输入“0.3”，调整中心线。

（4）保存文件。单击“快速访问”工具栏中的“保存”按钮，保存文件，最终结果如图 7-45 所示。

注意 中心线超出轮廓线长度为 2 ~ 5mm。

7.3 上机实验

【练习 1】创建图 7-56 所示的 SW.011 密封垫。

【练习 2】创建图 7-57 所示的 SW.012 密封垫。

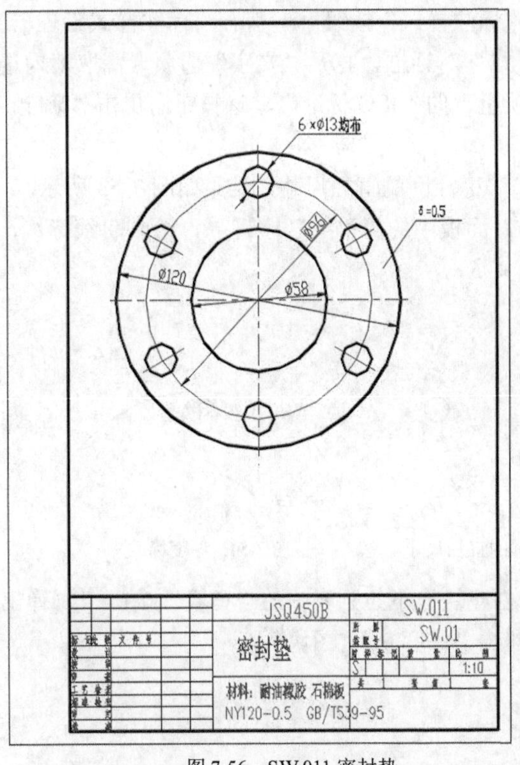

图 7-56 SW.011 密封垫

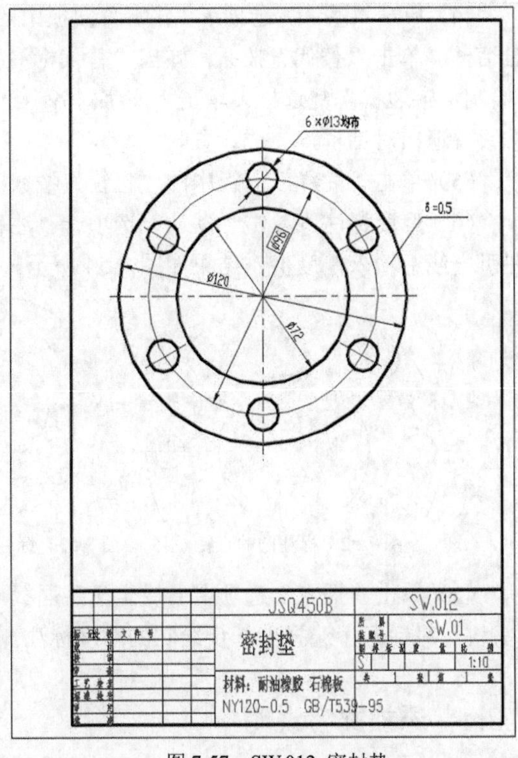

图 7-57 SW.012 密封垫

7.4 模拟试题

绘制“端盖”“SW.009 后端盖”“箱盖”“SW.014 密封垫”，完整图形如图 7-58、图 7-59、图 7-60、图 7-61 所示。

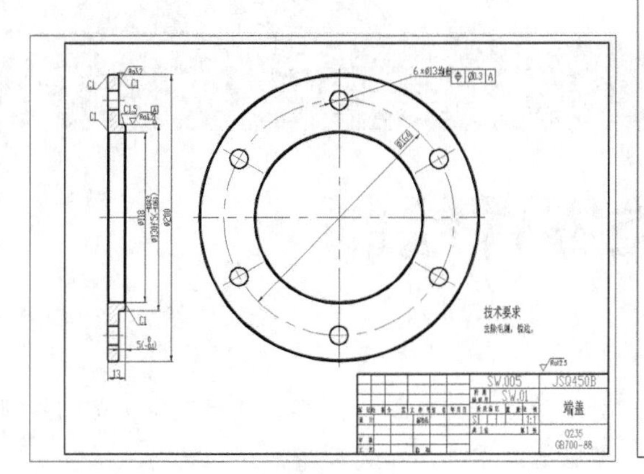

图 7-58　端盖

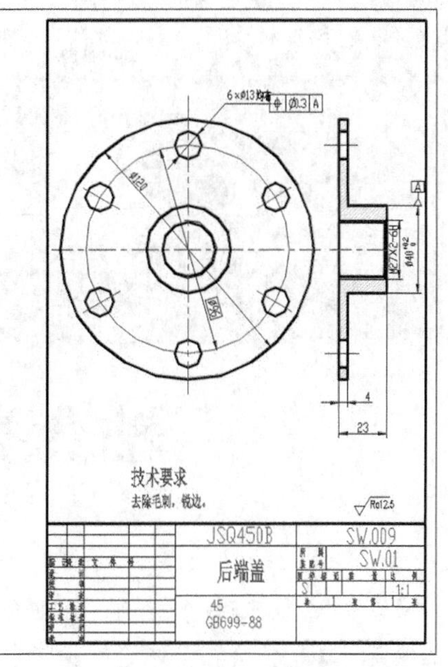

图 7-59　SW.009 后端盖

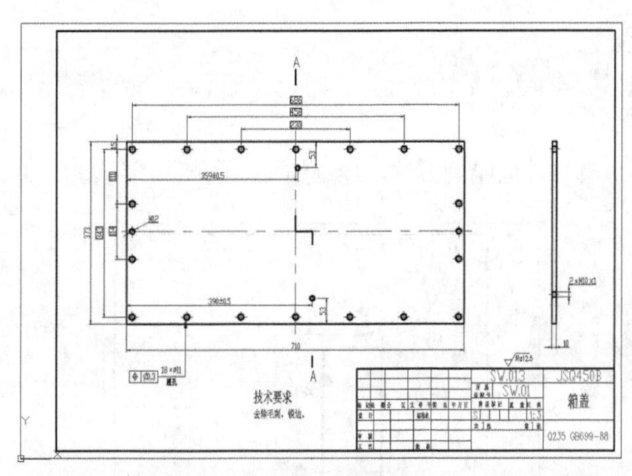

图 7-60　箱盖

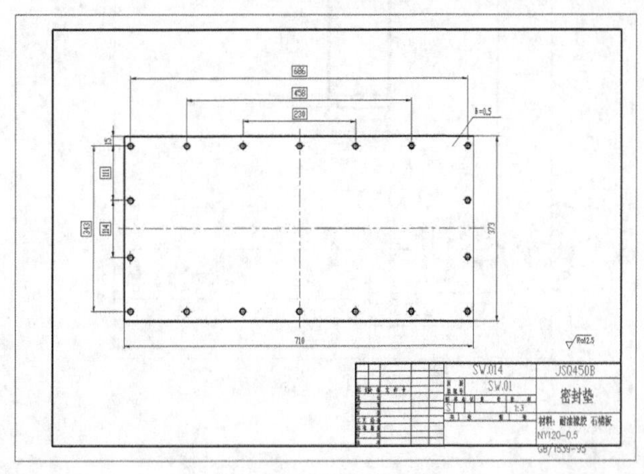

图 7-61　SW.014 密封垫

第8章

轴套类零件绘制

本章以支撑套、花键套为例，详细介绍如何绘制轴套类零件。在介绍过程中，依旧按照平面图的绘制步骤，但会在具体绘制步骤中介绍轴套类零件的相关理论知识和技巧。

8.1 支撑套

本节主要介绍支撑套零件的绘制方法，绘制结果如图 8-1 所示。

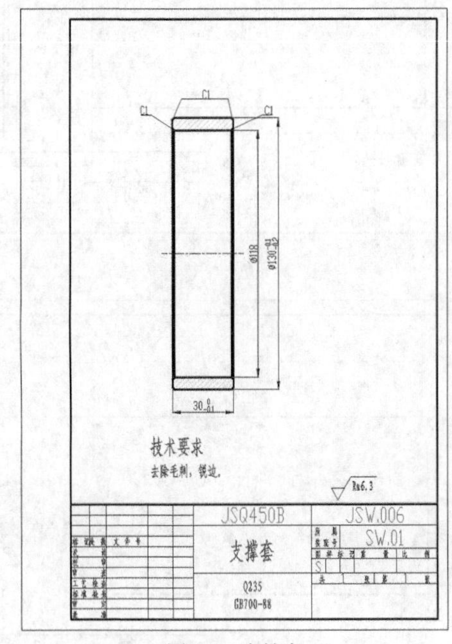

图 8-1　支撑套

8.1.1　绘制中心线

（1）单击“快速访问”工具栏中的“新建”按钮，系统打开“选择样板”对话框，选择“A4 样板图模板.dwt”样板文件作为模板，单击“打开”按钮，进入绘图环境。

（2）单击“快速访问”工具栏中的“保存”按钮，弹出“另存为”对话框，输入文件名称“SW.006 支撑套”，单击“确定”按钮，退出对话框。

（3）在“图层特性管理器”下拉列表中选择“ZXX”图层，将该图层设置为当前图层。

（4）单击“默认”选项卡“绘图”面板中的“直线”按钮，绘制坐标点为[（70,180）、（110,180）]的中心线，绘制结果如图 8-2 所示。

图 8-2　绘制中心线

8.1.2　绘制主视图

（1）单击“默认”选项卡“绘图”面板中的“矩形”按钮，绘制轮廓线，角点坐标为[（75,115）、（@30,130）]，绘制结果如图 8-3 所示。

（2）单击“默认”选项卡“修改”面板中的“分解”按钮，分解绘制的矩形。

（3）单击“默认”选项卡“修改”面板中的“偏移”按钮，选择最左侧直线，依次向右偏移 1、28、1。

（4）单击“默认”选项卡“修改”面板中的“偏移”按钮，选择最上方直线，依次向下偏移 1、4、1、118、1、4，结果如图 8-4 所示。

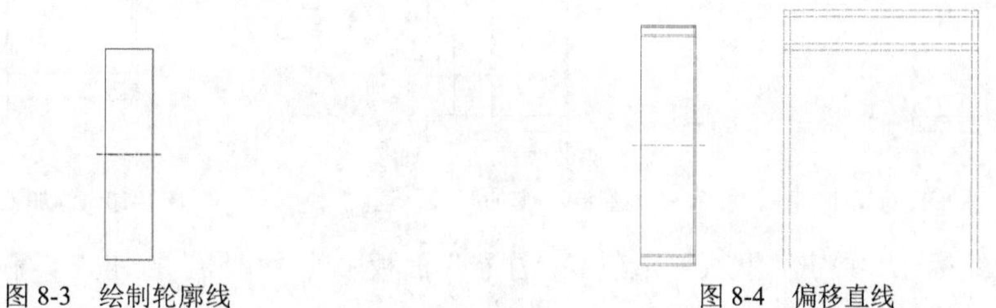

图 8-3　绘制轮廓线　　　　图 8-4　偏移直线

（5）在“图层特性管理器”下拉列表中选择“CSX”图层，将该图层设置为当前图层。

（6）单击“默认”选项卡“绘图”面板中的“直线”按钮，绘制轮廓，结果如图 8-5 所示。

（7）单击“默认”选项卡“修改”面板中的“删除”按钮，删除多余辅助线，结果如图 8-6 所示。

（8）在“图层特性管理器”下拉列表中选择“XSX”图层，将该图层设置为当前图层。

（9）单击“默认”选项卡“绘图”面板中的“图案填充”按钮，弹出“图案填充与渐变色”对话框，选择“ANSI31”的填充图案，设置“颜色”为“青色”，填充比例为 15，单击“添加点”按钮，在绘图区中选择添加边界，按 Enter 键，返回对话框，单击“确定”按钮，完成设置，填充结果如图 8-7 所示。

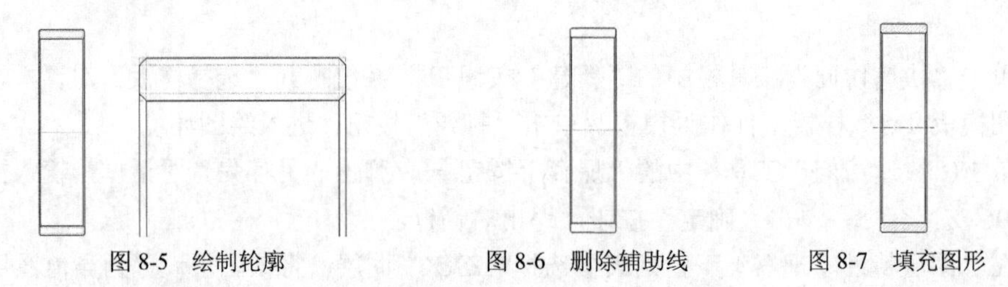

图 8-5　绘制轮廓　　图 8-6　删除辅助线　　图 8-7　填充图形

8.1.3　标注视图尺寸

（1）在“图层特性管理器”下拉列表中选择“BZ”图层，将该图层设置为当前图层。

（2）水平尺寸标注。单击“默认”选项卡“注释”面板中的“线性”按钮⊢，标注水平外轮廓尺寸为“30”，结果如图 8-8 所示。

（3）标注竖直尺寸。

① 单击“默认”选项卡“注释”面板中的“线性”按钮⊢，标注孔尺寸为“118”。

② 单击“默认”选项卡“注释”面板中的“线性”按钮⊢，标注竖直外轮廓尺寸为“130”，结果如图 8-9 所示。

（4）编辑标注文字。双击尺寸标注中的文字，弹出“文字编辑器”对话框，单击“堆叠”按钮，添加上、下偏差值，结果如图 8-10 所示。

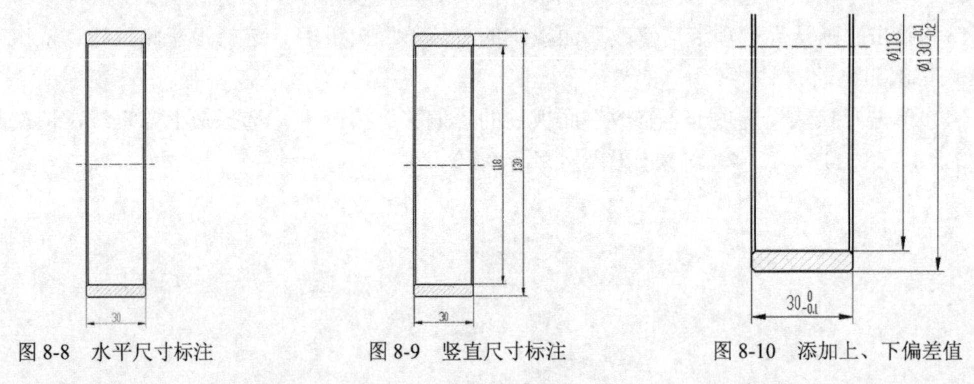

图 8-8　水平尺寸标注　　图 8-9　竖直尺寸标注　　图 8-10　添加上、下偏差值

（5）引线标注。单击“默认”选项卡“注释”面板中的“引线”按钮，利用引线标注倒角 C1，结果如图 8-11 所示。

（6）插入表面结构的图形符号。单击“默认”选项卡“块”面板“插入”下拉菜单中“库中的块” 按钮，选择“粗糙度符号 3.2”图块，将其插入标题栏上方，结果如图 8-12 所示。

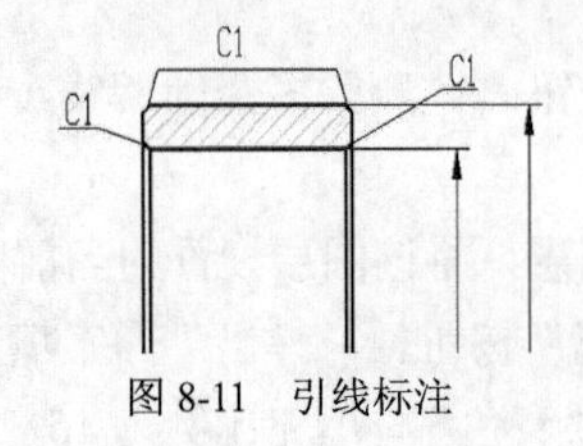

图 8-11　引线标注

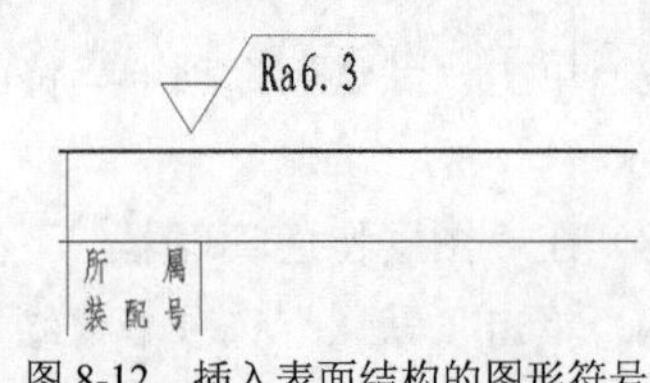

图 8-12　插入表面结构的图形符号

8.1.4　添加文字说明

（1）在“图层特性管理器”下拉列表中选择“WZ”图层，将该图层设置为当前图层。

（2）单击“默认”选项卡“注释”面板中的“文字样式”按钮，弹出“文字样式”对话框，将“长仿宋”设置为当前文字样式，修改标注字体。

（3）单击“默认”选项卡“块”面板“插入”下拉菜单中“库中的块”选项，打开“块”选项板，选择“技术要求”图块，将其插入图中，结果如图 8-13 所示。

（4）单击“默认”选项卡“注释”面板中的“多行文字”按钮，标注标题栏，结果如图 8-14 所示。

（5）保存文件。单击“快速访问”工具栏中的“保存”按钮，保存文件，支撑套零件最终绘制结果如图 8-1 所示。

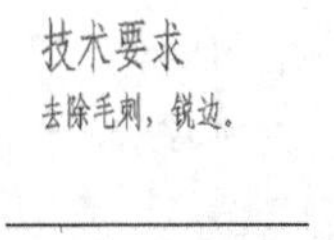

技术要求

去除毛刺，锐边。

图 8-13　插入技术要求

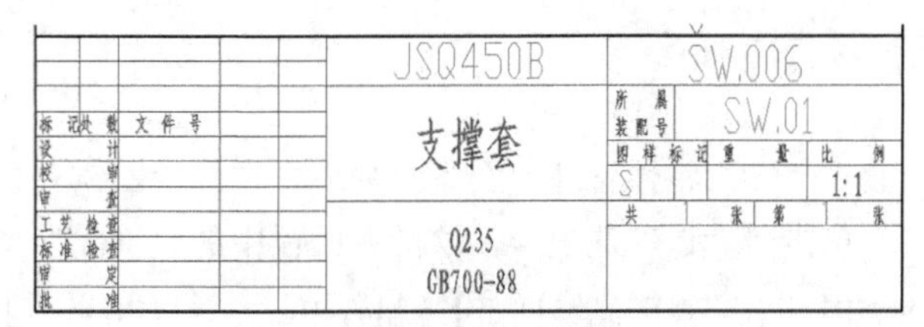

图 8-14　标注标题栏

8.2 花键套

本节主要介绍花键套零件的绘制方法，绘制结果如图 8-15 所示。

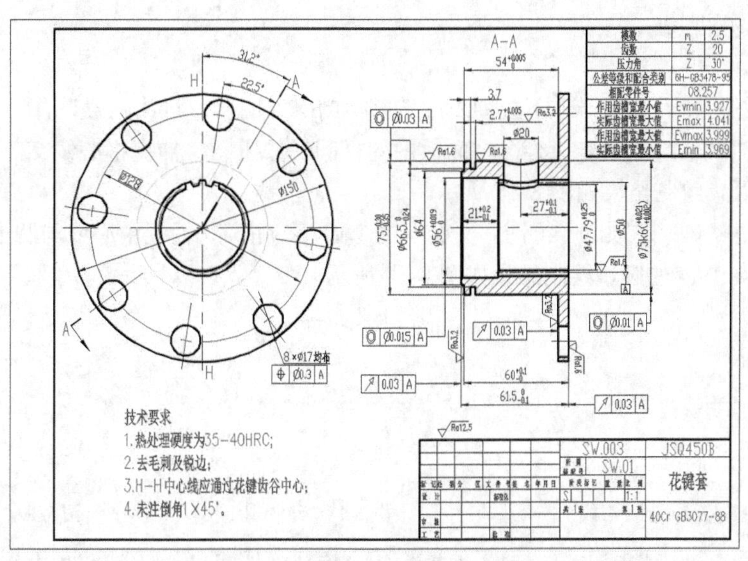

图 8-15　花键套

8.2.1 新建文件

（1）单击“快速访问”工具栏中的“新建”按钮，系统打开“选择样板”对话框，选择“A3 样板图模板.dwt”样板文件作为模板，单击“打开”按钮，进入绘图环境。

（2）单击“快速访问”工具栏中的“保存”按钮，系统打开“另存为”对话框，输入文件名称“SW.003 花键套”，单击“确定”按钮，退出对话框。

（3）单击“默认”选项卡“图层”面板中的“图层特性”按钮，新建“XX”图层，图层的颜色、线型、线宽等属性设置如图 8-16 所示。

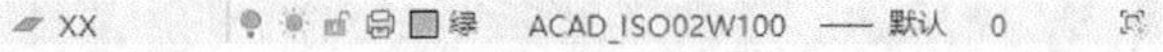

XX 绿 ACAD_ISO02W100 —— 默认 0

图 8-16 新建图层

8.2.2 绘制中心线

（1）在“图层特性管理器”下拉列表中选择“ZXX”图层，将图层置为当前。

（2）单击“默认”选项卡“绘图”面板中的“直线”按钮，绘制相交中心线，坐标点分别为[（30,180）、（190,180）]和[（110,260）、（110,100）]。

（3）单击“默认”选项卡“绘图”面板中的“圆”按钮，捕捉中心线交点为圆心，绘制直径为 128 的圆。

（4）单击“默认”选项卡“绘图”面板中的“直线”按钮，继续绘制中心线，指定中心线的坐标分别为[（110,180）、（@85<58.8）]、[（110,223）、（110,260）]、[（225,180）、（325,180）]，结果如图 8-17 所示。

8.2.3 绘制主视图

（1）在“图层特性管理器”下拉列表中选择“CSX”图层，将该图层设置为当前图层。

（2）单击“默认”选项卡“绘图”面板中的“圆”按钮，捕捉中心线交点为圆心，绘制直径为 150 的圆，绘制结果如图 8-18 所示。

（3）单击“默认”选项卡“绘图”面板中的“圆”按钮，捕捉中心线与圆上交点为圆心，绘制直径为 17、19.4 的圆，绘制结果如图 8-19 所示。

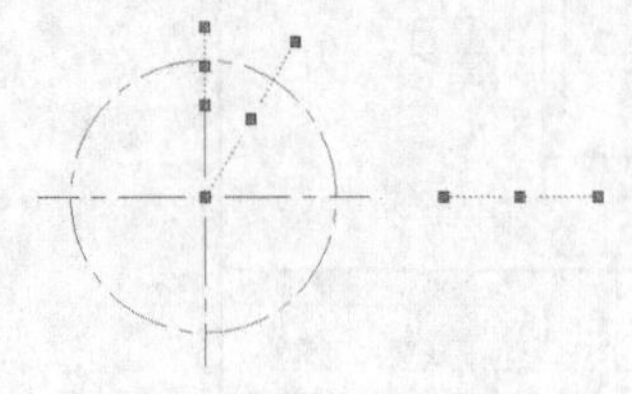

图 8-17 绘制中心线

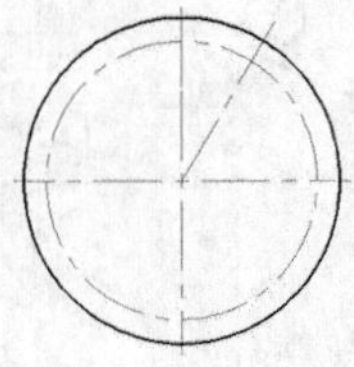

图 8-18 绘制圆 1

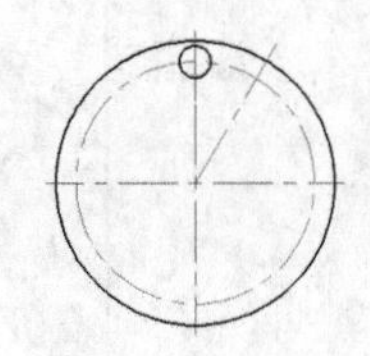

图 8-19 绘制圆 2

（4）单击“默认”选项卡“修改”面板中的“旋转”按钮，旋转圆与中心线，旋转角度为−8.7°，结果如图 8-20 所示。

（5）单击“默认”选项卡“修改”面板中的“环形阵列”按钮，阵列上一步旋转的圆及中心线，环形阵列结果如图 8-21 所示。

（6）单击“默认”选项卡“绘图”面板中的“圆”按钮，绘制直径为 75 的圆，结果如图 8-22 所示。

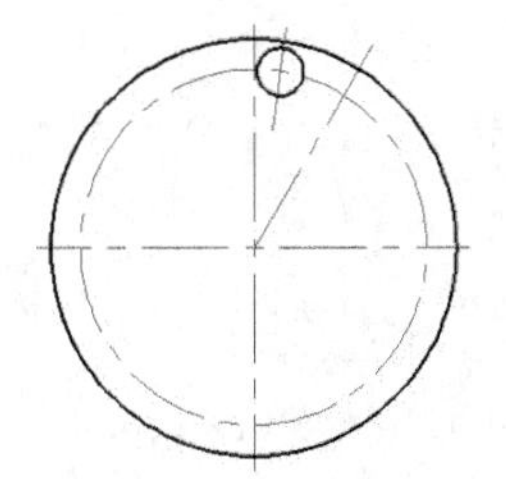

图 8-20 旋转结果

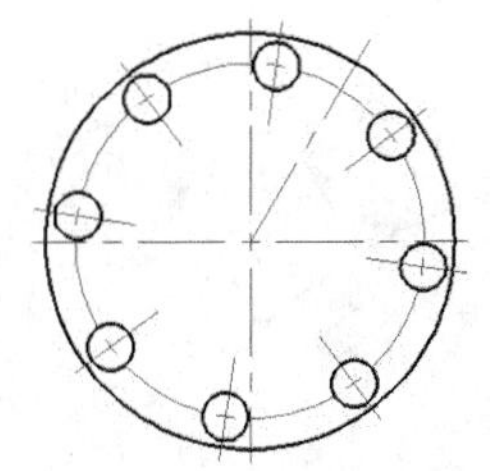

图 8-21 环形阵列结果

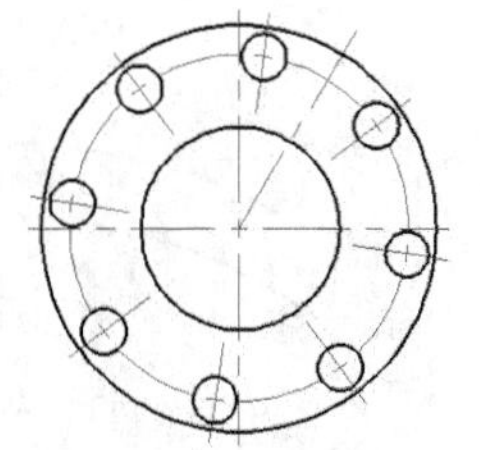

图 8-22 绘制圆 3

（7）单击“默认”选项卡“绘图”面板中的“圆”按钮，绘制外顶圈、齿顶圆、分度圆和齿根圆，圆心坐标为（110,180），直径分别为 53.75、50、47.79，绘制圆结果如图 8-23 所示。

（8）单击“默认”选项卡“修改”面板中的“偏移”按钮，将竖直中心线向左侧分别偏移 1.594、2.174，将过中心点斜向中心线分别向两侧偏移 10，结果如图 8-24 所示。

（9）单击“默认”选项卡“修改”面板中的“旋转”按钮，旋转偏移中心线，旋转角度为-15°，结果如图 8-25 所示。

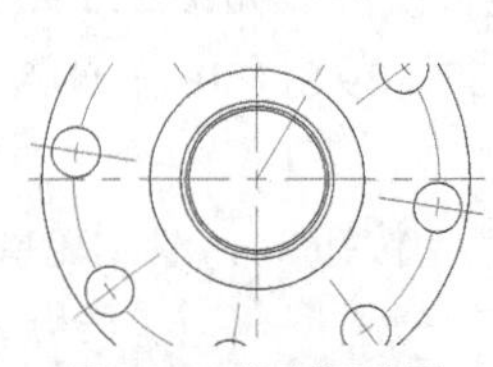

图 8-23 绘制圆结果

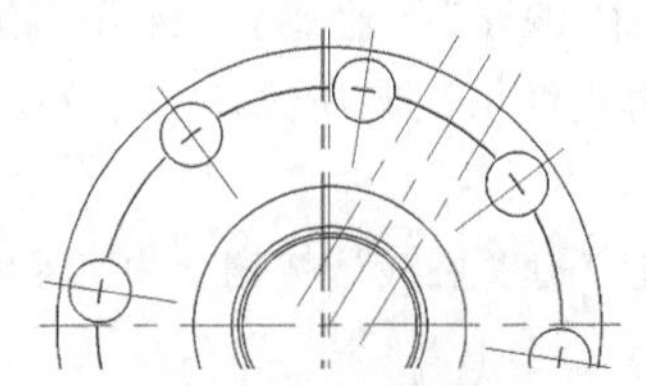

图 8-24 偏移结果

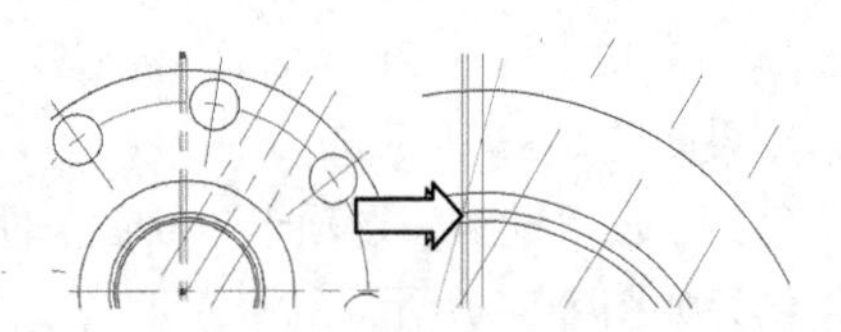

图 8-25 旋转中心线

（10）单击“默认”选项卡“绘图”面板中的“圆弧”按钮，捕捉线交点，绘制三点圆弧，绘制结果如图 8-26 所示。

（11）单击“默认”选项卡“修改”面板中的“修剪”按钮和“删除”按钮，修剪多余边线，结果如图 8-27 所示。

（12）将分度圆设置为“ZXX”图层，将外圆与修剪后的偏移直线设置为“XX”图层，结果如图 8-28 所示。

（13）单击“默认”选项卡“修改”面板中的“镜像”按钮，镜像圆弧作为齿形，结果如图 8-29 所示。

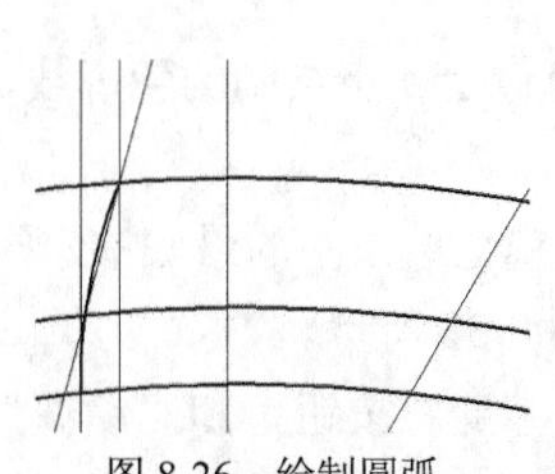

图 8-26 绘制圆弧

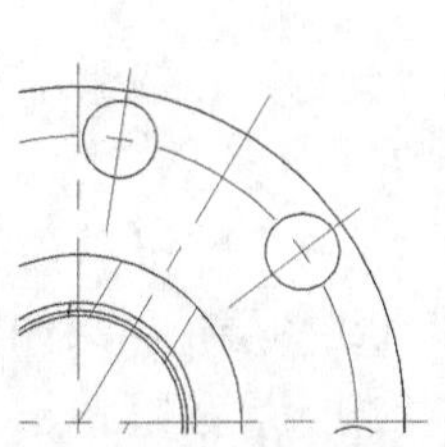

图 8-27 修剪结果 1

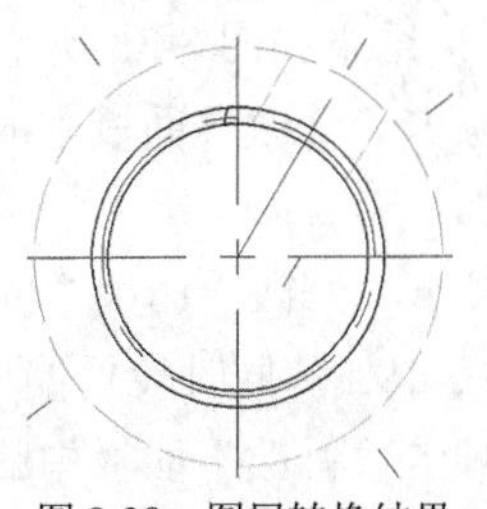

图 8-28 图层转换结果

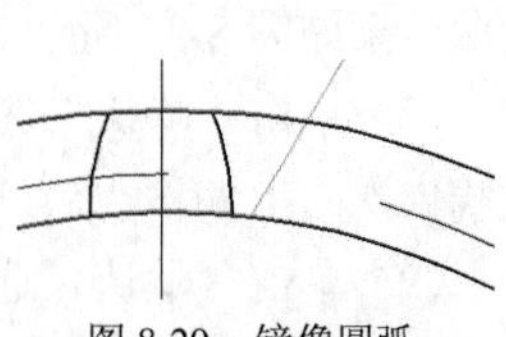

图 8-29 镜像圆弧

（14）单击“默认”选项卡“修改”面板中的“旋转”按钮，旋转上一步绘制的齿形，指定基点为（110,180），对齿形进行复制旋转，旋转角度为 18° 和-18°，复制旋转结果如图 8-30 所示。

（15）单击“默认”选项卡“修改”面板中的“修剪”按钮，修剪多余边线，结果如图 8-31 所示。

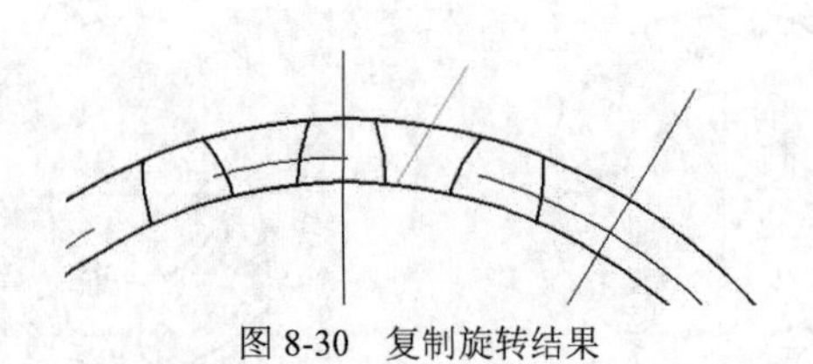

图 8-30 复制旋转结果　　图 8-31 修剪结果 2

8.2.4 绘制 A-A 剖视图

（1）单击“默认”选项卡“绘图”面板中的“多段线”按钮，绘制外轮廓线，指定坐标为[（320,180）、（@0,75）、（@-6,0）、（@0,-37.5）、（@-47.6,0）、（@0,-4.25）、（@-2.7,0）、（@0,4.25）、（@-3.7,0）、（@0,-5.5）、（@-1.5,0）、（@0,-32）]，结果如图 8-32 所示。

（2）单击“默认”选项卡“修改”面板中的“分解”按钮，分解上一步绘制的多段线。

（3）单击“默认”选项卡“修改”面板中的“偏移”按钮，将水平直线依次向上偏移 23.895、24.595、25、26.975、28、28.7，将右侧竖直直线依次向左偏移 17、27、37、39.8、40.5、60.8，偏移结果如图 8-33 所示。

（4）单击“默认”选项卡“绘图”面板中的“直线”按钮和“圆弧”按钮，绘制轮廓线，结果如图 8-34 所示。

（5）单击“默认”选项卡“修改”面板中的“修剪”按钮，修剪多余直线，同时修改轮廓线图层，结果如图 8-35 所示。

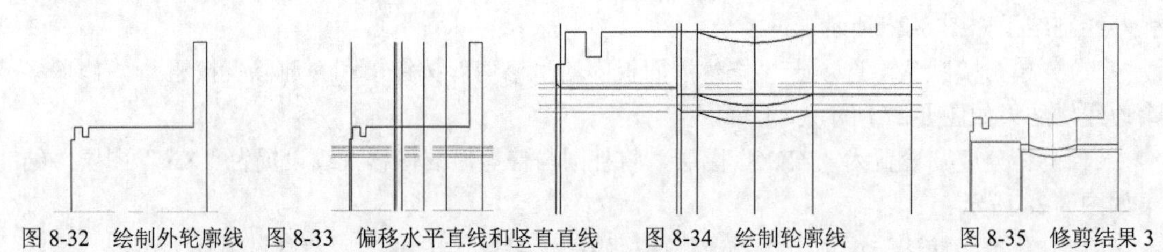

图 8-32 绘制外轮廓线　图 8-33 偏移水平直线和竖直直线　图 8-34 绘制轮廓线　图 8-35 修剪结果 3

（6）单击“默认”选项卡“修改”面板中的“倒角”按钮，选择图 8-35 中的边线，倒角距离为 0.7，进行倒角操作，结果如图 8-36 所示。

（7）单击“默认”选项卡“修改”面板中的“镜像”按钮，镜像上一步绘制的轮廓线，镜像结果如图 8-37 所示。

（8）单击“默认”选项卡“修改”面板中的“偏移”按钮，将镜像结果中的最底端水平直线依次向上偏移 2.5、11、19.5，同时设置偏移直线图层，结果如图 8-38 所示。

（9）单击“默认”选项卡“修改”面板中的“删除”按钮、“修剪”按钮和“镜像”按钮，整理剩余图形，结果如图 8-39 所示。

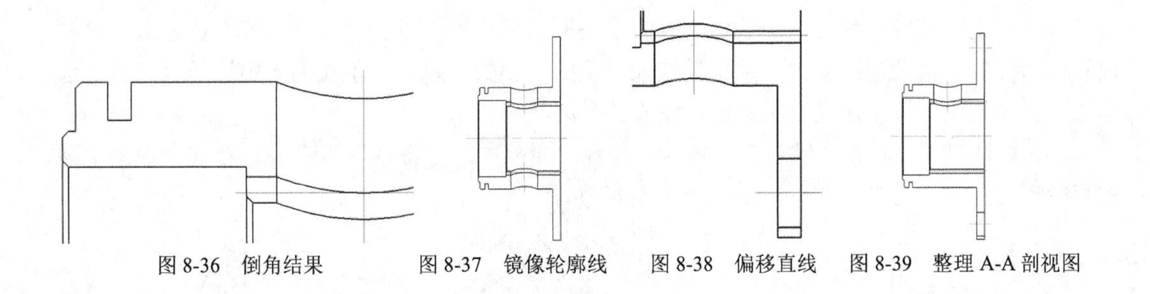

图 8-36　倒角结果　　图 8-37　镜像轮廓线　　图 8-38　偏移直线　　图 8-39　整理 A-A 剖视图

8.2.5　绘制剖切符号

（1）单击“默认”选项卡“块”面板“插入”下拉菜单中“库中的块”选项，打开“块”选项板，插入“剖切符号”图块，捕捉中心线交点为插入点，结果如图 8-40 所示。

（2）单击“默认”选项卡“修改”面板中的“镜像”按钮，将插入的剖切符号图块作为镜像对象，以水平中心线作为镜像线，镜像结果如图 8-41 所示。

（3）单击“默认”选项卡“修改”面板中的“旋转”按钮，选择上方剖切符号图块，捕捉中心线交点，设置旋转角度为-31.2°；选择下方剖切符号图块，捕捉中心线交点，设置旋转角度为-54°，结果如图 8-42 所示。

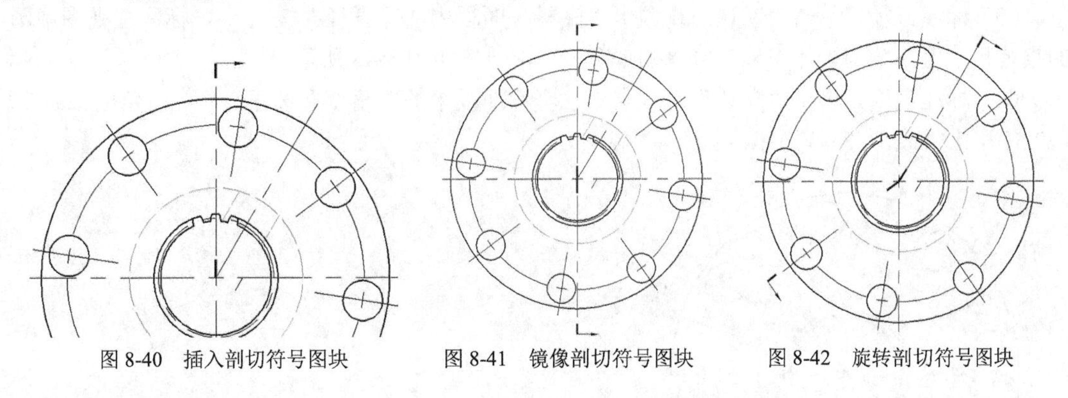

图 8-40　插入剖切符号图块　　图 8-41　镜像剖切符号图块　　图 8-42　旋转剖切符号图块

8.2.6　填充视图

（1）在“图层特性管理器”下拉列表中选择“XSX”图层，将该图层设置为当前图层。

（2）单击“默认”选项卡“绘图”面板中的“图案填充”按钮，选择“ANSI31”填充图案，在“颜色”下拉列表中选择“洋红”，单击“边界”选项组下的“添加拾取点”按钮，在绘图区选择边界，单击“确定”按钮，退出对话框，填充结果如图 8-43 所示。

8.2.7　标注视图尺寸

（1）在“图层特性管理器”下拉列表中选择“BZ”图层，将该图层设置为当前图层。

（2）设置标注样式。单击“默认”选项卡“注释”面板中的“标注样式”按钮，弹出“标注样式管理器”对话框，在“符号和箭头”选项卡下设置“箭头大小”为 4；在“文字”选项卡下设置“文字高度”为 5，勾选“绘制文字边框”复选框，单击“文字对齐”选项组下“与尺寸线对齐”单选按钮；在“主单位”选项卡下的“小数分隔符”下拉列表中选择“句点”选项，单击“确定”按钮，退出对话框，完成设置。

（3）标注直径。单击“默认”选项卡“注释”面板中的“直径”按钮⃠，标注主视图中圆的直径理论正确值为“ϕ128”，结果如图 8-44 所示。

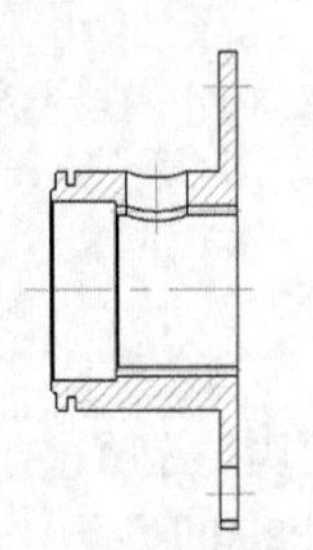

图 8-43　填充结果

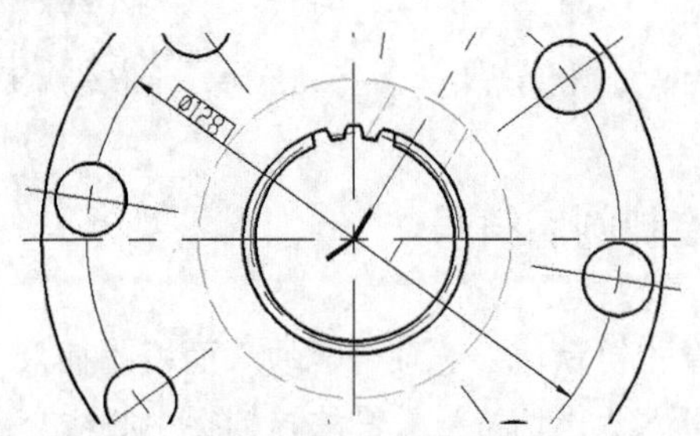

图 8-44　标注直径

（4）替代标注样式。单击“默认”选项卡“注释”面板中的“标注样式”按钮，弹出“标注样式管理器”对话框，单击“替代”按钮，弹出“替代标注样式”对话框，打开“文字”选项卡，取消勾选“绘制文字边框”复选框，选择“ISO 标准”单选按钮；打开“主单位”选项卡，在“角度标注”选项组下选择“精度”为 0.0，单击“确定”按钮，退出对话框，完成设置。

（5）标注直径。单击“默认”选项卡“注释”面板中的“直径”按钮⃠，标注主视图中圆的直径尺寸值，分别为“ϕ150”“8×ϕ17 均布”，结果如图 8-45 所示。

（6）标注角度。单击“默认”选项卡“注释”面板中的“角度”按钮△，标注角度“31.2”“22.5”，结果如图 8-46 所示。

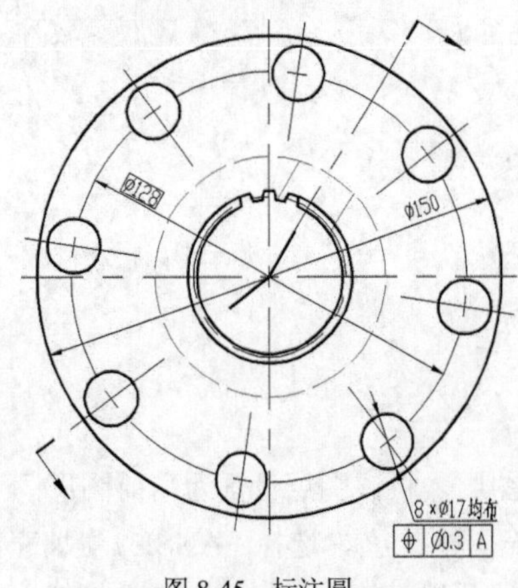

图 8-45　标注圆

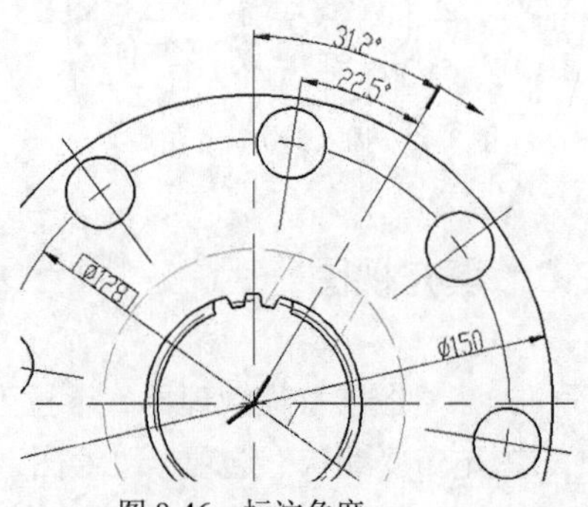

图 8-46　标注角度

（7）替代标注样式。使用同样的方法，弹出“替代标注样式”对话框，打开“文字”选项卡，选择“与尺寸线对齐”单选按钮；打开“公差”选项卡，设置“方式”为“极限偏差”，“精度”为 0.00，“上偏差”为 0.1，“下偏差”为 0，“高度比例”为 0.67，“垂直位置”为“中”，勾选“后续”复选框，其他为默认设置，单击“确定”按钮，退出对话框，完成设置。

（8）标注水平尺寸。单击“默认”选项卡“注释”面板中的“线性”按钮⊢⊣，标注水平尺寸“60”，结果如图 8-47 所示。

（9）标注其余水平尺寸。使用同样的方法，在“公差”选项卡中，设置对应上、下偏差，使用“线性标注”命令标注其余水平尺寸，水平尺寸分别为“61.5”“21”“27”“20”“2.7”“3.7”“54”，结果如图 8-48 所示。

（10）标注竖直尺寸。使用同样的方法，标注竖直尺寸分别为“56”“64”“66.5”“75”“ϕ47.79”“ϕ50”“ϕ75k6”，结果如图 8-49 所示。

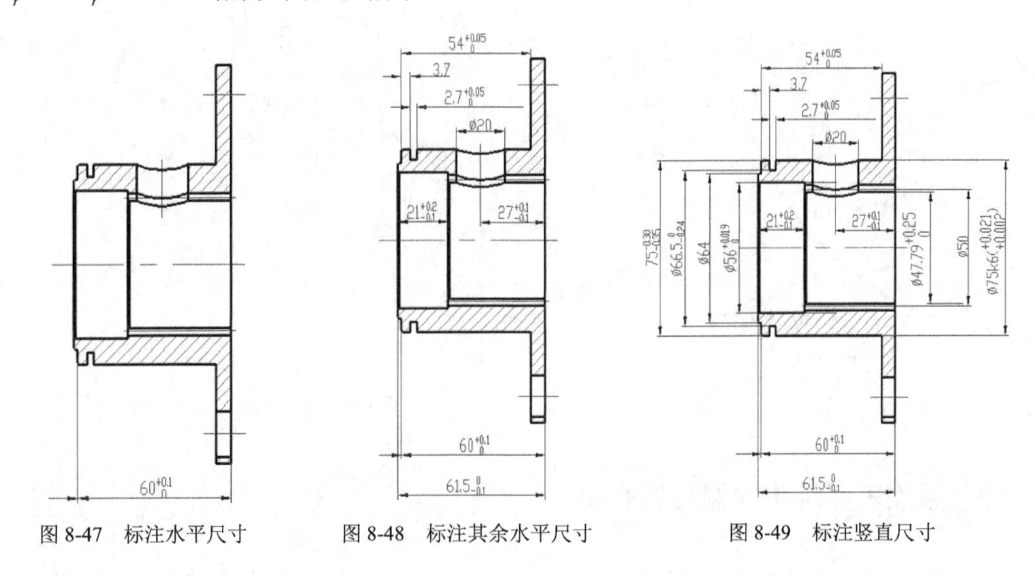

图 8-47　标注水平尺寸　　图 8-48　标注其余水平尺寸　　图 8-49　标注竖直尺寸

8.2.8　添加基准符号

（1）单击“默认”选项卡“块”面板“插入”下拉菜单中“库中的块”选项，插入块“基准符号 A”，设置旋转角度为 180°。

（2）单击“默认”选项卡“修改”面板中的“分解”按钮，分解基准符号。

（3）单击“默认”选项卡“修改”面板中的“旋转”按钮，旋转文字，结果如图 8-50 所示。

8.2.9　添加形位公差

（1）单击“注释”选项卡“标注”面板中的“公差”按钮，弹出“形位公差”对话框，如图 8-51 所示，单击“符号”按钮，弹出“特征符号”对话框，选择一种形位公差符号。在公差 1、2 和基准 1、2、3 文本框中输入公差值和基准面符号，单击“确定”按钮，结果如图 8-52 所示。

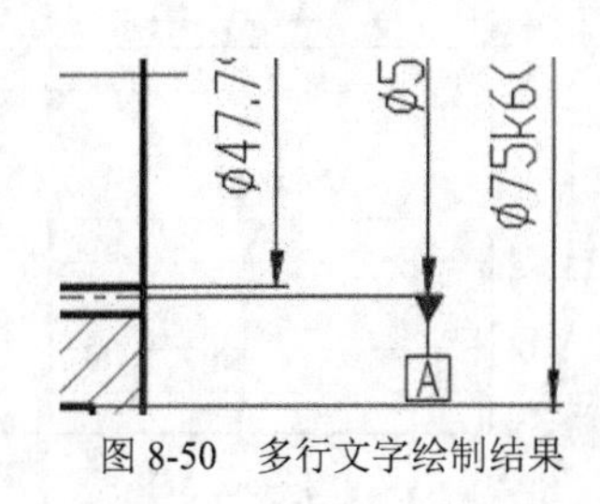

图 8-50　多行文字绘制结果

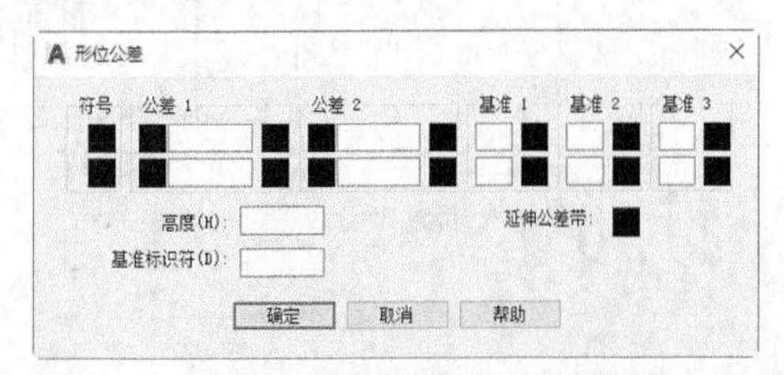

图 8-51　“形位公差”对话框

同理，添加其余形位公差。

（2）单击“默认”选项卡“绘图”面板中的“多段线”按钮，添加引线，其中引线箭头宽度为 1.33，长度为 4，结果如图 8-53 所示。

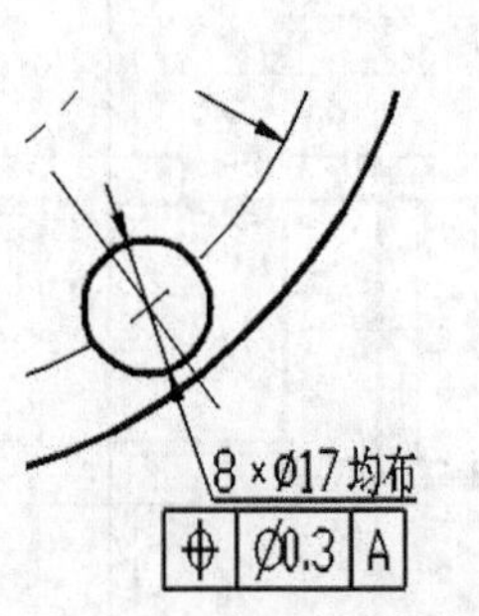

图 8-52　添加形位公差结果

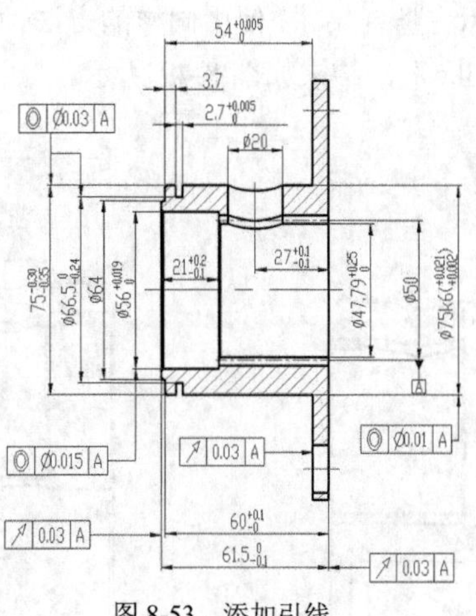

图 8-53　添加引线

8.2.10　添加表面结构的图形符号

（1）单击“默认”选项卡“块”面板“插入”下拉菜单中“库中的块”选项，打开“块”选项板，选择“粗糙度符号 3.2”图块。在绘图区适当位置放置表面结构的图形符号，修改结果如图 8-54 所示。

（2）继续插入表面结构的图形符号，将表面结构的图形符号放置到适当位置，结果如图 8-55 所示。

8.2.11　绘制参数表

（1）在“图层特性管理器”下拉列表中选择“XSX”图层，将该图层设置为当前图层。

（2）单击“默认”选项卡“绘图”面板中的“直线”按钮，在右上角绘制表格，表格尺寸如图 8-56 所示。

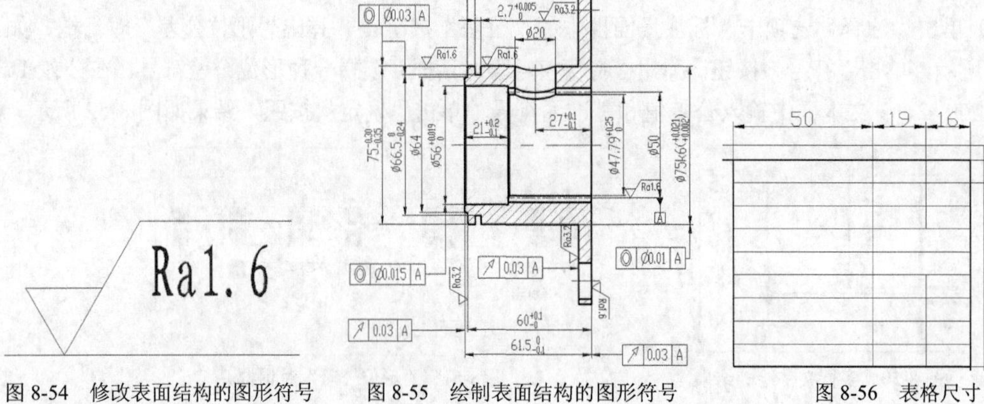

图 8-54　修改表面结构的图形符号　　图 8-55　绘制表面结构的图形符号　　图 8-56　表格尺寸

8.2.12　添加文字说明

（1）在“图层特性管理器”下拉列表中选择“WZ”图层，将该图层设置为当前图层。

（2）单击“默认”选项卡“注释”面板中的“文字样式”按钮A，将“长仿宋”文字样式设置为当前文字样式。

（3）单击“默认”选项卡“块”面板“插入”下拉菜单中“库中的块”选项，选择“剖面视图 A-A”图块，并将其插入视图中。

（4）单击“默认”选项卡“注释”面板中的“多行文字”按钮A，在绘图区适当位置输入文字，指定文字高度为 5，结果如图 8-57 所示。

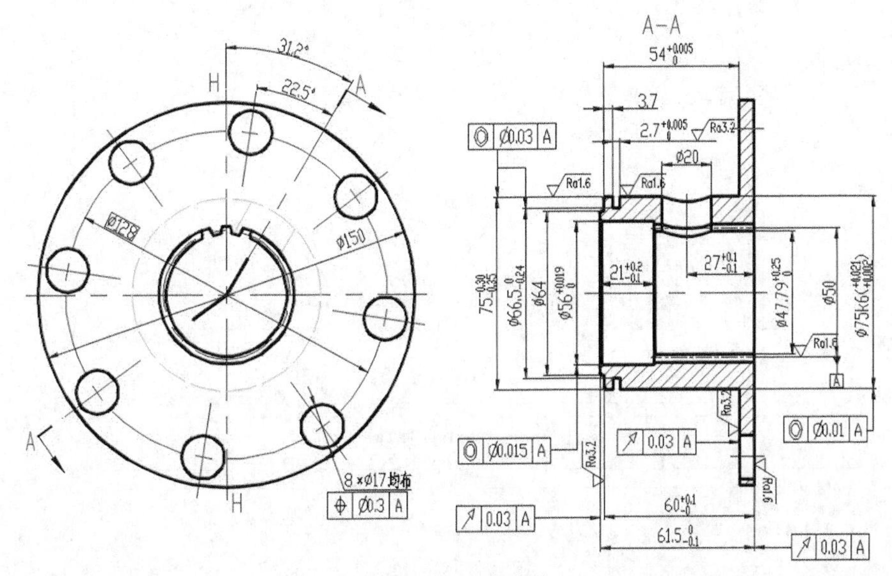

图 8-57　文字说明

（5）单击“默认”选项卡“注释”面板中的“多行文字”按钮A，标注技术要求。

（6）单击“默认”选项卡“注释”面板中的“多行文字”按钮A，标注右上角参数表格，结果如图 8-58 所示。

（7）单击“默认”选项卡“注释”面板中的“多行文字”按钮A，标注标题栏，结果如图 8-59 所示。

（8）保存文件。单击“快速访问”工具栏中的“保存”按钮，保存文件，花键套零件最终绘制结果如图 8-15 所示。

模数	m	2.5
齿数	Z	20
压力角	α	30°
公差等级和配合类别	6H-GB3478-95	
相配零件号	08.257	
作用齿槽宽最小值	Evmin	3.927
实际齿槽宽最大值	Emax	4.041
作用齿槽宽最大值	Evmax	3.999
实际齿槽宽最小值	Emin	3.969

图 8-58　标注参数表格

						SW.003			JSQ450B
						所属装配号	SW.01		花键套
标记	处数	分区	文件号	签名	年月日	阶段标记	重量	比例	
设计			标准化			S		1:1	
						共 1 张		第 1 张	40Cr GB3077-88
审核									
工艺			批准						

图 8-59　标注标题栏

8.3 上机实验

【练习 1】创建图 8-60 所示的 SW.004 连接盘。

【练习 2】创建图 8-61 所示的 SW.010 配油套。

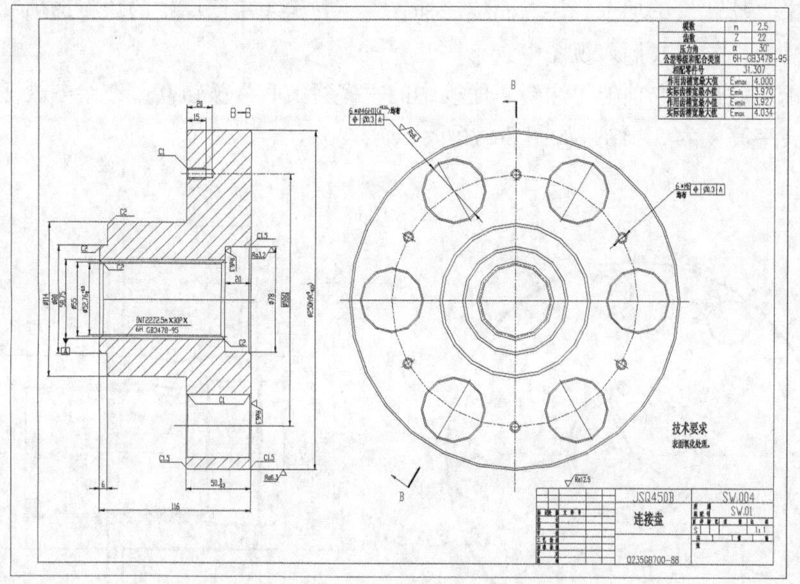

图 8-60　SW.004 连接盘

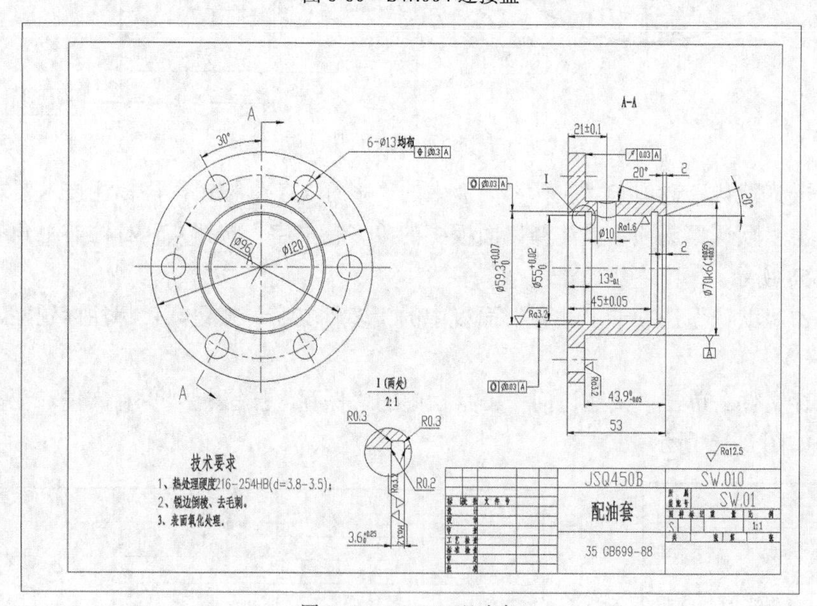

图 8-61　SW.010 配油套

8.4 模拟试题

（1）当捕捉设定的间距与栅格所设定的间距不同时（　　）。

A．捕捉仍然只按栅格进行　　B．捕捉时按照捕捉间距进行

C．捕捉既按栅格又按捕捉间距进行　　D．无法设置

（2）对“极轴”追踪进行设置，把增量角设为30°，把附加角设为10°，采用极轴追踪时，不会显示极轴对齐的是（　　）。

A．10°　　B．30°　　C．40°　　D．60°

（3）打开和关闭动态输入的快捷键是（　　）。

A．F10　　B．F11　　C．F12　　D．F9

（4）关于自动约束，下面说法正确的是（　　）。

A．相切对象必须共用同一交点　　B．垂直对象必须共用同一交点

C．平滑对象必须共用同一交点　　D．以上说法均不正确

（5）移动圆心在（30,30）处的圆，移动中指定圆心的第二个点时，在动态输入框中输入10,20，其结果是（　　）。

A．圆心坐标为（10,20）　　B．圆心坐标为（30,30）

C．圆心坐标为（40,50）　　D．圆心坐标为（20,10）

（6）执行对象捕捉时，如果在一个指定的位置上包含多个对象符合捕捉条件，则按住下列哪个键可以在不同对象间切换？（　　）

A．Ctrl键　　B．Tab键　　C．Alt键　　D．Shift键

（7）下列不是自动约束类型的是（　　）。

A．共线约束　　B．固定约束　　C．同心约束　　D．水平约束

（8）几何约束栏设置不包括（　　）。

A．垂直　　B．平行　　C．相交　　D．对称

（9）栅格状态默认为开启，以下哪种方法无法关闭该状态？（　　）

A．单击状态栏上的“栅格”按钮

B．将GRIDMODE变量设置为1

C．输入“grid”后按Enter键，然后输入“off”并按Enter键

D．以上方法均不正确

（10）默认状态下，若对象捕捉功能关闭，命令执行过程中，按住下列哪个键，可以实现对象捕捉？（　　）

A．Shift　　B．Shift+A　　C．Shift+S　　D．Alt

轴系零件绘制

本章以轴、输入齿轮为例，详细介绍轴系零件的绘制过程。在介绍绘制轴系零件平面图的一般步骤之外，还详细介绍了轴系零件的特有绘制特征。在介绍过程中，将逐步完成平面图的绘制，同时自行简化绘制局部视图。

9.1 轴

本节主要介绍轴零件的绘制方法，结果如图 9-1 所示。

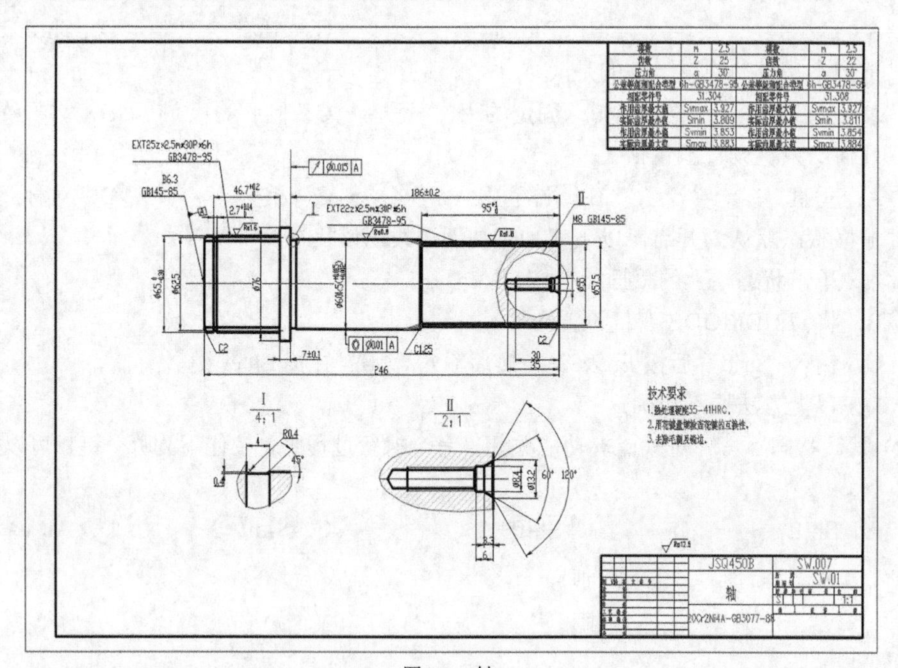

图 9-1　轴

9.1.1 绘制中心线网格

（1）在“图层特性管理器”下拉列表中选择“ZXX”图层，将该图层设置为当前图层。

（2）单击“默认”选项卡“绘图”面板中的“直线”按钮，绘制坐标点为[（113,247）、（376,247）]的相交中心线。

（3）单击“默认”选项卡“修改”面板中的“偏移”按钮，分别向上、向下偏移31.25。

（4）单击“默认”选项卡“绘图”面板中的“直线”按钮，绘制过坐标点（125,247）的直线。

（5）单击“默认”选项卡“修改”面板中的“偏移”按钮，选择中间水平直线，并将其依次向上偏移26、27.5、28.75、29、29.6、30、32.5、38。

（6）单击“默认”选项卡“修改”面板中的“偏移”按钮，选择左侧竖直直线，依次向右偏移6.3、2.7、44、7、4、85.75、1.25、95，结果如图9-2所示。

9.1.2 绘制主视图轮廓

（1）在“图层特性管理器”下拉列表中选择“CSX”图层，将该图层设置为当前图层。

（2）单击“默认”选项卡“绘图”面板中的“直线”按钮，绘制轮廓线，结果如图9-3所示。

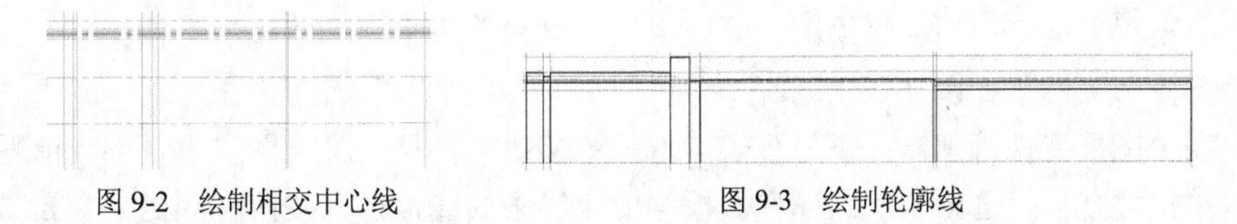

图9-2 绘制相交中心线　　图9-3 绘制轮廓线

（3）单击“默认”选项卡“绘图”面板中的“直线”按钮、“删除”按钮和“修剪”按钮，修剪多余辅助线，结果如图9-4所示。

（4）单击“默认”选项卡“修改”面板中的“倒角”按钮，将倒角距离设置为2，选择倒角边，结果如图9-5所示。

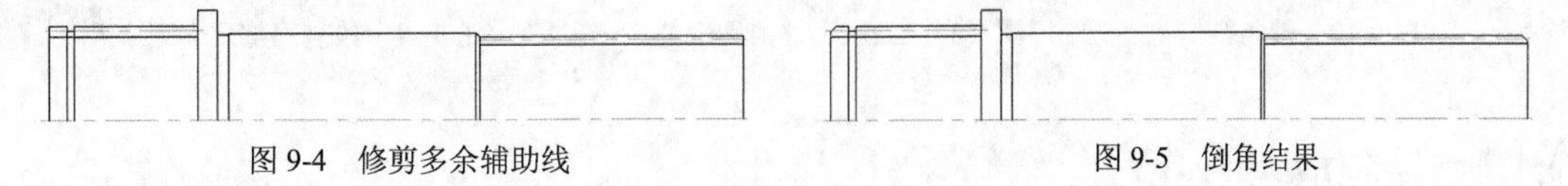

图9-4 修剪多余辅助线　　图9-5 倒角结果

（5）单击“默认”选项卡“绘图”面板中的“直线”按钮，绘制螺孔，结果如图9-6所示。

（6）在“图层特性管理器”下拉列表中选择“XSX”图层，将该图层设置为当前图层。

（7）单击“默认”选项卡“绘图”面板中的“圆弧”按钮，绘制齿轮线，结果如图9-7所示。

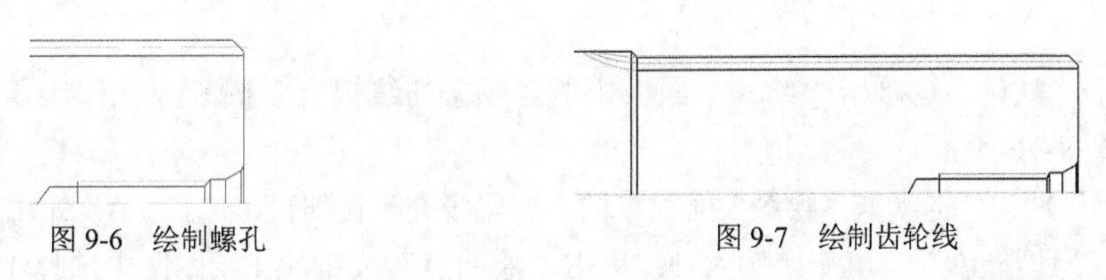

图9-6 绘制螺孔　　图9-7 绘制齿轮线

（8）单击“默认”选项卡“修改”面板中的“镜像”按钮，镜像上一步绘制的齿轮线，镜像结果如图 9-8 所示。

（9）单击“默认”选项卡“绘图”面板中的“圆”按钮和“圆弧”按钮，绘制放大图边界线及剖视图边界线，结果如图 9-9 所示。

9.1.3 绘制放大图 I

（1）在“图层特性管理器”下拉列表中选择“CSX”图层，将该图层设置为当前图层。

（2）单击“默认”选项卡“绘图”面板中的“直线”按钮，在空白处绘制相交直线，结果如图 9-10 所示。

（3）单击“默认”选项卡“修改”面板中的“偏移”按钮，分别将水平直线向下偏移 1.6，将竖直直线依次向右偏移 14.4、16，结果如图 9-11 所示。

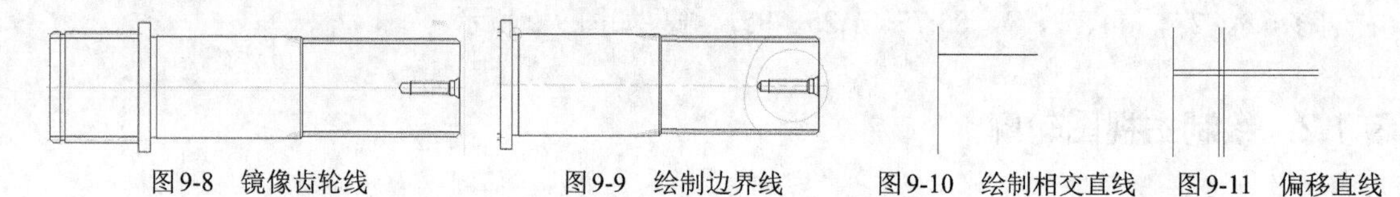

图 9-8 镜像齿轮线　图 9-9 绘制边界线　图 9-10 绘制相交直线　图 9-11 偏移直线

（4）单击“默认”选项卡“修改”面板中的“圆角”按钮，设置圆角距离为 1.6，进行圆角操作，结果如图 9-12 所示。

（5）单击“默认”选项卡“绘图”面板中的“直线”按钮和“修剪”按钮，绘制剩余图形并修剪图形，结果如图 9-13 所示。

（6）在“图层特性管理器”下拉列表中选择“XSX”图层，将该图层设置为当前图层。

（7）单击“默认”选项卡“绘图”面板中的“样条曲线拟合”按钮，绘制局部放大图边界，结果如图 9-14 所示。

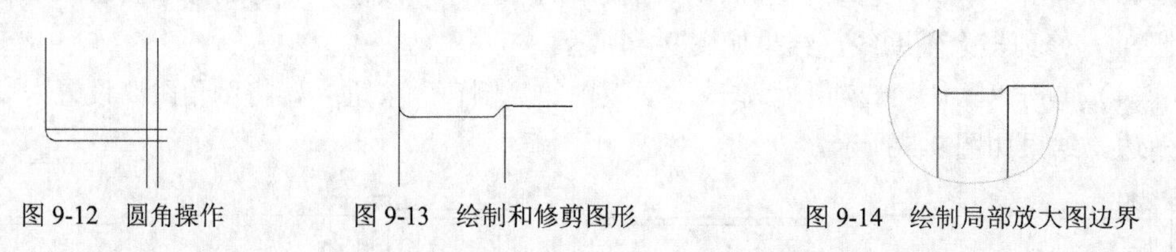

图 9-12 圆角操作　图 9-13 绘制和修剪图形　图 9-14 绘制局部放大图边界

9.1.4 绘制放大图 II

（1）单击“默认”选项卡“修改”面板中的“复制”按钮，复制主视图的螺孔部分到空白处。

（2）单击“默认”选项卡“修改”面板中的“缩放”按钮，将复制结果放大 2 倍，结果如图 9-15 所示。

（3）单击“默认”选项卡“绘图”面板中的“样条曲线拟合”按钮，绘制局部放大图边界，结果如图 9-16 所示。

（4）单击“默认”选项卡“绘图”面板中的“图案填充”按钮，选择“ANSI31”填充图案，设置“颜色”为“青色”，填充比例为 1，单击“添加点”按钮，在绘图区中选择添加边界，按

Enter 键，返回对话框，单击“确定”对话框，完成设置。填充图形，结果如图 9-17 所示。

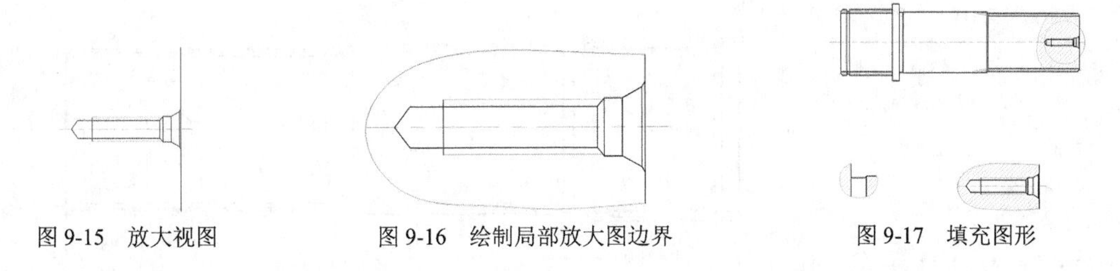

图 9-15　放大视图　　图 9-16　绘制局部放大图边界　　图 9-17　填充图形

9.1.5　添加尺寸标注

（1）在“图层特性管理器”下拉列表中选择“BZ”图层，将该图层设置为当前图层。

（2）修改标注样式。单击“默认”选项卡“注释”面板中的“标注样式”按钮，①弹出“标注样式管理器”对话框，如图 9-18 所示，②单击“修改”按钮，③弹出“修改标注样式”对话框，如图 9-19 所示，打开“线”选项卡，在“颜色”“线型”“线宽”下拉列表中均选择“Bylayer（随层）”选项；④打开“符号和箭头”选项卡，⑤设置“箭头大小”为 4；打开“文字”选项卡，设置“文字颜色”为“Bylayer（随层）”，“文字高度”为 5，“文字对齐”方式为“ISO 标准”；打开“主单位”选项卡，设置“小数分隔符”为“句点”，单击“确定”按钮，退出对话框，完成设置。

（3）添加水平基本尺寸。

① 单击“默认”选项卡“注释”面板中的“线性”按钮，标注水平间距为“2.7”；

② 单击“注释”选项卡“标注”面板“连续”下拉菜单中的“基线”按钮，标注水平尺寸“46.7”，标注结果如图 9-20 所示。

③ 单击“默认”选项卡“注释”面板中的“线性”按钮和“注释”选项卡“标注”面板“连续”下拉菜单中的“基线”按钮，标注轴段水平尺寸“95”“186”，单击“默认”选项卡“注释”面板中的“线性”按钮和“注释”选项卡“标注”面板“连续”下拉菜单中的“基线”按钮，标注轴段水平尺寸分别为“30”“35”“246”。

④ 单击“默认”选项卡“注释”面板中的“线性”按钮，标注轴段水平尺寸“75”，标注结果如图 9-21 所示。

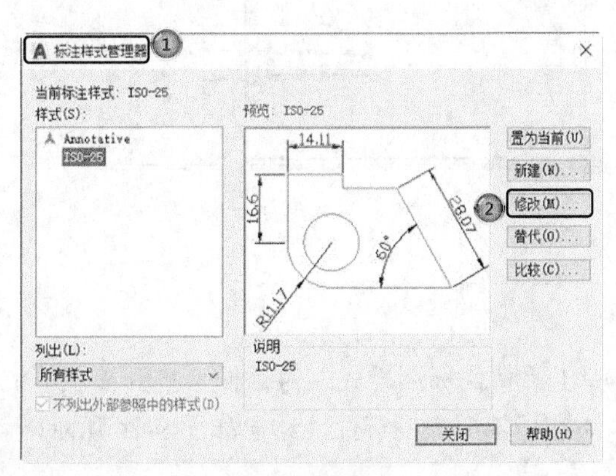

图 9-18　“标注样式管理器”对话框

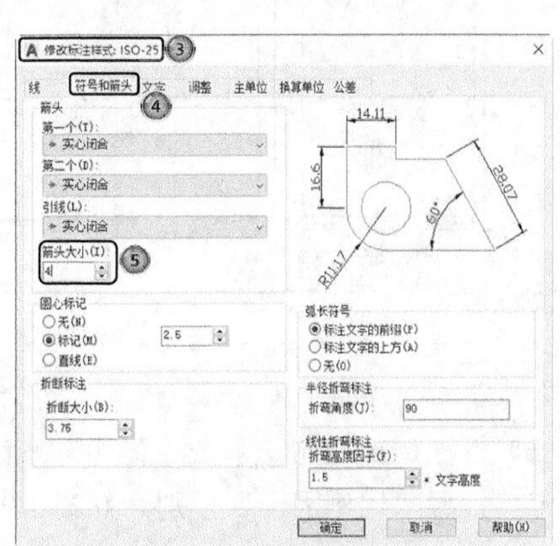

图 9-19　“修改标注样式”对话框

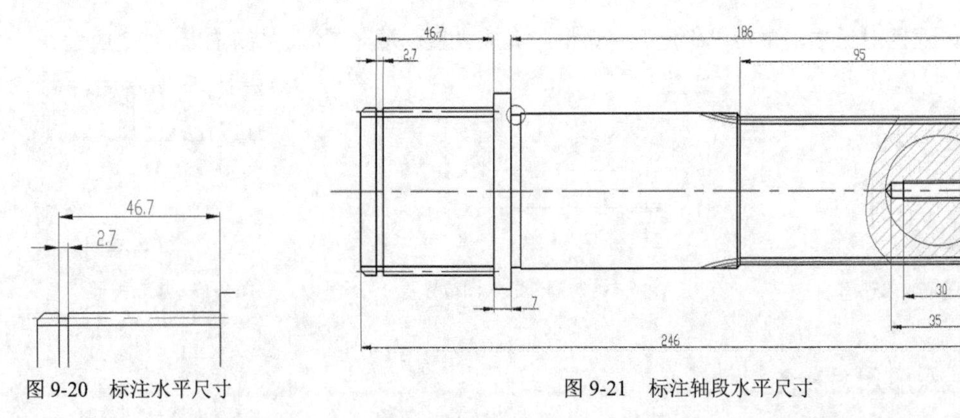

图 9-20　标注水平尺寸　　　　图 9-21　标注轴段水平尺寸

（4）添加竖直基本尺寸。单击“默认”选项卡“注释”面板中的“线性”按钮⊢，标注轴段直径值分别为“62.5”“65”“76”“60”“55”“57.5”“8”。标注结果如图 9-22 所示。

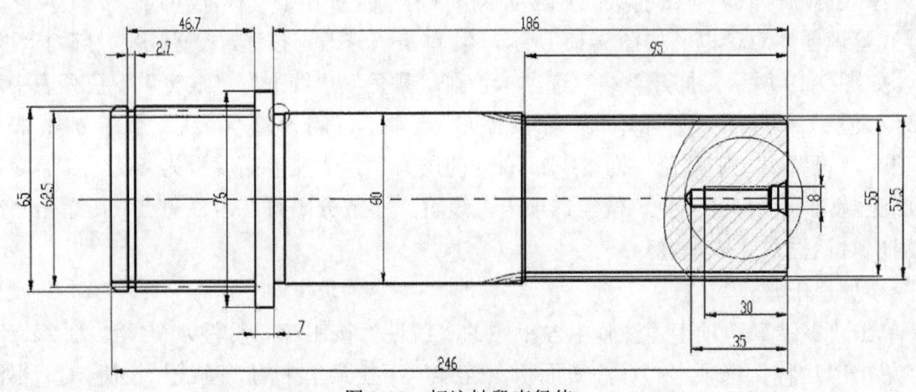

图 9-22　标注轴段直径值

（5）编辑标注文字。双击标注尺寸，弹出文字编辑器，修改文字标注，单击鼠标右键选择“堆叠”，修改结果如图 9-23 所示。

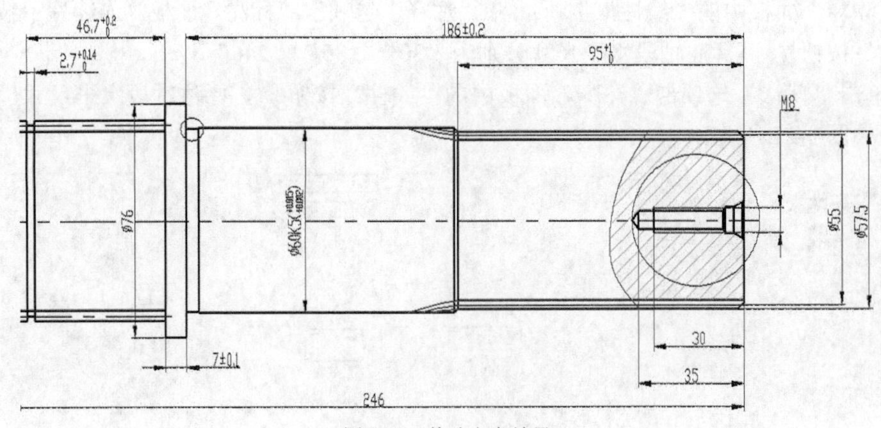

图 9-23　修改文字结果

（6）标注局部视图。单击“替代”按钮，弹出“替代标注样式”对话框，打开“主单位”选项卡，设置“比例因子”分别为 0.25、0.5，添加局部放大图标注，结果如图 9-24 所示。

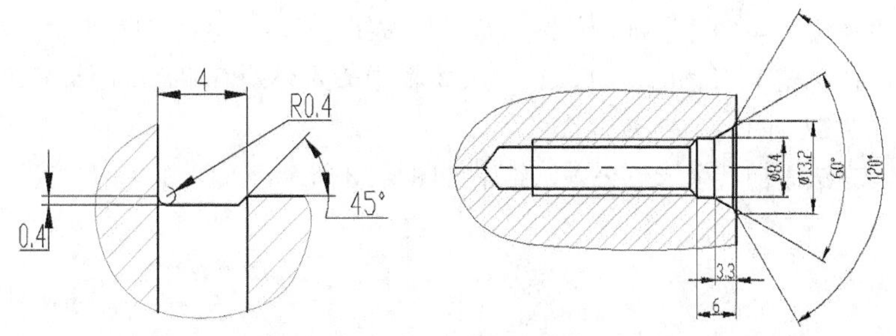

图 9-24　添加局部放大图标注

（7）引线标注。单击“默认”选项卡“注释”面板中的“引线”按钮，利用引线命令标注倒角，标注结果如图 9-25 所示。

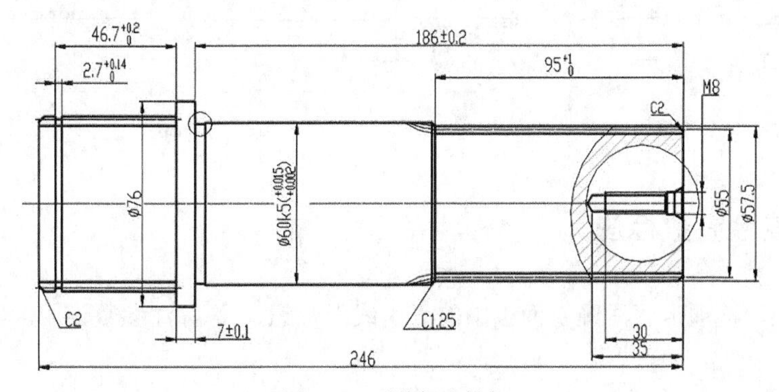

图 9-25　引线标注倒角

9.1.6　添加几何公差

（1）在命令行中输入“qleader”命令，添加几何公差，命令行提示与操作如下。

命令: _qleader
指定第一个引线点或[设置(S)] <设置>: ↙
（①弹出“引线设置”对话框，如图9-26所示。②在“注释类型”选项卡中选择“公差”选项，③在“引线和箭头”选项卡中④选择“直线”选项，⑤将“点数”设置为3，⑥将“箭头”设置为“实心闭合”，⑦单击“确定”按钮。）
指定第一个引线点或[设置(S)] <设置>:（利用“对象捕捉”指定标注位置）
指定下一点:（指定引线长度）
指定下一点: ↙

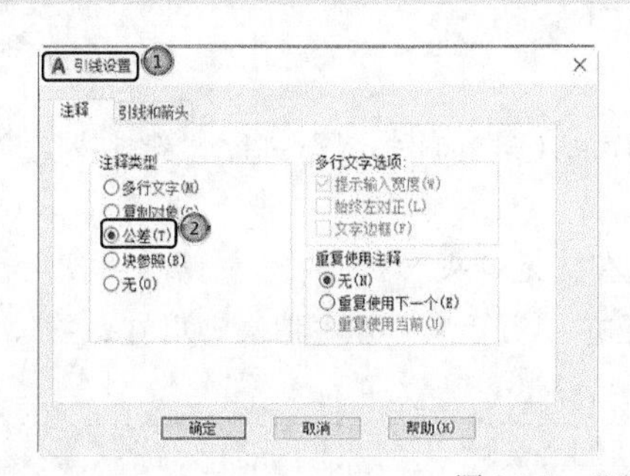

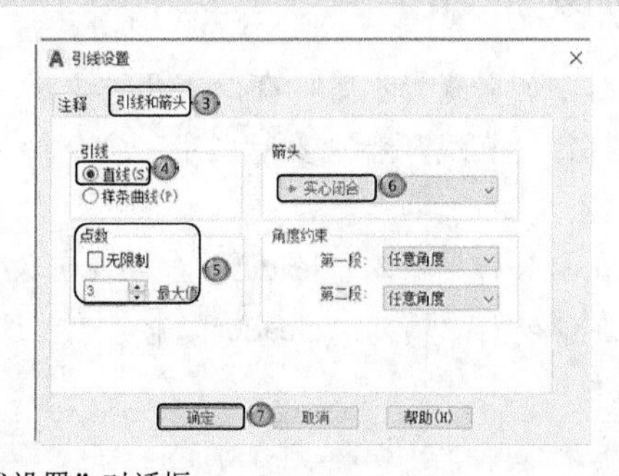

图 9-26　“引线设置”对话框

（2）弹出“形位公差”对话框，单击“符号”按钮，弹出“特征符号”对话框，选择一种形位公差符号。在公差 1、2 和基准 1、2、3 文本框中输入公差值和基准面符号，单击“确定”按钮，结果如图 9-27 所示。

使用同样的方法添加其余形位公差，结果如图 9-28 所示。

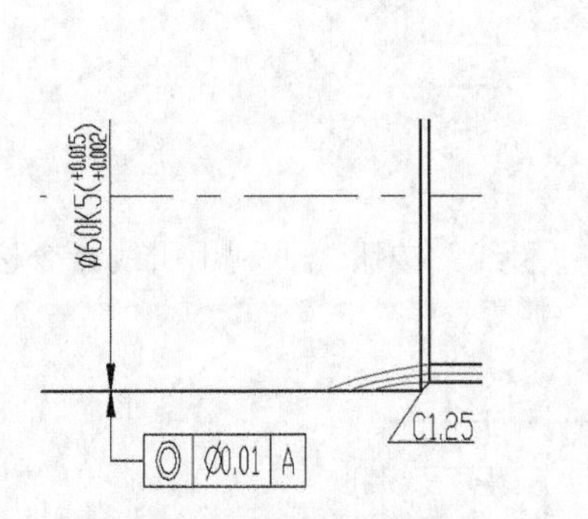

图 9-27　添加形位公差符号

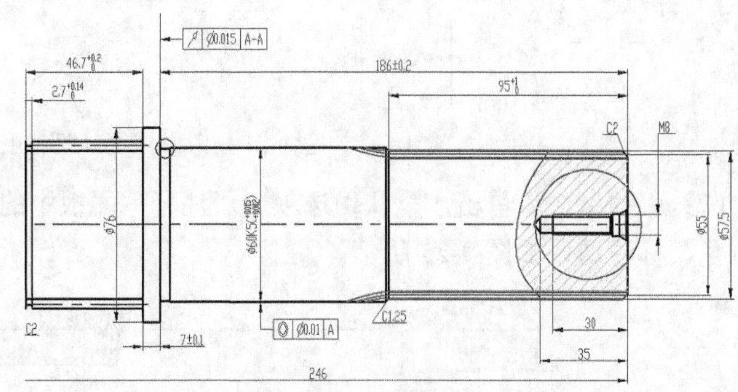

图 9-28　添加结果

9.1.7　添加其余参数标注

单击“默认”选项卡“注释”面板中的“引线”按钮，标注参数说明，结果如图 9-29 所示。

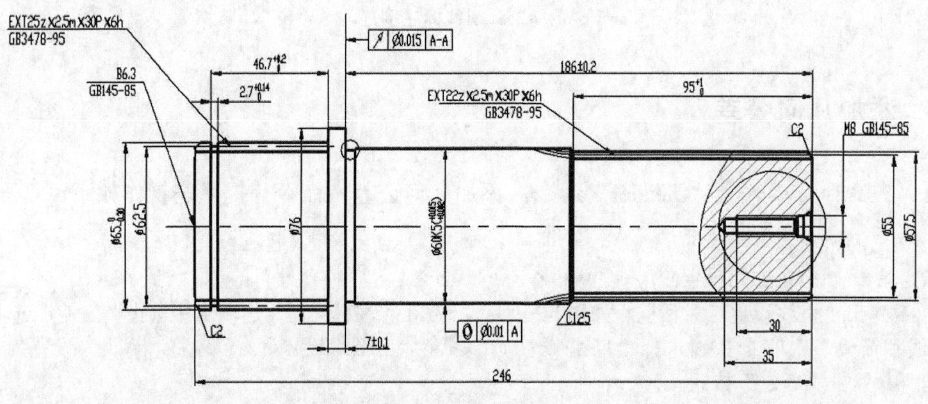

图 9-29　标注参数说明

说　明

为视图添加引线标注时，有以下几种方法。

（1）执行“直线”和“多行文字”命令绘制标注（若有箭头，则执行“多段线”命令绘制标注）。

（2）在命令行中输入“leader”命令（可设置有、无箭头）。

（3）在命令行中输入“qleader”命令（可设置有、无箭头，若要插入“几何公差”，只可采用此种方法）。

9.1.8　插入基准符号及表面结构的图形符号

（1）单击“默认”选项卡“块”面板“插入”下拉菜单中“库中的块”选项，打开“ 块”选项板，选择“基准符号 A”“粗糙度符号 3.2”，插入适当位置，结果如图 9-30 所示。

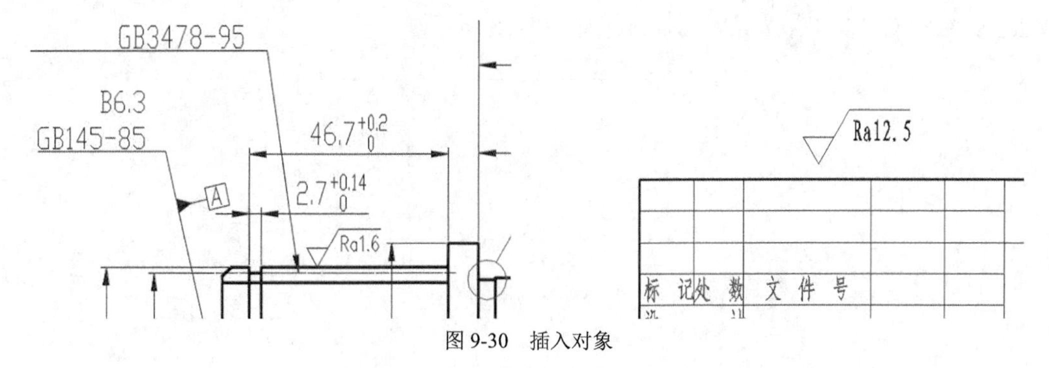

图 9-30　插入对象

（2）单击“默认”选项卡“修改”面板中的“分解”按钮，分解图块，以便后续修改工作。

（3）单击“默认”选项卡“修改”面板中的“复制”按钮和“旋转”按钮，放置、修改其余表面结构的图形符号，结果如图 9-31 所示。

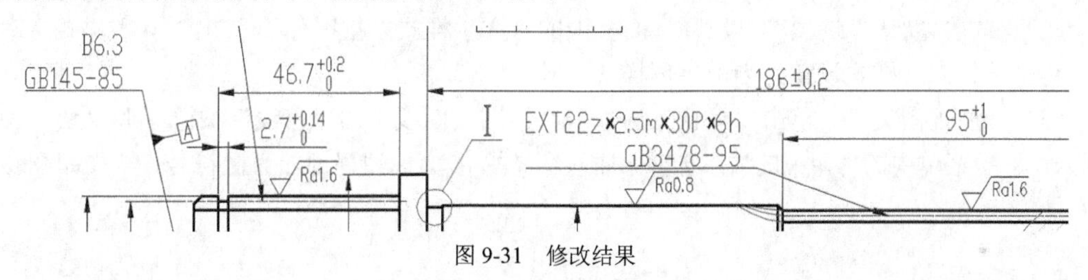

图 9-31　修改结果

说 明

插入多种表面结构的图形符号时，可采用以下不同方法。

（1）重复执行“插入块”命令，在命令行中可设置旋转角度，表面结构的图形符号值；

（2）完成一次插入后，可执行“分解”“复制”“旋转”等命令放置其余表面结构的图形符号。读者可自行利用不同方法练习绘制。最终绘制结果如图 9-32 所示。

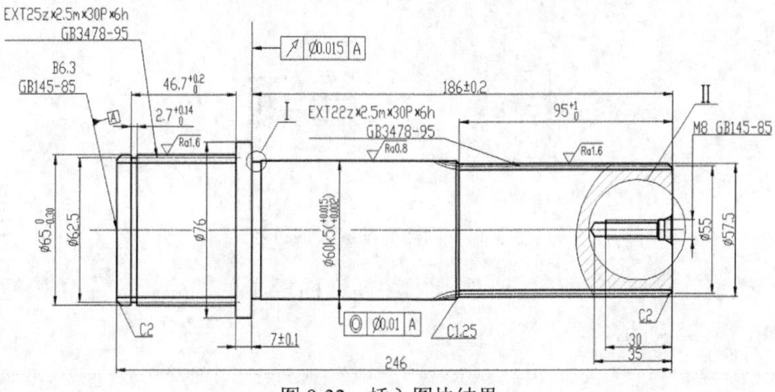

图 9-32　插入图块结果

9.1.9 绘制参数表

（1）在“图层特性管理器”下拉列表中选择“XSX”图层，将该图层设置为当前图层。

（2）单击“默认”选项卡“绘图”面板中的“直线”按钮 和“修改”面板中的“偏移”按钮，绘制右上角参数表格，绘制结果如图 9-33 所示。

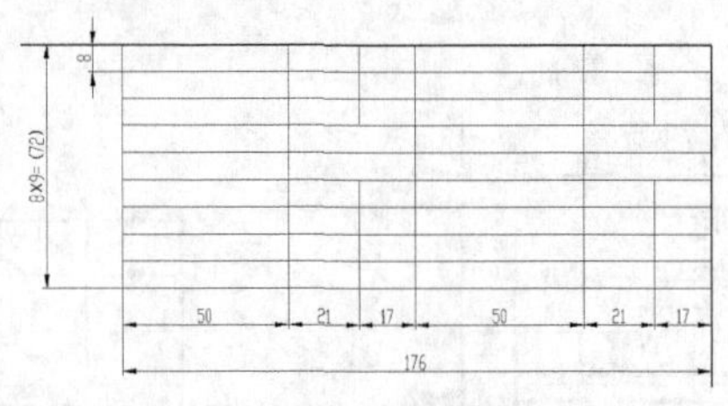

图 9-33　绘制参数表格

9.1.10 添加文字说明

（1）在“图层特性管理器”下拉列表中选择“WZ”图层，将该图层设置为当前图层。

（2）单击“默认”选项卡“注释”面板中的“文字样式”按钮，弹出“文字样式”对话框，将“长仿宋”样式设置为当前字体样式。

（3）标注视图文字。单击“默认”选项卡“绘图”面板中的“直线”按钮 和“块”面板“插入”下拉菜单中的“库中的块”选项，插入“视图 I”，标注局部放大图符号，结果如图 9-34 所示。

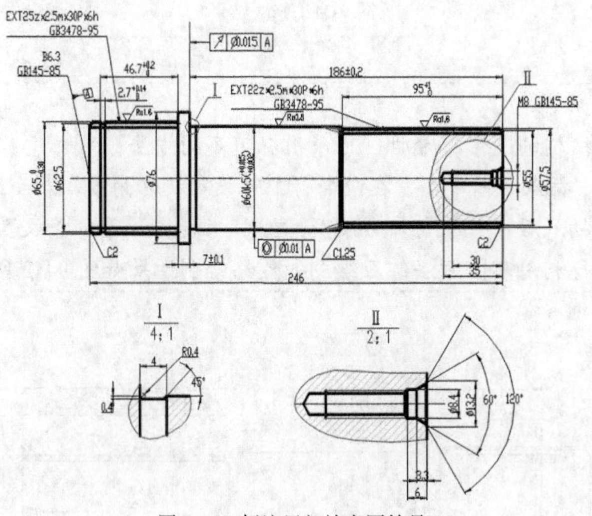

图 9-34　标注局部放大图符号

（4）标注参数表。单击“默认”选项卡“注释”面板中的“多行文字”按钮 A，标注表格内参数，结果如图 9-35 所示。

绘制上述参数表也可通过执行“插入表格”命令，完成插入后，单击单元格，将列宽调整到合适的长度，同样将其余列的列宽拉到合适的长度。然后双击单元格，打开多行文字编辑器，在各单元格中输入相应的文字或数据，并将多余的单元格合并。也可以将前面绘制的表格插入该图中，然后进行修改调整，最终完成参数表的绘制。

（5）添加技术要求。单击“默认”选项卡“注释”面板中的“多行文字”按钮A，输入技术要求，结果如图 9-36 所示。

（6）添加标题栏文字。单击“默认”选项卡“注释”面板中的“多行文字”按钮A，标注标题栏内文字，结果如图 9-37 所示。

模数	m	2.5	模数	m	2.5
齿数	Z	25	齿数	Z	22
压力角	α	30°	压力角	α	30°
公差等级和配合类别	6h-GB3478-95		公差等级和配合类别	6h-GB3478-95	
相配零件号	31.304		相配零件号	31.308	
作用齿厚最大值	S_{vmax}	3.927	作用齿厚最大值	S_{vmax}	3.927
实际齿厚最小值	S_{min}	3.809	实际齿厚最小值	S_{min}	3.811
作用齿厚最小值	S_{vmin}	3.853	作用齿厚最小值	S_{vmin}	3.854
实际齿厚最大值	S_{max}	3.883	实际齿厚最大值	S_{max}	3.884

图 9-35　标准参数表

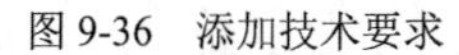

图 9-36　添加技术要求

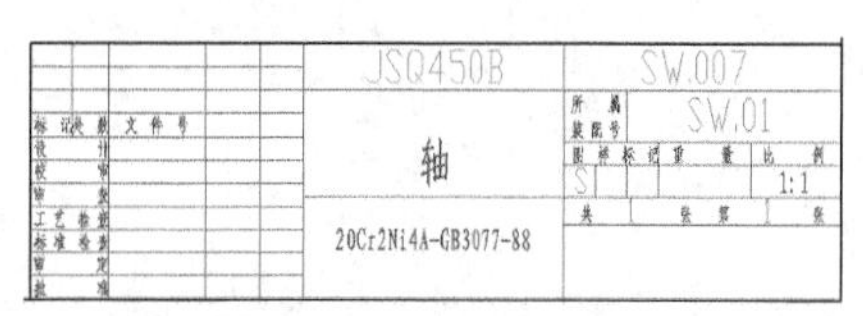

图 9-37　标注标题栏内文字

（7）保存文件。单击“快速访问”工具栏中的“保存”按钮，保存文件，轴零件最终绘制结果如图 9-1 所示。

9.2 输入齿轮

本节主要介绍输入齿轮零件的绘制方法，结果如图 9-38 所示。

9.2.1 新建文件

（1）单击“快速访问”工具栏中的“新建”按钮，系统打开“选择样板”对话框，选择“A2 样板图模板.dwt”样板文件作为模板，单击“打开”按钮，进入绘图环境。

（2）单击“快速访问”工具栏中的“保存”按钮，弹出“另存为”对话框，输入文件名称“08.067 输入齿轮”，单击“确定”按钮，退出对话框。

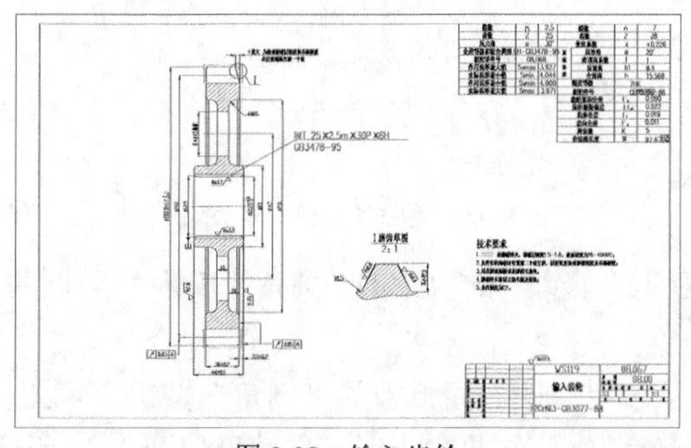

图 9-38　输入齿轮

9.2.2 绘制中心线网格

（1）在“图层特性管理器”下拉列表中选择“ZXX”图层，将该图层设置为当前图层。

（2）单击“默认”选项卡“绘图”面板中的“直线”按钮，绘制坐标点为[（150,225）、（210,225）]和[（158,225）、（158,366.4）]的相交中心线；绘制结果如图 9-39 所示。

（3）单击“默认”选项卡“修改”面板中的“偏移”按钮，将水平中心线依次向上偏移 30.125、31.25、33.125、41.5、51、73.5、96、108、124.6、133、141.4，结果如图 9-40 所示。

（4）单击“默认”选项卡“修改”面板中的“偏移”按钮，将竖直中心线依次向右偏移 10.5、2、8、10、8、2、3.5，结果如图 9-41 所示。

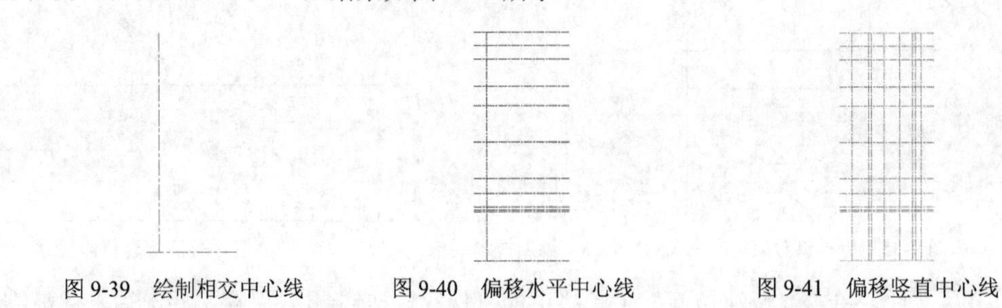

图 9-39　绘制相交中心线　　图 9-40　偏移水平中心线　　图 9-41　偏移竖直中心线

9.2.3 绘制轮廓线

（1）在“图层特性管理器”下拉列表中选择“CSX”图层，将该图层设置为当前图层。

（2）单击“默认”选项卡“绘图”面板中的“直线”按钮，绘制轮廓线，结果如图 9-42 所示。

（3）单击“默认”选项卡“修改”面板中的“删除”按钮，删除多余辅助中心线，结果如图 9-43 所示。

（4）单击“默认”选项卡“修改”面板中的“修剪”按钮，修剪多余图元，结果如图 9-44 所示。

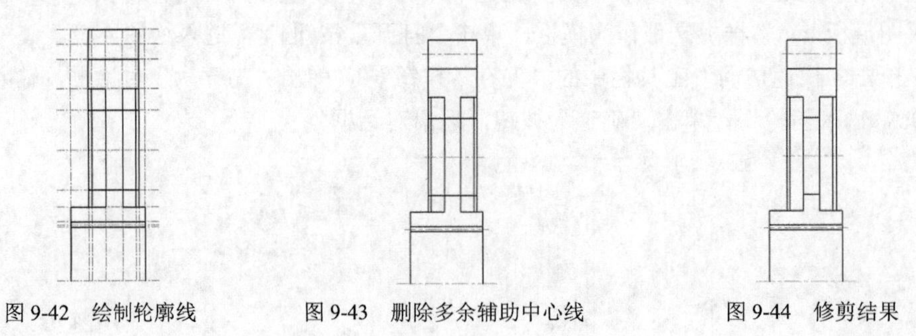

图 9-42　绘制轮廓线　　图 9-43　删除多余辅助中心线　　图 9-44　修剪结果

（5）单击“默认”选项卡“修改”面板中的“圆角”按钮，圆角半径为 6，结果如图 9-45 所示。

（6）单击“默认”选项卡“修改”面板中的“倒角”按钮和“修剪”按钮，选择倒角边线，倒角为 C2，进行倒角操作并修剪多余图元，结果如图 9-46 所示。

（7）单击“默认”选项卡“修改”面板中的“镜像”按钮，选择水平中心线上方图形作为镜像对象，镜像结果如图 9-47 所示。

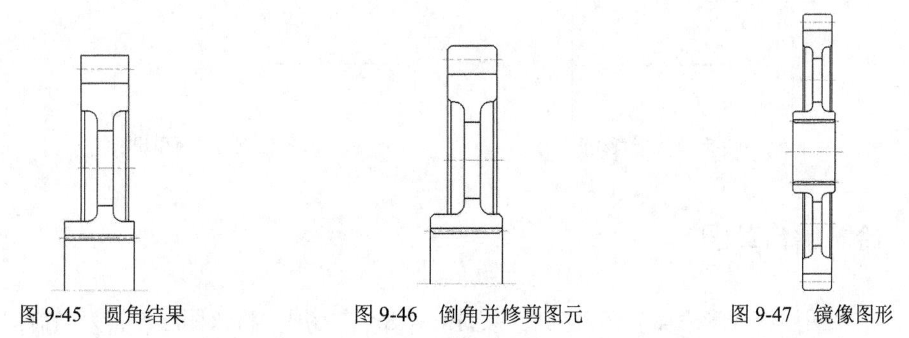

图 9-45　圆角结果　　图 9-46　倒角并修剪图元　　图 9-47　镜像图形

（8）单击“默认”选项卡“图层”面板中的“图层特性”按钮，打开“图层特性管理器”对话框，新建“MP”图层，并将该图层设置为当前图层，该图层的颜色、线型、线宽等属性设置如图 9-48 所示。

MP　青　ACAD_ISO05W100　—— 默认　0

图 9-48　新建图层

（9）单击“默认”选项卡“修改”面板中的“偏移”按钮，将图形向外偏移 2，同时利用“夹点编辑”功能，适当调整直线长度，结果如图 9-49 所示。

（10）单击“默认”选项卡“修改”面板中的“镜像”按钮，镜像上一步绘制的毛坯轮廓线，结果如图 9-50 所示。

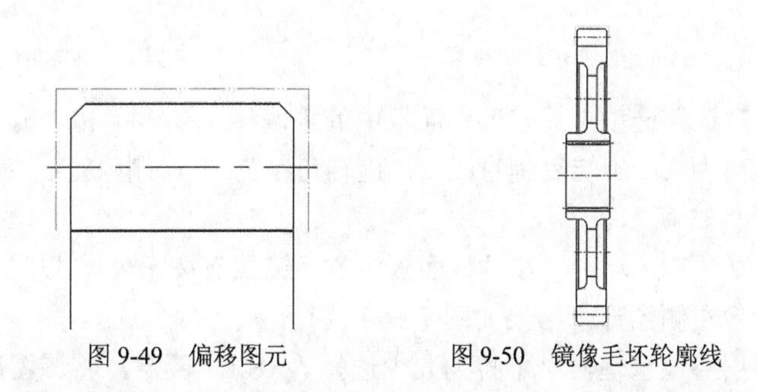

图 9-49　偏移图元　　图 9-50　镜像毛坯轮廓线

（11）在“图层特性管理器”下拉列表中选择“XSX”图层，将该图层设置为当前图层。

（12）单击“默认”选项卡“绘图”面板中的“直线”按钮，绘制直线，命令行提示与操作如下。

```
命令: _line
指定第一个点:（选择图9-51中的点1）
指定下一点或[放弃(U)]: @-4,16.8
指定下一点或[退出(E)/放弃(U)]:
```

绘制结果如图 9-51 所示。

（13）单击“默认”选项卡“绘图”面板中的“圆”按钮和“直线”按钮，绘制放大图边界及引出线，结果如图 9-52 所示。

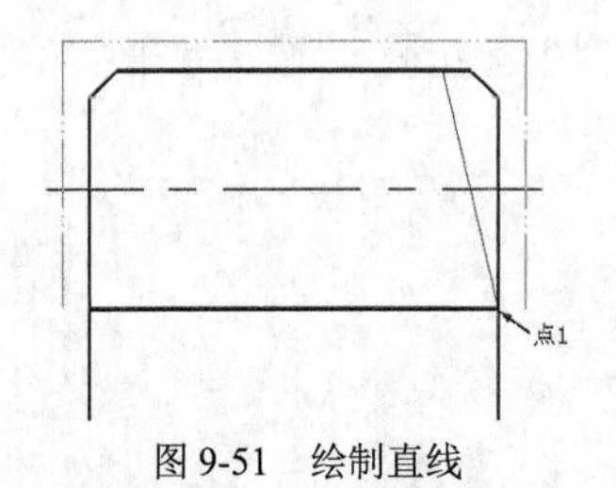

图 9-51　绘制直线

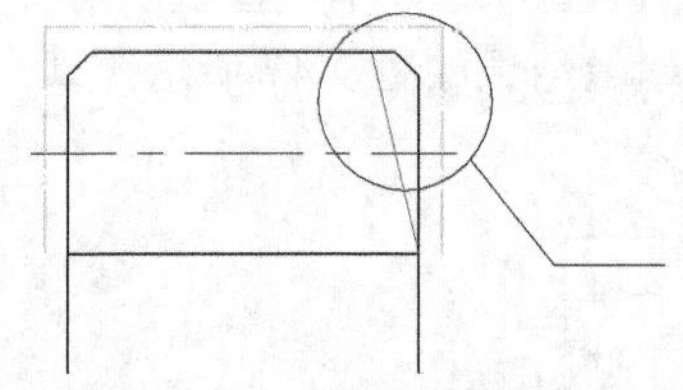

图 9-52　绘制边界及引出线

9.2.4　绘制磨齿草图

（1）在“图层特性管理器”下拉列表中选择“CSX”图层，将该图层设置为当前图层。

（2）单击“默认”选项卡“绘图”面板中的“直线”按钮，绘制磨齿轮廓线，在绘图区空白处选择起点，其余点坐标分别为（@5,0）、（@32<67）、（@10,0），绘制结果如图 9-53 所示。

（3）单击“默认”选项卡“修改”面板中的“圆角”按钮，绘制半径为 3 的圆角，结果如图 9-54 所示。

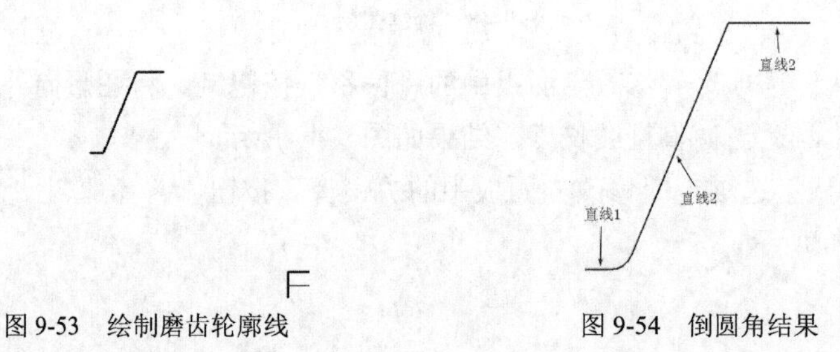

图 9-53　绘制磨齿轮廓线　　图 9-54　倒圆角结果

（4）单击“默认”选项卡“修改”面板中的“偏移”按钮和“旋转”按钮，直线 1 向下偏移，偏移距离为 1；旋转复制直线 2，旋转角度为−2°。删除直线 1、修剪偏移与旋转后的直线，结果如图 9-55 所示。

（5）单击“默认”选项卡“修改”面板中的“镜像”按钮，以过直线 3 右端点的竖直直线为镜像线，镜像左侧图形，结果如图 9-56 所示。

（6）在“图层特性管理器”下拉列表中选择“XSX”图层，将该图层设置为当前图层。

（7）单击“默认”选项卡“绘图”面板中的“样条曲线拟合”按钮，捕捉圆角端点，绘制局部放大图边界，结果如图 9-57 所示。

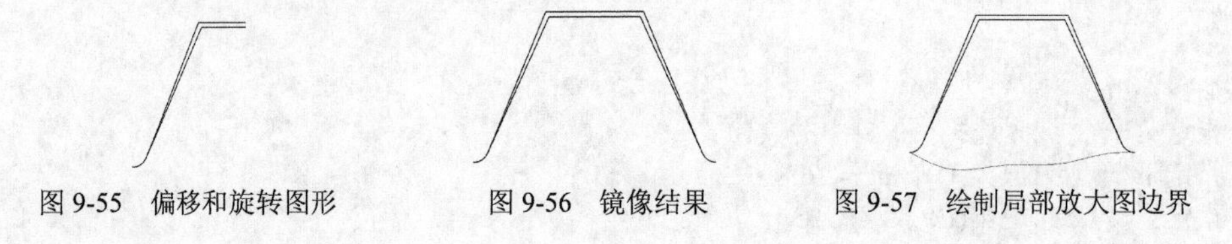

图 9-55　偏移和旋转图形　　图 9-56　镜像结果　　图 9-57　绘制局部放大图边界

9.2.5　填充图形

单击“默认”选项卡“绘图”面板中的“图案填充”按钮，弹出“图案填充与渐变色”对话框，选择“ANSI31”的填充图案，设置“颜色”为“青色”，单击“添加点”按钮，在绘图区中选择添加边界，按 Enter 键，返回对话框，单击“确定”对话框，完成设置。图案填充结果如图 9-58 所示。

9.2.6　添加尺寸标注

（1）在“图层特性管理器”下拉列表中选择“BZ”图层，将该图层设置为当前图层。

（2）修改标注样式。单击“默认”选项卡“注释”面板中的“标注样式”按钮，弹出“标注样式管理器”对话框，单击“修改”按钮，弹出“修改标注样式”对话框，在“文字”选项卡中的“文字对齐”选项组中选中“ISO 标准”单选按钮。其他选项卡的设置均不变。将“主单位”选项卡中“精度”值设置为 0.00，在“消零”选项组中勾选“后续”复选框；在“调整”选项卡下“优化”选项组中勾选“在尺寸界线之间绘制尺寸线”复选框，单击“确定”按钮，退出对话框，完成设置。

（3）标注竖直尺寸。

① 单击“默认”选项卡“注释”面板中的“线性”按钮，标注齿顶圆直径“ϕ60.25”。

编辑标注文字。双击标注尺寸，弹出“文字编辑器”，修改文字标注，单击鼠标右键，选择“堆叠”，结果如图 9-59 所示。

② 单击“默认”选项卡“注释”面板中的“线性”按钮，分别标注分度圆直径为“ϕ62.5”、竖直尺寸为“ϕ83”、竖直尺寸为“ϕ147”、竖直尺寸为“ϕ216”、竖直尺寸为“ϕ266”、竖直尺寸为“ϕ282.8h11$\left(\begin{smallmatrix}0\\-0.2\end{smallmatrix}\right)$”、孔直径为“8-$\Phi$45 均布”，结果如图 9-59 所示。

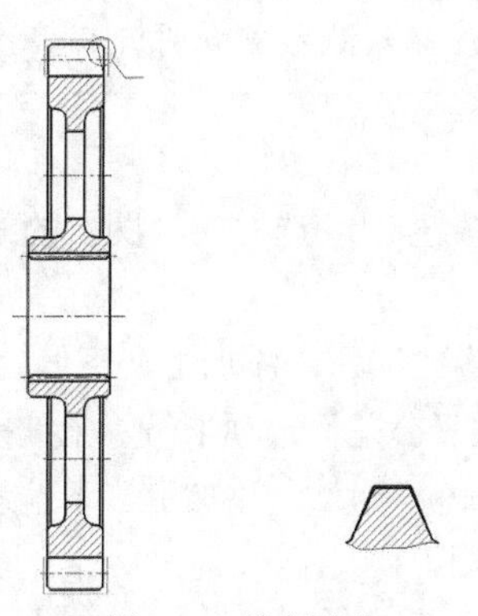

图 9-58　填充图形

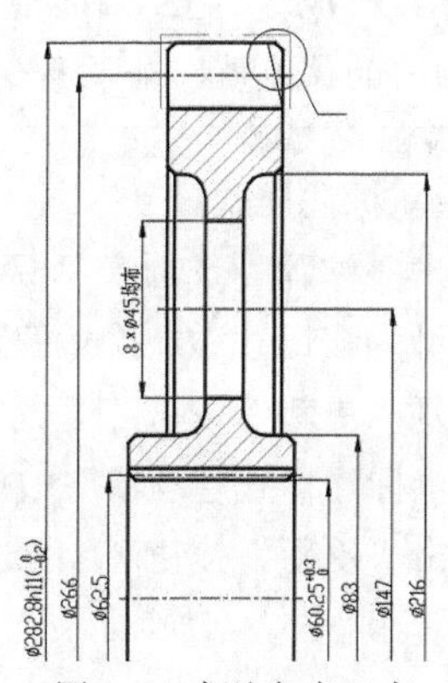

图 9-59　标注竖直尺寸

（4）标注水平尺寸。

① 单击“默认”选项卡“注释”面板中的“线性”按钮，分别标注水平尺寸为“3.5”、水平尺寸为“30”、水平尺寸为“44”、水平尺寸为“10”、水平尺寸为“10”、竖直尺寸为“不小于 13”。

② 单击“默认”选项卡“注释”面板中的“线性”按钮，标注水平尺寸为“4”，修改文字为“4 最大为检查渗碳层深度和芯部硬度在任意端面打磨一个齿”，结果如图 9-60 所示。

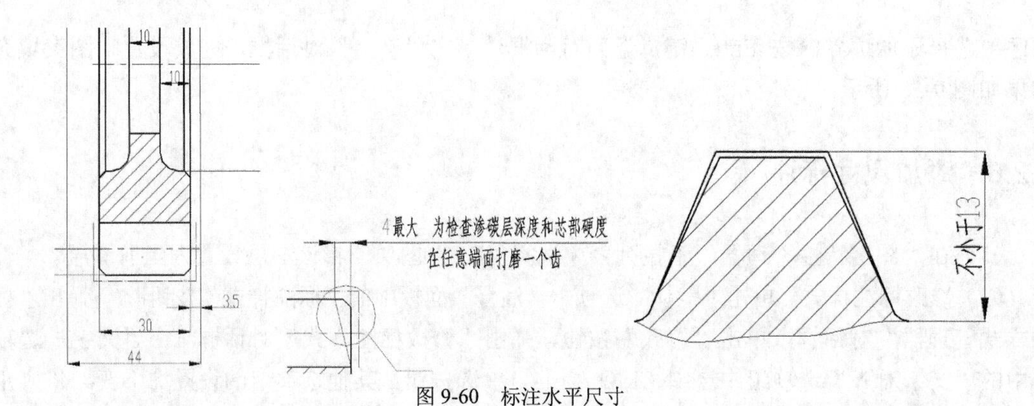

图 9-60 标注水平尺寸

（5）替代标注尺寸。

单击“默认”选项卡“注释”面板中的“标注样式”按钮，在打开的“标注样式管理器”的样式列表中选择“STANDARD”，单击“替代”按钮。系统打开“替代当前样式”对话框，使用同样的方法，选择“公差”选项卡，在“公差格式”选项组中设置“精度”值为0.0，“方式”为“对称”，“上偏差”为0.2，勾选“消零”选项组中的“后续”复选框，设置完成后，单击“确定”按钮。

说 明

AutoCAD默认上偏差的值为正数或零，下偏差的值为负数或零，所以在“上偏差”和“下偏差”微调框中输入数值时，不必同时输入正、负号，标注时，系统会自动加上。另外，新标注样式所规定的上、下偏差在该标注样式进行标注的每个尺寸是不可变的，即每个尺寸都是相同的偏差值，如果要改变上、下偏差的数值，必须替代或新建标注样式。

（6）更新标注样式。

① 单击“注释”选项卡“标注”面板中的“更新”按钮，选取主视图上的线性尺寸为“30”，即可为该尺寸添加尺寸偏差，结果如图9-61所示。

② 重复“更新”按钮，选取主视图上的线性尺寸为“30”，添加上、下偏差。

③ 在“标注样式管理器”中单击“替代”按钮，修改“公差”选项卡下“上偏差”为0.1。

④ 单击“更新”按钮，选取主视图上的线性尺寸为“44”，添加上、下偏差，结果如图9-62所示。

说 明

标注草图尺寸中最终要求的标注文字与默认标注文字不同时，可采用如下3种不同方法。

（1）执行尺寸标注命令完成标注后，双击标注文字，弹出“文字编辑器”，修改要编辑的文字。

（2）执行尺寸标注命令完成标注后，在“标注样式管理器”中修改标注样式，单击“注释”选项卡“标注”面板中的“更新”按钮，单击要修改的标注，完成修改。

（3）在“标注样式管理器”中修改标注样式，执行尺寸标注命令。

其中，后两种方法主要用于添加上、下偏差。

（7）引线标注。单击“默认”选项卡“注释”面板中的“引线”按钮，标注主视图中的圆角尺寸“4×R6”，使用同样的方法标注磨齿草图，标注圆角尺寸“R1.5”，结果如图 9-63 所示。

（8）插入基准符号

① 单击“默认”选项卡“块”面板“插入”下拉菜单中“库中的块”选项，选择“基准符号 A”图块，将其旋转 180° 并插入主视图中。

② 单击“默认”选项卡“修改”面板中的“分解”按钮和“旋转”按钮，将文字旋转 180°，结果如图 9-64 所示。

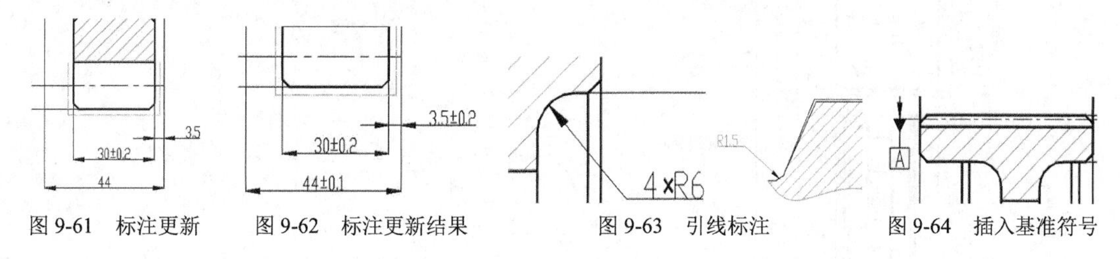

图 9-61 标注更新　　图 9-62 标注更新结果　　图 9-63 引线标注　　图 9-64 插入基准符号

9.2.7 添加几何公差

（1）在命令行中输入“qleader”命令，命令行提示与操作如下。

```
命令: _qleader
指定第一个引线点或[设置(S)] <设置>: ↙
（弹出“引线设置”对话框，在“注释”选项卡中选择“公差”选项；在“引线和箭头”选项卡中选择“直线”选项，将“点数”设置为3，其余参数默认，单击“确定”按钮。）
指定第一个引线点或[设置(S)] <设置>:（利用“对象捕捉”指定标注位置）
指定下一点:（指定引线长度）
指定下一点: ↙
```

（2）弹出“形位公差”对话框，单击“符号”按钮，弹出“特征符号”对话框，选择一种形位公差符号。在公差 1、2 和基准 1、2、3 文本框中输入公差值和基准面符号，单击“确定”按钮，结果如图 9-65 所示。

（3）继续执行上述命令，最终结果如图 9-66 所示。

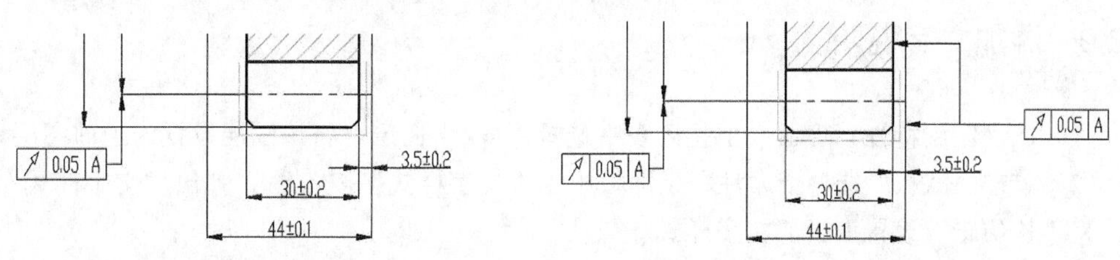

图 9-65 添加形位公差结果　　图 9-66 几何公差结果

（4）单击“默认”选项卡“块”面板“插入”下拉菜单中“库中的块”选项，选择“粗糙度符号 3.2”图块，将其插入适当位置，命令行提示与操作如下。

```
命令: _insert
指定插入点或[基点(B)/比例(S)/ X/Y/Z/旋转(R)]:
```

```
输入属性值
请输入粗糙度值 <3.2>:
```

（5）继续在不同面上插入表面结构的图形符号，单击“默认”选项卡“修改”面板中的“分解”按钮和“旋转”按钮，调整表面结构的图形符号值放置角度，结果如图 9-67 所示。

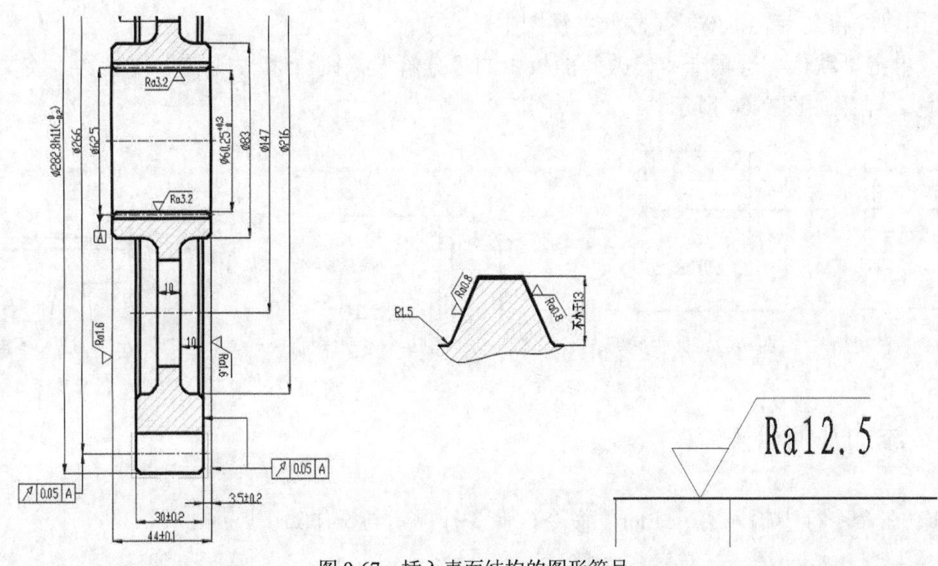

图 9-67　插入表面结构的图形符号

9.2.8　绘制参数表

（1）在“图层特性管理器”下拉列表中选择“XSX”图层，将该图层设置为当前图层。

（2）单击“默认”选项卡“绘图”面板中的“直线”按钮和“修剪”按钮，绘制表格，表格行高为 8，结果如图 9-68 所示。

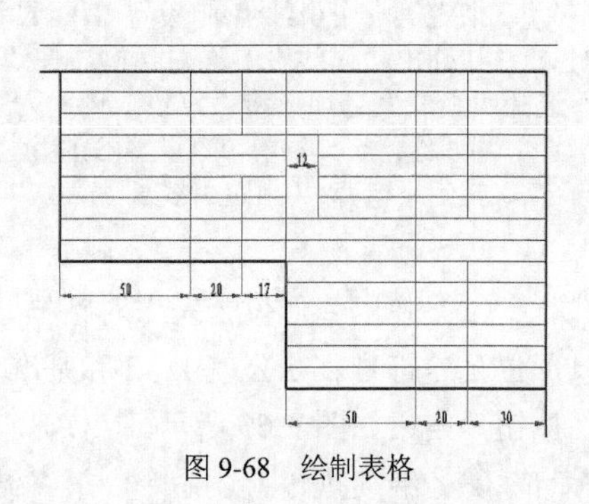

图 9-68　绘制表格

9.2.9　添加文字说明

（1）在“图层特性管理器”下拉列表中选择“WZ”图层，将该图层设置为当前图层。

（2）单击“默认”选项卡“注释”面板中的“文字样式”按钮，弹出“文字样式”对话框，将“长仿宋”设置为当前文字样式。

（3）标注视图文字。单击“默认”选项卡“绘图”面板中的“直线”按钮和“注释”面板中的“多行文字”按钮A，标注剖面符号等文字，结果如图 9-69 所示。

（4）单击“默认”选项卡“注释”面板中的“多行文字”按钮A，标注技术要求，结果如图 9-70 所示。

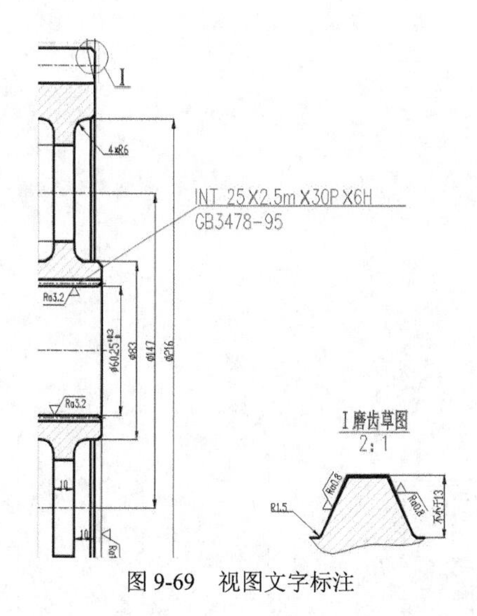

图 9-69　视图文字标注

技术要求

1. ═══ 处渗碳淬火，渗碳层深度1.5−1.8，表面硬度为26−40HRC；
2. 允许在径向相对位置第二个齿打磨，以便重复检查渗碳深度及芯部硬度；
3. 用花键量规检查花键的互换性。
4. 渗碳淬火前应去除毛刺及锐边；
5. 未注倒角为C2。

图 9-70　标注技术要求

（5）单击“默认”选项卡“注释”面板中的“多行文字”按钮A，标注右上角表格中文字，结果如图 9-71 所示。

（6）单击“默认”选项卡“注释”面板中的“多行文字”按钮A，标注标题栏，结果如图 9-72 所示。

（7）保存文件。单击“快速访问”工具栏中的“保存”按钮，保存文件，命名其为“齿轮零件”，最终绘制结果如图 9-38 所示。

使用同样的方法绘制与本例相似零件“输出齿轮”，绘制图形如图 9-73 所示。

模数	m	2.5		模数	m	7
齿数	Z	25		齿数	Z	38
压力角	α	30°		变位系数	x	+0.226
公差等级和配合类型	6H-GB3478-95		原始齿形	齿形角	α	20°
相配零件号	08.068			齿顶高系数	f	1
作用齿厚最大值	Svmax	3.927		齿顶高	h1	8.4
实际齿厚最小值	Smin	4.044		全齿高	h	15.568
作用齿厚最小值	Svmin	4.000		精度等级	7HK GB10095-88	
实际齿厚最大值	Smax	3.971		相配件号	08.252	
				齿距累积公差	F_r	0.090
				齿距极限偏差	$\pm f_{pt}$	0.022
				齿形公差	f_f	0.019
				齿向公差	F_β	0.011
				跨齿数	K	5
				公法线长度	W	$97.8^{-0.176}_{-0.264}$

图 9-71　标注右上角表格中文字

图 9-72　标注标题栏

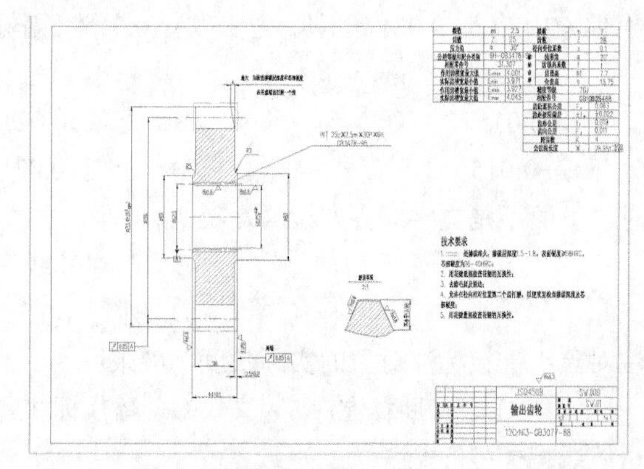

图 9-73　输出齿轮

9.3 上机实验

【练习 1】标注图 9-74 所示的垫片尺寸。

【练习 2】为图 9-75 所示的阀盖尺寸设置标注样式。

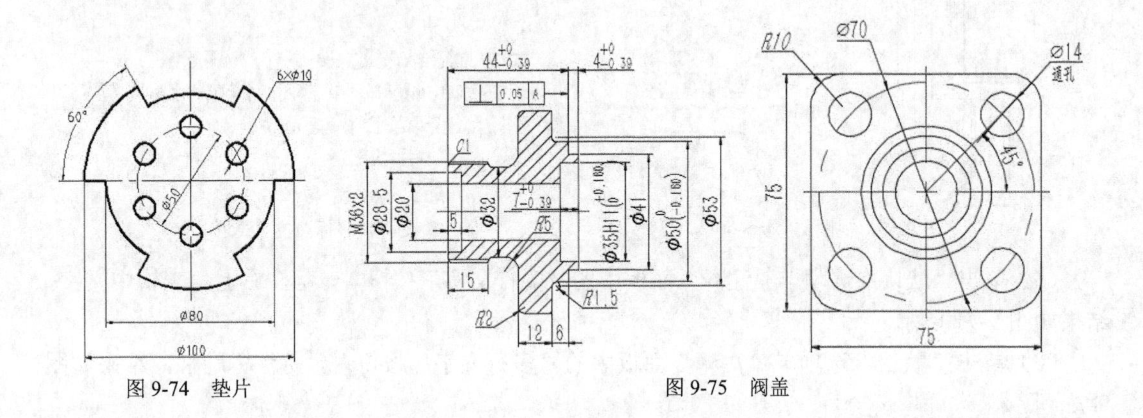

图 9-74　垫片　　　　图 9-75　阀盖

9.4 模拟试题

（1）若尺寸的公差是 20±0.034，则应在“公差”选项卡中显示公差的（　　）设置。

A．极限偏差　　B．极限尺寸　　C．基本尺寸　　D．对称

（2）在标注样式设置中，将“调整”选项组中的“使用全局比例”值增大，将改变尺寸的哪些内容？（　　）

A．使所有标注样式设置增大　　B．使标注的测量值增大

C．使全图的箭头增大　　D．使尺寸文字增大

（3）所有尺寸标注共用一条尺寸界线的是（　　）。

A．引线标注　　B．连续标注　　C．基线标注　　D．公差标注

（4）在尺寸公差的上偏差中输入 0.021，下偏差中输入 0.015，则标注尺寸公差的结果是（　　）。

A．上偏 0.021，下偏 0.015　　B．上偏-0.021，下偏 0.015

C．上偏 0.021，下偏-0.015　　D．上偏-0.021，下偏-0.015

（5）创建标注样式时，下面不是文字对齐方式的是（　　）。

A．垂直　　B．与尺寸线对齐

C．ISO 标准　　D．水平

（6）如果显示的标注对象小于被标注对象的实际长度，应采用（　　）。

A．折弯标注　　B．打断标注　　C．替代标注　　D．检验标注

（7）不能作为多重引线线型类型的是（　　）。

A．直线　　B．多段线　　C．样条曲线　　D．以上均可以

（8）尺寸公差中的上下偏差可以在线性标注的（　　）选项中堆叠起来。

A．多行文字　　B．文字　　C．角度　　D．水平

（9）标注图 9-76 所示的图形尺寸。

（10）标注图 9-77 所示的尺寸公差。

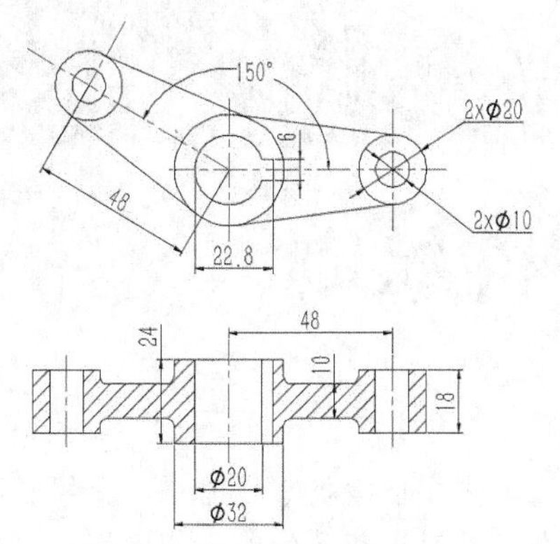

图 9-76　尺寸标注练习

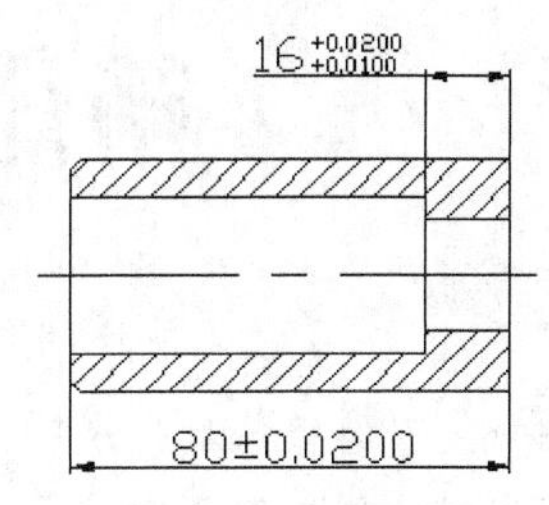

图 9-77　尺寸公差标注

第10章

箱体零件绘制

本章将详细介绍安装箱体部件所需的零件，其中多以板类零件为主，介绍底板和吊耳板零件。平面图绘制相对简单，但所需步骤不可简化，从平面图的绘制、视图标注，到添加文字标注等内容，缺一不可。

10.1 底板

本节主要介绍底板零件的绘制方法，结果如图10-1所示。

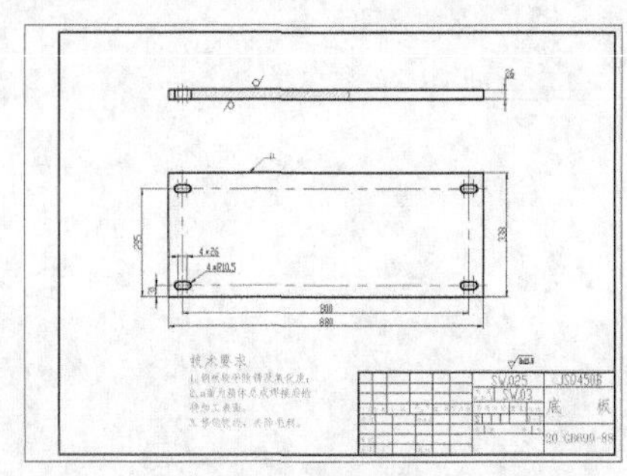

图10-1　底板

10.1.1　新建文件

（1）单击“快速访问”工具栏中的“新建”按钮，系统打开“选择样板”对话框，选择“A3样板图模板.dwt”样板文件作为模板，单击“打开”按钮，进入绘图环境。

（2）单击“快速访问”工具栏中的“保存”按钮，弹出“另存为”对话框，输入文件名称“SW.025底板”，单击“确定”按钮，退出对话框。

10.1.2　绘制中心线网格

（1）在“图层特性管理器”下拉列表中选择“ZXX”图层，将该图层设置为当前图层。

（2）单击“默认”选项卡“绘图”面板中的“直线”按钮，绘制相交中心线，长度分别为 900、350，绘制结果如图 10-2 所示。

（3）单击“默认”选项卡“修改”面板中的“偏移”按钮，将水平中心线依次向上偏移 6、31、264、43，将竖直中心线依次向右偏移 10、27、13、13、787、40，结果如图 10-3 所示。

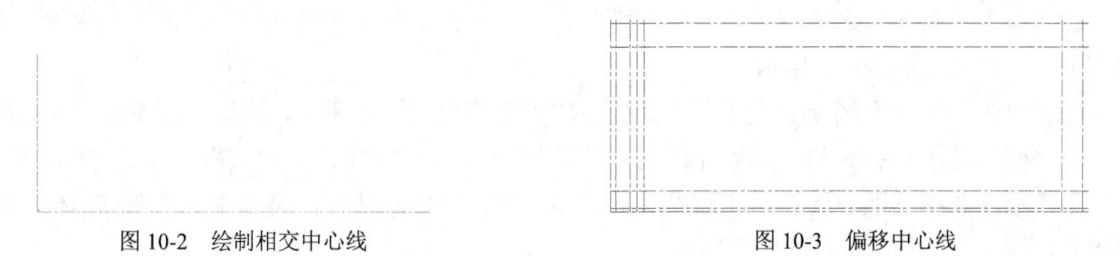

图 10-2 绘制相交中心线　　图 10-3 偏移中心线

10.1.3 绘制俯视图

（1）在“图层特性管理器”下拉列表中选择“CSX”图层，将该图层设置为当前图层。

（2）单击“默认”选项卡“绘图”面板中的“矩形”按钮、“圆”按钮和“直线”按钮，绘制矩形外轮廓线，并绘制半径为 10.5 的圆，连接圆顶点，绘制结果如图 10-4 所示。

（3）单击“默认”选项卡“修改”面板中的“删除”按钮和“修剪”按钮，修剪多余图元，并利用“夹点编辑”功能调整中心线长度，结果如图 10-5 所示。

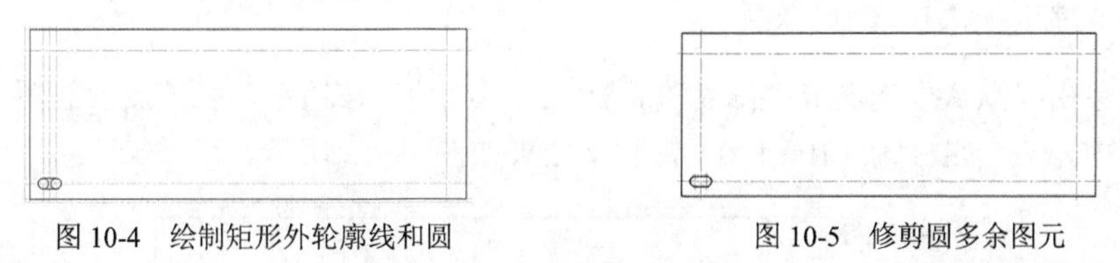

图 10-4 绘制矩形外轮廓线和圆　　图 10-5 修剪圆多余图元

（4）单击“默认”选项卡“修改”面板中的“矩形阵列”按钮，捕捉孔对象，行数为 2，列数为 2，行间距为 264，列间距为 800。阵列孔结果如图 10-6 所示。

10.1.4 绘制前视图

（1）单击“默认”选项卡“绘图”面板中的“矩形”按钮，捕捉俯视图中矩形框左上端点，绘制大小为（@880,26）的矩形，绘制结果如图 10-7 所示。

（2）单击“默认”选项卡“修改”面板中的“移动”按钮，选择上一步绘制的矩形，选择任一点为基点，下移点坐标为（@0,200），移动结果如图 10-8 所示。

（3）单击“默认”选项卡“绘图”面板中的“直线”按钮，捕捉俯视图中孔对应点，绘制竖直直线及中心线，结果如图 10-9 所示。

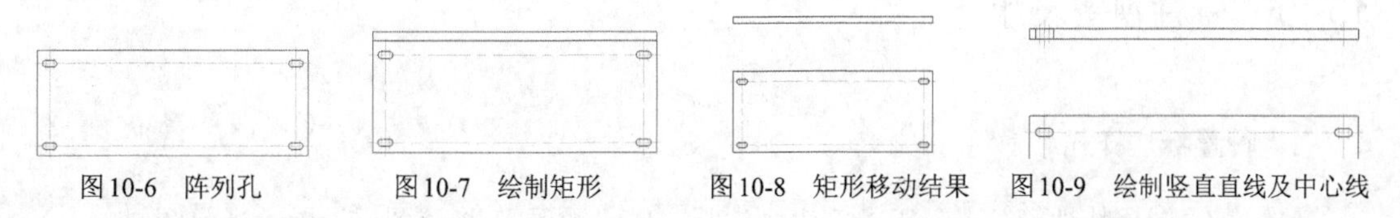

图 10-6 阵列孔　　图 10-7 绘制矩形　　图 10-8 矩形移动结果　　图 10-9 绘制竖直直线及中心线

10.1.5 填充视图

（1）在“图层特性管理器”下拉列表中选择“XSX”图层，将该图层设置为当前图层。

（2）单击“默认”选项卡“绘图”面板中的“样条曲线拟合”按钮，在前视图中绘制剖视图界线，结果如图 10-10 所示。

（3）单击“默认”选项卡“绘图”面板中的“图案填充”按钮，弹出“图案填充与渐变色”对话框，选择“ANSI31”的填充图案，设置“颜色”为“青色”，“比例”为 3，单击“添加点”按钮，在绘图区中选择添加边界，按 Enter 键，返回对话框，单击“确定”对话框，完成设置，图案填充结果如图 10-11 所示。

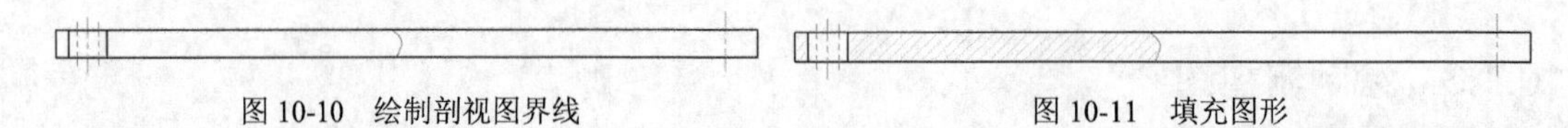

图 10-10　绘制剖视图界线　　　　图 10-11　填充图形

（4）单击“默认”选项卡“修改”面板中的“缩放”按钮，输入缩放比例为 0.25，缩放所有视图。

说　明

由于底板尺寸较大，可先按照 1∶1 的比例绘制底板，绘制完成后，再执行“图形缩放”命令使其缩小并放入 A3 图纸里。

（5）单击“默认”选项卡“修改”面板中的“移动”按钮，将缩放后的图形放置到适当位置，其中，点 1 坐标为（100,120），移动结果如图 10-12 所示。

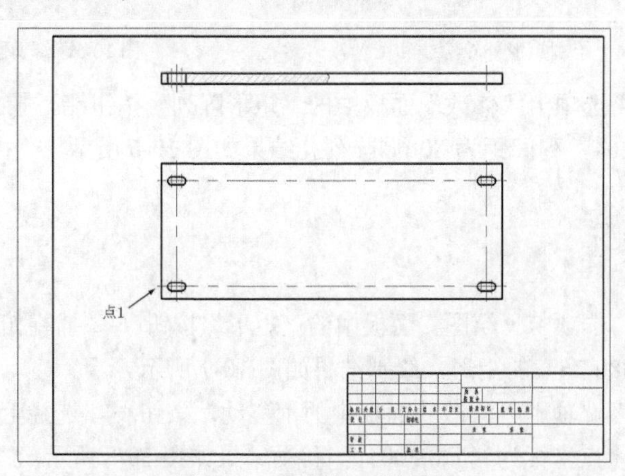

图 10-12　移动缩放后的图形

10.1.6 标注视图尺寸

1．设置标注样式

（1）在“图层特性管理器”下拉列表中选择“BZ”图层，将该图层设置为当前图层。

（2）单击“默认”选项卡“注释”面板中的“标注样式”按钮，①弹出“标注样式管理器”对话框，如图 10-13 所示。

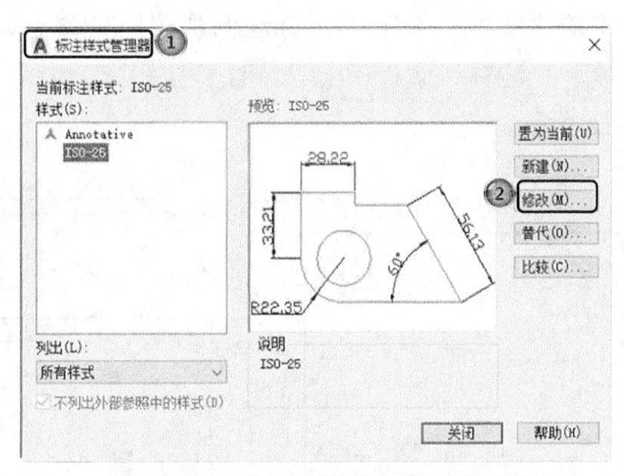

图 10-13 “标注样式管理器”对话框

（3）②单击“修改”按钮，③弹出“修改标注样式：ISO-25”对话框，如图 10-14 所示，④打开“符号和箭头”选项卡，⑤设置“箭头大小”为 4；打开“文字”选项卡，设置“文字高度”为 5，“文字对齐”方式为“ISO 标准”；打开“主单位”选项卡，设置“小数分隔符”为“句点”，“比例因子”为 4，单击“确定”按钮，退出对话框，完成设置。

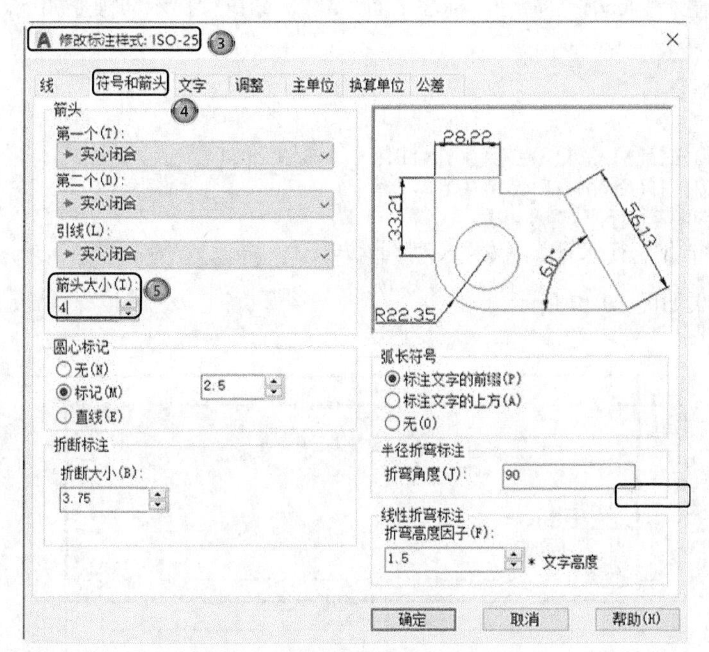

图 10-14 “修改标注样式：ISO-25”对话框

2．添加视图标注

（1）单击“默认”选项卡“注释”面板中的“半径”按钮和“线性”按钮，分别标注孔尺寸值为“4×R10.5”、水平间距为“4×26”、孔水平间距为“800”、水平间距为“880”，结果如图 10-15 所示。

（2）单击“默认”选项卡“注释”面板中的“线性”按钮 和“注释”选项卡“标注”面板“连续”下拉菜单中的“基线”按钮 ，标注孔竖直定位尺寸分别为“31”“295”，单击“默认”选项卡“注释”面板中的“线性”按钮 ，标注俯视图外轮廓竖直尺寸“338”。

（3）单击“默认”选项卡“注释”面板中的“线性”按钮 ，标注前视图外轮廓竖直尺寸“26”，标注结果如图 10-16 所示。

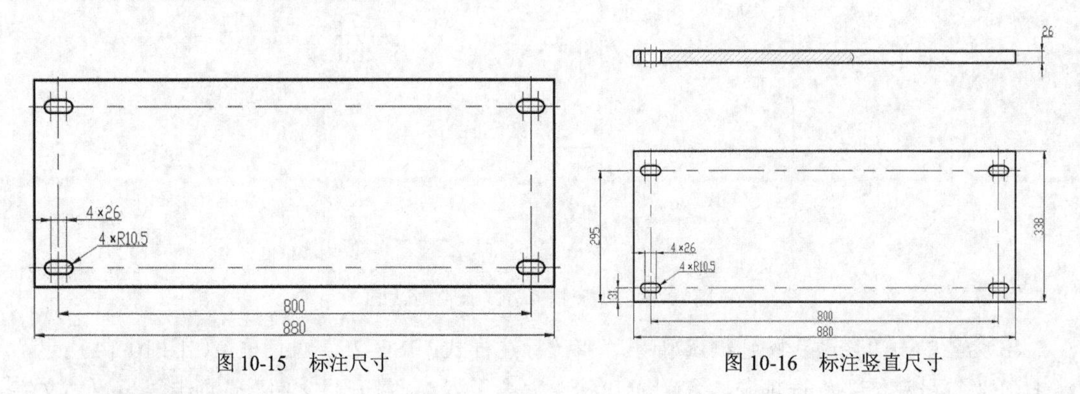

图 10-15　标注尺寸　　　　图 10-16　标注竖直尺寸

3．添加其余参数标注

在命令行中输入“leader”命令，标注平面“a”，命令行提示与操作如下。

```
命令: leader
指定引线起点:
指定下一点: <正交 关>
指定下一点或[注释(A)/格式(F)/放弃(U)] <注释>:  <正交 开>
指定下一点或[注释(A)/格式(F)/放弃(U)] <注释>: a
输入注释文字的第一行或<选项>: a
输入注释文字的下一行:（设置字体样式为“长仿宋”）
```

参数标注结果如图 10-17 所示。

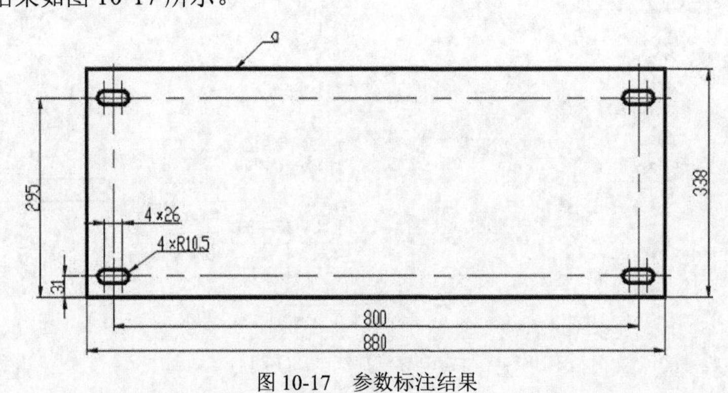

图 10-17　参数标注结果

10.1.7　绘制不去除材料的表面结构的图形符号

（1）单击“默认”选项卡“绘图”面板中的“直线”按钮 ，绘制图形符号，命令行提示与操作如下。

```
命令: _line
指定第一个点:
指定下一点或[放弃(U)]: @-5,0
指定下一点或[放弃(U)]: @5<-60
指定下一点或[闭合(C)/放弃(U)]: @10<60
指定下一点或[闭合(C)/放弃(U)]:
```

结果如图 10-18 所示。

（2）单击“默认”选项卡“绘图”面板中的“圆”按钮，捕捉图 10-18 中的水平直线中点为圆心，绘制与两斜线相切的圆，删除水平直线，结果如图 10-19 所示。

（3）单击“插入”选项卡“块定义”面板“创建块”下拉列表中的“写块”按钮，①弹出“写块”对话框，②点选“转换为块”单选按钮，选择上一步绘制的表面结构的图形符号，③输入名称“不去除材料的图形符号”，如图 10-20 所示。

（4）单击“默认”选项卡“块”面板“插入”下拉菜单中“库中的块”选项，打开“块”选项板，选择“不去除材料的图形符号”，将其插入适当位置，结果如图 10-21 所示。

（5）单击“默认”选项卡“块”面板“插入”下拉菜单中的“库中的块”选项，打开“块”选项板，插入“粗糙度符号 3.2”，设置数值为 12.5，插入结果如图 10-22 所示。

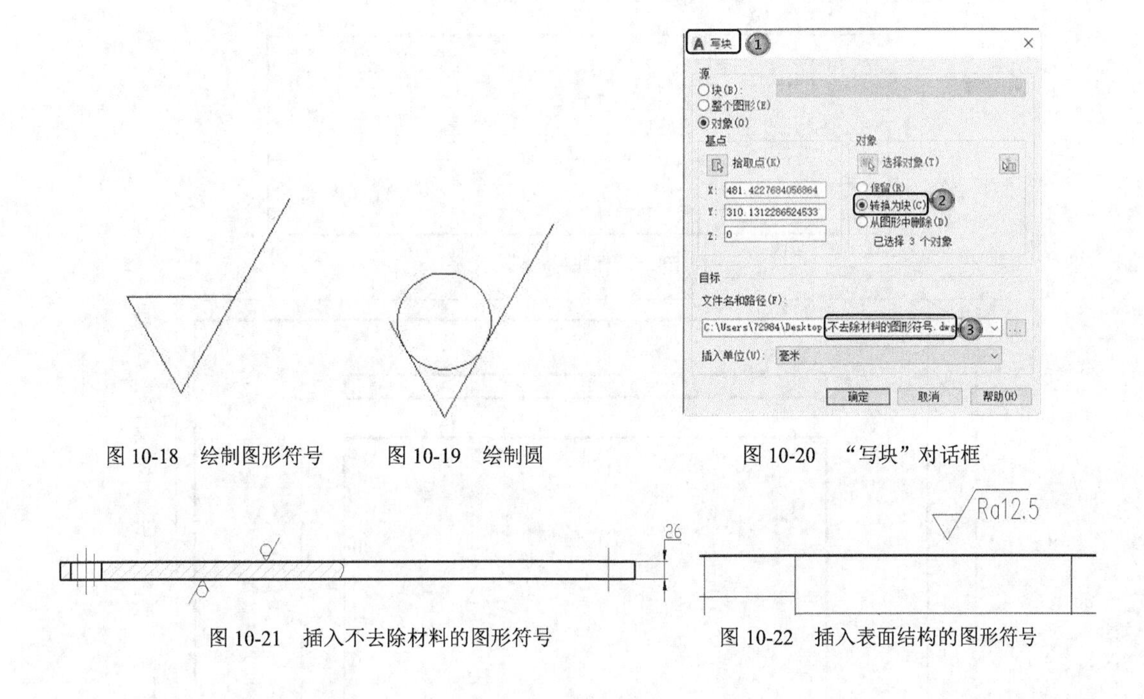

图 10-18　绘制图形符号　　图 10-19　绘制圆　　图 10-20　“写块”对话框

图 10-21　插入不去除材料的图形符号　　图 10-22　插入表面结构的图形符号

10.1.8　添加文字说明

（1）在“图层特性管理器”下拉列表中选择“WZ”图层，将该图层设置为当前图层。

（2）单击“默认”选项卡“注释”面板中的“文字样式”按钮，①弹出“文字样式”对话框，②将“长仿宋”样式设置为当前文字样式，如图 10-23 所示。

（3）单击“默认”选项卡“注释”面板中的“多行文字”按钮，添加技术要求，结果如图 10-24 所示。

文字样式
1
当前文字样式：长仿宋
样式(S)：
Annotative
Standard
长仿宋
2
字体
字体名(F)：
仿宋
字体样式(Y)：
常规
使用大字体(U)
置为当前(C)
新建(N)...
删除(D)
大小
注释性(I)
使文字方向与布局匹配(M)
高度(T)
0.0000
所有样式
效果
颠倒(E)
反向(K)
垂直(V)
宽度因子(W)：
1.0000
倾斜角度(O)：
0
AaBb123
应用(A)
取消
帮助(H)

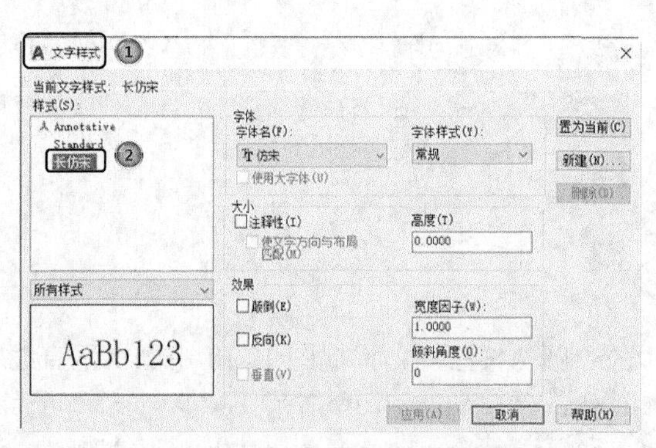

图 10-23 “文字样式”对话框

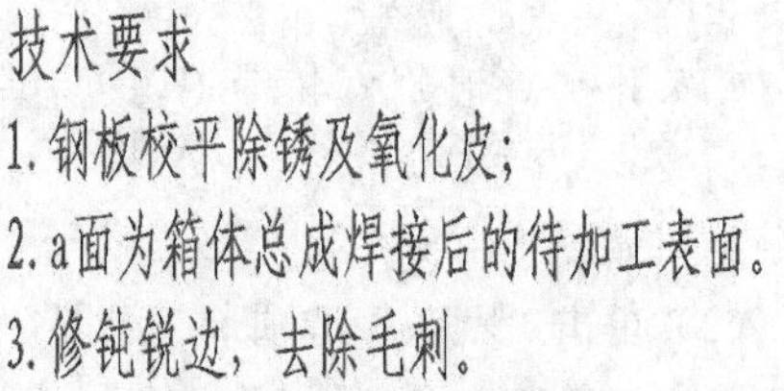

技术要求
1.钢板校平除锈及氧化皮;
2.a面为箱体总成焊接后的待加工表面。
3.修钝锐边，去除毛刺。

图 10-24 添加技术要求

（4）单击“默认”选项卡“注释”面板中的“多行文字”按钮A，标注标题栏内文字，结果如图 10-25 所示。

（5）保存文件。单击“快速访问”工具栏中的“保存”按钮，保存文件，底板零件最终绘制结果如图 10-1 所示。

使用同样的方法绘制与本例相似的零件：“SW.027 侧板”“SW.028 后箱板”“SW.033 前箱板”，完整图形分别如图 10-26、图 11-27、图 11-28 所示。

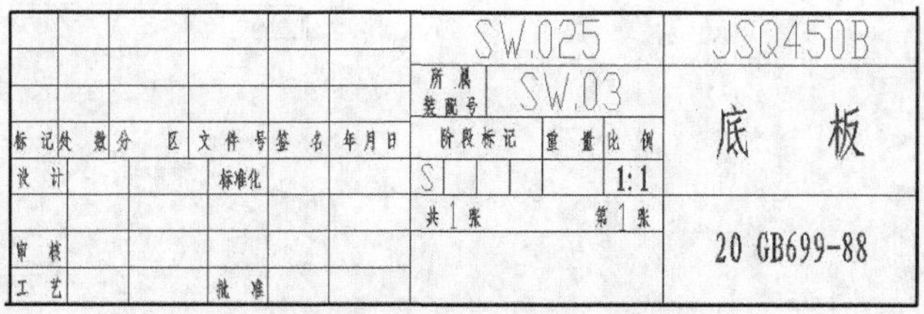

SW.025
JSQ450B
所属装配号
SW.03
底 板
标记 处数 分区 文件号 签名 年月日
阶段标记 重量 比例
设计 标准化
S
1:1
共1张 第1张
审核
工艺 批准
20 GB699-88

图 10-25 标注标题栏内文字

25
C5
303
505
Ra12.5
技术要求
1.钢板校平除锈及氧化皮;
2.修钝锐边，去除毛刺。
JSQ450B
SW.027
SW.03
侧 板
1:2
20
GB699-88

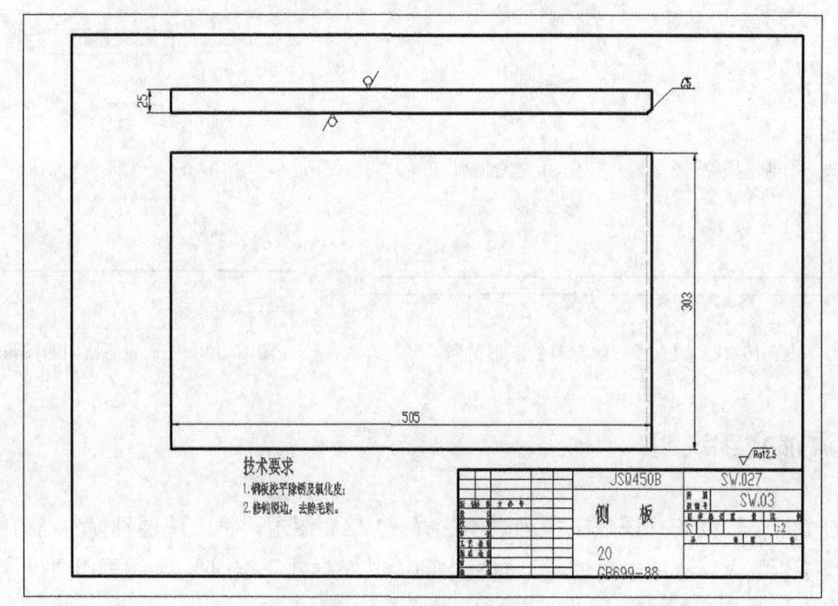

图 10-26 SW.027 侧板

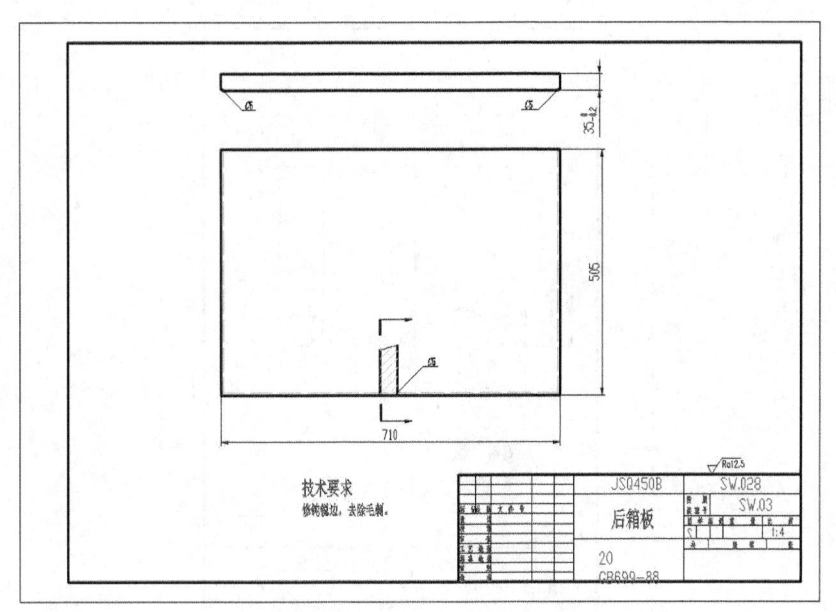

图 10-27　“SW.028 后箱板”

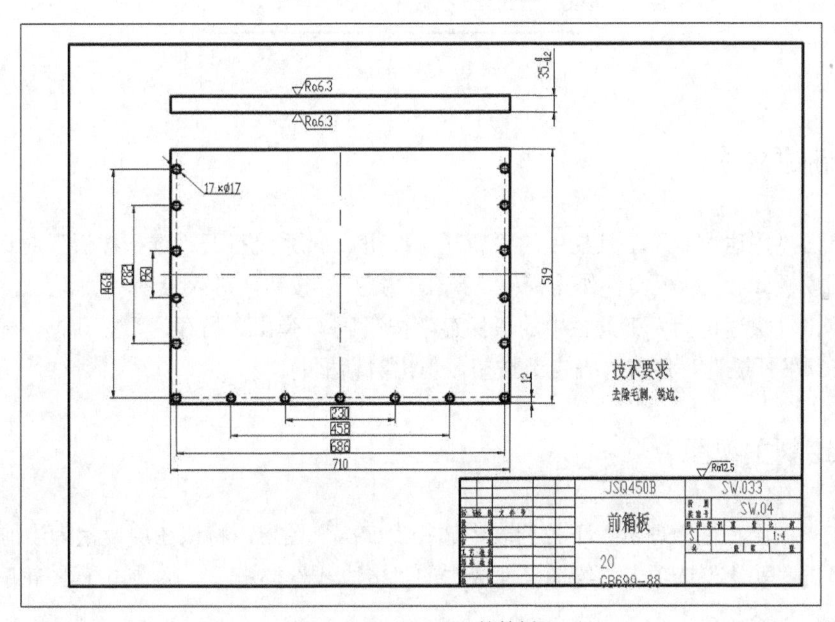

图 10-28　“SW.033 前箱板”

10.2 吊耳板

本节主要介绍吊耳板零件的绘制方法，结果如图 10-29 所示。

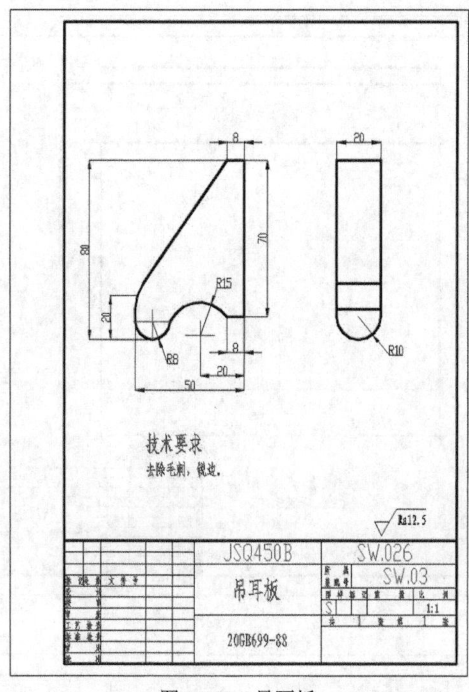

图 10-29　吊耳板

10.2.1　新建文件

（1）单击“快速访问”工具栏中的“新建”按钮，系统打开“选择样板”对话框，选择“A4 样板图模板.dwt”样板文件作为模板，单击“打开”按钮，进入绘图环境。

（2）单击“快速访问”工具栏中的“保存”按钮，弹出“另存为”对话框，输入文件名称“SW.026 吊耳板”，单击“确定”按钮，退出对话框。

10.2.2　绘制主视图

（1）在“图层特性管理器”下拉列表中选择“CSX”图层，将该图层设置为当前图层。

（2）单击“默认”选项卡“绘图”面板中的“多段线”按钮，绘制主视图轮廓线，命令行提示与操作如下。

```
命令: _pline
指定起点: 100,160
当前线宽为0.0000
指定下一个点或[圆弧(A)/半宽(H)/长度(L)/放弃(U)/宽度(W)]: @8,0
指定下一个点或[圆弧(A)/闭合(C)/半宽(H)/长度(L)/放弃(U)/宽度(W)]: @0,70
指定下一个点或[圆弧(A)/闭合(C)/半宽(H)/长度(L)/放弃(U)/宽度(W)]: @-,0
指定下一个点或[圆弧(A)/闭合(C)/半宽(H)/长度(L)/放弃(U)/宽度(W)]: @-42,-60
指定下一个点或[圆弧(A)/闭合(C)/半宽(H)/长度(L)/放弃(U)/宽度(W)]: @0, -12
指定下一个点或[圆弧(A)/闭合(C)/半宽(H)/长度(L)/放弃(U)/宽度(W)]: a
指定圆弧的端点(按住 Ctrl 键以切换方向)或
```

```
[角度(A)/圆心(CE)/闭合(CL)/方向(D)/半宽(H)/直线(L)/半径(R)/第二个点(S)/放弃(U)/宽度(W)]: R
指定圆弧的半径: 8
指定圆弧的端点(按住Ctrl 键以切换方向)或[角度(A)]: A
指定夹角: 180
指定圆弧的弦方向(按住Ctrl 键以切换方向) <270>: 0
指定圆弧的端点(按住Ctrl 键以切换方向)或
[角度(A)/圆心(CE)/闭合(CL)/方向(D)/半宽(H)/直线(L)/半径(R)/第二个点(S)/放弃(U)/宽度(W)]:
```

绘制结果如图 10-30 所示。

（3）单击“默认”选项卡“绘图”面板中的“圆弧”按钮，绘制圆弧，命令行提示与操作如下。

```
命令: _arc
指定圆弧的起点或[圆心(C)]:（选择点1）
指定圆弧的第二个点或[圆心(C)/端点(E)]: E
指定圆弧的端点:（选择点2）
指定圆弧的中心点(按住Ctrl 键以切换方向)或[角度(A)/方向(D)/半径(R)]: R
指定圆弧的半径(按住Ctrl 键以切换方向): 15
```

结果如图 10-31 所示。

（4）单击“默认”选项卡“修改”面板中的“圆角”按钮，绘制半径为 20 的圆角，结果如图 10-32 所示。

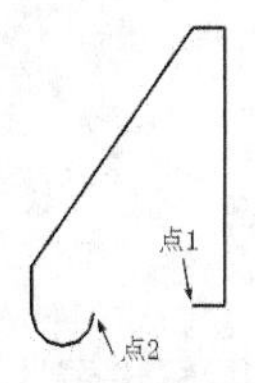

图 10-30　绘制闭合图形

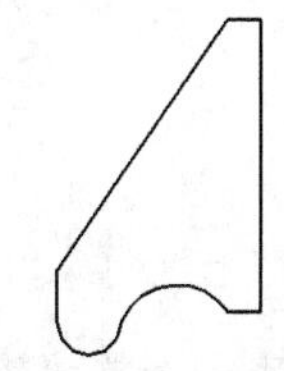
图 10-31　绘制圆弧

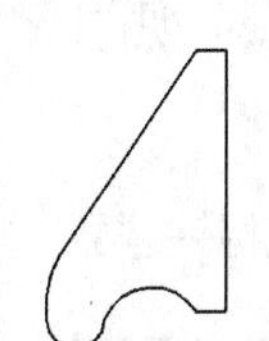
图 10-32　圆角操作

10.2.3　绘制左视图

（1）单击“默认”选项卡“绘图”面板中的“矩形”按钮，绘制大小为 20×80 的矩形，第一点坐标为（150,230），结果如图 10-33 所示。

（2）单击“默认”选项卡“绘图”面板中的“圆”按钮，在左视图中绘制圆，圆心坐标为（160,160），半径为 10，结果如图 10-34 所示。

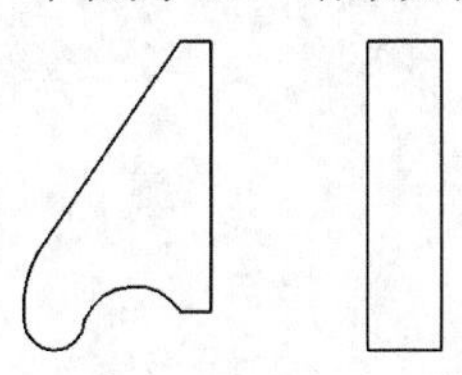
图 10-33　绘制矩形

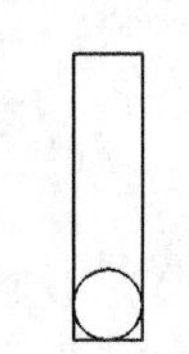
图 10-34　绘制圆

（3）单击“默认”选项卡“绘图”面板中的“直线”按钮，捕捉左侧圆角两切点，在左视图中绘制水平直线，结果如图 10-35 所示。

（4）单击“默认”选项卡“修改”面板中的“修剪”按钮，修剪绘制的圆与直线，结果如图 10-36 所示。

对于需要修剪的图形，一般执行“修剪”命令对其进行修剪操作，如果需要修剪的对象是直线，也可采用“夹点编辑”功能，单击需要修剪的对象，直线上显示蓝色小矩形框，表示直线被选中。单击一侧端点处矩形框，矩形框变为红色，此时，可任意拖动一侧直线到所需位置。“夹点编辑”功能也适用于其他对象。

（5）在“图层特性管理器”下拉列表中选择“ZXX”图层，将该图层设置为当前图层。

（6）单击“默认”选项卡“绘图”面板中的“直线”按钮╱，在主视图中绘制过两圆弧的相交中心线，结果如图 10-37 所示。

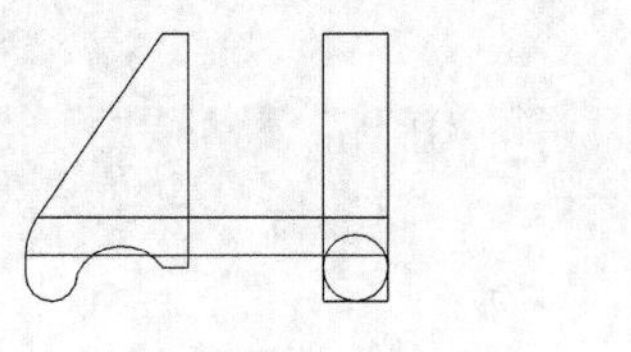

图 10-35　绘制水平直线

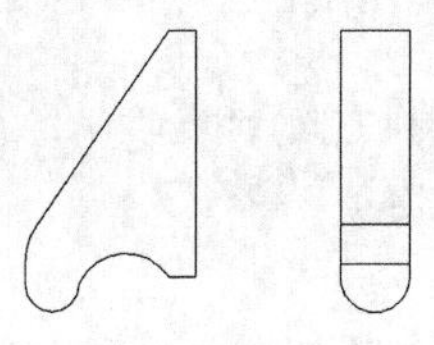

图 10-36　修剪图形

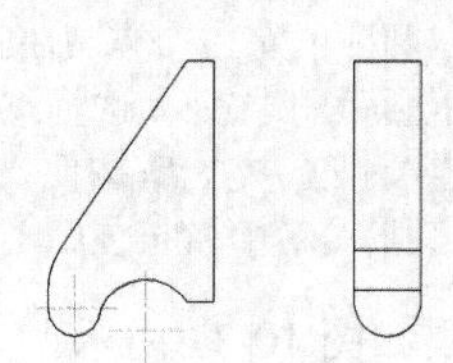

图 10-37　绘制相交中心线

10.2.4　标注视图尺寸

1．设置标注样式

（1）在“图层特性管理器”下拉列表中选择“BZ”图层，将该图层设置为当前图层。

（2）单击“默认”选项卡“注释”面板中的“标注样式”按钮，弹出“标注样式管理器”对话框，如图 10-13 所示，单击“修改”按钮，①弹出“修改标注样式：STANDARD”对话框，②打开“主单位”选项卡，③设置“精度”为 0，如图 10-38 所示。④单击“确定”按钮，退出对话框，完成设置。

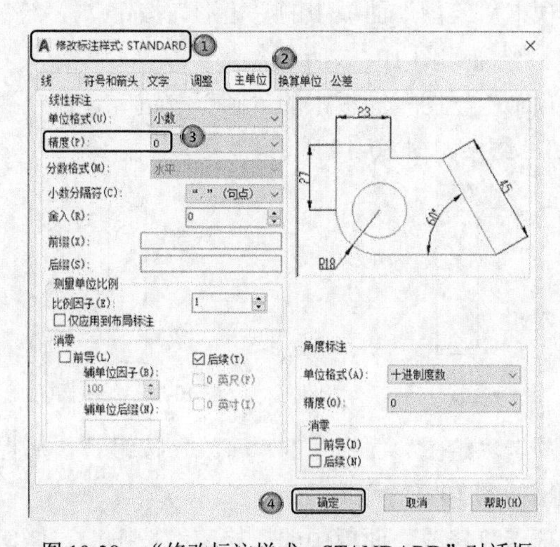

图 10-38　“修改标注样式：STANDARD”对话框

2．添加水平标注

单击“默认”选项卡“注释”面板中的“线性”按钮⊢⊣，标注水平尺寸分别为“8”“20”“50”，结果如图 10-39 所示。

3．添加竖直标注

（1）单击“默认”选项卡“注释”面板中的“线性”按钮⊢⊣和“注释”选项卡“标注”面板“连续”下拉菜单中的“基线”按钮，标注竖直定位尺寸分别为“20”“80”。

（2）单击“默认”选项卡“注释”面板中的“线性”按钮⊢⊣，标注俯视图外轮廓竖直尺寸为“70”。标注结果如图 10-40 所示。

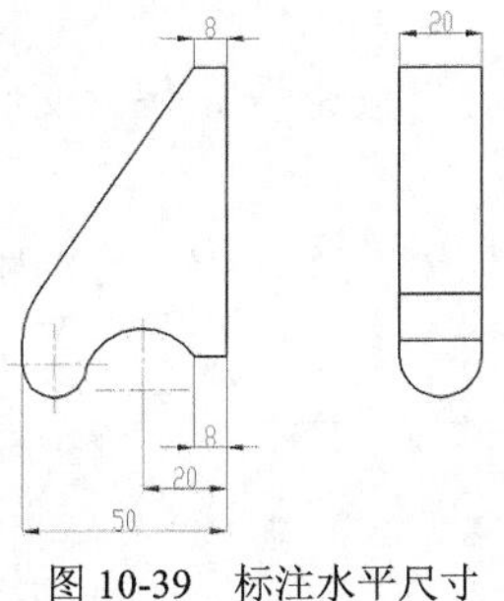

图 10-39　标注水平尺寸

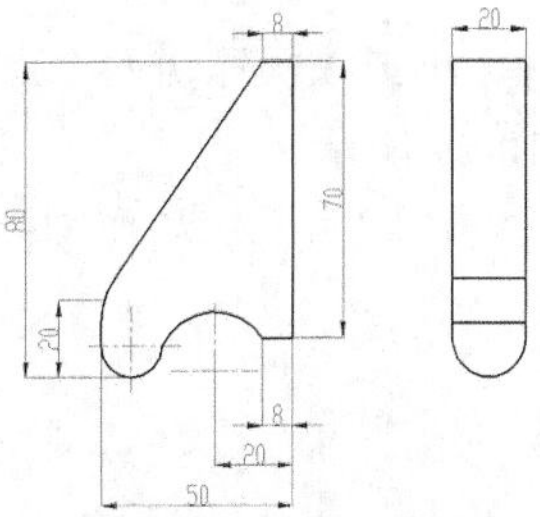

图 10-40　标注竖直尺寸

4．添加圆角标注

单击“默认”选项卡“注释”面板中的“半径”按钮，标注主视图圆角半径为“R20”，标注主视图圆弧半径，其分别为“R8”“R15”“R10”。结果如图 10-41 所示。

10.2.5　插入表面结构的图形符号

单击“默认”选项卡“块”面板“插入”下拉列表中的“最近使用的块”选项，弹出“块”选项板，单击控制选项中的浏览按钮，选择“粗糙度符号 3.2”，设置数值为 12.5，在屏幕上指定插入点、比例和旋转角度，插入时选择适当的插入点、比例和旋转角度，将该图块插入图形中，结果如图 10-42 所示。

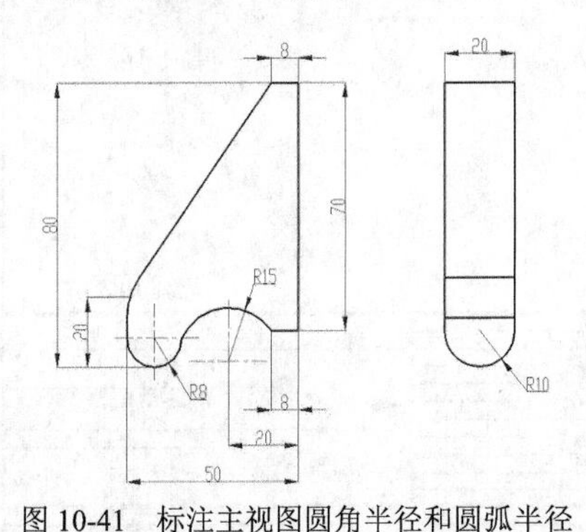

图 10-41　标注主视图圆角半径和圆弧半径

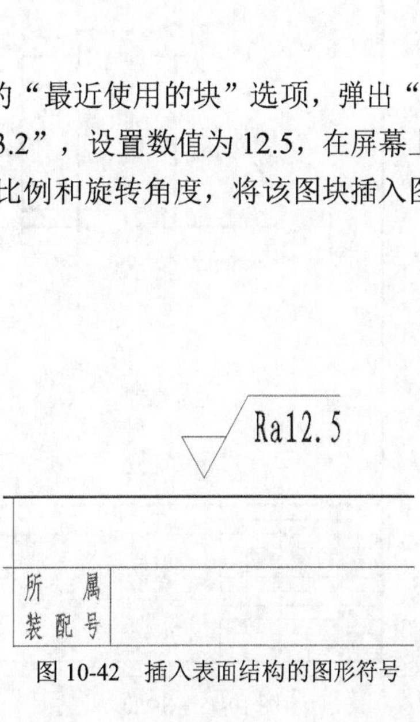

Ra12.5

所　属
装配号

图 10-42　插入表面结构的图形符号

10.2.6 添加文字说明

（1）在“图层特性管理器”下拉列表中选择“WZ”图层，将该图层设置为当前图层。

（2）单击“默认”选项卡“注释”面板中的“文字样式”按钮，弹出“文字样式”对话框，将“长仿宋”样式设置为当前文字样式。

（3）单击“默认”选项卡“块”面板“插入”下拉列表中的“最近使用的块”选项，弹出“块”选项板，单击控制选项中的浏览按钮，选择“技术要求 1”图块，在屏幕上指定插入点、比例和旋转角度，插入时选择适当的插入点、比例和旋转角度，结果如图 10-43 所示。

（4）单击“默认”选项卡“注释”面板中的“多行文字”按钮，标注标题栏内文字，结果如图 10-44 所示。

（5）保存文件。单击“快速访问”工具栏中的“保存”按钮，保存文件，吊耳板零件最终绘制结果如图 10-29 所示。

使用同样的方法绘制与本例相似零件：“SW.032 筋板”“SW.035 进油座”。完整图形如图 10-45、图 11-46 所示。

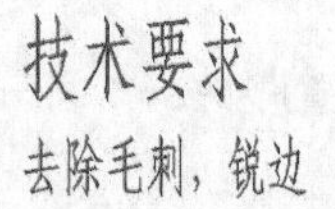

技术要求

去除毛刺，锐边

图 10-43 插入技术要求

图 10-44 标注标题栏内文字

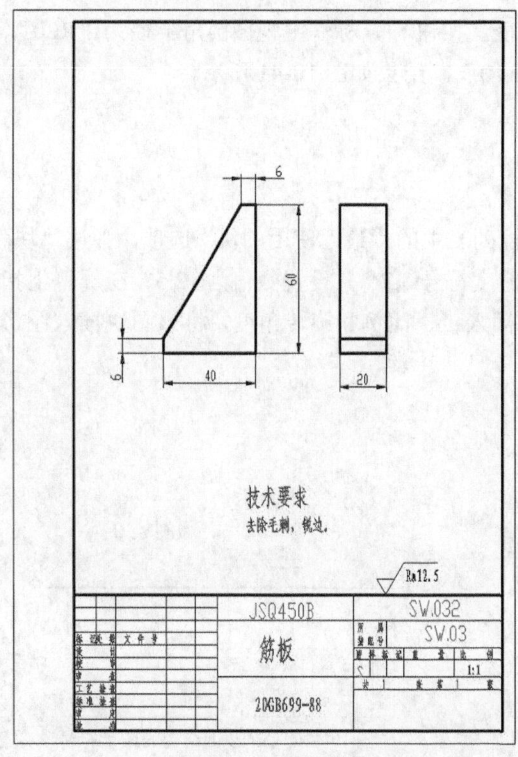

图 10-45 SW.032 筋板

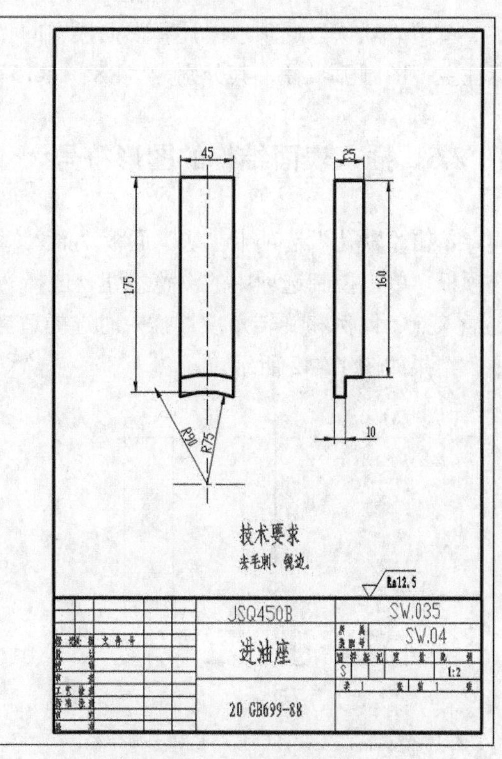

图 10-46 “SW.035 进油座”

10.3 油管座

本节主要介绍油管座零件的绘制方法，结果如图 10-47 所示。

图 10-47 油管座

10.3.1 新建文件

（1）单击“快速访问”工具栏中的“新建”按钮，系统打开“选择样板”对话框，选择“A4 样板图模板.dwt”样板文件作为模板，单击“打开”按钮，进入绘图环境。

（2）单击“快速访问”工具栏中的“保存”按钮，弹出“另存为”对话框，输入文件名称“SW.029 油管座”，单击“确定”按钮，退出对话框。

10.3.2 绘制主视图

（1）在“图层特性管理器”下拉列表中选择“ZXX”图层，将该图层设置为当前图层。

（2）单击“默认”选项卡“绘图”面板中的“直线”按钮，绘制水平中心线，第一点坐标为（90,180），长度为 30，绘制结果如图 10-48 所示。

（3）在“图层特性管理器”下拉列表中选择“CSX”图层，将该图层设置为当前图层。

（4）单击“默认”选项卡“绘图”面板中的“矩形”按钮，绘制大小为 25×45 的矩形，第一角点坐标为（92.5,157.5），绘制结果如图 10-49 所示。

10.3.3 标注视图尺寸

（1）在“图层特性管理器”下拉列表中选择“BZ”图层，将该图层设置为当前图层。

（2）单击“默认”选项卡“注释”面板中的“线性”按钮⊢，标注水平尺寸为“25”。

（3）单击“默认”选项卡“注释”面板中的“线性”按钮⊢，标注孔直径值为“ϕ45”，输入“%%C45”,结果如图10-50所示。

（4）单击“默认”选项卡“块”面板“插入”下拉列表中的“最近使用的块”选项，弹出“块”选项板，单击控制选项中的浏览按钮，选择“粗糙度符号3.2”，将其插入标题栏上方，结果如图10-51所示。

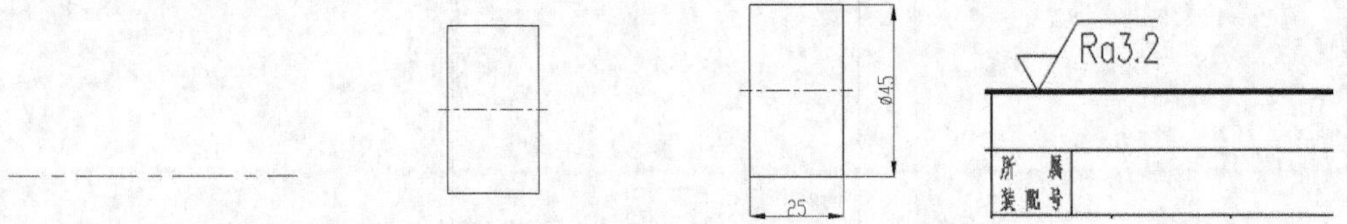

图10-48 绘制水平中心线 图10-49 绘制矩形轮廓线 图10-50 标注尺寸 图10-51 插入表面结构的图形符号

10.3.4 添加文字说明

（1）在“图层特性管理器”下拉列表中选择“WZ”图层，将该图层设置为当前图层。

（2）单击“默认”选项卡“注释”面板中的“文字样式”按钮A，①弹出“文字样式”对话框，②将“长仿宋”样式设置为当前文字样式，如图10-52所示。

（3）单击“默认”选项卡“块”面板“插入”下拉列表中的“最近使用的块”选项，弹出“块”选项板，单击控制选项中的浏览按钮，选择“技术要求1”，结果如图10-53所示。

（4）单击“默认”选项卡“注释”面板中的“多行文字”按钮A，标注标题栏内文字，结果如图10-54所示。

（5）保存文件。单击“快速访问”工具栏中的“保存”按钮，保存文件，油管座零件最终绘制结果如图10-47所示。

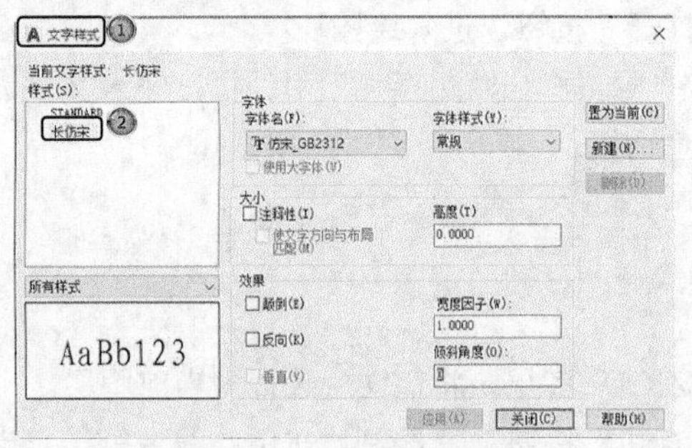

技术要求

去除毛刺，锐边

图10-52 “文字样式”对话框 图10-53 插入技术要求 图10-54 标注标题栏内文字

10.4 上机实验

【练习1】创建图10-55所示的SW.030安装板。

【练习2】创建图10-56所示的SW.031轴承座。

【练习3】创建图10-57所示的SW.034安装板。

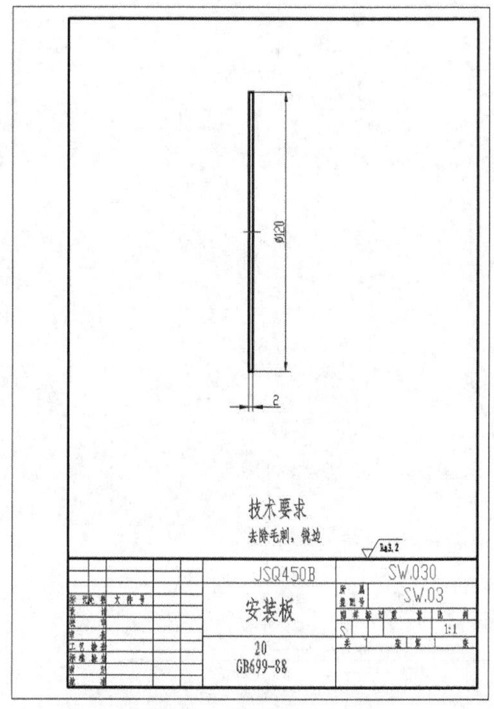

图 10-55 SW.030 安装板

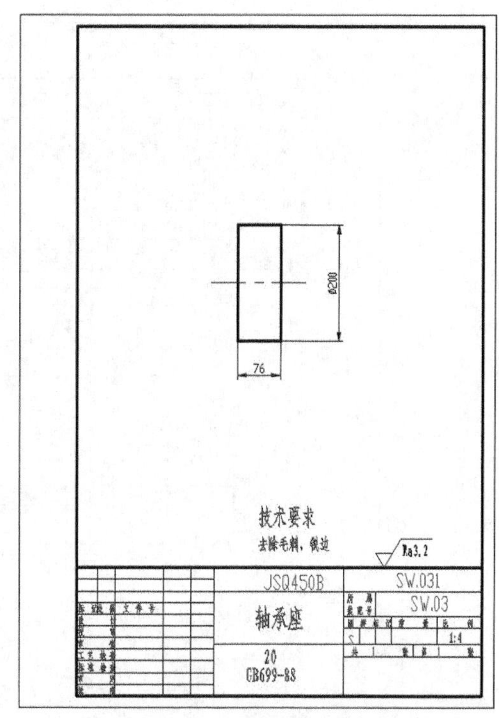

图 10-56 SW.031 轴承座

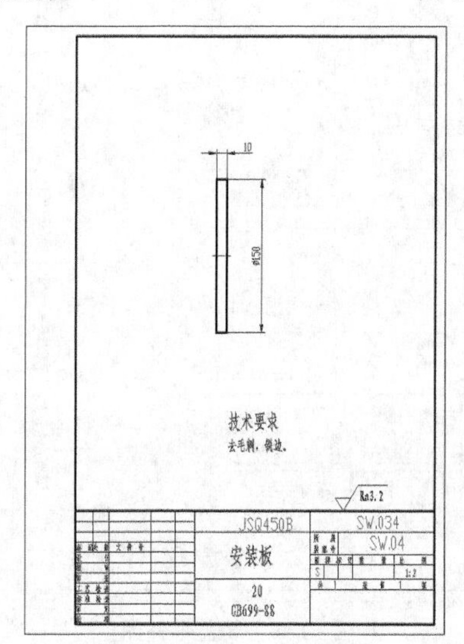

图 10-57 SW.034 安装板

10.5 模拟试题

（1）创建图 10-58 所示的箱座零件图。

（2）创建图 10-59 所示的箱盖零件图。

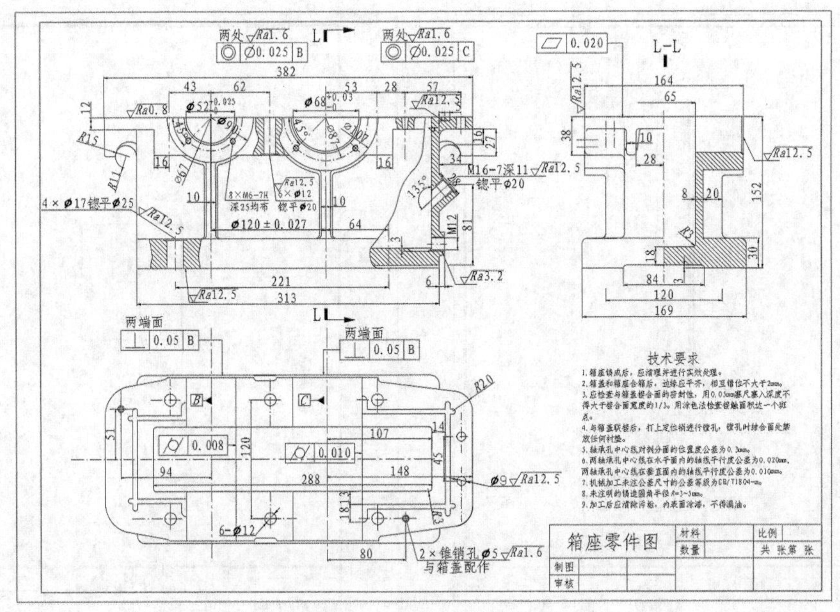

图 10-58　箱座零件图

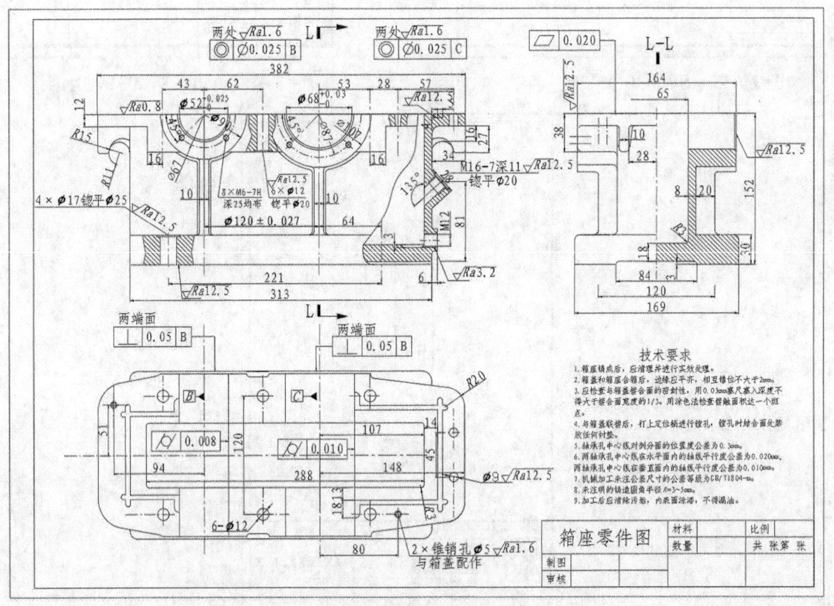

图 10-59　箱盖零件图

箱体总成

本章主要介绍如何绘制装配体零件和箱体总成装配图，其视图绘制步骤与一般零件视图绘制步骤大体一致，但在后期标注中存在差异，例如添加零件号标注、不标注细节尺寸等。在讲述过程中，帮助用户以不同的绘制方法、不同角度考虑视图的绘制，同时对用户的绘图能力又是一次提升。

11.1 绘制装配体零件

平面装配图是一般加工生产中常用的技术文件，对于复杂的零件，装配图还分为部件装配图和总装配图。装配图的绘制一般采用以下两种方法。

1. 采用绘制零件图的方法绘制装配图

先绘制中心线，再利用圆、直线等绘图命令绘制轮廓，再执行修剪、镜像、阵列等修改命令编辑视图。完成轮廓绘制后再标注尺寸、添加文字注释（技术要求、标题栏）等操作。

可以将不同零件在不同图层上绘制，保留单个图层再进行适当拼凑即可以分离出零件图。

此种方法费时长，在有零件图的基础上不建议选择此方法绘制装配图。

2. 根据已有的零件图绘制装配图

在零件图的基础上采用类似“搭积木”的方法，按照装配关系进行拼凑，完成轮廓绘制后再标注尺寸、添加文字注释（技术要求、标题栏）等操作。相较第一种方法，这种方法相对简单、费时短，但更要求用户的细心程度。此方法不是简单“搭完积木”就可以了，大多数操作应该对堆叠图形进行修剪、整理。其中，“搭积木”也分以下几种方法。

（1）插入块：零件图绘制完成后，执行“写块”命令，以块的形式将零件保存下来，在装配图中，执行“插入块”命令，插入零件图块，再用分解方法炸开图形并整理。

（2）外部参照：在命令行中输入“xref”附着命令，将整个零件图加载到装配图中，在外部零件图发生改变时，装配图随之更新。这种方法可以快速地绘制大而复杂的装配图，有效地节省了硬盘空间和人力资源。但使用此种方法插入的图形在装配图中无法删除、修改，在多数装配体中无法适用。

（3）复制粘贴：在零件图中，单击鼠标右键，选择“带基点复制”选项，复制所需零件图，在装配图中选择“粘贴”选项，重复此步骤，这种方法过程稍显烦琐。

11.2 箱体总成

本节详细介绍箱体总成装配图的绘制方法，结果如图 11-1 所示。

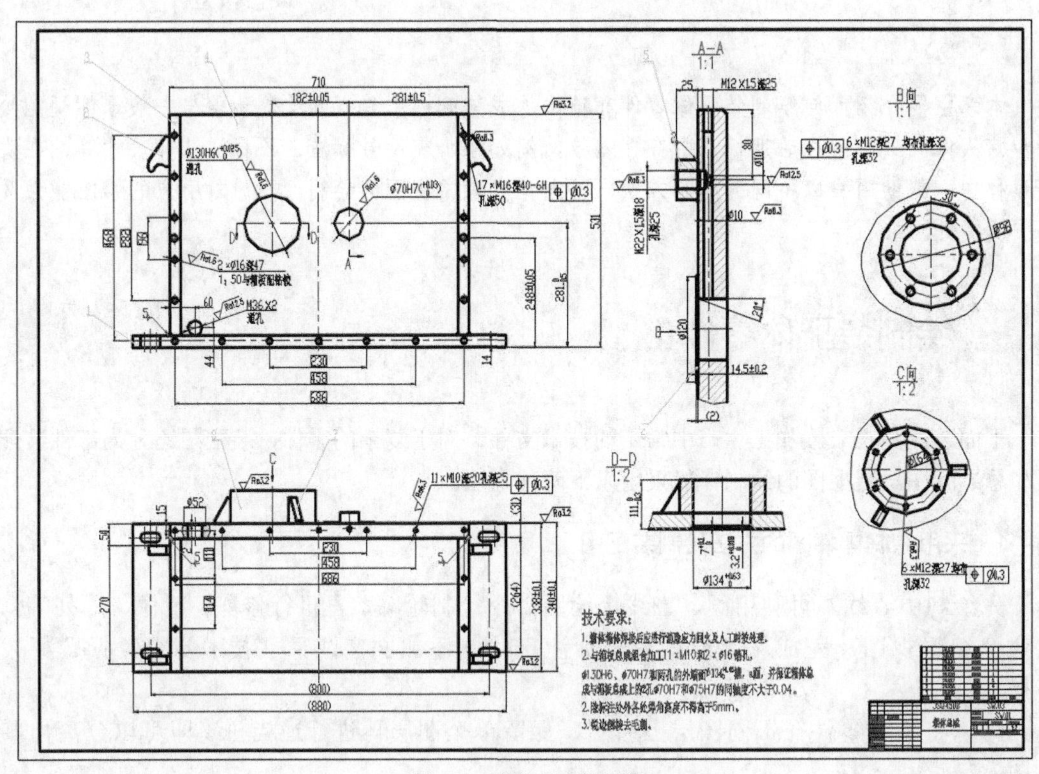

图 11-1 箱体总成装配图

11.2.1 新建文件

（1）单击“快速访问”工具栏中的“新建”按钮，系统打开“选择样板”对话框，选择“A0 样板图模板.dwt”样板文件作为模板，单击“打开”按钮，进入绘图环境。

（2）单击“快速访问”工具栏中的“保存”按钮，弹出“另存为”对话框，输入文件名称“SW.03 箱体总成”，单击“确定”按钮，退出对话框。

11.2.2　创建图块

（1）单击“快速访问”工具栏中的“打开”按钮，打开“第 12 章\零件图\SW.25 底板”文件，关闭“BZ”“XSX”图层。

（2）单击“插入”选项卡“块定义”面板中“创建块”下拉列表中的“写块”按钮，①弹出“写块”对话框，选择前视图与俯视图中的图形，②创建“底板图块”，如图 11-2 所示。

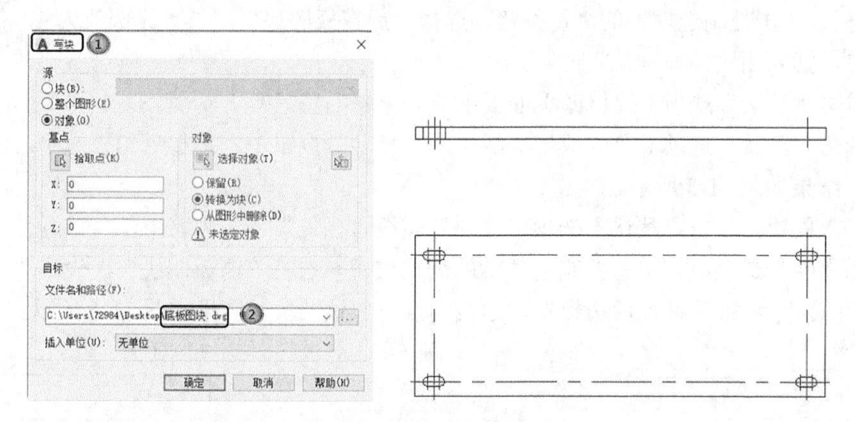

图 11-2　创建“底板图块”

（3）使用同样的方法，创建“吊耳板图块”“侧板图块”“后箱板图块”“油管座图块”“安装板 30 图块”“轴承座图块”“筋板图块”，如图 11-3 所示。

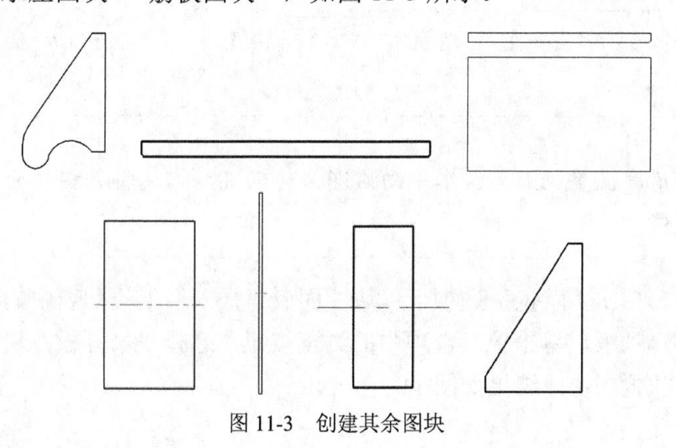

图 11-3　创建其余图块

11.2.3　拼装装配图

（1）在“图层特性管理器”下拉列表中选择“CSX”图层，将该图层设置为当前图层。

（2）单击“默认”选项卡“块”面板“插入”下拉列表中的“最近使用的块”选项，弹出“块”选项板，单击控制选项中的浏览按钮，选择“底板图块”，在屏幕上指定插入点，单击“确定”按钮，插入图块结果如图 11-4 所示。

由于图纸大小等原因，会对某些零件图进行比例缩放，在标题栏中已标明比例值，在插入装配图时，应统一比例，可以直接创建图块，在图块插入时还原比例为 1∶1；也可先把图形比例缩放成 1∶1，再创建图块，插入图块。

（3）单击“默认”选项卡“块”面板“插入”下拉列表中的“最近使用的块”选项，弹出“块”选项板，单击控制选项中的浏览按钮，选择“后箱板图块”，设置比例值为 4，在屏幕上指定插入点，插入图块。

（4）单击“默认”选项卡“修改”面板中的“分解”按钮，分解图块。

（5）单击“默认”选项卡“修改”面板中的“移动”按钮，捕捉后箱板水平边线中心，移动图块，结果如图 11-5 所示。

（6）插入图块。单击“默认”选项卡“块”面板“插入”下拉列表中的“最近使用的块”选项，弹出“块”选项板，单击控制选项中的浏览按钮，选择“侧板图块”。设置“比例”为 2，“旋转角度”为-90，捕捉后箱板左侧边线端点，放置图块，结果如图 11-6 所示。

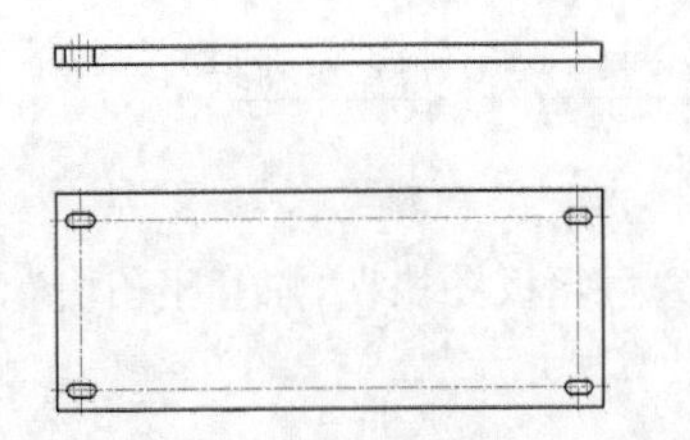

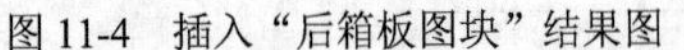

图 11-4　插入“后箱板图块”结果图

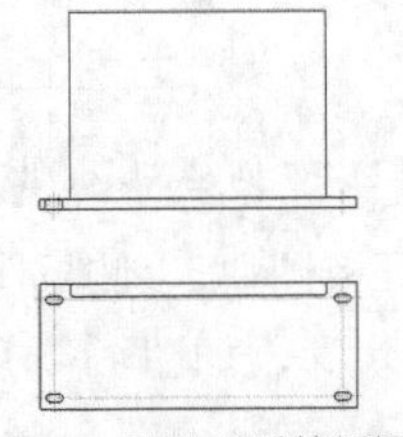

图 11-5　移动“后箱板图块”

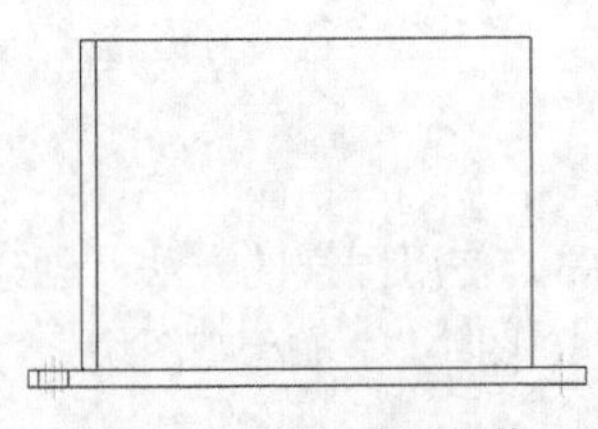

图 11-6　插入“侧板图块”

图块的旋转角度设置规则为：水平向右即为转动 0°，逆时针旋转为正角度值，顺时针旋转为负角度值。

（7）插入图块。单击“默认”选项卡“块”面板“插入”下拉列表中的“最近使用的块”选项，弹出“块”选项板，单击控制选项中的浏览按钮，选择“吊耳板图块.dwg”，捕捉侧板左侧边线上端点，放置图块，结果如图 11-7 所示。

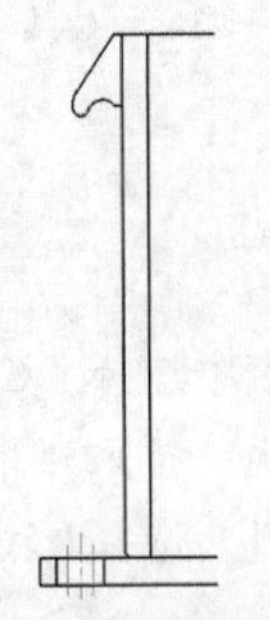

图 11-7　插入“吊耳板图块”

（8）移动图块。单击“默认”选项卡“修改”面板中的“移动”按钮，将图块沿侧板左侧边线向下移动 50，移动结果如图 11-8 所示。

（9）插入图块。单击“默认”选项卡“块”面板“插入”下拉列表中的“最近使用的块”选项，弹出“块”选项板，单击控制选项中的浏览按钮，将“油管座图块”“安装板 30 图块”“轴承座图块（比例为 4）”“筋板图块”按照装配关系放置到适当位置，结果如图 11-9 所示。

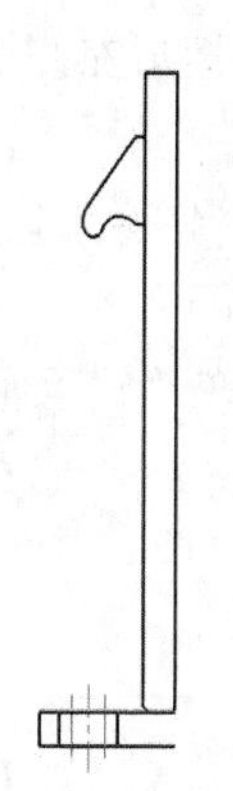

图 11-8　移动“吊耳板图块”

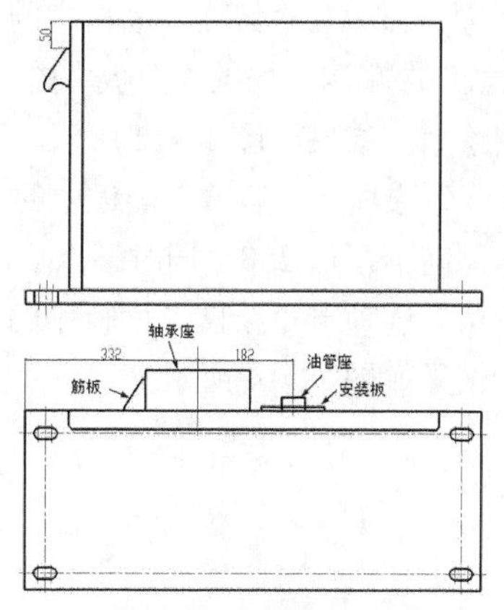

图 11-9　拼接图块

说 明

设置图块的比例有以下几种方法。

（1）在弹出的“块”选项卡“比例”选项组中分别设置“X”向、“Y”向、“Z”向比例；或在“块单位”选项下“比例”文本框中输入比例值。

（2）退出对话框，在命令行中输入“S”，设置比例因子。

（3）完成插入后，单击“缩放”按钮，设置缩放比例。

11.2.4　补全装配图

（1）单击“默认”选项卡“绘图”面板中的“直线”按钮和“偏移”按钮，在俯视图中绘制侧板部分，绘制竖直直线，并将直线向右偏移 25，结果如图 11-10 所示。

（2）单击“默认”选项卡“修改”面板中的“镜像”按钮，向右侧镜像“侧板图块”和“吊耳板图块”，将其放置到“后箱板图块”右侧，绘制结果如图 11-11 所示。

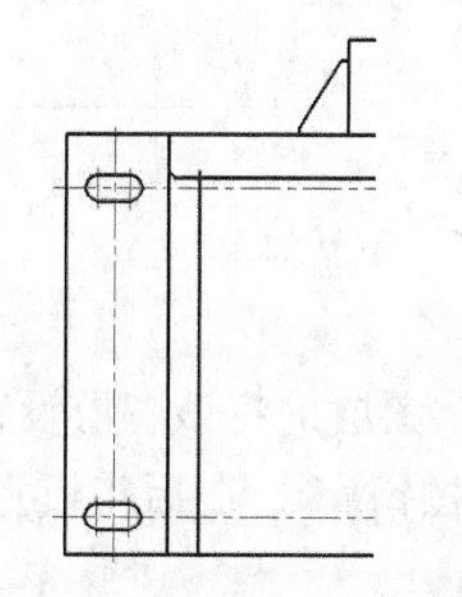

图 11-10　绘制侧板部分俯视图

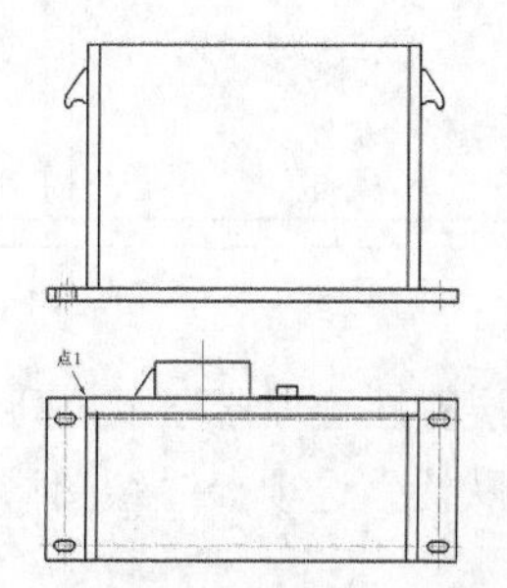

图 11-11　镜像“侧板图块”和“吊耳板图块”

（3）单击“默认”选项卡“修改”面板中的“分解”按钮，分解“底板图块”。

（4）单击“默认”选项卡“修改”面板中的“旋转”按钮，将“底板图块”俯视图绕中心旋转 180°。

（5）单击“默认”选项卡“绘图”面板中的“矩形”按钮，捕捉图 11-11 中点 1，另一交点坐标为（@-50,-20），绘制矩形。

（6）单击“默认”选项卡“修改”面板中的“分解”按钮，分解矩形。

（7）单击“默认”选项卡“修改”面板中的“偏移”按钮，将矩形左侧边线向右偏移 42，完成吊耳板俯视图绘制，结果如图 11-12 所示。

（8）单击“默认”选项卡“修改”面板中的“复制”按钮和“镜像”按钮，将上一步绘制的吊耳板俯视图向下镜像 250，同时镜像后的结果如图 11-13 所示。

（9）单击“默认”选项卡“绘图”面板中的“直线”按钮，在“轴承座图块”内部绘制侧面筋板图，尺寸结果如图 11-14 所示。

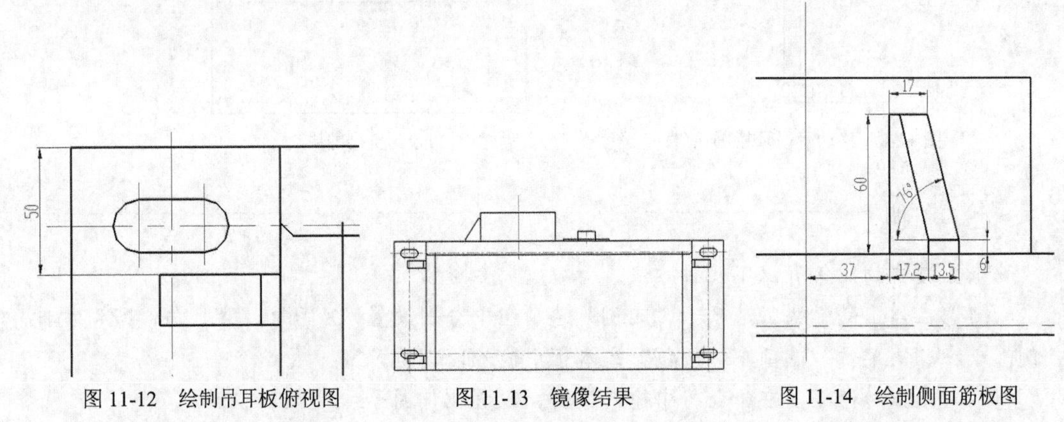

图 11-12　绘制吊耳板俯视图　　图 11-13　镜像结果　　图 11-14　绘制侧面筋板图

（10）在“图层特性管理器”下拉列表中选择“ZXX”图层，将该图层设置为当前图层。

（11）单击“默认”选项卡“绘图”面板中的“直线”按钮和“偏移”按钮，绘制孔定位线，结果如图 11-15 所示。

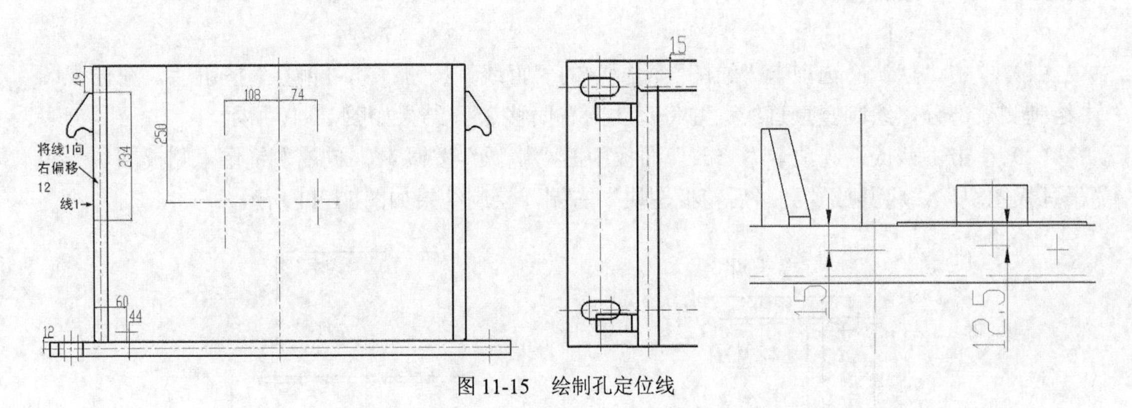

图 11-15　绘制孔定位线

（12）在“图层特性管理器”下拉列表中选择“CSX”图层，将该图层设置为当前图层。

（13）单击“默认”选项卡“绘图”面板中的“圆”按钮，在后箱板上绘制孔，尺寸设置如下。

孔 1：R8、R7。

孔 2：R8。

孔 3：ϕ130。

孔 4：ϕ70。

孔 5：R18、R17。

孔 6：R5、R4。

孔 7：R6、R5。

绘制结果如图 11-16 所示。

（14）单击“默认”选项卡“修改”面板中的“复制”按钮，将孔 1 沿 Y 轴负方向复制，相较于第一点位移依次为 93、186、282、375、468；将孔 6 沿 Y 轴负方向复制，相较于第一点位移依次为 111、225；将孔 6 沿 X 轴正方向复制，相较于第一点位移依次为 114、228、343。

（15）单击“默认”选项卡“修改”面板中的“打断”按钮，打断、修剪中心线，结果如图 11-17 所示。

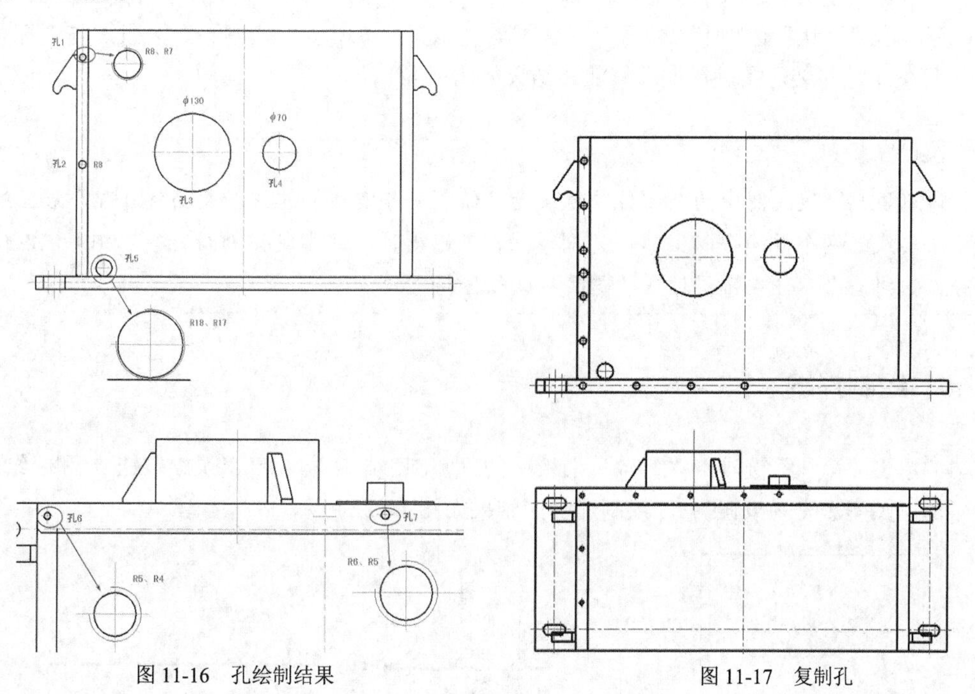

图 11-16　孔绘制结果

图 11-17　复制孔

（16）单击“默认”选项卡“修改”面板中的“镜像”按钮，以竖直中心线为镜像线，向右侧镜像孔 1、孔 2 与孔 6，结果如图 11-18 所示。

（17）单击“默认”选项卡“绘图”面板中的“直线”按钮、“偏移”按钮和“修剪”按钮，捕捉前视图孔的中心线，将中心线向两侧依次偏移 17、18，26，绘制孔与俯视图，结果如图 11-19 所示。

（18）单击“默认”选项卡“绘图”面板中的“样条曲线拟合”按钮，绘制剖面界线。

（19）单击“默认”选项卡“绘图”面板中的“图案填充”按钮，选择填充边界，将绘制图层切换到“XSX”图层，结果如图 11-20 所示。

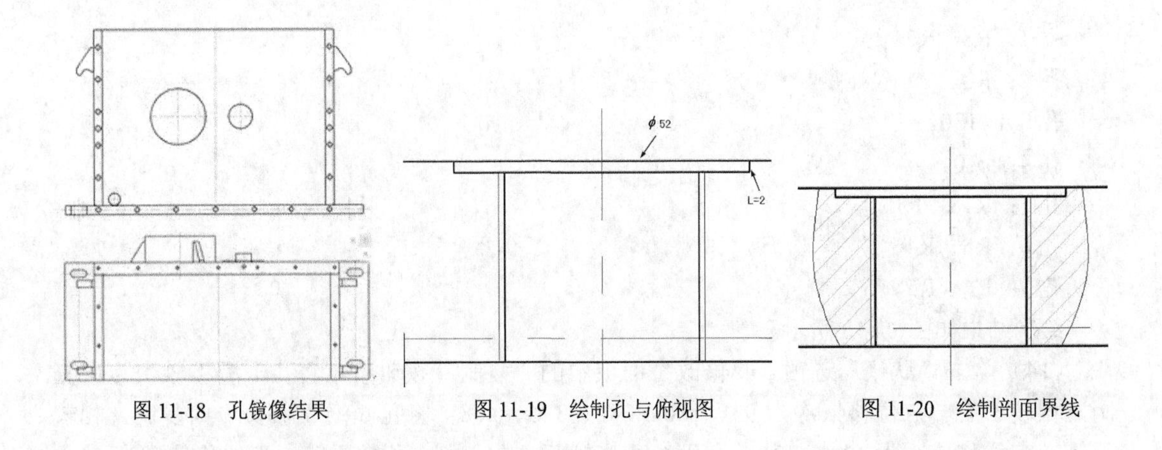

图 11-18　孔镜像结果　　图 11-19　绘制孔与俯视图　　图 11-20　绘制剖面界线

11.2.5　修剪装配图

（1）单击“默认”选项卡“修改”面板中的“分解”按钮，选择所有图块进行分解。

（2）单击“默认”选项卡“修改”面板中的“修剪”按钮、“删除”按钮与“打断于点”等按钮，对装配图进行细节修剪，结果如图 11-21 所示。

说 明

修剪规则：装配图中两个零件接触表面只绘制一条实线，非接触表面及非配合表面绘制两条实线。两个或两个以上零件的剖面图相互连接时，需要使其剖面线各不相同，以便区分，但同一个零件在不同位置的剖面线必须保持一致。

11.2.6　绘制焊缝

（1）单击“默认”选项卡“修改”面板中的“复制”按钮、“镜像”按钮和“绘图”面板中的“图案填充”按钮，绘制焊缝，结果如图 11-22 所示。

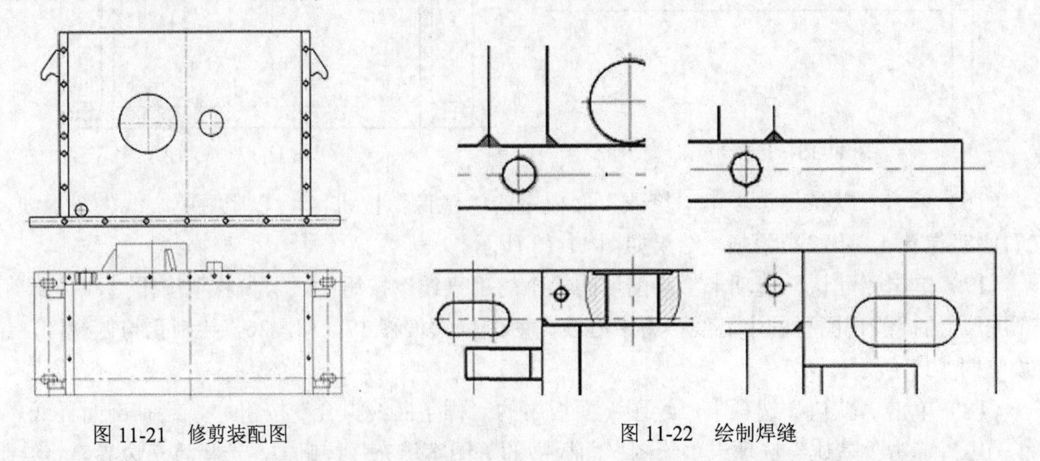

图 11-21　修剪装配图　　图 11-22　绘制焊缝

（2）单击“插入”选项卡“块定义”面板“创建块”下拉列表中的“写块”按钮，弹出

“写块”对话框，选择单个单面焊缝，创建“焊缝 5 图块”。

（3）单击“默认”选项卡“修改”面板中的“缩放”按钮，选择绘制完成的视图，输入比例为 0.5。

（4）单击“默认”选项卡“修改”面板中的“移动”按钮，捕捉前视图与俯视图左下角点并分别将其移动到（135,470）、（135,100）。绘制结果如图 11-23 所示。

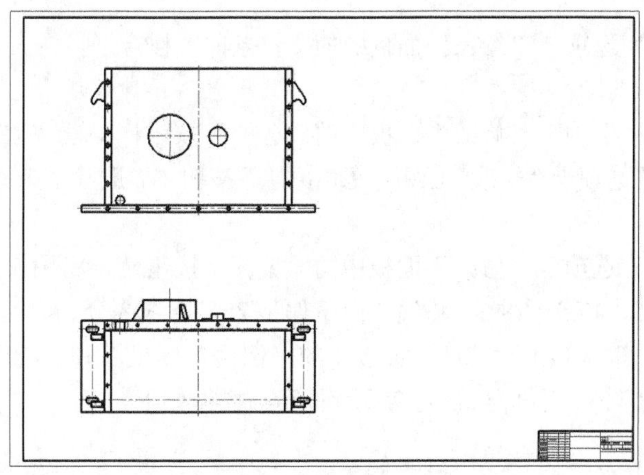

图 11-23　视图放置结果

11.2.7　绘制剖视图 A-A

绘制螺纹孔图块。

（1）单击“默认”选项卡“绘图”面板中的“直线”按钮，在绘图区空白处绘制螺纹孔轮廓线，尺寸结果如图 11-24 所示。

（2）单击“插入”选项卡“块定义”面板“创建块”下拉列表处的“写块”按钮，弹出“写块”对话框，创建“螺纹孔 M22 图块”。

（3）单击“默认”选项卡“块”面板“插入”下拉菜单中“库中的块” 选项，插入“后箱板图块”，设置“旋转角度”为 90，“比例”为 4，将图块放置到空白处。

（4）使用同样的方法继续插入“油管座图块”“安装板 30 图块”“螺纹孔 M22 图块”。

（5）单击“默认”选项卡“修改”面板中的“移动”按钮，按图 11-25 所示配合图块。

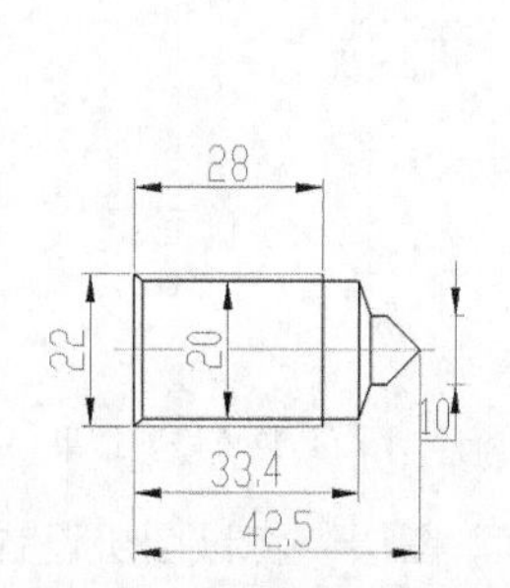

图 11-24　绘制螺纹孔轮廓线

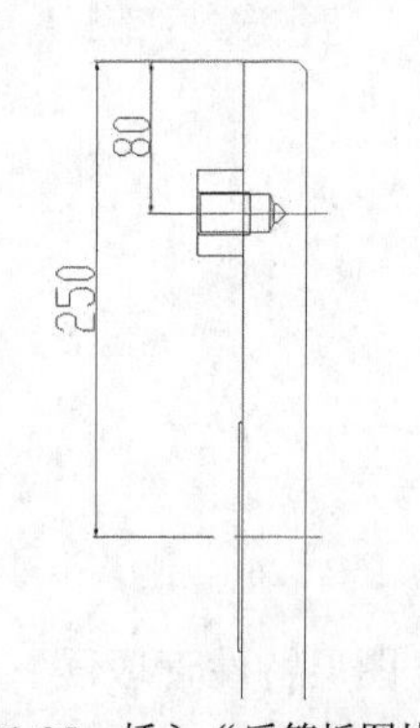

图 11-25　插入“后箱板图块”

说 明

打开“线宽”，图形显示线宽，可以更直观、生动地显示绘制结果。但在某些局部区域由于显示线宽会遮盖图形，不利于图形显示。因此，本章在绘图过程中不再赘述线宽的打开与关闭。读者在绘图过程中可灵活使用此命令，合理显示图形。

（6）单击“默认”选项卡“绘图”面板中的“样条曲线拟合”按钮，在“XSX”图层绘制剖面线。

（7）单击“默认”选项卡“修改”面板中的“分解”按钮，分解图块。

（8）单击“默认”选项卡“修改”面板中的“删除”按钮，删除多余对象，结果如图 11-26 所示。

（9）单击“默认”选项卡“修改”面板中的“偏移”按钮，将图 11-26 所示线 1 依次向右偏移 6.5、7.5、12.5、17.5、18.5，将线 2 向下偏移 25，将线 3 分别向两侧偏移 35。

（10）单击“默认”选项卡“修改”面板中的“倒角”按钮和“镜像”按钮，选择安装板部分，设置距离为 2，倒角为 20°。命令行提示与操作如下。

```
命令: _chamfer
(“不修剪”模式) 当前倒角长度=2.0000，角度=20
选择第一条直线或[放弃(U)/多段线(P)/距离(D)/角度(A)/修剪(T)/方式(E)/多个(M)]:（选择图11-27中的线1）
选择第二条直线或按住 Shift 键选择直线以应用角点或[距离(D)/角度(A)/方法(M)]:（选择图11-27中的线2）
命令: _mirror
选择对象: 找到 1 个
选择对象:
指定镜像线的第一点:
指定镜像线的第二点:（选择图1-27中的线1、2下方中心线）
要删除源对象吗？[是(Y)/否(N)] <N>:
```

（11）单击“修改”工具栏中的“修剪”按钮，修剪图形，结果如图 11-27 所示。

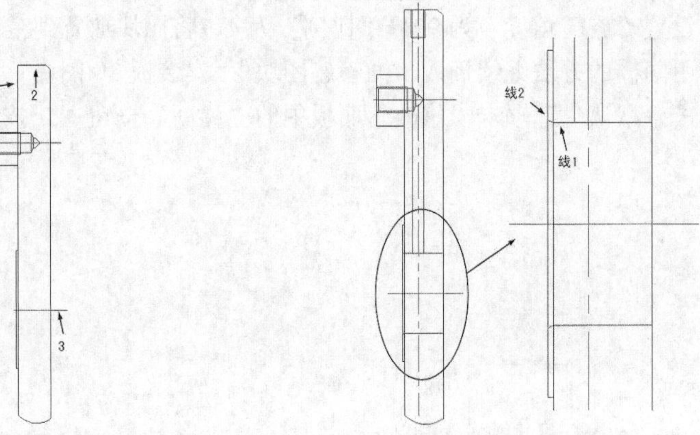

图 11-26　删除多余对象　　　　图 11-27　修剪结果

（12）在“图层特性管理器”下拉列表中选择“XSX”图层，将该图层设置为当前图层。

（13）单击“默认”选项卡“绘图”面板中的“图案填充”按钮，弹出“图案填充与渐变色”对话框，选择“ANSI31”的填充图案，设置“颜色”为“绿色”，“角度”为 0，“比例”为 2，单击“拾取边界”按钮，在图中选择后箱板部分；完成选择后，单击 Enter 键，返回对话框，设置“角度”为 90，其余参数设置不变，单击“拾取边界”按钮，在图形中选择其余部分；图案填充结果如图 11-28 所示。

（14）单击“默认”选项卡“块”面板“插入”下拉列表中的“最近使用的块”选项，弹出“块”选项板，单击控制选项中的浏览按钮，选择“焊缝 5 图块”，在屏幕上指定插入点、比例和旋转角度，插入时选择适当的插入点、比例和旋转角度，将该图块插入图形中。插入结果如图 11-29 所示。

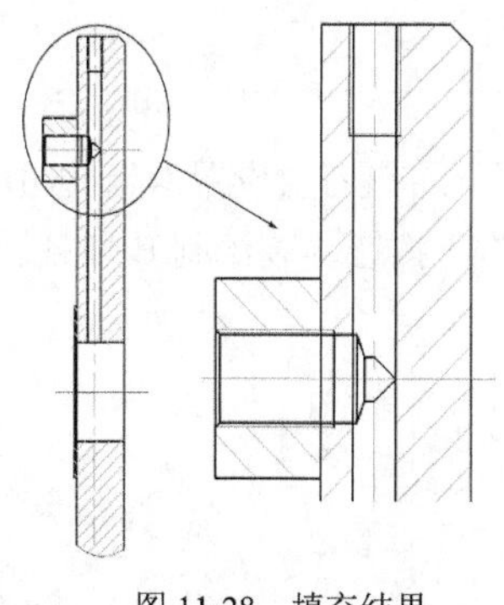

图 11-28　填充结果

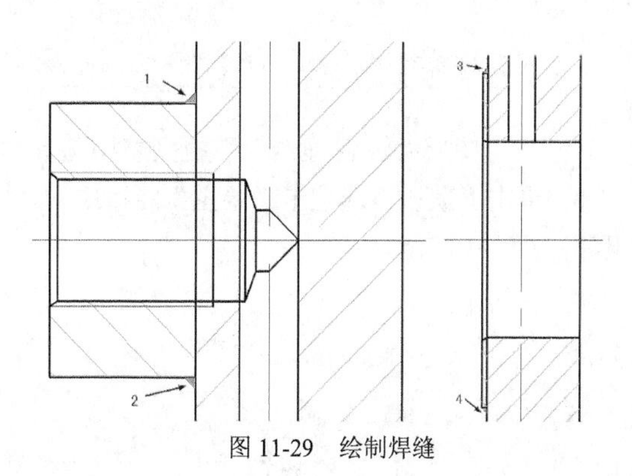

图 11-29　绘制焊缝

11.2.8　绘制 B 向视图

（1）在“图层特性管理器”下拉列表中选择“ZXX”图层，将该图层设置为当前图层。

（2）单击“默认”选项卡“绘图”面板中的“直线”按钮，在绘图空白处绘制竖直、水平两条相交中心线。

中心线的作用是确定零件三视图的布置位置和主要结构的相对位置，长度不需要很精确，可以根据需要随时调整其长度，三视图相互之间的间距则要根据中心线所表示的具体含义来分别对待：具体而言，三视图中心线之间的间距可以略大于估计的值，同一视图内的中心线之间的间距必须准确。

（3）在“图层特性管理器”下拉列表中选择“CSX”图层，将该图层设置为当前图层。

单击“默认”选项卡“绘图”面板中的“圆”按钮，捕捉上一步绘制的相交中心线交点，分别绘制尺寸值为ϕ120、ϕ96、ϕ70 的圆，其中尺寸值为ϕ96 的圆位于“ZXX”图层。

（4）单击“默认”选项卡“绘图”面板中的“圆”按钮，捕捉尺寸值为ϕ96 的圆与水平中心线的交点作为圆心，分别绘制ϕ12、ϕ10 的圆，结果如图 11-30 所示。

（5）单击“默认”选项卡“修改”面板中的“打断”按钮和“打断于点”按钮，打断尺寸值为ϕ12 的圆与水平中心线，将圆弧放置在“XSX”图层，结果如图 11-31 所示。

说 明

执行“打断”命令，按照逆时针方向，删除所选两点间图元，例如在图 1-37 中选择打断点时，先选择左上点，再选择左下点，删除小圆弧。反之，则删除大圆弧。

（6）单击“默认”选项卡“修改”面板中的“环形阵列”按钮，阵列尺寸值为ϕ12 的圆、尺寸值为ϕ10 的圆弧、打断的水平中心线，阵列个数为 6，结果如图 11-32 所示。

也可直接执行“圆弧”命令绘制尺寸值为ϕ12 的圆弧。

（7）在“图层特性管理器”下拉列表中选择“XSX”图层，将该图层设置为当前图层。

（8）单击“默认”选项卡“绘图”面板中的“样条曲线拟合”按钮，绘制 B 向视图边界，结果如图 11-33 所示。

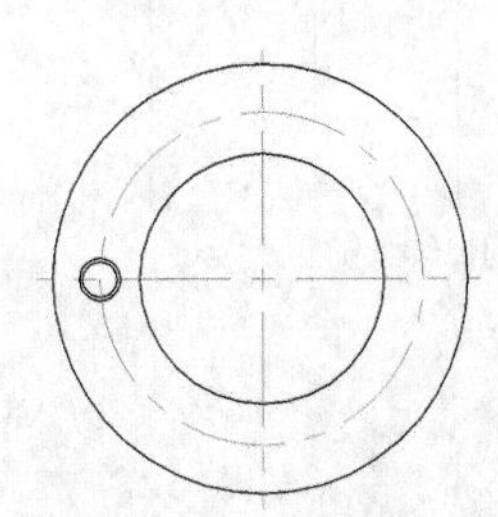

图 11-30　绘制圆

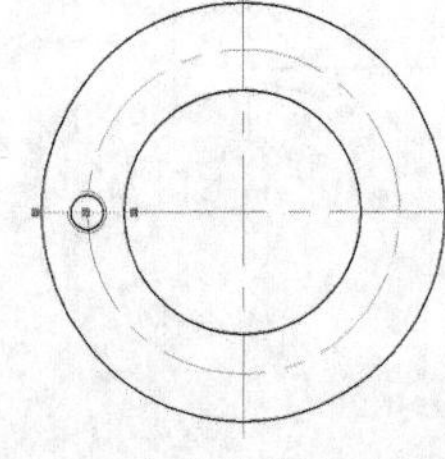

图 11-31　打断圆与水平中心线

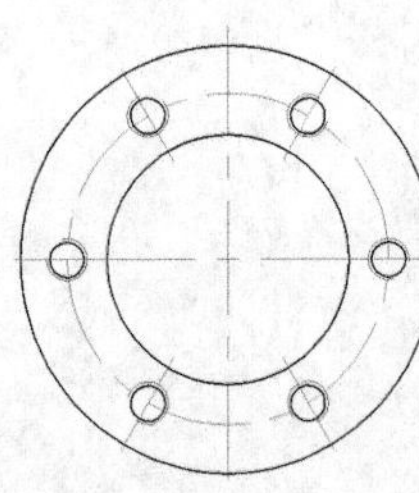

图 11-32　阵列结果

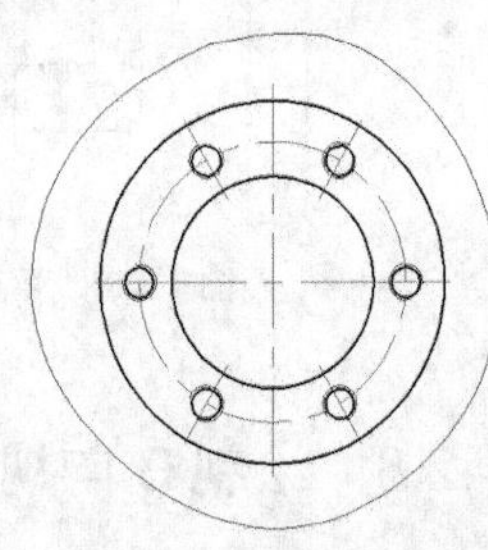

图 11-33　绘制 B 向视图边界

11.2.9　绘制 C 向视图

按照绘制 B 向视图的方法绘制 C 向视图，其中，圆尺寸值分别为ϕ200、ϕ164、ϕ130、ϕ12、ϕ10，C 向视图比例为 1∶2，绘图时尺寸减半，结果如图 11-34 所示。

（1）单击“默认”选项卡“修改”面板中的“偏移”按钮和“绘图”面板中的“直线”按钮，将线 1 向两侧各偏移 5，连接偏移线与外圆交点 1、2，绘制竖直直线并向右偏移竖直直线，距离为 3、20，结果如图 11-35 所示。

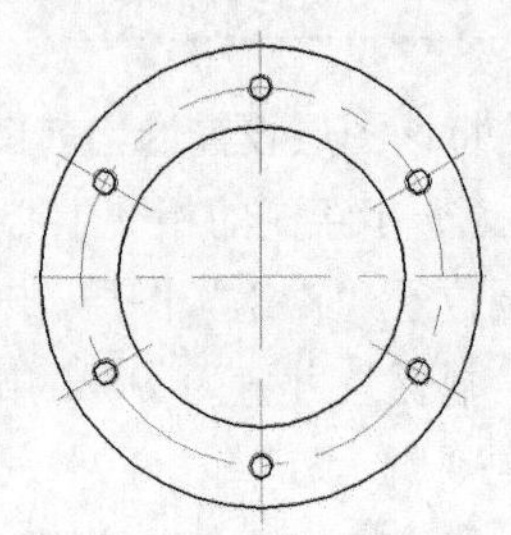

图 11-34　绘制 C 向视图

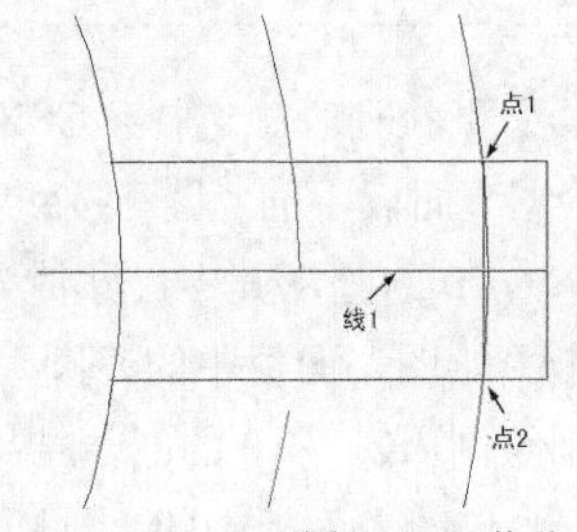

图 11-35　偏移直线

（2）单击“默认”选项卡“修改”面板中的“延伸”按钮，延伸、修剪筋板，结果如图 11-36 所示。

（3）单击“默认”选项卡“修改”面板中的“环形阵列”按钮，阵列上一步修剪的筋板部分，阵列个数为 3，结果如图 11-37 所示。

（4）在“图层特性管理器”下拉列表中选择“XSX”图层，将该图层设置为当前图层。

（5）单击“默认”选项卡“绘图”面板中的“样条曲线拟合”按钮，绘制 C 向视图边界，结果如图 11-38 所示。

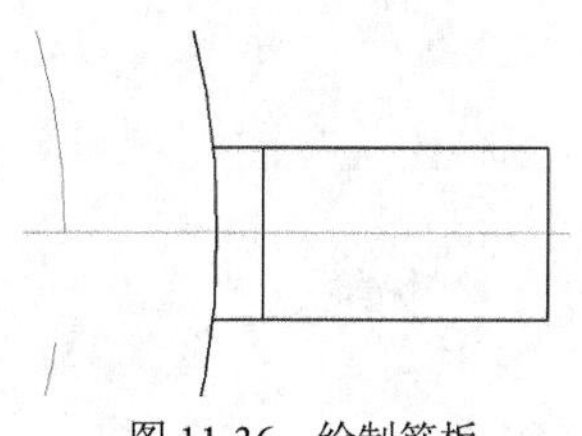
图 11-36 绘制筋板

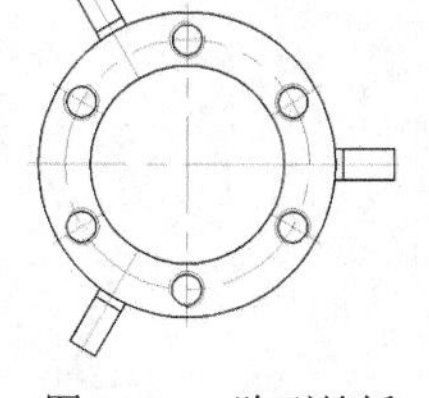
图 11-37 阵列筋板

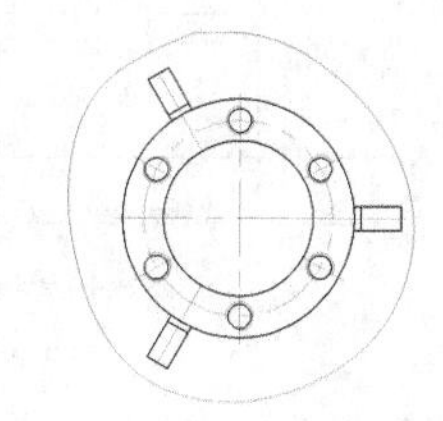
图 11-38 绘制 C 向视图边界

说 明

若绘图比例不是 1∶1 时，读者可按照标注把实际尺寸减半，但若图形复杂，尺寸计算过于烦琐，亦可按原尺寸绘制图形，利用缩放命令，按比例缩放图形。根据不同情况，读者可自行选择绘制方法。

11.2.10 绘制剖视图 D-D

（1）单击“默认”选项卡“修改”面板中的“复制”按钮，复制俯视图中轴承座与筋板部分到绘图区空白处。

（2）单击“默认”选项卡“绘图”面板中的“圆弧”按钮，绘制剖视图边界，结果如图 11-39 所示。

说 明

在绘制图形过程中，为节省时间与人工成本，对某些相似图形，可以直接复制，然后在此基础上进行修改。

（3）单击“默认”选项卡“修改”面板中的“偏移”按钮，将中心线分别向两侧偏移 33.5、1，将最下侧水平直线依次向上偏移 1.9、3.5，结果如图 11-40 所示。

（4）单击“默认”选项卡“修改”面板中的“修剪”按钮，修剪偏移直线，结果如图 11-41 所示。

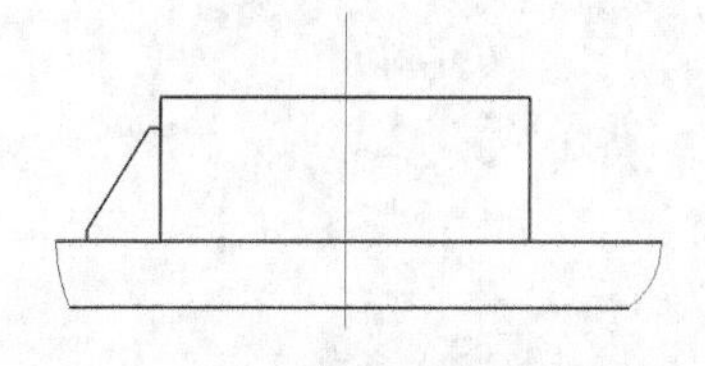
图 11-39 绘制剖视图边界

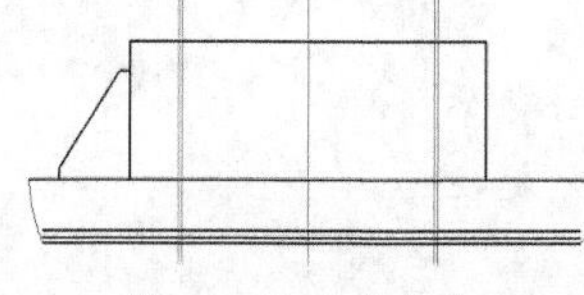
图 11-40 偏移直线

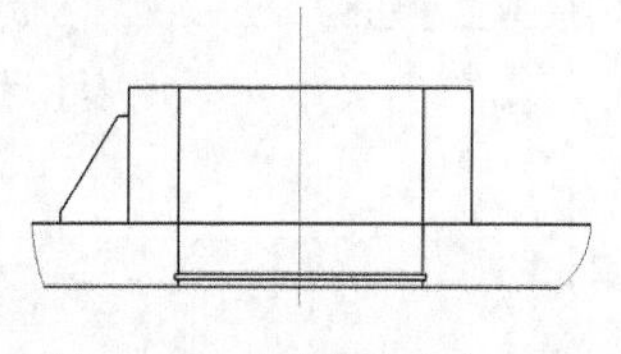
图 11-41 修剪偏移直线

（5）单击“默认”选项卡“绘图”面板中的“图案填充”按钮，弹出“图案填充与渐变色”对话框，选择“ANSI31”的填充图案，设置“颜色”为“绿色”，“角度”为 0，“比例”

为 2，单击“拾取边界”按钮，在图中选择后箱板部分。完成选择后，单击 Enter 键，返回对话框，设置“角度”为 90，其余参数设置不变，单击“拾取边界”按钮，选择轴承座部分。图案填充结果 12-42 所示。

（6）单击“默认”选项卡“修改”面板中的“延伸”按钮和“绘图”面板中的“图案填充”按钮，绘制焊缝，绘制结果如图 11-43 所示。

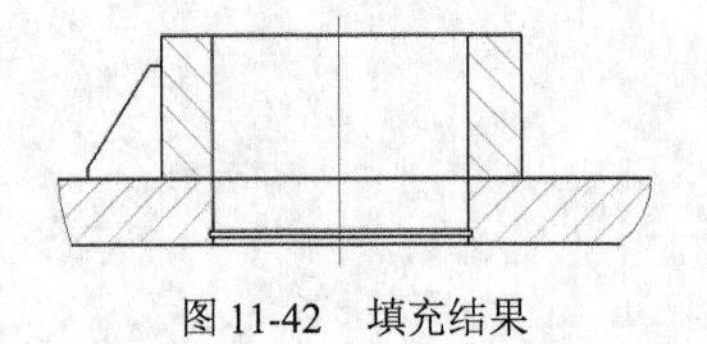

图 11-42　填充结果

图 11-43　绘制焊缝

11.2.11　标注装配图尺寸

在“图层特性管理器”下拉列表中选择“BZ”图层，将该图层设置为当前图层。

1．无公差尺寸标注 1

（1）设置装配体尺寸标注样式。单击“默认”选项卡“注释”面板中的“标注样式”按钮，弹出“标注样式管理器”对话框，单击“新建”按钮，①系统弹出“创建新标注样式”对话框，②创建“装配体尺寸标注”标注样式，③在“创建新标注样式”对话框中单击“继续”按钮，④系统弹出“新建标注样式：装配体尺寸标注”对话框，⑤其中在“线”选项卡中，⑥设置尺寸线和尺寸界线的“颜色”为“ByLayer”，其他属性设置不变。在“符号和箭头”选项卡中，设置“箭头大小”为 5，其他属性设置不变。在“文字”选项卡中，设置“颜色”为“ByLayer”，文字高度为 10，在“文字对齐”选项组下勾选“与尺寸线对齐”单选按钮，其他属性设置不变。其他选项卡设置不变。如图 11-44 所示。

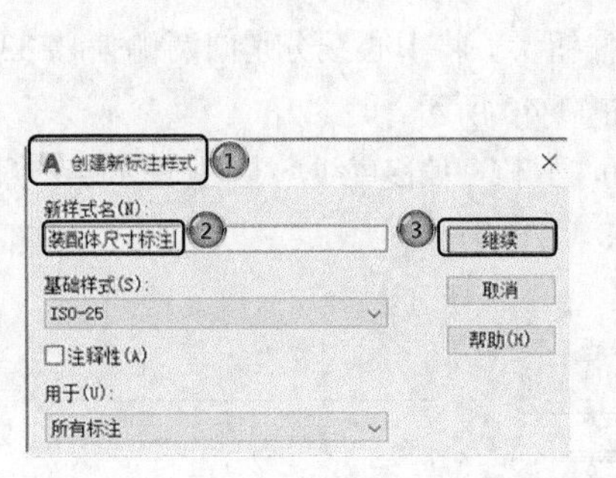

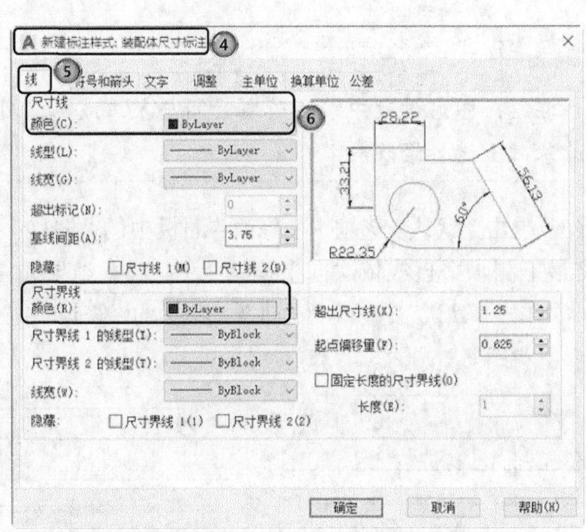

图 11-44　创建新标注样式“装配体尺寸标注”

（2）标注无公差基本尺寸。

① 单击“默认”选项卡“注释”面板中的“线性”按钮⊢⊣，标注基本尺寸，分别为“25”“80”，结果如图 11-45 所示。

② 标注无公差参考尺寸。单击“默认”选项卡“注释”面板中的“线性”按钮⊢⊣，标注参考尺寸为“2”，输入“（2）”，结果如图 11-46 所示。

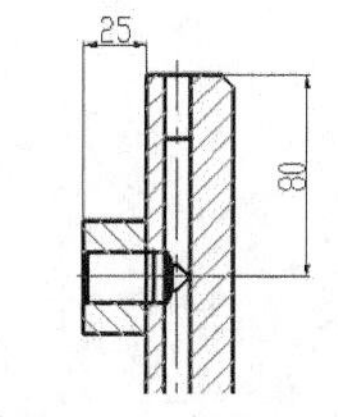

图 11-45　标注尺寸

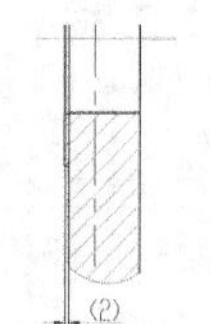

图 11-46　标注参考尺寸

（3）标注无公差孔尺寸。

① 单击“默认”选项卡“注释”面板中的“线性”按钮⊢⊣，标注孔ϕ12，输入“M12×1.5 深 25”。

② 单击“默认”选项卡“注释”面板中的“线性”按钮⊢⊣，标注孔ϕ22，输入“M22×1.5 深 18 孔深 25”。

③ 单击“默认”选项卡“注释”面板中的“直径”按钮⃠，选择外圆弧，标注孔ϕ12，输入“6×M12 深 27 均布孔深 32”。

④ 单击“默认”选项卡“注释”面板中的“线性”按钮⊢⊣，标注孔ϕ10，输入“%%C10”。

⑤ 单击“默认”选项卡“注释”面板中的“线性”按钮⊢⊣，标注孔ϕ120，输入“%%C120”，结果如图 11-47 所示。

（4）标注无公差角度尺寸。单击“默认”选项卡“注释”面板中的“角度”按钮△，标注安装板倒角角度为“20°”，结果如图 11-48 所示。

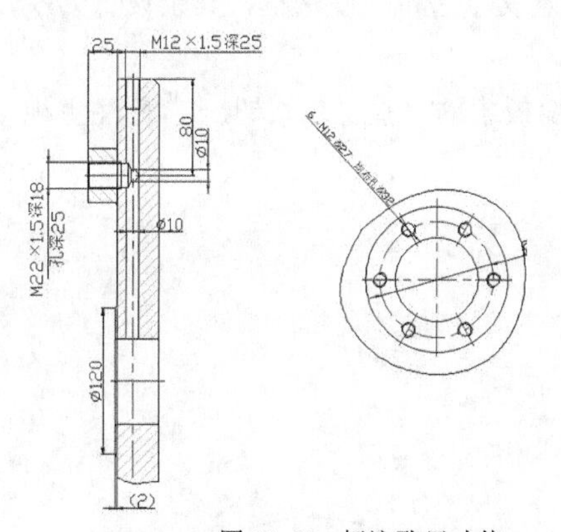

图 11-47　标注孔尺寸值

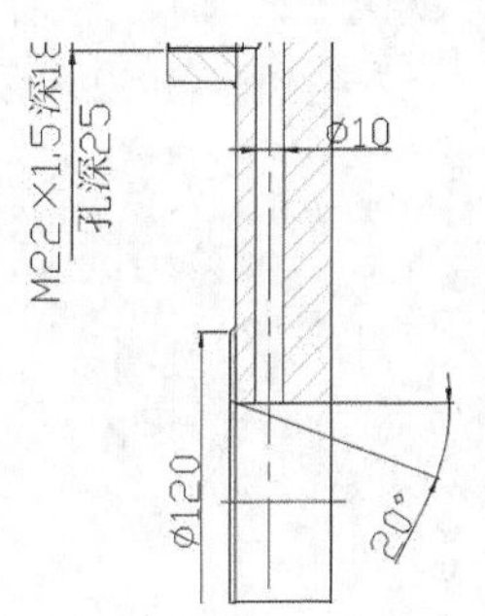

图 11-48　标注角度尺寸

2．带公差尺寸标注 1

（1）设置带公差标注样式 1。单击“默认”选项卡“注释”面板中的“标注样式”按钮，创建“装配体尺寸标注 1（带公差）”标注样式，基础标注样式为“装配体尺寸标注 1”。在“创建新标注样式”对话框中，单击“继续”按钮，①在弹出的“新建标注样式装配尺寸标准 1（带公差）”对话框中，②打开“公差”选项卡，③设置“方式”为“对称”，④“精度”为 0.000，

⑤“上偏差”为 0.2，⑥在“消零”选项组下勾选“后续”复选框，其余设置为默认值，如图 11-49 所示。并将“装配体尺寸标注 1（带公差）”样式设置为当前使用的标注样式。

（2）标注带公差线性尺寸。单击“默认”选项卡“注释”面板中的“线性”按钮⊢，标注带公差尺寸，结果如图 11-50 所示。

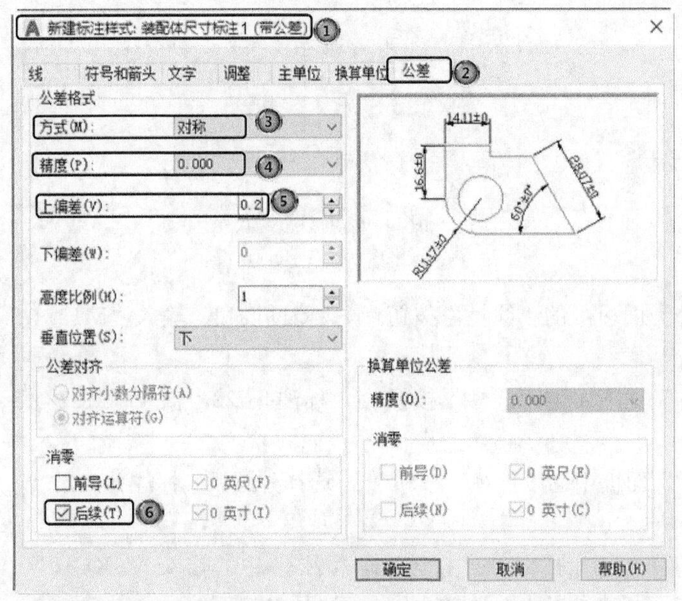

图 11-49　创建新标注样式“装配体尺寸标注 1（带公差）”

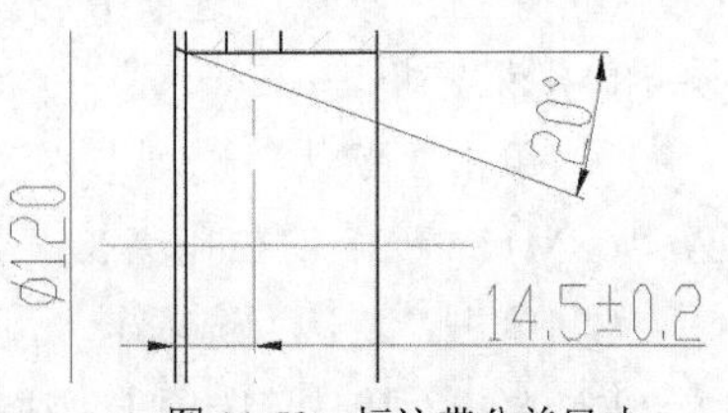

图 11-50　标注带公差尺寸

（3）替代带公差标注样式。单击“默认”选项卡“注释”面板中的“标注样式”按钮，单击“替代”按钮，基础标注样式为“装配体尺寸标注 1（带公差）”。①在弹出的“替代当前样式”对话框中，②打开“文字”选项卡，③勾选“绘制文字边框”复选框，其余设置为默认值，如图 11-51 所示。

（4）标注理论正确值。单击“默认”选项卡“注释”面板中的“直径”按钮⃠，标注主视图中圆的直径理论正确值“ϕ96”，结果如图 11-52 所示。

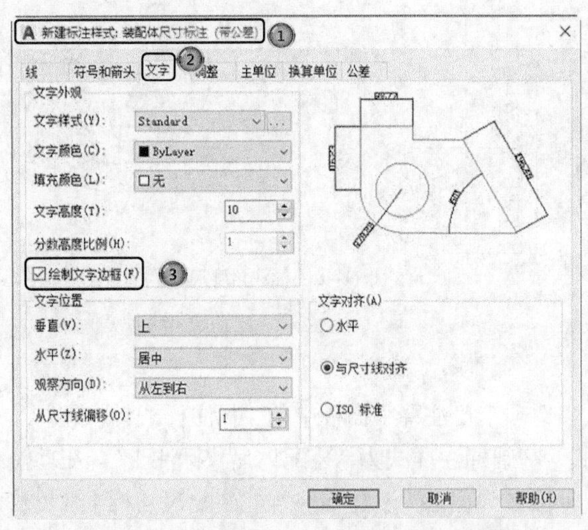

图 11-51　替代标注样式“装配体尺寸标注 1（带公差）”

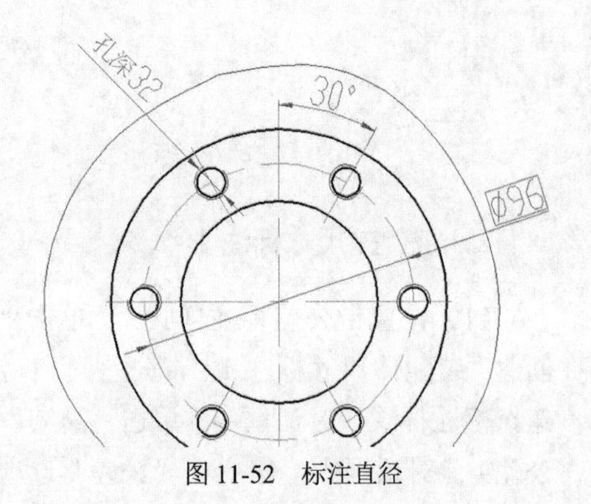

图 11-52　标注直径

3. 无公差尺寸标注 2

（1）设置带比例标注样式。单击“默认”选项卡“注释”面板中的“标注样式”按钮，创建“装配体尺寸标注 2”样式，基础标注样式为“装配体尺寸标注 2”。在“创建新标注样式”对话框中，单击“继续”按钮，①在弹出的“新建标注样式：装配体尺寸标注 2”对话框中，②打开“主单位”选项卡，③设置“比例因子”为 2，其余设置为默认值，如图 11-53 所示。并将“装配体尺寸标注 2”样式设置为当前使用的标注样式。

说 明

《机械制图尺寸标注》（GB/T 4458.4—2003）中规定，标注的尺寸值必须是零件的实际值，而不是在图形上的值。这里之所以修改标注样式，是因为上节最后一步操作时将图形整个缩小为原来的一半。在此将比例因子设置为 2，标注出的尺寸数值刚好恢复为原来绘制时的数值。

（2）标注孔定位尺寸。单击“默认”选项卡“注释”面板中的“线性”按钮，标注孔定位尺寸分别为“60”“44”“14”“15”，结果如图 11-54 所示。

图 11-53　创建新标注样式“装配体尺寸标注 2”

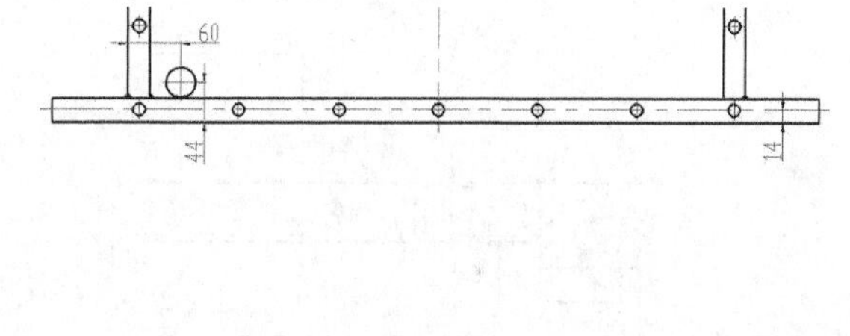

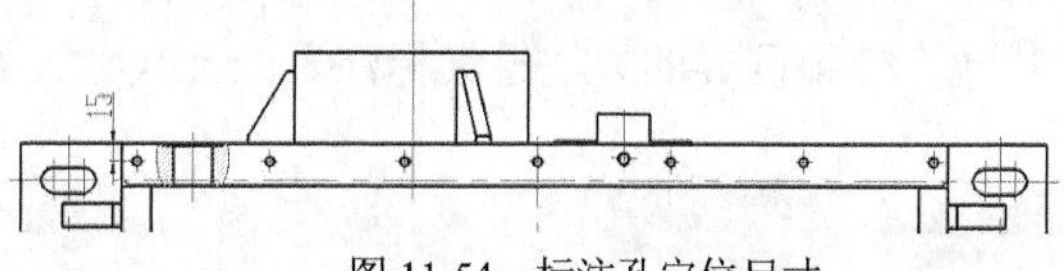

图 11-54　标注孔定位尺寸

（3）标注外轮廓尺寸。

① 单击“默认”选项卡“注释”面板中的“线性”按钮，标注主视图水平总尺寸“710”。

② 单击“默认”选项卡“注释”面板中的“线性”按钮，标注主视图竖直总尺寸“531”。

③ 单击“默认”选项卡“注释”面板中的“线性”按钮，标注俯视图竖直尺寸“50”“270”“2”，结果如图 11-55 所示。

（4）标注参考尺寸。单击“默认”选项卡“注释”面板中的“线性”按钮，标注主视图竖直参考尺寸为“31”，输入“（31）”。使用同样的方法继续标注其余参考尺寸，结果如图 11-56 所示。

（5）标注孔。

① 单击“默认”选项卡“注释”面板中的“线性”按钮，标注俯视图孔尺寸“ϕ52”，结果如图 11-57 所示。

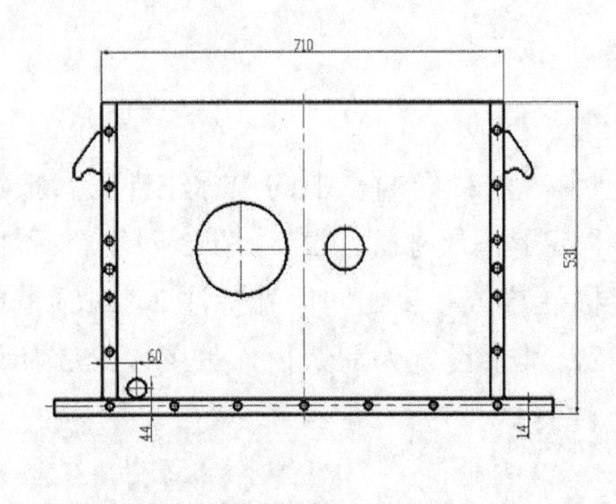

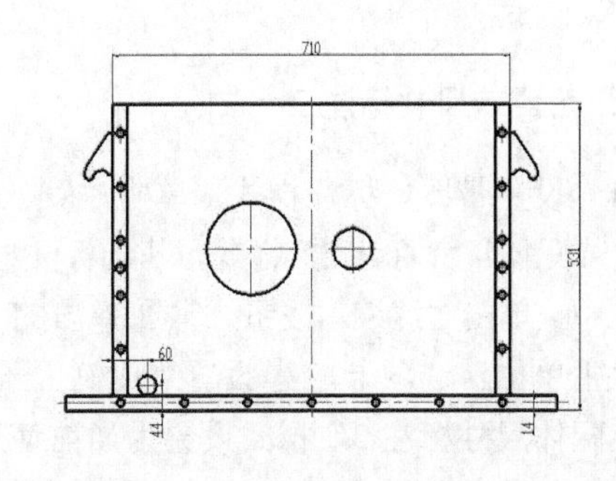

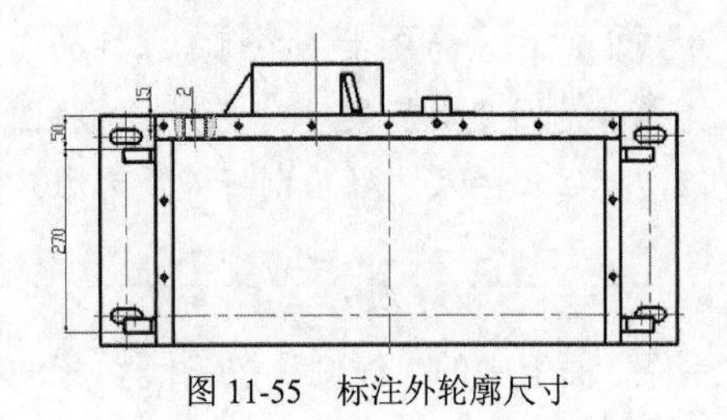

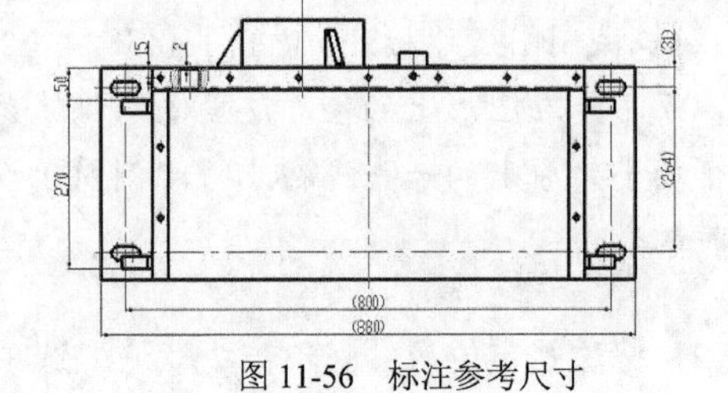

图 11-55　标注外轮廓尺寸　　　　图 11-56　标注参考尺寸

② 单击“默认”选项卡“注释”面板中的“直径”按钮⃠，标注主视图ϕ8 孔，输入“2×⌀8 深 47”，结果如图 11-58 所示。

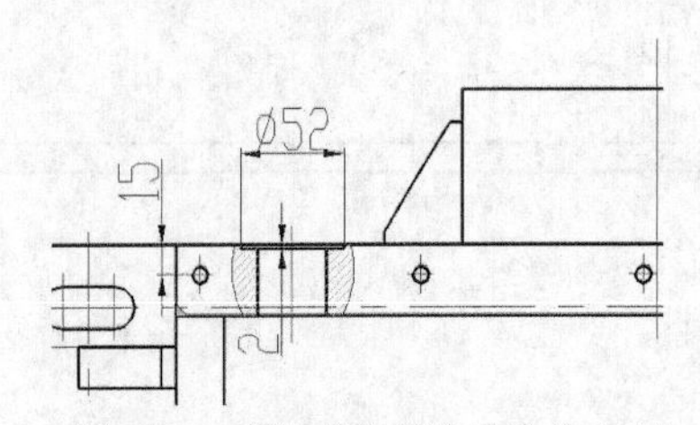

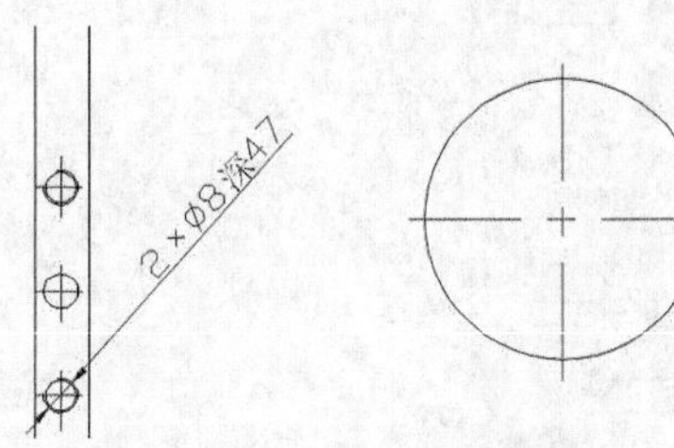

图 11-57　标注俯视图孔尺寸“ϕ52”　　　　图 11-58　标注主视图 ϕ8 孔

③ 使用同样的方法继续标注其余孔尺寸，结果如图 11-59 所示。

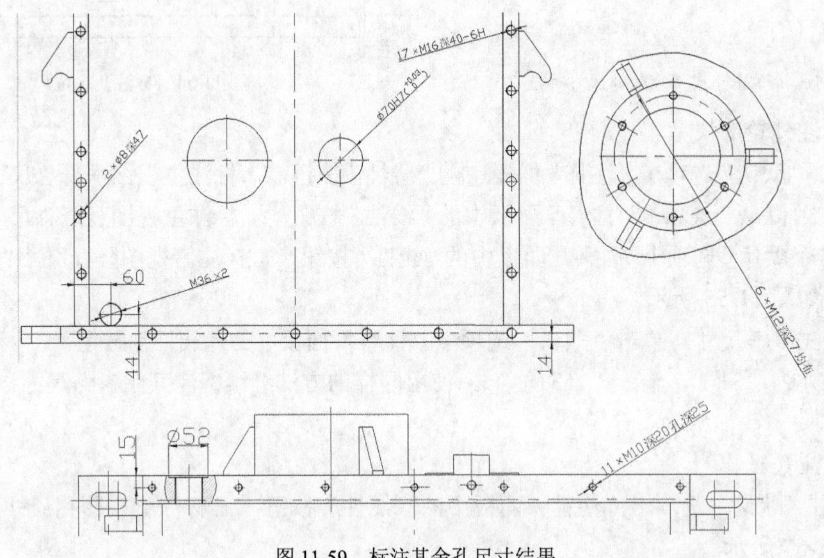

图 11-59　标注其余孔尺寸结果

4．带公差尺寸标注 2

（1）设置基本尺寸标注样式 2。单击“默认”选项卡“注释”面板中的“标注样式”按钮，创建“装配体尺寸标注 2（带公差）”标注样式，基础标注样式为“装配体尺寸标注 2”。在“创建新标注样式”对话框中，单击“继续”按钮，①在弹出的“新建标注样式：装配体尺寸标注 2（带公差）”对话框中，②打开“公差”选项卡，③设置“方式”为“对称”，④“精度”为 0.000，⑤“上偏差”为 0.05，其余设置为默认值，如图 11-60 所示。并将“装配体尺寸标注 2（带公差）”样式设置为当前使用的标注样式。

（2）单击“默认”选项卡“注释”面板中的“线性”按钮，标注带对称偏差的尺寸，结果如图 11-61 所示。

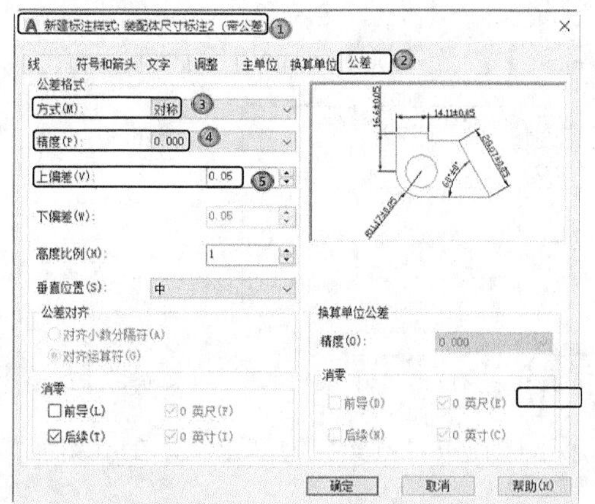

图 11-60　创建新标注样式“装配体尺寸标注 2（带公差）”

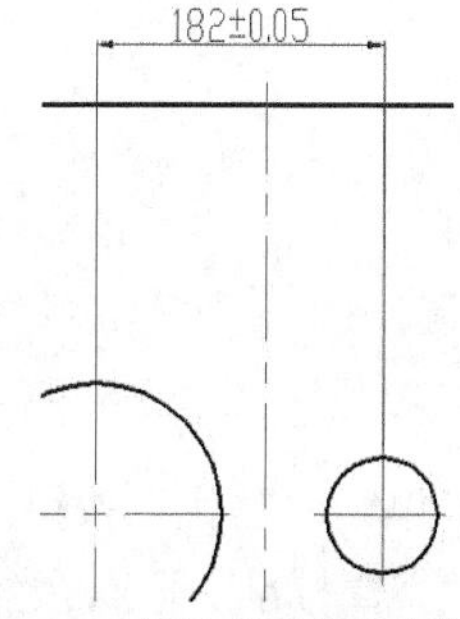

图 11-61　标注带对称公差的尺寸

（3）单击“替代”按钮，在“公差”选项卡中修改“上偏差”值依次为 0.5、0.1，选择不同尺寸，结果如图 11-62 所示。

（4）单击“替代”按钮，在“公差”选项卡中设置“方式”为“极限偏差”，设置“精度”为 0.000，“比例”为 0.67，为不同尺寸设置不同上、下偏差值，结果如图 11-63 所示。

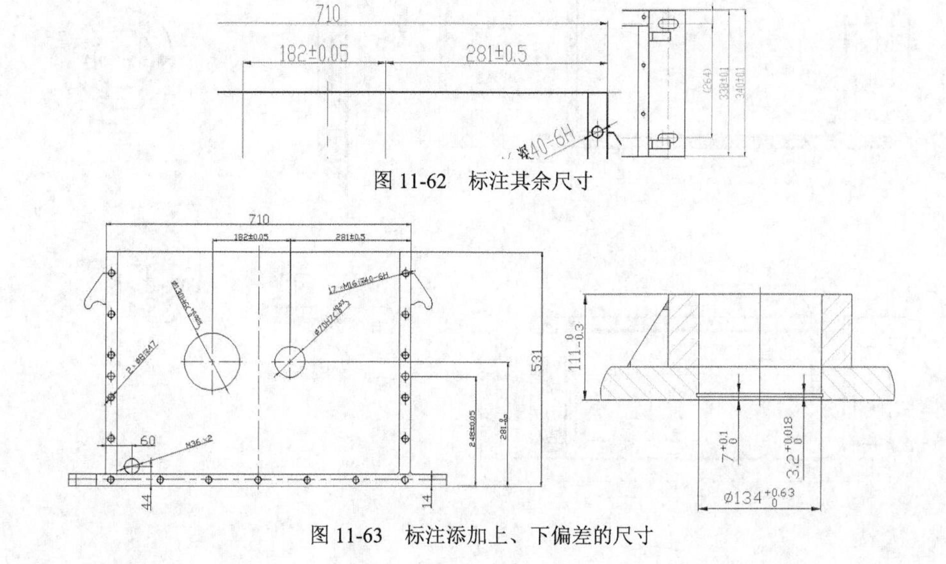

图 11-62　标注其余尺寸

图 11-63　标注添加上、下偏差的尺寸

（5）使用同样的方法，在“公差”选项卡中选择“方式”为“基本尺寸”，标注参考尺寸值，结果如图 11-64 所示。

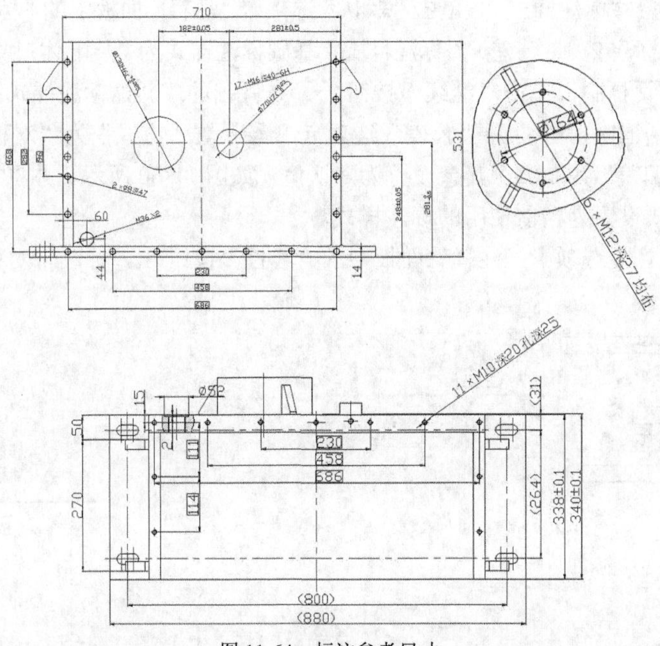

图 11-64　标注参考尺寸

（6）单击“替代”按钮，在“公差”选项卡中设置“方式”为“无”，在“文字”选项卡中设置“ISO 标准”，其余参数为默认值。

（7）单击“注释”选项卡“标注”面板中的“更新”按钮，选取视图中孔尺寸标注，修改文字对齐方式，结果如图 11-65 所示。

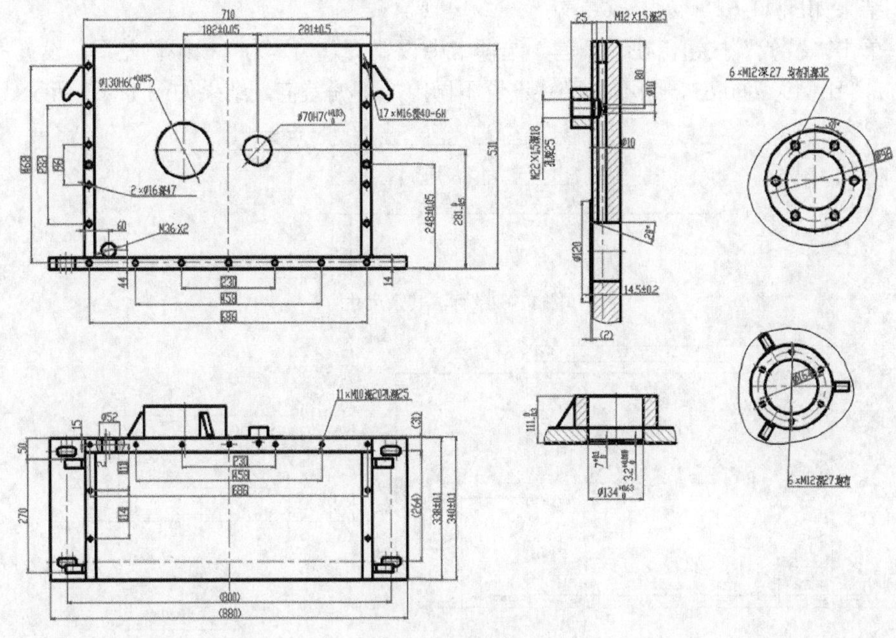

图 11-65　更新标注

（8）单击“默认”选项卡“注释”面板中的“多行文字”按钮A，补充标注文字说明，结果如图 11-66 所示。

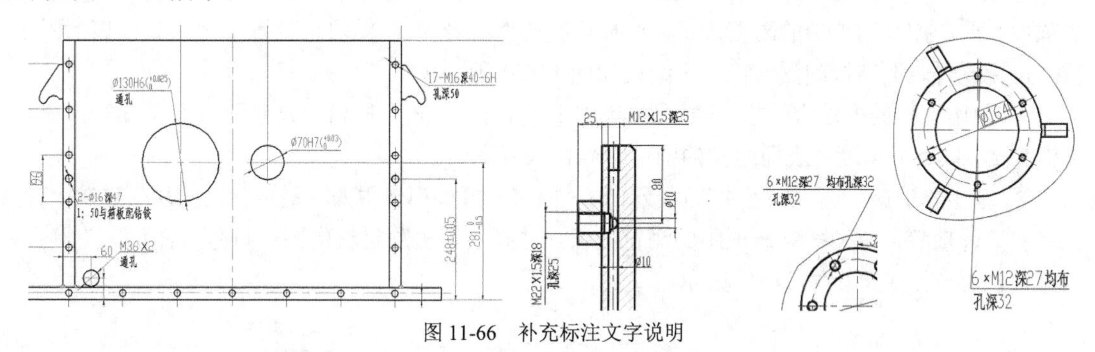

图 11-66　补充标注文字说明

（9）添加几何公差。

① 单击“注释”选项卡“标注”面板中的“公差”按钮，①弹出“形位公差”对话框，如图 11-67 所示。单击“符号”，弹出“特征符号”对话框，选择一种形位公差符号。在②符号、③公差 1 文本框中输入符号与公差值，④单击“确定”按钮，结果如图 11-68 所示。

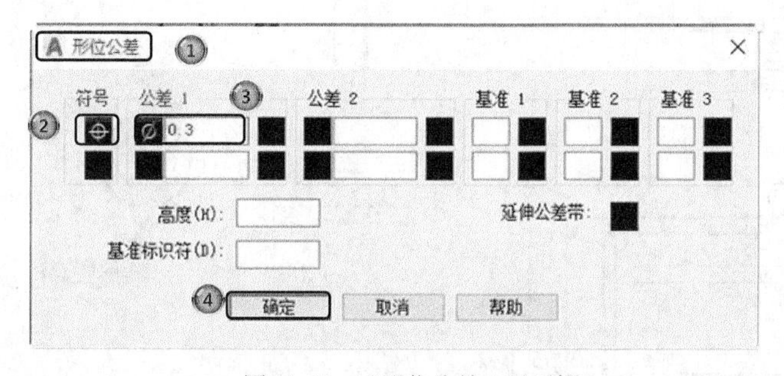

图 11-67　“形位公差”对话框

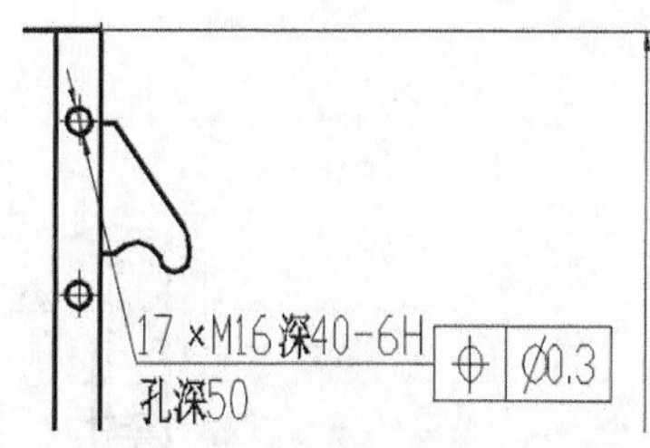

图 11-68　添加形位公差结果

② 单击“默认”选项卡“修改”面板中的“复制”按钮，将几何公差添加到对应位置，结果如图 11-69 所示。

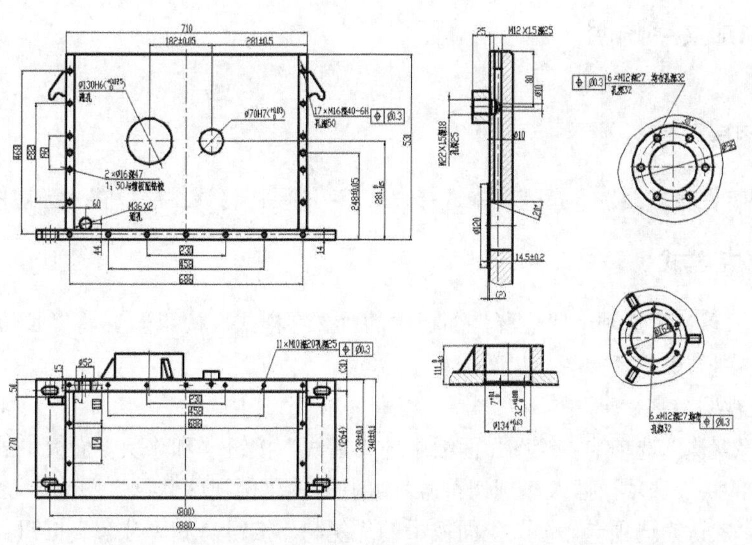
图 11-69　添加其余几何公差

（10）添加表面结构的图形符号。

① 单击“默认”选项卡“块”面板“插入”下拉列表中的“最近使用的块”选项，弹出“块”选项板，单击控制选项中的浏览按钮，选择“粗糙度符号 3.2”图块，设置比例为 2，在绘图区适当位置放置表面结构的图形符号，结果如图 11-70 所示。

② 使用同样的方法继续插入表面结构的图形符号，设置不同值，其分别为 1.6、6.3、12.5，比例为 2，以不同角度将表面结构的图形符号插入视图中。

③ 单击“默认”选项卡“块”面板中的“插入”下拉列表中的“最近使用的块”选项，弹出“块”选项板，单击控制选项中的浏览按钮，选择“不去除材料的图形符号”图块，将其插入标题栏上方，结果如图 11-71 所示。

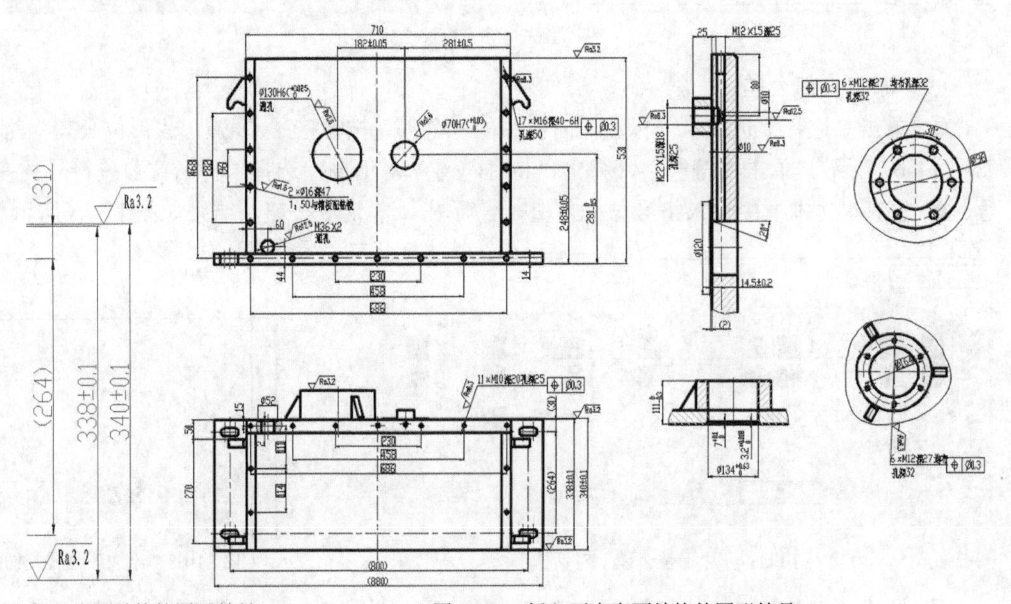

图 11-70　插入表面结构的图形符号　　　　图 11-71　插入更多表面结构的图形符号

11.2.12　添加文字说明

1．设置图层

在“图层特性管理器”下拉列表中选择“WZ”图层，将该图层设置为当前图层。

2．设置文字样式

（1）单击“默认”选项卡“注释”面板中的“文字样式”按钮，将“长仿宋”文字样式设置为当前文字样式。

（2）插入视图文字

① 单击“默认”选项卡“绘图”面板中的“直线”按钮和“块”面板中的“插入”下拉菜单中“库中的块”选项，插入“剖切符号”“剖面 A”“剖视图 A-A”图块，设置比例为 2。

② 单击“默认”选项卡“修改”面板中的“复制”按钮和“分解”按钮，分解图块，

并将它们的名称修改为“D-D”“C 向”“D 向”等。

③ 单击“默认”选项卡“修改”面板中的“旋转”按钮、“镜像”按钮，在绘图区适当位置添加视图说明文字，结果如图 11-72 所示。

3．绘制焊接符号

（1）单击“默认”选项卡“绘图”面板中的“多段线”按钮和“注释”面板中的“多行文字”按钮，绘制焊接标注，输入焊角尺寸为 5，结果如图 11-73 所示。

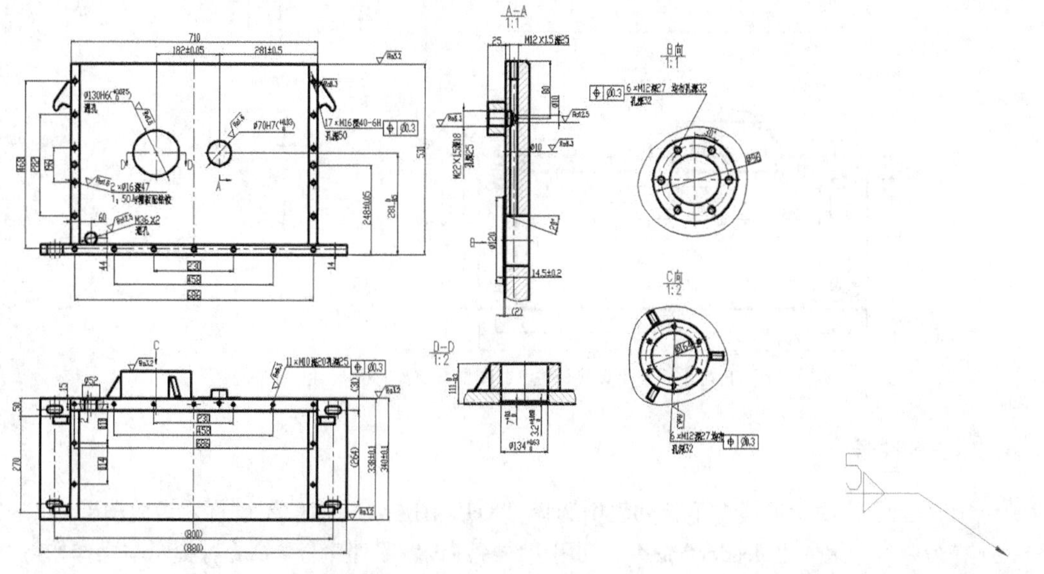

图 11-72　添加视图说明文字　　　　图 11-73　绘制焊接标注

（2）单击“插入”选项卡“块定义”面板“创建块”下拉列表处的“写块”按钮，①弹出“写块”对话框，如图 11-74 所示，②创建“焊接标注 5”图块。

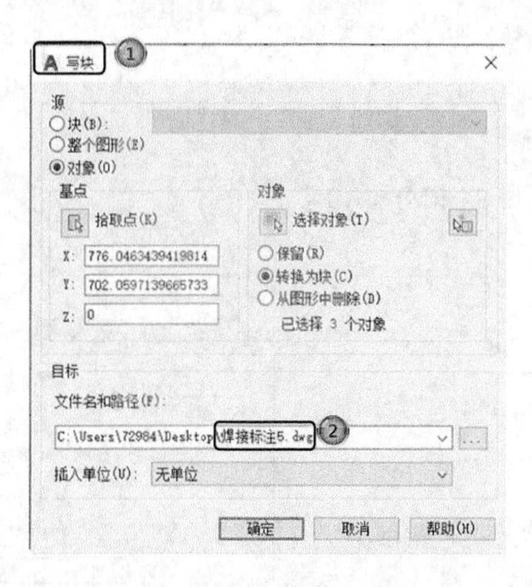

图 11-74　“写块”对话框

（3）单击“默认”选项卡“块”面板“插入”下拉列表中的“最近使用的块”选项，弹出“块”选项板，单击控制选项中的浏览按钮，选择“焊接标注 5”图块，在适当位置插入图块，单击“修改”面板中的“分解”按钮，修改焊角尺寸，结果如图 11-75 所示。

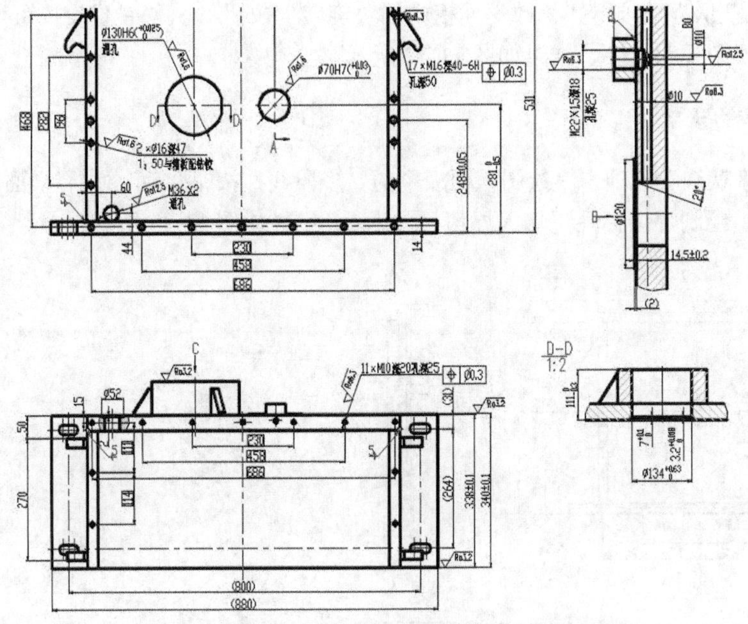

图 11-75　插入“焊接标注 5”图块并修改焊角尺寸

4．标注零件号

（1）在“图层特性管理器”下拉列表中选择“XH”图层，将该图层设置为当前图层。

（2）在命令行中输入“qleader”命令，利用引线标注设置零件序号，命令行提示与操作如下。

命令: _qleader

指定第一个引线点或[设置(S)] <设置>: S（①弹出“引线设置”对话框，②打开“引线和箭头”选项卡，③在“箭头”下拉列表中选择“小点”，④打开“附着”选项卡，⑤勾选“最后一行加下划线”复选框，如图11-76所示。）

指定第一个引线点或[设置(S)] <设置>: <正交 关>

指定下一点:

指定下一点:

指定文字宽度<12>: 14

输入注释文字的第一行<多行文字(M)>: 1

输入注释文字的下一行:

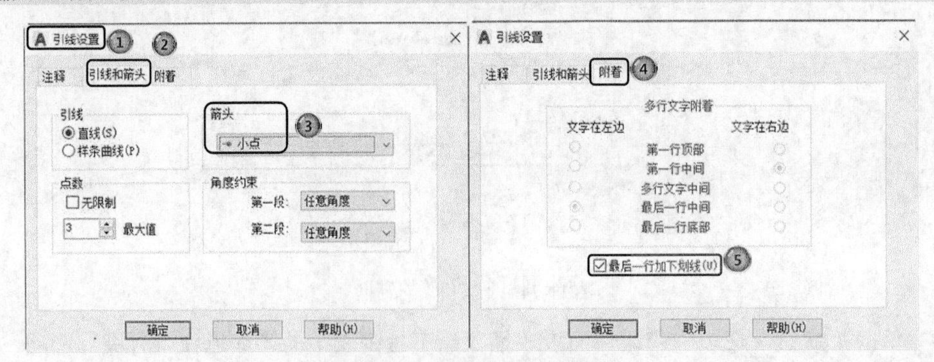

图 11-76　“引线设置”对话框

标注零件序号，结果如图 11-77 所示。

（3）使用同样的方法，标注其余零件序号，结果如图 11-78 所示。

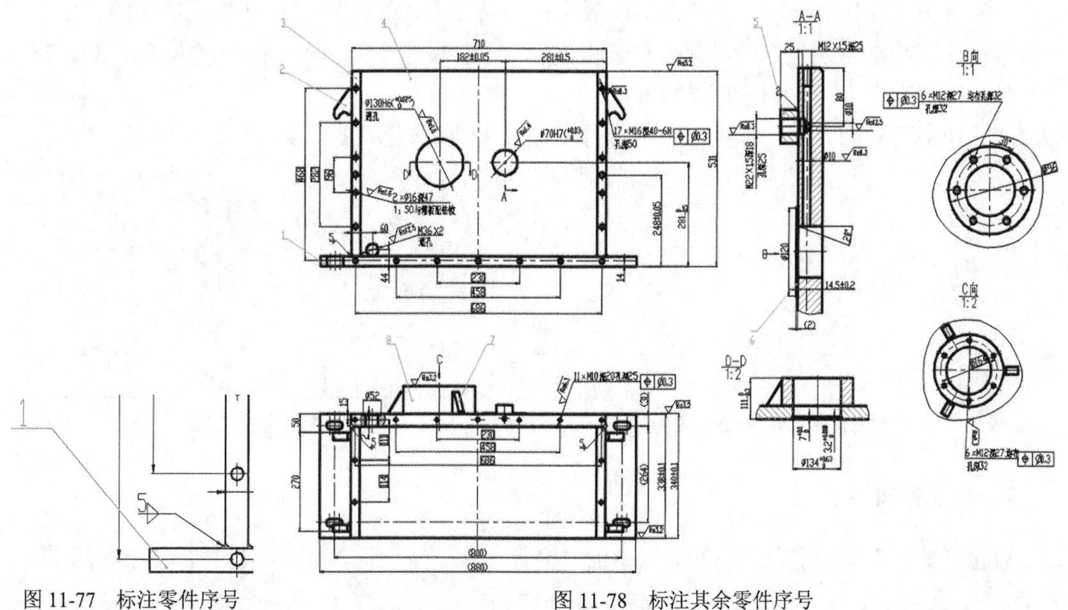

图 11-77　标注零件序号　　　　图 11-78　标注其余零件序号

注意　装配图中所有零件和组件都必须编写序号。装配图中一个零件或组件只编写一个序号，同一装配图中相同的零件编写相同的序号，而且一般只标注一次。装配图中零件序号应与明细栏中序号一致。零件、组件序号应沿水平或垂直方向按顺时针（或逆时针）方向顺次排列整齐，并尽可能均匀分布。

说明

序号的字高比尺寸数字大一号或两号。

5．添加技术要求

（1）在“图层特性管理器”下拉列表中选择“WZ”图层，将该图层设置为当前图层。

（2）单击“默认”选项卡“注释”面板中的“多行文字”按钮A，标注如下。

说明

（1）箱体焊接后应进行消除应力回火及人工时效处理。

（2）与箱板总成组合加工 11×M10 和 2×ϕ16 销孔、ϕ130H6 和ϕ70H7 及两孔的外端面ϕ134+0.63/0 槽、a 面，并保证箱体总成与箱板总成上的 2 孔ϕ70H7 和ϕ75H7 的同轴度不大于 0.04。

（3）除标注处外各处焊角高度不得高于 5mm。

（4）锐边倒棱去毛刺。

6．绘制明细表

（1）单击“默认”选项卡“绘图”面板中的“直线”按钮╱和“注释”面板中的“多行文字”按钮A，绘制明细表标题，其中，表格高为 7，总长为 120，小格长依次为 12、38、28、12、30，文字高度为 4，如图 11-79 所示。

（2）使用同样的方法，标注标题栏上方明细表，结果如图 11-80 所示。

序号	代　号	名　称	数量	备　注

图 11-79　绘制明细表标题

8	SW.032	筋板	1	
7	SW.031	轴承座	1	
6	SW.030	安装板	1	
5	SW.029	油管座	1	
4	SW.028	后箱板	1	
3	SW.027	侧板	2	
2	SW.026	吊耳板	4	
1	SW.025	底板	1	
序号	代号	名称	数量	备注

图 11-80　标注明细表

7．标注标题栏

单击“默认”选项卡“注释”面板中的“多行文字”按钮A，标注标题栏，结果如图 11-81 所示。

8．保存文件

单击“快速访问”工具栏中的“保存”按钮，保存文件，最终绘制结果如图 11-1 所示。

使用同样的方法绘制与本例相似装配图“SW.04 箱体总成”。完整图形如图 11-82 所示。

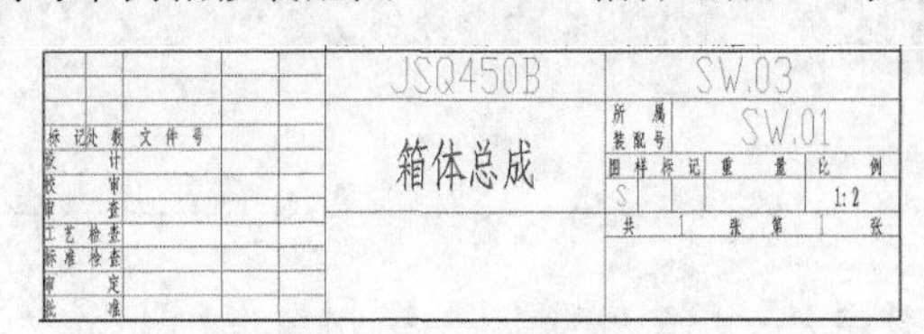

图 11-81　标注标题栏

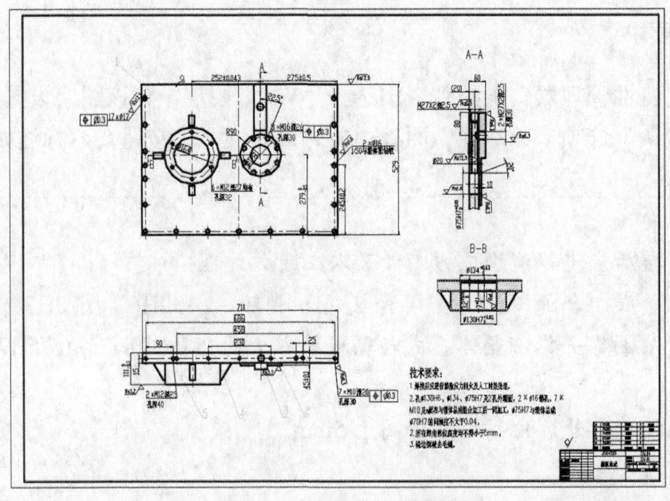

图 11-82　SW.04 箱体总成

11.3 上机实验

【练习】创建图 11-83 所示的齿轮泵装配图（零件模块见随书电子资源）。

11.4 模拟试题

创建图 11-84 所示的箱座零件图。

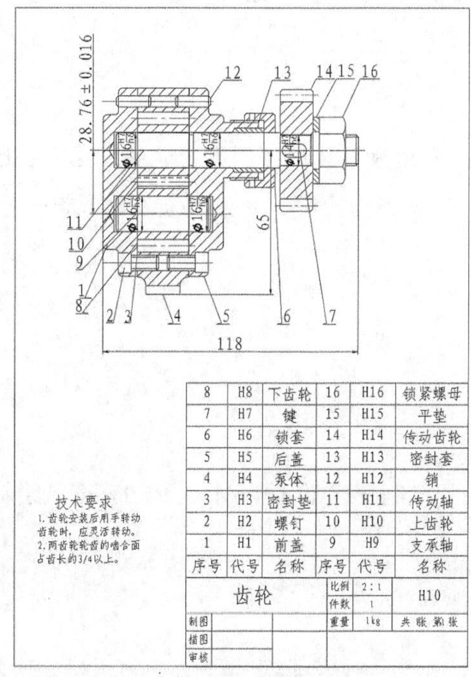

图 11-83　齿轮泵装配图

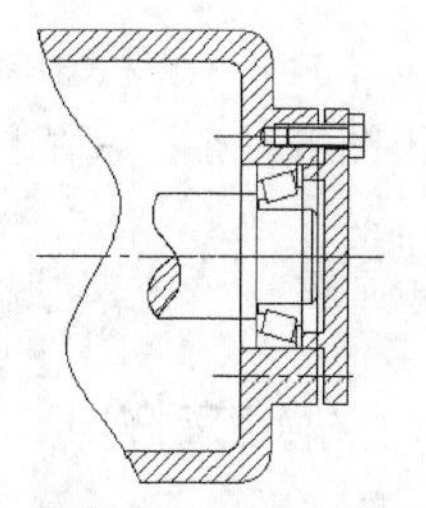

图 11-84　箱座零件图

第12章

变速器试验箱体总成

本章将以变速器试验箱体总成为例，详细介绍大型装配体图纸的绘制过程。在上一章的基础上，对装配体图纸的绘制进行复习与巩固，同时对上一章中没有涉及的知识进行及时的补充。

12.1 变速器试验箱体总成 1

由于图纸复杂，装配图分为两张，本节主要绘制变速器试验箱体总成 1，图纸绘制结果如图 12-1 所示。

12.1.1 新建文件

（1）单击“快速访问”工具栏中的“新建”按钮，系统打开“选择样板”对话框，选择“A0 样板图模板.dwt”样板文件作为模板，单击“打开”按钮，进入绘图环境。

（2）单击“快速访问”工具栏中的“保存”按钮，弹出“另存为”对话框，输入文件名称“SW.01_1 变速器试验箱体总成”，单击“确定”按钮，退出对话框。

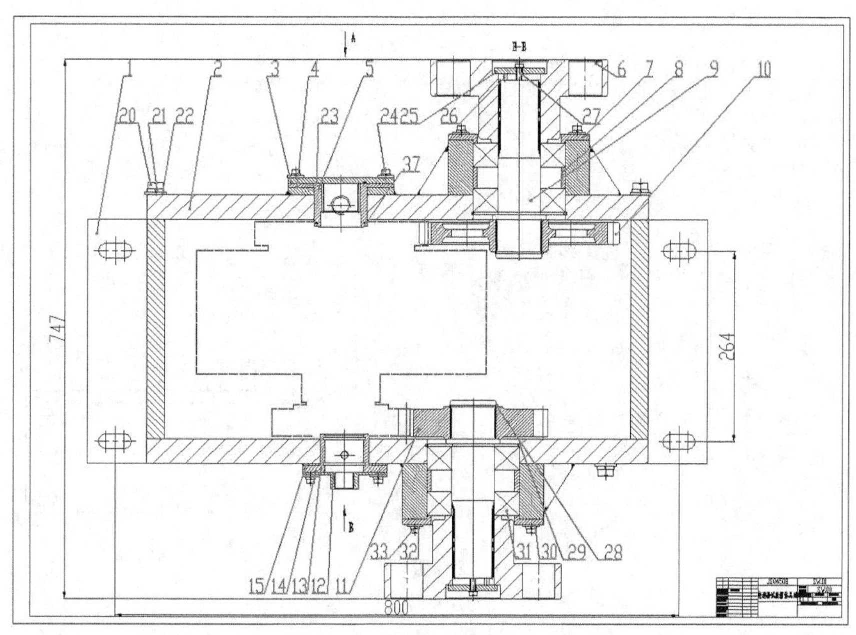

图 12-1　变速器试验箱体总成 1

12.1.2　创建图块

（1）单击“快速访问”工具栏中的“打开”按钮，打开“SW.03 箱体总成”文件，关闭“BZ”“XH”“WZ”图层。

（2）单击“插入”选项卡“块定义”面板“创建块”下拉列表处的“写块”按钮，弹出“写块”对话框，分别选择前视图、俯视图中的图形，创建“箱体前视图块”“箱体俯视图块”，如图 12-2（a）所示。

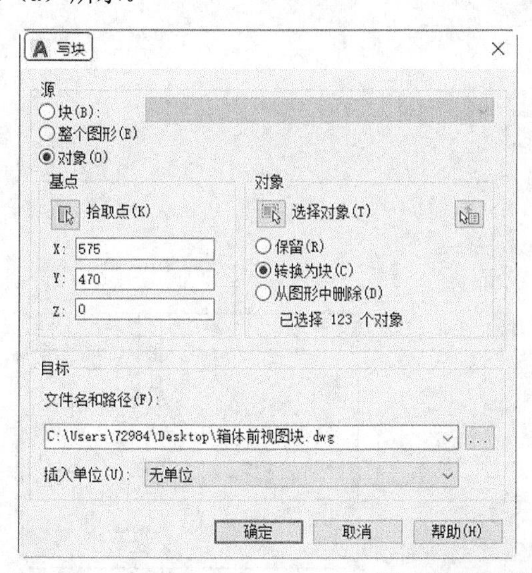

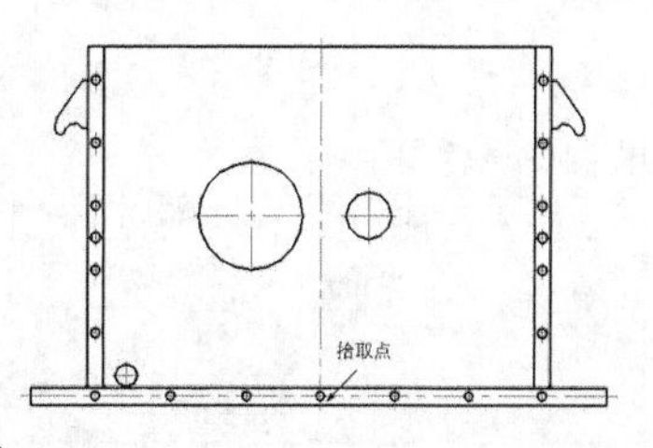

（a）**箱体前视图块**

图 12-2　创建箱体图块

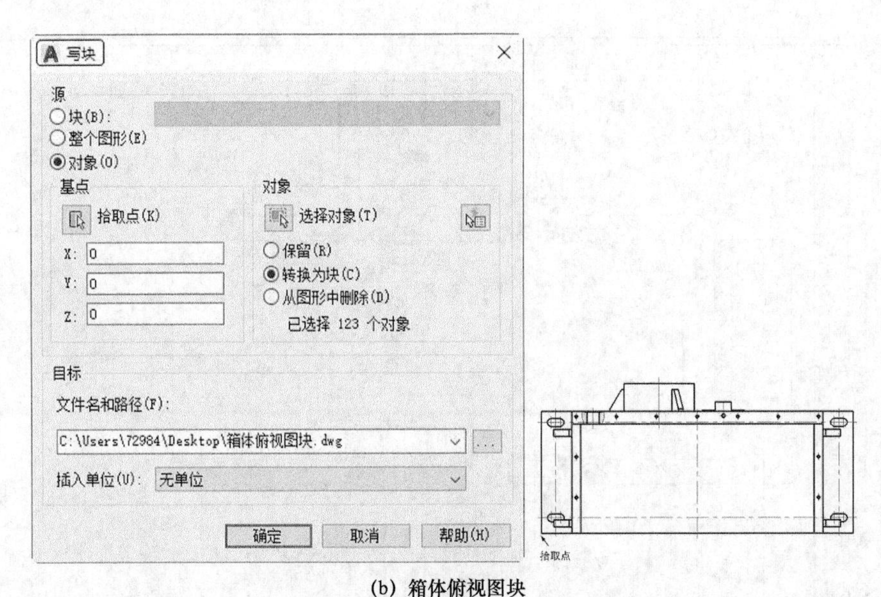

(b) 箱体俯视图块

图 12-2 创建箱体图块（续）

（3）单击“快速访问”工具栏中的“打开”按钮，打开“SW.04 箱板总成”文件，关闭“BZ”“XH”“WZ”图层。

（4）单击“插入”选项卡“块定义”面板“创建块”下拉列表中的“写块”按钮，弹出“写块”对话框，分别选择前视图、俯视图中的图形，创建“箱板前视图块”“箱板俯视图块”，如图 12-3 所示。

（5）使用同样的方法，创建“前端盖左视图块”“花键套图块”（左视图）、“联接盘主视图块”“联接盘左视图块”“端盖图块”（主视图）、“支撑套图块”“轴图块”“输入齿轮图块”“输出齿轮图块”“后端盖主视图块”“后端盖左视图块”“配油套图块”（左视图）、“箱盖图块”（左视图）。

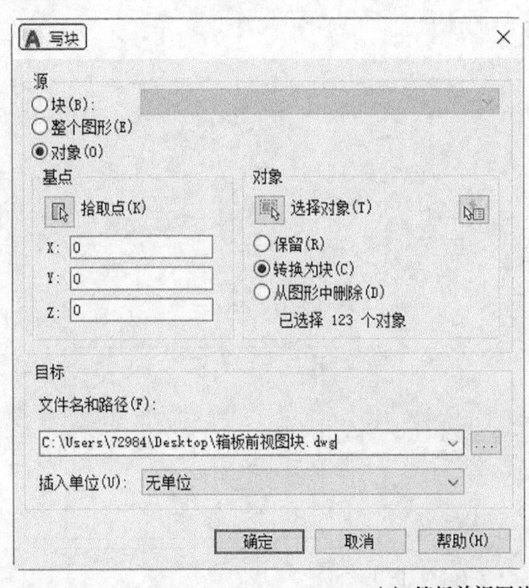

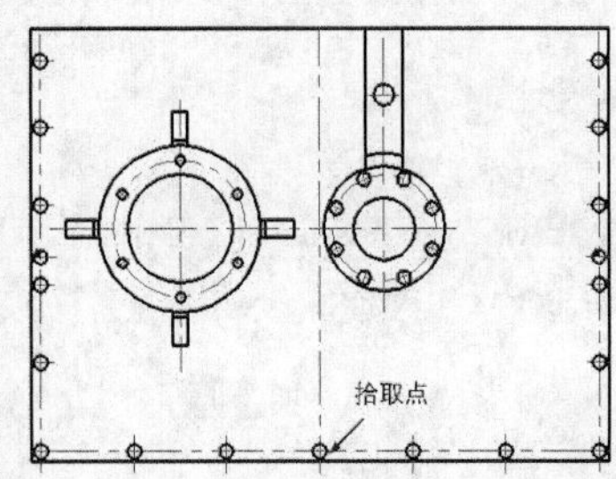

(a) 箱板前视图块

图 12-3 创建箱板图块

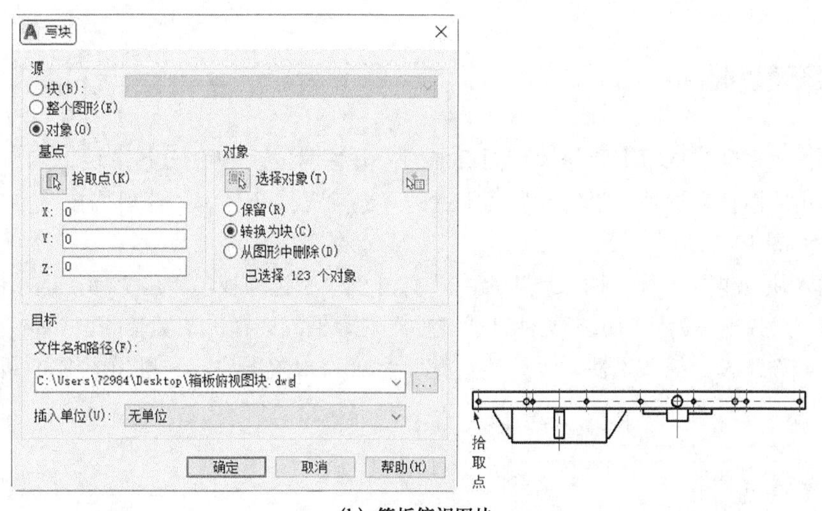

(b) 箱板俯视图块

图 12-3　创建箱板图块（续）

12.1.3　拼装装配图

（1）在“图层特性管理器”下拉列表中选择“CSX”图层，将该图层设置为当前图层。

（2）单击“默认”选项卡“块”面板“插入”下拉列表中的“最近使用的块”选项，弹出“块”选项板，如图 12-4 所示，单击控制选项中的浏览按钮，选择“箱体俯视图块”，在屏幕上指定插入点、比例和旋转角度，插入时选择适当的插入点、比例和旋转角度，将该图块插入图形中。如图 12-5 所示，命令行提示与操作如下。

```
命令: _insert
指定插入点或[基点(B)/比例(S)/旋转(R)]: S
指定XYZ轴的比例因子<1>: 2
指定插入点或[基点(B)/比例(S)/旋转(R)]: R
指定旋转角度<0>: 180
指定插入点或[基点(B)/比例(S)/旋转(R)]: 985,560
```

（3）单击“默认”选项卡“块”面板“插入”下拉列表中的“最近使用的块”选项，弹出“块”选项板，单击控制选项中的浏览按钮，选择“箱板俯视图块”，在屏幕上指定插入点、比例和旋转角度，插入时选择适当的插入点、比例和旋转角度，将该图块插入图形中。结果如图 12-6 所示。

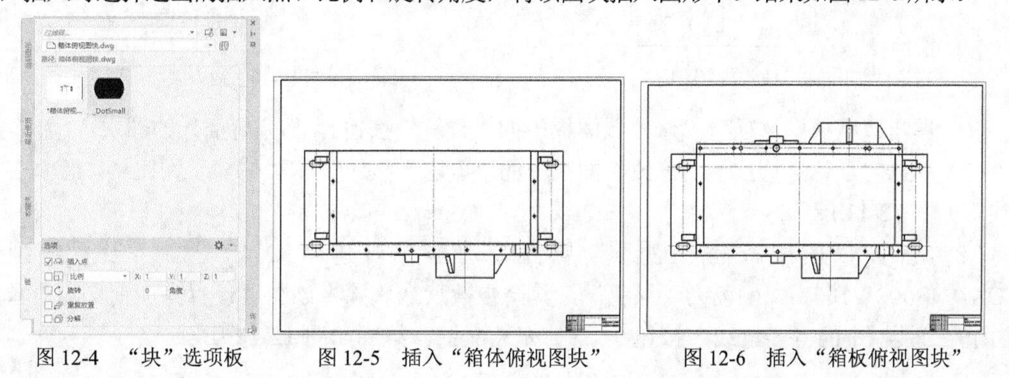

图 12-4　“块”选项板　　图 12-5　插入“箱体俯视图块”　　图 12-6　插入“箱板俯视图块”

12.1.4 整理装配图

（1）单击“默认”选项卡“修改”面板中的“分解”按钮，分解图块。

（2）单击“默认”选项卡“修改”面板中的“删除”按钮和“修剪”按钮，适当修剪图块，结果如图 12-7 所示。

（3）插入块。继续执行“插入块”命令，打开“块”选项板。单击“库”选项中的“浏览块库”按钮，弹出“为块库选择文件夹或文件”对话框，选择“花键套图块.dwg”“前端盖左视图图块.dwg”。设定插入属性，“旋转角度”为 90，放置图块，结果如图 12-8 所示。

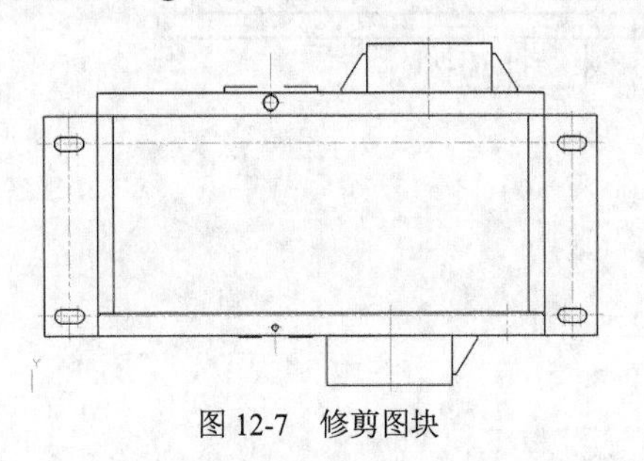

图 12-7　修剪图块

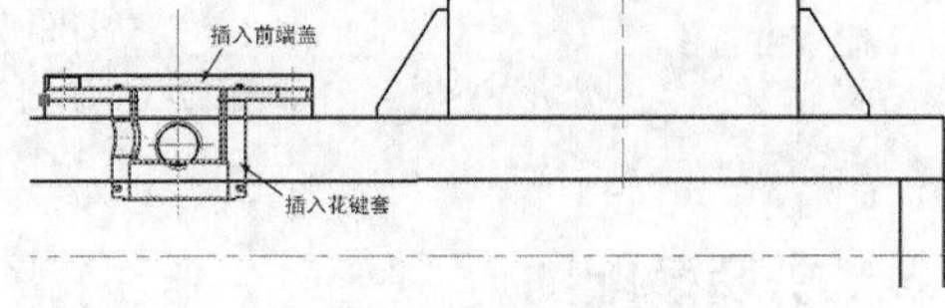

图 12-8　插入图块

（4）插入块。继续执行“插入块”命令，插入其余图块，结果如图 12-9 所示。

（5）插入块。打开“ 块” 选项板，选择绘制完成的螺栓组图块，插入该图块，结果如图 12-10 所示。

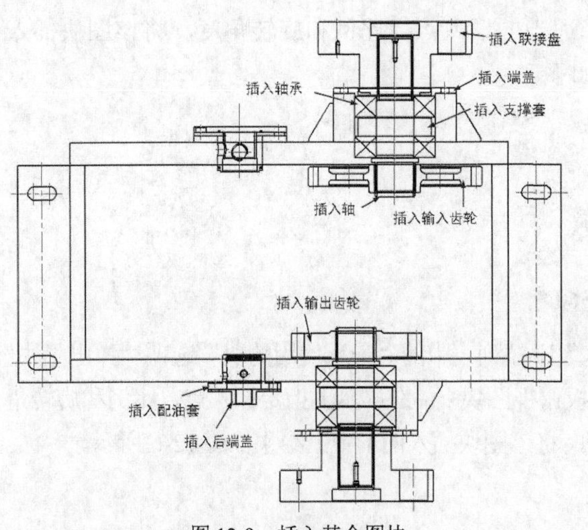

图 12-9　插入其余图块

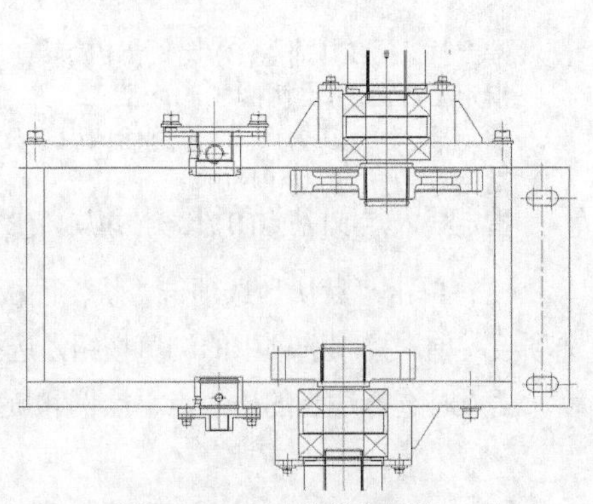

图 12-10　插入螺栓组图块

（6）单击“默认”选项卡“修改”面板中的“分解”按钮，分解插入的图块。

（7）单击“默认”选项卡“修改”面板中的“删除”按钮和“修剪”按钮，修剪多余图线，如图 12-11 所示。

（8）打开“图层特性管理器”属性管理器，新建“XX”图层，设置线型为“ACAD_IS002W100”，颜色为“绿色”，其余参数默认。并将该图层设置为当前图层。单击“绘图”工具栏中的“多段线”按钮，补充装配图，结果如图 12-12 所示。

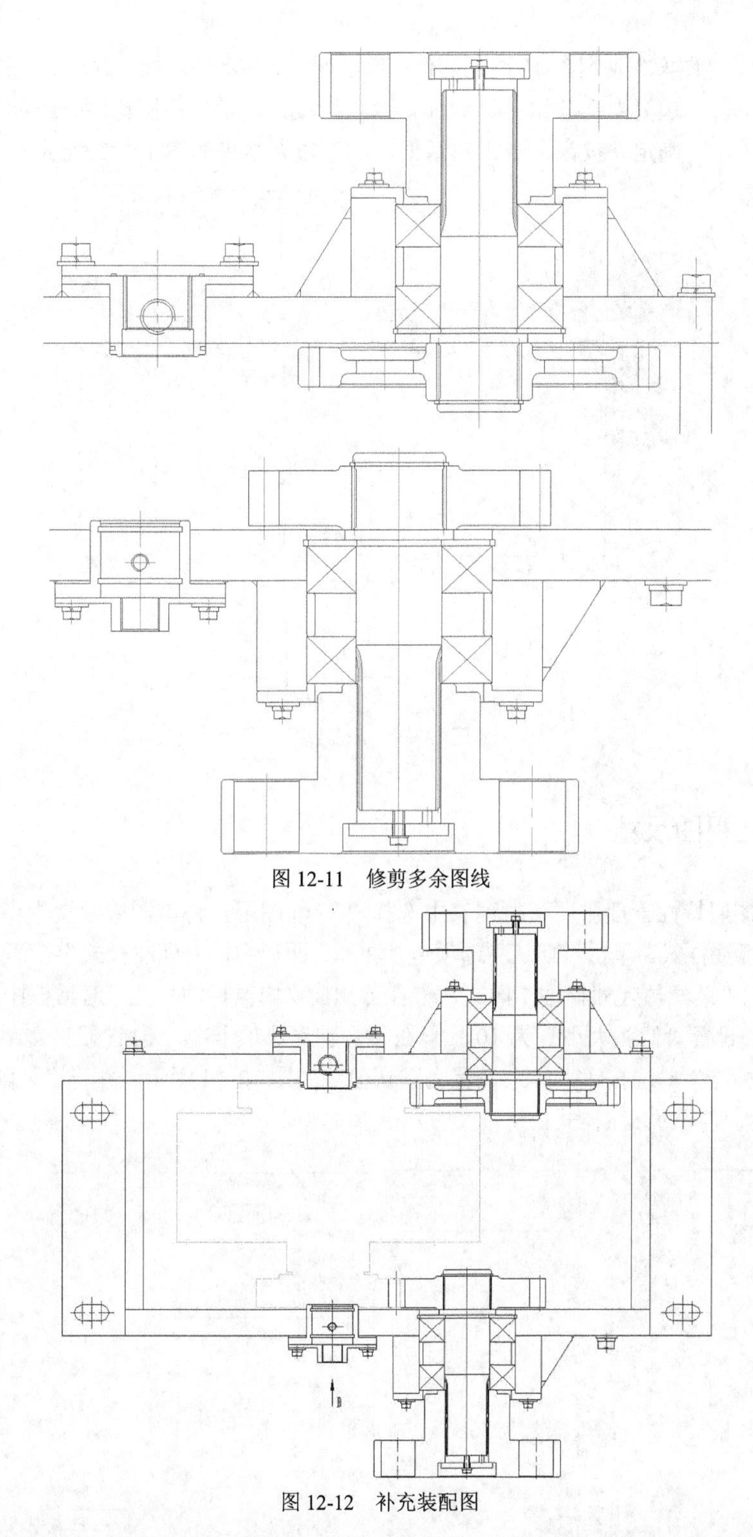

图 12-11　修剪多余图线

图 12-12　补充装配图

（9）打开“图层特性管理器”属性管理器，新建“TC”图层，设置颜色为“洋红”，其余参数默认。并将该图层设置为当前图层。

（10）单击“默认”选项卡“绘图”面板中的“图案填充”按钮▨，弹出“图案填充与渐变色”对话框，单击“图案”或“样例”选项右侧，弹出“填充图案选项板”对话框，选择“ANSI31”的填充图案，单击“边界”选项组中“添加拾取点”按钮，设置不同比例、不同角度，在绘图区选择边界，单击“确定”按钮，退出对话框，图案填充结果如图 12-13 所示。

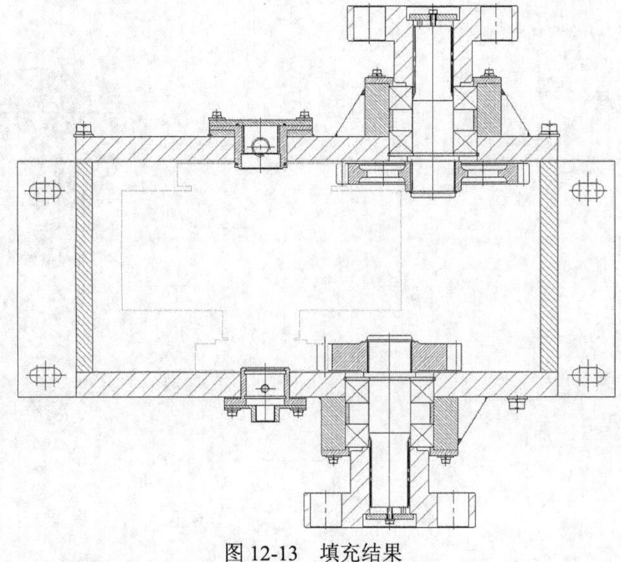

图 12-13　填充结果

12.1.5　标注视图尺寸

（1）在“图层特性管理器”下拉列表中选择“BZ”图层，将该图层设置为当前图层。

（2）设置标注样式。单击“默认”选项卡“注释”面板中的“标注样式”按钮，单击“修改”按钮，修改“装配体尺寸标注”样式，①在弹出的“修改标注样式”对话框中，②打开“符号和箭头”，③设置“箭头大小”为 10，④在“文字”选项卡中，⑤设置“文字高度”为 20，⑥单击“ISO 标准”单选按钮，其余设置为默认值，如图 12-14 所示。并将“装配体尺寸标注”样式设置为当前使用的标注样式。

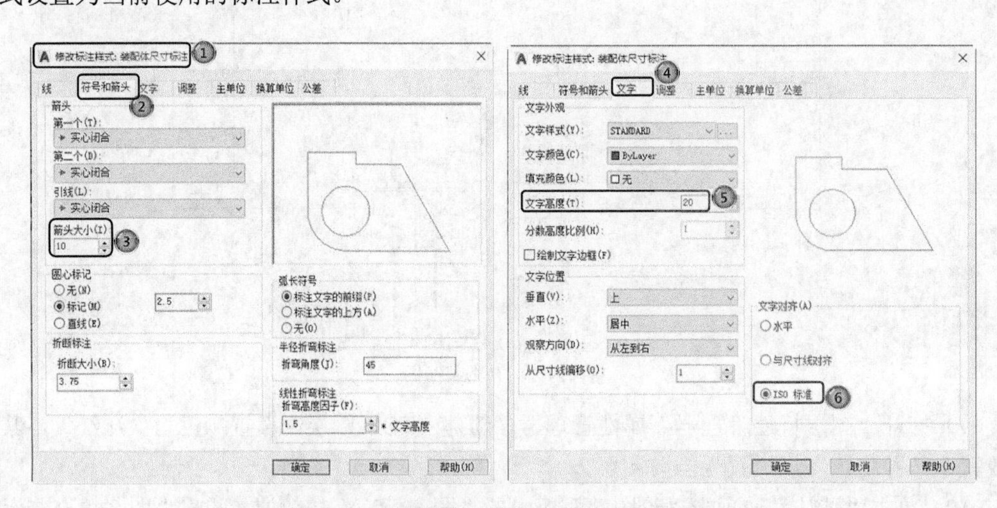

图 12-14　设置新标注样式“装配体尺寸标注”

（3）标注外轮廓尺寸。单击“默认”选项卡“注释”面板中的“线性”按钮⊢⊣，标注装配图中的外形尺寸，结果如图 12-15 所示。

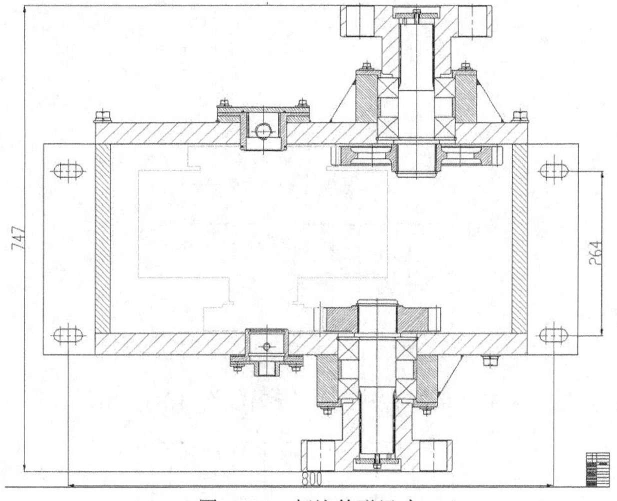

图 12-15　标注外形尺寸

12.1.6　标注零件号

（1）在“图层特性管理器”下拉列表中选择“XH”图层，将该图层设置为当前图层。

（2）在命令行中输入“qleader”命令，利用引线标注设置零件序号，命令行提示与操作如下。

命令: _qleader
指定第一个引线点或[设置(S)] <设置>: S（①弹出“引线设置”对话框，②打开“引线和箭头”选项卡，在“箭头”下拉列表中③选择“小点”；④打开“附着”选项卡，⑤勾选“最后一行加下划线”复选框，如图12-16所示。）
指定第一个引线点或[设置(S)] <设置>:　<正交 关>
指定下一点:
指定下一点:
指定文字宽度<12>: 22
输入注释文字的第一行<多行文字(M)>: 1
输入注释文字的下一行:

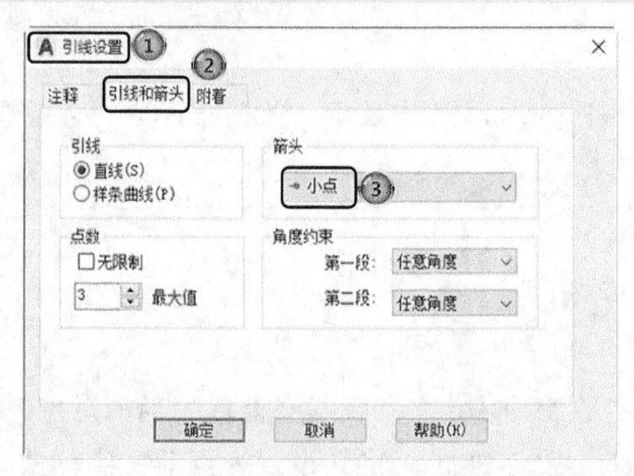

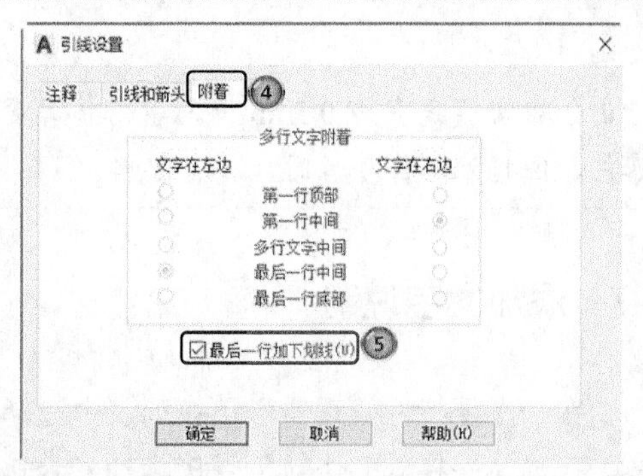

图 12-16　“引线设置”对话框

标注零件序号结果如图 12-17 所示。

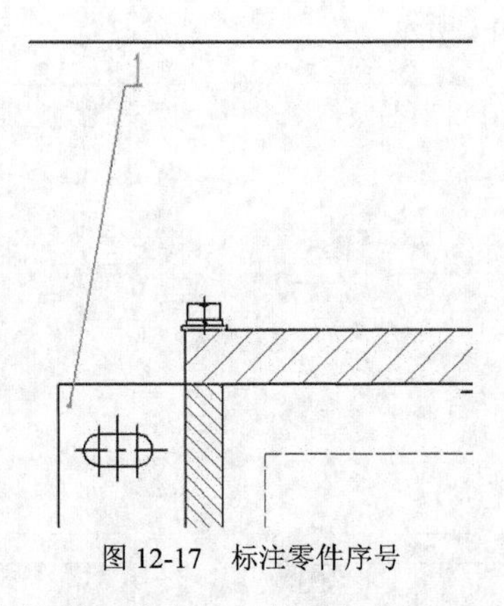

图 12-17　标注零件序号

（3）使用同样的方法，标注其余零件序号，结果如图 12-18 所示。

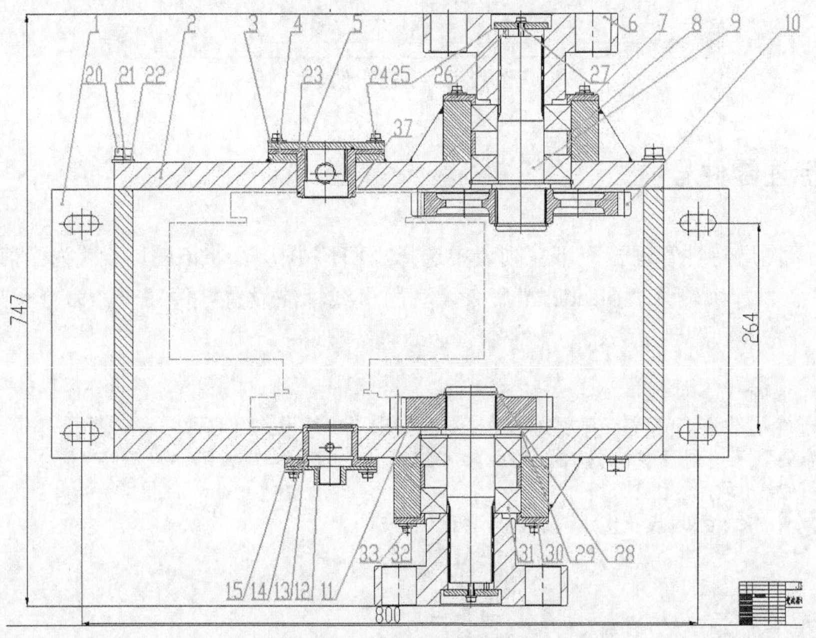

图 12-18　标注其余零件序号

说 明

由于粗实线线宽为 0.5mm，与密封垫厚度相同，所以无法显示，此图中不再插入密封垫零件，但标注零件序号时，不可忽略。

12.1.7　添加文字说明

（1）在“图层特性管理器”下拉列表中选择“WZ”图层，将该图层设置为当前图层。

（2）在“文字样式”下拉列表中选择“长仿宋”文字样式，将其设置为当前文字样式，如

图 12-19 所示。

图 12-19 “文字样式”下拉列表

（3）插入视图文字。

① 单击“默认”选项卡“块”面板“插入”下拉菜单中“库中的块”选项，插入“剖切符号”“剖视图 A-A”图块。

② 单击“默认”选项卡“修改”面板中的“复制”按钮 和“分解”按钮 ，分解图块，修改视图名称为“E-E”“A”“B”等。

③ 单击“默认”选项卡“修改”面板中的“移动”按钮 、“镜像”按钮 ，在绘图区适当位置插入视图名称，结果如图 12-20 所示。

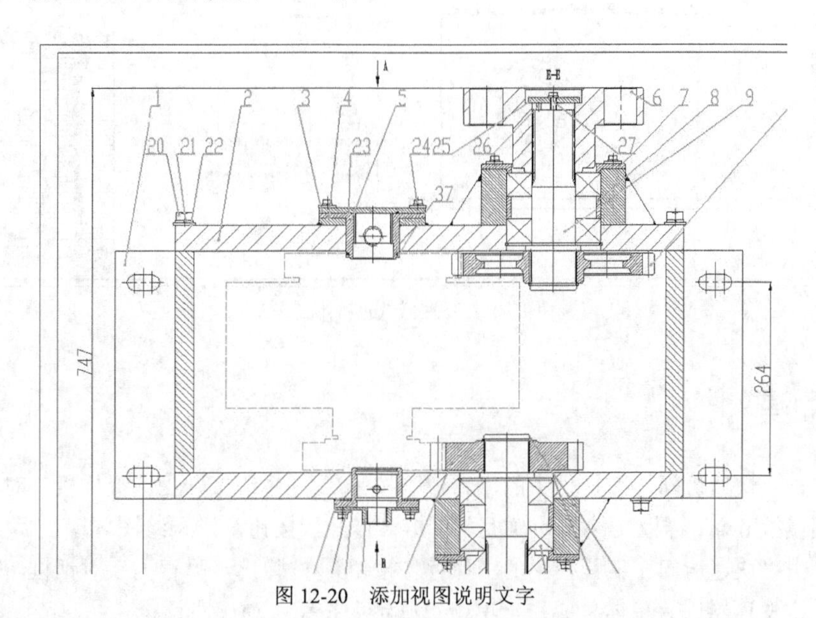

图 12-20 添加视图说明文字

（4）填写标题栏。

① 单击“默认”选项卡“注释”面板中的“多行文字”按钮 A，标注标题栏，结果如图 12-21 所示。

图 12-21 标注标题栏

② 单击“快速访问”工具栏中的“保存”按钮 ，保存文件，最终绘制结果如图 12-1 所示。

12.2 变速器试验箱体总成 2

本节主要绘制变速器试验箱体总成 2，图纸绘制结果如图 12-22 所示。

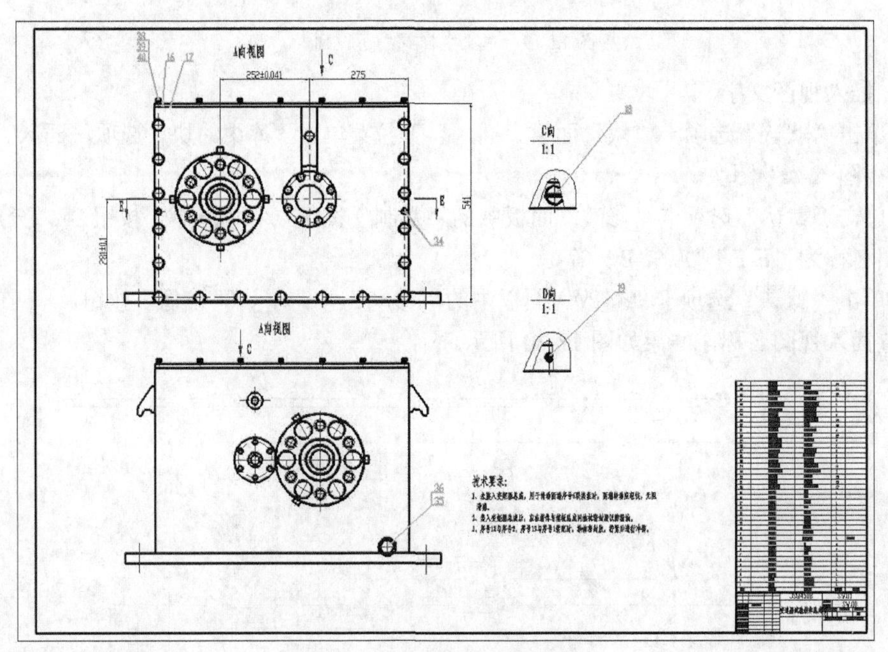

图 12-22　变速器试验箱体总成 2

12.2.1　新建文件

（1）单击“快速访问”工具栏中的“新建”按钮，系统打开“选择样板”对话框，选择“A0 样板图模板.dwt”样板文件作为模板，单击“打开”按钮，进入绘图环境。

（2）单击“快速访问”工具栏中的“保存”按钮，弹出“另存为”对话框，输入文件名称“SW.01_2 变速器试验箱体总成”，单击“确定”按钮，退出对话框。

12.2.2　拼装装配图

（1）在“图层特性管理器”下拉列表中选择“CSX”图层，将该图层设置为当前图层。

（2）单击“默认”选项卡“块”面板“插入”下拉列表中的“最近使用的块”选项，弹出“块”选项板，如图 12-23 所示，单击控制选项中的浏览按钮，选择“箱体前视图块”“箱板前视图块”。在屏幕上指定插入点、比例和旋转角度，插入时选择适当的插入点、比例和旋转角度，将图块插入图形中，如图 12-24 所示，命令行提示与操作如下。

```
命令: _insert（插入箱体）
指定插入点或[基点(B)/比例(S)/旋转(R)]: 370,105（指定插入点）
```

```
指定插入点或[基点(B)/比例(S)/旋转(R)]:
命令: _insert（插入箱板）
指定插入点或[基点(B)/比例(S)/旋转(R)]: 370,460（指定插入点）
指定插入点或[基点(B)/比例(S)/旋转(R)]:
```

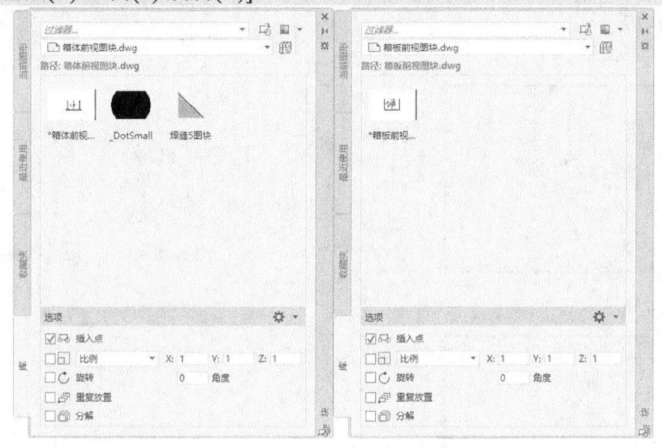

图 12-23 “块”选项板

插入结果如图 12-24 所示。

（3）单击“默认”选项卡“修改”面板中的“镜像”按钮，镜像箱体总成图块，取消源对象显示，命令行提示与操作如下。

```
命令: _mirror
找到1个
指定镜像线的第一点:
指定镜像线的第二点:（选择竖直中心线上的点）
要删除源对象吗？[是(Y)/否(N)] <N>: y
```

镜像结果如图 12-25 所示。

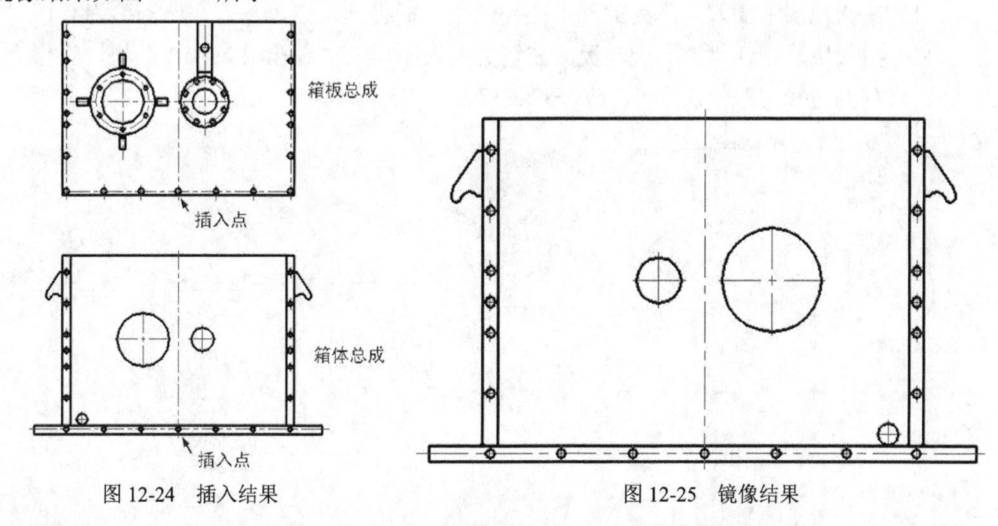

图 12-24 插入结果

图 12-25 镜像结果

（4）单击“默认”选项卡“修改”面板中的“分解”按钮，分解图块。

（5）单击“默认”选项卡“修改”面板中的“删除”按钮，修剪箱体图块与箱板图块，结果如图 12-26 所示。

（6）使用同样的方法，打开零件图，创建“联接盘左视图块”“后端盖主视图块”。

（7）单击“默认”选项卡“块”面板“插入”下拉菜单中“库中的块”选项，打开“块”选项板，将上一步创建的图块插入视图中，设置“比例”为 0.5，在命令行中输入插入点，放置图块，结果如图 12-27 所示。

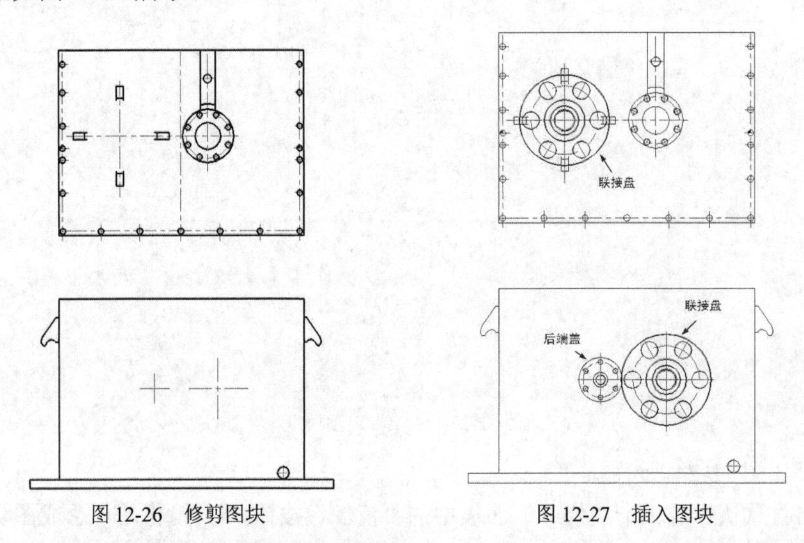

图 12-26　修剪图块　　　图 12-27　插入图块

（8）单击“默认”选项卡“绘图”面板中的“多边形”按钮、“圆”按钮和“修改”面板中的“复制”按钮，绘制孔上螺栓与垫片。

（9）单击“默认”选项卡“绘图”面板中的“矩形”按钮，捕捉图 12-28 中的箱盖插入点，指定第二点坐标为（@-355, 5）的矩形，绘制箱盖。

（10）单击“默认”选项卡“修改”面板中的“复制”按钮，捕捉点 1，复制俯视图中“底板”至点（370,459）处。

（11）在俯视图中插入“阵列的轴承座”图块，捕捉插入点，输入“比例”为 0.1。

（12）插入块。打开“块”选项板，在箱盖上表面插入“螺栓组 M10”图块，设置“比例”为 0.5，与左侧边线间距依次为 6、57、57、57.5，57.5、57、57，结果如图 12-28 所示。

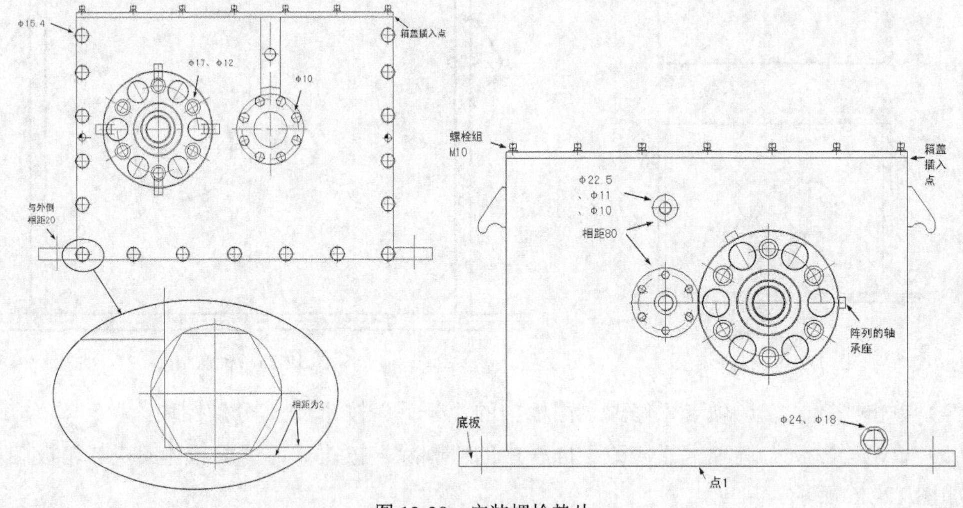

图 12-28　安装螺栓垫片

12.2.3　整理装配图

（1）单击“默认”选项卡“修改”面板中的“分解”按钮，分解插入的图块。

（2）单击“默认”选项卡“修改”面板中的“删除”按钮和“修剪”按钮，修剪多余图元，结果如图 12-29 所示。

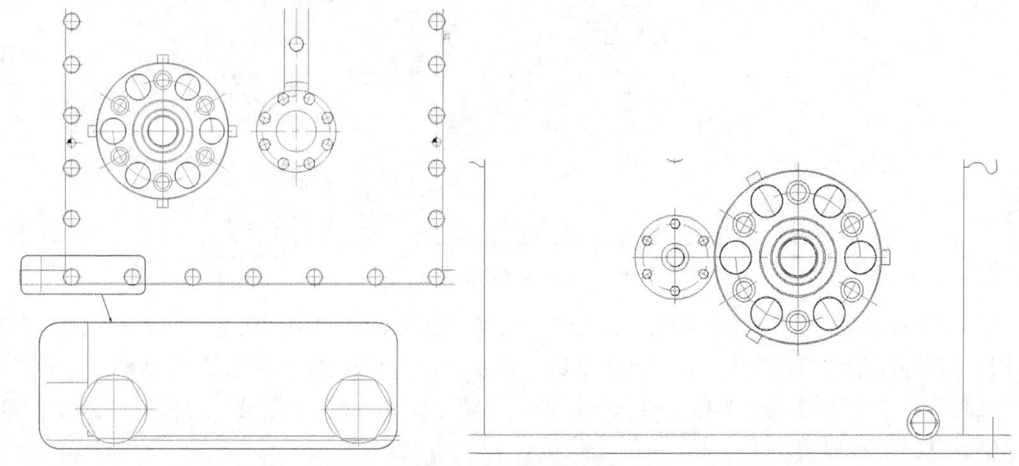

图 12-29　整理装配图

12.2.4　绘制向视图

（1）单击“默认”选项卡“绘图”面板中的“直线”按钮、“圆”按钮和“偏移”按钮，绘制相交中心线，将水平中心线向两侧偏移 1.5、17，捕捉中心线交点，绘制直径为 25、27 的圆，结果如图 12-30 所示。

（2）单击“默认”选项卡“绘图”面板中的“样条曲线拟合”按钮和“修改”面板中的“修剪”按钮，绘制 C 向视图边界，同时修剪多余图形，结果如图 12-31 所示。

（3）同样的方法，绘制 D 向视图，圆尺寸值分别为ϕ12、ϕ10，其余尺寸值同上，结果如图 12-32 所示。

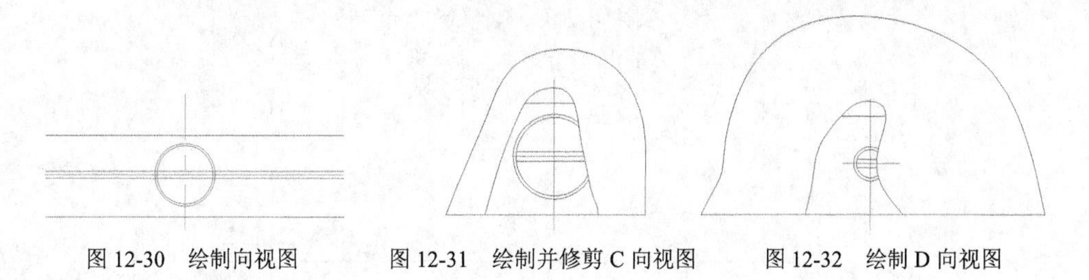

图 12-30　绘制向视图　　图 12-31　绘制并修剪 C 向视图　　图 12-32　绘制 D 向视图

12.2.5　标注视图尺寸

（1）在“图层特性管理器”下拉列表中选择“BZ”图层，将该图层设置为当前图层。

（2）设置标注样式。单击“默认”选项卡“注释”面板中的“标注样式”按钮，选择“装配体尺寸标注 2”样式，单击“置为当前”按钮，将该样式设置为当前使用的标注样式。

（3）标注外轮廓尺寸。单击“默认”选项卡“注释”面板中的“线性”按钮，标注装配图中的外形尺寸，结果如图 12-33 所示。

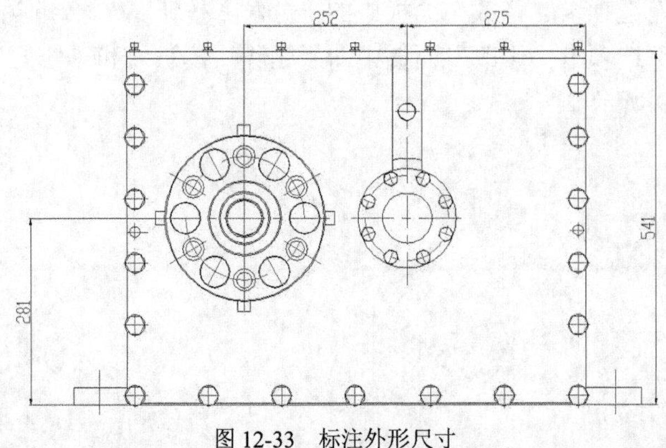

图 12-33　标注外形尺寸

（4）修改标注样式。单击“默认”选项卡“注释”面板中的“标注样式”按钮，选择“装配体尺寸标注（带公差）”样式，单击“修改”按钮，弹出“修改标注样式”对话框，打开“公差”选项卡，在“方式”中选择“对称”，设置“精度”为 0.000，设置“上偏差”为 0.1，其余参数默认，完成设置。

（5）更新标注。单击“注释”选项卡“标注”面板中的“更新”按钮，选取主视图上部的线性尺寸“281”，即可为该尺寸添加尺寸偏差。

（6）替代标注样式。单击“默认”选项卡“注释”面板中的“标注样式”按钮，选择“装配体尺寸标注（带公差）”样式，单击“替代”按钮，在“公差”选项卡中设置“上偏差”为 0.041。

（7）更新标注。单击“注释”选项卡“标注”面板中的“更新”按钮，选取主视图上部的线性尺寸“252”，即可为该尺寸添加尺寸偏差，结果如图 12-34 所示。

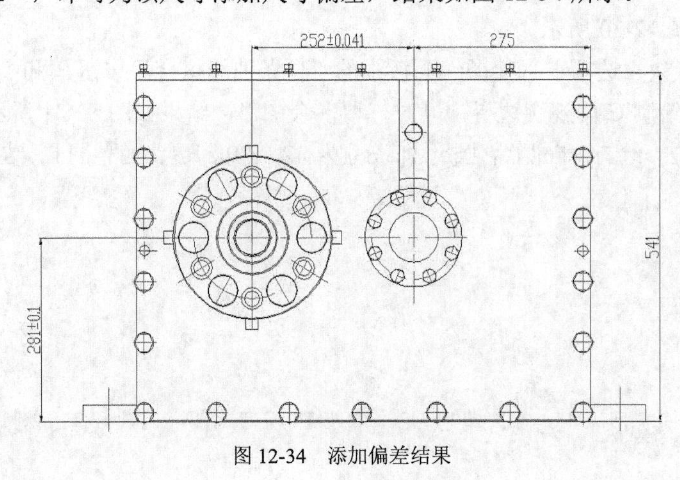

图 12-34　添加偏差结果

12.2.6　标注零件号

（1）在“图层特性管理器”下拉列表中选择“XH”图层，将该图层设置为当前图层。

（2）在命令行中输入“qleader”命令，弹出“引线设置”对话框，打开“引线和箭头”选项卡，在“箭头”下拉列表中选择“小点”。打开“附着”选项卡，勾选“最后一行加下划线”复选框，输入零件序号，文字高度为 12，结果如图 12-35 所示。

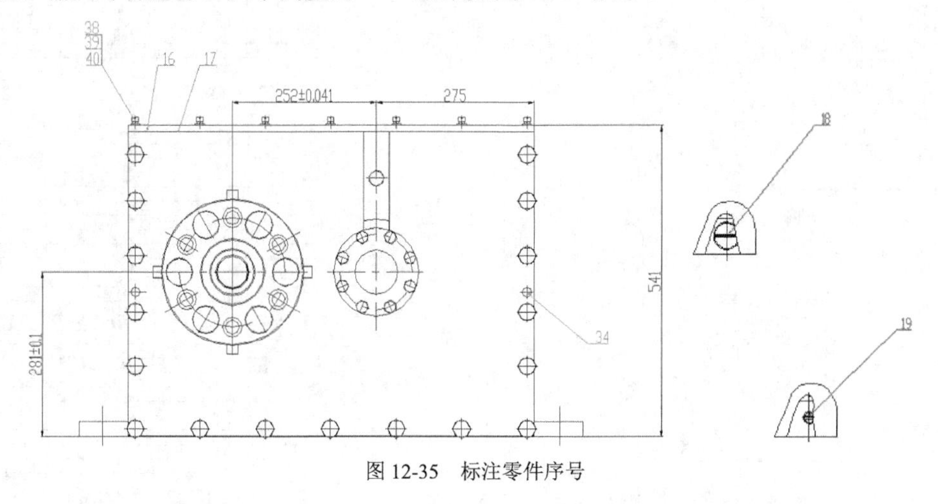

图 12-35 标注零件序号

12.2.7 添加文字说明

（1）在“图层特性管理器”下拉列表中选择“WZ”图层，将该图层设置为当前图层。

（2）插入视图文字。

在“文字样式控制”下拉列表中选择“长仿宋”文字样式，将其置为当前。

① 单击“默认”选项卡“块”面板“插入”下拉菜单中“库中的块” 选项，插入“剖切符号”“剖视图 A-A”图块。

② 单击“默认”选项卡“修改”面板中的“复制”按钮和“分解”按钮，分解图块，修改视图名称分别为“E-E”“C”“D”“E”“A 向视图”“B 向视图”“C 向”“D 向”。

③ 单击“默认”选项卡“修改”面板中的“移动”按钮、“复制”按钮和“旋转”按钮，在绘图区适当位置添加视图说明文字，结果如图 12-36 所示。

（3）绘制技术要求。

单击“默认”选项卡“注释”面板中的“多行文字”按钮A，标注如下技术要求。

① 未装入变速器总成，用于转动两端序号 6 联接盘时，两端转动应轻快，无阻滞感。

② 装入变速器总成后，应在箱体与箱板总成间涂抹密封胶以防漏油。

③ 序号 18 与序号 2、序号 19 与序号 1 装配时，涂抹密封胶，拧紧后进行冲铆。

（4）填写明细表。

单击“默认”选项卡“绘图”面板中的“直线”按钮和“注释”面板中的“多行文字”按钮A，在标注标题栏上方绘制单格长为 180，宽为 7，行数为 41，列数为 5，间距分别为 20、60、50、20、30 的明细表，添加明细表内容，结果如图 12-37 所示。

（5）填写标题栏。

① 单击“默认”选项卡“注释”面板中的“多行文字”按钮A，标注标题栏，结果如图 12-38 所示。

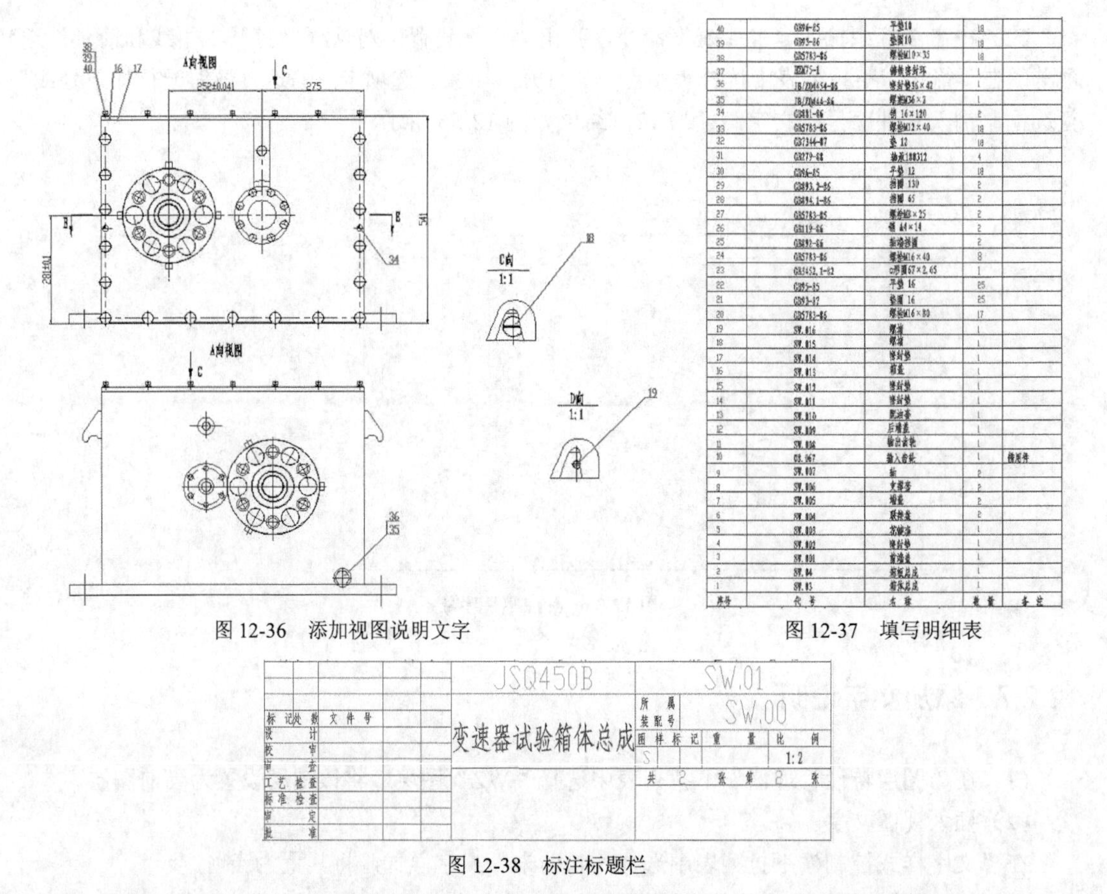

图 12-36　添加视图说明文字

40		GB96-85	平垫10	18	
39		GB93-86	垫圈10	18	
38		GB5783-86	螺栓M10×35	18	
37		HEM75-1	铸铁密封环	1	
36		JB/ZQ4454-86	密封垫36×42	1	
35		JB/ZQ444-86	螺塞M36×2	1	
34		GB881-86	销 16×120	2	
33		GB5783-86	螺栓M12×40	18	
32		GB7344-87	垫 12	18	
31		GB279-88	轴承180312	4	
30		GB96-85	平垫 12	18	
29		GB893.2-86	挡圈 130	2	
28		GB894.1-86	挡圈 65	2	
27		GB5783-85	螺栓M8×25	2	
26		GB119-86	销 A4×14	2	
25		GB892-86	轴端挡圈	2	
24		GB5783-86	螺栓M16×40	8	
23		GB3452.1-82	O形圈67×2.65	1	
22		GB95-85	平垫 16	25	
21		GB93-87	垫圈 16	25	
20		GB5783-86	螺栓M16×80	17	
19		SW.016	螺堵	1	
18		SW.015	螺堵	1	
17		SW.014	密封垫	1	
16		SW.013	箱盖	1	
15		SW.012	密封垫	1	
14		SW.011	密封垫	1	
13		SW.010	配油套	1	
12		SW.009	后端盖	1	
11		SW.008	输出齿轮	1	
10		GS.067	输入齿轮	1	借用件
9		SW.007	轴	2	
8		SW.006	支撑套	2	
7		SW.005	端盖	2	
6		SW.004	联接盘	2	
5		SW.003	花键套	1	
4		SW.002	密封垫	1	
3		SW.001	前端盖	1	
2		SW.04	箱板总成	1	
1		SW.03	箱体总成	1	
序号		代号	名称	数量	备注

图 12-37　填写明细表

图 12-38　标注标题栏

② 单击“快速访问”工具栏中的“保存”按钮，保存文件，零件最终结果如图 12-22 所示。

12.3 上机实验

【练习】创建图 12-39 所示的齿轮泵装配图（零件模块见随书电子资源）。

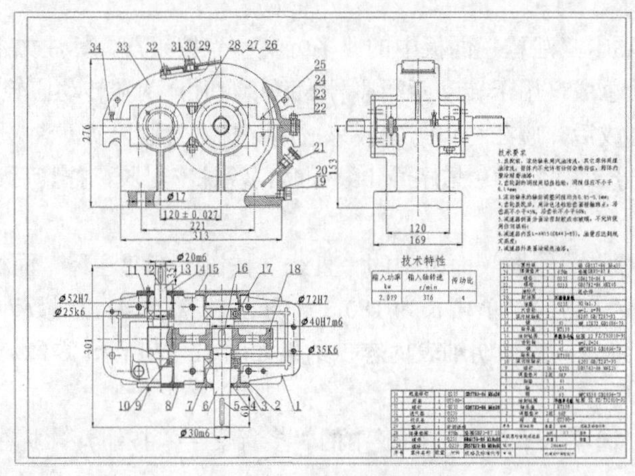

图 12-39　齿轮泵装配图

第三篇 三维绘制篇

本篇以某变速器试验箱全套机械图纸三维工程图为核心，展开介绍机械设计三维工程图绘制的操作步骤、方法和技巧等，内容包括零件三维工程图和装配三维工程图等知识。

本篇内容通过实例介绍加深读者对 AutoCAD 功能的理解和掌握，以及对各种机械零部件设计三维工程图的绘制方法的了解。

【案例欣赏】

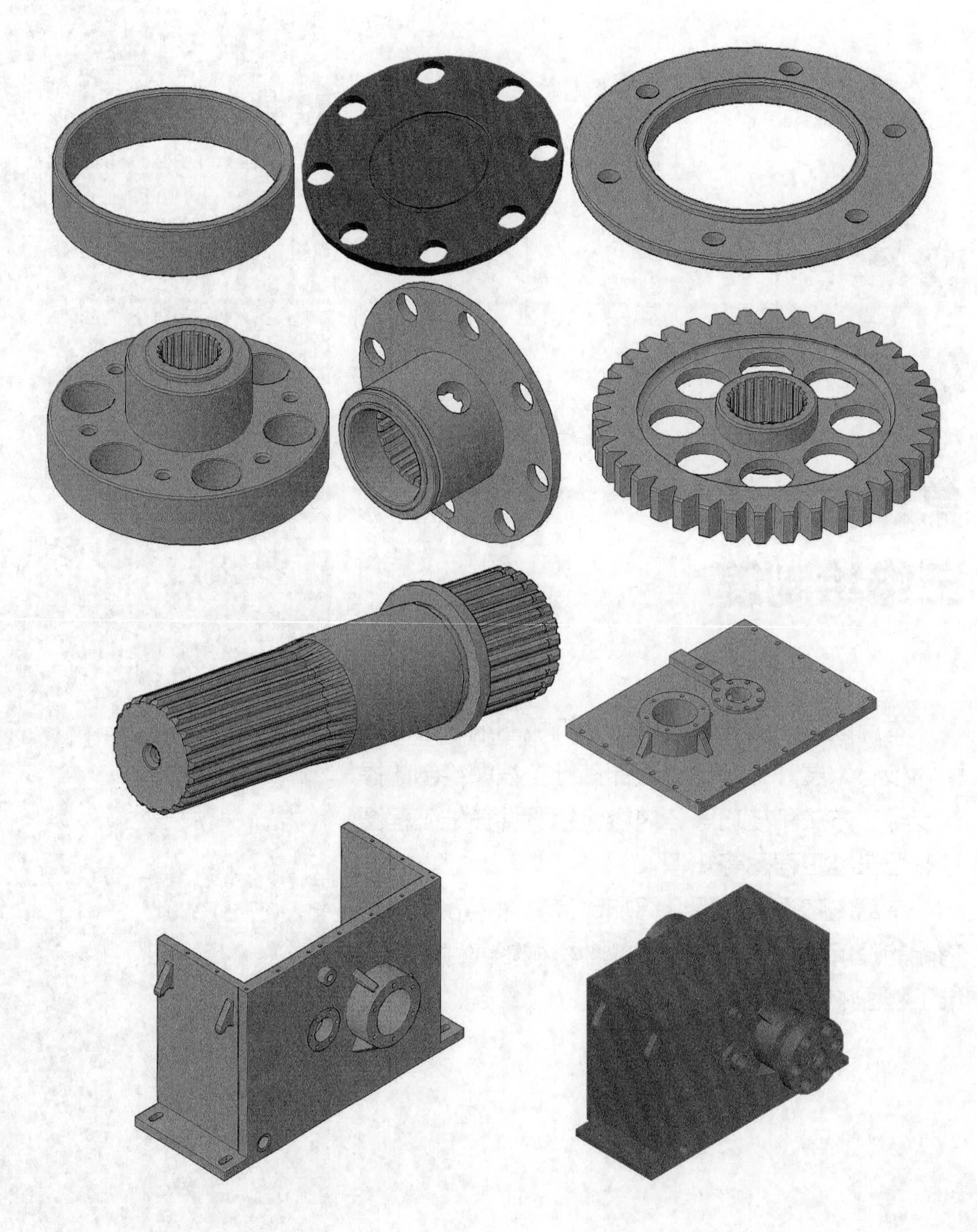

第13章

端盖类零件三维图绘制

本章在平面三视图的基础上，绘制端盖类零件的三维模型。以前端盖、密封垫立体图为例，详细讲述三维实体零件的绘制方法。

13.1 前端盖立体图

本节主要介绍如何绘制图13-1所示的前端盖立体模型。

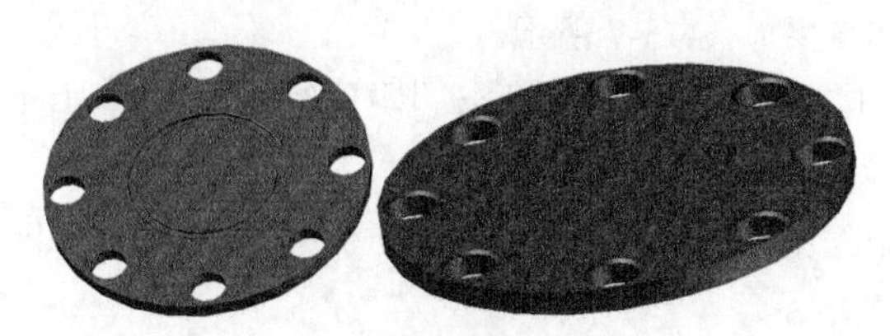

图13-1　前端盖

（1）新建文件。

① 单击“快速访问”工具栏中的“新建”按钮，系统打开“选择样板”对话框，在“打开”按钮的右侧下拉菜单中选择“无样板打开-公制（M）”，进入绘图环境。

② 单击“快速访问”工具栏中的“保存”按钮，弹出“另存为”对话框，输入文件名称“前端盖三维图”，单击“确定”按钮，退出对话框。

（2）设置线框密度。

在命令行中输入“isolines”命令，设置线框密度为10。

（3）切换视图。

单击“可视化”选项卡“视图”面板中的“西南等轴测”按钮，将视图切换到西南等轴测视图。

（4）绘制圆柱体1和2。单击“三维工具”选项卡“建模”面板中的“圆柱体”按钮，底面的中心点在坐标原点，绘制直径、高度分别为（150,−8）、（72.3,−1.97）的两个圆柱体1

和圆柱体 2。结果如图 13-2 所示。

（5）差集运算。单击“三维工具”选项卡“实体编辑”面板中的“差集”按钮，从圆柱体 1 中减去圆柱体 2，结果如图 13-3 所示。

（6）消隐结果。单击“视图”选项卡“视觉样式”面板中的“隐藏”按钮，对实体进行消隐。

（7）绘制圆柱体。单击“三维工具”选项卡“建模”面板中的“圆柱体”按钮，绘制直径、高度分别为（64.7,-1.97）的圆柱体，结果如图 13-4 所示。

（8）并集运算。单击菜单栏“修改”选项卡“实体编辑”面板中的“并集”按钮，合并当前实体为圆柱体 3，结果如图 13-5 所示。

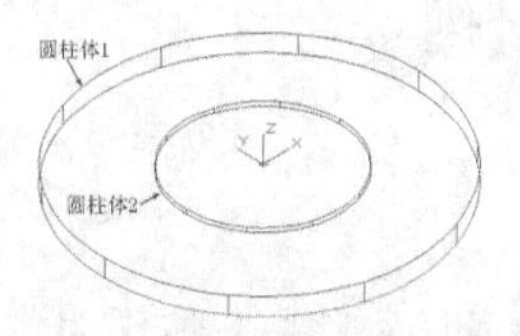

图 13-2 绘制圆柱体 1 和 2

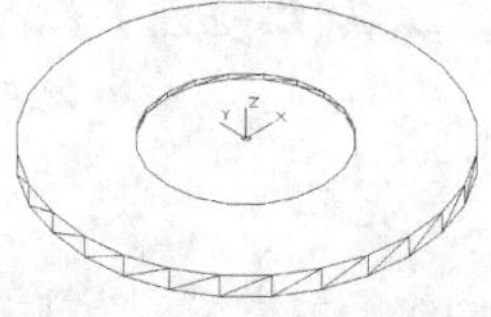

图 13-3 差集运算结果

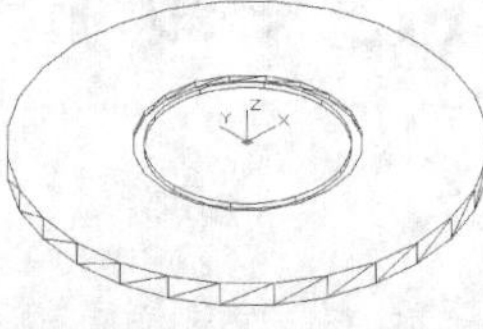

图 13-4 绘制圆柱体

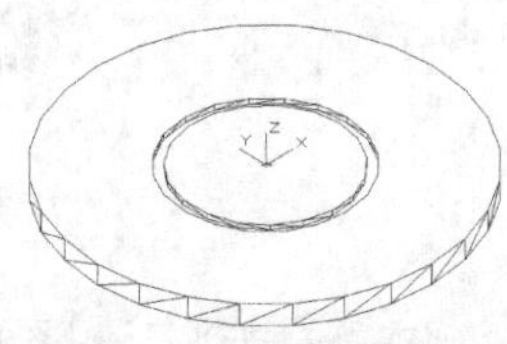

图 13-5 并集运算结果

（9）消隐实体。单击“视图”选项卡“视觉样式”面板中的“隐藏”按钮，对实体进行消隐。

（10）绘制圆柱体 4。单击“三维工具”选项卡“建模”面板中的“圆柱体”按钮，绘制圆心在（0,646,0），直径为 17，高度为-8 的圆柱体 4，结果如图 13-6 所示。

（11）阵列孔。选择菜单栏中的“修改”→“三维操作”→“三维阵列”命令，阵列上一步绘制的圆柱体，环形阵列结果如图 13-7 所示。

（12）差集运算。单击“三维工具”选项卡“实体编辑”面板中的“差集”按钮，在实体中除去阵列结果。

（13）消隐实体。单击“视图”选项卡“视觉样式”面板中的“隐藏”按钮，对实体进行消隐。消隐结果如图 13-8 所示。

（14）倒角操作。

① 单击“视图”选项卡“导航”面板“动态观察”下拉列表中的“自由动态观察”按钮，旋转整个实体到适当角度。

② 单击“三维工具”选项卡“实体编辑”面板中的“倒角边”按钮，选择倒角边线倒角距离为 1，结果如图 13-9 所示。

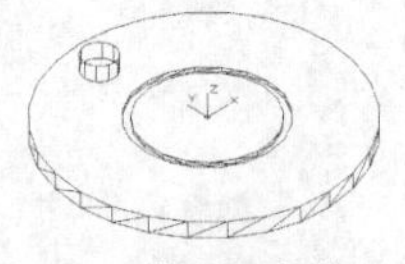

图 13-6 绘制圆柱体 4

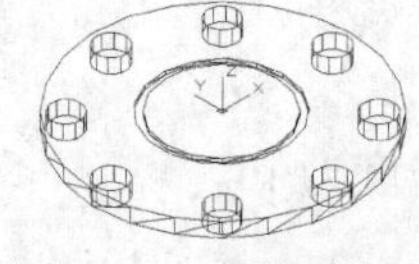

图 13-7 环形阵列结果

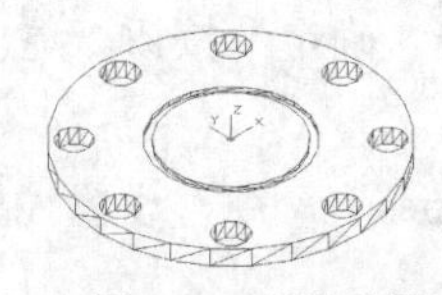

图 13-8 消隐结果

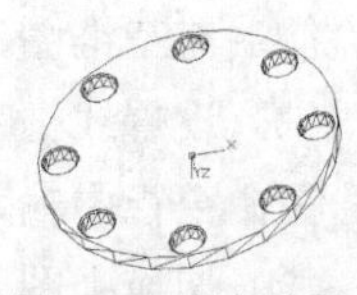

图 13-9 倒角结果

（15）圆角操作。

① 单击“视图”面板中的“西南等轴测”按钮，切换视图，结果如图 13-10 所示。

② 单击“三维工具”选项卡“实体编辑”面板中的“圆角边”按钮，选择圆角边线，圆

角半径为 0.1，圆角消隐结果如图 13-11 所示。

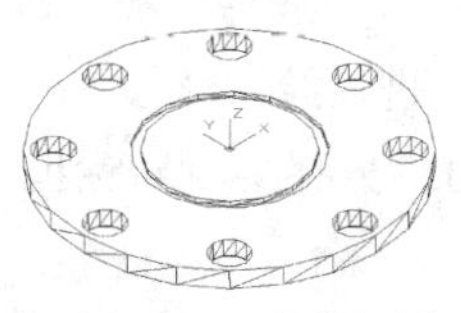

图 13-10　切换视图

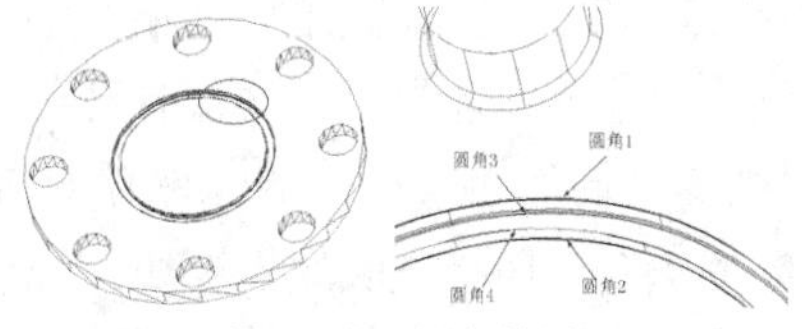

图 13-11　圆角结果

（16）选择材质。单击“可视化”选项卡“材质”面板中的“材质浏览器”按钮，弹出“材质浏览器”选项板，选择附着材质，如图 13-12 所示，选择材质，单击鼠标右键，执行“指定给当前选择”命令，完成材质选择。

（17）渲染实体。

单击“可视化”选项卡“渲染”面板中的“渲染到尺寸”按钮，弹出“前端盖立体图”，如图 13-13 所示。

图 13-12　“材质浏览器”选项板

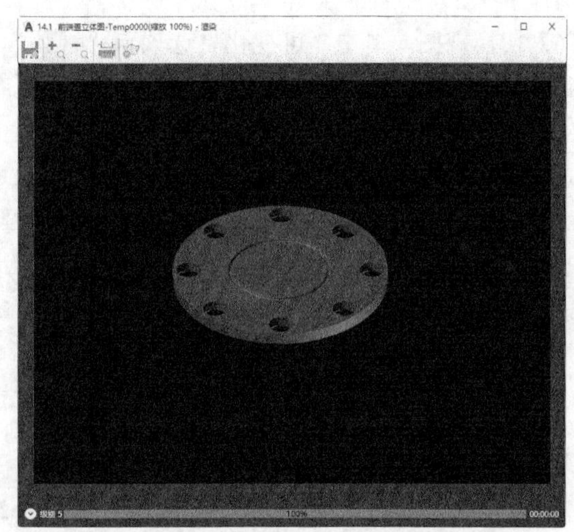

图 13-13　渲染结果

（18）模型显示。

① 单击“视图”选项卡“视口工具”面板中的“UCS 图标”按钮，关闭坐标系。

② 单击“视图”选项卡“视觉样式”面板中的“真实”按钮，显示模型显示样式，绘制结果如图 13-1 所示。

13.2 密封垫立体图

本节主要介绍如何绘制图 13-14 所示的密封垫立体模型。

（1）新建文件。

① 单击“快速访问”工具栏中的“新建”按钮，系统打开“选择样板”对话框，在“打开”按钮的右侧下拉菜单中选择“无样板打开-公制（M）”，进入绘图环境。

② 单击“快速访问”工具栏中的“保存”按钮，弹出“另存为”对话框，输入文件名称“密封垫 2 立体图”，单击“确定”按钮，退出对话框。

（2）设置线框密度。在命令行中输入“isolines”命令，设置线框密度为 10。

（3）绘制同心圆。单击“默认”选项卡“绘图”面板中的“圆”按钮，绘制圆心在原点、直径为 150.76 的同心圆，如图 13-15 所示。

（4）拉伸实体。单击“三维工具”选项卡“建模”面板中的“拉伸”按钮，拉伸上一步绘制的同心圆，拉伸的高度为 0.8，结果如图 13-16 所示。

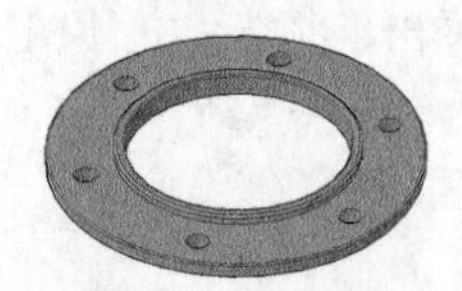

图 13-14　密封垫

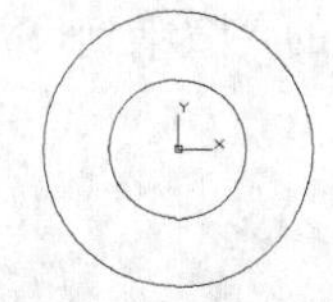

图 13-15　绘制同心圆

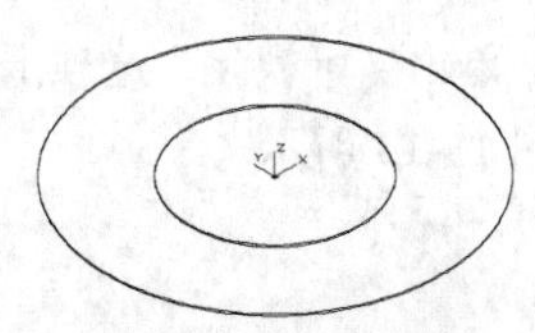

图 13-16　拉伸结果

（5）差集运算。单击“三维工具”选项卡“实体编辑”面板中的“差集”按钮，从大圆拉伸实体中减去小圆拉伸实体。

（6）切换视图。单击“可视化”选项卡“视图”面板中的“西南等轴测”按钮，将视图切换到西南等轴测视图。

（7）绘制圆柱体。单击“三维工具”选项卡“建模”面板中的“圆柱体”按钮，绘制底圆圆心坐标为（0,64,0）、底面直径为 17、高度为 0.8 的圆柱体，结果如图 13-17 所示。

（8）阵列孔。选择菜单栏中的“修改”→“三维操作”→“三维阵列”命令，阵列上一步绘制的圆柱体，结果如图 13-18 所示。

（9）差集运算。单击“三维工具”选项卡“实体编辑”面板中的“差集”按钮，从拉伸实体中减去圆柱体。

（10）隐藏实体。单击“视图”选项卡“视觉样式”面板中的“隐藏”按钮，对实体进行消隐。实体绘制结果如图 13-19 所示。

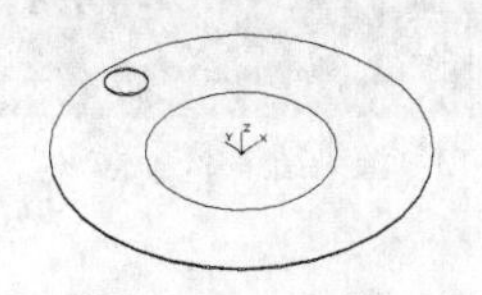

图 13-17　绘制圆柱体

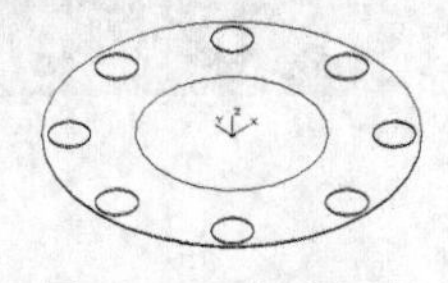

图 13-18　阵列结果

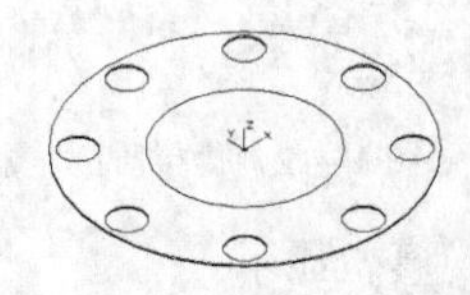

图 13-19　差集运算及隐藏实体

（11）模型显示。单击“视图”选项卡“视觉样式”面板中的“概念”按钮，显示模型样式。

（12）设置坐标显示。单击“视图”选项卡“视口工具”面板中的“UCS 图标”按钮，取消坐标系显示，结果如图 13-20 所示。

（13）使用同样的方法绘制“密封垫 11 立体图”“密封垫 12 立体图”文件，结果如图 13-21 所示。

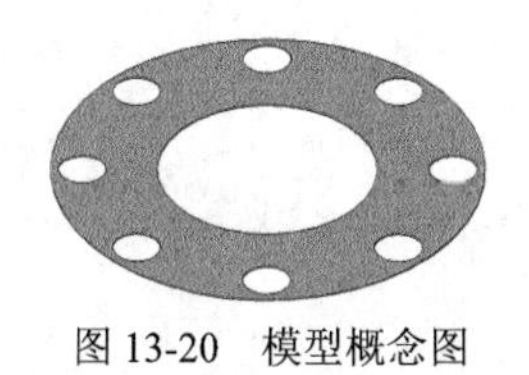

图 13-20　模型概念图

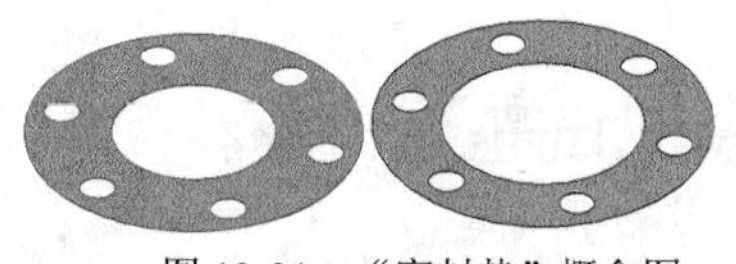

图 13-21　“密封垫”概念图

13.3 名师点拨——透视立体模型

1．鼠标中键的用法

（1）按住 Ctrl 键并单击鼠标中键可以实现类似其他软件中图形的游动漫游（一种移动方式）。

（2）双击鼠标中键相当于执行 zoom 命令。

2．设置视点

在视点预置对话框中，如果选用了相对于 UCS 的选择项，关闭对话框，再执行 vpoint 命令，系统默认为相对于当前的 UCS 设置视点。其中，视点只确定观察的方向，没有距离的概念。

3．网格面绘制技巧

如果在顶点的序号前加负号，则生成的多边形网格面的边界不可见。系统变量 SPLFRAME 控制不可见边界的显示。如果变量值非 0，不可见边界变成可见，而且用户能够对其进行编辑。如果变量值为 0，则保持边界的不可见性。

4．三维坐标系显示设置

在三维视图中用三维动态观察器旋转模型，以不同角度观察模型，单击“西南等轴测”按钮，返回原坐标系。单击“前视”“后视”“左视”“右视”等按钮，观察模型后，再单击“西南等轴测”按钮，坐标系会发生变化。

13.4 上机实验

【练习】利用三维动态观察器观察图 13-22 所示的泵盖图形。

图 13-22　泵盖

13.5 模拟试题

（1）在对三维模型进行操作时，错误的操作是（　　）。

A．消隐指的是显示用三维线框表示的对象并隐藏表示后向面的直线

B．在三维模型使用着色后，执行“重画”命令可停止以网格显示着色图形

C．用于着色操作的工具条名称是视觉样式

D．shademode 命令配合参数能够实现着色操作

（2）在 SteeringWheels 控制盘中，单击动态观察选项，可以围绕轴心进行动态观察，使用鼠标加（　　）键可以调整动态观察的轴心。

A．Shift　　B．Ctrl　　C．Alt　　D．Tab

（3）VIEWCUBE 默认放置在绘图窗口的（　　）位置。

A．右上　　B．右下 `　　C．左上　　D．左下

（4）按如下要求创建螺旋体实体，然后计算其体积。其中螺旋线底面直径是 100，顶面的直径是 50，螺距是 5，圈数是 10，丝径直径是（　　）。

A．968.34　　B．16657.68　　C．25678.35　　D．69785.32

（5）使用 vpoint 命令，输入视点坐标（-1,-1,1）后，结果同以下哪个三维视图？（　　）

A．西南等轴测　　B．东南等轴测　　C．东北等轴测　　D．西北等轴测

（6）UCS 图标默认样式中，下面哪些说明是不正确的？（　　）

A．三维图标样式　　B．线宽为 0

C．模型空间的图标颜色为白　　D．布局选项卡图标颜色为 160

（7）利用三维动态观察器观察 C:\Program Files\AutoCAD 2022\Sample\Welding Fixture Model 图形。

箱体零件三维图绘制

本章将以吊耳板、油管座三维模型为例，详细介绍箱体零件三维图的绘制方法。主要用到的建模命令有“圆柱体”“长方体”等，还有“差集”“并集”等运算命令，交替执行这些命令，完成模型建立。

14.1 吊耳板立体图

本节主要介绍如何绘制图14-1所示的吊耳板立体模型。

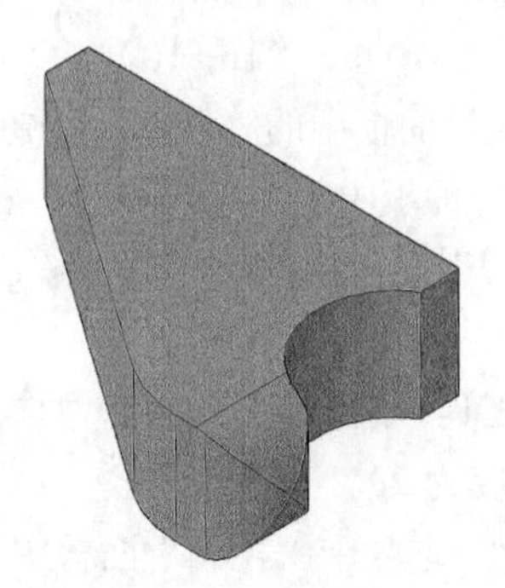

图14-1 吊耳板

（1）新建文件。

① 单击“快速访问”工具栏中的“新建”按钮，系统打开“选择样板”对话框，在“打开”按钮的右侧下拉菜单中选择“无样板打开-公制（M）”，进入绘图环境。

② 单击“快速访问”工具栏中的“保存”按钮，弹出“另存为”对话框，输入文件名称“吊耳板立体图”，单击“确定”按钮，退出对话框。

（2）设置线框密度。

在命令行中输入“isolines”命令，设置线框密度为10。

（3）绘制多段线。单击“默认”选项卡“绘图”面板中的“多段线”按钮，指定多段线坐标为[（0,0）、（@50,0）、（@0,70）、（@-8,0）、（@-42,-60）、c]，绘制闭合轮廓线，结果如图 14-2 所示。

（4）拉伸实体。单击“三维工具”选项卡“建模”面板中的“拉伸”按钮，拉伸上一步绘制的轮廓线，高度为 20。

（5）切换视图。单击“可视化”选项卡“视图”面板中的“西南等轴测”按钮，将视图切换到西南等轴测视图，显示三维实体。

（6）绘制圆柱体。单击“三维工具”选项卡“建模”面板中的“圆柱体”按钮，绘制底圆圆心坐标为（0,0,10）、半径为 10、轴端点坐标为（16,0,10）的圆柱体，结果如图 14-3 所示。

（7）并集运算。单击“三维工具”选项卡“实体编辑”面板中的“并集”按钮，合并拉伸实体与圆柱体，结果如图 14-4 所示。

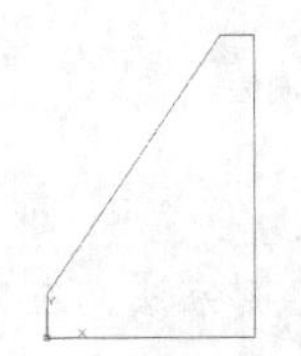
图 14-2　绘制轮廓线

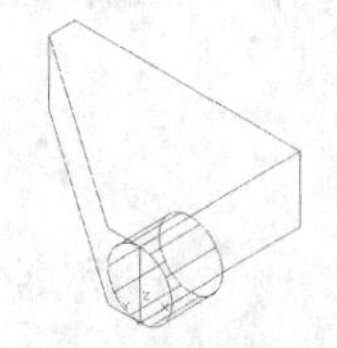
图 14-3　绘制圆柱体 1

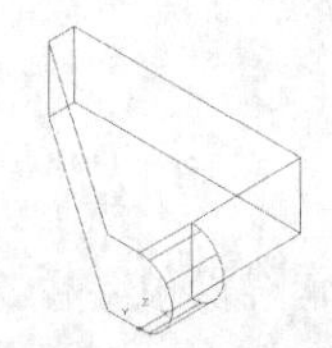
图 14-4　并集运算结果

（8）切换视图。选择菜单栏中的“视图”→“三维视图”→“平面视图”→“当前”命令，进入 *XY* 平面。

（9）绘制平面草图。

① 单击“默认”选项卡“绘图”面板中的“圆”按钮、“直线”按钮和“修改”面板中的“修剪”按钮，绘制圆心为（8,-2）、半径为 8 的圆。

② 单击“默认”选项卡“绘图”面板中的“直线”按钮，绘制连续直线，指定其坐标点分别为[（0,-2）、（0, -10）、（8,-10）、（16,-10）、（16,-2）]。

③ 单击“默认”选项卡“修改”面板中的“修剪”按钮，修剪多余圆弧。

④ 单击“默认”选项卡“修改”面板中的“打断于点”按钮，在点（8,-10）处打断圆弧。

⑤ 单击“默认”选项卡“绘图”面板中的“面域”按钮，将上一步绘制的图形合并成环，创建面域 A、面域 B，结果如图 14-5 所示。

（10）拉伸草图。单击“三维工具”选项卡“建模”面板中的“拉伸”按钮，拉伸上一步绘制的面域 A、面域 B，拉伸高度为 20。

（11）切换视图。单击“可视化”选项卡“视图”面板中的“西南等轴测”按钮，将视图切换到西南等轴测视图，显示三维实体。拉伸实体结果如图 14-6 所示。

（12）并集运算。单击“三维工具”选项卡“实体编辑”面板中的“差集”按钮，从实体中减去上一步拉伸的实体，结果如图 14-7 所示。

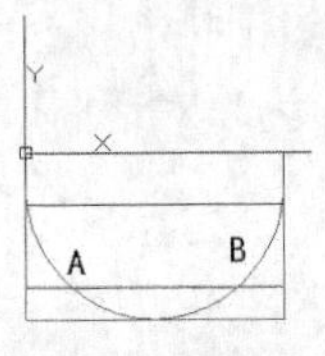

图 14-5　创建面域

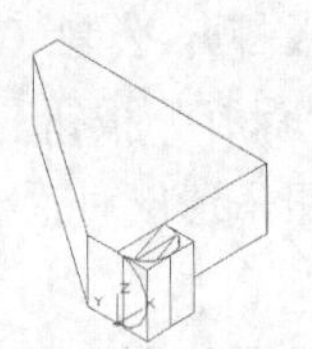
图 14-6　拉伸实体

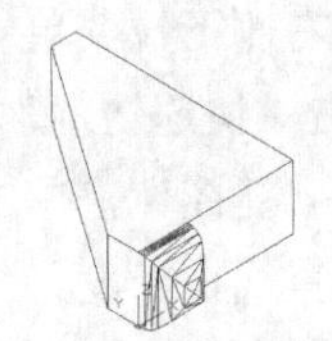
图 14-7　差集运算结果

（13）绘制圆柱体。单击“三维工具”选项卡“建模”面板中的“圆柱体”按钮，绘制底圆圆心坐标为（30,-8,0）、半径为 15、高为 20 的圆柱体，结果如图 14-8 所示。

（14）差集运算。单击“三维工具”选项卡“实体编辑”面板中的“差集”按钮，从实体中减去圆柱体，消隐实体，结果如图 14-9 所示。

（15）圆角操作。单击“三维工具”选项卡“实体编辑”面板中的“圆角边”按钮，倒圆角半径为 20，结果如图 14-10 所示。

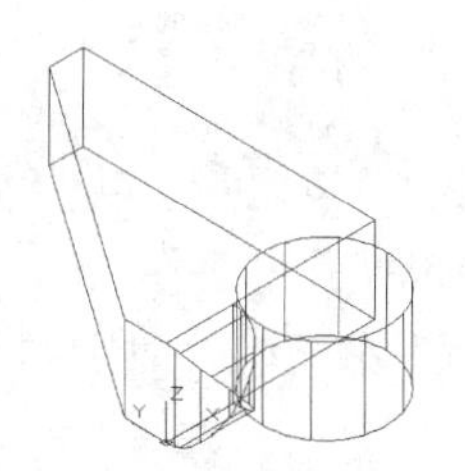

图 14-8 绘制圆柱体 2

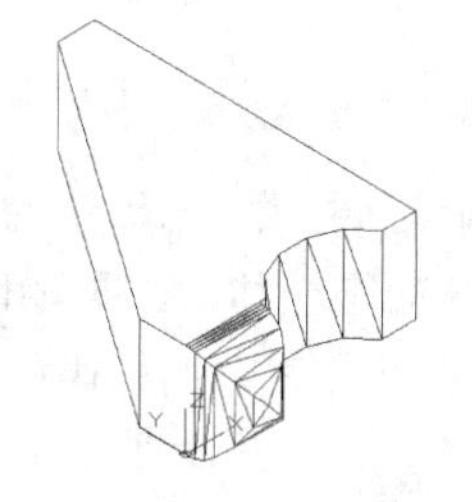

图 14-9 差集运算并消隐

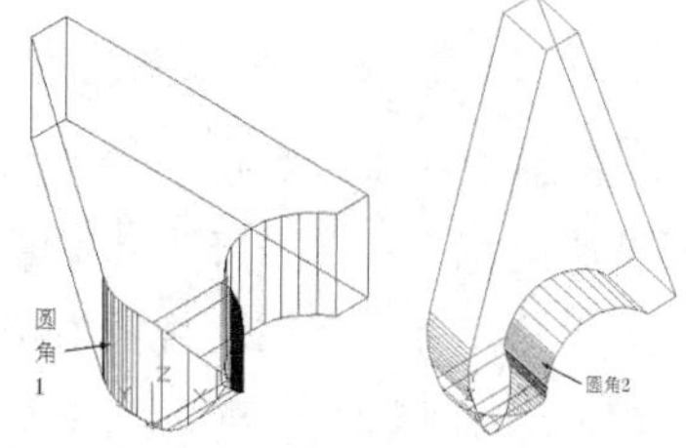

图 14-10 圆角操作

（16）模型显示。

① 单击“视图”选项卡“视口工具”面板中的“UCS 图标”按钮，取消坐标系显示。

② 单击“视图”选项卡“视觉样式”面板中的“概念”按钮，在图 14-1 中显示实体概念图。

使用同样的方法绘制“筋板立体图”“进油座板立体图”，结果如图 14-11、图 14-12 所示。

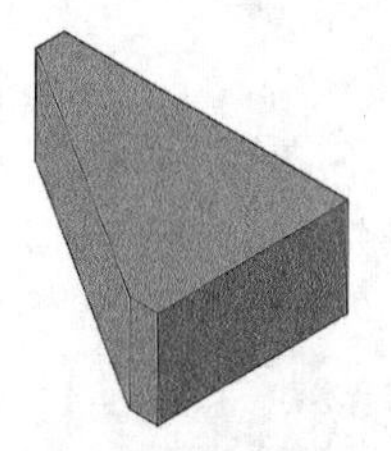

图 14-11 筋板

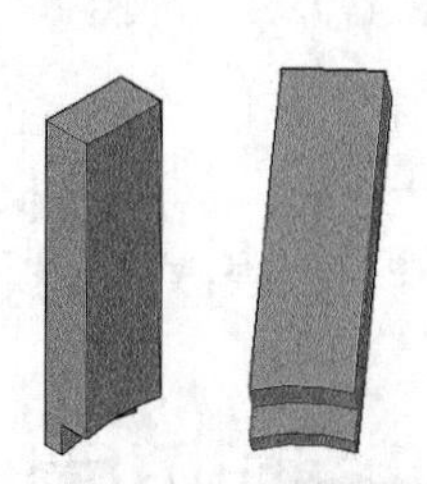

图 14-12 进油座板

14.2 油管座立体图

本节主要介绍如何绘制图 14-13 所示的油管座立体模型。

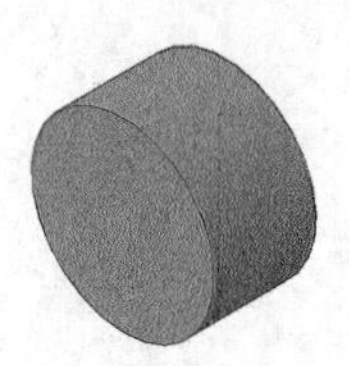

图 14-13 油管座

（1）新建文件。

① 单击“快速访问”工具栏中的“新建”按钮，系统打开“选择样板”对话框，在“打开”按钮的右侧下拉菜单中选择“无样板打开-公制（M）”，进入绘图环境。

② 单击“快速访问”工具栏中的“保存”按钮，弹出“另存为”对话框，输入文件名称“油管座立体图”，单击“确定”按钮，退出对话框。

（2）设置线框密度。在命令行中输入“isolines”命令，设置线框密度为10。

（3）视图设置。单击“可视化”选项卡“视图”面板中的“西南等轴测”按钮，进入三维环境。

（4）旋转坐标系。在命令行中输入“ucs”命令，将坐标系绕Y轴旋转90°，结果如图14-14所示。

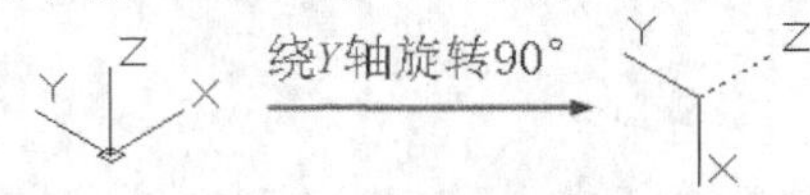

图14-14　旋转坐标系

（5）绘制圆柱体。单击“三维工具”选项卡“建模”面板中的“圆柱体”按钮，以（0,0,0）为底圆圆心坐标、绘制直径为45、高度为25的圆柱体，结果如图14-15所示。

（6）隐藏实体。单击“视图”选项卡“视觉样式”面板中的“隐藏”按钮，对实体进行消隐，结果如图14-16所示。

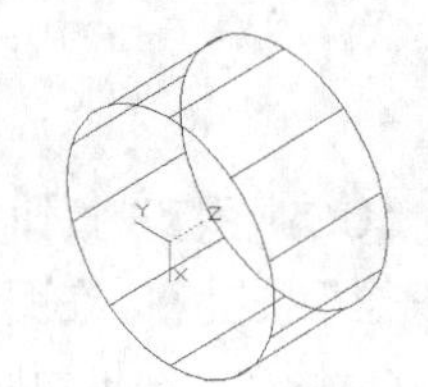

图14-15　绘制圆柱体

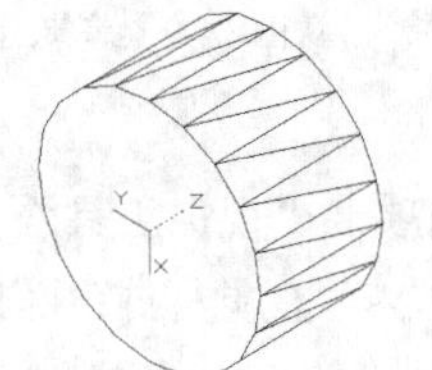

图14-16　消隐结果

（7）模型显示。

① 单击“视图”选项卡“视口工具”面板中的“UCS图标”按钮，取消坐标系显示。

② 单击“视图”选项卡“视觉样式”面板中的“概念”按钮，在图14-13中显示实体概念图。

14.3　名师点拨——拖曳功能限制

使用拖曳功能时每条导向曲线必须满足以下条件才能正常工作。

（1）与每个横截面相交。

（2）从第一个横截面开始。

（3）到最后一个横截面结束。

14.4　上机实验

【练习1】绘制图14-17所示的吸顶灯。

【练习2】绘制图14-18所示的足球门。

图14-17　吸顶灯

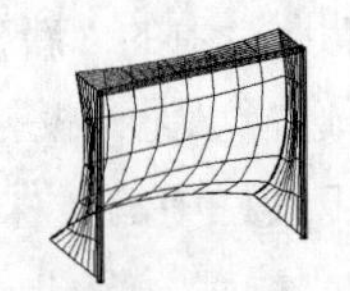

图14-18　足球门

14.5 模拟考试

（1）按图 14-19 所示的图形 1 创建单叶双曲表面的实体，然后计算其体积为（　　）。

A．1689.25　　B．3568.74　　C．6767.65　　D．8635.21

（2）按图 14-20 所示的图形 2 创建实体，然后将其中的圆孔内表面绕其轴线倾斜-5°，最后计算实体的体积为（　　）。

A．153680.25　　B．189756.34　　C．223687.38　　D．278240.42

（3）绘制图 14-21 所示的支架。

（4）绘制图 14-22 所示的圆柱滚子轴承。

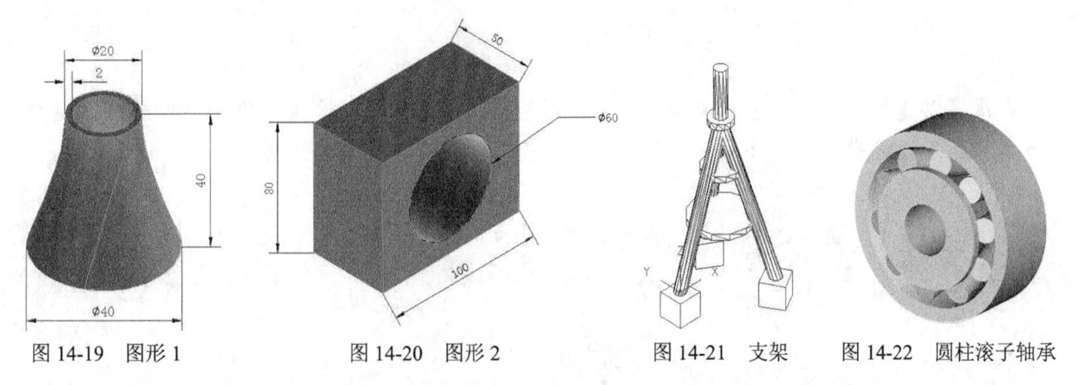

图 14-19　图形 1　　图 14-20　图形 2　　图 14-21　支架　　图 14-22　圆柱滚子轴承

第15章

轴套类零件三维图绘制

本章将以支撑套、花键套、联接盘等立体图为例，详细介绍轴套类零件三维图的绘制过程。轴套类零件多为环类零件，多利用“圆柱”“差集”命令实现模型的绘制。

15.1 支撑套立体图

本节主要介绍如何绘制图 15-1 所示的支撑套立体模型。

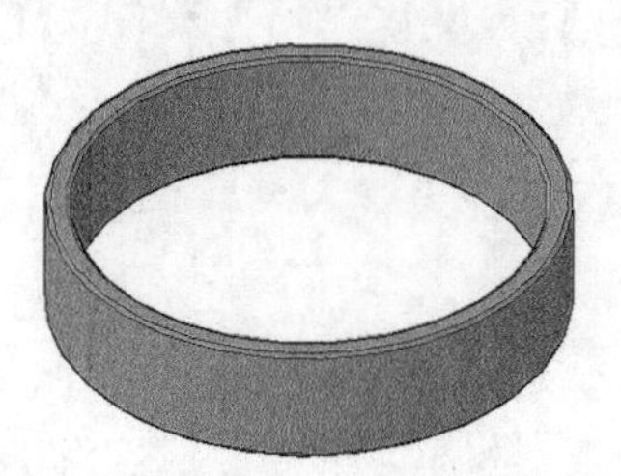

图 15-1　支撑套

（1）新建文件

① 单击“快速访问”工具栏中的“新建”按钮，系统打开“选择样板”对话框，在“打开”按钮的右侧下拉菜单中选择“无样板打开-公制（M）”，进入绘图环境。

② 单击“快速访问”工具栏中的“保存”按钮，弹出“另存为”对话框，输入文件名称“支撑套立体图”，单击“确定”按钮，退出对话框。

（2）设置线框密度

在命令行中输入“isolines”命令，设置线框密度为 10。

（3）绘制圆柱体

① 单击“可视化”选项卡“视图”面板中的“西南等轴测”按钮，将视图转换为西南等轴测视图。

② 单击“三维工具”选项卡“建模”面板中的“圆柱体”按钮，在原点为中心，绘制两个圆柱体，直径分别为 130、118，高度均为 30，结果如图 15-2 所示。

（4）差集运算

单击“三维工具”选项卡“实体编辑”面板中的“差集”按钮，从大圆柱体中减去小圆柱，结果如图 15-3 所示。

（5）倒角操作

单击“三维工具”选项卡“实体编辑”面板中的“倒角边”按钮，选择实体上、下端面里外 4 条倒角边线，倒角距离均为 1，结果如图 15-4 所示。

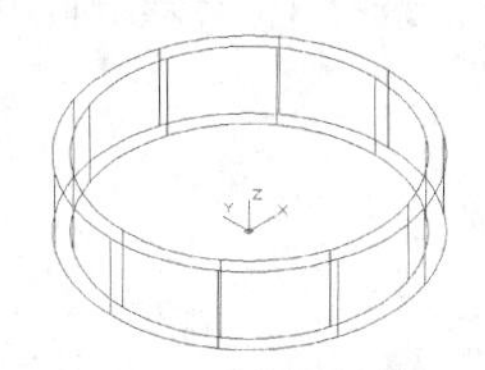

图 15-2　绘制圆柱体

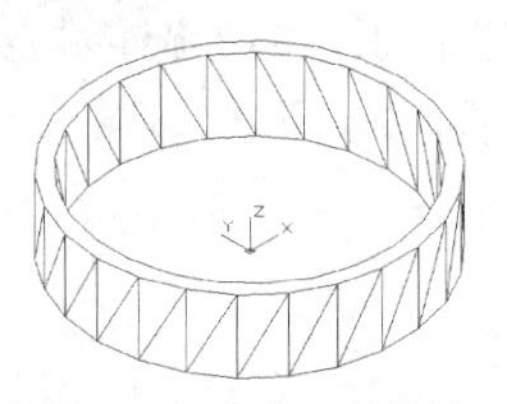

图 15-3　差集运算结果

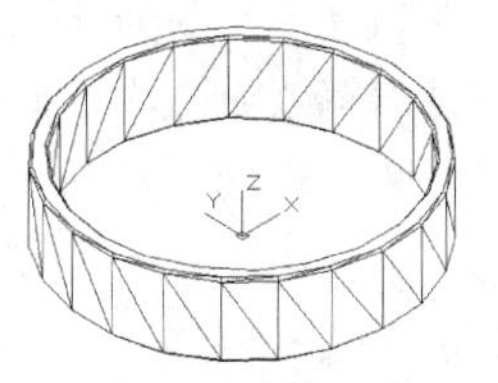

图 15-4　倒角操作

（6）模型显示

① 单击“视图”选项卡“视口工具”面板中的“UCS 图标”按钮，取消坐标系显示。

② 单击“视图”选项卡“视觉样式”面板中的“概念”按钮，在图 15-1 中显示实体概念图。

15.2 花键套立体图

本节主要介绍如何绘制图 15-5 所示的花键套立体模型。

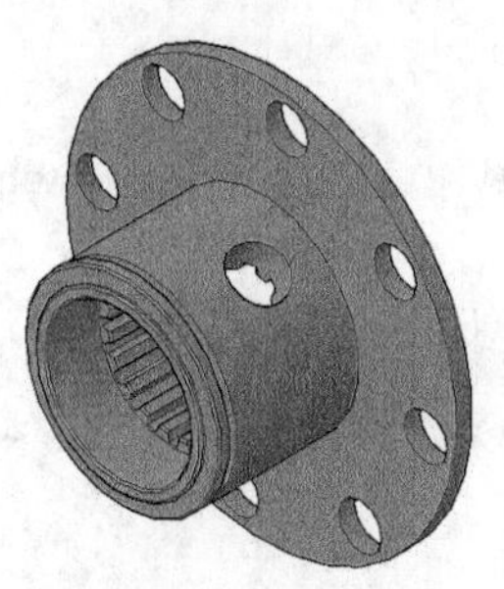

图 15-5　花键套

（1）新建文件

① 单击“快速访问”工具栏中的“新建”按钮，系统打开“选择样板”对话框，选择“acadiso.dwt”样板文件作为模板，单击“打开”按钮，进入绘图环境。

② 单击“快速访问”工具栏中的“保存”按钮，弹出“另存为”对话框，输入文件名称“花键套立体图”，单击“确定”按钮，退出对话框。

（2）设置线框密度

在命令行中输入“isolines”命令，设置线框密度为10。

（3）绘制旋转截面

单击“默认”选项卡“绘图”面板中的“多段线”按钮，依次在命令行中输入坐标点，坐标点分别为[（0,0）、（@0,75）、（@-6,0）、（@0,-37.5）、（@-47.6,0）、（@0,-4.25）、（@-2.7,0）、（@0,4.25）、（@-3.7,0）、（@0,-5.5）、（@-1.5,0）、（@0,-32），c]，绘制截面轮廓，结果如图15-6所示。

（4）旋转实体1

单击“三维工具”选项卡“建模”面板中的“旋转”按钮，选择上一步绘制的截面作为旋转草图，将其绕*X*轴旋转，结果如图15-7所示。

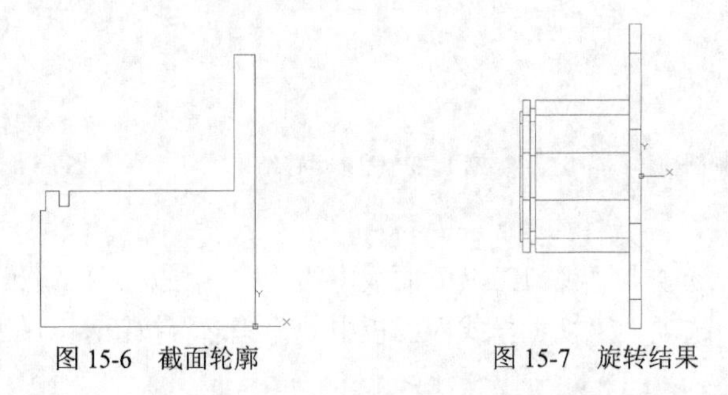

图15-6　截面轮廓　　图15-7　旋转结果

（5）切换视图

单击“可视化”选项卡“视图”面板中的“西南等轴测”按钮，将视图转换为西南等轴测视图。

（6）隐藏实体

单击“视图”选项卡“视觉样式”面板中的“隐藏”按钮，对实体进行消隐，结果如图15-8所示。

（7）旋转坐标系

在命令行中输入“usc”命令，将坐标系绕*Y*轴旋转90°，结果如图15-9所示。

（8）绘制孔

绘制圆柱体。单击“三维工具”选项卡“建模”面板中的“圆柱体”按钮，绘制底圆圆心坐标分别为（0,0,-61.5）、（0,0,0），直径分别为56、47.79，高度分别为21、-40.5的两个圆柱体，结果如图15-10所示。

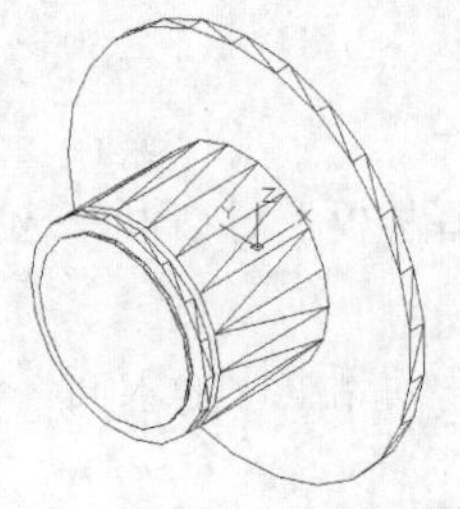

图15-8　消隐实体

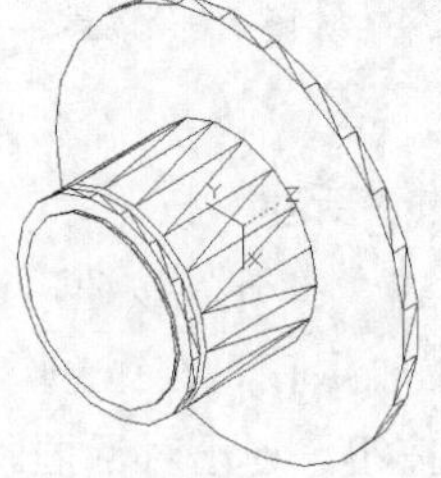

图15-9　旋转坐标系

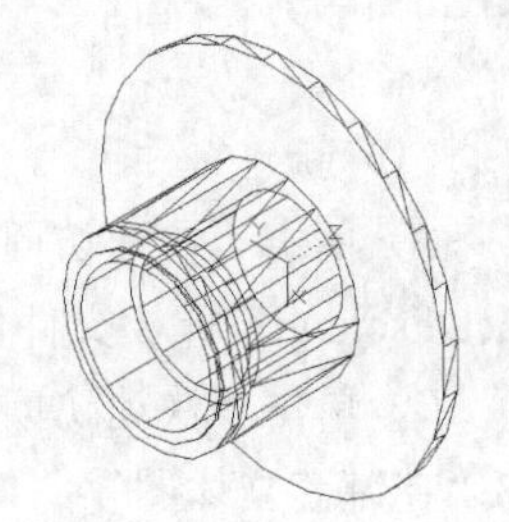

图15-10　绘制圆柱体

（9）差集运算

单击“三维工具”选项卡“实体编辑”面板中的“差集”按钮，从旋转实体中减去上一步绘制的两个圆柱体，结果如图 15-11 所示。

（10）倒角操作

单击“三维工具”选项卡“实体编辑”面板中的“倒角边”按钮，选择图 15-12 中的倒角边，对实体进行倒角操作，倒角的距离为 0.7，结果如图 15-12 所示。

同理，对其余边线进行倒角操作，倒角距离不变，结果如图 15-13 所示。

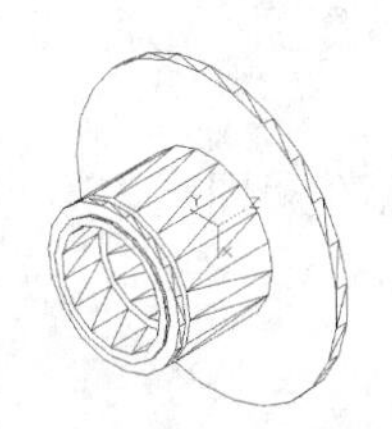

图 15-11　差集运算结果

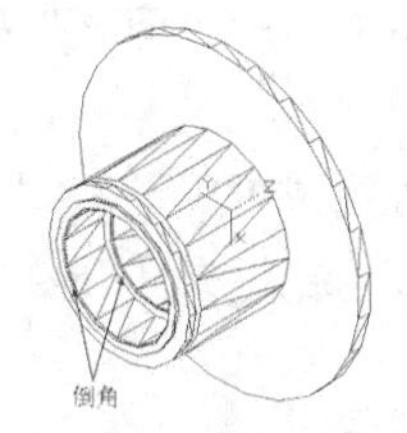

图 15-12　倒角操作

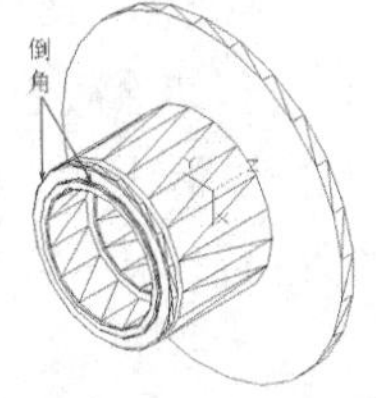

图 15-13　其余倒角操作

（11）绘制切除截面 1

① 选择菜单栏中的“视图”→“三维视图”→“平面视图”→“当前”命令，进入 *XY* 平面，结果如图 15-14 所示。

② 单击“默认”选项卡“图层”面板中的“图层特性”按钮，新建“图层 1”，并将该图层设置为当前图层，绘制截面 1。

③ 单击“默认”选项卡“绘图”面板中的“圆”按钮，分别绘制直径为 47.79、50、53.75，圆心在原点的同心圆，绘制结果如图 15-15 所示。

④ 单击“默认”选项卡“绘图”面板中的“直线”按钮，绘制过原点竖直中心线，结果如图 15-16 所示。

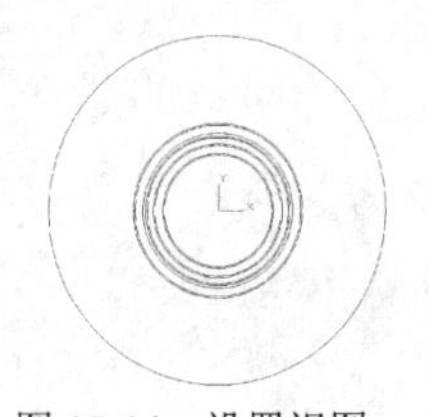

图 15-14　设置视图

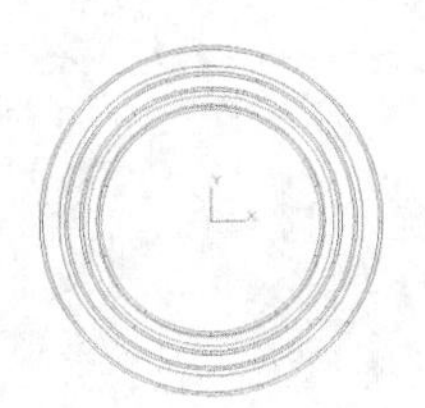

图 15-15　绘制圆

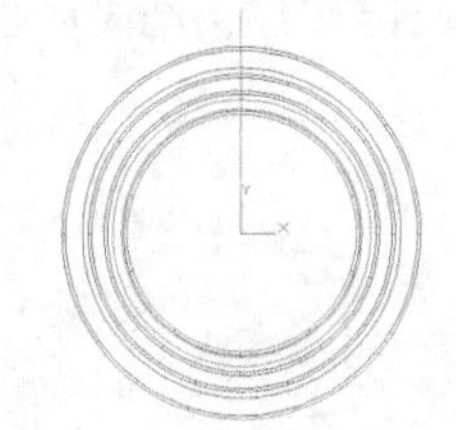

图 15-16　绘制过原点竖直中心线

⑤ 单击“默认”选项卡“修改”面板中的“偏移”按钮和“旋转”按钮，绘制辅助线，偏移的距离依次为 1.594、2.174，旋转的角度为−15°，结果如图 15-17 所示。

⑥ 单击“默认”选项卡“绘图”面板中的“圆弧”按钮，绘制齿形轮廓，结果如图 15-18 所示。

⑦ 单击“默认”选项卡“修改”面板中的“镜像”按钮，镜像左侧齿形轮廓，结果如图 15-19 所示。

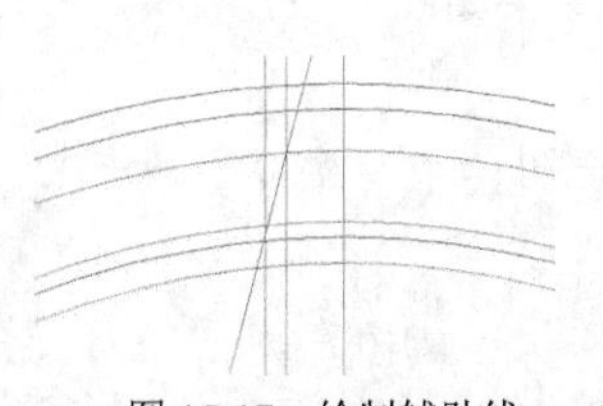

图 15-17　绘制辅助线

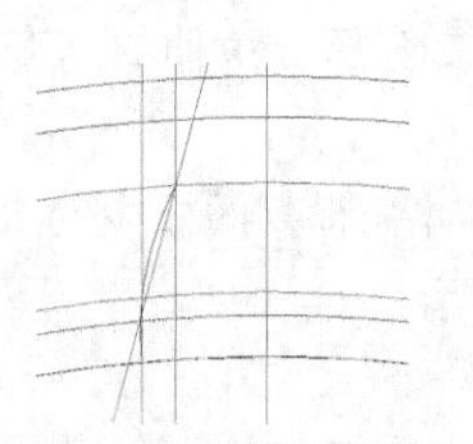

图 15-18　绘制齿形轮廓

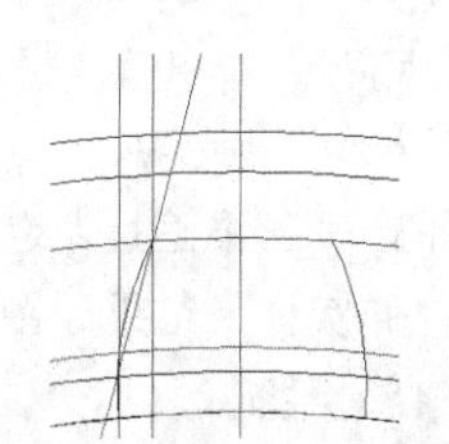

图 15-19　镜像左侧齿形轮廓

⑧ 单击“默认”选项卡“修改”面板中的“环形阵列”按钮，阵列齿形轮廓，阵列项目数为 20，结果如图 15-20 所示。

⑨ 单击“默认”选项卡“修改”面板中的“删除”按钮和“修剪”按钮，修剪草图，结果如图 15-21 所示。

⑩ 单击“默认”选项卡“修改”面板中的“分解”按钮，分解阵列结果。

⑪单击“默认”选项卡“绘图”面板中的“面域”按钮，将绘制的草图创建成面域。

（12）绘制切除截面 2

① 单击“默认”选项卡“图层”面板中的“图层特性”按钮，新建“图层 2”，并将该图层设置为当前图层，绘制切除截面 2，结果如图 15-22 所示。

图 15-20　阵列齿形轮廓

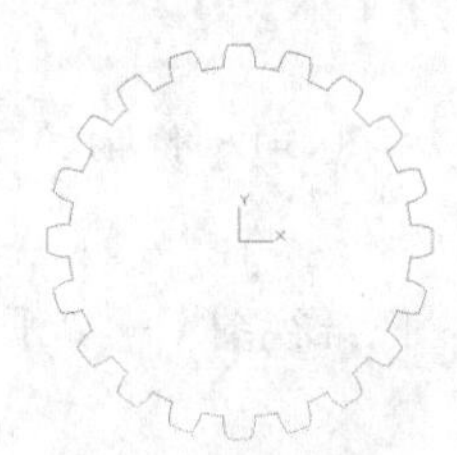

图 15-21　修剪草图

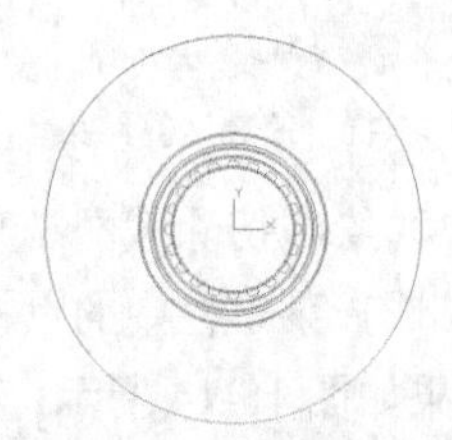

图 15-22　截面完整图形

② 单击“默认”选项卡“绘图”面板中的“直线”按钮和“旋转”按钮，绘制辅助线并旋转旋转的角度为-8.7°，绘制结果如图 15-23 所示。

③ 单击“默认”选项卡“绘图”面板中的“圆”按钮，捕捉圆心并绘制直径分别为 128、17 的圆，结果如图 15-24 所示。

④ 单击“默认”选项卡“修改”面板中的“环形阵列”按钮，阵列上一步绘制的圆，阵列的项目数为 8。结果如图 15-25 所示。

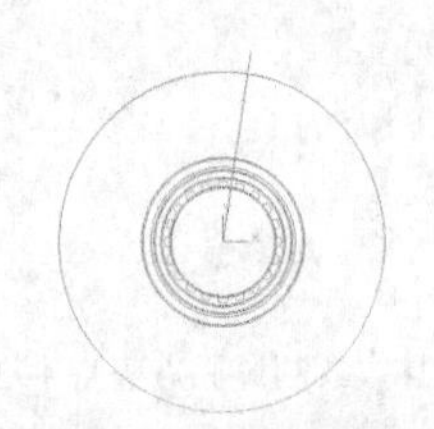

图 15-23　旋转辅助线

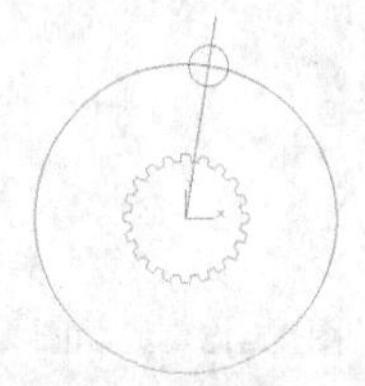

图 15-24　绘制圆

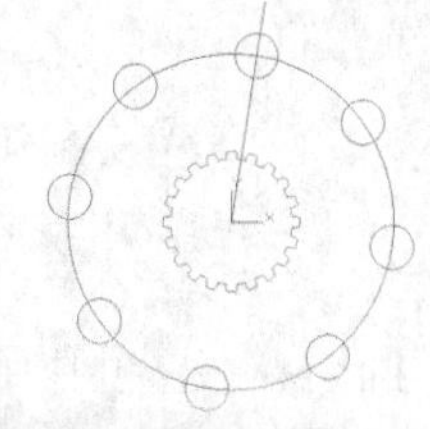

图 15-25　阵列圆结果

⑤ 单击“默认”选项卡“修改”面板中的“删除”按钮，删除多余辅助线，同时打开关闭的图层，显示结果如图 15-26 所示。

⑥ 单击“可视化”选项卡“视图”面板中的“西南等轴测”按钮，切换视图。

（13）拉伸实体

单击“三维工具”选项卡“建模”面板中的“拉伸”按钮，单独拉伸上一步绘制的截面 1，拉伸高度为-40.5；将切除截面 2 分解，拉伸的高度为-10，结果如图 15-27 所示。

（14）差集运算。

单击“三维工具”选项卡“实体编辑”面板中的“差集”按钮，从实体中减去上一步绘制的拉伸实体，结果如图 15-28 所示。

（15）绘制孔

① 旋转坐标系。在命令行中输入“ucs”命令，绕 Y 轴旋转 180°，绕 Z 轴旋转-121.2°，

结果如图 15-29 所示。

② 绘制圆柱体。单击“三维工具”选项卡“建模”面板中的“圆柱体”按钮，绘制底圆圆心坐标为（0,0,27）、直径为 10、轴端点为（@0,50,0）的圆柱体，结果如图 15-30 所示。

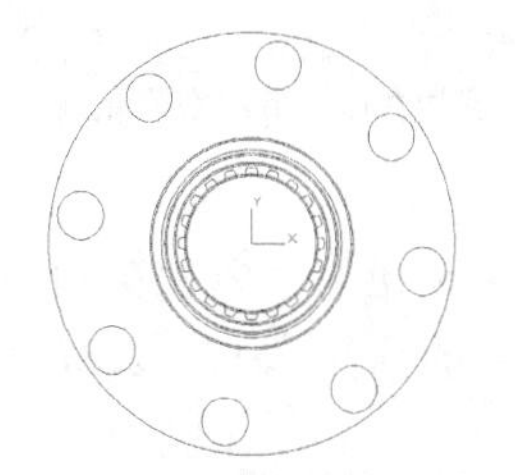

图 15-26　删除多余辅助线

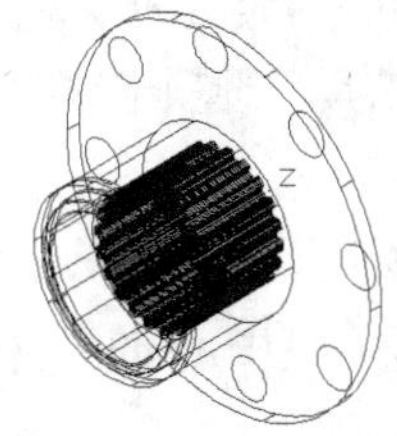
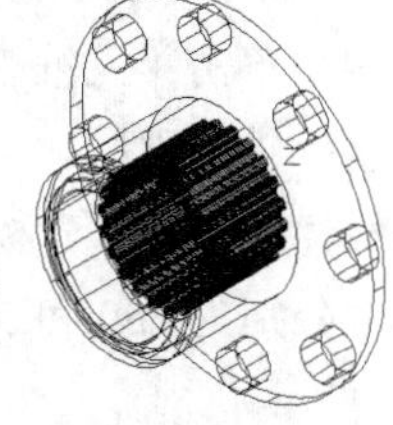

图 15-27　拉伸实体结果

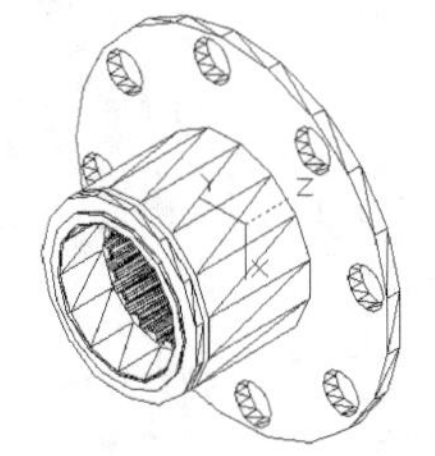

图 15-28　差集运算结果

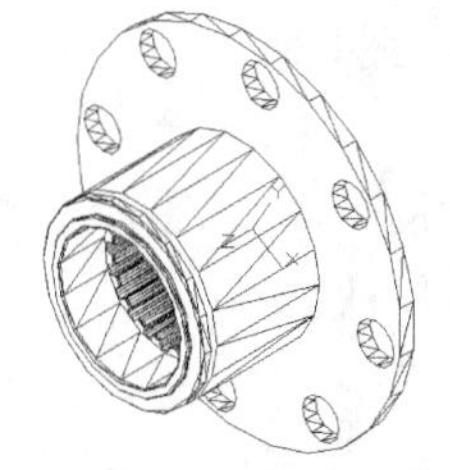

图 15-29　坐标变换结果

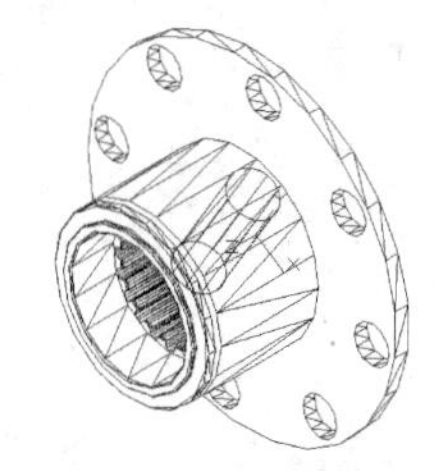

图 15-30　绘制圆柱体

（16）差集运算

单击“三维工具”选项卡“实体编辑”面板中的“差集”按钮，从实体中减去上一步绘制的圆柱体。

（17）模型显示

① 单击“视图”选项卡“视口工具”面板中的“UCS 图标”按钮，取消坐标系显示。

② 单击“视图”选项卡“视觉样式”面板中的“概念”按钮，在图 15-5 中显示实体概念图。

15.3 联接盘立体图

本节主要介绍如何绘制图 15-31 所示的联接盘立体模型。

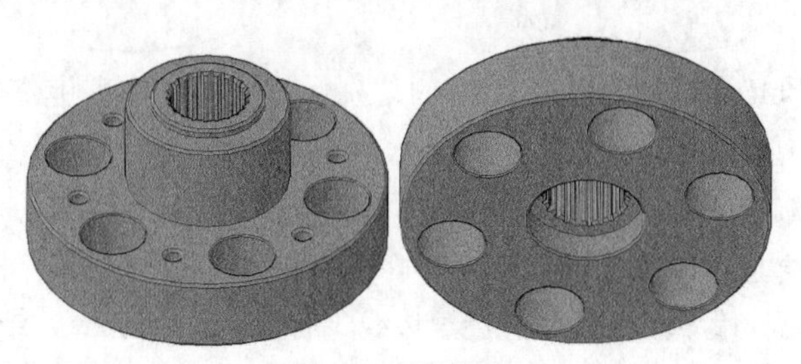

图 15-31　联接盘

（1）新建文件。

① 单击“快速访问”工具栏中的“新建”按钮，系统打开“选择样板”对话框，在“打开”按钮的右侧下拉菜单中选择“无样板打开-公制（M）”，进入绘图环境。

② 单击“快速访问”工具栏中的“保存”按钮，弹出“另存为”对话框，输入文件名称“联接盘立体图”，单击“确定”按钮，退出对话框。

（2）设置线框密度。

在命令行中输入“isoline”命令，设置线框密度为10。

（3）切换视图。单击“三维工具”选项卡“视图”面板中的“西南等轴测”按钮，将当前视图转换为西南等轴测视图。

（4）绘制圆柱体。单击“建模”工具栏中的“圆柱体”按钮，依次绘制底圆圆心坐标为原点，直径和高度分别为250和50、114和110、80和116的圆柱体1、2、3，结果如图15-32所示。

（5）并集运算。单击“三维工具”选项卡“实体编辑”面板中的“并集”按钮，合并上一步绘制的圆柱体，结果如图15-33所示。

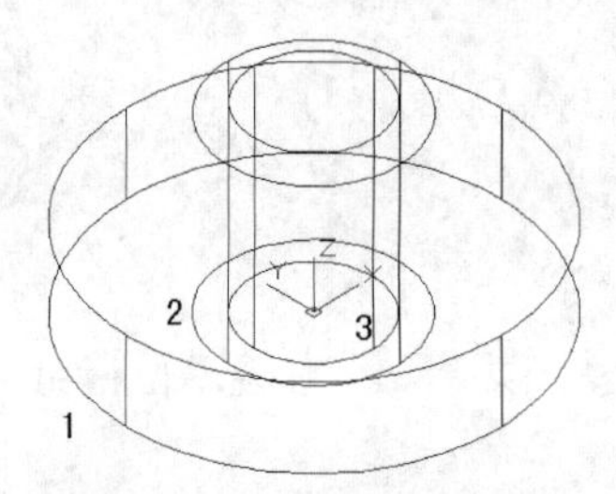

图15-32　绘制圆柱体1、2、3

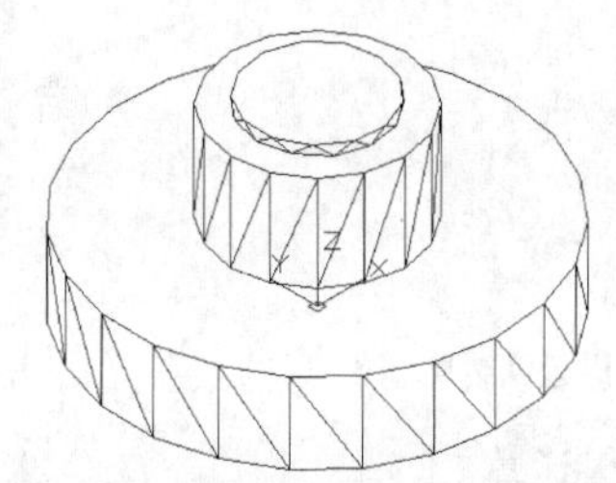

图15-33　并集运算结果

（6）倒角操作。单击“三维工具”选项卡“实体编辑”面板中的“倒角”按钮，选择合并后的圆柱体边线1、2、3、4，倒角距离为2，进行倒角操作，绘制结果如图15-34所示。

（7）绘制圆柱体。单击“三维工具”选项卡“建模”面板中的“圆柱体”按钮，继续绘制圆柱体4、5，圆柱体4、5的底圆圆心坐标为（0,0,0），直径分别为52.76、78，高度分别为116、20，绘制结果如图15-35所示。

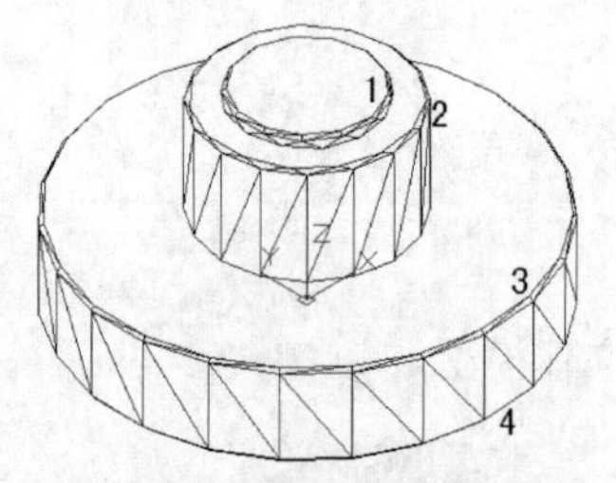

图15-34　倒角操作

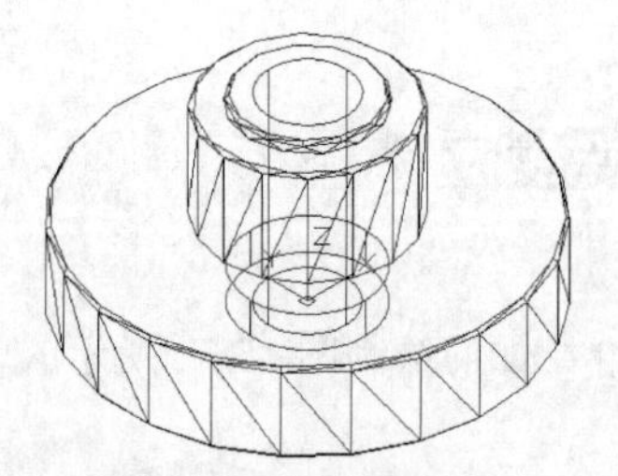

图15-35　绘制圆柱体4、5

（8）差集操作。单击“三维工具”选项卡“实体编辑”面板中的“差集”按钮，从实体中减去上一步绘制的圆柱体4、5，结果如图15-36所示。

（9）倒角操作。单击“三维工具”选项卡“实体编辑”面板中的“倒角”按钮，其中设置倒角边线1和2的倒角距离为2，设置倒角边线3的倒角距离为1.5，结果如图15-37所示。

（10）切换视图。单击“可视化”选项卡“视图”面板中的“西南等轴测”按钮，将当前视图转换为西南等轴测视图。

（11）隐藏实体。单击“视图”选项卡“视觉样式”面板中的“隐藏”按钮，对实体进行消隐。

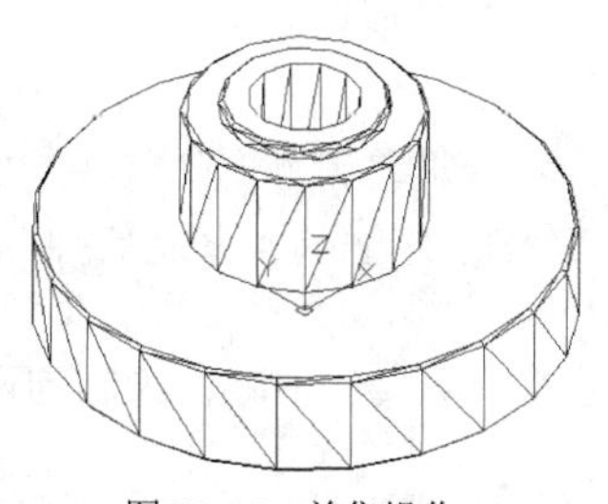

图 15-36　差集操作

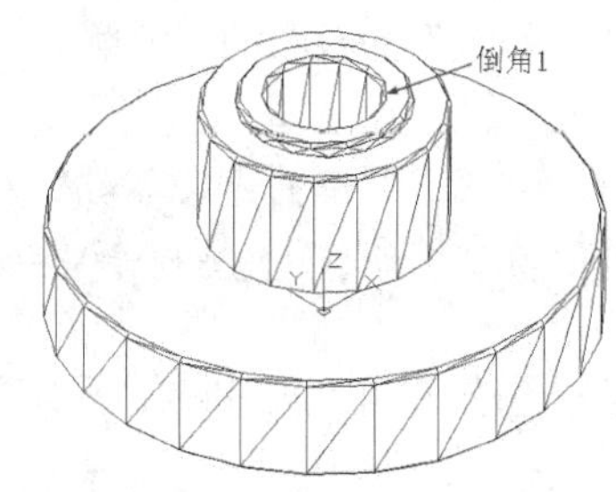

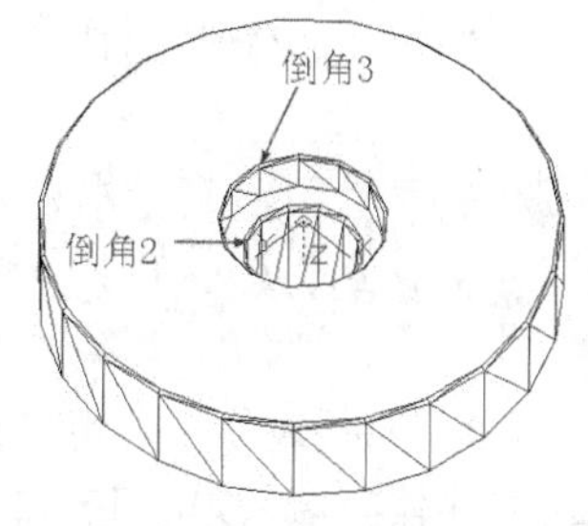

图 15-37　倒角结果 1

（12）绘制圆柱体。单击“建模”工具栏中的“圆柱体”按钮，绘制圆柱体 6，底圆圆心坐标为（93,0,0），底面直径为 46，高度为 50，绘制结果如图 15-38 所示。

（13）阵列实体。选择菜单栏中的“修改”→“三维操作”→“三维阵列”命令，阵列上一步绘制的圆柱体 6，选择阵列类型为环形，项目数目为 6，阵列中心点分别为（0,0,0）、（0,0,10），结果如图 15-39 所示。

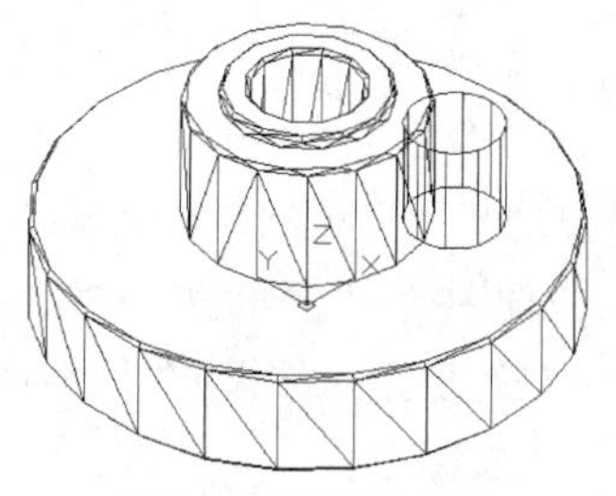

图 15-38　绘制圆柱体 6

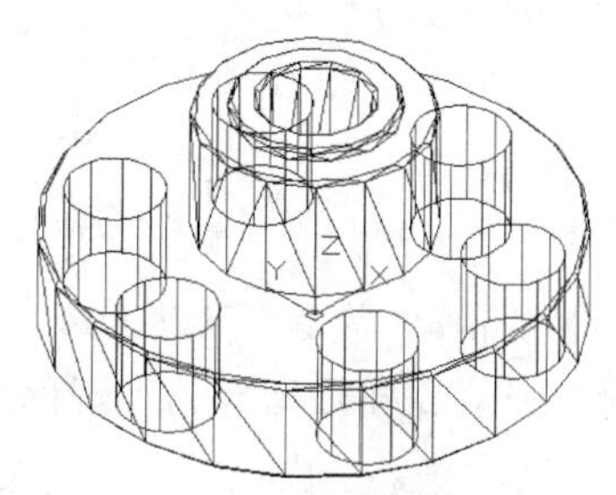

图 15-39　阵列圆柱体 6 结果

（14）绘制锥孔。单击“三维工具”选项卡“建模”中的“圆柱体”按钮，绘制圆柱体，圆柱体底圆圆心坐标为（0,93,50），底面半径为 6，高度为-20。单击“建模”工具栏中的“圆锥体”按钮，绘制锥孔，命令行提示与操作如下。

```
命令: _cone
指定底面的中心点或[三点(3P)/两点(2P)/切点、切点、半径(T)/椭圆(E)]: 0,93,30
指定底面半径或[直径(D)] <6.0000>:
指定高度或 [两点(2P)/轴端点(A)/顶面半径(T)] <-20.0000>: -1.7
```

（15）单击“三维工具”选项卡“实体编辑”工具栏中的“并集”按钮，合并上一步绘制的锥孔实体，结果如图 15-40 所示。

（16）阵列结果。选择菜单栏中的“修改”→“三维操作”→“三维阵列”命令，阵列上一步合并的锥孔，选择阵列类型为环形，项目数目为 6，阵列中心点分别为（0,0,0）、（0,0,10），结果如图 15-41 所示。

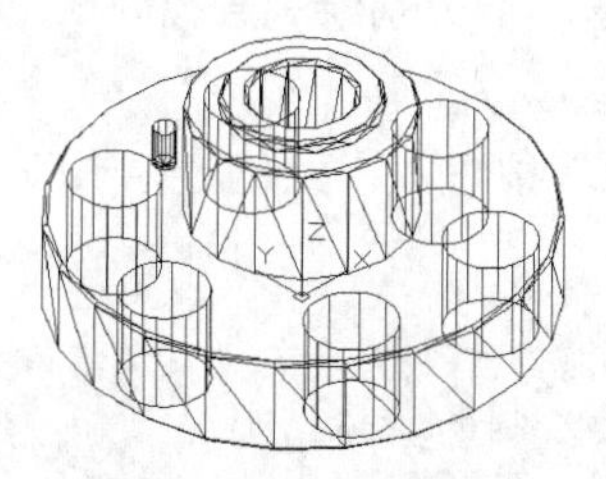

图 15-40　合并结果

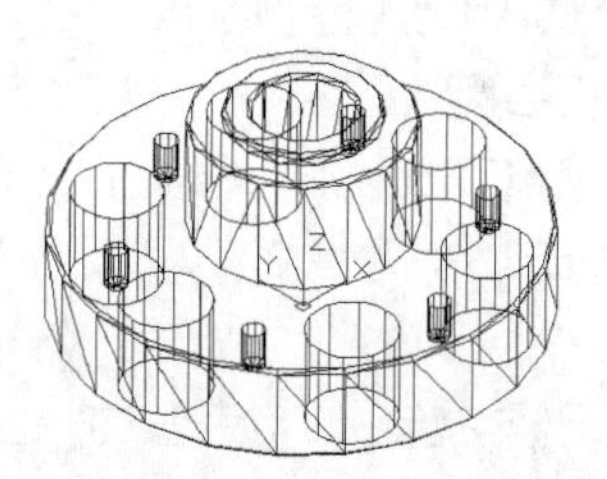

图 15-41　阵列结果

（17）单击“默认”选项卡“修改”面板中的“分解”按钮，分解阵列结果。

注意 从 AutoCAD 2012 版本后，阵列结果自动创建成组，不适用于倒角等命令，为方便后续操作，一般利用“分解”命令，使阵列结果分成单个对象，不影响实体效果。

（18）差集操作。单击“实体编辑”工具栏中的“差集”按钮，从实体中减去绘制的两组阵列实体，结果如图 15-42 所示。

（19）旋转视图。选择菜单栏中的“视图”→“动态观察”→“自由动态观察”命令，旋转实体并选择图形放置到适当位置，方便选择所有倒角边，结果如图 15-43 所示。

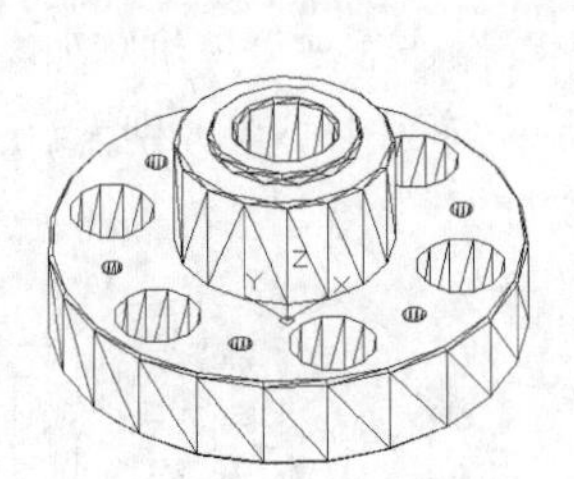

图 15-42 差集运算结果

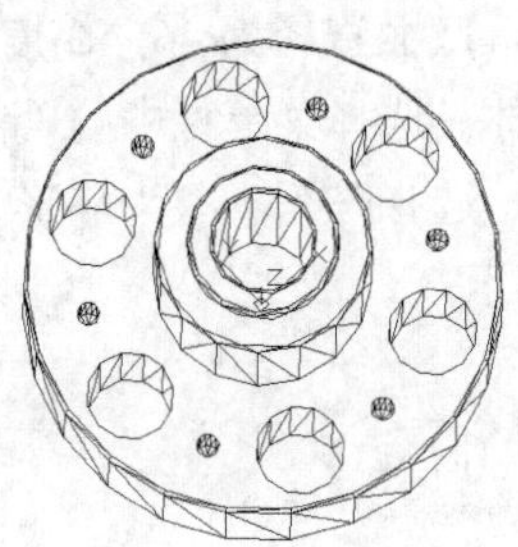

图 15-43 旋转结果

（20）倒角操作。单击“三维工具”选项卡“实体编辑”面板中的“倒角边”按钮，选择大孔上、下边线，倒角距离为 1，选择锥孔，倒角距离为 2，进行倒角，结果如图 15-44 所示。

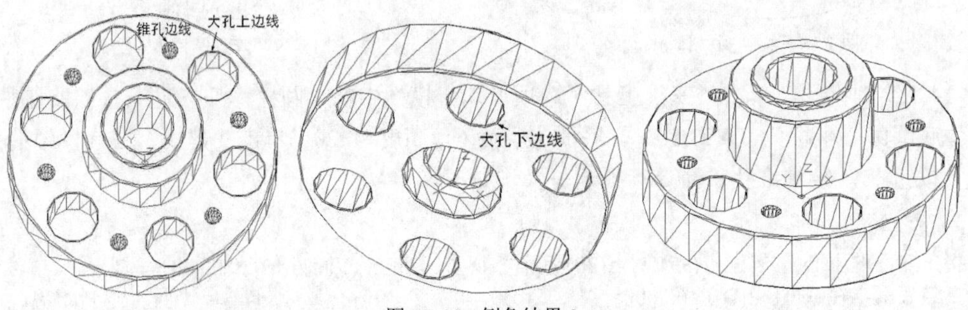

图 15-44 倒角结果 2

（21）绘制截面草图。

① 选择菜单栏中的“视图”→“三维视图”→“平面视图”→“当前”命令，进入 *XY* 平面。

② 单击“默认”选项卡“绘图”面板中的“图层特性管理器”按钮，新建“图层 1”，并将该图层设置为当前图层，绘制截面 1。

③ 单击“默认”选项卡“绘图”面板中的“圆”按钮，分别绘制直径为 52.76、55、58.75，圆心在原点的同心圆。

④ 单击“默认”选项卡“绘图”面板中的“直线”按钮，绘制过原点竖直中心线，结果如图 15-45 所示。

注意 为方便操作，关闭“0”图层，隐藏前面绘制的实体图形。

⑤ 单击“默认”选项卡“绘图”面板中的“偏移”按钮，将中心线向左偏移 1.96。单击“默认”选项卡“修改”面板中的“旋转”按钮，将中心线复制并旋转 2°，基点为原点，再将中心线旋转 5°，基点为原点，结果如图 15-46 所示。

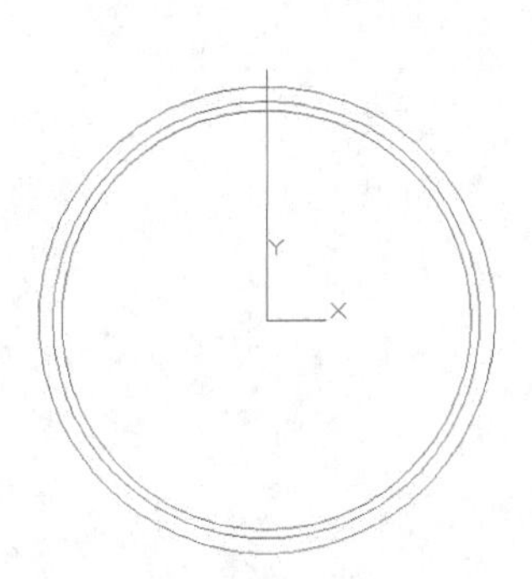

图 15-45　绘制竖直中心线

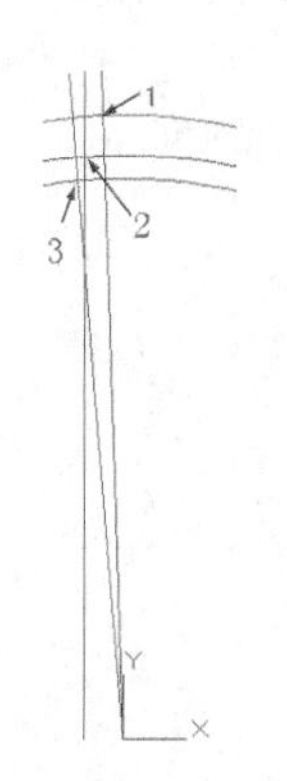

图 15-46　偏移并旋转中心线

⑥ 单击“默认”选项卡“绘图”面板中的“圆弧”按钮，捕捉 1、2、3 点，绘制齿形轮廓，结果如图 15-47 所示。

⑦ 单击“默认”选项卡“修改”面板中的“镜像”按钮，镜像左侧齿形轮廓，结果如图 15-48 所示。

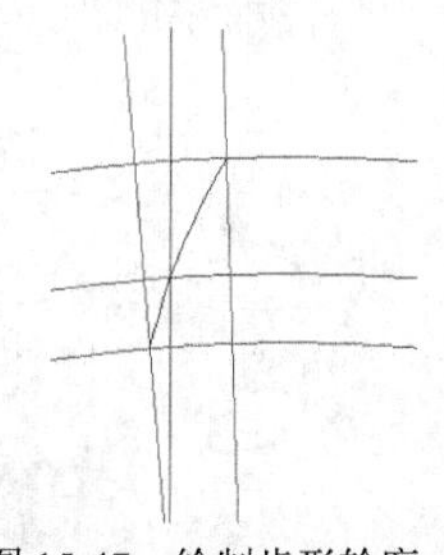

图 15-47　绘制齿形轮廓

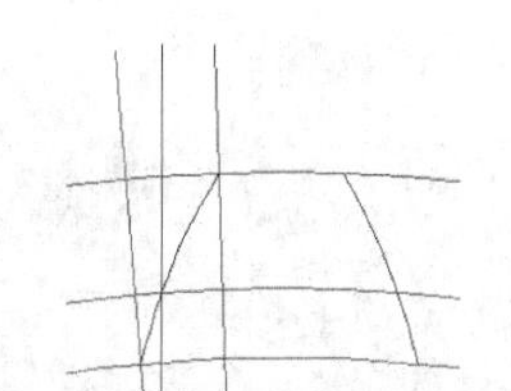

图 15-48　镜像左侧齿形轮廓

⑧ 单击“默认”选项卡“修改”面板中的“环形阵列”按钮，阵列齿形轮廓，项目数为 22，结果如图 15-49 所示。

⑨ 单击“默认”选项卡“修改”面板中的“删除”按钮和“修剪”按钮，修剪旋转草图，结果如图 15-50 所示。

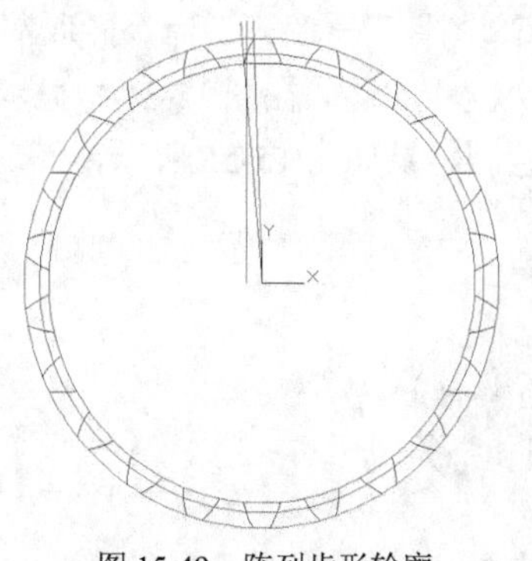

图 15-49　阵列齿形轮廓

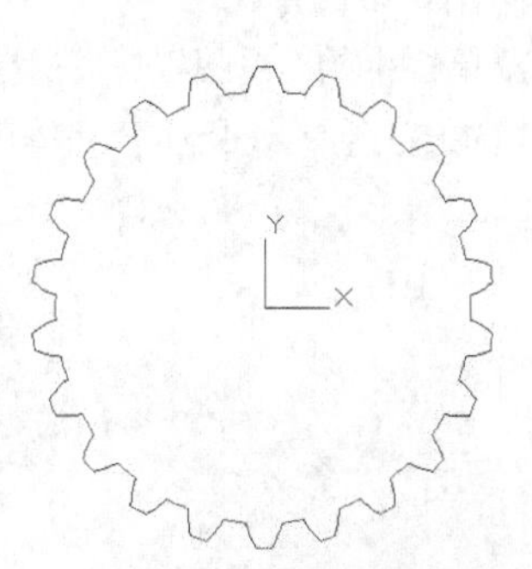

图 15-50　修剪旋转草图

⑩ 单击“默认”选项卡“修改”面板中的“分解”按钮，分解环形阵列结果。

⑪ 单击“默认”选项卡“绘图”面板中的“多段线”按钮，将绘制的多条线编辑成一条多段线，为后面拉伸做准备。绘制结果如图 15-51 所示。

⑫ 单击“视图”工具栏中的“西南等轴测”按钮，将当前视图方向设置为西南等轴测视图。结果如图 15-52 所示。

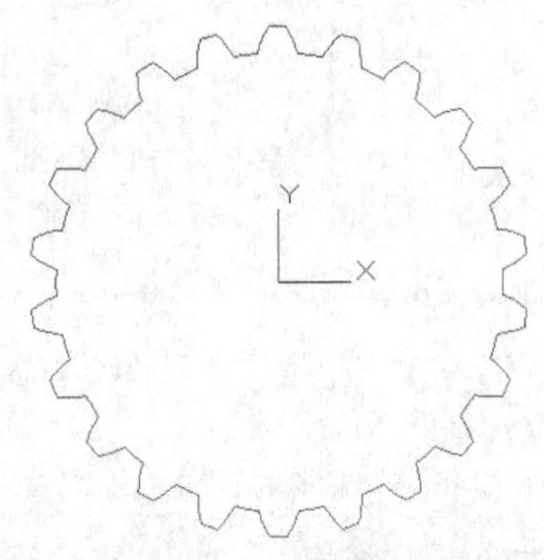

图 15-51　多段线绘制结果

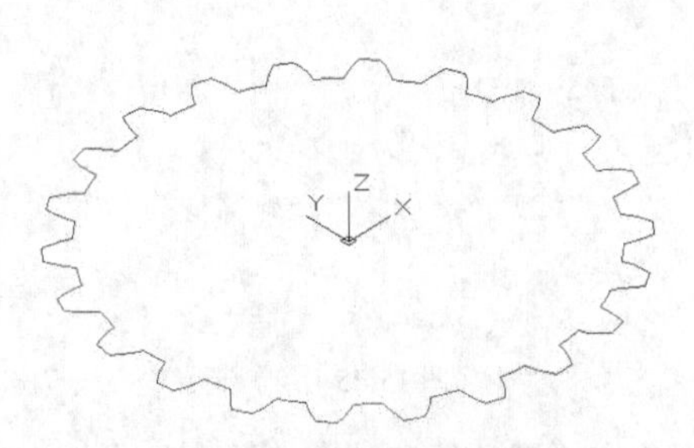

图 15-52　西南等轴测视图

（22）拉伸草图。单击“三维工具”选项卡“建模”面板中的“拉伸”按钮，拉伸上步绘制的截面草图，拉伸高度为 116，结果如图 15-53 所示。

（23）在“图层特性管理器”下拉列表中打开关闭的“0”图层。

（24）差集运算。单击“三维工具”选项卡“实体编辑”面板中的“差集”按钮，从实体中减去上面绘制的两组阵列实体，结果如图 15-54 所示。

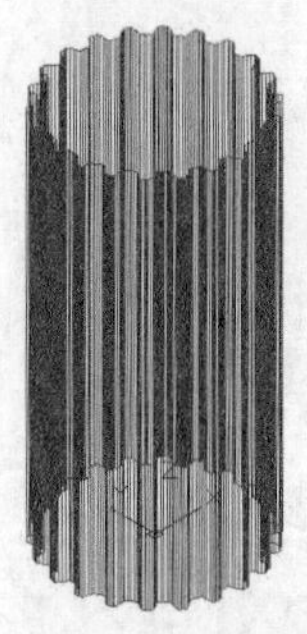

图 15-53　拉伸草图结果

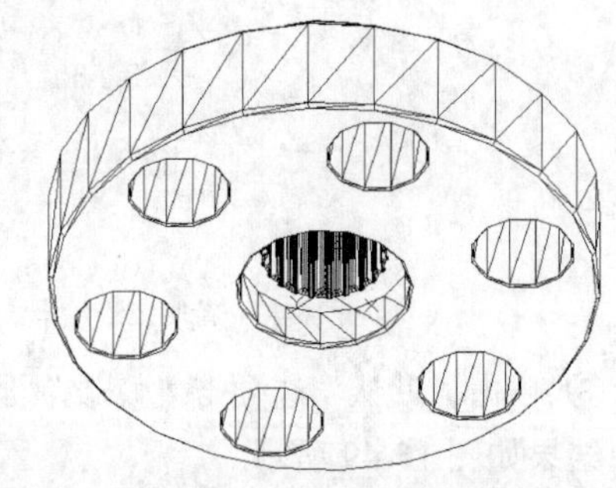

图 15-54　差集运算结果

（25）模型显示。

① 选择菜单栏中的“视图”→“显示”→“UCS 图标”→“开”命令，取消坐标系显示。

② 选择菜单栏中的“视图”→“视觉样式”→“概念”命令，在图 15-31 中显示实体概念图。

使用同样的方法绘制“配油套立体图”文件，绘制结果如图 15-55 所示。

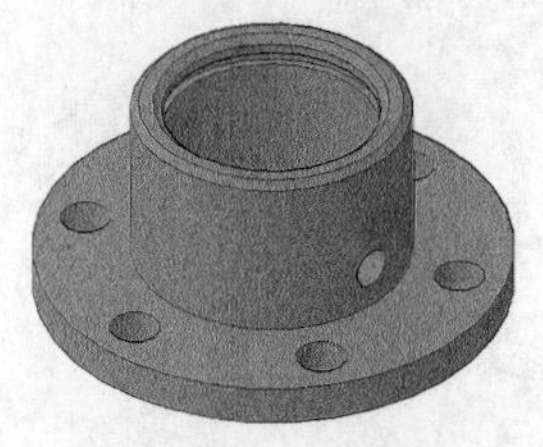

图 15-55　配油套

15.4 上机实验

【练习】绘制图 15-56 所示的销。

图 15-56　销

15.5 模拟试题

（1）能够保存三维几何图形、视图、光源和材质的文件格式是（　　）。

A．.dwf　　B．3D Studio　　C．.wmf　　D．.dxf

（2）下列可以实现修改三维面的边的可见性的命令是（　　）。

A．edge　　B．pedit　　C．3dface　　D．ddmodify

（3）三维十字光标中，下面哪个不是十字光标的标签？（　　）

A．X,Y,Z　　B．N,E,Z

C．N,Y,Z　　D．以上说法均正确

（4）按图 15-57 所示的图形创建单叶双曲表面的实体，然后计算其体积，体积为（　　）。

A．3110092.1277　　B．895939.1946

C．2701787.9395　　D．854841.4588

（5）绘制图 15-58 所示的锥体图形。

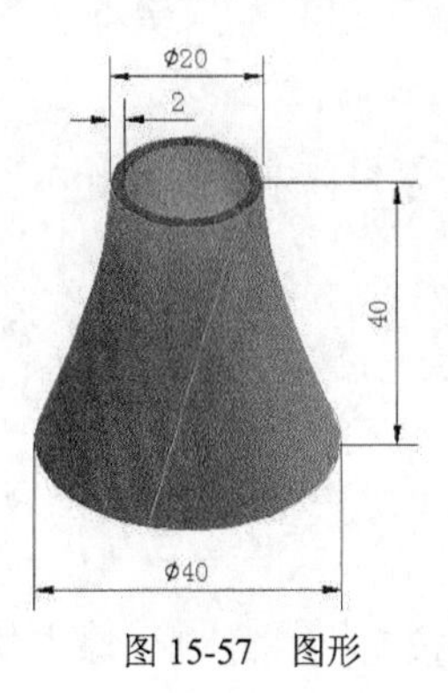

图 15-57　图形

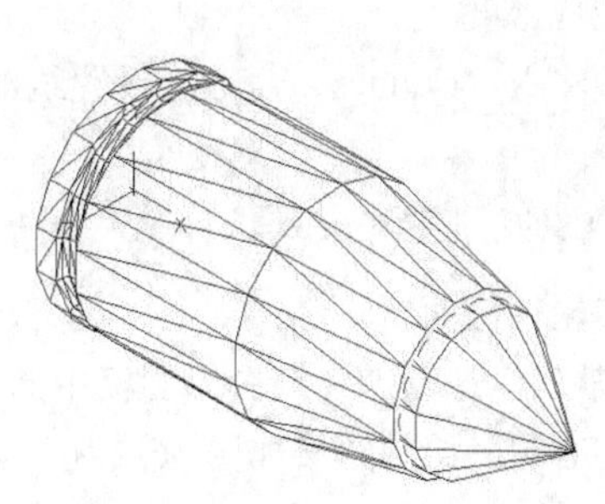

图 15-58　锥体

第16章

轴系零件三维图绘制

本章以轴和输入齿轮立体图为例，详细介绍轴系零件三维图的绘制过程。与上一章轴套类零件三维图的绘制相似，先利用“圆柱体”命令创建实体轮廓，再拉伸二维截面实体，从轮廓实体中减去拉伸实体，最后得到轴系零件。

16.1 轴立体图

本节主要介绍如何绘制图 16-1 所示的轴立体模型。

（1）新建文件

① 单击“快速访问”工具栏中的“新建”按钮，系统打开“选择样板”对话框，在“打开”按钮的右侧下拉菜单中选择“无样板打开-公制（M）”，进入绘图环境。

② 单击“快速访问”工具栏中的“保存”按钮，弹出“另存为”对话框，输入文件名称“轴立体图”，单击“确定”按钮，退出对话框。

（2）设置线框密度

在命令行中输入“isolines”命令，设置线框密度，命令行提示与操作如下。

```
命令: _isolines
输入ISOLINES的新值 <8>: 10
```

（3）绘制齿轮轴截面 1

① 单击“默认”选项卡“绘图”面板中的“圆”按钮，分别绘制直径为 58、62.5、65，圆心在原点的同心圆，绘制结果如图 16-2 所示。

② 单击“默认”选项卡“绘图”面板中的“直线”按钮，绘制过原点的竖直中心线，结果如图 16-3 所示。

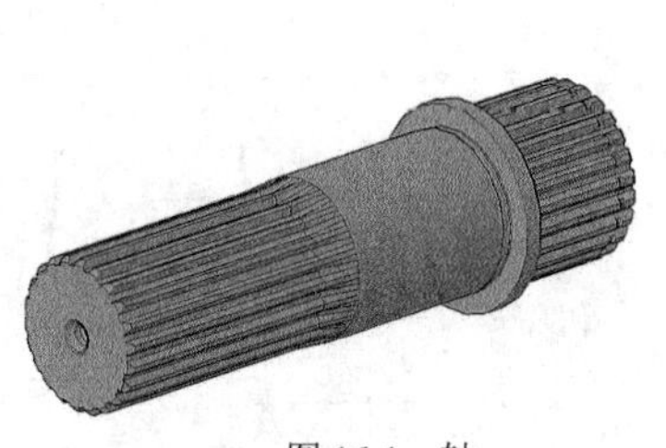

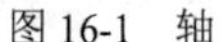

图 16-1　轴

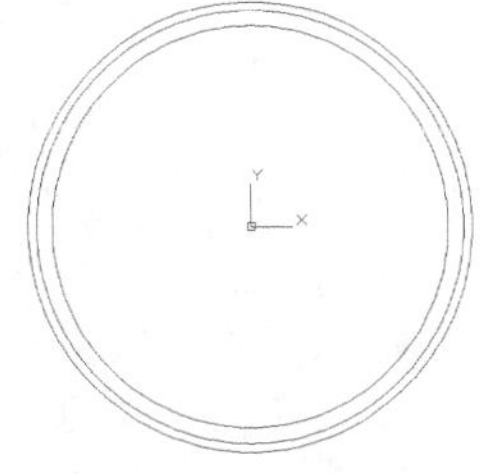

图 16-2　绘制同心圆

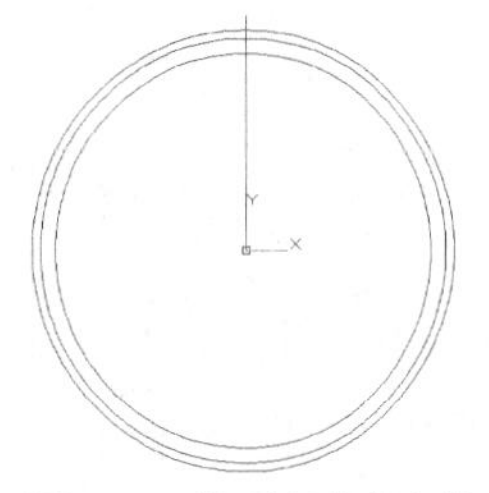

图 16-3　绘制竖直中心线

③ 单击“默认”选项卡“修改”面板中的“偏移”按钮和“旋转”按钮，绘制辅助线，命令行提示与操作如下。

```
命令: _offset
当前设置: 删除源=否　图层=源　OFFSETGAPTYPE=0
指定偏移距离或[通过(T)/删除(E)/图层(L)] <通过>: 1.96
选择要偏移的对象或[退出(E)/放弃(U)] <退出>:（选择竖直直线）
指定要偏移的那一侧上的点，或[退出(E)/多个(M)/放弃(U)] <退出>:
选择要偏移的对象或[退出(E)/放弃(U)] <退出>:（完成偏移直线）
命令: _rotate
UCS 当前的正角方向:　ANGDIR=逆时针　ANGBASE=0
选择对象: 找到 1 个
选择对象:（选择竖直直线）
指定基点:（选择原点）
指定旋转角度或[复制(C)/参照(R)] <0>: C
旋转一组选定对象。
指定旋转角度或[复制(C)/参照(R)] <0>: 2（完成直线1绘制）
命令: _rotate
UCS 当前的正角方向: ANGDIR=逆时针　ANGBASE=0
选择对象: 找到1个
选择对象:（选择竖直直线）
指定基点:（选择原点）
指定旋转角度或[复制(C)/参照(R)] <0>: C
旋转一组选定对象。
指定旋转角度或[复制(C)/参照(R)] <0>: 5（完成直线2绘制）
```

结果如图 16-4 所示。

④ 单击“默认”选项卡“绘图”面板中的“圆弧”按钮，捕捉圆与辅助直线的交点，绘制齿形轮廓，结果如图 16-5 所示。

⑤ 单击“默认”选项卡“修改”面板中的“镜像”按钮，镜像左侧齿形轮廓，结果如图 16-6 所示。

⑥ 单击“默认”选项卡“修改”面板中的“环形阵列”按钮，阵列齿形轮廓，阵列个数为 25，结果如图 16-7 所示。

⑦ 单击“默认”选项卡“修改”面板中的“删除”按钮和“修剪”按钮，修剪旋转草图，结果如图 16-8 所示。

⑧ 单击“默认”选项卡“修改”面板中的“分解”按钮，分解环形阵列结果。

⑨ 单击“默认”选项卡“绘图”面板中的“面域”按钮，将绘制的草图创建成面域。

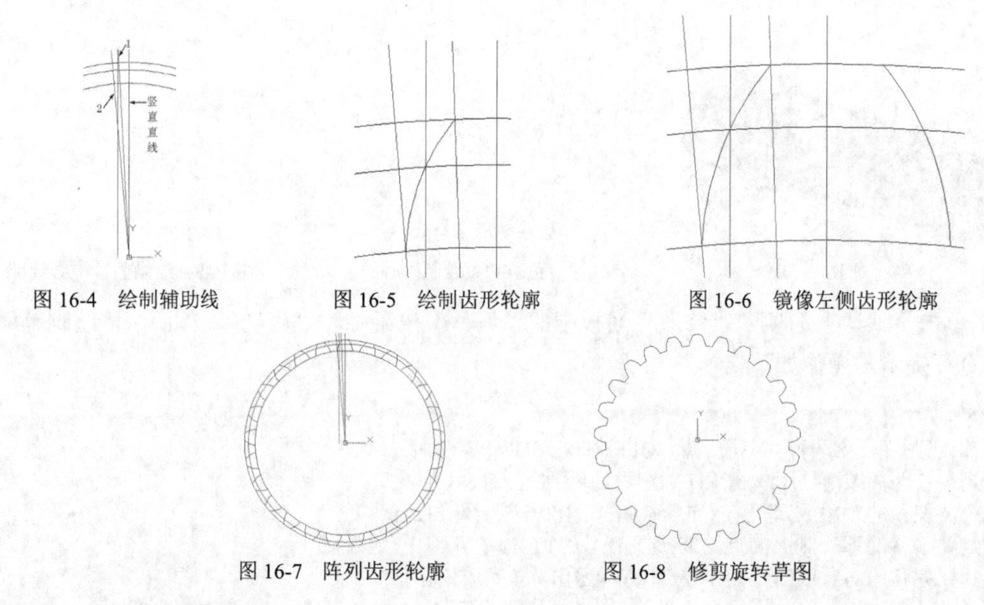

图 16-4　绘制辅助线　　图 16-5　绘制齿形轮廓　　图 16-6　镜像左侧齿形轮廓

图 16-7　阵列齿形轮廓　　图 16-8　修剪旋转草图

（4）拉伸齿轮轴段 1

① 单击“三维工具”选项卡“建模”面板中的“拉伸”按钮，拉伸上一步中创建的面域，高度为 53。

② 单击“可视化”选项卡“视图”面板中的“西南等轴测”按钮，实体消隐结果如图 16-9 所示。

（5）绘制光轴轴段

① 单击“三维工具”选项卡“建模”面板中的“圆柱体”按钮，创建 2 个圆柱体，设置如下。

圆柱体 1：原点坐标为（0,0,6.3），直径为 62.5，高度为 2.7。

圆柱体 2：原点坐标为（0,0,6.3），直径为 65，高度为 2.7。

结果如图 16-10 所示。

② 单击“三维工具”选项卡“实体编辑”面板中的“差集”按钮，从圆柱体 1 中减去圆柱体 2，结果如图 16-11 所示。

③ 单击“三维工具”选项卡“实体编辑”面板中的“差集”按钮，从拉伸实体中减去上一步差集运算后得到的实体，结果如图 16-12 所示。

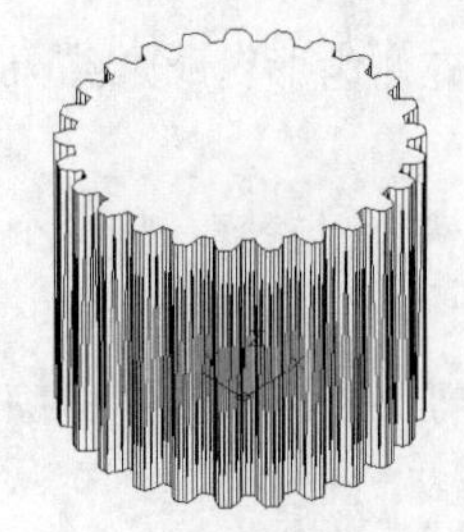

图 16-9　拉伸并消隐实体

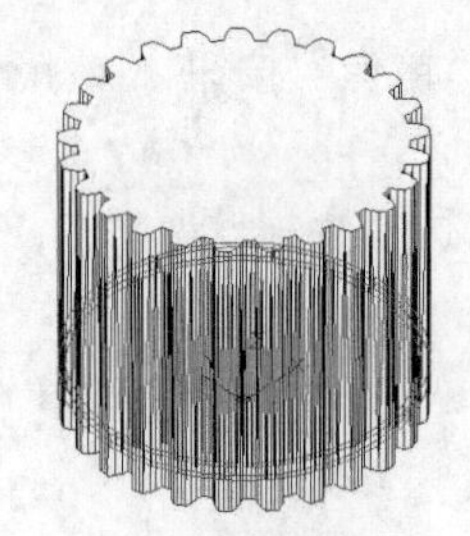

图 16-10　绘制圆柱体 1

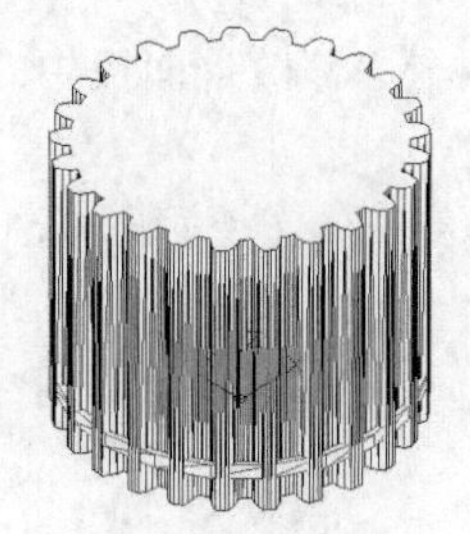

图 16-11　差集运算 1

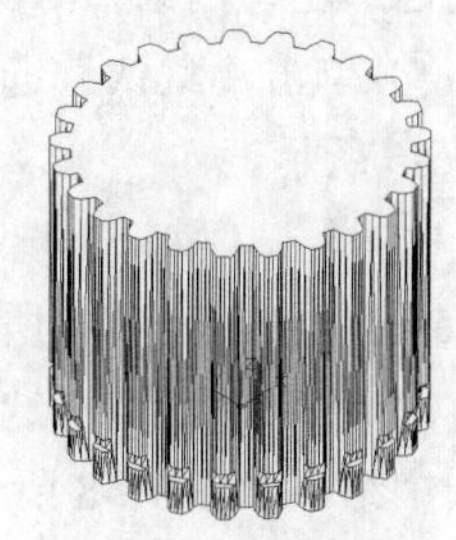

图 16-12　差集运算 2

④ 单击“三维工具”选项卡“建模”面板中的“圆柱体”按钮，创建 4 个圆柱体，设置如下。

圆柱体 3：原点坐标为（0,0,53），直径为 76，高度为 7。

圆柱体 4：原点坐标为（0,0,53），直径为 59.2，高度为 11。

圆柱体 5：原点坐标为（0,0,64），直径为 60，高度为 87。

圆柱体 6：原点坐标为（0,0,151），直径为 57.5，高度为 95。

结果如图 16-13 所示。

⑤ 单击“三维工具”选项卡“实体编辑”面板中的“并集”按钮，合并上述实体，结果如图 16-14 所示。

⑥ 单击“三维工具”选项卡“实体编辑”面板中的“倒角边”按钮，选择边线，倒角距离分别为 1.25、2，结果如图 16-15 所示。

（6）绘制齿轮轴截面 2

① 在命令行中输入“ucs”命令，将坐标原点移动到图 16-15 中最上端圆柱顶圆圆心处，命令行提示与操作如下。

```
命令: _ucs
当前ucs名称: *世界*
指定UCS的原点或[面(F)/命名(NA)/对象(OB)/上一个(P)/视图(V)/世界(W)/X/Y/Z/Z轴(ZA)]<世界>:
0,0,246（圆柱顶圆圆心坐标）
指定X轴上的点或<接受>:↙
```

坐标系移动结果如图 16-16 所示。

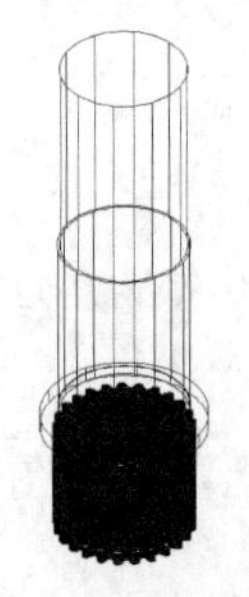

图 16-13　绘制圆柱体 2

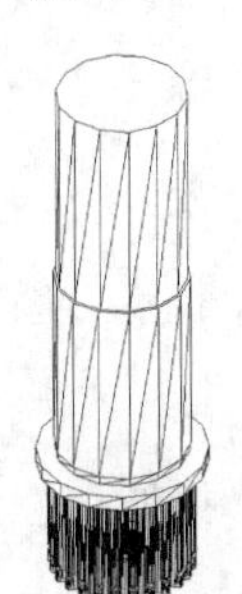

图 16-14　合并实体

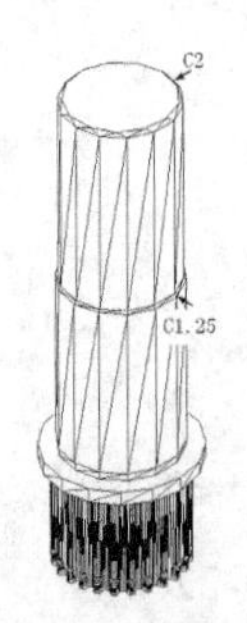

图 16-15　倒角结果

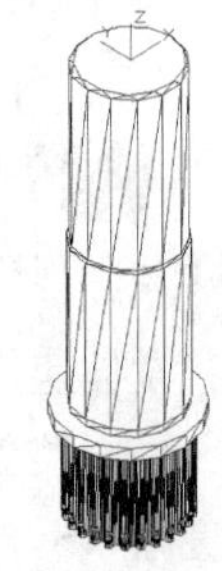

图 16-16　移动坐标系

② 选择菜单栏中的“视图”→“三维视图”→“平面视图”→“当前”命令，进入 *XY* 平面，结果如图 16-17 所示。

③ 单击“默认”选项卡“图层”面板中的“图层特性”按钮，新建“图层 1”，并将该图层设置为当前图层，关闭“0”图层，绘制齿轮轴截面 2。

④ 按照上面的方法绘制齿轮截面 2，其中，齿顶圆、分度圆、齿根圆直径分别为 57.5、55、52，模数为 22，绘制的齿轮轴截面 2 如图 16-18 所示。

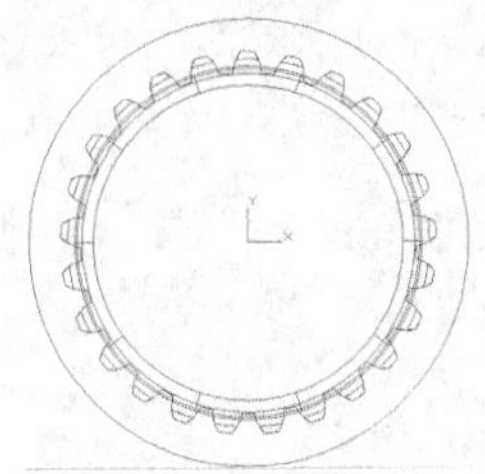

图 16-17　设置视图

图 16-18　绘制齿轮轴截面 2

说 明

完成截面绘制后，可执行“面域”命令或“编辑多段线”命令，将截面合并成一个闭合图形，方便后续操作选取截面。

⑤ 单击“可视化”选项卡“视图”面板中的“西南等轴测”按钮，将当前视图设置为西南等轴测视图，结果如图 16-19 所示。

⑥ 单击“默认”选项卡“图层”面板中的“图层特性”按钮，新建“图层 2”，并将该图层设置为当前图层。

（7）绘制放样截面 1

单击“默认”选项卡“修改”面板中的“复制”按钮，复制齿轮轴截面 2，从坐标点（0,0,0）复制到（0,0,-95），复制结果如图 16-20 所示。

（8）绘制放样截面 2

单击“默认”选项卡“绘图”面板中的“圆”按钮，绘制原点在（0,0,-111），直径为 60 的圆，结果如图 16-21 所示。

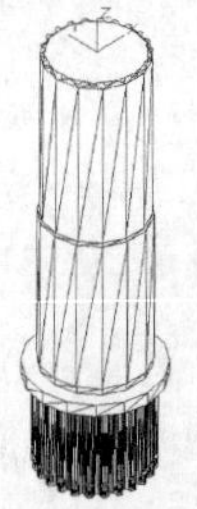

图 16-19 切换视图

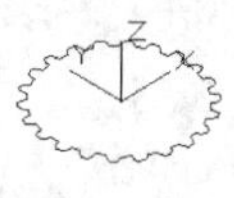

图 16-20 绘制放样截面 1

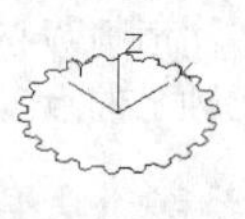

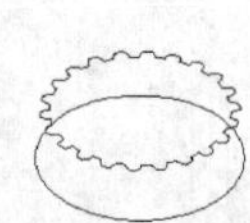

图 16-21 绘制放样截面 2

（9）拉伸齿轮轴段 2

① 单击“三维工具”选项卡“建模”面板中的“拉伸”按钮，拉伸最上端闭合图形，拉伸高度为-95，结果如图 16-22 所示。

② 在“图层特性管理器”下拉列表中关闭“图层 1”，方便选择截面。

③ 单击“三维工具”选项卡“建模”面板中的“放样”按钮，选择截面 1、2，命令行提示与操作如下。

```
命令: _loft
当前线框密度: ISOLINES=10，闭合轮廓创建模式=实体
按放样次序选择横截面或[点(PO)/合并多条边(J)/模式(MO)]: MO
闭合轮廓创建模式[实体(SO)/曲面(SU)] <实体>: SO
按放样次序选择横截面或[点(PO)/合并多条边(J)/模式(MO)]: 找到1个
按放样次序选择横截面或[点(PO)/合并多条边(J)/模式(MO)]: 找到1个，总计2个
按放样次序选择横截面或[点(PO)/合并多条边(J)/模式(MO)]:
选中了2个横截面
输入选项[导向(G)/路径(P)/仅横截面(C)/设置(S)] <仅横截面>:
```

结果如图 16-23 所示。

④ 在“图层特性管理器”下拉列表中打开“图层 1”。

⑤ 单击“三维工具”选项卡“建模”面板中的“圆柱体”按钮，绘制圆柱体 7，其中参

数如下。

圆柱体 7：原点坐标（0,0,0），直径 100 ，高度-111，结果如图 16-24 所示。

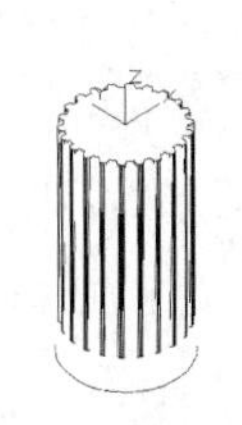

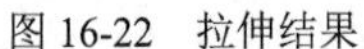

图 16-22　拉伸结果

图 16-23　放样结果

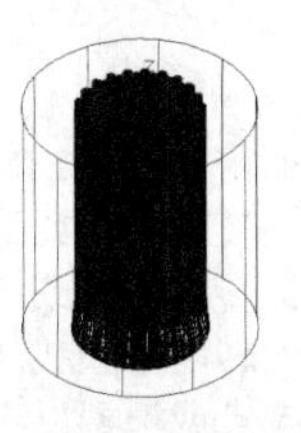

图 16-24　绘制圆柱体 7

⑥ 单击“三维工具”选项卡“实体编辑”面板中的“差集”按钮，从圆柱体 7 中减去拉伸实体与放样实体，结果如图 16-25 所示。

⑦ 在“图层特性管理器”下拉列表中打开“0”图层。

⑧ 单击“三维工具”选项卡“实体编辑”面板中的“差集”按钮，从齿轮轴中减去步骤⑥中差集运算后的实体，结果如图 16-26 所示。

（10）绘制螺孔

① 在命令行中输入“ucs”命令，将坐标系绕 X 轴旋转 90°，命令行提示与操作如下。

```
命令: _ucs
当前ucs名称: *没有名称*
指定ucs的原点或[面(F)/命名(NA)/对象(OB)/上一个(P)/视图(V)/世界(W)/X/Y/Z/Z轴(ZA)] <世界>: X
指定绕X轴的旋转角度 <90>:
```

旋转坐标系，结果如图 16-27 所示。

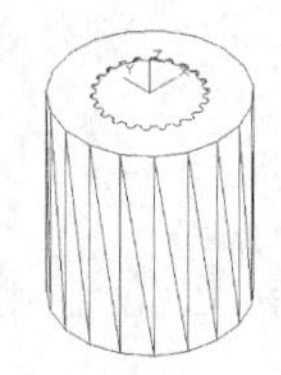

图 16-25　差集运算 3

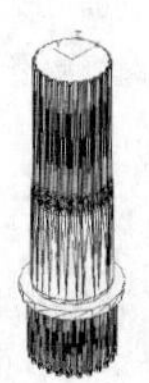

图 16-26　差集运算 4

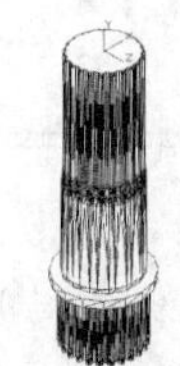

图 16-27　旋转坐标系 1

② 选择菜单栏中的“视图”→“三维视图”→“平面视图”→“当前”命令，进入 XY 平面。

③ 关闭“0”图层，将“图层 2”设置为当前图层。

④ 单击“默认”选项卡“绘图”面板中的“直线”按钮，绘制图 16-28 所示旋转截面。

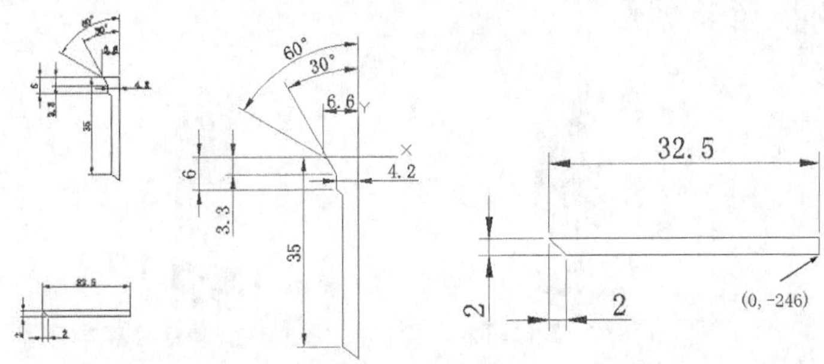

图 16-28　绘制旋转截面

⑤ 单击“默认”选项卡“绘图”面板中的“面域”按钮，将上一步绘制的截面创

建为环。

⑥ 单击“三维工具”选项卡“建模”面板中的“旋转”按钮，选择上一步绘制的面域作为旋转截面，旋转轴为 Y 轴，命令行提示与操作如下。

```
命令: _revolve
当前线框密度: ISOLINES=10，闭合轮廓创建模式=实体
选择要旋转的对象或[模式(MO)]: _MO 闭合轮廓创建模式 [实体(SO)/曲面(SU)] <实体>: SO
选择要旋转的对象或[模式(MO)]: 找到2 个
选择要旋转的对象或[模式(MO)]:
指定轴起点或根据以下选项之一定义轴 [对象(O)/X/Y/Z] <对象>:Y
指定旋转角度或[起点角度(ST)/反转(R)/表达式(EX)] <360>:↙
```

结果如图 16-29 所示。

⑦ 单击“可视化”选项卡“视图”面板中的“西南等轴测”按钮，将当前视图设置为西南等轴测视图。

⑧ 在命令行中输入“ucs”命令，将坐标系绕 X 轴旋转−90°，结果如图 16-30 所示。

⑨ 单击“三维工具”选项卡“建模”面板中的“圆柱体”按钮，绘制圆柱体 8，其中参数如下。

圆柱体 8：原点坐标为（0,0,−246），直径为 100，高度为 2。

结果如图 16-31 所示。

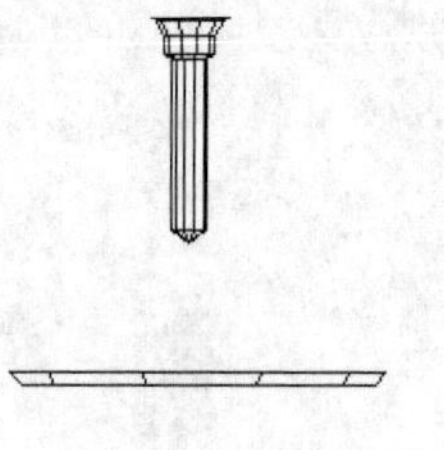

图 16-29　旋转实体结果

图 16-30　旋转坐标系 2

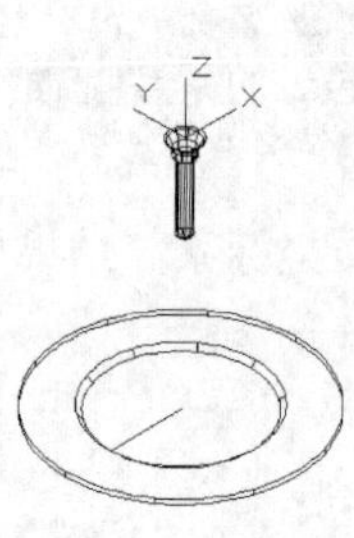

图 16-31　绘制圆柱体 8

⑩ 单击“三维工具”选项卡“实体编辑”面板中的“差集”按钮，从圆柱体中减去下方的旋转实体。

⑪ 在“图层特性管理器”下拉列表中打开“0”图层，消隐结果如图 16-32 所示。

⑫ 单击“三维工具”选项卡“实体编辑”面板中的“差集”按钮，从实体中减去旋转实体 1、2，结果如图 16-33 所示。

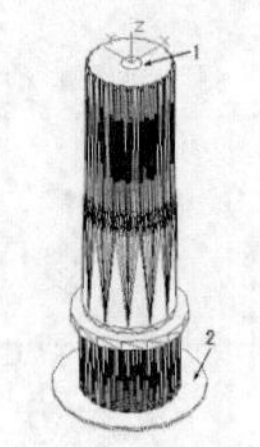

图 16-32　消隐结果

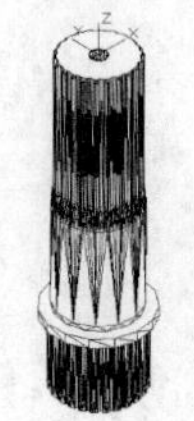

图 16-33　差集运算 5

（11）倒圆角操作

① 单击“视图”选项卡“导航”面板上的“动态观察”下拉列表中的“自由动态观察”按

钮，旋转实体并选择图形放置其到适当位置。

② 单击“三维工具”选项卡“实体编辑”面板中的“倒角边”按钮，选择倒角边线，倒角距离为 C0.4，结果如图 16-34 所示。

③ 单击“三维工具”选项卡“实体编辑”面板中的“圆角边”按钮，选择圆角边线，圆角距离为 R0.4，结果如图 16-35 所示。

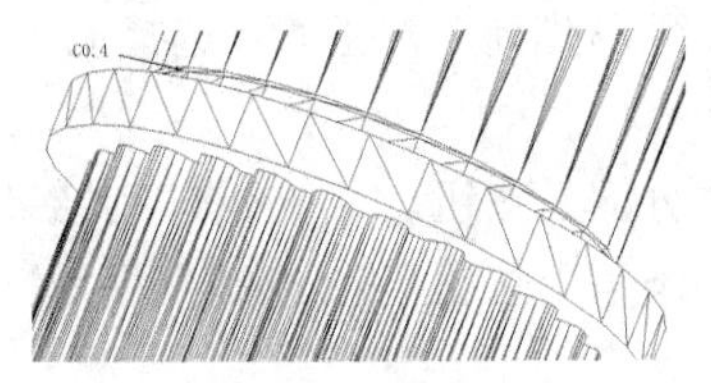

图 16-34　倒角结果

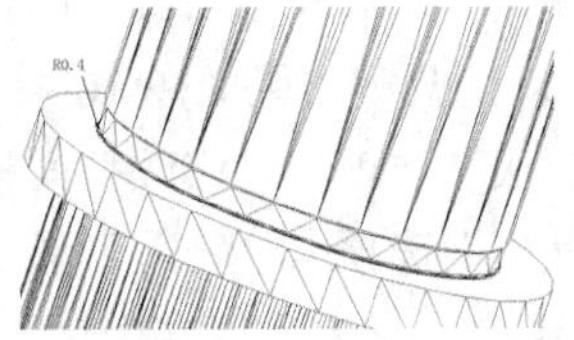

图 16-35　圆角结果

（12）模型显示

① 单击“视图”选项卡“视口工具”面板中的“UCS 图标”按钮，取消坐标系显示。

② 单击“视图”选项卡“视觉样式”面板中的“概念”按钮，在图 16-1 中显示实体概念图。

16.2 输入齿轮立体图

本节主要介绍如何绘制图 16-36 所示的输入齿轮立体模型。

图 16-36　输入齿轮

（1）新建文件

① 单击“快速访问”工具栏中的“新建”按钮，系统打开“选择样板”对话框，在“打开”按钮右侧下拉菜单中选择“无样板打开-公制（M）”，进入绘图环境。

② 单击“快速访问”工具栏中的“保存”按钮，弹出“另存为”对话框，输入文件名称“输入齿轮立体图”，单击“确定”按钮，退出对话框。

（2）设置线框密度

在命令行中输入“isolines”命令，设置线框密度为 10。

（3）绘制齿轮截面 1

① 单击“默认”选项卡“绘图”面板中的“圆”按钮，分别绘制直径为 282.8、266、249.2，圆心在原点的同心圆，绘制结果如图 16-37 所示。

② 单击“默认”选项卡“绘图”面板中的“直线”按钮，绘制过原点的竖直中心线，结果如图 16-38 所示。

③ 单击“默认”选项卡“绘图”面板中的“圆”按钮和“直线”按钮，捕捉齿顶圆

与竖直直线的交点 1 为圆心，绘制半径为 4 的圆；捕捉 *R*4 的圆与齿顶圆为交点 2，以交点 2、第 2 点坐标（@20<-110）为端点绘制直线，捕捉交点 2 并向右绘制水平直线，其与竖直直线 4 相交，交点为 3，结果如图 16-39 所示。

④ 单击“默认”选项卡“修改”面板中的“镜像”按钮 和“删除”按钮，镜向左侧图形并删除多余图元作为齿形，结果如图 16-40 所示。

⑤ 单击“默认”选项卡“修改”面板中的“环形阵列”按钮，选择上一步绘制的齿形，阵列个数为 38，环形阵列结果如图 16-41 所示。

⑥ 单击“默认”选项卡“修改”面板中的“分解”按钮，分解阵列结果。

⑦ 单击“默认”选项卡“修改”面板中的“圆角”按钮，绘制半径为 1.5 的圆角，结果如图 16-42 所示。

⑧ 单击“默认”选项卡“绘图”面板中的“面域”按钮，合并截面图元。

（4）拉伸齿轮

① 单击“三维工具”选项卡“建模”面板中的“拉伸”按钮，拉伸上一步中绘制的截面，拉伸高度为 30。

② 单击“可视化”选项卡“视图”面板中的“西南等轴测”按钮，进入三维视图环境，结果如图 16-43 所示。

（5）绘制旋转截面

① 在命令行中输入“ucs”命令，将坐标系绕 *Y* 轴旋转 90°，命令行提示与操作如下。

```
命令: _ucs
当前UCS名称: *世界*
指定UCS的原点或[面(F)/命名(NA)/对象(OB)/上一个(P)/视图(V)/世界(W)/X/Y/Z/Z轴(ZA)] <世界>: Y
指定绕Y轴的旋转角度 <90>:
```

结果如图 16-44 所示。

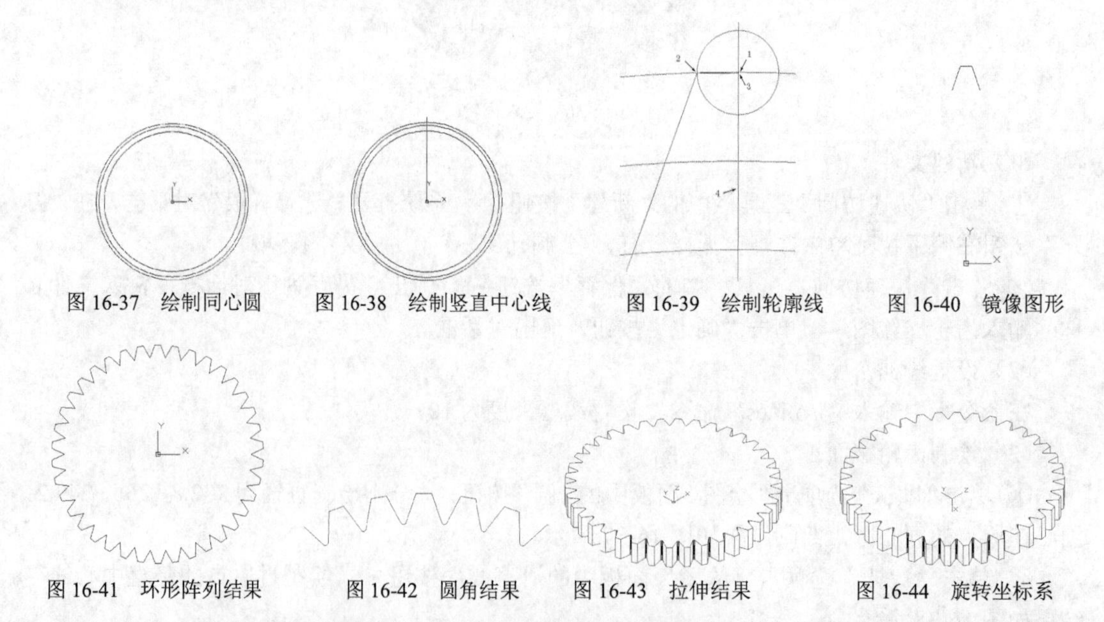

图 16-37　绘制同心圆　图 16-38　绘制竖直中心线　图 16-39　绘制轮廓线　图 16-40　镜像图形

图 16-41　环形阵列结果　图 16-42　圆角结果　图 16-43　拉伸结果　图 16-44　旋转坐标系

② 选择工具栏中的“视图”→“三维视图”→“平面视图”→“当前”命令，将视图转换

到 *XY* 平面上，绘制截面草图。

③ 单击“默认”选项卡“绘图”面板中的“直线”按钮 和“修改”面板中的“圆角”按钮 ，绘制草图轮廓。

④ 单击“默认”选项卡“绘图”面板中的“面域”按钮 ，合并截面，创建 4 个面域，如图 16-45 所示。

（6）旋转切除

① 单击“三维工具”选项卡“建模”面板中的“旋转”按钮 ，选择 *X* 轴作为截面的旋转轴，命令行提示与操作如下。

```
命令: _revolve
当前线框密度:  ISOLINES=10，闭合轮廓创建模式=实体
选择要旋转的对象或[模式(MO)]: _MO闭合轮廓创建模式[实体(SO)/曲面(SU)] <实体>: SO
选择要旋转的对象或[模式(MO)]: 指定对角点: 找到4个（选择图1-45中的截面）
选择要旋转的对象或[模式(MO)]:
指定轴起点或根据以下选项之一定义轴 [对象(O)/X/Y/Z] <对象>: X
指定旋转角度或[起点角度(ST)/反转(R)/表达式(EX)] <360>:
```

② 单击“可视化”选项卡“视图”面板中的“西南等轴测”按钮 ，旋转实体结果如图 16-46 所示。

③ 单击“三维工具”选项卡“实体编辑”面板中的“差集”按钮 ，从齿轮中减去旋转结果与阵列结果，结果如图 16-47 所示。

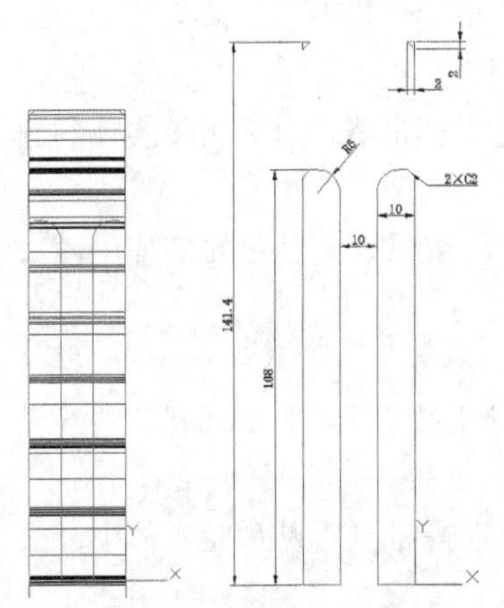

图 16-45　合并截面并创建面域

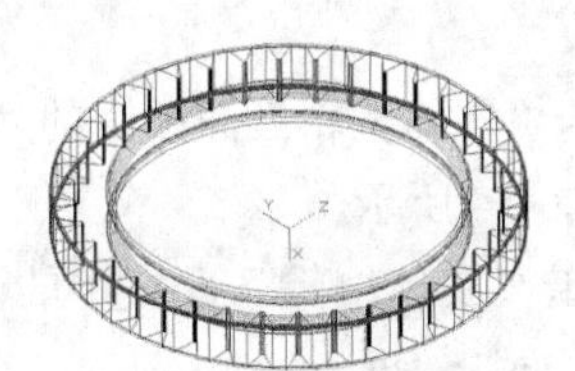

图 16-46　旋转实体

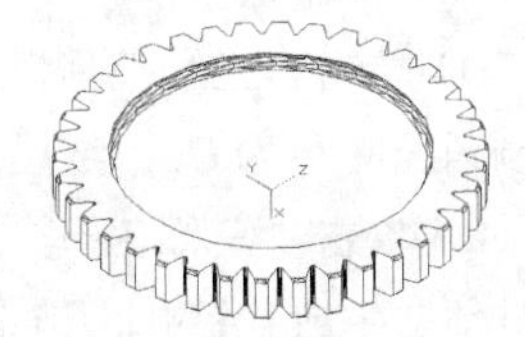

图 16-47　差集运算 1

（7）绘制基体

① 在命令行中输入“ucs”命令，将坐标系移动到（3.5,0,0）处并绕 *Y* 轴旋转−90°，命令行提示与操作如下。

```
命令: _ucs
当前UCS名称: *没有名称*
指定UCS的原点或[面(F)/命名(NA)/对象(OB)/上一个(P)/视图(V)/世界(W)/X/Y/Z/Z轴(ZA)] <世界>:
3.5,0,0
指定X轴上的点或<接受>:
命令: _ucs
当前UCS名称: *没有名称*
```

```
指定UCS的原点或[面(F)/命名(NA)/对象(OB)/上一个(P)/视图(V)/世界(W)/X/Y/Z/Z轴(ZA)] <世界>: y
指定绕Y轴的旋转角度 <90>: –90
```

结果如图 16-48 所示。

② 利用前面所学知识，按照同样的方法绘制花键截面 2，其中，齿顶圆、分度圆、齿根圆直径分别为 60.25、62.5、66.25，模数为 25，创建的花键截面 2 如图 16-49 所示。

③ 单击“三维工具”选项卡“建模”面板中的“拉伸”按钮，拉伸上一步绘制的花键截面 2，高度为 44，结果如图 16-50 所示。

④ 单击“三维工具”选项卡“建模”面板中的“圆柱体”按钮，绘制圆柱体 1、2、3，参数如下。

圆柱体 1：圆心为（0,0,0），直径为 83，高度为 44。

圆柱体 2：圆心为（0,0,0），直径为 60.25，高度为 44。

圆柱体 3：圆心为（73.5,0,0），直径为 45，高度为 44。

绘制结果如图 16-51 所示。

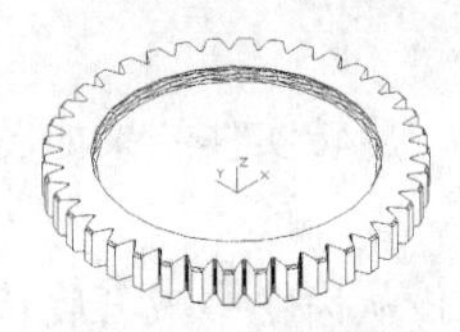

图 16-48 移动坐标系

图 16-49 花键截面 2

图 16-50 拉伸花键截面 2

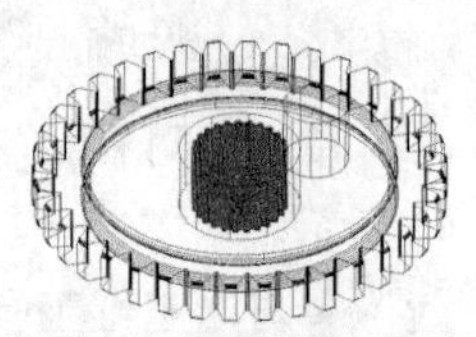

图 16-51 绘制圆柱体

⑤ 选择菜单栏中的“修改”→“三维操作”→“三维阵列”命令，阵列孔，阵列对象为圆柱体 3，阵列个数为 8，阵列中心点为（0,0,0）、（0,0,10），消隐结果如图 16-52 所示。

⑥ 单击“三维工具”选项卡“实体编辑”面板中的“并集”按钮，合并齿轮实体与圆柱体 1。

⑦ 单击“三维工具”选项卡“实体编辑”面板中的“差集”按钮，从齿轮实体中减去圆柱体 2、3，生成孔，结果如图 16-53 所示。

（8）倒角操作

① 单击“三维工具”选项卡“实体编辑”面板中的“倒角边”按钮，为中心孔两边线设置倒角，间距为 C2，结果如图 16-54 所示。

② 单击“三维工具”选项卡“实体编辑”面板中的“差集”按钮，从齿轮实体中减去花键体，生成花键孔，结果如图 16-55 所示。

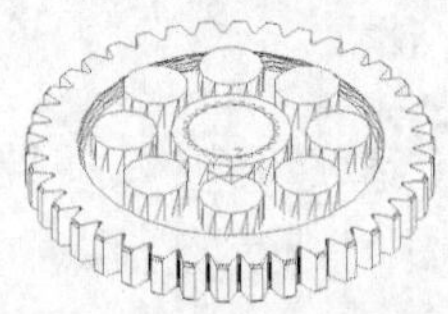

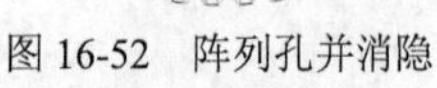

图 16-52 阵列孔并消隐

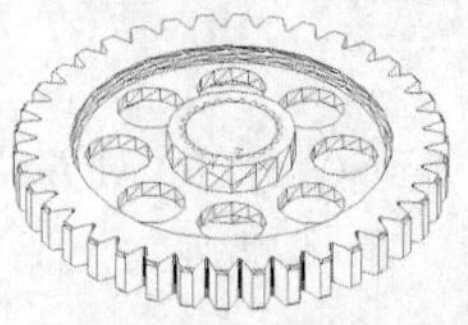

图 16-53 差集运算 2

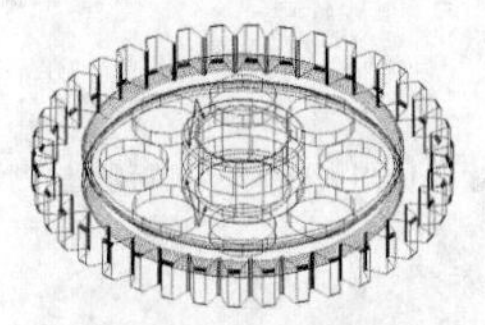

图 16-54 倒角结果

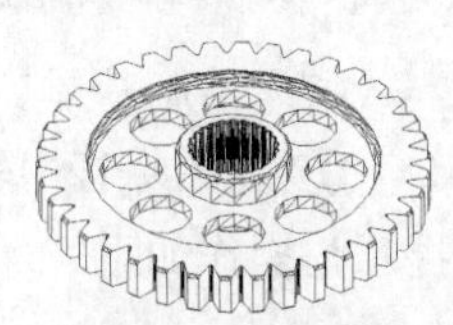

图 16-55 差集运算 3

（9）模型显示

① 单击“视图”选项卡“视口工具”面板中的“UCS 图标”按钮，取消坐标系显示。

② 单击“视图”选项卡“视觉样式”面板中的“概念”按钮，在图 16-36 中显示实体概念图。

使用同样的方法绘制“输出齿轮立体图”文件，结果如图 16-56 所示。

图 16-56 输出齿轮

16.3 上机实验

【练习 1】绘制图 16-57 所示的顶针，并进行渲染处理。

【练习 2】绘制图 16-58 所示的支架并赋材渲染。

图 16-57 顶针

图 16-58 支架

箱体三维总成

本章利用前面章节绘制的零件立体模型，按照平面图装配文件中的装配关系，绘制装配箱体三维图。本章节主要利用“带基点复制”“粘贴”命令，将零件三维图插入装配图文件中。通过多次执行“UCS”命令，设置坐标系，按照装配关系对应点坐标，完成实体绘制。

17.1 箱体总成

绘制装配零件三维图与绘制装配零件平面图相同，有3种绘制方法：附着、插入块、复制粘贴。但采用前2种方法插入装配图文件中的零件三维图无法被编辑，由于本章节绘制的装配图有后续编辑操作的需求，因此采用第3种方法。箱体总成绘制结果如图17-1所示。

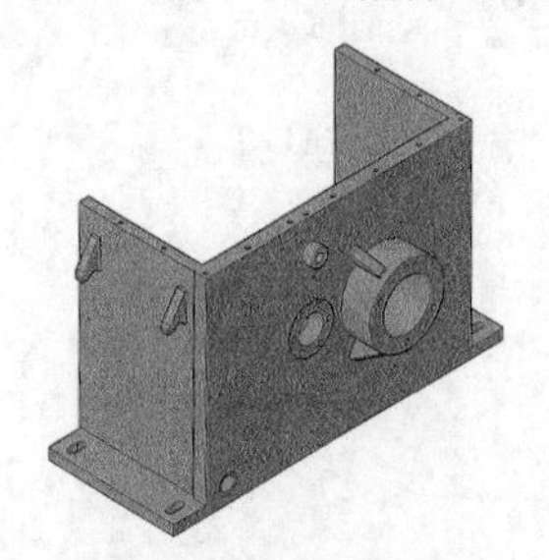

图17-1　箱体总成

17.1.1 新建装配文件

1. 设置线框密度

在命令行中输入“isolines”命令，设置线框密度为10。

2．设置视图方向

单击“可视化”选项卡“视图”面板中的“西南等轴测”按钮，设置模型显示视图方向。

17.1.2　装配底板

1．打开文件

（1）单击“快速访问”工具栏中的“打开”按钮，弹出“选择文件”对话框，打开“/源文件/第 15 章/底板立体图.dwg”文件。

（2）选择菜单栏中的“视图”→“三维视图”→“平面视图”→“当前”命令，进入 *XY* 平面。

（3）单击“视图”选项卡“视口工具”面板中的“UCS 图标”按钮，显示坐标系。如图 17-2 所示。

2．插入底板零件

在绘图区单击鼠标右键，选择“剪切板”下拉列表中的“带基点复制”命令，复制底板零件，基点为坐标原点；在绘图区单击鼠标右键，选择“剪切板”下拉列表中的“粘贴”命令，插入点坐标为（0,0,0），结果如图 17-3 所示。

图 17-2　底板立体图

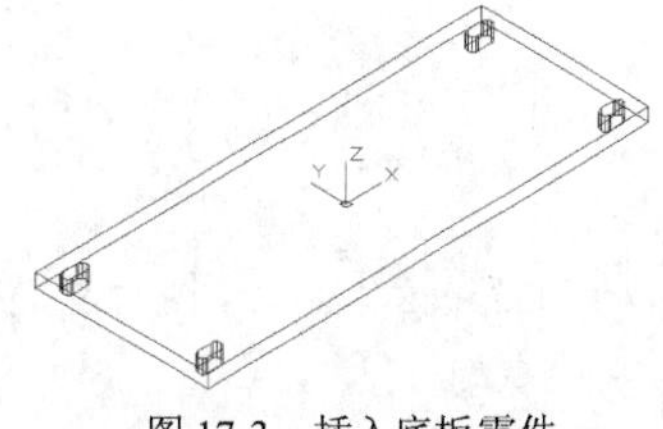

图 17-3　插入底板零件

17.1.3　装配后箱板

1．打开文件

（1）单击“快速访问”工具栏中的“打开”按钮，弹出“选择文件”对话框，打开“/源文件/第 17 章/后箱板立体图.dwg”文件。

（2）在绘图区单击鼠标右键，选择“剪切板”下拉列表中的“带基点复制”命令，复制后箱板零件，基点为图 17-4 所示的 B 点。

2．插入后箱板零件

（1）选择菜单栏中的“窗口”→“03 箱体总成立体图”命令，切换到装配体文件窗口。

（2）在命令行中输入“ucs”命令，绕 *X* 轴旋转 90º，建立新的用户坐标系。

（3）在绘图区单击鼠标右键，选择“剪切板”下拉列表中的“粘贴”命令，插入点坐标为（0,26,169），结果如图 17-5 所示。

17.1.4 装配侧板

1．打开文件

（1）单击“快速访问”工具栏中的“打开”按钮，弹出“选择文件”对话框，打开“/源文件/第 17 章/侧板立体图.dwg”文件。

（2）在绘图区单击鼠标右键，选择“剪切板”下拉列表中的“带基点复制”命令，复制侧板零件，基点坐标为图 17-6 所示的顶点 A 点。

2．插入侧板零件

（1）选择菜单栏中的“窗口”→“箱体总成立体图”命令，切换到装配体文件窗口。

（2）在命令行中输入“ucs”命令，将坐标系绕 Y 轴旋转 90º，建立新的用户坐标系。

（3）在绘图区单击鼠标右键，选择“剪切板”下拉列表中的“粘贴”命令，插入点坐标为（-134,26,-330），消隐结果如图 17-7 所示。

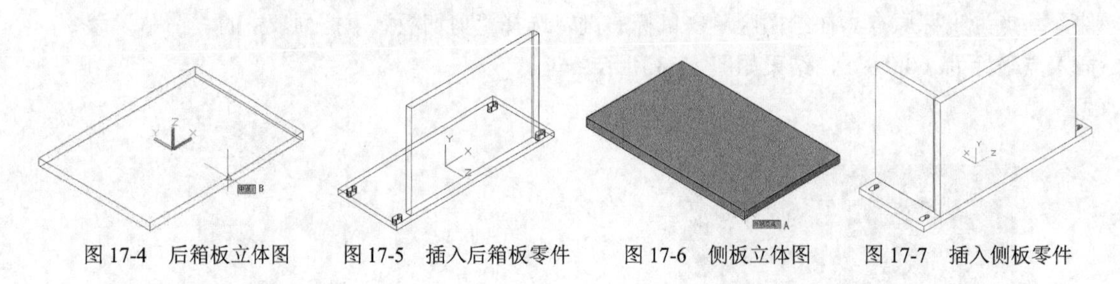

图 17-4　后箱板立体图　　图 17-5　插入后箱板零件　　图 17-6　侧板立体图　　图 17-7　插入侧板零件

17.1.5 装配油管座

1．打开文件

（1）单击快速访问工具栏中的“打开”命令，弹出“选择文件”对话框，打开“/源文件/第 17 章/油管座立体图.dwg”文件。

（2）在绘图区单击鼠标右键，选择“剪切板”下拉列表中的“带基点复制”命令，复制图 17-8 所示的油管座零件，基点坐标为（0,0,0）。

2．插入油管座零件

（1）选择菜单栏中的“窗口”→“03 箱体总成立体图”命令，切换到装配体文件窗口。

（2）在命令行中输入“ucs”命令，将坐标系绕 Y 轴旋转-90º，建立新的用户坐标系。

（3）在绘图区单击鼠标右键，选择“剪切板”下拉列表中的“粘贴”命令，插入点坐标为（-74,451,169），如图 17-9 所示。

图 17-8　油管座立体图

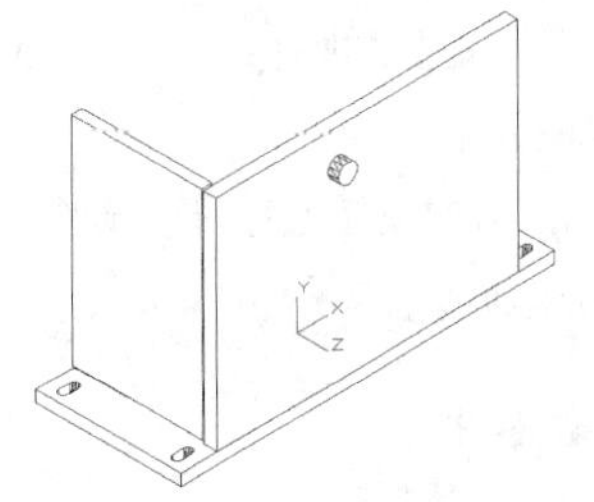

图 17-9　插入油管座零件

17.1.6　装配吊耳板

1．打开文件

（1）单击“快速访问”工具栏中的“打开”按钮，弹出“选择文件”对话框，打开“/源文件/第 17 章/吊耳板立体图.dwg”文件。

（2）选择工具栏中的“视图”→“三维视图”→“平面视图”→“当前”命令，进入 *XY* 平面。

（3）在绘图区单击鼠标右键，选择“剪切板”下拉列表中的“带基点复制”命令，复制吊耳板零件，基点坐标为图 17-10 所示的 A 点。

2．插入 2 个吊耳板零件

（1）选择菜单栏中的“窗口”→“03 箱体总成立体图”命令，切换到装配体文件窗口。

在绘图区单击鼠标右键，选择“剪切板”下拉列表中的“粘贴”命令，插入点坐标为（-355,481,-131）、（-355,481,99），结果如图 17-11 所示。

（2）选择菜单栏中的“修改”→“三维操作”→“三维镜像”命令，镜像侧板与 2 个吊耳板，镜像结果如图 17-12 所示。

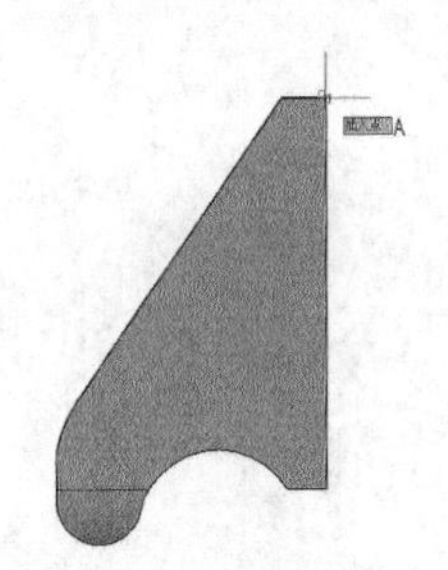

图 17-10　吊耳板立体图

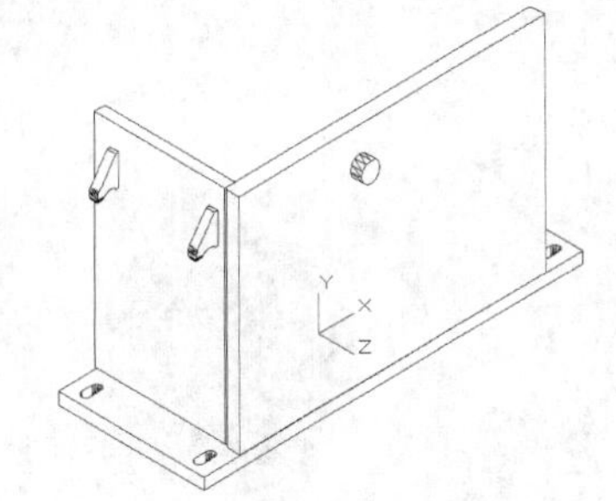

图 17-11　插入吊耳板零件

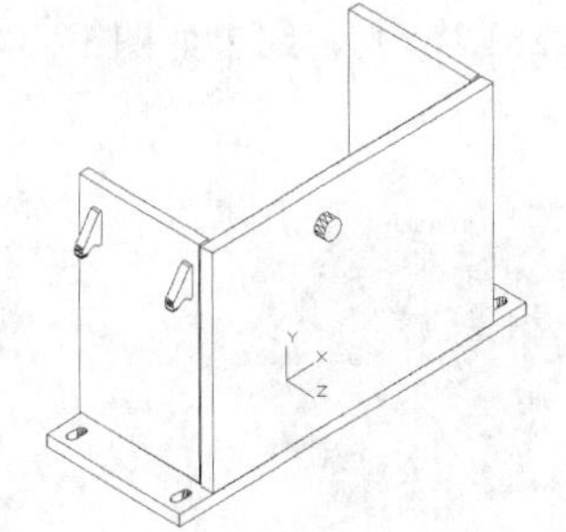

图 17-12　镜像侧板与 2 个吊耳板

17.1.7　装配安装板

1．打开文件

（1）单击“快速访问”工具栏中的“打开”按钮，弹出“选择文件”对话框，打开“/源文件/第 17 章/安装板 30 立体图.dwg”文件。

（2）选择工具栏中的“视图”→“三维视图”→“平面视图”→“当前”命令，进入 *XY* 平面，如图 17-13 所示。

（3）在绘图区单击鼠标右键，选择“剪切板”下拉列表中的“带基点复制”命令，复制安装板零件，基点为坐标原点。

2. 插入安装板零件

（1）选择菜单栏中的“窗口”→“03 箱体总成立体图”命令，切换到装配体文件窗口。

（2）在绘图区单击鼠标右键，选择“剪切板”下拉列表中的“粘贴”命令，插入点坐标为（-74,281,169），结果如图 17-14 所示。

17.1.8 装配轴承座

1. 打开文件

（1）单击“快速访问”工具栏中的“打开”按钮，弹出“选择文件”对话框，打开“/源文件/第 17 章/轴承座立体图.dwg”文件。

（2）选择工具栏中的“视图”→“三维视图”→“平面视图”→“当前”命令，进入 *XY* 平面，如图 17-15 所示。

（3）在绘图区单击鼠标右键，选择“剪切板”下拉列表中的“带基点复制”命令，复制轴承座零件，基点为坐标原点。

2. 插入轴承座零件

选择菜单栏中的“窗口”→“03 箱体总成立体图”命令，切换到装配体文件窗口。

在绘图区单击鼠标右键，选择“剪切板”下拉列表中的“粘贴”命令，插入点坐标为（108,281,169），结果如图 17-16 所示。

图 17-13　安装板 3D 立体图

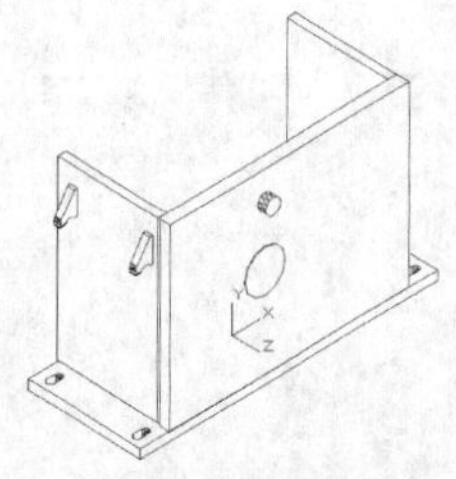

图 17-14　插入安装板零件

图 17-15　轴承座立体图

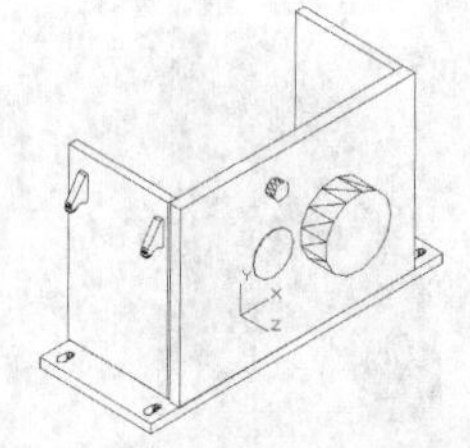

图 17-16　插入轴承座零件

17.1.9 装配筋板

1. 打开文件

（1）单击“快速访问”工具栏中的“打开”按钮，弹出“选择文件”对话框，打开“/源文件/第 17 章/筋板立体图.dwg”文件。

（2）在绘图区单击鼠标右键，选择“剪切板”下拉列表中的“带基点复制”命令，复制筋板零件，基点坐标为图 17-17 所示的 A 点。

2．插入筋板零件

（1）选择菜单栏中的“窗口”→“03 箱体总成立体图”命令，切换到装配体文件窗口。

（2）在绘图区单击鼠标右键，选择“剪切板”下拉列表中的“带粘贴”命令，插入点坐标为（208,281,169），结果如图 17-18 所示。

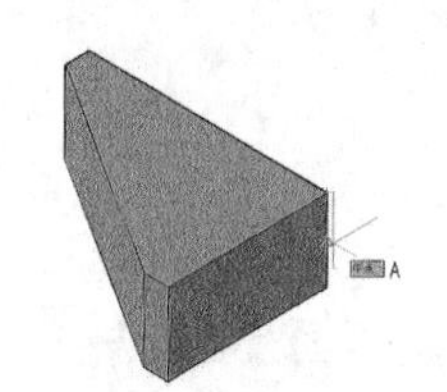

图 17-17　筋板立体图

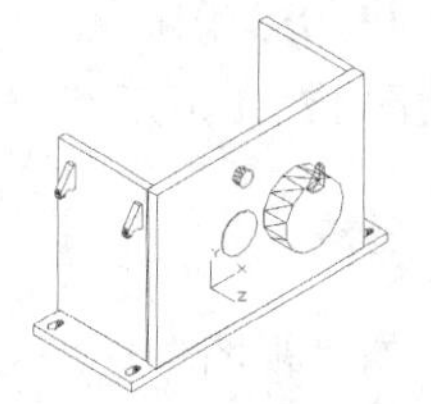

图 17-18　插入筋板零件

（3）选择菜单栏中的“修改”→“三维操作”→“三维旋转”命令，绕过插入点（208,281,169）的旋转轴旋转筋板，结果如图 17-19 所示。

（4）选择菜单栏中的“修改”→“三维操作”→“三维阵列”命令，选择筋板作为阵列对象，阵列类型为环形，项目数为 3，阵列中心点为（108,281,169）、（108,281,0），阵列筋板。

（5）单击“视图”选项卡“视觉样式”面板中的“隐藏”按钮，对实体进行消隐，结果如图 17-20 所示。

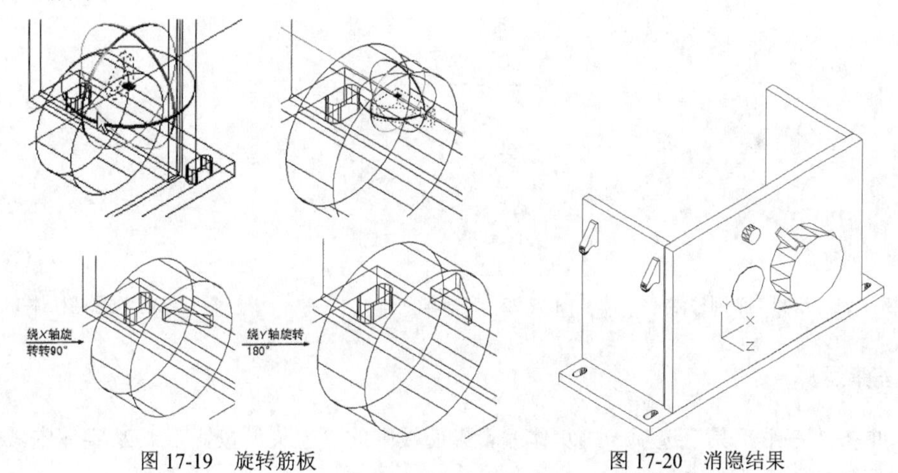

图 17-19　旋转筋板　　　　图 17-20　消隐结果

（6）单击“三维工具”选项卡“实体编辑”面板中的“并集”按钮，合并所有插入零件。

17.2 绘制装配孔

1．绘制圆柱体

单击“三维工具”选项卡“建模”面板中的“圆柱体”按钮，绘制 7 个圆柱体，参数设置如下。

圆柱体 1：圆心为（108,281,245），半径为 65，高度为-120。

圆柱体 2：圆心为（-74,281,171），半径为 35，高度为-100。

圆柱体 3：圆心为（-74,451,194），半径为 11，高度为-37.5。

圆柱体 4：圆心为（-342,14,-169），半径为 8，高度为 50。

圆柱体 5：圆心为（-342,248,-169），半径为 8，高度为 47。

圆柱体 6：圆心为（-295,44,169），半径为 18，高度为-100。

圆柱体 7：圆心为（-295,44,169），半径为 26，高度为-2。

圆柱体绘制结果如图 17-21 所示。

2．复制、镜像圆柱体

（1）选择工具栏中的“视图”→“三维视图”→“平面视图”→“当前”命令，进入 *XY* 平面。

（2）在绘图区单击鼠标右键，选择“剪切板”下拉列表中的“复制”命令，捕捉圆柱体 4 的圆心为基点，沿 *X* 轴正向复制圆柱体 4，位移分别为 114、228、343，沿 *Y* 轴正向复制圆柱体 4，位移分别为 93、186、282、375、468，结果如图 17-22 所示。

（3）单击“默认”选项卡“修改”面板中的“镜像”按钮，向右侧镜像上一步绘制的复制结果与圆柱体 5，结果如图 17-23 所示。

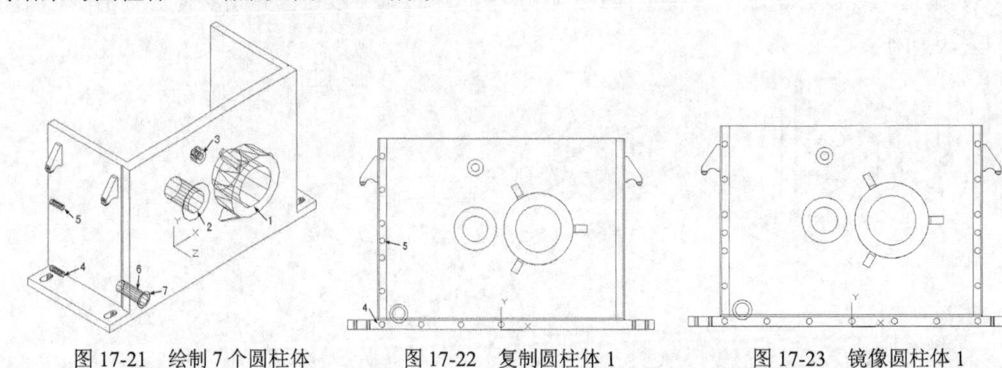

图 17-21　绘制 7 个圆柱体　　图 17-22　复制圆柱体 1　　图 17-23　镜像圆柱体 1

3．差集运算

（1）单击“三维工具”选项卡“实体编辑”面板中的“差集”按钮，从实体中减去所有圆柱体（圆柱体 1~圆柱体 7）。

（2）单击“可视化”选项卡“视图”面板中的“西南等轴测”按钮，设置模型显示方向，消隐结果如图 17-24 所示。

（3）单击“视图”选项卡“导航”面板“动态观察”下拉列表中的“自由动态观察”按钮，旋转实体到适当角度，方便观察，结果如图 17-25 所示。

4．绘制圆柱体

（1）设置坐标系。在命令行中输入“ucs”命令，将坐标原点移动到图 17-26 中的点 A 处，并将坐标系绕 *X* 轴旋转-90°，结果如图 17-27 所示。

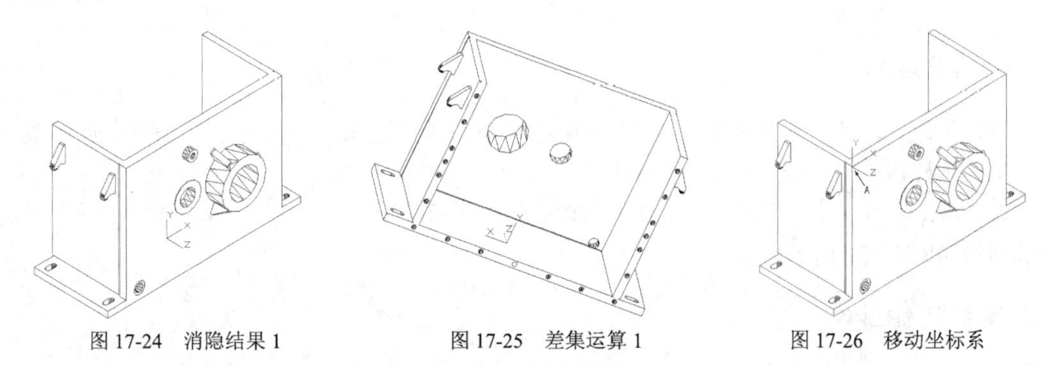

图 17-24 消隐结果 1　　图 17-25 差集运算 1　　图 17-26 移动坐标系

（2）绘制圆柱体。单击“三维工具”选项卡“建模”面板中的“圆柱体”按钮，绘制 2 个圆柱体，参数设置如下。

圆柱体 8：圆心为（12,15,0），半径为 5，高度为-25。

圆柱体 9：圆心为（281,12.5,0），半径为 6，高度为-215。

绘制圆柱体结果如图 17-28 所示。

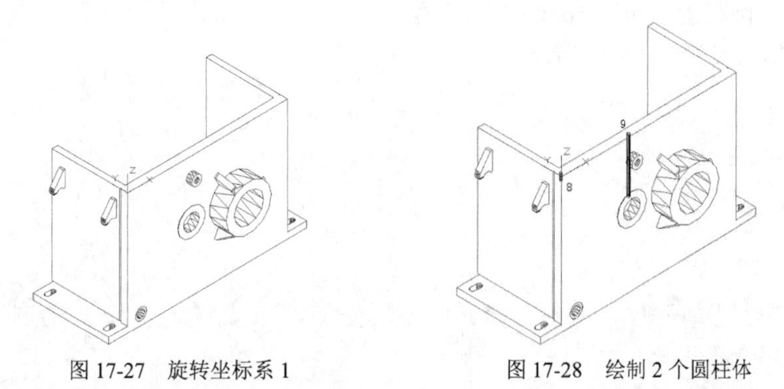

图 17-27 旋转坐标系 1　　图 17-28 绘制 2 个圆柱体

5．复制、镜像圆柱体

（1）选择菜单栏中的“视图”→“三维视图”→“平面视图”→“当前”命令，进入 *XY* 平面。

（2）在绘图区单击鼠标右键，选择“剪切板”下拉列表中的“复制”命令，捕捉圆柱体 8 的圆心为基点，沿 *X* 轴正向复制，位移分别为 114、228、343；沿 *Y* 轴正向复制，位移分别为 111、225，结果如图 17-29 所示。

（3）单击“默认”选项卡“修改”面板中的“镜像”按钮，向右侧镜像圆柱体 8 及上一步的复制结果，镜像结果如图 17-30 所示。

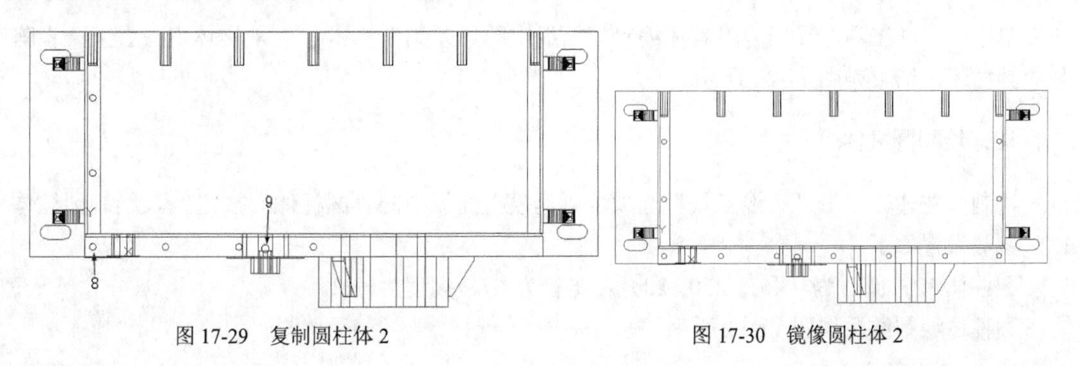

图 17-29 复制圆柱体 2　　图 17-30 镜像圆柱体 2

6. 差集运算

（1）单击“三维工具”选项卡“实体编辑”面板中的“差集”按钮，从实体中减去上一步绘制的圆柱体。

（2）单击“可视化”选项卡“视图”面板中的“西南等轴测”按钮，设置模型显示方向，消隐结果如图 17-31 所示。

7. 绘制圆柱体

（1）设置坐标系。在命令行中输入“ucs”命令，将坐标系绕 X 轴旋转 90°，结果如图 17-32 所示。

（2）绘制圆柱体。单击“三维工具”选项卡“建模”面板中的“圆柱体”按钮，绘制 2 个圆柱体，参数设置如下。

圆柱体 10：圆心为（233,-250，2），半径为 6，高度为-32。

圆柱体 11：圆心为（463,-168,76），半径为 6，高度为-32。

绘制圆柱体结果如图 17-33 所示。

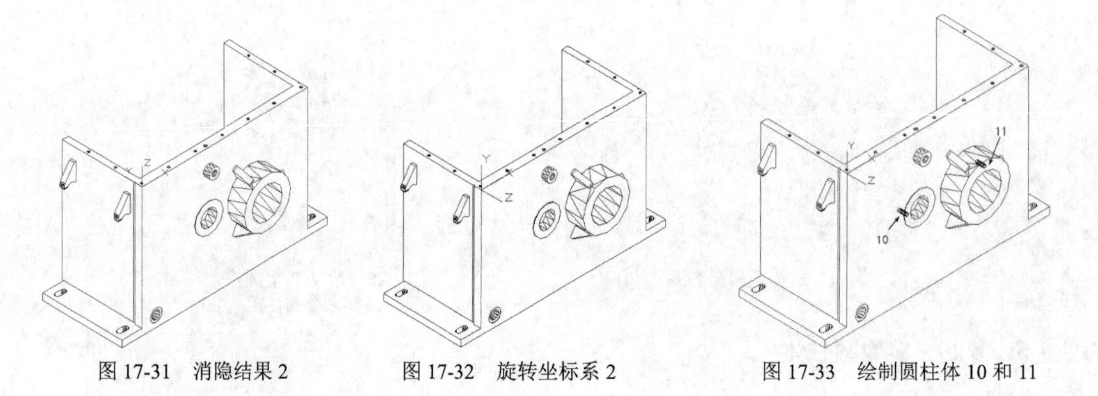

图 17-31　消隐结果 2　　图 17-32　旋转坐标系 2　　图 17-33　绘制圆柱体 10 和 11

8. 复制、镜像圆柱体

单击“建模”工具栏中的“三维阵列”按钮，阵列圆柱体 10，阵列中心点为（281,-250,0）、（281,-250,10）；阵列图柱体 11，阵列中心点为（463,-250,0）、（463,-250,10），阵列项目数均为 6。

9. 差集运算

单击“三维工具”选项卡“实体编辑”面板中的“差集”按钮，从实体中减去上一步阵列的圆柱体，结果如图 17-34 所示。

10. 绘制圆柱体

绘制圆柱体。单击“三维工具”选项卡“建模”面板中的“圆柱体”按钮，绘制圆柱体 12，参数设置如下。

圆柱体 12：圆心为（463,-250,-28），半径为 67，高度为-3.2。

圆柱体绘制结果如图 17-35 所示。

11．差集运算

单击“三维工具”选项卡“实体编辑”面板中的“差集”按钮，从实体中减去上步绘制的圆柱体 12，结果如图 17-36 所示。

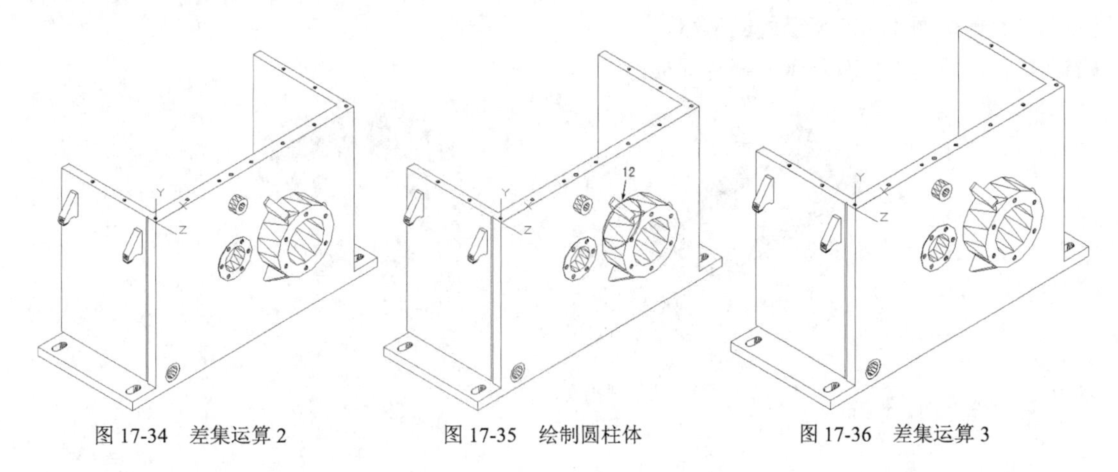

图 17-34　差集运算 2　　图 17-35　绘制圆柱体　　图 17-36　差集运算 3

12．渲染视图

（1）单击“视图”选项卡“视口工具”面板中的“UCS 图标”按钮，取消坐标系显示。

（2）单击“视图”选项卡“视觉样式”面板中的“概念”按钮，结果如图 17-1 所示。

使用同样的方法绘制相似图形“箱板总成立体图”，概念图结果如图 17-37 所示。

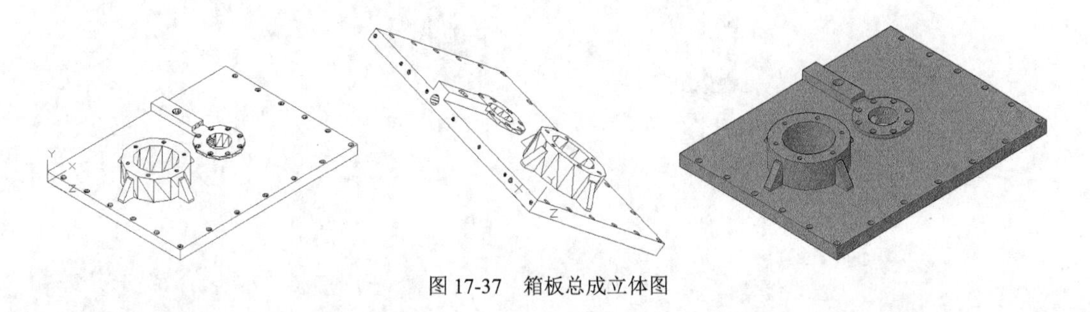

图 17-37　箱板总成立体图

17.3 名师点拨——渲染妙用

渲染功能代替了传统的建筑、机械和工程图形使用水彩、有色蜡笔和油墨等生成最终演示的渲染结果图的方法。渲染图形的过程一般分为以下 4 步。

（1）准备渲染模型：包括遵从正确的绘图技术，删除消隐面，创建光滑的着色网格和设置视图的分辨率。

（2）创建和放置光源及创建阴影。

（3）定义材质并建立材质与可见表面间的联系。

（4）进行渲染，包括检验渲染对象的准备、照明和颜色的中间步骤。

17.4 上机实验

【练习 1】创建图 17-38 所示的回形窗。

【练习 2】创建图 17-39 所示的镂空圆桌。

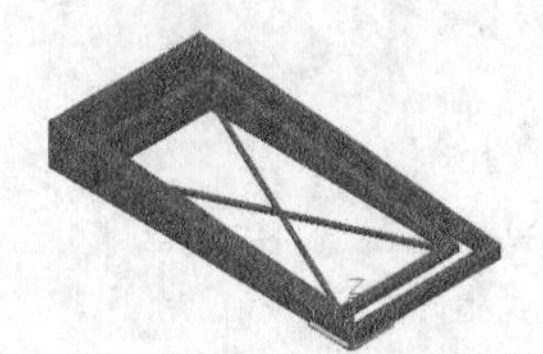

图 17-38 回形窗

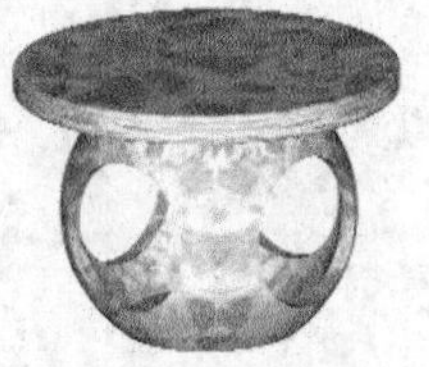

图 17-39 镂空圆桌

17.5 模拟试题

（1）绘制图 17-40 所示的台灯。

（2）绘制图 17-41 所示的摇杆。

图 17-40 台灯

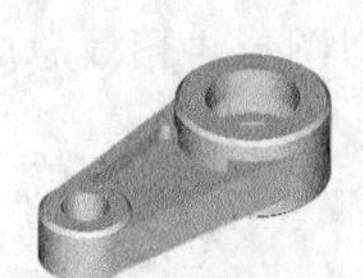

图 17-41 摇杆

第18章

变速器试验箱体三维总成

本章将以变速器试验箱体三维总成为例，详细介绍大型装配体立体模型的绘制方法。由于本例中需要在装配体中进行后续钻孔操作，因此采用可编辑的插入方法，即复制粘贴，虽然比方法操作简单，但由于零件过多，需要用户在操作过程中细心认真，注意坐标系的变化，以便快速准确地完成三维图的绘制。

18.1 变速器试验箱体总成

本节主要介绍变速器试验箱体总成立体模型的绘制方法，装配体渲染结果如图 18-1 所示。

图 18-1　变速器试验箱体总成立体模型着色图

18.1.1　新建装配文件

1．建立新文件

单击“快速访问”工具栏中的“新建”按钮，弹出“选择样板”对话框，以“无样板打开-公制（M）”方式建立新文件。将新文件命名为“试验箱体总成立体图.dwg”并保存。

2．配置绘图环境

将常用的二维和三维编辑与显示工具栏调出来，例如“修改”“视图”“建模”“渲染”工具栏，将它们放置在绘图窗口中。

3．设置线框密度

在命令行中输入“isolines”命令，设置线框密度为10。

4．设置视图方向

单击“可视化”选项卡“视图”面板中的“西南等轴测”按钮，设置模型显示。

18.1.2　装配箱体总成 1

1．打开文件

（1）单击“快速访问”工具栏中的“打开”按钮，弹出“选择文件”对话框，打开“/源文件/第 18 章/箱体总成立体图.dwg”文件。

（2）单击“视图”选项卡“视口工具”面板中的“UCS 图标”按钮，显示坐标系。

（3）在命令行中输入“ucs”命令，将坐标系绕 X 轴旋转-90º，建立新的用户坐标系。

在绘图区单击鼠标右键，选择“剪切板”下拉列表中的“带基点复制”命令，复制箱体总成零件，基点为图 18-2 中的点 A。

2．插入箱体总成零件 1

（1）选择菜单栏中的“窗口”→“试验箱体总成立体图”命令，切换到装配体文件窗口。

（2）在绘图区单击鼠标右键，选择“剪切板”下拉列表中的“粘贴”命令，插入点坐标为（0,0,0），消隐结果如图 18-3 所示。

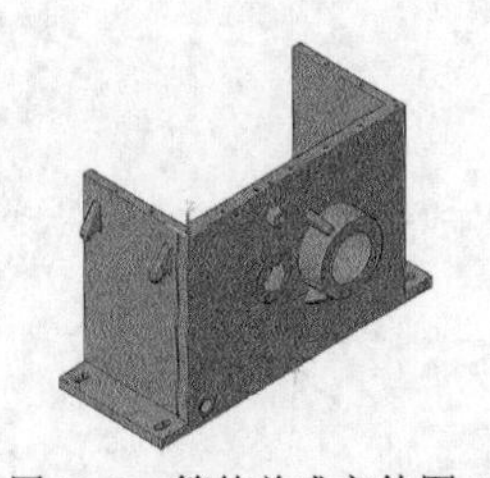

图 18-2　箱体总成立体图 1

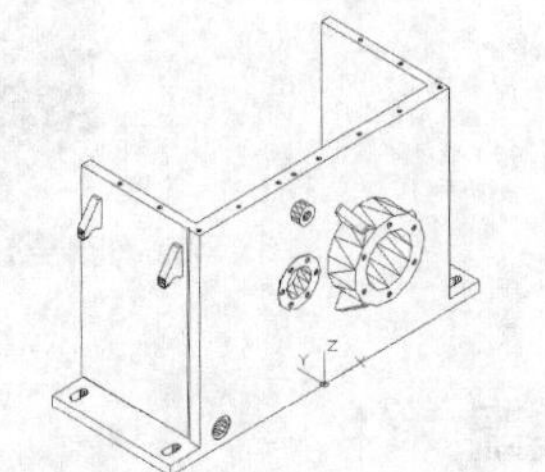

图 18-3　插入箱体总成零件 1

18.1.3　装配箱板总成 2

1．打开文件

（1）单击“快速访问”工具栏中的“打开”按钮，弹出“选择文件”对话框，打开

"/源文件/第 18 章/箱板总成立体图.dwg"文件。

（2）单击"视图"选项卡"视口工具"面板中的"UCS 图标"按钮，显示坐标系，如图 18-4 所示。

（3）在命令行中输入"ucs"命令，将坐标系绕 *Y* 轴旋转 180º，建立新的用户坐标系，如图 18-5 所示。

（4）在绘图区右键单击执行"剪切板"下拉列表中的"带基点复制"命令，复制箱板总成零件，基点为图 18-5 所示的坐标原点，坐标为（0,0,0）。

2．插入箱板总成零件

（1）选择菜单栏中的"窗口"→"试验箱体总成立体图"命令，切换到装配体文件窗口。

（2）在绘图区单击鼠标右键，选择"剪切板"下拉列表中的"粘贴"命令，插入点坐标为（355,338,531），消隐结果如图 18-6 所示。

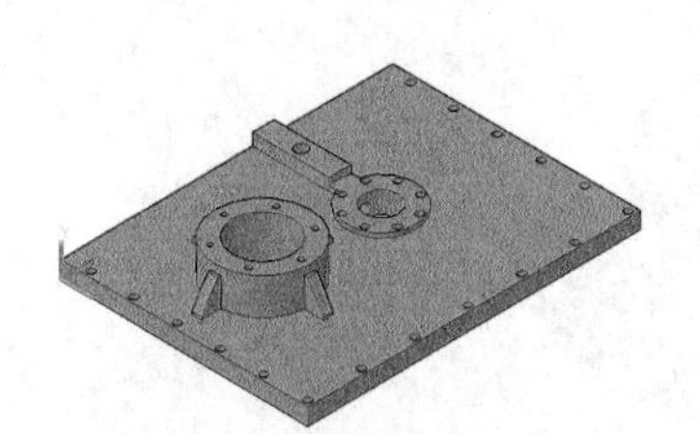

图 18-4　箱板总成立体图 2

图 18-5　旋转坐标系

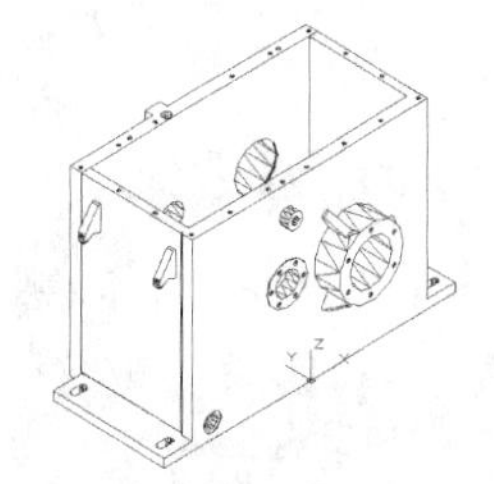

图 18-6　插入箱板总成零件 2

18.1.4　装配密封垫 1

1．打开文件

（1）单击"快速访问"工具栏中的"打开"按钮，弹出"选择文件"对话框，打开源文"/源文件/第 18 章/密封垫 12 立体图.dwg"文件。

（2）在绘图区单击鼠标右键，选择"剪切板"下拉列表中的"带基点复制"命令，复制密封垫零件，基点为图 18-7 中的坐标原点。

2．插入密封垫零件 1

（1）选择菜单栏中的"窗口"→"试验箱体总成立体图"命令，切换到装配体文件窗口。

（2）在命令行中输入"ucs"命令，将坐标系绕 *X* 轴旋转 90º，建立新的用户坐标系。

在绘图区单击鼠标右键，选择"剪切板"下拉列表中的"粘贴"命令，插入点坐标为（−74,281,2），如图 18-8 所示。

18.1.5　装配配油套

1．打开文件

（1）单击"快速访问"工具栏中的"打开"按钮，弹出"选择文件"对话框，打开

“/源文件/第 18 章/配油套立体图.dwg” 文件。

（2）单击“视图”选项卡“视口工具”面板中的“UCS 图标”按钮，打开坐标系，如图 18-9 所示。

（3）在绘图区单击鼠标右键，选择“剪切板”下拉列表中的“带基点复制”命令，复制前端盖零件，基点为图 18-9 所示的坐标原点。

2．插入配油套零件

（1）选择菜单栏中的“窗口”→“试验箱体总成立体图”命令，切换到装配体文件窗口。

（2）在命令行中输入“ucs”命令，将坐标系绕 Y 轴旋转 180º，建立新的用户坐标系。

（3）在绘图区单击鼠标右键，选择“剪切板”下拉列表中的“粘贴”命令，插入点坐标为（74,281,-12），结果如图 18-10 所示。

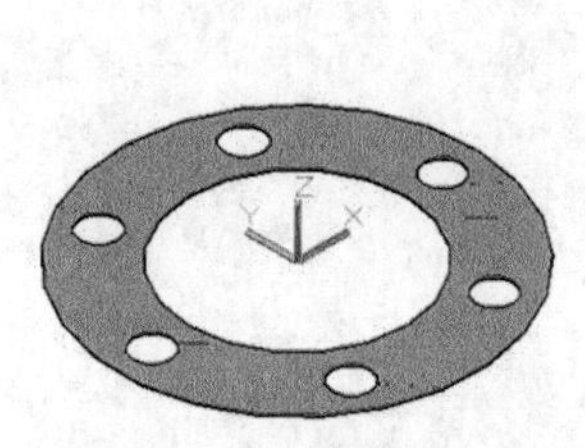

图 18-7　密封垫零件 1

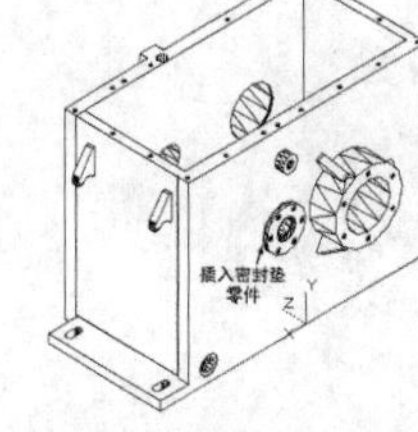

图 18-8　插入密封垫零件 1

图 18-9　配油套零件

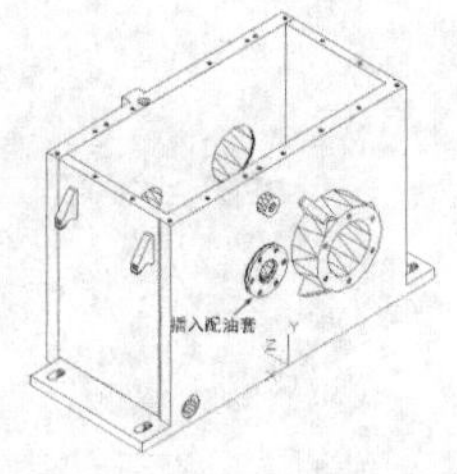

图 18-10　插入配油套零件

18.1.6　装配密封垫 2

1．打开文件

（1）单击“快速访问”工具栏中的“打开”按钮，弹出“选择文件”对话框，打开“/源文件/第 18 章/密封垫 11 立体图.dwg”文件，如图 18-11 所示。

（2）在绘图区单击鼠标右键，选择“剪切板”下拉列表中的“带基点复制”命令，复制密封垫零件，基点为图 18-11 所示的坐标原点。

2．插入密封垫零件 2

（1）选择菜单栏中的“窗口”→“试验箱体总成立体图”命令，切换到总装配体文件窗口。

（2）在绘图区单击鼠标右键，选择“剪切板”下拉列表中的“粘贴”命令，插入点坐标为（74,281,-12.5），结果如图 18-12 所示。

18.1.7　装配后端盖

1．打开文件

（1）单击“快速访问”工具栏中的“打开”按钮，弹出“选择文件”对话框，打开“/源文件/第 18 章/后端盖立体图.dwg”文件。

（2）在绘图区单击鼠标右键，选择“剪切板”下拉列表中的“带基点复制”命令，复制后端盖零件，基点为图 18-13 所示的坐标原点。

2．插入后端盖零件

（1）选择菜单栏中的“窗口”→“试验箱体总成立体图”命令，切换到总装配体文件窗口。

（2）在命令行中输入“ucs”命令，将坐标系绕 *Y* 轴旋转 180º，建立新的用户坐标系。

（3）在绘图区单击鼠标右键，选择“剪切板”下拉列表中的“粘贴”命令，插入点坐标为（−74,281,12.5），结果如图 18-14 所示。

图 18-11　密封垫零件 2

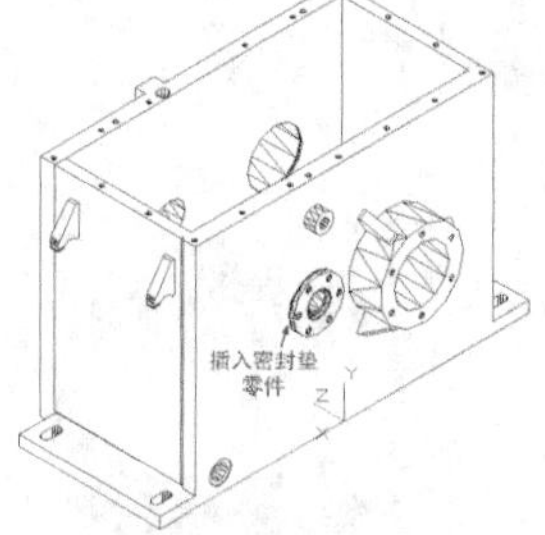

图 18-12　插入密封垫零件 2

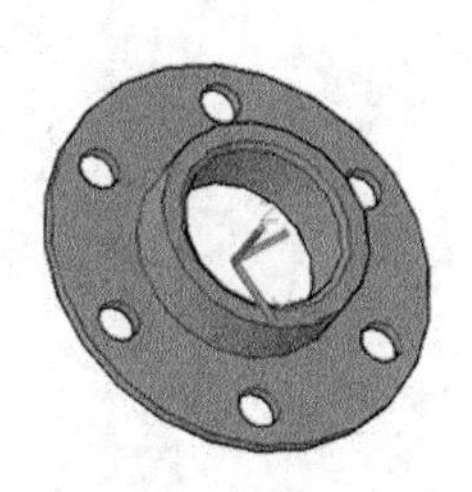

图 18-13　后端盖零件

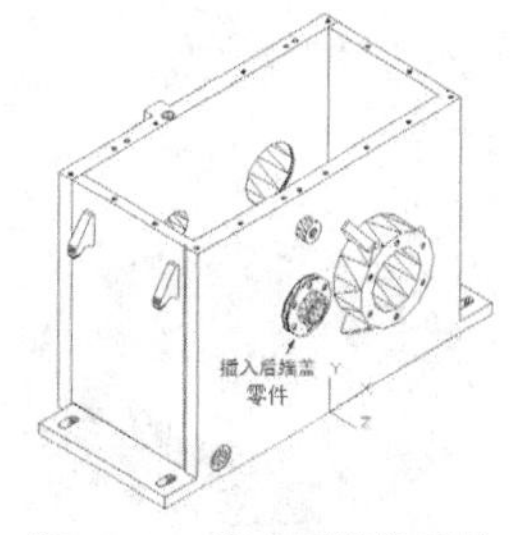

图 18-14　插入后端盖零件

18.1.8　装配端盖

1．打开文件

（1）新建“图层 1”

（2）单击快速访问工具栏中的“打开”按钮，弹出“选择文件”对话框，打开“/源文件/第 18 章/端盖立体图.dwg”文件。

（3）在绘图区单击鼠标右键，选择“剪切板”下拉列表中的“带基点复制”命令，复制端盖零件，基点为图 18-15 所示的坐标原点。

2．插入端盖零件

（1）选择菜单栏中的“窗口”→“试验箱体总成立体图”命令，切换到总装配体文件窗口。

（2）在绘图区单击鼠标右键，选择“剪切板”下拉列表中的“粘贴”命令，插入坐标点为（108,281,76），如图 18-16 所示。

18.1.9　装配支撑套

1．打开文件

（1）单击“快速访问”工具栏中的“打开”按钮，弹出“选择文件”对话框，打开

"/源文件/第 18 章/支撑套立体图.dwg"文件，如图 18-17 所示。

（2）在绘图区单击鼠标右键，选择"剪切板"下拉列表中的"带基点复制"命令，复制支撑套零件，基点为坐标原点。

2. 插入支撑套零件

（1）选择菜单栏中的"窗口"→"试验箱体总成立体图"命令，切换到总装配体文件窗口。

（2）在绘图区单击鼠标右键，选择"剪切板"下拉列表中的"粘贴"命令，插入点坐标为（108,281,8.5），结果如图 18-18 所示。

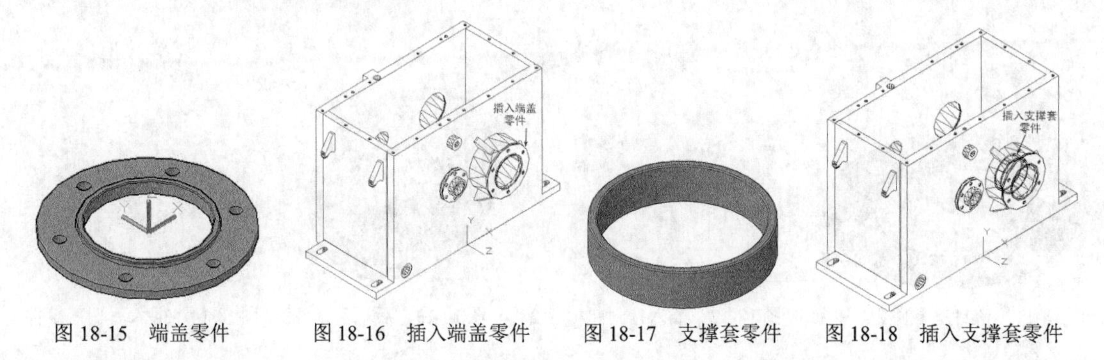

图 18-15 端盖零件　图 18-16 插入端盖零件　图 18-17 支撑套零件　图 18-18 插入支撑套零件

18.1.10 装配轴

1. 打开文件

（1）单击"快速访问"工具栏中的"打开"按钮，弹出"选择文件"对话框，打开"/源文件/第 18 章/轴立体图.dwg"文件，如图 18-19 所示。

（2）在绘图区单击鼠标右键，选择"剪切板"下拉列表中的"带基点复制"命令，复制油管座零件，基点为坐标原点。

2. 插入轴零件

（1）选择菜单栏中的"窗口"→"试验箱体总成立体图"命令，切换到总装配体文件窗口。

（2）在绘图区单击鼠标右键，选择"剪切板"下拉列表中的"粘贴"命令，插入点为（108,281,158），如图 18-20 所示。

18.1.11 装配联接盘

1. 打开文件

（1）单击"快速访问"工具栏中的"打开"按钮，弹出"选择文件"对话框，打开"/源文件/第 18 章/联接盘立体图.dwg"文件，如图 18-21 所示。

（2）在绘图区单击鼠标右键，选择"剪切板"下拉列表中的"带基点复制"命令，复制联接盘零件，基点为图 18-21 所示的坐标原点。

2．插入联接盘零件

（1）选择菜单栏中的“窗口”→“试验箱体总成立体图”命令，切换到总装配体文件窗口。

（2）在命令行中输入“ucs”命令，将坐标系绕 *Y* 轴旋转 180°，建立新的用户坐标系。

（3）在绘图区单击鼠标右键，选择“剪切板”下拉列表中的“粘贴”命令，插入点坐标为（-108,281,-187），结果如图 18-22 所示。

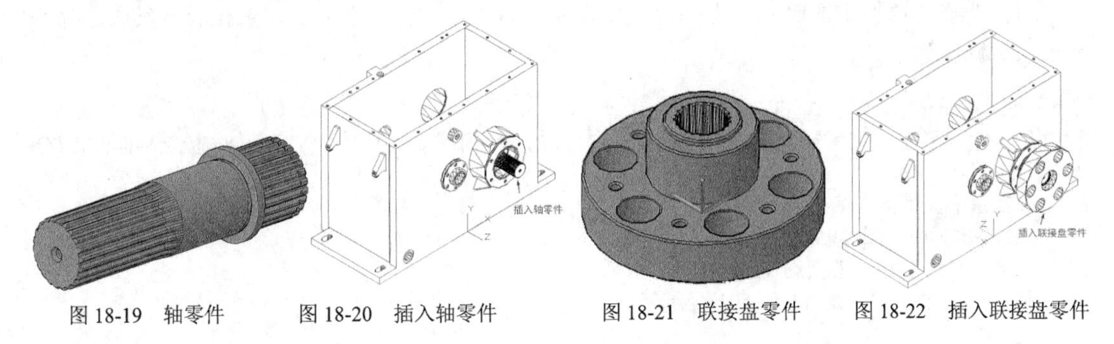

图 18-19　轴零件　　图 18-20　插入轴零件　　图 18-21　联接盘零件　　图 18-22　插入联接盘零件

18.1.12　装配输出齿轮

1．打开文件

（1）单击“快速访问”工具栏中的“打开”按钮，弹出“选择文件”对话框，打开“/源文件/第 18 章/输出齿轮立体图.dwg”文件。

（2）在绘图区单击鼠标右键，选择“剪切板”下拉列表中的“带基点复制”命令，复制输出齿轮零件，基点为图 18-23 所示的坐标原点。

2．插入输出齿轮零件

（1）选择菜单栏中的“窗口”→“试验箱体总成立体图”命令，切换到总装配体文件窗口。

（2）在绘图区单击鼠标右键，选择“剪切板”下拉列表中的“粘贴”命令，插入点坐标为（-108,281,35），结果如图 18-24 所示。

图 18-23　输出齿轮零件

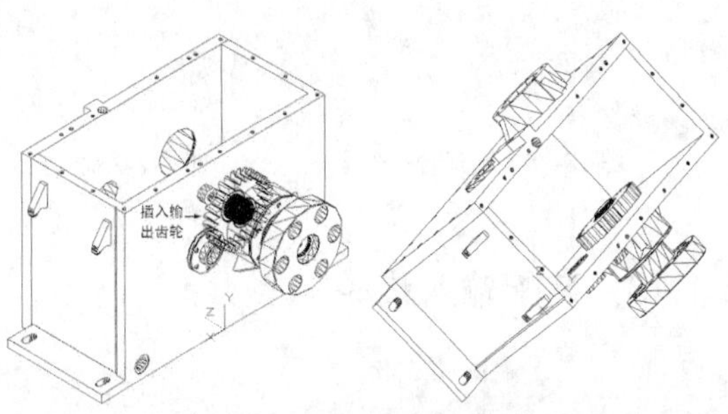

图 18-24　插入输出齿轮零件

（3）单击“三维工具”选项卡“实体编辑”面板中的“并集”按钮，合并装配零件端盖、支承套、轴、联接盘。

说 明

由于本步选择的合并零件互相遮盖，可在“图层特性管理器”中新建图层，并将不适用的零件置于新建图层上，关闭新建图层，即可单独显示所需零件，如图 18-25 所示，进行合并操作。

（4）选择菜单栏中的“修改”→“三维操作”→“三维镜像”命令，镜像合并结果，命令行提示与操作如下。

```
命令: _mirror3d
指定镜像平面(三点)的第一个点或[对象(O)/最近的(L)/Z轴(Z)/视图(V)/XY平面(XY)/YZ平面(YZ)/ZX平面(ZX)/三点(3)] <三点>:
在镜像平面上指定第一点: 0,0,186.5
在镜像平面上指定第二点: 10,0,186.5
在镜像平面上指定第三点: 0,10,186.5
是否删除源对象？[是(Y)/否(N)] <否>:
```

镜像合并结果如图 18-26 所示。

（5）选择菜单栏中的“修改”→“三维操作”→“三维移动”命令，将镜像结果向右移动 64，命令行提示与操作如下。

```
命令: _3dmove
选择对象: 找到 1 个
选择对象:
指定基点或[位移(D)] <位移>: 0,0,0
指定第二个点或<使用第一个点作为位移>: -64,0,0
```

移动结果如图 18-27 所示。

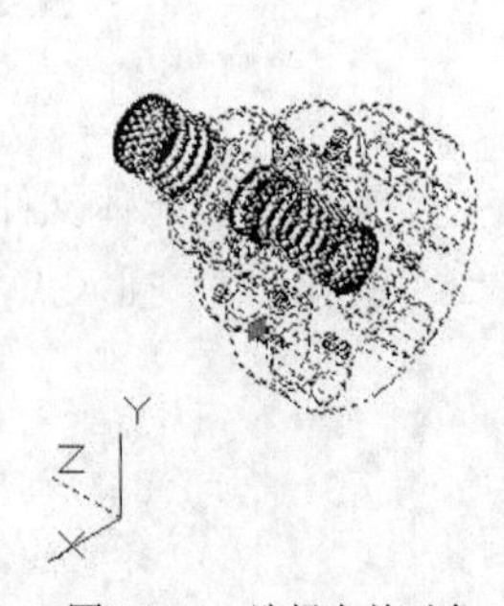

图 18-25　选择合并对象

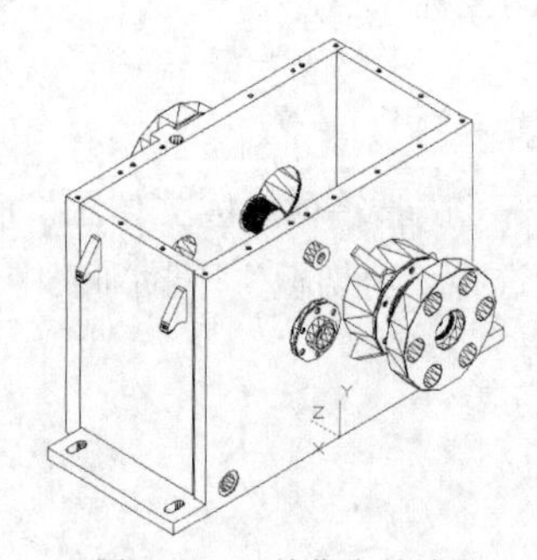

图 18-26　镜像合并结果

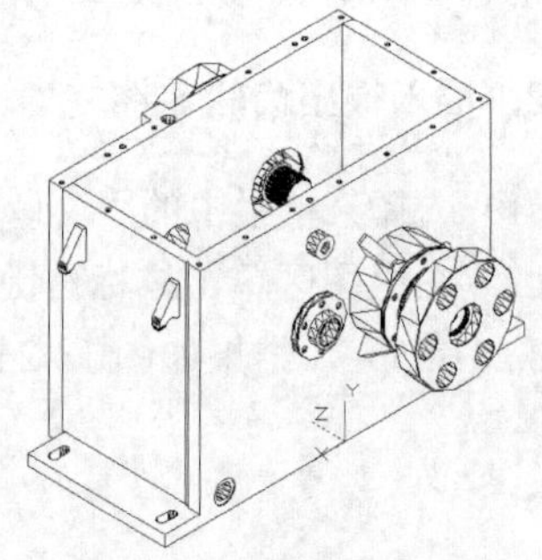

图 18-27　移动结果

18.1.13　装配输入齿轮

1．打开文件

（1）单击“快速访问”工具栏中的“打开”按钮，弹出“选择文件”对话框，打开

“/源文件/第 18 章/输入齿轮立体图.dwg”文件，如图 18-28 所示。

（2）在绘图区单击鼠标右键，选择“剪切板”下拉列表中的“带基点复制”命令，复制输入齿轮零件，基点为坐标原点。

2．插入输入齿轮零件

（1）选择菜单栏中的“窗口”→“试验箱体总成立体图”命令，切换到总装配体文件窗口。

（2）在命令行中输入“ucs”命令，将坐标系绕 Y 轴旋转 180°，建立新的用户坐标系。

（3）在绘图区单击鼠标右键，选择“剪切板”下拉列表中的“粘贴”命令，插入点坐标为（172,281,−303），结果如图 18-29 所示。

18.1.14　装配密封垫 3

1．打开文件

（1）选择“快速访问”工具栏中的“打开”按钮，弹出“选择文件”对话框，打开“/源文件/第 18 章/密封垫 2 立体图.dwg”文件，如图 18-30 所示。

（2）在绘图区单击右键执行“剪切板”下拉列表中的“带基点复制”命令，复制密封垫零件，基点为坐标原点。

2．插入密封垫零件

（1）选择菜单栏中的“窗口”→“试验箱体总成立体图”命令，切换到总装配体文件窗口。

（2）在绘图区单击鼠标右键，选择“剪切板”下拉列表中的“粘贴”命令，插入点坐标为（−80,281,−383.5），结果如图 18-31 所示。

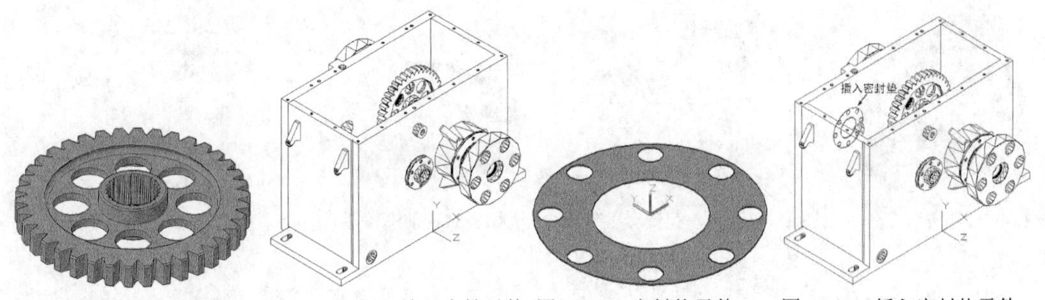

图 18-28　输入齿轮零件　图 18-29　插入输入齿轮零件　图 18-30　密封垫零件 3　图 18-31　插入密封垫零件

18.1.15　装配花键套

1．打开文件

（1）单击“快速访问”工具栏中的“打开”按钮，弹出“选择文件”对话框，打开“/源文件/第 18 章/花键套立体图.dwg”文件。

（2）在绘图区单击鼠标右键，选择“剪切板”下拉列表中的“带基点复制”命令，复制花键套零件，基点为图 18-32 所示的坐标原点。

2．插入花键套零件

（1）选择菜单栏中的“窗口”→“试验箱体总成立体图”命令，切换到总装配体文件窗口。

（2）在绘图区单击鼠标右键，选择“剪切板”下拉列表中的“粘贴”命令，插入点坐标为（-80,281,-389.5），结果如图 18-33 所示。

18.1.16　装配前端盖

1．打开文件

（1）单击“快速访问”工具栏中的“打开”按钮，弹出“选择文件”对话框，打开“/源文件/第 18 章/前端盖立体图.dwg”文件。

（2）在绘图区单击鼠标右键，选择“剪切板”下拉列表中的“带基点复制”命令，复制前端盖零件，基点为图 18-34 所示的坐标原点。

2．插入前端盖零件

（1）选择菜单栏中的“窗口”→“试验箱体总成立体图”命令，切换到总装配体文件窗口。

（2）在命令行中输入“ucs”命令，将坐标系绕 *Y* 轴旋转 180º，建立新的用户坐标系。

（3）在绘图区单击鼠标右键，选择“剪切板”下拉列表中的“粘贴”命令，插入点坐标为（80,281,397.5），结果如图 18-35 所示。

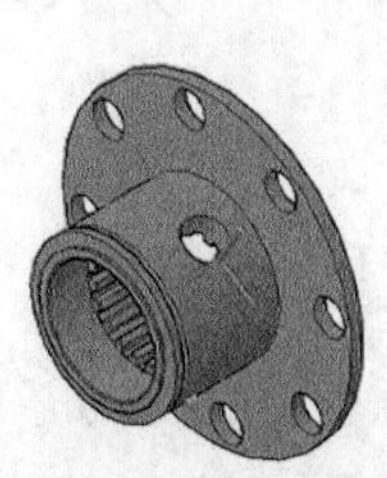

图 18-32　花键套零件

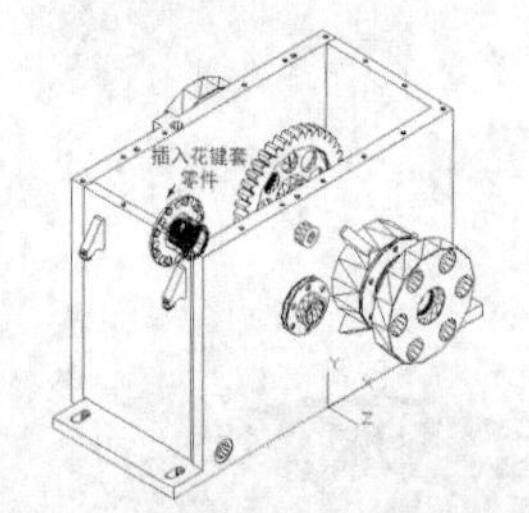

图 18-33　插入花键套零件

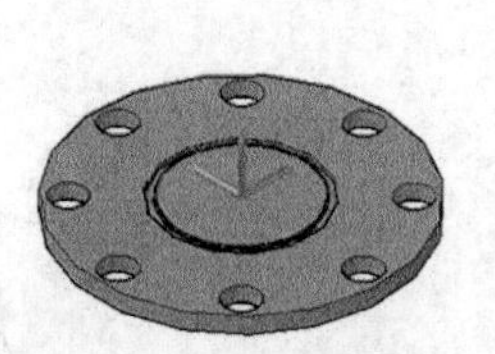

图 18-34　前端盖零件

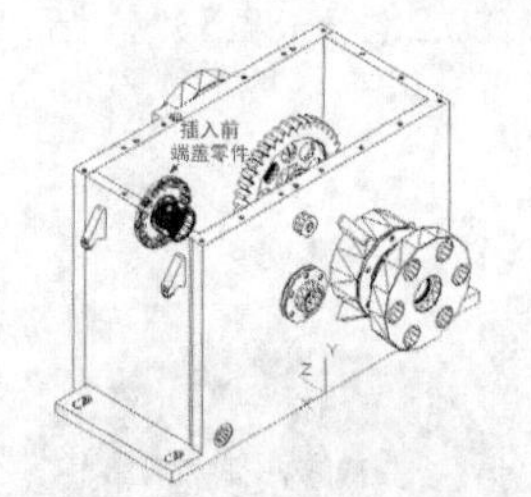

图 18-35　插入前端盖零件

18.1.17　装配螺堵

1．打开文件

（1）单击“快速访问”工具栏中的“打开”按钮，弹出“选择文件”对话框，打开“/源文件/第 18 章/螺堵 15 立体图.dwg”文件。

（2）在绘图区单击鼠标右键，选择“剪切板”下拉列表中的“带基点复制”命令，复制螺堵零件，基点为图 18-36 所示的坐标原点。

2．插入螺堵零件

（1）选择菜单栏中的“窗口”→“试验箱体总成立体图”命令，切换到总装配体文件窗口。

（2）在命令行中输入“ucs”命令，将坐标系返回世界坐标系，再将其移动到 A 点，绕 *Z* 轴旋转 180º，建立新的用户坐标系，如图 18-37 所示。

（3）在绘图区单击鼠标右键，选择“剪切板”下拉列表中的“粘贴”命令，插入点坐标为（435,15,−25），结果如图 18-38 所示。

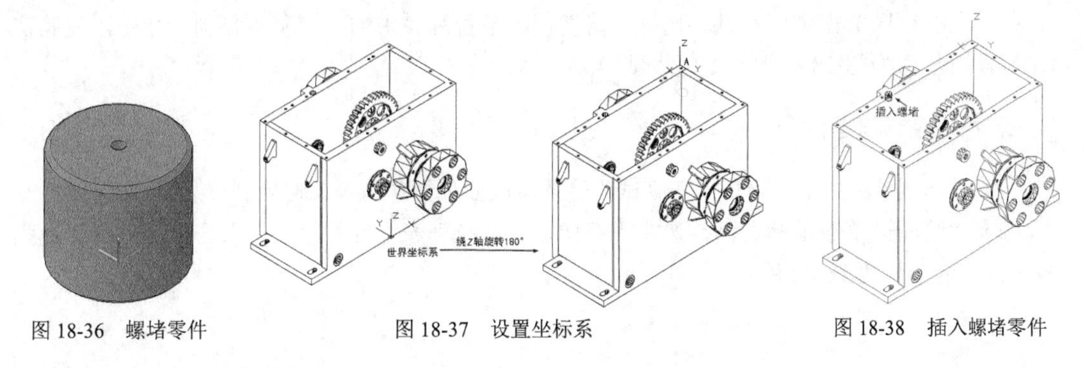

图 18-36　螺堵零件　　图 18-37　设置坐标系　　图 18-38　插入螺堵零件

18.1.18　装配螺堵

1．打开文件

（1）单击“快速访问”工具栏中的“打开”按钮，弹出“选择文件”对话框，打开“/源文件/第 18 章/螺堵 16 立体图.dwg”文件。

（2）执行菜单栏中的“编辑”→“带基点复制”命令，复制螺堵零件，基点为图 18-39 所示的坐标原点。

2．插入螺堵零件

（1）选择菜单栏中的“窗口”→“试验箱体总成立体图”命令，切换到总装配体文件窗口。

（2）在绘图区单击鼠标右键，选择“剪切板”下拉列表中的“粘贴”命令，插入点坐标为（429,360.5,−22），结果如图 18-40 所示。

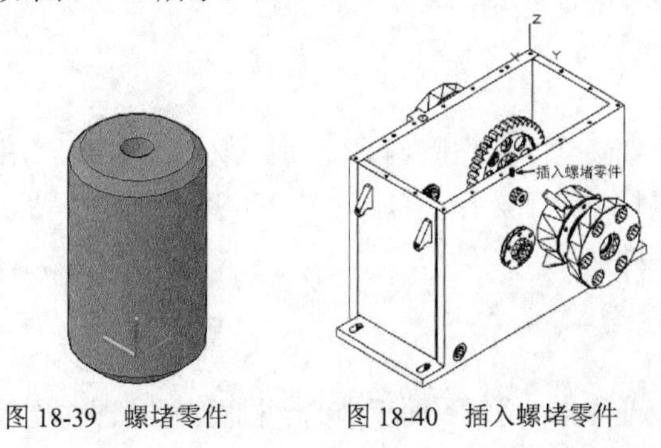

图 18-39　螺堵零件　　图 18-40　插入螺堵零件

18.1.19 装配密封垫 4

1. 打开文件

（1）单击“快速访问”工具栏中的“打开”按钮，弹出“选择文件”对话框，打开“/源文件/第 18 章/密封垫 14 立体图.dwg”文件。

（2）在绘图区单击鼠标右键，选择“剪切板”下拉列表中的“带基点复制”命令，复制密封垫零件，基点为图 18-41 所示的坐标原点 A。

2. 插入密封垫零件

（1）选择菜单栏中的“窗口”→“试验箱体总成立体图”命令，切换到总装配体文件窗口。

（2）在绘图区单击鼠标右键，选择“剪切板”下拉列表中的“粘贴”命令，插入点坐标为（0,0,0），结果如图 18-42 所示。

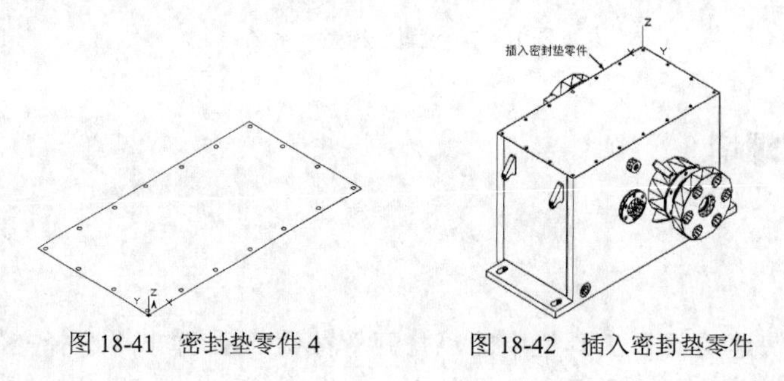

图 18-41　密封垫零件 4　　图 18-42　插入密封垫零件

18.1.20 装配箱盖

1. 打开文件

（1）单击“快速访问”工具栏中的“打开”按钮，弹出“选择文件”对话框，打开“/源文件/第 18 章/箱盖立体图.dwg”文件。

（2）在绘图区单击鼠标右键，选择“剪切板”下拉列表中的“带基点复制”命令，复制箱盖零件，基点为图 18-43 所示的坐标原点。

2. 插入箱盖零件

（1）选择菜单栏中的“窗口”→“试验箱体总成立体图”命令，切换到总装配体文件窗口。

（2）在绘图区单击鼠标右键，选择“剪切板”下拉列表中的“粘贴”命令，插入点坐标为（0,0,0.5），结果如图 18-44 所示。

3. 渲染结果

（1）单击“可视化”选项卡“材质”面板中的“材质浏览器”按钮，弹出“材质浏览器”

选项板，选择附着材质，如图 18-45 所示，选择材质，单击鼠标右键，选择“指定给当前选择”命令，完成材质选择。

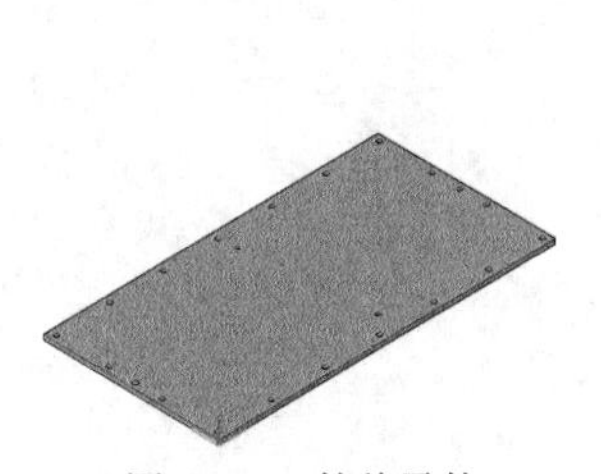
图 18-43　箱盖零件

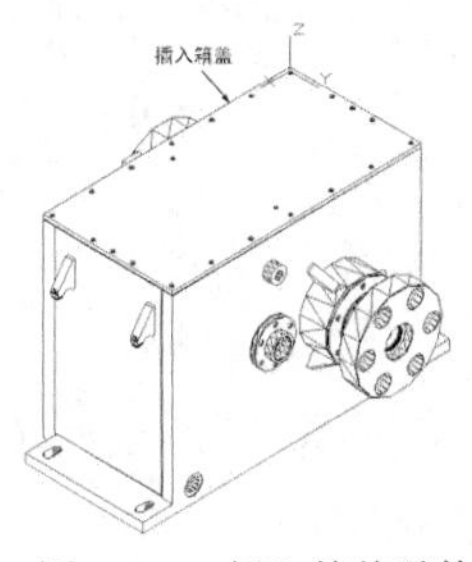

图 18-44　插入箱盖零件

图 18-45　“材质浏览器”选项板

（2）单击“可视化”选项卡“渲染”面板中的“渲染到尺寸”按钮，弹出“前端盖”对话框。

（3）选择菜单栏中的“视图”→“视觉样式”→“着色”命令，显示模型显示样式，结果如图 18-1 所示。

18.2　绘制其余零件

使用同样的方法按照装配关系安装其余标准件，如螺栓、销、挡圈等，读者可自行练习，这里不再赘述。

18.3　上机实验

【练习 1】绘制图 18-46 所示的脚踏座。
【练习 2】绘制图 18-47 所示的双头螺柱。

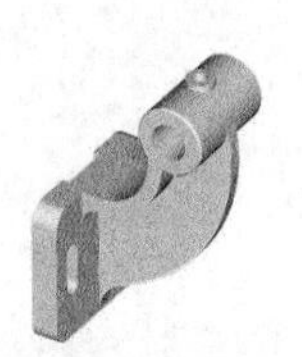
图 18-46　脚踏座

图 18-47　双头螺柱